*Григорий Яцкарь*

**+**

[ ΩА
  ТМ
  КЕ
  РР
  ОИ
  ЙК
  ТУ
  Е! ]

—

( )

〰〰〰〰〰〰〰〰〰〰〰

Григорий Яцкарь ( Grigoriy Yatskar )

## ОткройТЕ АмерикУ!

( роман-приглашение учёного )

Copyright 2015 Grigoriy Yatskar

Документальный роман повествует о пути автора-физика в Америку, о его жизни там, приведшей к открытию им устройства "Самсказал" для предсказания будущего события за несколько секунд заранее, и о чуде, произошедшем при демонстрации устройства в действии, когда автор обыграл с его помощью рулетку, что было неоспоримо зафиксировано фотографиями.

Две наиболее значимые из них приведены на обложке книги, полная же фотодокументация опыта опубликована на сайте
http://againstchance.webs.com

---

## Как читать "Откройте АмерикУ!"

Роман, хоть и помещён по теме своей в разделе "медицина-наука", предназначен не одним только технически грамотным людям.

Я убеждён в том, что эта книга призвана спасти Россию и, благодаря ей, большинство жителей страны сможет воспроизвести мой путь, каждый по-своему и не покидая Родины, выводя её из долголетней темноты к свету.

В подтверждение тому, сразу, как я подготовил роман к изданию, я случайно узнал, что сейчас энергетика России нацелена на освоение технологии управления термоядерным синтезом, и о том в 2010 г. принято постановление правительства.

Устройство на основе "Самсказала", уверен, окажется полезным для стабилизации плазмы в термоядерных реакторах типа ТОКАМАК, обеспечивая спасение России от участи сырьевого поставщика индустриального мира.

Но возрождению физического величия нашей страны должно предшествовать просветление сознания в ней, и проанализировав и сопережив такой процесс на моём примере, каждый думающий может решить, что нужно предпринять ему лично для достижения этой цели.

Потому я хочу, чтобы Читатель не просто читал, а изучал эту книгу, совершая вместе со мной виртуальное путешествие к открытию и чуду, и очень прошу задавать мне вопросы и обсуждать прочитанное.

Григорий Яцкарь.

Для того, чтобы связаться со мной, используйте мой сайт
HTTP://NEWRUSSIANLIT.WEBS.COM

---

Книга выходит в нескольких форматах.
Печатается и высылается почтой издательством **Lulu**
по индивидуальным заказам на сайте
www.lulu.com/spotlight/otkrojte

Там же можно бесплатно скачать электронные версии книги.

## СОДЕРЖАНИЕ

стр.

Предисловие, в котором автор тонко намекает на толстые обстоятельства............... 4
Послесловие к предисловию, добавленное через три года........................ 6
Глава 1, где герой попадает в Большой Магазин........................... 7
Глава 2, где вечером первого дня во Флориде герой находит россыпи денег........... 21
Глава 3, где герой узнаёт кое-что о местных обычаях и поселяется в замок............ 43
Глава 4, где герой выясняет планы Пентагона.............................. 61
Глава 5, где герой, найдя сокровище, меняет на время род занятий................. 79
Глава 6, где герой, ничтоже сумняшеся, дерзко учиняет « Сотворение мира »........... 93
Глава 7, где герой узнаёт о своей национальной принадлежности................. 115
Глава 8, где герой посещает « нижний город » и надевает синюю униформу........... 131
Глава 9, где герой совершает переход из варяг во греки...................... 153
Глава 10, где герой вынужден углубиться в историю......................... 175
Глава 11, где герой выгребает из глубин истории к современности................. 197
Глава 12, где герой рассказывает о своём невероятном пути в Америку.............. 219
Глава 13, где героя, в конце-то концов, устраивают на штатскую работу............. 253
Глава 14, где герой становится землевладельцем........................... 279
Глава 15, где герой отправляется в путешествие к иному побережью............... 315
Глава 16, где герой описывает " Ночь Путешествия "......................... 323
Глава 17, где герой возвращается от Тихого Океана к берегам реки Св.Джона......... 347
Глава 18, где герой переселяется в Нежное Бедро Нового Вавилона................ 357
Глава 19, где герой облекается полномочиями, по чину ему не положенными.......... 369
Глава 20, где свершается великое чудо,
              составляющее кульминацию романа............. 387
ЭПИТАФИЯ, вместо эпилога............................................ 392
ПРИЛОЖЕНИЕ. Программа для Самсказала................................. 395

## *Предисловие,* в котором автор тонко намекает на толстые обстоятельства

Из высшего порядка соображений теперь я временно живу и работаю за границей моего несчастного отечества. Ибо сейчас у себя на родине я не мог бы делать того, чем могу и должен заниматься тут. Потому что для этого мне нужно очень многое, например, персональный компьютер. Я ведь физик, и довольно хороший физик. Ученик Нобелевского Лауреата Петра Леонидовича Капицы.

Здесь же, в Штатах, всего лишь через год после получения своей первой работы на полную неделю, я был в состоянии приобрести и компьютер, и принтер, и дом, и машину, и холодильник, словом, всё необходимое для жизни.

Работу в Америке, действительно, «получают», а как - об этом предполагаю рассказать ниже.

Собственным домом здесь разумно обзаводиться без малейшего промедления, поскольку плата за его ипотечный заклад в рассрочку на двадцать-тридцать лет всегда существенно ниже, чем за аренду квартиры.

О покупке дома - также позднее.

Начинал я свою карьеру в Новом Свете с самых низов, ничем не отличаясь от множества прочих свежих иммигрантов.

Около семи месяцев по приезде сидел на пособии, затем полгода жарил котлеты в ресторанчике быстрой еды, а потом был устроен в ночную смену на конвейер.

Но вот несколько недель назад и как раз тогда, когда потеряло всякий смысл дольше оставаться на заводе, раздался звонок телефона и, чего я чаял в душе, в трубке прозвучал русский голос с типично московским аканьем.

Я знал, что принадлежит он маленькому человеку с белой бородкой клинышком, появившемуся в городе, определённом для пребывания моей семьи, два года назад.

Без какого-либо вступления он кратко сообщил мне, что решением руководства я зачислен в его отдел на должность программиста-аналитика.

Итак, я сменил надоевшие скользкого голубого шёлка халат, круглую шапочку, специальную обувь и маску, закрывавшую лицо, на белую рубашку с галстуком, серые брюки и чёрные лаковые туфли.

Не буду притворяться, что моя новая работа связана с теорфизикой.

Увы, мне по-прежнему платят отнюдь не за проникновение в сокровенные глуби изощрённого механизма Творения. А жаль, ибо я, сознаюсь, по большей части занимаюсь именно этим, и довольно успешно, хотя попутно доводится раскрывать и другие, более низменные секреты нашего иллюзорного мира.

Правда, ныне в моей до сих пор скрытной и бездоходной научной деятельности продолжается вынужденный перерыв, так как завершён тот этап исследований, где необходимо было в одиночку собрать и сложить воедино клочки информации, мало-помалу образовавшие удивительную древнюю карту, по коей нам, о Читатель, ещё предстоит совершить изрядной длины путешествие.

То же, за что положенная сумма долларов регулярно перечисляется на мой счёт, не отнимает много сил и времени.

В будние дни, с девяти утра и до шести вечера, с перерывом на ланч, разумеется, сидя за экраном дисплея в своём кубике, я ожидаю сообщений. Они появляются не часто, обычно, несколько раз в течение смены. Тогда я должен произвести быструю, чрезвычайно простую проверку, и это всё, что сейчас от меня требуется Босс намекает мне, мол, у высокого начальства на мою персону имеются некие далеко идущие виды, однако ж в неопределённом будущем.

В интервалах не запрещено заниматься чем только душе угодно - читать книжку, играть в компьютерные игры и т.п. Здесь культивируют умение расслабляться, ибо резонно предполагают, что оно сопутствует способности при необходимости моментально концентрироваться. Но я-то знаю - мне при всём желании отключиться от своих мыслей не удастся, как не удавалось никогда. Анализирующее устройство, сидящее у меня в мозгу отроду, не хочет или не может остановиться.

Благо материала для осмысления вокруг - хоть отбавляй. А м е р и к а, юное, чудное и непокорное дитя, вечно восстающее против королевы-матери Европы, настолько разительно отличается многими её чертами от Российской Империи ( как, не исключено, и от всех иных подлунных стран ), что автор постоянно чувствует себя разведчиком на чужой планете.

Поэтому для меня крайне естественно и полезно начать записывать впечатления о новом континенте. В компьютере среди сотен различных шрифтов - арабского, греческого, иврита, камбоджийского и прочих - обнаружилась также и кириллица.

يصكّعح        *Hello*        Ιτσγαρ

יצקאר                         Привет

Правда, составители втиснули в одну клавиатуру все славянские азбуки скопом ( кроме тех немногих, кои принадлежат католикам и составлены на латинице ), так что не осталось места для знаков препинания и даже для строчной буквы « а ».

Приходится вносить их из другого шрифта. ( Вот грузинский алфавит получил отдельную клавиатуру, хотя почему-то под кодовым названием « Кириллица Б ». Влияние Джона Шаликашвили, нынешнего начальника генштаба США ? )

Но не важно, мне пока, слава Богу, торопиться особенно некуда, могу набирать и таким кучерявым способом. Оно и обдумывается лучше, покуда тычешь в кнопки перстом единым. Теперь хочу более-менее связно рассказать о том, что почерпнул из заокеанского кладезя.

```
                                                                    *
       ( *
                                                               *         *



                        \|    |/`
                     6 )      ( o
                       ( \ / )
                          \/
                    ////////    \\\\\\\\\
                     ///////      \\\\\\\\
```

()==()==()==()==()==()==()==()==()==()==()==()==()==()==()==()

## *Послесловие к предисловию,* добавленное через три года

Должен сказать, что анализ произошедшего со мной неожиданно возбудил чрезвычайной силы подводные течения, которые сорвали меня с описанного тихого места. Боюсь, что и тебя, Читатель, этот роман так же может увлечь в небезопасные дали.

Поэтому хорошо подумай, и если бесповоротно решил автору сопутствовать, заранее прости ему всякую вину, вольную и невольную.

Прошу и свою семью об этой милости.

Ибо им пришлось пройти через многие серьёзные испытания, а в будущем предвижу для них ещё более тернистый путь. Однако я уже не в состоянии как-либо изменить ход событий.

Единственное, что каждому из нас остаётся - быть предельно внимательным, замечать всё вокруг себя и до самого конца надеяться на покровительство всеблагого и вездесущего Провидения.

### СПАСИ И СОХРАНИ

Странен тусклый блеск вериг
Среди пышных базилик
Рядом с багряницей.
Да воспримется ль язык
Странника - блудницей?

Унесёт меня поток -
Будешь без улова.
Я не тонкий душ знаток,
Толстый, право слово.

Но не слушай. Это враг
Мне смущает душу.
Авва Отче, яко благ,
Вынеси на сушу !

\*

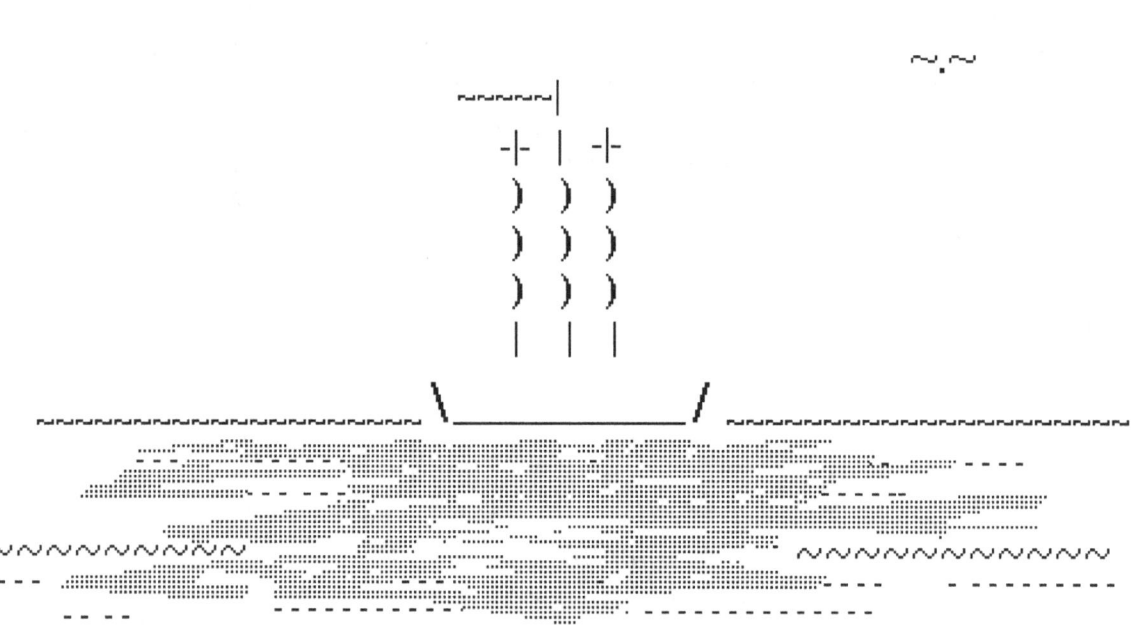

## *Глава первая,*
### где герой попадает в Большой Магазин

Мы с женой и двумя детьми появились в Штатах в мае 1991 года и сразу же допустили, с точки зрения житейской логики, несколько непоправимых ошибок.

Вальяжный иммиграционный чин в аэропорту Нью-Йорка, прикрывавший макушку ажурной кипой, тот, кто на общем собрании добродушно пошутил об обрезании, скоро ждущем новоприбывших мужского пола, тоном особого благорасположения сообщил нам о согласии еврейской общины города Джексонвилля стать спонсором ( эквивалент по словарю Вебстера - гарантор ) нашей семьи, хоть мы и не евреи.

Я не допускал тогда, что волен остаться в Нью-Йорке и найти свою общину, не имея представления о « неотъемлемом праве » свободно передвигаться и оседать где понравится ему любого, кто, в отличие от миллионов жителей этой страны, легально пересёк её границу.
( К слову сказать, иммиграционные документы практически нигде не проверяют, и нелегалы наслаждаются теми же, если не большими свободами, так как у них-то с общинами всё в порядке. )

Малозначащий для нас термин «спонсор» успокаивал и звучал солидно. Не глядя я подмахнул бумаги, составленные на пуленепробиваемом юридическом жаргоне, как позже выяснится, заём на оплату перелёта в Джекс - восемь сотен долларов.

Я смутно ощущал некую, мягко говоря, алогичность происходящего, но боялся возражать безапелляционному важному кипоносцу, из чуть ли не врождённого « страха иудейска ».
( Да, конечно, меня можно было б загодя просветить насчёт подоплёки всего этого, однако ж я был обязан выглядеть естественно в глазах окружающих. )

Так, ничтоже сумняшеся, мы снялись и полетели в совсем не известный нам край, и, благодаря неведению нашему, всё затем и вышло как нельзя лучше.
Иначе я поселился б наверняка в русскоязычной части Нью-Йорка, меж лавок, торгующих бочковой селёдкой и дивной твёрдости копчёной колбасой с чесноком, где никаким образом и во век веков не уразуметь бы мне того, что понимаю сейчас, ниже произойти тем психотрансформирующим событиям, кои и сложили стержень сюжета настоящего романа.

Джексонвилль оказался во Флориде.
Флорида - обширный полуостров на крайнем юго-востоке Северной Америки, отделяющий Мексиканский залив от Атлантики. Он омывается Гольфстримом и находится в малоприятной близости к знаменитому Бермудскому треугольнику, уникальному природному генератору тропических штормов и ураганов.

Мощные воздушные течения также часто вызывают смерчи, сиречь, торнадо, на воде и на суше. Здесь это постоянно присутствующий фактор, дамоклов меч. Редкая неделя обходится без штормовых или смерчевых предупреждений, а за год буквально всякая точка нашего полуострова непременно несколько раз попадёт в зону действия урагана.

Но в Северной Америке климат всеместно бурный.

Холодные массы воздуха, накапливаясь на границе Арктики у Берингова пролива, прорываются к тёплой Атлантике в виде так называемых « реактивных потоков », отсюда берутся штормы, смерчи и наводнения.

В довершение сей картины, вдоль тихоокеанского побережья континента тянется тектонический разлом земной коры и юго-запад материка регулярно потряхивает. Так что помощь тем, кто стал жертвой игры стихий, составляет заметную долю федерального бюджета США.

Правда, она покрывает лишь часть убытков определяемого указом правительства числа пострадавших в избранных районах, и нередко люди моментально теряют всё, или почти всё.

~.~

~.~

Однако граждане государства, объявившего себя в гимне « домом отважных », привычны к таким вещам.

Бывший фермер или мелкий бизнесмен легко превращается в наёмного рабочего и двигается в пункт, где сегодня требуются его руки. Наследники духа пионеров традиционно мобильны. Когда Президент Картер довёл экономику до кризиса и безработица дошла до 15-ти процентов, чуть ли не половина населения страны ежегодно меняла место жительства.

Да и сейчас, на экономическом подъёме, при незанятости ниже пяти процентов, средняя семья по статистике переезжает раз в 3-4 года.

Только прочно скованные этническими привычками иммигранты новой волны селятся намертво, смыкаясь в национальные сообщества - кубинские, китайские, филиппинские, корейские, камбоджийские, вьетнамские.

Ну и те, что сформировались из обломков рухнувшей Империи и американцами упорно именуются р у с с к и м и.

( *

« Русская » колония Джексонвилля образована, в основной своей части, евреями ( по преимуществу, кишинёвскими и ташкентскими ), также бакинскими армянами и баптистами-пятидесятниками сплочённой общины, вышедшей как един человек из донецкого городка Дружковка. Всего несколько сот семей. Мы с женой и детьми, ни коим боком не подпадая ни под одну из вышеназванных категорий, потому очутились в определённой изоляции ( и слава Богу ).

Я тем не утверждаю, что доброхоты, пригласившие странную компанию в Джекс, бросили нас на произвол судьбы, напротив. Преисполненные духом демократии, местные иудеи, помнящие ещё переселенческие мытарства своих дедов и прадедов, помогли нам ничуть не меньше, а, пожалуй, даже и больше, чем другим.

И предмет жгуче-непреходящей зависти истинно еврейских (i.e.« русских ») семей, от американской еврейской общины и в обход остальных иммигрантов колонии я получил свою первую здесь постоянную работу со льготами !

Всё же трудоустройством физика-теоретика, отрешённого от житейских реалий, спонсоры его облагодетельствовали отнюдь не сразу, и стараясь придерживаться нужной последовательности в изложении, до того момента мы ещё успеем дойти.

~.~
```
     &(*|*)&(*|*)&(*|*)&(*|*)&(*|*)&(*|*)&(*|*)&
     ЖЖЖЖЖЖЖЖЖЖЖЖЖЖЖЖЖЖЖЖЖЖЖЖЖ
     ||(*I*)||=||(*!*)||=||(*I*)||=||(*!*)||=||(*I*)||
     ЖЖЖЖЖЖЖЖЖЖЖЖЖЖЖЖЖЖЖЖЖЖЖЖЖ
     ||(*I*)||  ||(*!*)||  ||(*I*)||  ||(*!*)||  ||(*I*)||
```

)|(       Джексонвилль производит очень приятное впечатление.
        И хотя когда мы вышли из аэропорта в майскую тропическую ночь,
горячий влажный воздух довольно негостеприимно обжёг лёгкие,
но кругом всё так пахло, цвело и пело...

   Потом нас провезли по городу, время было уже далеко за полночь,       )|(
однако пространство до самого горизонта ярко блистало и переливалось,
и часто мигали рекламные надписи, и небоскрёбы отражались в реке,
и небо обшаривали лучи прожекторов, а над головою висел дирижабль
и развевались огромные полосатые флаги.

───────────   ───────────

  Семейство доставили в комплекс чистеньких кремовых двухэтажных домиков,
крытых красной черепицей и выглядевших, как детские игрушки, и разместили,
заверив, что временно, и множество раз принеся извинения, на первом этаже
в гостиной комнате, предупредивши нас - на втором этаже квартиры ночует
молодая супружеская пара из Албании.
( Как впоследствии выяснилось, это составляло вопиющее нарушение правил,
строго запрещающих селить новоприбывших совместно, и особенно, если они
разных этнических или религиозных групп - обозлённые переселенцы нередко
затевают поножовщину друг с другом. )
                                                                          *

  Под кухонным столом мы обнаружили коробку, наполненную консервами,
тюбиками пасты и рулонами туалетной бумаги, а в холодильнике нашлись
килограмм-два розовой картошки и подсолнечное масло.

  На длинноворсом синтетическом ковре, от стены до стены покрывавшем,
заместо паркета, пол гостиной, горой лежали толстые стёганые матрасы,
и уставшие жена и дети повалились и мгновенно заснули. У автора же,
как всегда, избыток впечатлений вызвал перевозбуждение и бессонницу,
и разыскав свои любимые плавки на завязочках и дёрнувши полстакана
дозволенной к вывозу из СССР водки, я вышел через задний двор-палисад
к бассейну, подсвеченному из-под воды голубыми лампами.

  Контраст с холодной и грязной Москвой, Шереметьево II, заваленным узлами,
и последовавшей нервной трусцой за « русским » быстроногом-переводчиком
по движущимся дорожкам нью-йоркского аэропорта Кеннеди был удивителен.

   Шаровые цветы магнолий, размерами, ежли не по весу, под стать
   капустному кочану, белели на глянце тёмной листвы куп, с падубов
   свисали шевелящиеся бороды сизого мха.
    Пахло сбежавшим вареньем и аллигатором в парфюмерной лавке,
   трещали цикады, побулькивали древесные лягушки.

 В кронах деревьев, во многих местах раздавались громкие разноголосые трели,
похожие на соловьиные, и теряющий остатки чувства реальности чужестранец
готов был уже по объёму звука предположить огромную стаищу птиц, но только
бестелесно-призрачных и недоступных зрению - позже оказалось, что эдак поют
какие-то оглашенные тропические жуки.

  Тонкий ущербный лунный серпик лежал возле зенита почти что горизонтально,
лишь чуть-чуть наклонно, наподобие ухмылки растворившегося Чеширского Кота
из « Алисы в Стране Чудес ».

Наутро мы встретились на кухне с албанцами. Они жили здесь уже вторую неделю и довольно сносно объяснялись по-английски. Смешливая крепкая молодая женщина рассказала нам, как бежала из своей деревни по горным крутым тропинкам в соседнюю страну, пограничники стреляли в неё, но не попали.

Её муж угостил меня американским баночным пивом и пригласил на экскурсию в расположенный в получасе ходьбы гастроном, носивший название «Лев Еды».

Имя это принадлежит целой сети однотипных магазинов самообслуживания, торгующих не только едой, но и медикаментами, предметами гигиены, посудой, косметикой, школьными и кухонными принадлежностями, недорогими игрушками - короче, всем, что приобретается часто, вплоть до гранулированного цемента с ароматической отдушкой для кошачьих ящиков.

У «Льва», как и у всякого предприятия в США, имеются конкуренты - аналогичные фирмы «Альбертсонс», «Публичный» и «Юг, победи!». (Последние два названия пишутся намеренно с детскими ошибками - бьющий в глаза приём, часто употребляемый американской рекламой.)

Набор товаров везде практически один и тот же, но рыба и всякие там устрицы-крабы-лангусты-омары-креветки дешевле всего в «Альбертсонсе», фрукты и овощи - в «Публичном», свинина и говядина - у «Льва Еды», а индюшатина и курятина - в «Юг, победи!».

Все соперники рассылают бесплатные газетки с вырезными купонами, дающими скидку на определённые изделия, периодически устраивают распродажи и дегустации, в несколько раз уценяют слегка залежалые, но ещё вполне доброкачественные продукты и таким образом стараются удержать свою часть покупателей.

Американцы, экономя время, выбирают подходящий гастроном и запасают всё, что им нужно, на неделю, обычно, вечером в пятницу. Иммигранты же, в большинстве своём, безработные или занятые неполный день, охотятся повсеместно и беспрестанно.

Универсальные торговые предприятия, о которых идёт речь тут и дальше, огромные, безо всякого преувеличения, размером с хорошее футбольное поле, и если кто-нибудь не познакомит с расположением хотя бы основных отделов, пользоваться ими непосвящённому крайне трудно, так что впоследствии я был искренне благодарен своему временному соседу.

Албанец взял у входа двухъярусную тележку на колёсах и покатил сначала к фруктам и овощам.
Часть их была расфасована, часть помещалась яркими горками на лотках, а арбузы лежали прямо на полу.

Албанец принялся отбирать в полиэтиленовые пакеты, которые отрывал от больших рулонов над полками, яблоки трёх цветов, нектарины (гибриды персика и сливы), груши, бананы, манго, киви и непривычные тропические карамболи, янтарно полупрозрачные и ребристые, формой напоминающие ручные гранаты-лимонки. Небрежно бросил в угол тележки шишку ананаса и половинку мохнатого кокосового ореха, запаянную в пластик.

Тут же пирамидальными вавилонами возносились красные и жёлтые помидоры, огурцы, спаржа, головки салата, всевозможные сорта сладкого и горького перца, артишоки, кабачки, баклажаны, имбирь и совсем уж уму непостижимые овощи, вроде какой-то р у т а б а г и.

Репа, редиска, морковь были вымыты, лук-порей почищен, обрезан и связан в тугие пучки, петрушка, салат, кинза, базилик, мята, укроп собраны в аккуратные букетики.

Каждый, даже простейший продукт, присутствовал не менее, чем в трёх разнокачественных своих ипостасях; картошка, к примеру, имелась белая, нежно-розовая с тончайшей кожурой и огромная коричневая, пупырчатая, предназначенная для запекания целым клубнем в алюминиевой фольге.

Далее шеренгами гренадёров шли остеклённые холодильные шкафы с полностью готовыми к употреблению замороженными изделиями - гамбургерами, пиццами, равиоли, лазаньями, кассеролями, пирогами, а также составленными из основного и «побочных» блюд-гарниров индивидуальными завтраками и ланчами на термостойких подносиках, которые перед подачей остаётся только сунуть в микроволновую печь, установив таймер на требуемое количество секунд.

За этими следовали полки со всевозможного размера сосисками, завитками польской келбасы, тубами паштетов, кружками болоньи, батончиками салями и прихотливо развешенными ожерельицами, косами и фашинами прутьев карандашнотонких вяленых колбасок.

Внизу были выложены коробки бекона с прорезанными в них окошечками, затянутыми прозрачной плёнкой, и каждый без исключения ломтик сала выставлял в окошечко свою мясную прослойку.

Под полками помещались обдуваемые холодным воздухом стальные ящики, заполненные окороками и ветчиною, копчёными индюшатиной и голяшками.

Такие же ящики тянулись вдоль отделявшей торговый зал от разделочного цеха стеклянной стенки, через раздвижные дверцы которой улыбчивые работники в синих комбинезонах с именными значками выставляли фасованное сырое мясо и предупредительно спрашивали, не надо ли разделать его тебе по-особенному.

В рыбном отделе резали и взвешивали морскую и прудовую живность, разложенную на мелко наколотом льду, и отлавливали усатых омаров, плававших с перевязанными клешнями в плоском аквариуме.
По твоей просьбе, тут могли в одно мгновение приготовить на пару и очистить купленные тобою креветки или открыть ракушки.

В кулинарной секции, на чьём прилавке тарелочки дразнили носы прохожих волнами ароматов от образцов, кои вас настоятельно уговаривали попробовать, предлагали свежезажаренных кур и ростбиф, и множество готовых салатов, а в кондитерской надписывали и украшали торты как ты сам того пожелаешь.

Далее шли молочные полки, уставленные обезжиренным и полупроцентной, одно-, полутора- и двухпроцентной жирности молоком - простым и шоколадным, фруктово-ягодным йогуртом, сливками, сметаной, сырами, яйцами и творогом.

Это всё помещалось поближе к стенам, чтобы не надо было далеко вести трубопроводы к холодильным камерам, а товары, не требовавшие охлаждения, располагались на бессчётных стойках, протянувшихся поперёк зала.

И тут уж каждый из могучей продовольственной армады представал не в трёх - четырёх обличиях, но стоял в тесно сплочённых рядах легиона сортов и видов.

Увы, по моим наблюдениям, албанцу не внушало особого воодушевления этакое бесподобное изобилие.
Он погрузил в тележку ещё только плотную зелёную головку капусты, немного розовой картошки и подносик субтильных цыплячьих крылышек.

При том совсем недавно обретший свободу узник тирании кисло бурчал, что продукты здесь какие-то странные и ничего, за исключением разве некоторых тропических плодов, не имеет настоящего вкуса и, дескать, виноваты в том химия и гидропоника.

Тут он был безусловно неправ, ибо надписи на большинстве упаковок утверждали предельно чётко: их содержимое получено натуральным путём и без применения неорганических удобрений.

И я уже точно знал - этому можно вполне доверять, поскольку в Америке существует администрация, крайне бдительно следящая за правдивостью коммерческой информации.

Однако, действительно, всё съестное, кроме одних апельсинов, ананасов, манго, киви, бананов да грейпфрутов, отличается от того, что мы ели прежде, и по вкусу, и по виду, и по запаху.

Дело в том, как я теперь понимаю, что принципы американской готовки, развивавшейся в пику столь ненавидимой колонистами « британской » кухне, совершенно не похожи на наши.

Например, салат и впрямь составляют листья салата, на которых разложены крупно нарезанные сырые овощи - помидоры, репа, морковь, кабачки-цуккини, цветная капуста - залитые специальным соусом-заправкой, и помидоры, дабы не потеряться в таком блюде, просто обязаны быть кислыми и твёрдыми.

Полной зрелости помидоры можно купить только в секции уценённых товаров, где, наглухо запаянные, они моментально сгнивают и выбрасываются в мусор, и оттого попадаются довольно редко.

Сосиски, колбаски и братвурсты томят над углями на гриле, затем же их, полоснув ножом вдоль, влагают в надрезы продолговатых сдобных булок, начиняют мелко рублеными маринованными огурцами и щедро приправляют кетчупом и кислой неострой горчицей - это и есть известные всему миру « горячие собаки ».

Кур готовят на вертеле или, обмазав куски их сухарным кляром, погружают полностью в кипящий жир, ленты бекона выжаривают под гнётом до обращения в прозрачные хрустящие шкварки, твердокопчёную колбасу запекают на пицце.
А из хлеба они делают т о с т ы.

Танталовы муки поначалу ожидают всех переселенцев.
Цыплята, которые выглядят не хуже, чем на ташкентском базаре, не годятся для супов и бульонов, потому что развариваются за три минуты, квасное тесто сразу перекисает, оттого что здешние сухие дрожжи обладают убойной силой, а любимые всем семейством блинчики, по какому рецепту их ни замешивай, разваливаются на покрытых тефлоном легковесных сковородах.

Лишены привычной утвари и традиционного сырья, за океаном терпят фиаско даже еврейские бабушки, эти мастерицы домашней кулинарии мирового класса.

В океане консервированных и других нескоропортящихся продуктов изредка попадаются и не столь чуждые нам, но извлечь их из пучины стоит огромных трудов.

Мы с женой два года без толку разыскивали в магазинах гречку, которая по-английски называется «оленьей пшеницей». Компьютеры в кассах не показывали ничего с подобным названием, и упорные поиски в отделах круп также оставались без результатов.

Случай помог выяснить, что гречка, хотя и слегка пересушенная, продаётся всюду под именем «Каша» и производится компанией некого г-на Манишевича, которая, не то как рекламу, то ли просто от ума избытка, привела на пачке забавный факт: согласно ботанике, «оленья пшеница» наглая самозванка, злаковым даже и не родня, а треугольные зёрнышки кустиков относятся - кто бы мог подумать - к плодам. По этой-то причине лже-пшеницу и помещают в один ряд с фруктовыми соками, пуншами и желе, фигами, курагою и черносливом.

С другой стороны, здесь имеется вид мелких копчёных устриц в масле, напоминающий до боли знакомые с детства шпроты, и в то же время хлеб, именуемый «каравай», абсолютно не похож на русского тёзку, ко вкусу которого существенно больше приближаются некоторые сорта немецкого чёрного пумперникеля.

Однако ж, я потерял из виду своего албанца. Сейчас, мне кажется, его спина маячит возле полок с пирожными, и я спешу туда мимо секции итальянской еды - паста: лазанья, спагетти, маникоти; соусы пармский, флорентийский, миланский - о мама миа, о дольче вита - а затем вдоль шеренг маринованных перцев и каперсов, зелёных, коричневых и чёрных оливок, по отделу восточных стран, уставленному мириадами крошечных баночек и бутылочек, дальше, между башен ярких коробок с хлопьями, крекерами, чипсами, воздушным рисом, но пока я добираюсь до цели, албанца и след простыл.

Тут вдруг его рубашка с турецкими огурцами мелькнула в чайно-кофейном ряду, дорога туда пролегает мимо сыров - чеддер, фета, рокфор, камамбер, швейцарец, гуда, бри в деревянных коробках - и через вина - каберне совиньон, пино, мерло, бургунди, божоле, спуманте, «Кордон руж» и даже легендарная «Вдова Клико» - пер Бакко! знакомец мой снова умудрился бесследно испариться, и на том месте, где долю минуты назад был хитрый мусульманин, две почтенные пожилые леди переглядываются и поджимают губы.

Наконец осознаю, насколько мало толку гоняться за ним в лабиринте стеллажей, и, подумавши, избираю правильную тактику - перемещаться по периметру зала, просматривая проходы насквозь.
Некоторое неудобство такого метода заключено в том, что приходится двигаться, глядя не прямо перед собою, но вбок.

На счастье моё, посетителей кот наплакал, к тому же я не обременён тележкой, и трусцой обогнув помещение, где б свободно уместился стадион (я ведь в юности был неплохой бегун), примерно два с половиной раза, засекаю албанца, стоящего в глубоком оцепенении перед холодильным шкафом.

Сдаётся, бедняга решил уловить доступную лишь тонким экспертам разницу между пластиковыми контейнерами молока, всё отличие которых определяется надписями на их этикетках - в одних больше того витамина, в других - этого; одни произведены в долинах, другие - в горах.

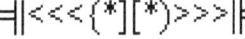

Тряхнув за плечи, вывожу моего балканского очарованного собрата из каталепсии и отпрашиваюсь в свободный поиск.

Добрый человек беспокоится, но объясняю, мол, покупать ничего не собираюсь, не далее, как этой ночью высадились на континенте, в кармане ни ломаного цента, просто хочу немного сориентироваться.

Во время того буду каждую минуту поглядывать на кассы, и едва только замечу, что он подкатил к ним свою тележку, немедленно сверну разведку и сразу же покину львиные катакомбы.

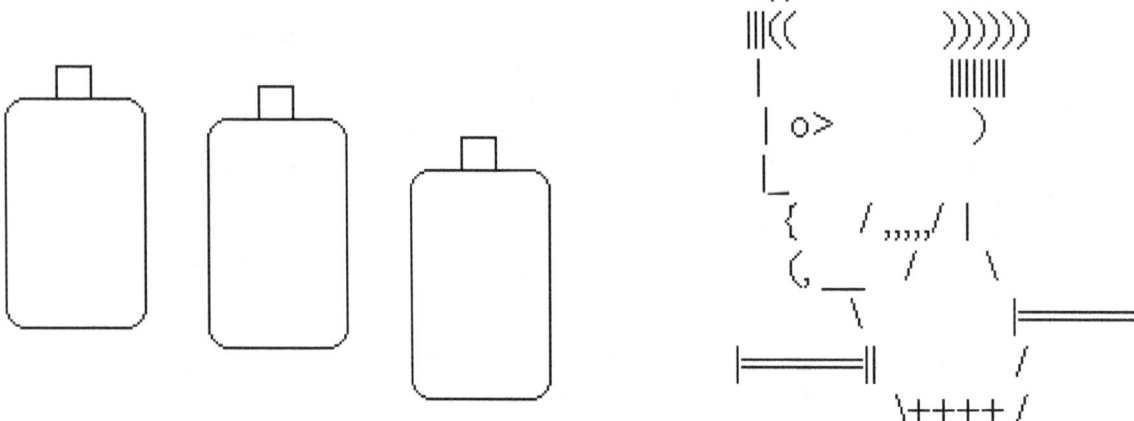

Теперь можно без суеты разобраться, что к чему. Для начала нужно установить некую точку отсчёта, на научном языке - репер.

Читал недавно ревью: средняя оплата труда неквалифицированного рабочего США в этом году равна двенадцати с чем-то долларов в час, то есть, около сотни в день.

Сопоставив с заработком советского работяги в достопамятный и благословенный период застойного застолья, когда ежедневная десятка составляла предел мечтаний, вычисляю приблизительный масштаб - по трудозатратам 10 долларов эквивалентны застойному рублю, десять центов - копейке.

Так что же это такое получается?!! Фунт (454 грамма) курятины - 40 центов (4 копейки). Фунт парной говядины без костей - полтора доллара (15 копеек). Фунт окорока - 60 центов (6 копеек). Фунт картошки - 20 центов (2 копейки).

Ну, конечно, кое-что подороже. Фунт сыра - 3 доллара, фунт рыбного филе - 4 доллара, фунт креветок - 5-6 долларов. Но всё равно, это же безумно дёшево! Даже огромные живые омары стоят по шести долларов штука (т.е., 60 копеек).

Соотношение цен странное для нас, но, по зрелому размышлению, понимаешь, что оно единственно правильное.

Рыба гораздо дороже мяса, так как мясо производят индустриальным способом, а рыбу приходится ловить в открытом океане, с определённым риском, и платить ощутимые налоги на восстановление стада и охрану окружающей среды.

Курятина куда дешевле говядины, ибо цыплят не в пример легче выращивать, нежели коров.

А водоплавающих птиц, требующих откорма в пруду, в заведении класса «Льва» и вовсе никогда не бывает, поелику поставляют их исключительно в спецмагазины еды для особых гурманов, где маленькая уточка стоит свыше тридцати долларов.

И только при покойном «плановом хозяйстве» могло сложиться всё наоборот, оттого, что цены там лихо изобретала какая-то умная голова в министерстве, коя по объективным историческим причинам уважала курочку больше говядины и на дух не переносила «этих грязных уток».

Кое-что ещё непривычно нам в здешних ценах - всех их завершают одна или две девятки.

Я, чтоб легче было сравнивать и переводить, автоматически округляю - 40 центов, 90 центов, 12 долларов.

Но на этикетках в действительности напечатано: $0.39, $0.89, $11.99.

Если, краткости ради, вздумаешь сказать: « Будьте любезны, подайте мне вон то, за два доллара », невоспитанному чужестранцу непременно внушат: « Один девяносто девять ».

Некруглая цена якобы удостоверяет, насколько продавец тщательно высчитывает прибыль и не запрашивает лишнего. И, будьте уверены, центы тебе аккуратно вручат в виде сдачи.

Уважение к мелкой монетке уходит корнями в сокровенные глубины американской психологии. На ней выбиты профиль самого любимого Президента Соединённых Штатов - А. Линкольна, « честного Эйба », и слова « В Бога мы веруем ».

U = И хотя сегодня купить на пенс ничего нельзя и великолепная, зеленеющая от времени бронза, из которой чеканится денежка весом с русский алтын, стоит значительно дороже её номинала, упразднить этот символ нации никогда не придёт никому в голову.    $

Но вернёмся к нашим баранам.

К слову сказать, бараньи отбивные весьма и весьма кусаются, а вот ляжечки спускают за бесценок, **ergo**, плов, харчо и пити обеспечены.

Где б найти ещё и свёклы на борщ? Пробую справиться о том у громадного чёрного детины в униформе, выставляющего консервы на полки. И вмиг получаю нокаутирующий удар по самолюбию. Парень, явно не понимая, чего от него хотят, отвечает в нос и почти не размыкая губ ритмизированной невнятицей, состоящей из одних гласных звуков и рычания.

Не могу разобрать ни слова ! Это я, с моим-то английским !!! Сынок, да я читаю Шекспира, Китса и кого угодно без словаря ! Я делал доклады на конференциях и писал статьи по-английски !

Повторяю фразу предельно чётко, но эффекта не замечаю. На лице у гиганта отражается последняя степень умственного усилия, он бросает свою работу и руками приглашает меня последовать за ним к кассам. Там негр принимается говорить на том же наречьи с голенастой мисс в мини-мини, которая щебечет уж совсем по-птичьи, и беседует с нею довольно долго.

За это время успеваю достать из кармана записную книжку и запечатлеть крупными печатными буквами свой вопрос о свёкле, и когда девица наконец обращается ко мне с какими-то словами, подаю ей листок.

Тогда она, взяв его двумя пальцами и повертев, поднимает и подносит к уху с большущей серёжищей телефонную трубку, и через одну секунду у кассы возникает менеджер в чёрном костюме с галстуком и лакированных башмаках.

И после новой безуспешной попытки объясниться, слышу от него предложение, кое могу ещё понять: « Говорите ли вы по-английски ? ».

Пока открываю рот, чирикающая кассирша протягивает ему мою записку, и обронив « О-о-о-кей ! » и поколдовав немного у компьютера, менеджер пишет на ней номер нужного нестандартному клиенту ряда и для верности указывает направление туда пальцем.

Так впервые автор соприкоснулся с разговорным американским языком. Он отличается от литературного английского ( который здесь именуется « британским ») и грамматикой, и смысловыми оттенками большинства слов, и - весьма радикально - произношением.

Его истоки - в жаргоне, специально выработанном африканскими рабами, чтобы плантаторы их не понимали.

И единственный путь овладеть этим диалектом - практика, ибо его не преподают нигде, а по телевизору он звучит не часто, только в речи персонажей некоторых фильмов.

Поскольку же в каждодневном быте уроженцы Америки с любыми пришельцами контактируют мало, значительно продвинуться в нём за долгих пять с лишком лет мне не удалось, и до сих пор время от времени я слышу сакраментальный вопрос « Говорите ли вы по-английски ? » от людей, которым в старой доброй Англии, несомненно, понадобился бы переводчик.

Отхожу от кассы слегка «грогги» ( русская идиома - « будто мешком побит »). В приснопамятной Академии Наук СССР, где мне весьма нередко доводилось общаться с жителями стран мира, вышедших из-под скиптра Британской Империи - канадцами, австралийцами, индусами, южноафриканцами, равно и американцами - мы вовсе не ощущали лингвистического барьера, хоть наши акценты и различались.

Мою речь легко понимали сотрудники посольства США в Москве, иммиграционные чиновники в Нью-Йорке, работники аэропорта JFK, стюардессы « и другие официальные лица ».

Вот и с албанцем, которого обучили языку в лагере для беженцев, объясняемся без проблем.

Ряд, куда послал меня менеджер, как выяснилось, принадлежал к отделу еврейской еды, где я довольно быстро отыскал консервированную свёклу, а также совершенно чистый свекольный отвар под названием « Борщ », производимый уже известной нам фирмой Манишевича.

Обнаружились там и кошерные огурчики-"детки" с полмизинчика в маринаде с укропно-чесночным ароматом, причём из множества одинаковых зелёных банок иные выделялись жёлтыми наклейками, гласившими, что за эту именно банку с тебя возьмут на 10, 15, а то и на 20 центов меньше.

Подобными наклейками, иначе, « моментальными купонами », далеко не исчерпывается богатый арсенал уловок, применяемых для придания игрового азарта заурядейшему процессу покупки.

Некоторые компании помещают в коробки небольшие подарки - игрушки, значки, миниатюрные керамические фигурки, ложечки, весною - пакетики с семенами.

Другие устраивают лотереи, а для участия в них необходимо набрать определённое число билетиков, отпечатанных по одному на каждой упаковке продукта, вместе с условиями розыгрыша и описаниями призов - порой даже дорогих машин, путешествий или солидных сумм денег, доходящих до миллиона.

На коробках, вообще, много чего напечатано.
Кроме рекламы, где не возбраняется обругивать конкурентов, можно встретить ещё и полезные советы, кулинарные рецепты, изречения великих, интересные факты, шутки, картинки-загадки и прочее. Также любой продукт питания по закону обязан нести полную информацию о его составе, калорийности, содержании витаминов, сахара, соли, белка, жиров, нитратов, микроэлементов, холестерола и таинственных для меня карбогидратов.

Всё это делается не просто так, спонталыку, а вследствие того, что чуть ли не каждый здешний житель от рождения и до смерти строго придерживается какой-то системы питания и кропотливо планирует свою диету, для чего, отправляясь приобретать еду, вооружается калькулятором, ручкой с блокнотом и счётчиками.

Культура, дерзновенно создавшая сложнейшую композицию генов - большеносых европейских изгоев и плоскорожих местных язычников, идолопоклонников и антропофагов инков и испанских конкистадоров, хлопковых и табачных плантаторов и чёрных рабынь - имеет к тому веские причины, о чём речь зайдёт несколько позже.

Боже Израилев, выберусь ли живым из этого капища избытка ?!
По счастливо случайному проблеску сознания вовремя оторвав усталый, но зачарованный взор от мелкого шрифта на этикетке, замечаю, что в районе касс неожиданно материализуется албанец вместе со своею тележкой, и немедленно присоединяюсь к нему.

Уголком глаза отмечаю среди его покупок бутылку красного еврейского вина, гордо названного « Звездой Давида » - хм, а позволено ль оно правоверным ? Впрочем, это меня не касается.

Кроме того, добавился ещё галлон ( 3 и 3/4 литра ) шоколадного молока и большая коробка воздушных кукурузных лепестков с миндалём и изюмом, которые тут обычно заливают молоком и мёдом и едят со свежими фруктами и/или ягодами. Всё равно, по количеству покупок в один заход бедному албанцу бесполезно тягаться с типичным американцем, и посему мы направляем стопы к экспресс-кассе ( « Не более пятнадцати предметов, пожалуйста » ).

Каждая касса представляет собой довольно сложный расчётно-упаковочный узел, плотно начинённый электроникой.
Всякая этикетка снабжена кодом, где зашифрованы не только вид и цена товара, но и множество другой информации.

Данные с кода считывает лазерный сканнер, соединённый с кассовым аппаратом; обработавши их, компьютер оставляет на упаковке невидимую магнитную метку - без неё устройство, замаскированное у выхода, включит сигнал тревоги.

Кроме того, поскольку большинство покупателей расплачивается не наличными, а чеками либо с помощью кредитных карт, тут же расположен терминал сети для проверки банковского баланса клиентов ( о кредитной системе и о банках расскажу позднее ).

Однако над иными кассами висят заметные издали таблички предупреждений: « Извините, принимаются только наличные », что позволяет в короткие часы пик подключать к обслуживанию посетителей и тех работников « Льва », кто не умеет обращаться со всем оборудованием.

У албанца, ежу понятно, нет ещё ни счёта в банке, ни кредита, да и деньгами-то новоприбывшему беженцу, вынужденному по приезде несколько месяцев ожидать разрешения на трудоустройство, где бы успеть разжиться, и рассчитываться он собирается продовольственными талонами.

Увидевши известные полстолетия пёстрые книжечки у него в руках, кассирша делает презрительную мину и набирает на клавиатуре особый пароль.

Программа продовольственных талонов обеспечивает их регулярное получение любому малообеспеченному, обратившемуся в госслужбу социальной безопасности. Но стопроцентный американец лучше станет голодать и холодать, будет грабить или торговать наркотиками, чем пойдёт побираться у «бюрократа».

Так что такие талоны суть визитная карточка свежего иммигранта, а за ними в магазине глаз да глаз нужен.

Ибо несмотря на все возможные электронные ухищрения и скрытые повсюду видеокамеры, беспрерывно снимающие на плёнку всякий движущийся предмет, питомцы развитого соцлагеря, используя на деле свой опыт мирового значения, кованые наши кадры и тут умудряются воровать, и по крупному.

Внимательно оглядывая нас, девушка начинает проводить покупки над читающим линейные коды лазером; когда же подходит очередь бутылки вина, раздаётся громкий противный писк - расплачиваться за алкогольные напитки продовольственными талонами не положено.

Кассирша отставляет бутылку в сторону, и указывая перстом на неё и на книжечки в руках албанца, произносит « Ноу ! ».
Но мой чуждый исламского фундаментализма друг, радостно улыбаясь, достаёт из бумажника десятидолларовую купюру - видно, нелегально подзаработал, моя посуду или прибирая в каком-нибудь ресторанчике.

Процесс расчёта успешно завершён, купоны учтены, копия чека и сдача вручаются покупателю и его приобретения едут по наклонной плоскости к упаковочному столу.

Там их молниеносно, но аккуратно укладывают, согласно твоему выбору, в пластиковые мешки или бумажные пакеты, загружают обратно в тележку, стеклянные двери сами собой распахиваются при нашем приближении к ним и мы выезжаем на залитую солнцем улицу.

То есть, это не улица, а обширная парковочная площадка-лот, способная вместить несколько тысяч автомобилей.
Принадлежит она «Льву», точно так же, как и тележка, которую сейчас толкаем перед собой, и о том, что увозить её из владений компании запрещено, напоминает плакат.

Но нам-то ничего другого не остаётся делать, и мы открыто похищаем чужую собственность, подобно всем поначалу безмашинным иммигрантам.

К слову сказать, она и не увозима, а угоняема собственным ходом, чего составители предупреждения явно не предусмотрели. Зато потом, добравшись до нашего временного пристанища и выгрузив продукты, мы ставим тележку на тротуар перед комплексом, где её к вечеру подберут работники гастронома, а не просто бросаем в кустах на газоне, как поступают некоторые недосознательные товарищи.

В американских магазинах полностью пропадает представление о времени, потому я нисколько б не удивился, если бы, словно ещё один Карлик Нос, выяснил, возвратившись домой, что пролетело немало лет и мои родные не узнают меня.

Слава Богу, прошло лишь около полутора часов. Галуша хозяйничает в кухне, дети играют на заднем дворишке у бассейна.

Быстро переодевшись, прыгаю в стреляющую яркими солнечными бликами воду, хотя, крепко хлорированная, она здорово щиплет глаза и ноздри, и долго плаваю, пока жена не зовёт обедать.

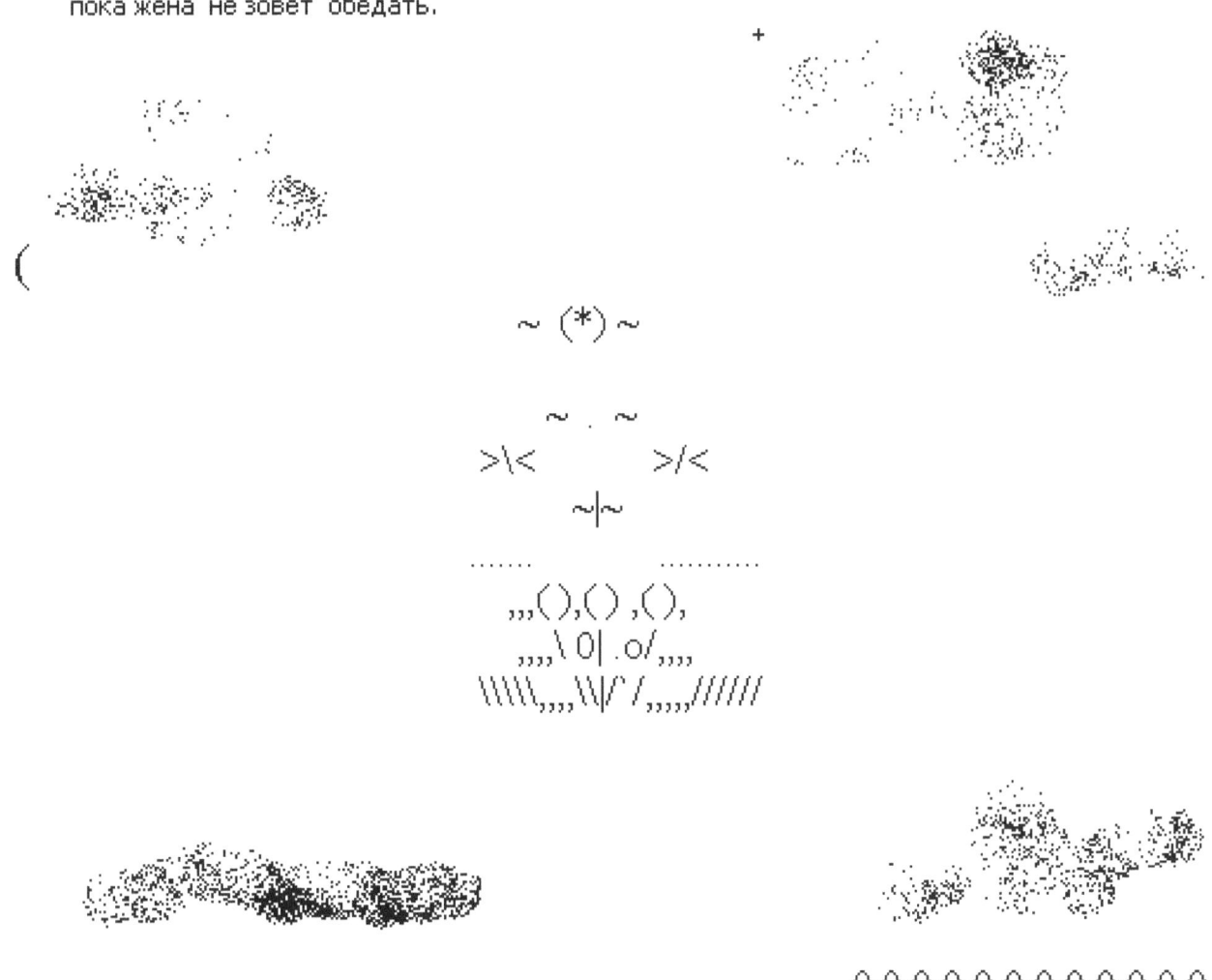

### РАЗМЫШЛЕНИЕ POST FACTUM

Гордячка Флора, чьею волей ты
Собрала вместе столько красоты ?
Полны живущим кроны и кусты,
Дрожат пальмет японские персты -
Да, это, несомненно, жизнь другая.

Геккон зелёный смотрит, не мигая.
Трава банан стоит, свои цветы
Огромными подвесками качая.
Древоподобны стебли молочая.
Не так ли исполняет Бог мечты ?

О край, что точит молоко и мёд !
В тебе ль ковчег мой почву обретёт ?
Гирляндами висит испанский мох,
На каждый ветра отвечая вздох.

## *Глава вторая,*
где вечером первого дня во Флориде герой находит россыпи денег

На патио ( так по-испански здесь называется пространство позади дома типа открытой веранды под козырьком, куда выводят раздвижные двери витринного стекла с противомоскитной сеткой ) жена предупредила меня, что нынче обедать с нами будут русские переводчики, они уже приехали и ждут лишь появления главы семьи иммигрантов, и мне нужно быстрее надеть надлежащие брюки и рубашку.

Когда я вышел к столу, то увидел за ним чету средних лет, подтянутую и улыбающуюся непрерывно, в шортах и цветных безрукавках, и с нею мальчика и двух девочек, по которым было за версту заметно, какие они дисциплинированные и организованные.

Взрослые вежливо ответили на моё приветствие, дети же потупились и собрались было промолчать; мать, однако, строго посмотрела на них, после чего все трое, запинаясь и краснея, по очереди произнесли нечто, напоминающее « Здрсте ».
Отец, потрепав младшую дочку по голове, извинительным тоном сказал, что « практики в русском очень мало вокруг них имеется ».

{ \*|\* }

#( \*|\* )#

&( \*|\* )&

Лицо переводчика было мне знакомо, он встречал нас ночью в аэропорту, но ожидая багаж и по дороге мы успели обменяться немногими репликами.
Его энергичная супруга нанесла нам визит рано утром, когда мы с албанцем пребывали во чреве у « Льва », и оставила несколько преогромных пакетов с мясными мослами, уценёнными овощами и фруктами.

Такие пакеты за гроши, а то и совершенно бесплатно можно получить в небольших продуктовых лавках, куда наши люди, как правило, не ходят, потому что там не принимают описанные выше продовольственные талоны - не оборудованному сложной электроникой магазину невыгодно возиться со сбором и учётом бумажек.

Содержимое подобных пакетов, если только вовремя подъехать и забрать забракованное продавцами до наступления дневной жары, пока еда не успела задохнуться под полиэтиленовой плёнкой, более чем пристойного качества.

Как я раньше упоминал, типичный урождённый американец признаёт мясо только жареное на решётке-гриле и не варит супов даже для собак, и вообще, ничегошеньки-то он не варит, а любые произрастания земные употребляет исключительно в сильно недозрелом виде.

Что ж, из мясных обрезков составилось неплохое жаркое; кости, капуста и очень спелые помидоры пошли на летние щи; остальные овощи - на салат a la russe, без листьев салата, зато с репчатым луком и подсолнечным маслом.

А изо всего разнообразия плодов и ягод, не исключив и самых экзотических, жена моя изобразила единый компот, который, исполняя пожелание гостей, подала на стол ещё до первой перемены в коктейльных стаканах со льдом и коленчатыми пластиковыми соломинами.
Безупречно пятиконечные ломтики карамболей, плавающие на поверхности, ярко сияли в них, будто золотые звёзды героев Советского Союза.

8==8==8==8==8==8==8==8==8==8==8==8==8==8==8==8==8==8

За столом переводчица сразу сказала нам, что они - служащие организации «Еврейский Вселенский Альянс», но не евреи и могут не соблюдать шаббат, и, поскольку сегодня суббота, с утра отвезли новоприбывших людей в синагогу, а вечером будут обязаны собрать их и развезти по апартаментам. Сейчас же у них имеется некоторое не зарезервированное ни для кого время, и муж и она вместе согласились, что это неплохая идея - проинструктировать нас, как нам следует вести себя дальше.

Инструктаж этот есть обязательный всем иммигрантам, он довольно длинный и проводится в два этапа, из-за чего они планируют появиться тут завтра также; всей семье, и взрослым, и детям, необходимо находиться на месте примерно с 3 часов 30 минут второй половины дня.

Жизнь в Америке, продолжила дама, абсолютно не подобна жизни в других местах. Избиратель не поддерживает и не желает оплачивать большой аппарат правительства, который хочет сильно ограничивать индивидуальную свободу человека. Поэтому тем, кто приезжает сюда, надеясь достигнуть лучшего, не стоит рассчитывать на особую помощь государства из кармана налогоплательщика. От прибывших ожидается агрессивная личная инициатива, желание выполнять тут всякую работу, а также быстро интегрироваться в американское общество.
И ещё им важно соблюдать персональную гигиену тела и рта и носить чистое бельё и деодоранты.

Снабдив нас между переменами многими советами подобного рода, переводчица завершила свой инструктаж к концу обеда и спросила, имеются ли вопросы.

$$\Sigma \text{ ???????}$$

Сразу же воспользовавшись этим, нам удалось выяснить, что в Джексонвилле насчитывается менее полумиллиона жителей, однако занимаемой площадью он превосходит любой мегаполис планеты и, располагаясь во влажных субтропиках, десятилетия удерживает мировое первенство по количеству вегетативной массы на нос городского населения.

Его пересекает широкое устье реки Святого Джона, в дельте которой немало живописнейших извилин и топей, украшающих восточное побережье нашего штата.

Услыхав это и вспомнив о перехлорированной воде бассейна, я спросил, далеко ль отсюда река и можно ли в ней купаться.
Недалеко, ответили мне, три блока вниз по улице, но купаться нельзя, потому что в прибрежных кустах водятся аллигаторы. Безопасней всего вовсе не подходить к зарослям у воды, особенно если в них слышатся плеск и хрюканье.

Аллигатор, или «гейтор», как тут уменьшительно кличут эту рептилию - символ и эмблема Джексонвилла; его имя носит популярная любительская футбольная команда местного университета, а под городом расположена знаменитая крокодилья ферма, где живёт самый большой на свете гейтор. ( Не так давно Паша ездил туда на экскурсию с классом и утверждает, что чудовищная гадина больше нашего дома. )

Публичные пляжи есть у океана, там высокий прибой и хороший сёрфинг, и кое-кто рискует иногда поплавать, хотя несколько раз в году случаются нападения акул на купающихся.

Засим Галя моя спросила у гостьи, как бы нам сообщить в Россию о нашем благополучном прибытии и о радушном приёме в Штатах.

Можно позвонить с произвольного телефона - автомата, здесь они, без преувеличения, стоят на каждом шагу, отвечала переводчица.

Для этого нужно лишь разменять четыре доллара любой мелочью, кроме центов, и набрать два нуля, чтобы соединиться с оператором, а дальше только выполнять его указания.
Причём если мы их не будем понимать, то следует потребовать оператора, говорящего по-русски.

Я робко вставил слово, дескать, покамест у нас, ясное дело, никаких долларов нет, и всё же подать весть о себе надо позарез, у жены дома старушка-мать, ей 82 года и она очень волнуется, так нельзя ли нам выделить эти деньги в счёт будущего пособия.

Улыбнувшись, переводчица отметила, что мы, как и все новоприбывшие, просто не осознаём ещё своего положения. У них обычно имеется иллюзия, будто бы на каких-то службах лежит обязанность обеспечивать нужды тех, кого легально впускают в страну. Но практически государство посылает беженцам небольшой чек на протяжении до шести-семи месяцев, которого не достаточно даже для оплаты жилья, любая же дополнительная помощь сосредотачивается в руках частных благотворителей.

Где-то богатые общины дарят переселенцам машины и дают кэш, а где-то... Оба переводчика синхронно вздохнули. Однако они что-нибудь постараются сделать лично для нашей семьи, а завтра на инструктаже объяснят ситуацию, сложившуюся здесь, более подробно.

Тем и заключив разговор, наши гости ( или хозяева ? ) подозвали детей, которых после обеда отпустили поиграть на заднем дворе с моими пацанами, сели в свой голубой микроавтобус и, помахав нам ручками в окошко, уехали, а мы, ничтоже сумняшеся, принялись готовиться к пешей прогулке.

Перемена часового пояса сказывалась, и всё же любопытство перевешивало усталость и сонливость. Вмиг разогнав дремоту хлоркой бассейна, я поместил в сумку галлонную бутыль воды, пару полотенец на случай теплового удара, да несколько яблок, избежавших варки, и мы отправились.

У нас не было с собой ни зонтиков, ни лёгких головных уборов, но море зелени кругом, и вправду, раскидывалось до горизонта, и наша маршевая колонна из четырёх пешеходов не выходила из густой тени.

Этот комплекс квартир, сдаваемых внаём, иначе, апартментов, где нас поселили, состоял из домиков, сгруппированных в каре по нескольку штук, задними дворами внутрь, фасадами наружу.

Касаясь оштукатуренных стен, каждую такую жилую единицу окружал густой подстриженный самшит, второй линией обороны - крупные кусты колючих роз, так что никто никоим образом не мог приблизиться к высоким окнам нижних этажей домов, закрытым плотными решётчатыми жалюзи.

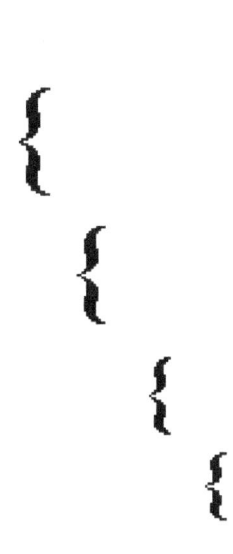

# LA MIRADA

Рядами вдоль островерхих построек, задуманных в испанском стиле и покрытых красной выпуклой черепицей, на асфальте, разграфлённом белыми линиями, стояли многочисленные и разнокалиберные машины.

Резидентам апартментов, расположенных на двух уровнях, отводилось по два участка, помеченных одним номером; некоторое число парковок с надписями «визитёр», очевидно, предназначалось гостям.

Долговязые, словно баскетболисты, пальмы, если я не обознался, кокосовые, обметали своими пышными султанами небеса перед фасадами; патио затеняли коренастые падубы с бронзовой прозеленью на стволах.

Между домов голубели бассейны и виднелся теннисный корт, обнесённый сеткой, пустой, накалённый до дрожащего марева над бетоном.

Главный проезд привёл колонну к административному зданию, в котором, помимо оффиса лендлорда (хозяина), помещались ещё гимнастический зал, комьюнити холл - нечто типа клуба, и прачечная с платными автоматами.

При выезде из комплекса, подальше от носов его обитателей, стояли огромные баки мусоросборников, тут же была площадка, где квартиранты сваливали ненужную мебель, по нашему мнению, вполне неизношенную и сменяемую просто для разнообразия жизни.

NOW LEASING !

У дороги чуть ли не втрое выше домов поднимался кинжально острый обелиск полированного гранита, вонзавший в лазурь выведенное сверкающим золотом имя апартментов - «Ла Мирада».

Рядом на флагштоках влажный горячий ветер трепал разноцветные знамёна и надувал транспаранты, провозглашавшие: «Сегодня сдаём!».

Противоположную сторону улицы также занимали апартменты, уже другие, выстроенные в южно-колониальном стиле; соответствующее тому их название - «Плантация» - было высажено тёмными аккуратно подстриженными кустами на фоне пёстрых петуний. Тротуар обрамляли развесистые ореховые деревья вида «пикан», чьи продолговатые плоды в пятнистых чёрно-зелёных оболочках напоминали фаланги пальцев какой-то рептилии.

По дороге пролетало, как нам показалось, великое множество автомобилей (мы ещё не побывали в здешних транспортных пробках, когда магистрали запружены машинами так, что между ними невозможно протиснуть руку). Но пешеходов, кроме нас самих, на всём обширном обозримом пространстве не было ни единого человека.

Справа улицу пересекал широкий проспект, за ним, видимо, начинался район магазинов и ресторанов с пёстрою мешаниной рекламных щитов, налево же, к реке, шли и дальше жилые кварталы, и, посовещавшись, экспедиция приняла решение двинуться туда.

Мы миновали ещё одни апартменты, возведённые в виде альпийской деревни и именовавшиеся «Белль Эр», потом густую поросль бамбука и купку бананов, к которым подошли поближе - детям захотелось потрогать их странные цветы, кожистые, тёмно-лиловые, висящие на длинных, как провода, стеблях, по форме походившие на «львиный зев», но только увеличенный до размеров прототипа.

Затем нам путь преградил ручеёк, устало пробивающий русло во мшистом болоте; сосны надо ржавой водой, покрытой кувшинками, были сплошь увиты лианами, усыпанными шафранными колокольцами.

Перейдя на другой берег по дощатому мосту с перилами, мы прошли сквозь лесок между стволов, одетых плющом, и нам открылось переплетение узких переулочков и тупичков без тротуаров.

Тут под сенью мощных густых падубов стояли одноэтажные частные домики, довольно разномастной архитектуры, однако было заметно, что профессионалы очень основательно проработали весь ландшафт, связавши пространство посёлка декоративными плахами, пнями, корягами и лесинами, куртинами слоновьей травы с её изящными колосьями, розетками агав, финиковыми пальмами-одногодками и цепочками живописных валунов явно не местного происхождения.

На изумрудных газонах бодро трудились поджарые старики и старушки в шортах, подстригая кусточки с помощью электрических машинок. При нашем появлении они радостно улыбались и приветствовали нас, как давних знакомых.

Важный геккончик сидел на почтовом ящике, словно карликовый динозавр. В идеально круглом пруду плавали нырки, мандаринки и кряквы, рядом гуляли и пощипывали травку дикие чёрно-белые гуси с красными толстыми носами.

По мере приближения к реке дома становились больше и импозантнее, а вдоль самого берега тянулась сплошная кованая ограда, за которой был виден старый парк и в глубине его - белые двухэтажные особняки, украшенные фризами и колоннами коринфского одера.

Двинувшись вдоль ограды и миновав каменные ворота, на которых я прочитал издали заметную надпись: «Частное владение. Не нарушать границ!», мы вышли на проезжую дорогу над некрутым обрывом, но подхода к воде тут не было тоже, потому что внизу располагались пирсы с многочисленными яхтами и катерками.

Здесь река образовывала залив, и вся его акватория, сколько видит глаз, была испещрена, словно насекомыми, судёнышками, качавшимися на волнах, в то время как их владельцы то и дело забрасывали и вытягивали из вод рыболовные снасти и снаряды.

Дальше берег опускался к реке террасами, на которых в тени деревьев пролегали явно пешеходные тропинки, выводившие к уютным полянкам с навесами, столиками и верандами.

Это место окаймлял невысокий бордюр, однако ж ворота на входе отсутствовали, равно и какие-либо предупредительные знаки, и потому мы без особых сомнений углубились в безлюдные аллеи.

По ветвям носились и трещали белки - не рыжие, как наши российские, а серые, сильно смахивающие на крыс.

Возле дороги лежала мёртвая тонкая змейка, по коже в малахитовых разводах чёрными ниточками струились меленькие муравьи.

На обочинах имелись указующие стрелки: «Аудитория», «Спальни», «Концертный зал», «Кафетерий», «Библиотека», но никаких зданий за густым подлеском не просматривалось.

Трясогузка выскочила нам прямо под ноги и предвождала нас несколько шагов; среди тёмной зелени над головой промелькнула стайка огненных кардиналов.

Подошва склона кончалась терраской с песочным пятачком, куда были вкопаны скамьи, стол и поместительные железные жаровни, и судя по углям в их поддонах и свежеобглоданным косточкам вокруг, недавно тут что-то готовилось на вертелах.

Жена выбрала садовую ротонду, всю увитую буйно цветущим клематисом, и мы, подкрепившись яблоками, уложили детей внутри на лавочках подремать.

Отсюда открывался заросший отлогий пляж у затона с причалом или мостком, выходившим в глубокую воду.
Картина не внушала никаких опасений, и я решил спуститься к самой реке.

Бурунчики возле свай сказали мне о сильном течении, и вода цвета умбры была мутна от взбалмученного тонкого ила.
Белоснежные цапли во множестве меланхолически бродили по прибрежью, медленно вынимая ноги из густой грязи и безбоязненно углубляясь в тростники - крокодилы сюда, вероятно, не заплывали.
На далёкой другой стороне реки Св. Джона в туманной дымке поднимались друзы островерхих небоскрёбов.

Отдохнув полчаса у непрозрачного потока, впрочем, приятно голубого на стрежне, успешно занимающего цвета у неба, ибо взвешенные частицы способствуют отражению, мы пустились в обратный путь.

Коротко стриженные зелёные новобранцы-газоны теперь принимали душ - то здесь, то там таймеры внезапно включали скрытые в траве спринклеры, выбрасывающие мощные хитро вращающиеся струи, от которых постоянно приходилось нам уклоняться.

Лишь только мы вторично перешли через ручей, будто по команде вспыхнул и погас чудно сработанный закат. Синий лён простой домотканой блузы неба за какие-то минуты обернулся купеческим карамзином, после чего римским патрицианским виннотёмным пурпуром, который так же быстро стал чёрным, замечательно глубоким венецианским бархатом.

Сразу же, по синхронным сигналам тысяч точно настроенных фотодетекторов, за проспектом в торговом районе призывно замигали-заискрились огни рекламы, ярко озарились витрины магазинов и входы ресторанов, бегающие прожектора принялись выхватывать из мрака знамёна и аэростаты, и зачарованные ребята потянули нас туда.

Движение превзошло всё, что я видел до сих пор - две оголтелые лавины, прочерчивая во тьме штрихи белыми фарами и алыми тормозными фонарями, взаимно-перпендикулярно неслись во весь дух по магистралям, не имеющим никакой развязки в роковой точке своего пересечения, у коей стояли мы, и, казалось, под пассами искушённого престидижитатора теряя в один момент природную их вещественность, проникали сквозь друг друга на перекрёстке безо всякой задержки.

Вглядевшись, я уяснил, каким образом сие чудо устроено - проезжую часть разделяли продольные полосы; жирные изогнутые стрелки и надпись « Только », равно и знаки на обочине принуждали водителей, занявших крайнюю линию, ближайшую к тротуару, безусловно поворачивать вправо; перестраиваться же из полосы в полосу вблизи перекрёстка не разрешалось.

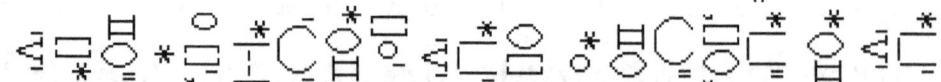

Я не находил пешеходам никакого способа перебраться через улицу, но сейчас в этом, право, не ощущалось нужды - само по себе наблюдение беспрерывного стремительного бега многообразных, не ведающих устали дивных созданий рук человеческих надолго увлекло застывшую на углу четвёрку путешественников, и детей, и взрослых.

Чего лишь не выхватывал глаз из плотной массы механического стада, летевшего, как от пожара в степи !
Сколько тварей, для нас экзотических, в наших местах водящихся исключительно у кучки избранных !

* Чёрные длинноносые кадиллаки и малолитражки любых мастей, округлые, будто божьи коровки, приземистые спортивные модели и вездеходы на высокой подвеске, и семейные просторные вэны, и юркие грузовички-траки, и огромные промышленные фургоны и рефрижераторы, расписанные со всех сторон броской рекламой, и мобили - движущиеся жилые дома со вторым этажом-спальней, нависающим над кабиной.

Иные выделялись авангардистским обликом, напоминая ракету или самолёт, другие копировали респектабельные формы начала века; некоторые блистали хромом и никелем, некоторые имели красочные зигзаги и кляксы по бокам, или лампочки снизу корпуса, бросавшие разноцветные зайчики на асфальт, а один лимузин был даже отделан под дерево.

Насмотревшись досыта, но с трудом противясь гипнотической силе зрелища синхронизированного движения и монотонного шума трассы, мы отвратили взоры от по всей видимости непреодолимой преграды, готовы к возвращению в наши апартменты, расположенные неподалёку и тоже ярко и празднично освещённые, хотя, конечно, манившие не так, как противоположная сторона проспекта, где над крышами и кронами громоздились две совокупленные арки « Макдональдса », знаменитый верблюд-курилка Джо, китайские драконы и огромный красный колпак, а, может, рукавица-ухватка - эмблема ресторана « Ардис ».

~~~~~~~~~( *I* )~~~~~~~~~

Тут я заметил, что на столбе, рядом с которым мы стояли всё время, имеется некая чёрная кнопка и надпись под ней: « Нажмите для перехода ».

После секунды колебания я совершил рекомендуемый акт, и детишки мои завизжали и захлопали в ладоши от восторга, когда безудержная лавина вдруг покорно остановилась перед рубиновым оком светофора, а для нас на другом берегу зажглось белое табло « ИДИТЕ ».
Но едва мы ступили на проезжую часть, неожиданно там же вспыхнул и запульсировал багровый приказ « НЕ ИДИТЕ !».

Со всех ног мы бросились обратно к тротуару, и несколько минут спустя армада рванула с места. Люди в машинах смеялись и махали нам руками, и что-то кричали, но я не мог разобрать ни слова.

Только на третьей попытке до меня наконец дошло, что пугающий знак призван остеречь опоздавших к началу перерыва в движеньи, продолжая светиться такое время, чтобы даже хромой с клюшкой спокойно успел проковылять от кромки и до кромки, и покуда умный сигнал семафорит, автомобили замирают, как заворожённые. Сообразив это, мы перестали робеть перед зловещим миганьем транспаранта и без особых сложностей пересекли дорогу.

```
       \|/              HAPPY  GARDEN                    \|/
                *          *          *
          ЖЖЖЖЖЖЖЖЖЖЖЖЖЖЖЖЖЖЖЖЖЖЖЖЖЖЖЖЖЖ
          о-о-о-о-о-о-о-о-о-о-о-о-о-о-о-о-о-о-о-о-о-о-о-о-о
          IIIIIIIIIIIIIIIIIIIIIIIIIIIIIIIIIIIIIIIIIIIIIIIIIIIIII
```

Торговый район, или иначе, "мол", широко и комфортно раскинулся под зонтиками рослых кедров ( которые тогда я посчитал за сосны ); они почти что не загораживали витрин своими стройными стволами, но жарким днём создавали достаточно тени.

Тут сразу же бросалось в глаза изобилие маленьких ресторанчиков, очевидно, служивших главным средством привлечения в мол народа.

Как потом обнаружилось, американцы ничего не готовят у себя дома, а три раза в день питаются в такого рода заведениях, где всего лишь за два - три доллара можно заказать себе плотный горячий завтрак, за семь - восемь - ланч ( обед ), за десятку - обед ( ужин ).

Каждый из ресторанчиков ( обычно, не единственный в своём роде, а "франчайз", сиречь, входящий в сеть идентичных, координируемых центральным штабом ) располагается в домике особой архитектуры и обладает чётко выраженной спецификой.

В «Макдональдсе» сервируют круглые гамбургеры - в булочку, обсыпанную кунжутным семенем, вкладывается плоская котлетка, приправляемая зеленью, суррогатным сыром, кетчупом и горчицей; его работники одеты клоунами, а во дворике, обнесённом решёткой, возведена труба, по коей детки скатываются, потехи ради, в яму, полную цветных пластмассовых шариков.

Рядом японский ресторанчик «Микадо», чей газон украшен камнями и сакурой, знаменит он превосходным сашими - исключительно свежими ( сырыми ) рыбой, моллюсками, креветками, морскими огурцами и ежами; всё это едят палочками, окуная в чёрный соус и смазывая зелёной пастой "васаби".

«Рёберная изба» готовила барбекью - «варварское» мясо, зажаренное на древесных углях, и оттуда далеко растекался бесподобный запах дыма, который даёт только здешний орех хиккори.

Вплотную - китайский «Счастливый сад», известный маринованной курицей с миндалём и сельдереем; к любой перемене тут подают «пирожок удачи» из сухого сладкого теста, куда запечено предсказание будущего.

Чуть подальше - мексиканский «Колокол Тако», где потчуют кукурузными лепёшками-тортильями, начинёнными говяжье-бобовым жгучим фаршем "чили", и «Красный морской рак» с подтянутыми юными официантками-блондинками одного и того же роста и хорошего спортивного сложения, в синих кительках и символических белых юбочках плиссе-гофре, разносящими бегом дымящихся полутора-двухфунтовых омаров, и пиратская таверна «Верзила Джон Силвер», чья специализация - акулье филе "орли" под бочковое пиво, а также отбивные из местночтимых аллигаторов ( если наступила пора отстрела ).

Велика в США семья итальянских ресторанов, чью кухню американцы ставят даже выше французской и китайской. Нам встретилось пять пекарен-пиццерий, где повар на глазах у заказчика умощает открытый пирог из квасного теста с пузырящейся лавой сыра моццарелла кружками твёрдокопчёной пеппepoни или мясными шариками-польпетти, или же анчоусами, ломтиками шампиньонов, маленькими колечечками чёрных оливок и большими кольцами сладкого перца.

\*

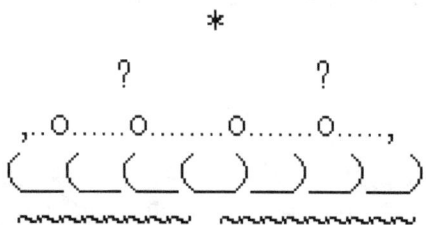

На щитах, видных с дороги, указывается « приманка дня » - фирменное блюдо, которое только сегодня дешевле, чем обычно.

Часто используется принцип: « Ешь, сколько влезет », когда оговоренная сумма даёт право потребовать какое угодно число порций, и без того раблезианских.

Аналогичной практики придерживаются буфеты-бары, где посетитель, однажды заплатив за проход через стойку, может возвращаться к ней сколько хочет раз и накладывать на ту же тарелку всё, что ни пожелает, и в неограниченном количестве. Так, « Масличная роща » предлагала « непрерывную пасту », « Интернациональный дом блинов » - оладушки со всяческими начинками или просто с вареньями и взбитыми сливками, колбаски, бекон, картофельные драники и пюре, овощные запеканки, каши, яичницы и несчётные виды омлетов для завтрака.

Залитые светом, красочно оформленные залы этих радующих взоры, уютных, вкусно пахнувших домиков, где раздавались гальванизирующие звуки джаза, рэпа, рок-н-ролла, бибопа, кантри, хорошо просматривались через высокие окна с улицы.

В каждом царили стерильная чистота и полнейшее, антарктическое безлюдие, лишь возле траттории « Ливорнская кухня » под полосатыми маркизами курила, облокотившись о столик, белокурая девка, из декольте короткого платья коей вываливались, мерно волнуясь от дыхания, непропорционально большие титьки ( вскоре я узнаю, что многие миллионы традиционно бесстрашных американок игнорируют риск осложнений, среди которых указывают несколько видов рака, и чтобы соответствовать принятому тут грудастому эталону женской фигуры, увеличивают бюсты оперативным путём, с целью имитации молочных желёз вживляя под кожу весомые чечевицы желеподобного силикона ).

Да ещё из ковбойского « Длинного рога », гордящегося шиш-кабобом на гриле из вырезки королевской макрели с грибами портабелла, время от времени выходил человек-оркестр, пиликавший кривым лучком на скрипке, ударявший в цимбалы и дудевший в губную гармонику.

Кроме ресторанов и баров, район вмещал несколько крупных универмагов и множество маленьких магазинчиков. Мы миновали табачно-винный, обувной, антикварный, оружейный, мясной, книжный, кондитерскую, массажный салон, галерею флориста - аранжировщика букетов и подарочных корзин, почту, прачечную-химчистку. Круглая колючая рыбина ( не известная ли фуку ? ), подплыла к стеклу аквариума лавочки морепродуктов и уставилась на нас круглыми выпученными глазами. В окне школы восточных боевых искусств подсвечиваемая снизу стробоскопическими огнями обоеполая фигура в кимоно механически точно подбрасывала босую ногу.

Все описываемые мной заведения-предприятия были также абсолютно пусты, однако весьма спорадически в стохастически выбранной точке на пространстве вышепомянутой сомнабулической площади неожиданно возникало живое лицо, торопясь преодолеть ярко освещённый паркинг, и столь разнообразной публики не наблюдал автор ни в одном международном водном или воздушном порту !

Вот из лавки-скупки ювелирии « Копи царя Соломона » вышел, насвистывая, прямой седовласый негр в смокинге с шёлковыми лацканами и, подмигнув нам, направился к своему « Линкольну »; затем туда же подрулил побитый джип, из которого вывалился на панель здоровенный красномордый парень в ковбойке, фетровой шляпе и изодранных джинсах, и с ним его босая беленькая подружка в чём-то, напоминающем запятнанную ночную рубаху.

Чуть располневшая молодая мать, застенчиво улыбаясь, пронесла корзинку, где глазастый младенец причмокивал соской с фигурной прорезью для носика; продефилировала, гордо оттопырив крепкие ягодицы, негритянка, обтянутая тонким серебристым трико, ногти её цвета крови были намного длиннее пальцев, волосы слеплены в крупные золотые стружки.

Разнесённые вдоль оси времени, но на кратком отрезке пути, нам встретились: пара, экипированная по-вечернему, с дочками-двойняшками в газовых платьицах; два панка, покачивавшие зелёным и фиолетовым гребнями на бритых башках; аккуратный сухой старичок в костюме, галстуке-бабочке и велюровом стетсоне.

Пришпоривая стреляющий мотоцикл остроносыми полусапожками, промелькнул повязанный банданой голорукий мужик, сплошь покрытый цветной татуировкой; ростом с гренадёра рельефно мускулистая дама, чью талию выгодно подчёркивали брюки покроя галифе и куцый кожаный жилет-фигаро, надетый прямо на лифчик, провела под уздцы белую лошадь.

Сквозь дверцу машины постепенно выдавила себя, будто крем, неимоверная толстуха в голубых шортиках, которые не лопались исключительно благодаря прочности парусной ткани, и поплыла, покачивая каждой складкой её необъятного торса под эластичной, словно лечебный чулок, розоватой кофточкой.

Дёргаясь в ритме музыки, неслышимо играемой мохнатыми чашками плейера, заместившими уши лепной башке, стриженной кустиками и дорожками, протанцевал развинченный чёрный подросток, облачённый в нарочито бесформенный балахон.

Замедленно, как проглотивши аршин, пластикой чем-то подобны цаплям, двигались латиноамериканцы. Ладонь плотного усатого мужчины покоилась ниже поясницы юноши, худого и длинноволосого. Из просторного фургона горохом высыпала семья маломерных азиатов.

Люди разговаривали громогласно, почти кричали, и часто без удержу, а порой и без видимых причин, хохотали долгими приступами резкого и прерывистого смеха, обыкновенно сопровождая его всхлипыванием либо ржанием, аханьем, стонами и другими непривычными нам звуками.

На ходу многие из них пили и закусывали так называемым «снэком», неся мешки чипсов - лепестков жареного картофеля, или же претцелей - бантиков твёрдого бараночного теста, и закрытые стаканы и чашки, снабжённые соломинками и сосками.

Просматривая и редактируя предыдущий пассаж о публике за проспектом, нахожу теперь, по здравому размышлению, что он способен создать у тебя неверное впечатление, о мой любезный Читатель ( верю, Бог Творец наш в неизбывной милости Своей пошлёт мне когда-нибудь одного-двух ).

Прошу, не обижайся на традиционное тюитирование, в нём немало смысла, ибо нам надо построить близкие отношения и установить меж нами доверие, без чего я никак не смогу выполнить свою задачу.

Оттого-то и стараюсь быть предельно точным и всё время подрезаю крылья воображения, даже рискуя впасть в описательное занудство.

К тому ж, учти и запомни, о заочный друг, я физик, хороший физик, а им, как никому на земле, известно - сия преходящая юдоль скорбей человеческих деталей маловажных н е и м е е т .

Обещаю уже на ближайших страницах начать повествование о чрезвычайно интересных происшествиях, но раньше, в целях максимального приближения к Истине, нам с тобой предстоит провести важную, хоть по виду и сугубо техническую операцию, характерную для современных визуальных искусств, а именно, без жалости расчленить сложившийся прежде образ на части и смонтировать их по-другому.

И, оцени - тебе, и тебе только в планируемой ниже процедуре художественной вивисекции предназначена главнейшая роль.
Надеюсь, ты не перескочил семь параграфов, где приводится беглое перечисление лиц, встреченных нами за магистралью ( если эта презумпция не верна, вернись на 14 пробелов назад ).

Наброски проходных персонажей умещены в тесный прямолинейный ряд, и такого рода одномерная композиция оправдывается, по моему мнению, благим, пускай и наивным намерением автора романа дать представление о диапазоне типов; в реальности же они никогда не собирались вместе, возникая перед отважною четвёркой на короткие мгновения поодиночке, либо небольшими группами.

Причём явление их, равно и исчезновение, за единственным исключением, о коем будет сказано ниже, отмечалось каким-нибудь резким звуком, обычно - щелчком замков автомобиля или звоном колокольчика над входом заведения, а чёрный конвульсирующий мальчик исполнил как род увертюры к своему танцу-передвижению прыжок с хлопком и притопом, в виде же финального па отвесил себе шлепок по заднице.

Несмотря на то, что я говорил о пустынности сцены, сопоставление порождает картину толпы, которая существует исключительно как аура, фосфорическое послесвечение ярких образов, и в таком её качестве нам, возможно, ещё понадобится.

Почему это ценное, пускай и производимое с помощью несложной иллюзии ощущение, вызванное импульсным возбуждением аксона оптического нерва и воспринимаемое весьма примитивной частью головного мозга, находящейся в периферийной его затылочной доле, тебе следует аккуратно перенести в подсознание, регулируемое подкоркой.

Вслед за тем на освободившемся поле стоит хорошенько проработать фон, соответствующий материальной, а не психической сути явления, и, помолясь, поместить туда лишь один из персонажей, чудесно теряющих энную часть их силы воздействия в окружении прочих.

Дальше полезно заметить, что мелкие заведения в торговом районе-моле тяготеют к большим универмагам и гастрономам, отходя от последних звездообразно в виде линий, но не прямых, а причудливо искривлённых, чтоб эффективнее использовать общую парковочную площадь.

Внутри этих щупалец, разрублённых там, где нужно обеспечить проезд, вкраплениями располагаются рестораны.
Все они залиты светом и ещё более безлюдны, чем ночное кафе в Арле, запечатлённое на известном полотне Ван-Гога.

Единственной перманентно присутствующей антропоморфной фигурой обозреваемому пейзажу служит огромная кукла белого клоуна Рональда, в арестантском костюме и трехрогом парике маячащая возле прозрачного конструктивистского куба «Макдональдса», чья кровля поражает взор неожиданным барочным очертанием.

Любой возникший звук многократно усиливается пустым лабиринтом, отражаясь от изогнутых стен его линий и противодождевых козырьков, которыми они накрыты.

Потому краткое явление каждого посетителя в моле сопровождается резким шумовым эффектом, подобным взрыву карнавальной шутихи.

Лишь дама с белой лошадью не произвела ни малейшего шороха, медленно проплыв сзади линии магазинов, показавшись первый раз как бы пунктиром через проезды.

Конечно, на дистанции в добрую сотню ярдов наездница выглядела туманным силуэтом, и крупный план, каким она изображена выше - известного рода аберрация, вызываемая свойствами памяти, результат интерференции впечатлений от ряда последующих рандеву с мощной, исключительно моложавой леди, а ведь среди свиданий тех было и то, на котором автор удостоился чести заглянуть амазонке прямо в лицо.

Но тогда она прошествовала на отдалении, может, чтобы воспользоваться задним окном некоего заведения для получения товара, заказанного ею с улицы по переговорному устройству-коммуникатору.

Движущимся клиентам готовы оказывать услуги любые сервисы, не исключая и рестораны, где за минуты всякий заказ едока-ездока уложат в термоизолирующий контейнер, присовокупивши к оному напитки, салфетки, одноразовые приборы и приправы в пакетиках.

Здешние не станут без острой необходимости выходить из машин, и потому бессонно сверкающие ночь напролёт залы, застеклённые от подножия и до кровли, пустынны, словно глетчеры высокогорья.

Детей, однако, трудно было отвлечь от разглядывания диковин зоомагазина, где толстенный питонище в упор, не мигая, сверлил назойливого прохожего тусклым алюминиевым взглядом, на сухих веточках спали десятки попугаев, а из глубин аквариума всплывали тонкие светящиеся креветки.

Затем нас надолго задержал салон керамики, выставлявший коллекцию чудных фарфоровых кукол ростом с трехлетнего ребёнка, потом - лавка «Старая Америка», демонстрировавшая индейский вигвам, одежду, утварь, бизоньи шкуры, оружие и прочее.

Наконец, пацанята мои насмотрелись вдосталь и слегка устали, и мы, покинув извилистые и гулкие центральные галереи, в коих реверберация заставляла вздрагивать при появлении каждого нового лица, повернули назад к магистрали.

Выезды мола типично оккупированны заправками нескольких компаний, в данном случае друг противу друга воздвигли щиты штатская «Тексако», чья эмблема - золотая пятиконечная звезда, внушительно пересечённая чёрной кувалдой; ведущая шельфовую добычу нефти датская «Шелл» («Ракушка»), герб нидерландки - створка съедобного моллюска скаллопа; и славная безупречно очищенными бензинами высоких октановых чисел (если верить её рекламе) «Бритиш Петролеум», знак у дочери Альбиона - белые инициалы на изумрудном поле.

Причём конкуренция между фирмами настолько упорна, что борьба ведётся за каждый грош и девиации стоимости галлона горючего на разных станциях просто мизерны.

Посему, чтобы, по туземному обычаю, заключить всё-таки цену девяткой, от неё отбрасывается десятая доля цента, и выражается она, например, так: $1.34 9/10 - разница, думаю, несовместная с разумной точностью дозаторов и тишком нивелируемая ими в ходе покупки.

При заправке обязательно имеется лавочка, торгующая всякой всячиной, вплоть до огненного ароматного кофе (эспрессо, мокко, латте, каппуччино), рожков мороженого, закрученного спиралью, и дымящихся «горячих собак» - немного дороже, чем в других местах, зато сохраняет минуты проезжающим.

Кроме того, на территории станции размещаются мойка автомобилей, туалет и пневмоколонка для контроля давления в шинах и подкачки их с надписью «Бесплатный воздух», что также можно перевести как «Свободный воздух».

Free AIR

И ещё тут стоит несметное множество автоматов, которыми богато всё пространство мола, однако не в подобном разнообразии. Машины продают жевательную резинку, конфеты, игрушки, газеты и журналы, питьевую воду и пищевой лёд, охлаждённые напитки: в алюминиевых и пластиковых банках, мешочках, бутылочках; разливают в стаканчики горячие какао, шоколад, жидкие супы и куриный бульон.

Почётное место занимают хитроумные устройства, откуда, по получении от вас нужной суммы в любом наборе - сдача обеспечена - выскакивают яркие пакеты закусок, не только с популярными чипсами и претцелями, но и с миниатюрными фунтиками-горнами, посыпанными красным сыром, свиными шкварками, сухофруктами в смеси с орехами кешью и миндалём, фисташками, арахисом, катышками воздушной кукурузы ( поп - корном ), пончиками, крекерами, галетами, бисквитами, пирожными, кексами ассорти.

Но количеством побивают всех прочих, конечно, телефоны-автоматы - расположенные шеренгами чёрные солидные ящики, подобные роботам, с квадратными кнопками клавиатуры и массой рычажков из нержавейки. Каждый заключён в открытую кабину-ячейку, снабжённую полочкой и увесистою справочной книгой в стальном футляре на цепи.

Вблизи одного такого дивного сооружения мы с женой тихо посетовали, что нету денег позвонить в городок Самару старой бабушке Нине Ивановне. Тут мой младший ребёнок дёрнул меня за рукав и запинающимся голосом произнёс: « В о т   о н и ! ! ! ».

И тогда, опустив долу глаза, утомлённые окружающей пестротой, экспедиция обнаружила у себя под ногами целые россыпи медяков.

Дело в том, что американцы, любя и умея считать пенни, ещё больше приучены ценить время и никто не станет нагибаться, чтобы поднять мелочь, упавшую на открытом пространстве, которое они к тому же стараются пересечь побыстрее ( и виною тому не только агорафобия, поражающая нацию водителей поголовно ).

Но мы-то обрадовались и в восемь рук принялись собирать, как грибы, всюду и везде рассеянные монетки, по преимуществу, бронзовые пенсы достоинством в один цент, хотя среди них, рыженьких, порой попадались и белые пятицентовые никели, и даже иногда серебрились крохотные мельхиоровые даймы-десятицентовики.

Облазивши бензоколонки, мы медленно и сплочённо двинулись назад в мол, не отрывая глаз от земли; каждый шаг был теперь оплачен и каждый поклон доставлял прибыльную добычу.

o    .\.$./.    o
~~~~~~~~ ( _ ) ~~~ ~~ ~~~~~

Мой старший сын от Галины, Михаил страдает весьма сильной близорукостью, позавчера лишь окулист выписал ему линзы минус восемь с половиной диоптрий.

Виноват в этом частично я сам.
Миша начал говорить необычайно рано, прежде, чем ему исполнилось девять месяцев. Тогда я располагал неограниченным свободным временем и с двух лет стал учить сына азбуке и счёту.

В три года Мишутка бегло и увлечённо читал и никогда не расставался с книгой. Позднее ни я, ни жена уже не могли уделять ему столько внимания, и все были довольны тем обстоятельством, что с ребёнком немного хлопот, ибо он знай сидит себе, уткнувшись в страницу носом.

« O »         « O »
............... \/ ...............

Мальчик рос тихим и сосредоточенным, и к моменту отъезда из России, то есть, к девяти годам от роду проглотил большую часть моей обширной библиотеки, содержавшей тысячи томов, в том числе кое-какие вовсе не детской тематики.

Тем безнадзорный вундеркинд испортил себе глаза навек, но очки надевать наотрез отказывался, опасаясь издёвок сверстников, а контактные линзы тогда были нам, неноменклатурным и не стоящим у скрытых каналов распределения жителям покойного Союза, недоступны. Однако же, той удивительной ночью, несмотря на слабое зрение, он явно лидировал в сборе денег, обнаруживая их даже в беспросветной гуще травы газона.

Все оснастившись прутиками, отломленными от каких-то растений неподалёку, дабы выгребать монетки из-под автоматов, мы довольно быстро набрали мелочи на сумму около полутора долларов и решили заскочить в ближайшую лавочку в надежде обменять нашу бронзу на серебро.

Но едва лишь мы дерзнули переступить порог её, как всё тело моментально охватил и сковал острой судорогой пронизывающий до мозга костей лютый холод, по впечатлению, чуть не космический.

Напомню, мы полдня провели на улице, когда ртуть преодолела отметку сто в ничего не говорящих нам градусах по шкале Фаренгейта и местная телестанция транслировала рекомендацию не находиться более получаса подряд вне дома.

Солнечного удара мы легко избежали, увлажняя рубашки и порой покрываясь примитивными шапочками из мокрых носовых платков, которые я изготавливал, завязывая их концы узелками.

Оказалось, вовсе не перегрева *per se* следовало опасаться, а угрозу для нас представляли как раз публичные учреждения, кондиционерами в любую жару доводимые до состояния ледника.

В поддержание реноме, американские бизнесмены, особенно из невысоких деловых кругов, на людях и зимой, и летом носят плотную пиджачную пару, а то и тройку. И, естественно, коммерческие заведения и оффисы, не желая потери состоятельной клиентуры, вынуждены всегда охлаждать свои залы буквально до точки замерзания.

Мы быстро приучимся брать, выходя из дому, тёплые свитера, куртки, жилеты и переодеваться возле дверей магазина.

И доныне, пользуясь подержанной машиной с испорченной вентиляцией кабины, я подвешиваю в салоне на плечиках или добропорядочный шерстяной сюртучок, или более богемный блейзер, судя по тому, какую роль мне предстоит играть, и присмотрев на парковке местечко в каком-нибудь укромном углу, надеваю его с непропотевшей белой рубашкой и каноническим красным галстуком с булавкой.

Однако проблема, смягчаясь, этой мерой кардинально не устраняется, ибо лёгкие твои полны горячего воздуха; кровь, лимфа, кожа, мышцы разогреты, и нервное потрясение остаётся по-прежнему значительным.

Инквизиторски утончённое коварство термо-шока заключается в том, что он по-своему даже приятен - первое режущее чувство проходит почти сейчас же и сменяется эйфорией, той самой, которую хорошо описывает призрачный посетитель доктора Фаустуса. И оттого весьма бодро воспрянувши к новому, полярному существованию, путешественники, вскоре вполне оклемавшиеся, оправились и могли уже осмотреться внутри неожиданного рефрижератора.

Выяснилось, что это галерея-ателье, торгующая декоративной материей, как драпировочной, так и обойной, и пространство теряющейся вдали залы, открывшейся пред сборщиками, всё разгорожено тесно стоящими простенками, на которых экспонировались тысячами и тысячами штук образцы текстиля, тканого и нетканого, разных цветов, рисунка и фактуры.

Если б эти выставленные широкими лесенками бессчётные плоские свитки осветить одновременно, то тут, разумеется, воцарился бы малоэстетический раздражающий глаз разнобой, потому, в полную противоположность витрине, помещение окутывал дымчатый полумрак, и лишь тогда, когда кто-нибудь приближался к стеллажу, по сигналу сенсора озарялся тот вмиг сверху донизу скрытым неизвестно где источником ровного света.

Колокольчик над входом отметил появление гостей в салоне мелодичным протяжным перезвоном, и сразу же, словно бы отвечая ему, стали зажигаться и гаснуть в зале огни, приближаясь к нам, и скоро из-за перегородок вышла очень прямая, высокая сухая старуха с гладкой, будто натянутой кожей лица, державшая на манер скиптра мерную линейку-ярд, разделённую на три фута.

Увидев прутики у нас в руках - впопыхах мы забыли оставить их снаружи - галерейщица слегка подняла одну бровь, но только на малую долю секунды и совсем, совсем незаметно, а затем расплылась в широкой улыбке, обнажив превосходные натуральные зубы и розовые дёсны, и ласково поздоровавшись, поинтересовалась, откуда мы прибыли.

Услышав, что мы лишь минувшей ночью прилетели из России, благополучно пересекши десять часовых поясов, она немедленно на всю залу воскликнула: « Добро пожаловать в Америку ! » и без паузы пригласила последовать за ней к самым « горячим » её экспонатам.

Смутясь, я признался хозяйке, что мы беженцы и не имеем никаких денег, кроме горстки подобранных медяков, которые просим обменять на серебро, так как нам надо воспользоваться телефоном.

Но торговка со смехом закричала: « Д о м, говорю я вам, и ещё раз д о м ! В Америке каждому полагается мечтать о с о б с т в е н н о м Д О М Е !!! Это почти непременное условие ! » и тут же спросила, чем я занимался там, откуда приехал.

Узнав, что прежде я состоял доктором физики, она посоветовала отделать мой будущий рабочий кабинет сафьяном или тиснённой шагренью и показала образцы нынче популярных тёмных глухих оттенков - « охотничий зелёный » и « вишнёвое дерево ».

Потом, перелистав объёмистые альбомы с фотографиями интерьеров, разработанными очень известными, как заверила старуха, дизайнерами, мы стали выбирать обивку для гостиной, и владелица ателье одобрила вкус жены учёного, которой приглянулся комплект светло-серой ткани натурального шёлка в мандаринском стиле « цветы и бабочки ».

Небольшую разногласицу вызвало декорирование детской, поскольку старшему понравились портьеры с абстрактным узором, а младшему - с изображениями Винни-Пуха, всех-всех-всех и мальчика Кристофера, про которых ему читали книжку; в конце концов мы сошлись на том, что можем позволить себе две детские комнаты.

В дортуарах ребят жена практично решила использовать моющиеся немаркие материалы, супружескую спальню задумала в духе « ар нуво », и никто не возразил против довольно дорогого фламандского гобелена, рекомендованного старой леди для оформления столовой.

Завершив тем обустройство нового дома только что прибывших иммигрантов, мадам подвела четвёрку свеженьких американцев к металлическому прилавку, где сноровисто пересчитала собранные ими пенни и выложила перед автором искомый серебряный эквивалент суммы.

После чего она поблагодарила « такое милое русское семейство » за визит, выразивши надежду встретиться с нами снова, и, потрепав детишек по плечу и вручив каждому из них большущий полосатый леденец в вощеной бумажке, проводила к выходу, подняв на прощанье свой жезл. Колокольчик во второй раз мелодично и протяжно прозвенел, и мы со своими прутиками очутились опять на ярко освещённой пустой панели.

### ОБЩЕЕ МЕСТО

Поэтам ностальгия незнакома.
Повсюду мы в гостях, повсюду дома.
Тут лучше для Павлуши и для Миши,
Спокойней... правда, небеса повыше,
Да месяц улыбается престранно,
Серпастый ножик вынув из кармана.

Обратный переход во влажную тропическую ночь, полную крепких ароматов, из арктического ( или, того гляди, антарктического ) сухого климата магазина был ещё более любопытен.

Температурный шок с его режущими болями в онемевающих мышцах тела прошёл без следа и практически мгновенно; несколько глубоких вздохов сняли аллергическое раздражение носоглотки, последствие пребывания в атмосфере, освежаемой электрическими озонаторами.
И одновременно мы почувствовали, как вдруг обострились все наши ощущения, особенно же - зрительные и обонятельные.

Десятидюймовые серебристые иглы-ресницы семидесятифутовых кедров, красиво мерцая, подрагивали при малейшем движении горячего воздуха.

Однако их твёрдые остро-чешуйчатые шишки, рассеянные повсюду кругом, падая с громадной высоты, как показалось мне, физику, в ветреный день составляли некоторую угрозу здоровью публики.

Впрочем, сейчас шевелил остатки моих волос только лёгкий бриз, донёсший от берега океана памятные мне по большефонтанскому одесскому детству запахи морской соли, иодистых водорослей, мокрого песка, камня и дерева.

И на веки вечные впечатанные в мою подкорку те опознавательные коды без труда побеждали даже роскошный букет местных земных благоуханий: преждеупомянутого дыма от барбекью, цветущих юкки, гибискуса, мимозы, азалии, тамариска и так далее.

Монетки стали попадаться намного реже, и уже не россыпями, а поштучно, но тщательно обследуя закоулки, мы увеличили валютный фонд экспедиции на существенные три четверти доллара.

Теперь мы решили, умудрённые опытом, не заходить в маленькие лавочки, чтоб невольно не совершить ещё одной расточительной, пускай пока только мысленной покупки, а попробовать обменять наши центики в супермаркете, сиречь, крупном универмаге самообслуживания, стратегически занимавшем выгодную центральную позицию, территориально явно доминируя над молом.

И верно, очень молоденькая и миловидная девушка-кассир, носившая узкий синий мундир с шевроновыми нашивками, провела эту операцию без единого слова и даже не взглянув на нас; Гале сравнительно быстро удалось уйти из отдела готового платья, однако юных сборщиков мелочи тут подстерегало серьёзнейшее препятствие, представшее перед детьми в коварном виде игровых автоматов.

На саженных экранах дисплеев двух чёрных ящиков развёртывались поистине дух захватывающие события.

Первый аппарат показывал обнажённого по пояс мускулистого солдата - супермена, вооружённого гранатомётом, огнемётом и базукой, который сражался с несметными ордами монголоидов, захватывая их вертолёты, танки и амуницию, картинно и шумно взрывая склады, ангары, мосты, ящики боеприпасов и бочки горючего.

Программа другого компьютера симулировала движение по запутанному трехмерному лабиринту, наблюдаемому игроком через прицельную прорезь; из-за углов каменной западни неожиданно возникали вервульфы, тролли, орки, гоблины, зомби, драконы, химеры и прочее, расстреливаемые в упор трассирующими яркими шаровыми молниями, при попадании вырывавшими из тел монстров ошметья мяса и клочья шерсти.

Рыча и конвульсируя, сражённые мерзопакостные твари падали и сдыхали, пятная плиты полов и стены.

Электронные престидижитаторы играли сами собой, но всякий желающий мог в любой момент включиться в действие, управляя персонажами с пульта с помощью рычагов и кнопок.

Нечего и говорить, что мои сыновья, не встречавшие доселе ничего подобного, намертво прилипли к мерцающим экранам, лица братьев озарил фосфорический блеск, в зрачках заплясали красные язычки пламени.

По неопытности мальчишки совершали немало ошибок, и их герои то и дело проигрывали схватки и гибли, красиво истекая кровью. Однако они воскресали, если игрок применял имевшуюся у него лечебную траву или флакон эликсира жизни.

Если же их не было и герой умирал необратимо, простое нажатие клавиши позволяло вернуться к началу игры, где до старта участники определяли черты центрального характера, делая его, к примеру, хитрецом-пронырой, гигантом-негром, седовласым сэнсэем кунфу или гарцующей на белом коне крутобёдрой черноокой мускулистой наездницей в железном бюстгальтере и кожаной юбочке плиссе, пред чарами которой бессильны иные чудовища.

Причём, сколько ни наблюдал я развитие искусно закрученных сюжетов драматически и зрелищно предельно напряжённых розысков, схваток и битв, обстановка всякого нового приключения, ситуации, соперники и ловушки никогда не повторялись.

Диво ли, Читатель, что этакое занятие захватило, увлекло и поглотило детей без остатка. И куда только подевалась их усталость! Да им ничто простоять у этих чёртовых чёрных ящиков без питья и без пищи до Страшного Суда !

Не единожды говоря, что уже поздно, и мы сюда вернёмся завтра, пытался я отвлечь моих парней от непрестанно обновляющегося времяпрепровождения, но не добился ровным счётом ничего, кроме торопливых просьб: « Ну, папочка, ну ещё, ну совсем чуть-чуть ! Посмотри, я почти победил его ! »

Я оглянулся в растерянности. Магазин пуст, как склеп, и стоит ли ожидать спасительного появления других детей, претендующих на даровое развлечение.

В универмаге, кроме нас, одни лишь девчонки-кассиры, от которых мы скрыты рядами полок. Наконец, я решился на крайнюю меру и, подойдя к автоматам, по очереди оторвал азартных игроков от клавиатур и легонько тряхнул за плечи, чтоб возвратить их души в подлунный мир...

Я не знал тогда, что любое движение посетителя ежеминутно фиксируется с разных позиций множеством скрытых видеокамер и записывается на плёнку.

Мало того, изображение беспрерывно транслируется во всех его проекциях по кабелю в потайную комнатку одновременно на экраны дюжины мониторов, где круглосуточно рассматривается и анализируется посменно несущими вахту офицерами одной из частных служб гражданской безопасности.

Увидев сцену, подобную вышеописанной, они обязаны, по букве инструкции, без промедления вызвать полицию.

Тотчас мощные прижатые к земле шевроле с незаглушёнными двигателями, пронзительно ревущими сиренами и мигающими красно-бело-синими огнями блокируют все входы и выходы здания.

Тренированные парни и девушки в голубых рубашках начинают рысцой прочёсывать помещение, переговариваясь по радио и держа обеими руками, чтоб целиться верней, револьверы внушительнейшего калибра.

Они движутся не хуже электронного супермена, резко возникая из-за углов и, наводя ствол на каждого встречного-поперечного, громко выкрикивают: « Замри !! З А М Р И !!! Руки за голову ! Лечь !! С е й ч а с ж е !!! ».

```
                    ~COP~
              _____  ~~~~~~~

                   ( (O) )

           "         |_|                              POLICE !
          ( O )      ~~~~                             FREEZE !!!
                                                      FREEZE !!!
           []        |_____|
```

Такая тактика является прямым отражением того обстоятельства, что каждый, кто имеет вид на постоянное жительство в США, пользуется всеми их свободами, заложившими основы глобальной демократии, и, соответственно Конституции, может легко получить официальную лицензию ( разрешение ) на ношение оружия ( нелегалы же, вполне логично, носят его нелегально, благо в оружейных лавках покупателей о документах не спрашивают ).

Любое невыполнение приказа классифицируется как сопротивление аресту и карается тюремным заключением, даже если ты более ни в чём не виновен.

Всякое движение подозреваемого, произведенное после команды « Замри ! », особенно попытка залезть в карман, считается угрозой жизни полицейского, на которую он/она не задумываясь отвечает выстрелом.

Нужно дать замкнуть за спиной наручники, спокойно позволить себя обыскать, назвать своё имя и имя защитника, выслушать обвинение и мирно проследовать между двумя полицейскими к машине, отложивши оправдания и разъяснения до появления адвоката в участке.

Взятие под стражу всегда выполняется быстро, профессионально корректно и без нанесения лишних телесных либо психических травм.

По американским стандартам, я совершил довольно серьёзное преступление, называемое « злоупотребление в отношении ребёнка ».

Законы США категорически запрещают частным лицам, включая родителей, применение силы к несовершеннолетнему, хотя во многих школах формально сохранена система физических наказаний. И упаси Боже дотронуться до потомка чуть пониже спины - будет считаться ещё и « сексуальным домогательством ».

Здесь ходит анекдот: « Когда я рождался, акушер шлёпнул меня по попке. Позже я подал на дерзкого совратителя и госпиталь в суд. »

Чужакам не стоит относиться к этой практике со снобистским презрением - она действенна и помогает предотвратить множество трагедий.

Однако иммигранты, не просвещённые вовремя, по незнанию местных реалий, часто теряют опёку над горячо любимыми отпрысками.

На моё счастье, незримые наблюдатели не подняли тревоги, возможно, по какой-нибудь смехотворнейшей причине, например, что один из них в самый критический момент на миг отвернулся от экрана, чтобы налить в свою чашечку ещё кофе. Взращённые авторитарным режимом родители взяли крепко обоих отроков за руки и, не обращая внимания на автоматы, продолжавшие играть уже сами собой, решительно двинулись к выходу.

Конечно, кассирша заметила, что взрослые ведут хнычущих мальчишек, и, как положено, спросила у детей, не похищены ли они.
Но ребята, естественно, вопроса не поняли и, сразу же перестав кукситься, плотнее прижались к папе с мамой.

Это успокоило бдительную девушку и, пожелав нам с улыбкой доброй ночи и пригласивши навестить их опять, она выпустила компанию из магазина.
И даже не подозревая, скольких опасностей нам чудом удалось избежать, мы вышли снова под открытое небо.

}}}}}}(*!*){{{{{{{

Небольшие кучерявые кумулюсы, подсвечиваемые снизу прожекторами и дрожащими рефлексами рекламных огней земли, быстро бежали стадом по бездонному чёрному фону, создавая точную иллюзию пенных барашков на ночных волнах.

Звёзды выглядели медленно дрейфующей по морю флотилией наутилусов или других фосфоресцирующих моллюсков, и лежащий параллельно горизонту серп ущербного месяца чудился уже не кривой ухмылкой Чеширского Кота, а тем челноком, которым, если доверять Федерико Гарсиа Лорке, пользуются изнеженные католические ангелы.
« В тонкой серебряной лодке Ангел в Сантяго плывёт…»

Но только лишь узкая полынья неба вблизи самого зенита была свободна от знамён и завлекательных изображений.
И, судя по положению его средства передвижения, где-то в течение часа незримому спасателю душ предстояла ( видимо, запланированная ) встреча с пышногрудой красавицей, которая на щите, подвешенном под цеппелином, нагишом утопала среди колотого льда, прикладываясь пылающими губами к пузырьку с прохладительным аперитивом « Zima ».

Возле антикварной лавки, в чьей витрине сёдла, сапоги, сабли, пистоли и ружья окружали полотнище конфедератского флага со знакомым андреевским крестом, вместо обычного травяного газона был устроен кусочек искусственной пустыни, оживлённый опунциями и агавами.

Из-под мелкого песка, кое-где сдуваемого ветром, выступал странный предмет, гладкий и беловато-розовый, словно голая черепная кость.
На ум сразу же пришёл выбеленный временем скелет, издревле стерегущий тут золотые кумиры инков или пиастры флибустьеров.

Подобрав острую щепку, я принялся откапывать гипотетическое темя, вскоре оказавшееся створкою большой океанской раковины, формой и размерами напоминавшей рассечённое надвое человеческое сердце.

Повинуясь весьма смутному, нечёткому импульсу, сам не зная зачем, я поднял эту увесистую и нисколько не примечательную штуковину и, обтерев её, положил в сумку.

Монетки, даже пенсовики, перестали попадаться вовсе, но, подбив итог, раньше добычливые охотники за сокровищами подсчитали, что собрали больше половины суммы, необходимой для звонка в Россию.

По видимости, не далее как завтрашним вечером, после предполагаемого воскресного наплыва посетителей магазинов и ресторанов, мы сможем поговорить с нашей самарской бабушкой.

Печально, что старушке придётся провести ещё целые сутки в тревогах, однако тут ничего не поделаешь.

Предаваясь таким размышлениям, вконец усталые, и всё же весьма довольные результативно проведенным днём, везучие путешественники двинулись восвояси и почти добрались до выезда из мола.

Внезапно Мишка остановился, будто запнулся, и подойдя лунатическим шагом к одному из ряда телефонов-автоматов, закрыл глаза, воздел руку горе и изрёк: « Папа, там деньги ».

Я поглядел, куда он указывал. На дверце, закрывающей нишку, было написано: « Возврат монет » ( заметьте, что по-английски мой сын в то время ещё не читал ).

Внутри помещалась аккуратная стопка из восьми четвертей-квотеров, целых два доллара, забытых каким-то рассеянным абонентом.

Мне кажется, никто тогда даже и не подумал удивляться случившемуся, восприняв чудо как должное, просто потому, что сознание было перегружено столь необычайными впечатлениями дня. Не возблагодарив достойно Небо, папа быстро погрузил всю имевшуюся серебряную мелочь в монетоприёмник и два раза нажал клавишу с нулём.

Оператор телефонной станции, вежливо поздоровавшись и назвав себя и свою компанию по имени, спросил, куда мы собираемся позвонить.

Узнав, что в Россию, он сказал: « Пожалуйста, подождите немного. Простите за неудобство », и сразу же подсоединился другой оператор, говоривший по-русски бегло, хотя и со слегка жестковатым акцентом.

Минимальная продолжительность разговора, сообщил он, три минуты; уплаченная нами сумма обеспечивает четыре и три четверти минуты; если мы закончим раньше, автомат возвратит нам сдачу.

Потом он попросил подтвердить моё согласие на эту цену и условия и записал номер самарского телефона.

Скоро в трубке раздались гудки вызова, а затем прозвучал заспанный голос русской телефонистки: « Ответьте Америке ! Ну да говорите же ! ».

В Поволжье было раннее майское утро будущего дня, и мне живо представился розовый прохладный рассвет над рекой в голубых берегах, наблюдаемый из окна бетонной многоэтажки микрорайона. Я передал трубку жене, и они с матерью проплакали положенное количество минут.

После чего мы все утёрли слёзы, перевели дух, успокоились и, переправившись через по-прежнему бурный автомобильный поток уже известным нам способом, вернулись в апартменты.

✵

~> (((((((((((((((((~~~~ ~~~~~// J...* | * ) ~~~ ~~~~~~ )))))))))))))) <~

## НА СОН ГРЯДУЩИЙ

Как цветёт земное лоно !
Чудны все дела Твои !
Насекомых легионы
Свищут, будто соловьи.

Только в первом же явленьи
Месяц - явно вперекос.
На колоснике Творенья
Подтянуть бы, Отче, трос.

И хоть Свет с Востока позже
Обратит огонь в росу,
Горяча до нервной дрожи
Во двенадцатом часу,
Ведьма-ночь, на бархат ложи
Бросив чёрную лису,
Что-то шепчет старой коже,
Меньше франка… меньше су…

__(,,,`)[[[[[[[[[[[[[[[____

( *

　　　　　　　　　　　　　　　　　　　　　　　　/
　　　　　　　　　　　　　　　　　　　　　　　　//
　　　　　　　　　　　　　　　　　　　　　　　　///

( 0o ooOo ooOO oOoo ),_____{'~~~~~
　O0 oo O oo O ooO 0o
　　oo　oo O 0 o0
　　　oo　oo 0

　　　　0

　　　　　　　　~~~~~~~~~~~~~~

　　　　　　　　　　~~~~~~~~~~

　　　　　　　　　　　　~~~~~~~~~~~~

## *Глава третья,*
где герой узнаёт кое-что ещё о местных обычаях и поселяется в замок

Естественно, ночью на воскресение ( которым в Америке начинается, а не завершается неделя, в соответствии с историей Творения по Бытию, указующей: суббота - день седьмый ) компании дерзких первопроходцев, перегруженной умопомрачительным числом событий и впечатлений дня, спалось ещё хуже, чем предыдущей.

Я слышал, как дети то и дело вскрикивали, ворочаясь на своих матах: « Копейка ! Копеечка ! Ещё одна ! » или « П о п а л !! Ранил ! У б и л !!! » - это им снились охота в моле и электронные игры. Перед моими глазами, как только я пытался их закрыть, тут же начинали кружиться и плясать жёлтые монетки. Я вспомнил, что некогда уже был в таком состоянии, после осеннего сбора грибов под Курском - ребята-маслята, крепенькие, чуть скользкие на ощупь, маленькие и рыженькие, словно пенни, росли в тамошних златоствольных сосновых борах неимоверно густыми россыпями.

Намаявшись и не отдохнувши нисколько, я встал и поплёлся на кухню, где дёрнул вторые полстакана холодной водки из початой давеча бутылки.

Поясное время подошло к восьми, на здешней низкой широте уже рассвело. Найдя в кармане пиджака пачку заокеанской « Примы » и коробок спичек, я вытащил сигарету, помятую, в крошках, и вышел на крыльцо покурить.

Вывалился как был, в тренировочном трико и майке на волосатой груди, подчёркивающих все детали моей, мягко говоря, не спортивной фигуры, всклоченный и опухший со сна, не думая в этот час, да ещё в воскресение, встретить на улице кого-нибудь.

Однако же, оказалось, американцы давно проснулись, и изо всех квартир к автомашинам выходили крайне торжественно выглядевшие резиденты.

Все мужчины сегодня надели пиджачные тройки, постарше - тёмно-синие, юноши и мальчики - песочные, беж и палевые. Строгий стиль смягчали пёстрые галстуки, крапчатые бабочки, массивные золотые заколки и часы, крупные перстни и запонки. Девочки щеголяли в кокетливых платьицах, отделанных бантами и рюшами; на дамах красовались вечерние туалеты, дополняемые туфельками-лодочками на каблучках, ажурными перчатками, а также шляпками с цветами и фруктами, лентами и вуалетками.

У многих в руках дымились чашечки с утренним горячим кофе и сигареты. Леди и джентльмены и их детишки бодро приветствовали всех во дворе, ничуть не дискриминируя и мою несуразную персону, торчавшую на крыльце и взиравшую на происходящее с нескрываемым удивлением, садились в авто и, помахав ручкой, немедленно разъезжались.

Напрасно пытаясь рассудить свинцовой башкой, что бы сие могло означать, я поплёлся назад в гостиную и свалился на матрас досыпать.
Семейство разбудило меня около десяти. Судя по полнейшей тишине вокруг, в апартментах, кроме нас, ни души.

Не спеша, всем нашим шумным кагалом искупались в антисептичном бассейне, затем позавтракали по-ковбойски, запечёнными в томате бобами из жестянки.

Я поведал жене о странном тотальном исходе обитателей игрушечных домиков, который случился ранним утром; Галина предположила, что комплекс проводит какое-нибудь праздничное мероприятие - юбилей или культпоход, возможно...

~~~&(*|*)&~~~

После завтрака мы собрались опять наведаться в мол - детям не терпелось поскорей добраться до изумительных чёрных ящиков, да и валютный запас нам, конечно, нисколько не помешает.

Выйдя из нашей «Ла Мирады» и осмотревшись по сторонам, мы не обнаружили машин резидентов и визитёров и на обширных парковках соседних апартментов, расположенных как рядом, так и через дорогу.

Более того, магистраль, представлявшая вчера ревущий поток огня и стали, не редевший ни на миг, теперь праздно серела пустыми асфальтовыми руслами с нелепо выглядевшими линиями разметки; автомобили будто бы испарились под уже высоко поднявшимся солнцем.

Также и перед молом лежала мёртвая зона, не сулившая путешественникам никакого дохода.

III [|] III

Мелкие лавочки не работали, но универмаги и гастрономы - универсамы, согласно крупным надписями на витринах, не запирали своих дверей никогда.

Впрочем, игральные автоматы не были включены, и послонявшись немного в безлюдьи товарного изобилия, охотники за сокровищами вернулись на улицу.

При свете дня я смог увидеть высоко подвешенную над проезжей частью табличку с названием трассы «Университетский бульвар», предполагающее - *vivat!* - на данной транспортной реке наличие академической *alma mater*, и взволнован интригующей близостью рассадника научной мысли, автор-физик решил повести свой разведотряд по многообещающему проспекту.

}}}}}}}}(*|*){{{{{{{{{{

Через несколько блоков мы нашли парковочный лот, плотно уставленный совсем было исчезнувшими с лица земли машинами, затем другой такой же, и третий, и четвёртый. За каждым из них находилось кирпичное строение, крытое шатром с крутыми скатами и увенчанное башней со шпилем.

Интерьер светлых помещений, гостеприимно доступных обозрению прохожих через широко распахнутые входы-ворота, составляли ряды деревянных скамей, заполненные публикой, одетой так же, как и уехавшие утром из апартментов; впереди рядов имелась кафедра, украшенная охапками цветов, а за ней нечто вроде эстрады, где позади концертного рояля с открытой крышкой и микрофона располагался смешанный хор, облачённый в бело-голубые балахоны.

Так благополучно получила разрешение сегодняшняя загадка, и стало ясно, что подавляющее большинство американцев начинает свой воскресный день в церкви.

Только два процента жителей страны открыто называют себя атеистами, в основном, левая профессура и студенты. Остальные принадлежат к одной из официально зарегистрированных полутора сотен религиозных конфессий.

Укоренившись на нетронутом континенте, живучее протестантское движение в отсутствие естественных врагов за какие-то три века произвело немыслимое разнообразие видов и подвидов. Посему по числу церквей на квадратную милю Джекс, как и любой городок США, легко заткнёт за пояс Москву златоглавую, а может, даже и Ватикан.

Приходы, правда, обычно очень умеренной величины, около сорока человек. Это позволяет избежать проблем с парковкой машин и использовать здания стандартной архитектуры. Кроме того, американцы ценят семейный климат, который возникает в небольших конгрегациях, где рядовые члены общины выступают с проповедями и исповедями друг перед другом, чтением стихов и музыкальными дивертисментами. На богослужениях, особенно негритянских, приняты экспансивные коллективные пляски. Верующие регулярно устраивают пикники-барбекью, лотереи, распродажи, игры бинго, турпоездки и так далее.

И традиционные вероисповедания на почве страны также быстро впитали дух реформации и свободы. В католическом храме теперь вполне можно услышать маракасы и перезвон гитарных струн, увидеть румбу, ча-ча-ча или пасадобль. Да и православные священники в Америке бреют бороды, подстригают власы и упраздняют архаические иконостасы.

Таким образом, каждая национальная церковь, появляясь на этой территории, начинает быстро мутировать, стараясь определить свою нишу существования, от неё отпочковываются многочисленные направления, которые скрещиваются, делятся, рождая иногда совершенно химерические обряды.

К примеру, тут имеется секта ковбоев, включающая в свою службу родео - укрощение необъезженных лошадей, а также змееловов, устраивающих пляски с живыми гремучками в руках и, подобно боа, вкруг шеи.

```
(',')____(','),,, _
```

```
                        -<'7&&&&&&&&&&&&&&&&&&&&&&&&&&&&&&&&)))))))))))),,,,,,,,
```

Однако среди многих есть одно верование, не импортированное в Новый Свет, а чудом созданное непосредственно тут - мормонство, основанное в 1827 году 22-летним Джозефом Смитом, жившим да поживавшим себе возле озера Онтарио в сельце, именуемом Пальмира. В том-то месте пред парнем и возник дух или ангел, указавший на холм, под которым были закопаны золотые и бронзовые пластины, покрытые выгравированными иероглифами.

С помощью урима и тумима, библейских инструментов, обнаруженных там же, Джозеф перевёл текст, после чего ангел отобрал у него металлические кодексы. Это оказалась история вымершего народа Америки, происходящего от иудеев, прибывших на континент морем три тысячи лет назад.

Восстав из мёртвых, Иисус Христос явился заокеанской пастве Бога Израилева, дабы обратить сей остаток Народа, коему благодаря эмиграции удалось избежать греха отвержения и предательства на смерть Сына, поголовно во Христианство. Пластины содержали сокращённое изложение основных положений Ветхого Завета и избранные пассажи из Нового.

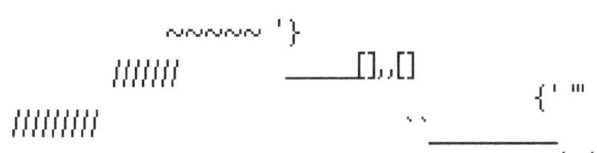

Простак, деревенский дылда, не имевший ровным счётом никакого образования, Джозеф Смит провозгласил себя Пророком Бога, а рукопись перевода пластин - Книгу Мормона - Библией для Америки.

Вскоре вокруг него стали собираться адепты, которым он, как и самому себе, разрешил практиковать полигамию (многожёнство).

Отчего пуританское население Новой Англии пришло в бешенство и принялось, в соответствии с крутым нравом того времени, отстреливать мормонов без суда, будто волков.

Но неофиты сумели выжить (не в последнюю очередь, благодаря полигамии), и закалившись в горниле жесточайших бедствий и потеряв Пророка Джозефа, линчёваного гражданами, взявшими штурмом тюрьму, куда тот был заключён, пересекли, отстреливаясь, весь материк и возвели свою столицу Солт Лэйк Сити и огромный Храм в псевдо-готическом стиле на берегах Великого Солёного озера, в неосвоенном юго-западном штате Юта.

И теперь свыше десяти миллионов мормонов представляют собой заметную силу, контролируя многие институции страны.

Такие сведения устно и в виде печатной продукции повсеместно распространяют вездесущие мормонские миссионеры в одинаковых чёрных костюмах и галстуках, называющие себя «старцами», хотя все они юноши восемнадцати-двадцати лет.

Каждая американская церковь занимается миссионерством, и дома, и за рубежом. Наиболее активны в том «Свидетели Иеговы», которым их вера предписывает идти от двери к двери с благовестием о тайно уже наступившем Царствии Божием.

Сие они вычислили, интерпретировавши методами Каббалы пророчества Даниила, по пути доведя ветхозаветное положение о греховности поедания крови до запрета также и на её переливание, и носят с собой распоряжение медикам не делать этого.

Тем самым смельчаки для обретения жизни вечной серьёзно рискуют преходящей, учитывая, что в среднем раз в пять лет американец попадает в аварию, впрочем, судя по количеству членов секты, кому-кому, а иеговистам вымирание не грозит.

Мобильные вербовщики часто раздают литературу с «пригласительных телег» - заметных фургончиков на колёсах, имитирующих повозки пионеров Дикого Запада.

Вот и теперь возле остановки автобуса стояла одна такая живописная колымага под характерным полуцилиндром парусинового тента, и чернокожий проповедник, обращаясь ни к кому, выкрикивал в небо фразы о конце света и о Страшном Суде. Не прерывая своей декламации, он протянул каждому из нас по пачке буклетиков и улыбнулся.

Свобода вероисповедания, как и право вооружаться, гарантирована Конституцией, и церковная деятельность, кроме уж явно коммерческой, не подлежит ограничению.

Всякий, собравший подписи всего лишь двенадцати последователей (апостолов?), может зарегистрировать своё религиозное новообразование с каким угодно уставом.

Иным сектам позволено властями применять в ритуалах галлюциногенные грибы, настойку мескаля, индийский напиток «сома» и прочие психотропные средства.

Сатанисты пародируют Православный обряд и поют бранно-непристойные гимны перед перевёрнутыми вниз головой иконами, выходцы из Гаити, Бразилии, Африки и негры Луизианы практикуют магию ву-ду и, говорят, умеют воскрешать мёртвых, обращая их в роботоподобных зомби; кое-кто, по слухам, даже приносит жертвы.

Время от времени возникают культовые коммуны, органы надзора, правда, стараются не упускать их из виду, поскольку финал такого дела, как правило - свальный блуд и/или массовые самоубийства затворников.

Вскоре после нашего приезда в прямой телетрансляции покажут осаду федеральными войсками укреплённой обители секты «Ветвь Давидова», обвинённой в растлении малолетних. Сектанты, однако, заранее запасли неимоверное количество топлива и горючих веществ и при попытке штурма сожгли себя вместе с обобществлёнными детьми и жёнами.

Затем и солдат Мак-Вей отметит годовщину огненной гибели «Ветви» взрывом центра в Оклахома-сити, и кастрированные монахи-программисты коллективно отравятся в Калифорнии к прилёту кометы, репортажи о чём также увидим по каналам текущих новостей, а в то воскресение, совершая променад вдоль «Университетского проспекта», мы миновали множество право- и добропорядочных конгрегаций: католические, пятидесятнические, кальвинистские, методистские, баптистские, иеговистские, унитаристские, евангелистские, пресвитерианские, лютеранские, епископальные и другие.

~.~   Служба в каждой из них завершилась к часу пополудни, и улицы мигом вновь до отказа заполнились потоками транспорта.
Пилигримы подумали, что торговля теперь должна б оживиться опять, и поспешили в мол, но он лежал такой же мёртвой пустыней, как раньше, и игровые автоматы были по-прежнему выключены.

И собравши на раскалённом Поле Чудес только несколько жалких пенни, зато обогащённое воистину драгоценным опытом, пытливое моё семейство вернулось назад в апартаменты.

В три часа дня жена принялась накрывать на стол, и ровно в три тридцать появились переводчики.
Они пришли в неописуемый ужас, узнав, что мы самочинно совершили поход в кварталы частных домиков, а также спускались в приречный парк, который принадлежит престижной (и дорогой) школе-интернату. На чужой территории нас мог бы кто угодно арестовать и даже без разговоров пристрелить на месте, по одному подозрению и безнаказанно, поскольку такое право обеспечивается законом по охране личной собственности. Недавно был неприятный инцидент, когда так нелепо погиб японский подросток, прекрасно владевший английским, но явно недостаточно инструктированный в отношении американских обычаев и вздумавший о чём-то справиться у незнакомого старичка на его участке.

Да и вообще, ходить пешком пока стоит лишь в ближайший магазин за едой; прогулки без определённой цели не приняты и вызывают раздражение жителей.
Проезжающие вполне могут швырнуть бутылку или выстрелить в пешехода, и затем найти виновного на практике невозможно. Поэтому каждому иммигранту нужно приложить все усилия, чтоб отыскать возможность предельно быстро обзавестись автомобилем.

После короткой паузы мы рассказали, как нас приветливо встретила старушка - владелица галереи декоративных материалов, от какового известия наши друзья пришли в ещё больший ужас и только через несколько бесконечно длинных минут, заполненных обменом взглядами, покашливанием, похмыкиванием и междометиями, смогли воскликнуть: «Да на вас ведь н и ч е г о   н е   б ы л о !».

Смутившись, мы принялись объяснять, дескать, на нас решительно всё было - и рубашки, и брюки, и носки, и туфли.
Но переводчики, невыразимо печально вздохнув, трагическим хором произнесли: «На вас не было д е о д о р а н т о в !».

И тогда мы со стыдом узнали - по здешним понятиям, предстать пред кем-то, не надушившись деодорантами и/или крепчайшими духами, всё равно, нет, скорее, даже хуже, чем явиться голым.

~~~~~~( «о ж о» )~~~~~

« Вы наверняка пропотели на улице, - растолковывали переводчики, - а запах пота считается не только самым отвратительным на свете, но и унизительным для того, кто его распространяет. Потому никто никогда не подаст вида, что вы пахнете, однако нам по долгу службы приходится думать и о том, что американцы вокруг носом чувствуют нашу клиентуру. »

Мы горячо обещали ни при каких обстоятельствах, под страхом смертной казни никогда в жизни не делать больше ничего подобного, и наши гости ( или хозяева ? ) несколько успокоились.

Мужчина представился, поименовавши себя Сёрджем, а для русских Серёжей, и достал бумажник, откуда извлёк двадцатидолларовую купюру и протянул мне. Начальство разрешило выделить нам деньги на карманные расходы, сказал он.

Я взял бумажку бледного серо-зелёного цвета, и переводчик улыбнулся. Он завёл разговор о трудностях местной жизни вообще и неопределённости их положения во « Вселенском Альянсе ».

Поток беженцев из России иссякает, пожаловался он, и вскоре им придётся остаться без работы. У него есть идея организовать производство автоматов по продаже « горячих собак », и узнав из моего досье о моей специальности, он решил предложить мне, по-дружески и чисто неформально, помочь ему с проектированием, пока, конечно, бесплатно, но дело очень перспективное.

Я разочаровал его, заметив, что я теоретик, знаком, весьма поверхностно, лишь с лабораторной техникой и инструментами и совершеннейший профан в промышленном оборудовании.

Мы поделились ещё и сильным впечатлением, оставленным сегодня воскресным всеохватывающим богослужением; инструктора отвечали, что не посещать никакой церкви просто неприлично, и нынче утром они тоже были на службе.

Здесь имеется русскоязычная община пятидесятников, которая считалась преследуемой при советском режиме, отчего они и вступили в неё, иначе бы их семье не выехать. А вообще, они раньше жили в красавце Вильнюсе, и им больше по душе католические храмы с частоколом свинцовых органных труб, исповедальнями в тёмных нефах, паникадилами на цепях и как бы парящими белыми статуями в развевающихся одеждах.

Мы немного повспоминали Прибалтику, и переводчики встали из-за стола, предупредив клиентов, что явятся завтра рано - надо успеть перевезти нас в наши постоянные апартменты, заплатить залог за удобства и электричество и получить продовольственные талоны.

( ( o ) )     ( ( o ) )

Этим вечером, после отдыха, я поставил первый простейший опыт по изучению деньгоискательских способностей своего сына. Мишка честно выходил в коридор и не подглядывал, я подбрасывал монетку, и если она падала орлом, прятал её на столешницу под перевёрнутую чашку, а когда выпадала решка, клал в карман. Мишка заходил и на расстоянии определял, есть ли монетка под чашкой, или нет.

Из четырнадцати попыток десять оказались удачными. Ребёнок требовал продолжать опыты, войдя в азарт, но я закончил их, опасаясь чрезмерно возбудить его на ночь глядя. Маленький Павлуша тоже захотел попробовать и три раза подряд угадал правильно, после чего, явно устав, потерял интерес к монотонному занятию.

Конечно, я не собирался делать никаких поспешных выводов на основании такой, мягко говоря, скромной статистики, однако постановил обязательно собрать как можно больше данных, в самом ближайшем будущем.

На другой день предприимчивые христианские сотрудники «Альянса» провели нашу передислокацию в чрезвычайно резвом темпе, и впоследствии оказалось, для того у них имелись веские причины.

На обустройство семьи переселенцев община выделяла определённую сумму (включая сюда и положенную всем двадцатку наличными), и чем быстрее переводчики оформляли беженцам государственное пособие, тем больше денег оседало у вильнюсских ребят в карманах.

При подаче заявления на пособие от претендентов требуют представления доказательства постоянного проживания в месте, имеющем почтовый адрес, к примеру, копии контракта с домовладельцем. Поэтому нас первым делом повезли селить в апартменты, называющиеся «Английские дубы».

Никаких дубов, даже местных падубов, там не обнаружилось, но жилище было спроектировано в виде стилизованного замка, не отдельными домиками, а сплошным солидного облика двухэтажным строением с башенками по углам.

По кирпичу стен густой плющ добирался до кровли, газон покрывал слой кусочков кедровой коры, приобретающей под воздействием дождя и ветра благородную чешуйчатую фактуру и тонкий серебристый оттенок, создавая превосходный фон крупным кустам роз и попутно избавляя от необходимости хлопотного ухода за дёрном. Апартменты располагали только одним бассейном, зато большим и прямоугольным, а не множеством вписанных в ландшафт сада, скорее, прудиков, обсаженных кустами, как «Ла Мирада».

Перед бассейном имелся пятачок, усыпанный песком, где помещались вкопанные в землю столы, скамейки и несколько железных жаровен.

Нас препроводили в просторную двухспальную квартиру на первом этаже со свежепобеленными стенами и покрывавшим полностью пол мягким ковром, только что подвергнутым профессиональной чистке. Помещение казалось ещё больше от отсутствия какой бы то ни было мебели. Потом переводчики вывели нас на балюстраду, окружавшую здание, и указали универмаг, находившийся в двух шагах через дорогу - уже знакомый мне «Лев Еды».

Продуктовый магазин рядом - большой плюс, объяснили переводчики, если учитывать всё сказанное ими вчера об опасностях пешего хождения; такое преимущество искупает любые недостатки апартментов.

Квартиру нам обставят в течение дня, добавили они, и мы отправились в оффис лендлорда.

**OFFICE** ⟹

Лендлордом оказалась отроковица, ангельская ликом, однако, соответственно местному канону, пышногрудая, в коротких шортах (извините за тавтологию) и кофточке с глубоким вырезом. Улыбаясь и демонстрируя безупречные зубы и обдав нас чрез них ум помрачающими ароматами, она положила перед нами контракт - пачку листов этак в тридцать-сорок, заполненных с обеих сторон убористым текстом.

Я было по привычной занудливости начал читать его, но скоро до меня дошла абсолютная бессмысленность этого занятия.

Дева, продолжая улыбаться и низко склонившись над столом, смотрела на меня в упор своими голубыми глазищами, пока я не подписал бумаги в тех местах, где она поставила фломастером крупные косые крестики.

Signature _____ X

Потом мы помчались в электрическую компанию, потом ещё куда-то, и всюду подписывали кучи бумаг, совершенно не понимая их смысла.

Наконец, к ночи всё было кончено, и семейство доставили назад в «Дубы». Мебели в квартире по-прежнему не было; наши опекуны очень расстроились и принялись выяснять по сотовому телефону, кто в том виноват.

Но мы, чрезвычайно довольные быстрым завершением неприятной процедуры, искренне поблагодарили их и уверили, что ничего страшного, переночуем на полу, ковёр свежий, чистый, пушистый, и из-под дверей уже тянет ночной прохладой.

English Oaks

Супруги, не раз извинившись, клятвенно обещали, что обстановку доставят утром, показали еду в холодильнике и консервы в столе, ящик с пипифаксом и мылом, разъяснили, как правильно пользоваться кондиционером и водяным нагревателем, и ушли, пожелав нам спокойного сна.

Читателю не трудно догадаться, что и третьей ночью я не спал нисколько. Лишь только я попытался задремать, через жалюзи из внутреннего двора донеслась танцевальная музыка и в комнату пополз дым древесных углей, смешанный с дразнящим запахом жареного мяса.

От усталости мы обошлись нынче без ужина, и мой глупый пустой желудок, в полном согласии с материалистическими выводами академика Павлова, затрепетал, по рефлексу подчиняясь неконтролируемым нервным импульсам чувствительных обонятельных рецепторов.

Судя по их данным, готовилось изрядно говядины, маринованной со специями. Спасти меня могли только купание и какая-нибудь еда под рюмку водки.

Однако, поскольку на улице точно присутствовали люди, я решил не являться незнакомой публике сразу в узковатых вязаных плавочках, а сначала выйти и оценить ситуацию снаружи. Составляя разительный контраст «Ла Мираде», где двумя прошедшими вечерами, субботним и воскресным, средь игрушечных домиков комплекса под открытым безоблачным небом, кроме меня, грешного, не наблюдалось ни единой души, во внутреннем дворе «Английских дубов» царило оживление.

Обзор местности показал, что вкусный дым поднимался не только от жаровен, вкопанных в усыпанную песком площадку вместе с длинными просто сбитыми скамьями и столами, но также и от нескольких чёрных железных сфер и бочек, размещённых на широких крытых деревянных галереях, окружавших постройку изнутри и снаружи по обоим её этажам.

На площадке у бассейна, откуда и доносилась музыка, собралась пёстрая группа взрослых и детей всех оттенков кожи. Одни из них исполняли некого рода танец, переступая на месте, соединивши руки над головой, раздвинув ноги и вращая оттопыренными задами. Другие подходили с тарелками к жаровням и клали себе большие ломти коричневого мяса. Двое смуглых мальчишек, стоя по пояс в воде, запускали шутихи, стрелявшие букетами цветных огней.

На многих были купальные костюмы, причём хорошенькие девушки щеголяли в чисто символических трёх треугольных лоскутках, скреплённых шнурками, едва лишь прикрывавших соски и самое влагалище гениталий, зато сильный пол носил широкие складчатые штаны до середины колена.

Конечно, среди них автор выглядел бы белой вороной в облегающих плавках, которые, как я догадался и что подтвердилось позже, в здешних краях считаются совершенно неподобающей одеждой для мужчин.

```
      «@»      «о»#  «о»      «о»   8
      !!    L              J    L
   x    +    =    ,,,,,    3   *    оо
   ~~~~~~~~~~~~~~~~~   ~~~~~~~~~
```

Тихо порадовавшись проявленной мной предусмотрительности, я почёл за благо отменить купание, вернуться в квартиру и удовлетвориться прохладным душем и бутербродом на скорую руку. Но меня уже заметили от жаровен и окликнули: «Русский, иди сюда!».

За красными углями смотрел огромный круглолицый негр, поддерживая их жар на правильном уровне и подкладывая пласты маринованной говяжьей вырезки, подцепляя их двузубой вилой из ведёрной бадьи, стоявшей у него между ногами.

Ему ассистировали двое подручных латиноамериканского вида, один пухлый усатый коротышка, другой развинченный, жилисто-сухой, с длинными бачками.

Когда я подошёл, негр оскалился и сделал знак тощему, тот подхватил с земли большую бутыль с восьмидесятиградусным (40-процентным) виски «Бурбон» и налил мне треть высокого стакана. Я тепло поблагодарил, на что негр заметил: «Хороший английский!», и под взглядами окружающих медленно выпил мягкий, хоть и слегка кисловатый кентуккский спотыкач.

Кругом засвистели и зааплодировали, и негр одобрительно прокомментировал: «Моряки и попы здорово закладывают за воротник».

На моряка сильно я смахивал навряд, из чего методом исключения вытекало, что по давно не стриженной бороде меня принимают за священника.

Я было слабо попытался запротестовать и объявить себя физиком, работавшим в таких областях, как управляемый термояд, сверхпроводимость, лазеры и пр., но на мои слова, похоже, никто вокруг не обратил внимания. Мне налили ещё, и я выпил под воодушевляющие клики, засим темнокожий повар протянул мне свою широченную лапищу и представился под именем Рич, добавив с ухмылкой: «Когда-то я звался Диком».

Объяснялся он вполне понятным языком, в коем тренированное ухо могло даже уловить слегка заметный лондонский акцент, однако же без типичной британской сплошь слитной скороговорки, а, намеренно или нет, в расстановку.

Хотя ко всем остальным на площадке Рич обращался на подходящем его расе афроамериканском наречии, более известном здесь как «эбоник», если применить распространённый эвфемизм, означающий «язык чёрного дерева».

 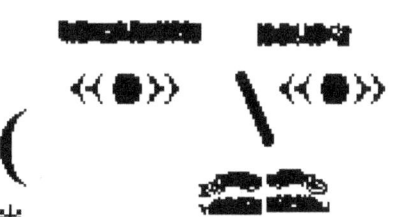

Гигант медленно встал со своего треножника у жаровни, поручив её помощникам, и махнул мне рукой, пригласив последовать за ним вверх по лесенке на галерею второго этажа. Там он провёл меня кругом всего здания, мимо сундуков, кресел и велосипедов жильцов. Сквозь жалюзи большинства окон сочилось призрачное сизое мерцание телеэкранов, лишь одна квартира была темна, зато оттуда звучала музыка вечеринки; указав на неё, мой вожатый, подмигнув, сообщил, что хозяйка - «очень весёлая женщина».

Мы пришли на дальнюю торцевую сторону постройки, противоположную бассейну и отделённую от него лужайкой для тенниса. Рич громко что-то произнёс в пустоту; после чего двери, у которых мы стояли, распахнулись и две старухи в платках под руки вывели дряхлого негра с морщинистой кожей пепельно-серого цвета.

Они бережно усадили патриарха в плетёное кресло и пятясь гуськом, растворились в глубине комнат, где автор успел заметить только странную белую конструкцию в виде двух не сопрягающихся заострённых полуарок высотой с человеческий рост.

На старике были просторные холщовые рубаха и штаны и круглая шапочка. Он поднял печальные глаза, когда Рич произнёс: «Отец, вот русский священник», и едва шевеля губами, спросил у меня: «Какой конфессии?».

Я ответил, что Россия, вообще-то, православная страна, но церковь там удавалось посещать изредка. Старец надолго задумался, а потом вопросил: «А ты спасён?».

Я уклончиво сказал, мол, консервативная наша вера постулирует существование посмертного суда, однако старик перебил меня, поставивши вопрос прямо в лоб: «Значит, вы верите в ад?». И после моего утвердительного ответа махнул рукой, давая понять, что аудиенция закончена.

По возвращении к жаровням, где я надеялся получить кусок шипящего мяса, мне опять налили только полный стакан чистого виски, не предложив даже льда, с которым пили все остальные, видимо, сделав заключение об обычае русских не разбавлять и не закусывать. Многие подходили ко мне чокаться и задавали те же самые два вопроса, что и пепельный патриарх, то есть, какой я конфессии и спасён ли.

С гордостью поименовав тысячелетнее исповедание своей несчастной родины древнейшей на свете формою Христианства, я вдруг, весьма неожиданно, ощутил всеобщее удивление и недоверие. Оказалось, окружающие причисляют русских к иудеям, введены в заблуждение как национальным составом последней волны иммиграции из разных краёв Союза, так и свечами, бородами и пением в храмах, которые показывают порой по телевизору в репортажах на международные темы.

Путаницу сию усугубляет самоназвание Православной Церкви на английском - Ортодоксальная, его же употребляют по отношению к себе и еврейские синагоги фундаменталистского толка.

Ещё спрашивали, живут ли в России негры. Академические институции «Большого Брата» принимают немало студентов из Африки, сообщил я, кроме того, в горах Кавказа существует селение, основанное чернокожими дезертирами из армии императора Александра Македонского, или Великого, совершавшего именно через те места поход на Индию.

Всё равно, допытывалась одна шоколадная девица, строго выдерживавшая минималистский стиль в одежде, мы вам должны быть непривычны и потому неприятны, и я совершенно честно отвечал, отводя глаза от её длиннющих, будто бы покрытых лаком ног и подбритого лобка - о, нет, ничего подобного.

Ясно, я здорово наклюкался, приняв изрядное количество чистого виски натощак. Помню, как я пил и обнимался с толстым усатым помощником Рича, уверявшим, что он прямой потомок испанских королей, и обучал пытливую лакированную мисс некоторым русским выражениям. Однако, по мере того, как разгоралось веселье на площадке у бассейна, внимание к моей особе иссякало, и вскоре автору удалось, не боясь обидеть кого-нибудь из новых друзей, уйти со сцены без прощальных слов, сиречь, по-английски ( правда, тут принято говорить, «по-французски» ).

Добравшись по стенке до своей пристани ( теперь уже издали точно напоминая морского волка ), я пренебрёг положенными перед сном водными процедурами и, наскоро заглотив банку холодных бобов, свалился на ковёр.

И, несомненно, проспал бы круглые сутки, а то и больше, если б моя жена не разбудила меня, уведомив, что нам доставили обстановку.
Пришлось вскочить и, сунув гудевшую голову под кран, выйти на улицу.

Там нас ожидали, щиро улыбаясь, двое могучих и курчавых иудейских мужей с аккуратными рыжеватыми бородками и обильно умащённой каштановым солнцезащитным кремом рельефной мускулатурой, облачённых в поперечно-полосатые бело-синие маечки трико и перетянутых широкими эластичными поясами, браслетами и поножами, предохраняющими от растяжения связок.

Они пригнали фургон размером с железнодорожный вагон, доверху набитый всякими предметами быта, и предложили нам самим выбрать, что захотим.

Мебель была как раз такая, как я люблю - старая, солидная, не лукавящая с помощью прессованной стружки, покрытой фанеровкой, а честно сработанная из дюймовых ореховых, дубовых, вишнёвых досок, и абсолютно неподъёмная.

Но потомки Самсона-борца, вооружившись вервием, блоками и тележками, перетащили её в комнаты без проблем.

Пока они занимались этим, я, обследуя недра фургона, обнаружил сундук с книжками и попросил его тоже перенести в дом, а также множество других полезных вещей - кастрюли, утюг, часы, набор столовой посуды, сковородки из настоящего чугуна ( последние верно служат мне до сих пор, и в магазинах подобных нельзя найти ни за какие деньги ).

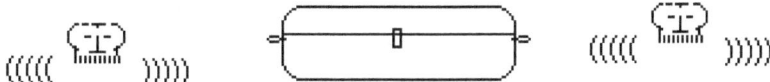

Для сна нам определили четыре широких матраса, и, не испросив разрешения, грузчики поставили в главную спальню и гостиную мягкие полудиванчики - « любовные сидения », торшеры с лепными херувимами и низенькие столики, соорудив уютные гнёздышки отдыха, центры которых заняли два больших цветных телевизора.

Я попытался было возразить, ибо в эпоху « Голубого Огонька » навсегда проникся ненавистью к фосфоресцирующим хронофагам, однако жена и дети, лишённые, по моему настоянию, телевидения в России, стали убеждать меня, дескать, здесь оно им необходимо, и не утехи ради, а в целях освоения языка, и я малодушно капитулировал.

Затем, поблагодарив хозяина и домочадцев за то, что любезно мы согласились воспользоваться услугами их компании, и пожелав нам преуспеяния, процветания, здоровья и всяческих благ в СШ Америки, мускулистые меблировщики уехали обставлять следующих на очереди клиентов.

Покуда я спал на полу, опять появлялись переводчики, оставившие супруге продовольственные талоны для семьи и проинструктировавшие её на тему нашей финансовой ситуации и сообразных с нею методов экономного ведения домашнего хозяйства, коей информацией она должна поделиться со мной.

Кроме того, нам сегодня обоим предстоит пройти интервью у федерального специалиста по трудоустройству.

После вчерашнего, разумеется, мозг мой не мог воспринимать ничего серьёзного без поправки; к счастью, в ящике с консервами отыскалась банка злых как чёрт мексиканских перцев, любезная жёнушка вмиг нажарила сковородку картошки, а холодная водка у меня ещё оставалась ( пиво помогло б несравненно лучше, да где ж его взять ).

Уминая картошку с маленькими жгучими стручочками, от которых быстро рассеивался туман под черепной крышкой, я слушал переданные через жену ценные указания.

Поскольку у нас ещё нет машины, « Альянс » разрешил переводчикам доставлять нам талоны прямо на дом, но лишь в течение шести месяцев.

Также первые полгода в стране беженцам положен посылаемый по почте государственный чек, предназначенный исключительно для аренды жилья, оплаты электричества, водоснабжения и сбора бытового мусора.

Правда, о чём упоминалось ранее, это пособие не покрывает стоимости даже таких апартментов, как « Дубы ». Еврейская община добровольно согласилась погасить первоначальный взнос по нашему арендному договору, включая и требуемый везде залог, не предусматриваемый госпрограммой, что позволит нам обратить первый чек в деньги, которых может хватить на доплату лендлорду, если только мы приучим себя разумно пользоваться водонагревателем и кондиционером.

Продовольственные талоны дают в избытке, но покупать на них нельзя табак, алкоголь, равно и предметы гигиены и туалета: трусы, носки, пасту, мыло и т.п. Продажу излишка талонов закон трактует как мошенничество и карает заключением в тюрьму, а то и депортацией из Америки.

Федеральные агенты в штатском иногда подходят к новоприбывшим и просят продать им продовольственные талоны, а потом арестовывают поддавшихся на провокацию. Хотя, признались переводчики, наши люди всё равно сбывают их, через надёжных знакомых.

Мы сразу получили неограниченное право трудоустройства на территории США, однако о любом своём доходе в период выплаты пособия обязаны немедленно ставить в известность власти, те же тогда уменьшают либо прекращают помощь.

Сокрытие приработков тоже есть преступление, впрочем, наказывают за него больше работодателей, которым выгодно брать «леваков», чтобы не платить положенных отчислений в бюджет. Так что тут и такой подряд практикуется, по хорошо налаженным каналам.

Переварив изложенное, моя башка, начавшая уж было одолевать похмелье, снова потяжелела. По версии Галины, официальные умы предлагают беженцу отказаться от чистки зубов, мытья мылом и шампунем и стирки, и в то же время, благоухая, «агрессивно интегрироваться».

Да Бог с ними, здешние бюрократические извращения нас не должны коснуться. Первый чек обратим в наличные, которые незачем раскладывать на полгода; ко мне, конечно, практически мгновенно поступит немало предложений работы от научных и академических институций; будь спок, теоретики моего уровня не валяются на улице, как медные ихние пенни.

Нужно только блеснуть на предстоящем интервью своими интеллектуальными и лингвистическими способностями, для чего не мешало б немного развеяться.

До назначенной нам встречи с чиновниками оставалось ещё несколько часов; подумавши, семейство решило навестить нашего ручного «Льва» и, используя полученные нынче талоны, попробовать приобрести на них что-нибудь съедобное, наряду с неоценимым опытом.

В магазине мы сделали важное открытие - из цеха разделки и расфасовки время от времени выкатывают полки на колёсиках, уставленные подносами с некондиционной продукцией. Я погрузил в тележку десятифунтовый мешок молодой картошки, оценённый в смехотворный двугривенный только за то, что несколько клубней из добрых тридцати в упаковке, хорошо обозреваемых через её пластиковую сетку, оказались немного мельче стандарта.

Морковь-каротель не имела никаких пороков, но её пакет, стоивший раньше два с лишним доллара, был с угла слегка надорван и потому помещён в другой, запаянный, этикетка которого сообщала новую цену - восемнадцать центов (ушлые блудные дети Соцлага, подумалось мне, ручаюсь, уже приспособились незаметно для камер нарушать гигиеническую девственную плеву товаров).

Также я затарился яблочками, капустой, грибками, перцами, помидорами, причём последние были куда лучше неуценённых твердокаменных, короче, всеми основными овощами и фруктами.

Мясо, мясопродукты и рыба с почти истекшим сроком хранения помещались, по родам их, в отдельных рефрижераторах и по цвету, запаху, консистенции ничем не отличались от прочих.

Для начала я взял свиных отбивных с тонкой прослойкой жира и косточкой.

При таких-то ценах, сказал я жене, у нас будет оставаться не меньше половины положенных нам талонов, однако затевать их противозаконную продажу в считанные дни до моего устройства на работу просто глупо.

Гораздо благоразумнее и приятнее потратить их на нечто экзотическое, например, омаров. Посадив трехлетнего Павлушу в нагруженную тележку, оборудованную, среди прочего, и сиденьецем для малышей, мы поехали к аквариуму рыбного отдела.

Там наша жалостливая Галушка, конечно, устроила небольшую истерику по поводу предстоящего убийства живого существа, но я напомнил супруге о количестве волжских раков, съеденных лично ею, и велел отвернуться.

Продавец быстро отловил указанного мною пучеглазого усача и гуманно, по-американски, прикончил его разрядом электрического тока.

Кроме того, по моему настоянию мы купили дюжину устриц в раковинах, также подвергнутых изобретённому здесь виду казни, и двухфунтовый кусок акульего мяса.

Получивши упакованный заказ, я вспомнил, что для готовки понадобятся уксус и специи. Мы покатили в проход под соответствующей табличкой, где довольно неожиданно натолкнулись на моего вчерашнего знакомца Рича в синей суконной форме и фуражке, радостно и шумно приветствовавшего наше появление. Оказалось, он ежедневно снабжает «Льва Еды» льдом, работая в одной компании по его производству. Магазины расплачиваются с ним прямо на месте, сказал он, и ему приходится возить с собой оружие, чтобы не ограбили.

Негр, улыбаясь, полез во внутренний карман куртки и извлёк на свет крупнокалиберный пистолет системы «Магнум». Потом, спрятав его, хлопнул меня по плечу и предложил следовать за собой.

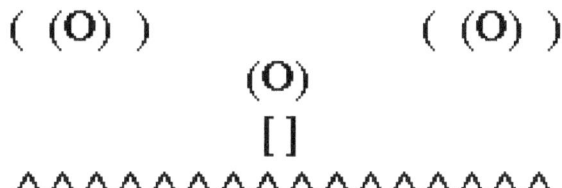

Рич подвёл меня к полкам с пивом и прочитал весьма толковую лекцию о свойствах разных сортов, добавив, что знает вкусы европейцев, поскольку родился и вырос на островах Тринидад и Тобаго, управляемых до сих пор из Лондона, чем и объясняется его акцент.

«Ты вчера неплохо выпил, - врастяжку заметил он, - тебе поможет вот это, оно называется так же, как мой пистолет» и указал на кварту тёмного ячменного «Магнума».

«Это на мне» - улыбнулся он, уловив моё смущение, и взяв бутылку, направился к кассе.

Я рассчитался талонами за еду ( «Прекрасный выбор» - бросил Рич), он отдал доллар с чем-то за пиво, и хотя под занавес я опорфунился, не поняв, к чему относится вопрос упаковщика «Пластик или бумага?» и пробурчал невразумительно: «Да, конечно», посещение гастронома завершилось, кажется, успешно, и мы вышли на улицу.

Громадина негр пожелал мне доброго дня и вручил тёмную бутылку, я поблагодарил магистра, и новопосвящённые члены великого Ордена Американских Покупателей гордо повели полную тележку через дорогу в «Дубы».

Обед беженцы приготовили чрезвычайно просто, по-спартански - омара кинули ненадолго в подсоленный крутой кипяток, акулу - на сковородку, в горячее масло, а шокированные устрицы не требовали никакой обработки ( свиные отбивные, чуть сбрызнув уксусом, отложили на ужин, который нынче не собирались отдавать врагу ).

Первый, в оправдание ожиданий, оказался раком, только что переростком; жареная, свирепая хищница морей притворялась пресно-невинной рыбкой, нежной, вроде лежебоки камбалы; зато желеобразным жирным затворницам, не похожим даже на родственных им черноморских мидий, не удавалось никак подобрать адекватное сравнение. И хотя классически их положено запивать замороженным шампанским, обладавшие столь знакомым мне запахом прибоя моллюски недурно шли под ничуть не менее шипучий « Магнум ».

Интересно было и разглядывать после еды пустые раковины обитательниц Атлантических отмелей, снаружи покрытые грубыми известковыми потёками, а изнутри мерцающим перламутром с пятнами, словно нанесёнными акварелью по влажной пористой бумаге и порой слагавшимися в расплывчатые фигуры людей, кораблей, животных.

### ГЕНЕЗИС

Шум песнь родил, картину - пятна,
Стих - бормотанье тёмных глосс.
Гладь вод, что искрится, превратна -
Флёр бездны. Твердь воздвиг Хаос.

Мы немного расслабились за обедом, к счастью, днесь обретённые вновь настольные часы неожиданно пробили три, показав, что нам давно уже пора собираться на интервью. Тогда всё бросив, как есть, мы с женой опрометью кинулись в ванную, живо обмылись, почистили зубы, причесались и надели лучшие свои наряды: Галина - узкое вишнёвое бархатное платье, я натянул белую рубаху, вдел запонки, повязал галстук и влез в чесучёвую тройку производства ГДР.

Только мы успели застегнуться, в дверь постучали, но приехали за нами не переводчики, а молодая американка совершенно слоновьих пропорций.

Втиснута незнакомка была в такую же эластичную кофточку и шорты, что и демуазель аналогичной комплекции, встреченная ночью сбора монет; позже выяснится - местные толстухи выставляют свои прелести напоказ по рекомендациям психоаналитиков, чтобы, одолевая смущение, бороться с комплексом неполноценности.

Молодая женщина, или, скорее, девица ( знает ли кто технический приём для секса с этакой горой ? ) мило улыбалась, показывая крупные ровные зубы, и держа пред волнующимся, как море желе, над вырезом розовой блузочки белокожим веснушчатым бюстом, не нуждавшемся ни в каких трансплантах, плетёную из лозы корзинку от флориста, декорированную бантами, розетками, утыканную звёздно-полосатыми флажками, увитую серпантином и наполненную профессионально подобранными и композиционно организованными фруктами: яблоками, манго, карамболями, папайей, гроздьями винограда.

Объёмистая гостья впорхнула в гостиную с возгласом: « Добро пожаловать в Америку - это вам ! », воздвигла корзину на стол, и пожав энергично руки всем, включая детей, представилась Кори, нашей волонтёркой (т.е., "добровоицей " ), которая вызвалась безвозмездно помогать в адаптации семьи беженцев, узнав, что профессор Яцкарь превосходно владеет английским языком.

От удовольствия я завернул какую-то ужасно витиеватую сложносочинённую благодарственную фразу, и Кори рассмеялась высоким альтом.

Я украдкой потрогал пальцем плоды в корзине, оказавшиеся настоящими, правда, твёрдыми и словно навощёнными, и постарался не думать о том, сколько «Магнума», ну, ладно, мыла и пипифакса можно было бы купить на деньги, потраченные порхающей, хотя и тяжеловесной феей.

Тут благотворительница заметила остатки пиршества, багрово-красный панцирь покойного усача и устричные раковины, и бросила: «О, дорогая еда!».

Я принялся излагать правила использования продовольственных талонов, сетуя на явную их нелепость, однако патронесса, похоже, про них никогда не слышала и не поняла моих объяснений.

Уже без улыбки, она пристально с ног до головы оглядела нас, затем после паузы негромко сказала, полагаю, сама себе: «Ну что ж» и велела выходить к машине.

Наше появление в оффисе по трудоустройству произвело полный фурор. Сама начальница бюро, высокая мускулистая леди трудно определяемых лет, встретила семью и представила прикреплённую к нам сотрудницу агентства - глазастую скромницу Мишель, стриженную под мальчика, в тёмных брюках, в белой рубашке с воротом «апаш», открывавшем длинную тонкую шейку, и больших роговых очках.

Деловые дамы и Кори провели нас по заполненным компьютерами кубикам всех трёх этажей учреждения, знакомя с работниками службы и рекомендуя: «Доктор Яцкарь, русский физик, его очаровательная жена Галина, журналист, и их чудесные дети».

Затем всех пригласили в зал для конференций, где к нам, улыбаясь, по одному подходили люди и жали руки, а потом вежливо попросили отвечать на вопросы.

Мне пришлось рассказать про годы учёбы в Физико-техническом институте, стажировку у академика Петра Л. Капицы, аспирантуру, защиту диссертации, а пуще всего - про моё участие в программе инициирования с помощью лазеров управляемой реакции термоядерного синтеза, над которой я трудился в Самаре, тогда ещё звавшейся Куйбышевом. Видя интерес аудитории, я даже нарисовал на доске эскиз установки, прочитав, таким образом, свою первую лекцию в США. (Я описывал детали проекта без зазрения совести, ибо идея лазерного термояда, будучи бредовой с самого начала, давно уже почила в Бозе.)

Галину, подобно тому, подробно расспросили о её журналистском опыте, постановке издательского дела, партийном контроле и цензуре периодики, практикуемых сегодня в Союзе.

Также поинтересовались, чем русский доктор и его супруга собираются зарабатывать на жизнь здесь, и я, по моему разумению, скромно ответил, что предпочёл бы продолжить свои исследования в теоретической физике, но не буду отвергать разумных предложений экспериментальной, экспертной, преподавательской, или, в конце концов, инженерной работы.

Мишель спросила, заглядывая в блокнот, не разослал ли я заранее знакомым специалистам, авторитетным в интересующей меня области, писем с просьбой рекомендовать университетам Америки мои услуги.

Я напомнил наивной девушке о железном занавесе и о невозможности узникам тоталитарного режима вести зарубежную переписку, упомянув о пяти моих статьях, опубликованных в журналах Академии Наук СССР, издаваемых во всех развитых странах мира в переводах на все языки, которые эксперты, несомненно, примут как бесспорное доказательство квалификации и потенциала автора.

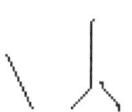

Относительно профессиональных планов прекрасной моей половины пока я не могу сказать ничего определённого, ибо ей, прежде всего, необходимо в должной степени освоить английский.

Мишель понимающе кивнула и, устремив карие свои глазищи долу, принялась прилежно покрывать скорописью листы блокнота.

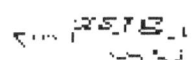

Заключая собрание, начальница службы от лица всех присутствующих тепло поблагодарила меня с женой и сообщила, что результаты интервью мы получим по почте, затем толстушка Кори доставила семью в «Дубы» и откланялась, пообещав при случае навестить нас ещё раз, когда-нибудь.

После окончания всех этапов процесса поселения мы могли наслаждаться практически неограниченным свободным временем.

Барбекью с танцами во дворе затевалось едва ли не каждую ночь, но Рич больше не подзывал меня к жаровням, хотя очень приветливо здоровался, когда я проходил мимо.

Кори отвезла нас однажды в центр города и провела по историческим зданиям, в основном, дорогим отелям, пытаясь привлечь внимание детей к фонтанам, в чьих бассейнах кишели рыбки и поблёскивали монетки, надутым павлинам, разгуливавшим по зимним садикам, прудикам с черепахами и бэби-аллигаторами, бронзовым статуям и колоннам красного мрамора, но те, видевшие Эрмитаж, кремлёвские палаты русских царей и часто бывавшие в зоопарках и цирках, остались невежливо равнодушными.

------((((«o»))))------

Ещё нас в «Дубах» несколько раз навещали офицеры американской разведки и контр-разведки, которых, натурально, навело на не вполне типичного беженца государственное бюро по трудоустройству.

Один из пинкертонов, дряхлый, как Мафусаил, еврей, очевидно, польский, старательно восстанавливал свой разговорный русский, интересно, подолгу и с нескрываемым удовольствием вспоминая о блеске Варшавы начала века, называл мою жену «милая пани Галина» и в дверях целовал ей ручку.

Впрочем, все офицеры привозили подарки детям и горячие пиццы для семьи и вели себя чрезвычайно учтиво.

Однако разведчики скоро выяснили, несмотря на туман, который я старался поднапустить погуще, что дезертировавший русский физик не владеет никакой засекреченной информацией, равно не является резидентом агентурной сети, и прекратили немало развлекавшие автора романа визиты.

Помня предостережение переводчиков об опасностях пешего передвижения, мы уже не отваживались предпринимать дальние экспедиции, ограничиваясь необходимым злом - набегами на логово «Льва» через дорогу.

Зато туда мы заходили раз восемь на дню, подгадывая к вывозу тележек с грошёвой некондицией, отчего у семьи, после закупки всего насущного, оставалась изрядная сумма в продовольственных талонах, которую мы, ничтоже сумняшеся, без особого счёта тратили на поистине бессчётные съедобные диковины сего и иных злачных мест мира, открывая и осваивая заморские продукты, представлявшие итальянскую, азиатскую, креольско-французскую и ашкеназийско-еврейскую кулинарии (опуская в этом ряду конгломерат, названный «американской» и созданный, главным образом, неуправляемым синтезом упомянутых выше национальных кухонь).

Первый чек от государства пришёл вовремя, то есть, именно тогда, когда я допил водку и докурил «Приму», и мы, добравшись до ближайшего банка, успешно обратили его в наличные, правда, заплатив за минутную процедуру целых пять долларов, так как у нас не было никакой бумаги с фотографией, подтверждающей право легального проживания в штате.

Оставшиеся почти четыре сотни я распределил на два месяца (несомненно, мне предложат работу раньше), их с лихвой хватало на доплату лендлорду, а также на приобретение товаров, поставленных вне закона великомудрым талонным ведомством - ординарного сухого вина, которое мне нужно пить каждый день для нормализации пищеварения, сигарет (не отказываться же от застарелой привычки сейчас, в напряжённый момент ожидания, да ещё на исторической родине табака), и мелочёвки: пасты, шампуней, лосьонов, мыла, стирального порошка, менструальных прокладок, пипифакса и прочего.

Пока утренний бриз и испарение росы краткое время поддерживали жизнь относительной летней ночной прохлады, мы выходили на общую прогулку, в быстром темпе обходя периметр внутреннего двора кирпичного замка, и освежались в просторном бассейне, экипировавшись туземным образом, ибо мать семейства, хоть и скрепя сердце, обрезала мужчинам по паре брюк, укоротив их до колен ( брось жалеть привезённое тряпьё, с первой получки купим всё новое, посмотри-ка вокруг, безработные тут одеваются лучше, чем сынки наших партайгеноссен ).

У бассейна мы часто встречали другую пару « русских », которые, услышав родную речь, моментально переходили на английский, но иногда запаздывали, к тому же построение фраз, характерные кальки и тяжёлый акцент выдавали их с головой. В конце концов я не выдержал и неожиданно спросил мужчину: « Скажите, пожалуйста, который час ? », и он машинально ответил по-русски. С той поры они перестали терзать мой слух неизвестно где приобретённым натужно-ненатуральным прононсом и начали здороваться, очень сдержанно.

Рассветы во Флориде такие же яркие и быстротечные, как закаты; обычно ясные, лишь у горизонта подёрнутые полупрозрачными золотыми облачками, в стороне незримо присутствующего и напоминающего о себе влажностью и запахами океана.

Они сопровождаются громким щебетом птиц, не жуков и цикад, задающих концерты ночью, а настоящих, неизвестных мне видов яркоперых, красных и синих непоседливых созданий, чьи головы украшены хохолками ( красные, кажется, кардиналы ).

Затем просыпаются белки и начинают скользить по веткам и стволам двадцатиметровых кедров; рассерженные, серые воздушные акробатки громко и смешно трещат и могут швырнуть в тебя шишку.

Шершавые ящерички с бисерными глазками надувают алые и оранжевые шейные мешки; трясогузки и дрозды собирают жучков чуть ли не под ногами. В зените ещё не ослепляющей взора небесной сферы медленно проплывают кругами, просвечивая через кружевные парасольки крон серебристых кедров, силуэты чёрных коршунов, крылья которых напоминают распростёртые руки с широко расставленными пальцами.
« Ранняя пташка находит червячка ».

Утренний бриз, в отличие от вечернего, направлен от земли к воде, потому навевающие на меня черноморские воспоминания ароматы заметно ослабевают.

Роса в этом природном дистилляторе всегда обильна, и крупные капли, подолгу не испаряясь, работают миниатюрными ньютоновыми линзами и испещряют радужными полосочками самые неожиданные предметы, вроде вашего носа, разлагая по законам геометрической оптики лучи стремительно восходящей денницы.

## НАБЛЮДЕНИЕ

Как в русских сказках, иль, вернее, кафках,
В Вест-Индии ( смекай, Иван-дурак )
Не счесть жемчужин в антикварных лавках,
А кой-чего дают совсем за так.

Вот из цветка за оффисом лендлорда,
Там, где повисла винограда плеть,
Торчит цикады лягушачья морда -
Уродлива, да мастерица петь.

## Глава четвёртая,
#### где герой выясняет планы Пентагона

Первые месяцы основным развлечением семейства в «Английских дубах» служило дерзкое кулинарное изобретательство.

Прогрессивный продовольственный кризис, много лет изнуряя Империю, способствовал поголовному превращению её подданных в неплохих поваров, нетрадиционного, правда, толка - не готовящих по классическим рецептам, для которых никогда не удавалось подобрать полный набор ингридиентов, зато смело замещающих одни продукты другими.

Иммигранту такой талант - абсолютно неоценимое подспорье, хотя, понятно, всякая на этом свете этническая еда, импортная или местного производства, имеется на свободном рынке Соединённых Штатов, где каждый спрос мигом порождает предложение, но только людям с тугим кошельком.

Варёная свёкла в банках вполне годилась на полтавский борщ, особенно, если плеснёшь туда от души кетчупа, а вот пельменное тесто выходило слишком плотным, из-за невообразимого содержания клейковины в муке.

Тут пришла на помощь эрудиция - вспомнив меню ресторана "Пекин" и догадавшись поискать в китайском отделе, я обнаружил готовое чудное тесто, тонкое до прозрачности, и автора не очень-то смутили цвет умбры и квадратная форма его маленьких листочков, отчего пельмени по-джексонвилльски получили вид крошечных подушечек.

Самым опасным нашим опытом показало себя изготовление хлебного кваса. Я поставил его в трёхлитровых бутылях из-под ординарного красного вина, толстостенных, пузатых и тёмных, которых у меня накапливалось изрядно - рука просто не поднималась относить в мусор такую замечательную посуду.

Однако я не рассчитал силы здешних сухих дрожжей и переложил закваски, и среди ночи новый «молотовский коктейль» с грохотом взорвался, подняв на ноги нас и соседей. Рич постучал в дверь и спросил, не требуется ли помощь, но я успокоил его и объяснил причину салюта.

Кухня вся была усеяна осколками стекла, и если б кто-нибудь находился там во время взрыва, то мог бы серьёзно пострадать.
Всё же мы продолжили эксперимент, более осторожно, и вскоре, найдя верную пропорцию, пили уже не местные приторные «коки», плохо утоляющие жажду, а ядрёное, пенистое, в меру кислое питьё, кружки которого хватало надолго.

Сравнительно много времени я проводил в медленных раздумчивых прогулках, бродя для разрядки без определённой цели по лабиринтам «Льва» и рассеянно изучая этикетки, и порой встречал там «русского» своего соседа из «Дубов», занятого тем же.

Однажды он заметил в моей тележке пакет квашеной капусты и, после некоторой заминки, задал вопрос, где она помещается. Самому ему найти этот хитрый продукт было, конечно, слабо, потому что когда он спрашивал просто «капусту», его отправляли к свежим овощам, а когда он спрашивал «маринованную капусту», его посылали в отдел консервов, где стояли банки нарубленных ровными осьмушками твёрдых белых, зелёных, красных кочанов, залитых крепким винным уксусом с пряностями.

Квашеная капуста находится там, куда еврею и заглядывать бы не надо - между свиными ножками и братвурстом, и называется не «капустой», а «кислым немцем», причём для слова «немец» употребляется не литературное «джёрман», а уличное и грубо-пренебрежительное «краут», которое мало кому из иностранцев может быть известно.

Я открыл соседу великую тайну, и он долго и прочувствованно благодарил меня.

Затем его взгляд привлекли странные прямоугольные упаковочки с иероглифическими значками в моей тележке, и лишь небрежно я обронил магическое слово «пельмени», он был уже полностью мой (всё-таки покойный Союз успел утвердить такие межнациональные и надклассовые ценности, как узбекский плов, украинский борщ, кавказский шашлык и китайские, по происхождению, пельмени).

Он даже обещал поделиться со мной своими кулинарными находками и не отверг предложение посетить нас вместе с женой для обмена накопленным здесь опытом и дегустации.

Так завязалось наше знакомство с Романом и Миррой Бронштейн, и мы кое-что, хотя и немного, про них узнали.

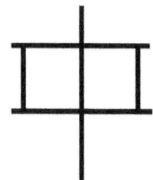

Роман, высокий, представительный и в теле, выглядел на пятьдесят с совершенно незначительным хвостиком, не горбился, не сутулился, говорил в расстановку глубоким, хорошо модулированным баритоном, ходил крупно, наголо брил череп и носил усики.

Мирра была гранд дама таких же заметного роста и впечатляющей стати, ещё довольно стройная, хотя широкой кости в тазу и плечах, с длинной шеей и чуть выпирающими ключицами, разумно прикрытыми янтарным ожерельем, и обладая живым взглядом больших карих глаз и густыми чёрными волосами, казалась лет на десять моложе мужа.

Оба отличались оливково-смуглым оттенком кожи и разговаривали по-русски с акцентом.

Раньше они жили в Ташкенте и работали в министерстве республики, но не очень большими шишками, курируя медицинскую промышленность; Роман отвечал за производство и импорт электронного медоборудования, Мирра - радиологического.

Иммигрировали они около года назад; оба пока не работали, только недавно закончив курсы городского колледжа.

Их единственный сын учился в университете, как положено, снимая комнатку на кампусе, пополам с хорошим другом; молодые люди, путешествуя вместе, изредка навещали наших знакомых.

Также они упомянули, что им пришлось провести около полугода в Риме, ожидая ответа из Вашингтона на прошение о предоставлении семье Бронштейн права политического убежища.

Тут наши знакомцы использовали закон, согласно которому в Штаты допускаются все преследуемые по политическим, расовым, религиозным или этническим мотивам, даже если они ходатайствуют о том, пребывая на территории третьих стран и, как в случае моих соседей, выехавших, правильно догадались, по израильской визе, но не спешивших поселиться в Земле Обета, жизни их более не грозит непосредственная опасность.

И хотя вышеупомянутый закон иногда вступает в противоречие с другим, запрещающим въезд в государство лицам прокоммунистических взглядов, он имеет неотъемлемый приоритет над последним, ибо основан на статье главной хартии величайшей державы, двухвекового оплота планетарного нового порядка и светоча миру - незыблемой её Конституции.

Они ни словом не обмолвились о причинах, заставивших их покинуть Ташкент, город хлебный, но совершенно не трудно было восстановить путь министерских товарищей в Америку, типичный для эмигрантов современной нам волны.

Республики, обретя в борьбе выстраданную и долгожданную независимость, получили возможность вести внешнюю торговлю, прежде того составлявшую исключительную прерогативу Москвы, и ринулись навёрстывать упущенное ( бизнесмены всех стран будут рассказывать внукам о невероятных случаях продажи вагона стратегического ванадия за цену пары туфель ).

Тогда опытные аппаратчики, вроде наших новых друзей, успели-таки выхватить свой кус из туши, покуда инородцев не отогнали от жертвы лучше организованные родовые кланы аборигенов.

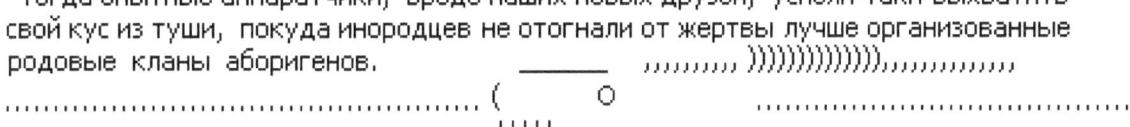

В Узбекистоне их никто не удерживал, но они некоторое время не уезжали, даже имея уже израильские визы, а уволившись из министерства, отнесли членские билеты в партком, запаслись документами о выходе из Компартии и, записавшись в сионистский союз, установленное время с плакатами в руках отстояли в пикетах, скандируя: « Отпусти народ мой, фараон ! ».

Отработав положенное, узники совести, иначе, рабы Империи зла, получили от братьев по вере бумагу, подтверждающую факт преследований, и выехали в Рим, где незапно изменив идее вселенского собора детей Авраамлих на Синае, подали прошение о предоставлении политубежища в США.
Кстати, Америка оттого до сих пор и остаётся образцом свободного общества, что каждый меняет свои убеждения без указки, когда вздумается.

Повсеместно власти лишились не только евреи, но и все управленцы других некоренных национальностей; редко кто из бывшей элиты рисковал вернуться с деньгами туда, откуда происходил, отчего отставные чиновники-оккупанты стали срочно превращаться в евреев путём заключения фиктивных браков, манипуляций с архивными записями и тому подобного. В интересном положении оказались коллаборационисты, те, кто под пятою Империи тем же макаром покинули дом Израилев, примкнув к нации поработителей; ренегатам порой удавалось исправить ошибку незрелой юности и возвратиться в праотчее лоно бесплатно, рассылая доносы нужным органам на самих себя.
После чего и неофиты, и блудные дети эмигрировали уже описанным образом, так же пикетируя с плакатами и угрожая десятью карами фараону.

Трудовые накопления соседям было несложно провезти тем действенным и нехитрым способом, кой мне довелось наблюдать на российской таможне - смуглый и морщинистый коренастый тип в кепке « аэродром », улыбаясь, раскрыл перед пограничником чемодан с пачками стодолларовых банкнот и, ласково глядя русому парню в глаза, сказал: « Нэ стэсняйса, синок, бэри сколко сможешь спрятат ».

Суммы помельче народ проносил под одеждой; таможенники, обнаружив их, обыкновенно не составляли описи конфиската, оприходуя всё, а предпочитали действовать более неформально, требуя установленный процент.

Во время полёта я видел, как базарная тётка в сером пуховом платке хлопала себя по бёдрам и громко хохотала во все свои золотые зубы, выкрикивая: « Слушай, двадцать пять тысяч провезла, подумаешь ! »

Замечу, по высадке на свободной земле бедных политических беженцев, и так много претерпевших, не травмировали даже номинальным досмотром.

Естественно, у мамы и у папы Бронштейн раньше тоже шуршало за пазухой, раз они сходу отправили отпрыска в престижный университет.

Мальчик пошёл прямо на третий курс, отучившись уже четыре года в Ташкенте и упорно занимаясь английским с частными преподавателями.

Мирра не скрыла, что друзья отговаривали их от этого акта чадолюбия, на который они потратили все свои сбережения, отчего теперь им приходится жить в дешёвых «Дубах».

Впрочем, у них всё равно не хватило б денег на лучшее капиталовложение, вроде покупки прачечной или автозаправки, открытия магазина «Тройка», русского чайного дома «Сад Эрмитаж» или ресторана «Московские ночи», как поступают их приятели по Ташкенту, приехавшие сюда дюжиной семей и поселившиеся всем землячеством в шато «Бель Эр», где хотя дороже, зато намного спокойнее.

Мне приходилось видеть упомянутых политбеженцев из Узбекистона - новые бизнесмены изредка навещали соплеменников целым кортежем длинных чёрных машин; украшения, стиль одежды и непринуждённое ботанье на приблатнённом жаргоне выдавали в бэль-эровских деловых бывших работников незабвенной советской «торговли».

За семь десятилетий существования распределительной системы эти накрали куда больше чиновников и успели конвертировать приобретения, используя кстати без числа возникшие невесть откуда частные банки и разномастные оффшорные компании.

Всё же, кое-какие крохи у семьи ещё оставались, и они растягивали их насколько возможно, не собираясь выходить на первую попавшуюся работу. Роман и мне советовал никогда не дешевить и не терять лица, а дожидаться стоящих предложений. (Чему для меня и тогда, и позже не составило труда следовать, равно как и другому его совету - ни в коем случае не показывать, сколько у тебя денег.)

И он, и Мирра терпеливо искали работодателей среди еврейской общины, пунктуально посещая каждую субботу ортодоксальную синагогу «Эц Каим», куда пара, принарядясь, отправлялась на автобусе «Вселенского Альянса», еженедельно присылаемом спонсорами в «Дубы» персонально за супругами.

Своему капиталовложению, вежливому рослому Диме, Бронштейны выбрали специальность «квантовая радиофизика», странным образом совпавшую с той, которая была у меня в то время; и как-то при встрече запросто назвав по имени известного автору член-корра Академии Наук УзССР, прежде находившегося под кураторством Романа и оказавшего влияние на решение родителей, соседи поинтересовались моей личной оценкой перспектив области.

Сознавшись в своём полном неведении спроса на американском рынке труда, я тем не менее вполне чистосердечно одобрил выбор моих министерских коллег, заверивши, что сегодня квантовая радиофизика развивается как никогда бурно и ещё далека от завершения, крупные открытия в ней происходят постоянно и талант легко находит приложение.

Сложно сказать, насколько способствовало моё экспертное заключение краху надежд семейства, последовавшему три года спустя, когда обретя уважаемую степень магистра наук, ребёнок так и не смог использовать её для получения достойного места и ему пришлось удовлетвориться доходом ассистент-профессора университета, который оказался не выше заработка водителя мусоровоза.

К тому же вместе с дипломом юноша приобрёл кое-какие нередкие тут неортодоксальные наклонности, очень огорчившие родителей, мечтавших на старости лет воспитывать внуков.

Совести моей помогает успокоиться то обстоятельство, что все ташкентцы, даже вбухавшие немалые бабки в ресторан с икрой, хрусталём и цыганами, коих по системе Станиславского достоверно изображали музыкальные евреи, ещё раньше того успели прогореть буквально дотла, не имея представления об извращённых вкусах пионеров и аборигенов этой земли, при промысле рыбы вываливающих красную икру в отбросы.

И ещё прошу тебя отметить, Читатель, осторожные старшие Бронштейны никогда не делали ставку только на димочкину карьеру, а полагали опираться на свои довольно свежие познания в области медоборудования, приобретённые курированием зарубежных поставок правительственных клиник Узбекистона - Роману синагога присматривала должность менеджера салона физиотерапии, Мирра ожидала скорого объявления вакантной позиции техника-рентгенолога в отделении частного госпиталя.

Что ж до автора этих строк, то его усилия по собственному трудоустройству ограничивались пока ежедневными визитами к почтовому ящику квартиры, который вместе с другими подобными толстостенными стальными сейфиками помещался на торце замка, но обещанное начальницей социальной службы письмо от глазастенькой девочки Мишель запаздывало.

Впрочем, после блестяще проведенного интервью я не очень-то волновался - сотрудники госбюро, очевидно, сами вступили в контакты с перспективными для меня нанимателями; и хотя я бы предпочёл, чтоб агенты сперва выяснили научные приоритеты клиента и материальные его претензии, однако, кажется, передо мной сразу положат список предложений, и, похоже, здесь так принято.

С опозданием до автора дошло - социальщики-то получили из его рук очень и очень фрагментарную информацию о субъекте трудоустройства, практически нулевой ценности для рейтинга профессионала, и вряд ли самостоятельно сумели собрать сведения об открытиях, публикациях, научном опыте и преподавательском стаже, etc., вашего покорного слуги.

Вспоминается, все вопросы их команды ко мне вращались только вокруг белых косточек лазерного термояда, по моей вине принятых за свежак этими детективами-любителями, тогда как всякому эксперту прекрасно известна печальная судьба идеи-недоноска, умершей в судорогах четверть века тому, о чём им, конечно, уже сообщили.

Боже, да кем же представляют они учёным « русского профессора физики », скажи на милость !                        ¿( o | o )?

Я попытался связаться с конторой по телефону-автомату, для чего сначала приходилось выслушать на английском и испанском языках длинный список « тем, обычно дискутируемых клиентами сервиса » и настойчивую просьбу ознакомиться с « относящимися к текущему звонку » в магнитофонной записи.

Затем теле-робот соединял с живой девушкой, которая, выяснив мои данные, включала автоответчик, от лица Мишель орфическим её сопрано извинявшийся за вынужденное отсутствие на рабочем месте и уверявший, что проблемы мои важны ей и бюро и будут рассмотрены немедленно, хотя в порядке очереди, если после гудка я представлюсь, указав телефон и/или адрес, и продиктую их, разборчиво, по сути дела и сжато.

Оставив дюжины две депеш, не возымевших никакого эффекта, я стал сходу убеждать мисс на коммутаторе в необходимости срочно и непременно лично поговорить с Мишель, барышня мило бросала « о-кей », и через трубку и моё ухо мозг наполняли звуки тихой музыки.

   ~ ////// ~|(*;*)|~ ! #|(*;*)|# ! ~|(*;*)|~\\\\\\

8!(*;*)!8 ! ~|(*;*)|~ ! &|(*;*)|&

Эти закольцованные, но отнюдь не одуряюще-монотонные, а снабжённые приятными вариациями темы мелодии, специально разработанные психологами, дивно расслабляют, снимают агрессию, замедляют пульс и дыхание слушателя, лишая последнего чувства времени, и по прошествии пары-тройки-другой минут ...или не минут... я без раздражения узнавал от оператора, что Мишель сегодня, к сожалению, « в поле », то есть, выполняет служебное задание вне оффиса.

Скормив без толку немало серебра монетофагам-автоматам, я призадумался. Разговора со мной намеренно избегали, и совершенно необходимо было понять п о ч е м у.

=======<<<{*][*)>>>=======

Итак, факт установлен. Прекрасно. А теперь давай-ка рассудим логически. Невозможно представить, чтобы государственная служба, ни с того ни с сего наплевав на свои обязанности, отказала в насущной помощи человеку, да ещё тому, кто, в отличие от большинства иммигрантов, способен быстро обрести положение в респектабельных слоях общества и приносить пользу, и для этого его даже не придётся годами учить английскому за счёт налогоплательщика, как остальных. Не ясно ли, моим устройством каким-то образом занимаются.

И если в славном и обширном городе Джексе нету ни одного-единственного агента, который может предложить на рынке труда услуги физика-теоретика, клянусь аллигаторами, его не составит проблем найти по компьютерной сети федерального ведомства.

<<<{*][*)>>>

<<<{*][*)>>>                                      <<<{*][*)>>>

Правда, тогда не вполне понятно, зачем они сами себе усложняют жизнь. Бесспорно, новые системы информационного поиска обеспечивают средства проследить мой путь в науке и обнаружить все мои труды, но это потребует напряжённой многодневной работы нескольких людей, владеющих русским. Не гораздо ли проще попросить меня лично предоставить свидетельства моего опыта и квалификации, а затем лишь проверить их ?

И тут я вспомнил, что совсем недавно мне пришлось делать именно это, причём весьма обстоятельно. Конечно, разведчики ! Вот кто расспрашивал обо всех незначительных подробностях моей карьеры. Странное поведение бюро трудоустройства объясняется просто - военные хотят заполучить меня для одного из государственных секретных проектов; службы безопасности теперь изучают всю подноготную кандидата и, несомненно, скоро убедятся в его непорочности, но до того никто не должен раскрывать их намерений.

Отчего гос-агенты, не представив яйцеголового заморского доктора нигде, даже и в непритязательном городском университете, тянут время, стараясь уходить от моих вопросов.

|||||||||{*_!_*}|||||||||{*_!_*}|||||||||{*_!_*}|||||||||

И похоже, я без коварного умысла привлёк внимание кадровиков Пентагона к моему послужному списку, изображая перед разведчиками посвящённого в некие секреты Империи, пользуясь отрывочными сведениями и слухами, циркулировавшими на самом верху пирамиды Академии Наук.

Сыщики, промывши мутные струи моих речей, конечно, не обнаружили в осадке ничего особо ценного, зато пришли к здравой мысли использовать русского физика по основной специальности.

Так что нужно, не проявляя неприличной суетливости, терпеливо ждать, пока кавалер созреет.

Остановившись на единственном не противном человеческой логике выводе, я совершенно успокоился, объяснил жене ситуацию, наказавши помалкивать, и занял себя делами намного более приятными и полезными, чем наивные и абсурдно-безадресные телефонные звонки.

Невзирая на беспрецедентную жару, лето в «Английских дубах», озарённое новой надеждой и облагороженное дружными трудами, протекало вначале с идиллической размеренностью.

Мы вставали рано и наслаждались ярким рассветом, совершая прогулку по периметру внутреннего двора, затем купались в прохладном ещё бассейне и возвращались в комнаты. Там включали утренние детские телепередачи и я обеспечивал синхронный перевод, а жена сервировала завтрак.

Поемши, охотники совершали первый быстрый набег на львиные лабиринты, и ныне больше уж не теряясь там, успевали за полчаса затариться уценёнкой, потом, споро разобрав трофеи, пополняли холодильник свежей, или не совсем свежей добычей, после чего садились подле вождя колонистов, то бишь меня, для изучения туземного диалекта.

На исходе лета старшему моему сыну предстояло пойти в здешнюю школу, и если ему не удастся набрать достаточное число очков по языковому тесту, его определят классом-двумя ниже в спецгруппу с усиленным английским, где учатся, в основном, латиноамериканские дети, склонные собираться в кубинские, пуэрториканские и другие неформальные коллективы.

Значительная часть латинос, по некоторым источникам, несколько миллионов, пребывает на территории Штатов незаконно, появляясь тут или пешим ходом через плохо охраняемую мексиканскую границу, или пересекая Карибское море на подручных средствах.

Живут они здесь не одно поколение, открывают бизнесы, организуют общины и имеют адвокатов из американских латинос, объединённых в «Комитет защиты прав нелегальных иммигрантов».

Кое-кто из них промышляет контрабандой наркотиков, но большинство гнёт спину за гроши на подпольных предприятиях по пошиву джинсов, скрутке сигар и тому подобных.

Даже респектабельные фирмы не брезгают исподтишка снабжать заказами тайные «фабрики пота», и оттого супердержава, во многих местах земли без колебаний поднимающая оружие во имя установления порядка, не спешит наводить его на своих границах.

Периодически правительство изображает очередную попытку ограничить поток нелегалов, например, недавно между США и Мексикой был возведен бетонный забор, но невысокое сие сооружение, стоившее налогоплательщику порядка миллиарда, однако преодолеваемое шутя с плеч другого человека, патрулировали эпизодически, а предложение применить колючую проволоку, способную поранить перебежчиков, среди которых есть и дети, разумеется, вызвало резкое возмущение гуманистов по обе стороны преграды.

Впрочем, вопрос об эффективности этого препятствия на пути к демократии вскоре отпал, вернее, пал вместе с треснувшими во многих местах его плитами, когда в сезон дождей рухнули прокопанные под ним туннели.

С треском провалилась и масштабная кампания по отлову навигаторов, издавна пересекающих узкие проливы средь бела дня в ботиках, лодчонках, на плотах, сколоченных из всего, что легче солёной воды, или на четвёрке бочек или автомобильных камер, связанных вместе и застланных досками.

Как только к плавательному средству кильватерной колонной приближались катера береговой охраны, стараясь оттеснить вёрткую скорлупку за пределы территориальных вод США, пловцы выдвигали вперёд женщин, стариков и детей и принимались хором скандировать магическое слово «эсайлум», обозначающее по-американски «убежище», по-английски же - «сумасшедший дом», после чего обливали себя бензином и грозили поджечь, если чёртовы империалисты янки не поднимут их на борт судна.

Согласно закону, нельзя игнорировать просьбу о предоставлении убежища того, кто находится в условиях, угрожающих его жизни, потому «десперадос» (отчаянных) моряки доставляли на пересыльную базу, где адвокаты быстро оформляли им политический статус, превращая тем в легальных иммигрантов, не столь насущных для функционирования американской модели капитализма.

Слух об открывшейся перспективе легализации в Америке вихрем пронёсся по архипелагам Карибского бассейна, и жители их стран рванули за море чуть ли не все разом.

Грозный коммунистический диктатор Кубы Фидель Кастро тут же приказал не удерживать никого на острове Свободы, и это событие вошло в историю как «нашествие большой флотиллы».

Акцию без шума свернули, защитники водных рубежей, извлекши урок, изменили тактику, и, используя своё преимущество в скорости судов, едва заметив на горизонте дредноут отважных морепроходцев, стали удирать от него на всех парах.

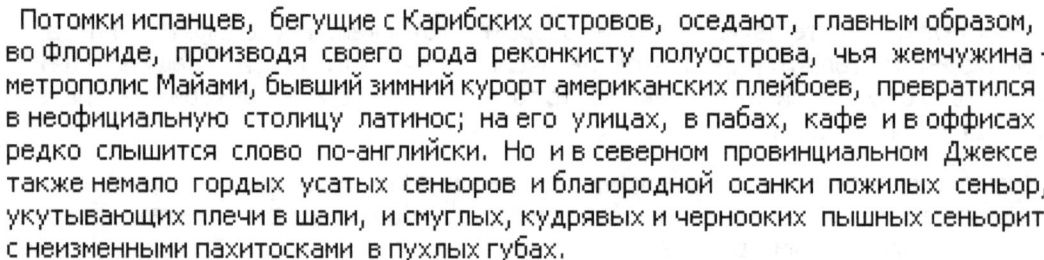

Потомки испанцев, бегущие с Карибских островов, оседают, главным образом, во Флориде, производя своего рода реконкисту полуострова, чья жемчужина - метрополис Майами, бывший зимний курорт американских плейбоев, превратился в неофициальную столицу латинос; на его улицах, в пабах, кафе и в оффисах редко слышится слово по-английски. Но и в северном провинциальном Джексе также немало гордых усатых сеньоров и благородной осанки пожилых сеньор, укутывающих плечи в шали, и смуглых, кудрявых и черноoких пышных сеньорит с неизменными пахитосками в пухлых губах.

Власти, воспринимая нелегальных иммигрантов как неизбежность и учитывая благотворное влияние этого контингента на экономику, мудро не отказывают их детям в бесплатном образовании, и оттого администрации публичных школ запрещено наводить справки о статусе родителей учеников, иначе госслужащие, в соответствии с гражданским уложением, были бы обязаны доносить на них.

Естественно, упомянутые спецгруппы по усиленному изучению английского заполнены латинами, и я, сочувствуя детям, чьи семьи тяжко выбираются из поставленных вне закона глубин общества, всё же не хотел бы, чтобы мой ребёнок оказался среди бравых чикос и бойких чикитас, открыто курящих на переменах марихуану.

К тому же, как выяснилось позднее, преподают язык Чосера почему-то одни пылкие уроженки Пуэрто-Рико, вынужденные учить неиспаноговорящих детей методом показа; благодаря заботам этих дам выпускники двенадцатого класса высшей школы, превосходно усвоив бытовую ненормативную лексику, обычно не способны ни читать, ни писать по-английски.

В довершение ко всему, определённый в спецгруппу отстаёт от сверстников на несколько лет, и зная взрывной и самолюбивый характер сына, надо сказать, унаследованный от отца, мне было легко представить, чем грозило обернуться для него, и так тревожно отличающегося от окружающих, целое десятилетие, среди иного этноса, другой веры, речи, уклада, да ещё младших по возрасту, да ещё и крепко закомплексованных подростков.

Видит Бог, у меня были причины заставить Мишу заниматься английским. Ни сном ни духом не подозревал я тогда, что, возможно, до самой смерти не простит он мне слепой невежественной самонадеянности, не позволившей увидеть чёткие сигналы, посланные теми, кто вёл нас, и предупреждавшие об опасности грубого вмешательства в тонкие, до конца не понятые мной, равно всей физикой и иными науками процессы.

Сейчас, по окончании элитной школы, юноша утверждает - мои авторитарные приёмы обучения, вывезенные из варварской страны, губительно повлияли на его ещё не окрепшую психику, и не исключено, мне придётся когда-нибудь отвечать за свои действия перед судом.

Нынешняя государственная американская педагогика крайне резко отвергает всяческое принуждение, правда, его с успехом применяют частные, особенно, католические школы, где царит жёсткая дисциплина, но за это надо платить.

Для остальных учёба должна быть игрой, приятным лёгким развлечением, и публичное образование придерживается принципа предоставления учителям и ученикам максимальной свободы в выборе занятий.

Каждое графство страны ( понятно, в них нет и никогда не было графов ) разрабатывает свои школьные программы, затем коррективы вносят школы и общественность, потом классные наставники, после чего всякий ученик выбирает из предложенного списка курсов.

Курс приносит некие очки, в зависимости от его сложности, и за время учёбы необходимо набрать установленную сумму, но можно, например, углубиться в высшие разделы математики, опустив адски скучные алгебру и арифметику, или выделить из потока истории только те события, которые ты сам считаешь важными и прогрессивными.

Конечно, пристрастия преподавателя порою определяют выбор ученика, так, в шестом классе учительница побудила Мишу написать эссе о жизни любимого ею Эдгара Аллана По, хотя биография великого поэта и прозаика не была включена в перечень рекомендованных книг, по прозрачной причине многих пагубных наклонностей бурного гения, однако никому не позволено з а с т а в л я т ь свободную личность заниматься тем, чем он/она не хочет.

Кроме того, упрёки сына относятся и к едва заметному британскому акценту, подхваченному им на моих уроках.

Акцент у него всё равно бы сформировался, объясняю я, ибо ему пришлось усваивать второй язык после критического возраста. Вот у младшего Павлика нет никакого акцента, а ведь он тоже научился читать в « Английских дубах » одновременно с братом.

Между четырьмя и шестью годами в мозгу происходит блокировка участка, отвечающего за фонетику, и лишь языкам, закреплённым до того, обеспечена поддержка нашего подсознания, необходимая для безошибочной вокализации.

Темпераментная преподавательница спецгруппы, несомненно, наградила б его пуэрториканским прононсом, странным в устах русого и голубоглазого парня.

Нет, возражает сын, британский акцент гораздо хуже, здесь он считается снобистским, и американцы с трудом простили его даже принцессе Диане.

Без хороших результатов по языковому тесту в первый год он не попал бы в школу для одарённых, напоминаю я, только за тем, чтобы незамедлительно пожалеть об этом.

Образование дерьмо, сплёвывает сын, куча его друзей, которых вовремя выперли из школы, теперь зашибают бабки, какие мне и во сне не снились.

Да, но им помогли деньги и связи их родителей, говорю я и в ответ получаю всё, что потомок думает об отце-неудачнике, мешке бесполезных знаний и умалишённом непризнанном гении.

Теперь я воспринимаю это кротко и беззлобно, понимая, насколько моё опрометчивое поведение изменило наши судьбы и участь многих поколений, и, как положено, благословляю проклинающего меня.

Но тогда, пользуясь ещё имевшейся у меня властью главы семейства, я решительно засадил Мишу за учёбу, а заодно и Павлушеньку и Галину, которым, в отличие от первого, она ни малейшим образом не повредила, а определённо пошла на пользу.

Все свежие беженцы из Империи обладают начальным знанием английского, приобретённым перед отъездом за немалые деньги у частных преподавателей. Качество его бывает весьма средним, но всё же позволяющим школьникам успешно пройти тесты и попасть в обычные классы.

Только три четверти наличного состава моей нетипичной семьи, выехавшей сугубо непостижимой волею Случая, о чём ещё неизбежно придётся вести речь, прибыли в Штаты не умея сказать « мама ».

Теперь предстояло за два месяца обучить их беглому чтению с пересказом, и эффективна тут лишь одна действительно зверская система, изобретённая неким советским лингвистом и широко известная в узких кругах как метод « глокой куздры ».

Я поясню его суть на примере, от которого он получил своё название. Попытайся, мой верный Читатель, перевести нижеследующую фразу: « Глокая куздра штеко будланула бокра и кудрячит бокрёнка ».

Если выйти из ступора и отважиться начать анализ, дело сразу же сдвинется с мёртвой точки. Морфология и грамматика неизвестного наречия, очевидно, совпадают с русскими, откуда вытекает вывод: « куздра » - живое существо, описываемое эпитетом « глокая ». В недалёком прошлом эта куздра произвела одноразовое краткое грубое действие ( « будланула », причём « штеко » ), предназначенное для уязвления некоторого « бокра », кто также одушевлён ( иначе было б сказано « будланула бокр » ), а в настоящий момент занимается садистской продолжительной экзекуцией его детёныша.

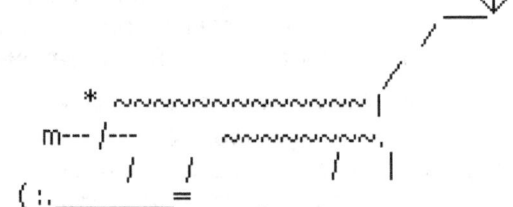

Речь наша устроена подобно обществу - главную информацию несёт в себе отнюдь не рабочая масса, сотни и сотни тысяч корней, а малоприметная элита - несколько десятков несамостоятельных, вроде б только служебных, иногда и состоящих всего-то из одной-единственной буквы приставок, местоимений, союзов, окончаний и предлогов, определяющих смысловую структуру фразы, и ориентируясь в них, можно приступать к переводу текста.

Итак, я познакомил своих учеников с алфавитом и кое-какой фонетикой, выпустил тиражом в три экземпляра и распространил рукописный словарик объёмом около сотни частиц и слов, и тут же подобрал каждому по книжке из ящика, присмотренного мною в мебельном фургоне.

Павлуша получил « Белоснежку и семь гномов » с цветными картинками, Гале, обожающей собак, досталось жизнеописание Ганса, пограничного пса, а Мише нашлась книжка « Пытливый мальчик » про детство портретиста и изобретателя Сэмюэля Морзе.

Вначале я требовал прочесть фразу вслух и исправлял ошибки произношения, затем велел в быстром темпе перевести и, не отвечая на вопросы о значении незнакомых слов, приучал без малейших колебаний проскакивать их сходу, лишь оснащая по пути русскими приставками и окончаниями.

Это доставляло нам немало весёлых минут, потому что типичный перевод звучал приблизительно так: « Принц увидал Белоснежку и упал в любовь с ней на первый сайт и, открыв лид её гроба, он лифтнул её в его армы ».

Впрочем, через неделю занятий нужда в применении волапюка исчезла, и ученики стали сходу пересказывать содержание отрывка по-английски.

Чем грубее и нелепее результат попытки сознания разобраться до конца в каждом слове не сходя с места, тем лучше.

Цель метода - отучить мозг связывать в пары понятия родные и чужие, что он делает автоматически, срочно залатывая любую прореху картинки, куда привык всю жизнь упираться носом, ибо страшат, страшат его бездны, прикрываемые куском грубой холстины с намалёванным над очагом котлом кипящей бараньей похлёбки.

Рассуди сам, Читатель, сложно ли догадаться в приведенном выше примере, какую именно часть гроба открыл Принц и подставить вместо страшного « лид » знакомую и потому не столь пугающую « крышку », затем, вспомнив о лифте, поднимавшем тебя на твой родной этаж, заменить « лифт » на глагол « поднять » и, наконец, подумать, куда мог поднять Принц деву, с коей « упал в любовь », не на дерево же при помощи крюка и блока, нет-нет, на ручки взял он мёртвую, хоть я бы и не отважился, так что последнее неизвестное, « арм » есть « рука » страдающего некрофилией царственного отпрыска.

И поскольку Принц « упал в любовь с ней на первый сайт », не открыв ещё крышки гроба, только очень извращённое воображение способно продиктовать перевод, отличный от « влюбился с первого взгляда ».

Отчего ж милая сцена не возникает легко и быстро перед глазами, и зачем, проявляя чудеса упорства, стараемся мы найти каждому иностранному слову точный эквивалент на языке своей матери ? Подсознательно мозг осведомлён о втором и третьем, и многих смыслах произнесённого, и тщится разобраться немедля во всех подвохах, да как ему сразу узнать, что « арм » по-английски значит не только « рука », но и « сила », и « мощь », и « оружие ».

Чтоб учиться другому языку, прежде того необходимо смириться с фактом существования непознанного, обуздав гордыню, иначе так и будешь до смерти копаться в старом тезаурусе.

Естественно, вначале мне приходилось и кнутом, и пряником, роль которого для детей исполняли походы к играм «Льва », усаживать свою семью за чтение, однако через неделю увлечение сюжетом уже позволяло каждому преодолевать инстинктивный ужас, охватывающий душу живу пред погружением с головой в среду незнакомой речи.

Самые волнующие события происходили с отважным Гансом, служившим патрульным псом в районе Майами, охотясь на нарушителей границы США. Ими были, в основном, бедняги нелегальные иммигранты, которых собака задерживала предельно профессионально, ни разу не покусав, а напротив, спасая от крокодилов и контрабандистов, кишевших во флоридских болотах.

Галю чрезвычайно беспокоила дальнейшая судьба задержанных, о чём автор книги почему-то умалчивал, и я объяснил жене, что депортация им не грозит, а ждёт их лагерь перемещённых лиц и быстрая легализация.

Мишеньку также весьма заинтересовала поучительная история мальчика Морзе, кто, благодаря пытливому уму и наблюдательности, не только стал успешным, пускай и не гениальным портретистом своего времени, но и, путём изобретения удобного телеграфного кода, получившего его имя и используемого до сих пор, достиг всемирной славы.

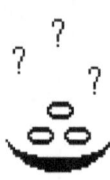

    Теперь, когда все увлечённо читали без понукания, я мог в это время заниматься кулинарными экспериментами, а заодно с тем, и варкой обеда, лишь иногда проверяя понимание текста, впрочем, чаще всего ученики сами прибегали ко мне на кухню поделиться впечатлениями, причём сейчас им было уже легче пересказывать прочитанное на языке оригинала, поскольку метод «глокой куздры» действовал безотказно, отучая переводить.

    В эти часы ко мне обычно приходил Роман, посвящавший меня в тайны приготовления плова и мантов, я ж в ответ раскрывал перед ним секреты рецептуры настоящего борща, холодца, котлет и фаршированного рубца.

    Хороший повар всегда многократно пробует приготовляемое и ему нужно постоянно отбивать во рту ароматы предыдущей пробы и восстанавливать чувствительность вкусовых сосочков, по каковой причине мой опытный и более состоятельный сосед неизменно являлся ко мне с полбутылкой охлаждённой смирновской водки, настоянной на смородинных почках, и мы, пропустив по паре рюмочек у плиты, допивали остальное за столом.

    К обеду подходила Мирра, принося свою лепту в виде какой-либо закуски - винегрета, оливье, соте из баклажанов или домашнего соления огурчиков.

    После десерта джентльмены выходили на балюстраду выкурить по сигарете, пока дамы с детьми, помыв посуду, ненадолго отправлялись во «Льва еды», где пацаны, если заслужили чтением, получали свою порцию электронных игр, а женщины, проводя ревизию полок, имели возможность поболтать.

    Тут солнце достигало зенита и мы, как взаправдашние испанцы, устраивали сиесту - послеполуденный отдых, плотно занавешивая окна и увлажняя ковры и простыни, ради экономии денег пользуясь кондиционером лишь в случаях абсолютно уж непереносимой жары.

    Я страдаю застарелой бессонницей и ночью-то плохо сплю, а посреди дня не способен уснуть вовсе, в отличие от остальных членов семьи, которым достаточно положить голову на подушку, зато я использовал минуты покоя для переваривания новой информации, коя поступала, грешно бы жаловаться, в избытке, занимая один из туалетов, где мне разрешалось курить, поскольку каждый клозет был снабжён вытяжной вентиляцией.

    Отдохнув два часа, мы все принимали душ, причём не просто освежались, а устраивали солидную помывку, как в бане - к тому времени вода в трубах без подогрева от внешней жары приобретала уже нужную для того температуру, что также, по моим подсчётам, давало экономию в хорошую десятку в месяц - и я снова усаживал своих учеников за книжки, поощряя их прилежание краткими вылазками в совершенно незаменимый наш магазин под боком.

    На закате лужайку корта во дворе заполняла чёрная и смуглая детвора, и я отправлял пацанят пообщаться со сверстниками.
    Цветные местные немедленно окружали бледнолицых братьев и затевали оживлённый разговор, энергично размахивая руками.

```
          #*\\            ||||||||
           w            o \,,,,,,,
                       4           //*#
                        '_ /     ( ' }  w
                          \
```

    К моему удивлению, довольно замкнутые Миша и Паша сразу преодолели языковый барьер и начали отвечать собеседникам на их наречии и даже пробовали играть с ними в мяч, правда, стараясь держаться друг возле друга.
    Я издали поглядывал за сыновьями до темноты, потом звал их назад, и они безропотно возвращались.

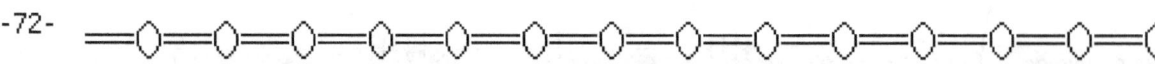

Общение во дворе было очень эффективным способом овладения речью, однако оно весьма засоряло язык ребят непарламентскими, мягко говоря, выражениями, поэтому мне без конца приходилось разъяснять, какие слова не стоит произносить в присутствии взрослых, а тем более, на предстоящем школьном тесте.

Впрочем, через некоторое время дворовые перестали принимать Павлика и Мишу в свои игры, явственно сторонясь их, и из разговора с ними я узнал, что же произошло.

Им, как положено, сообщили о вечной вине белых людей пред чёрными, вывезенными насильно из Африки и обращёнными тут в рабов, а также перед коренными американцами, загнанными в резервации умирать от запоя и европейских болезней.

Эрудированный Мишка возразил, что русские не имеют никакого отношения к португальцам, поставлявшим сюда живой товар, зато приходятся родичами, правда, дальними, индейцам, чьи предки обитали в Сибири. Это заявление неожиданно привело в полный восторг экспансивных латинских мальчишек, взявших под своё покровительство славянских братьев, оказавшихся кровно связанными с майя и ацтеками. Негритята разозлились и принялись честить смуглых своих соотечественников, выказывая при этом изрядное владение крепкой испанской руганью, и тлеющая вражда между неграми и латинами грозила уже вспыхнуть вновь, но тут и те, и другие, всё-таки соседствующие худо-бедно в «Дубах», вспомнили, что причина раздора - два белых чужака, и дружно обратились против них.

Теперь я с ужасом думаю о том, какую кашу мог заварить мой вундеркинд, не осведомлённый о почитании латинами ацтеков и майя как своих предков и о презрении, которым они платят испанцам и португальцам, разрушителям их уникальной древней культуры. К сожалению, в моей библиотеке была книга Инки Монтесумы, сына императора Монтесумы, после казни отца вывезенного Кортесом в Испанию и получившего европейское образование, а также отчёты католических миссионеров, поведавших о жуткой вере ацтеков, требовавшей каждодневных закланий взрослых и детей, чьи тела затем варили с маисом и ели коллективно; описавших их обычай деформировать младенцам черепа, взращивая касту лишённых воли рабов, способ окрашивать пирамиды кровью, спуская по ступеням с вершины огромные шары, связанные из живых людей, и многое в том же духе.

Ацтеки считали, что солнце не взойдёт, если не напоить его досыта кровью, и когда им для этой цели не доставало пленных, выхватывали соплеменников из толпы на улицах блестящего Теноктитлана, столицы империи.

Религия майя, обожествлявших горы, хоть и существенно менее кровожадная, тоже предписывала жертвоприношения детей девяти-десятилетнего возраста, которые перед смертью, сбивая до костей подошвы ног, свершали тяжёлое восхождение в зону вечных снегов, где трупы зарубленных топором оставляли высыхать от ветра и мороза, отчего археологические музеи Южной Америки располагают богатой коллекцией «ледяных мальчиков и девочек».

Но коренным «дубчанам» никакие мрачные факты их истории не известны, ибо по неписаному, однако ж неукоснительно блюдущемуся в Штатах закону, средства массовой информации замалчивают все вопросы, способные ущемить сознание исключительности и полноценности какой-либо из групп населения, и, надо сказать, у них есть убедительные к тому причины.

Воистину, висящий на ниточке хрупкий социальный мир «Английских дубов» могла разрушить одна нечаянная фраза моего сына, например, о том, что футбол, не лишь называемый так американский, а тот, в который и впрямь играют ногами, происходит от ритуальных игрищ ацтеков с отрубленными головами побеждённых после спортивного матча.

Чёрные не преминули бы бросить латинам упрёк в природном жестокосердии, дети бы пожаловались взрослым, и католики вспомнили бы иные обряды ву-ду или же многожёнство, практикуемое втайне неграми-мусульманами, выплыло бы африканское и ацтекское людоедство, шаманство, зверства плантаторов на Юге и коварство северян, после победы обделивших чёрных, учреждение сегрегации, образование в Африке государства Либерии для депортации туда бывших рабов, Ку-Клукс-Клан, захватническое нападение на Мексику, « фабрики пота » и прочее.

Учтите, все стороны здесь владеют холодным и огнестрельным оружием, вплоть до автоматического, обладают взрывным темпераментом, и потому любая мелкая стычка склонна быстро разрастаться, чревата кровопролитием и конфронтацией с полицией.

Чувствуя инстинктом приближение опасности, дворовое общество вовремя отторгло чужаков - не раньше, а премудростью именно тогда, когда Мишка был уже способен ляпнуть что-нибудь этакое, приобретя навыки устной речи, достаточные для успешной сдачи соответствующей части школьного теста.

Я имел серьёзный разговор со старшим сыном, запретив ему на будущее демонстрировать перед американцами познания в их истории, поскольку мы, иностранцы, вряд ли судим о ней так же, как они, и посоветовал ему и брату не жалеть о потерянном расположении местных цветных ребят и больше зря не искать его, а чуть подождать, пока мне предложат работу и семья отправится восвояси отсюда, скорее всего, на север; во всяком случае, там, где нам предстоит поселиться не на краткое время, как тут, а постоянно, непременно отыщется подходящая для них, европейцев, компания.

В общем, худо-бедно, сынок заговорил по-английски, однако ж восприятие нового языка чисто со слуха следует развивать особо, к тому же, рассуждал я, преподаватели школ объясняются не на слэнге, которого наслушался Миша ( и хотя, оказалось, такое порой случается, заметное здесь влияние латинов не даёт неграм Джекса требовать обучения исключительно на чёрном жаргоне, как они делают в местах их преобладания, считая мягкий, но мало понятный другим, а особенно, иммигрантам, « эбоник » одним из множества достижений афро-американской культуры ), и чтобы ухо привыкало к нормативной речи, после ужина мои ученики со мною вместе садились часа на два к телевизору.

Далеко не всякая программа годилась для учебных целей, и прежде, чем я ввёл эти уроки в обиход, мне пришлось просмотреть немало передач самому, причём запирая двери комнаты, где я занимался цензурой, потому что часто даже мимоходом увиденный на экране кадр здешнего телевещания способен испугать, расстроить или шокировать, или смутить неподготовленных зрителей, тем более таких, какими были в ту давнюю пору мои дети, да и Галина тоже.

Ибо сцены секса и насилия сплошняком идут по дюжине бесплатных каналов, включая сюда же и образовательный, коему не слабо показать крупным планом случку диких слонов или весь вечер демонстрировать поучительную патолого-анатомическую экспертизу мумии доисторического ребёнка, излагая выводы анализа содержимого желудка, кала и рвотных масс.

Лорду граф проткнул печёнки,
Не запачкавши манжет.
О пираньях Амазонки
Поглощающий сюжет.
Особняк - стекло и мрамор,
Лесбиянки виз-а-ви -
Вот вечерняя программа
По бесплатному ти-ви.

В конце концов изо всех постоянных теле-шоу я выбрал несколько комических рисованных сериалов, подобно остальным, приправленных по-ковбойски круто, однако ж, благодаря условному стилю их графики, оказывавших на аудиторию меньшее возбуждающее действие, чем игра актёров и актрис, всегда снабжённых потрясающими физическими данными.

Юмор американских мультфильмов, как и вообще национальный, не отличаясь особой тонкостью, воспринимается легко, и мои дети дружно хохотали, получая столь необходимую им разрядку.

Потом жена укладывала младшего сына спать, а мы с Мишей ненадолго уединялись, готовясь к одному короткому, но чрезвычайно важному занятию.

Вспомни, Читатель, первый вечер моей семьи в Америке и восемь квотеров, увиденных Мишей, каким-то чудесным образом, внутри телефона-автомата. Я уже говорил, что проверял его способности в домашних условиях, когда он определял наличие монетки под чашкой. Однако первые мои эксперименты, проведенные второпях, не обладали достаточной чистотой и продуманностью, и сознание профессионального долга велело мне, если я уж принялся за опыты, организовать их по всем правилам.

Прежде всего, следовало устранить всякую возможность неосознанной подсказки с моей стороны, поскольку, зная заранее, лежит ли монетка под чашкой или нет, я мог невольно мимикой и жестами указывать на это.
**Ergo**, нужен был третий участник эксперимента, и мы, достав аксессуары, приглушали свет в гостиной и немного отдыхали, стараясь отрешиться от впечатлений дня, пока Галина заканчивала укладывать Павлика.

Освободившись, она шла к столу, где помещались: 1) лист бумаги с обведенной проекцией вертикально стоящей чашки, 2) сама эта чашка и 3) монетка-квотер.

Я с подопытным уходил в коридор и засекал время, а жена, оставшись одна в комнате, подбрасывала монетку и смотрела, какой стороной та падала на ковёр. Если выпадал Джорж Вашингтон с косой и бантиком, чей высокий лысоватый череп венчало слово «Свобода», то она клала денежку под спуд, а если видела орла, державшего в когтях молнии, над которым по латыни было написано «Един во многих», то прятала квотер в карман и проверив, что чашка находится в одном и том же оговоренном положении, для чего и служил абрис на листе, тихо-тихо выходила на кухню, проходя не мимо нас, а другим путём, и там садилась так, чтобы ни её самой, ни её отражения не было видно из гостиной.

Через пять минут по часам я вводил ребёнка в комнату, и он, подойдя близко и протянув обе руки к чашке, но не касаясь её, за чем я следил внимательно, сообщал, имеется ли под ней монетка или нет. Во всё время опыта Галине было строжайше запрещено говорить и, вообще, производить какие-либо звуки.
Затем я поднимал чашку и записывал исход попытки, после чего окликал жену, и процедуру можно было повторить с начала.

Другим скрытым источником ошибок могла служить несбалансированность американского квотера, то есть, если из-за каких-либо особенностей чеканки центр его тяжести лежит существенно ближе к одной стороне, он чаще будет падать тою стороной книзу. Этот эффект используют мошенники, играющие в орла-решку, просверливая монету не по центру с торца и заливая туда ртуть.

Я проделал две тысячи подбрасываний квотера и установил, что отклонения от случайного распределения весьма малы, не больше полпроцента.
Понятно, мы всегда применяли те же самые монетку и чашку, чтобы не вносить ненужные усложнения в экспериментальную технику.

Я не знал тогда, известна ли науке случайно обнаруженная мной, относящаяся к биологии, а не к физике, однако весьма интригующая человеческая способность, и поскольку в кулуарах Академии, отличавшихся широтой дискутируемых тем, никогда ничего не слышал о ней, то полагал себя вероятным первооткрывателем.

Получив прочное советское образование, конечно, я не верил ни в какую мистику и собирался досконально разобраться в механизме явления, очевидно, связанного с определённым видом проникающего излучения.

Для того, чтобы дать обоснованное заключение о работе любого механизма, прежде необходимо добиться воспроизводимости опытов, другими словами, получения при абсолютно идентичных условиях одних и тех же результатов; такое совершенно логичное требование и есть главный камень преткновения, в большинстве случаев.

Забегая вперёд, с гордостью могу сказать, что я, преодолев немало рифов, обрёл твёрдую почву под ногами и нащупал хорошо воспроизводимый метод.

В моих правилах вести подробные лабораторные дневники, документируя всё, происходящее на протяжении исследований, безотносительно к тому, ясна ли связь между событием и исходом изучаемого процесса.

Перечитывая теперь свои записи, я нахожу массу важных деталей, но сейчас не хочу особенно углубляться в них, рискуя похоронить под ними главное. Лучше, когда воды повествования постепенно выносят их на поверхность, являя в естественной последовательности, и потому двинусь вперёд и закончу хронику типичного дня первых двух месяцев за океаном.

Дожидаться пока наступит спад результативности угадываний не стоило, и через полчаса я отправлял Мишку в ванную и спать, сам же, пока жена убиралась на кухне и тоже укладывалась, выкурив сигаретку на унитазе, в одиночестве садился смотреть одиннадцатичасовые новости, совершенно не подходящие для образовательных целей, поскольку они на 99 процентов состояли из репортажей об убийствах. Однако только ночная программа включала два-три кратких сообщения международных телекомментаторов, ради которых и проводил я битый час перед экраном.

В Империи, продолжавшей стремительно разваливаться, явно назревал путч, и мне было очень интересно не пропустить момент и увидеть первую реакцию американских политиков, странным образом ни о чём таком не подозревавших. Затем, убедившись, что Галя и детки крепко спят, и закрыв дверь на ключ, я выходил во двор.

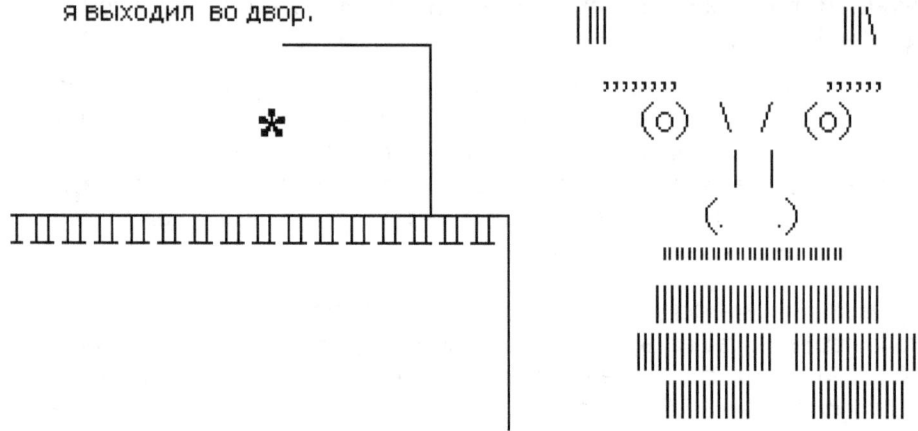

Жене не нравились мои полуночные прогулки, но я в них остро нуждался, проводя взаперти почти весь день, чего не переносил с раннего детства, страдая, по-видимому, лёгкой формой клаустрофобии.

Особенно меня тянуло вон в полнолуние, подтверждая классическое наблюдение психиатров, хотя я и продолжаю убеждать себя и других, беря в союзники японцев, что любовь к созерцанию опалового диска не сопряжена ни с какими душевными расстройствами, однако обычай страны чёрного юмора и культа самоубийства вряд ли свидетельствует о здоровье столь своеобразной культуры.

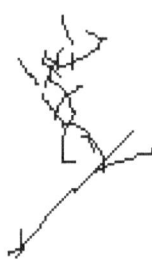
Для исполнения обряда любования луной надо подыскать особое место, где на небесную сферу вблизи ночного светила проецируются предметы, создающие интересный силуэт, и, прежде всего, деревья с причудливо извивающимися сучьями, неплотной кроной, составленной из элементов разной фактуры, например, цветов, бутонов и листьев, или игл и шишек, и здесь местные кедры, как правило, обвитые лианами, перистые мимозы и «собачье дерево», чуть ли не круглый год усеянное конусообразными крупными гроздьями соцветий, дополняемые крышей с высокими скатами, козырьками, столбиками и башенками, успешно заменяют сосны, сливы, сакуры и выгнутые кровли пагод.

Затем, тонко варьируя положение корпуса и наклон головы, наблюдателю следует перемещать луну в поле зрения, покуда его взору не предстанет композиционно законченная картина.

Замечу, естественный сателлит Земли - единственное из видимых тел, позволяющее проделать подобную операцию.
Звёзды и даже планеты, хотя их так же легко сдвигать по отношению к наземным объектам малыми изменениями угла и точки зрения, способны только служить акцентами нерукотворного произведения, запечатленного сетчаткой глаза, однако никак не композиционным центром изображения, а на Солнце люди, не вооружась оптикой, могут смотреть лишь в то время, когда оно пребывает у горизонта.

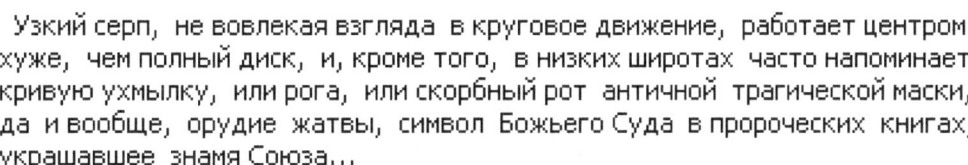

Узкий серп, не вовлекая взгляда в круговое движение, работает центром хуже, чем полный диск, и, кроме того, в низких широтах часто напоминает кривую ухмылку, или рога, или скорбный рот античной трагической маски, да и вообще, орудие жатвы, символ Божьего Суда в пророческих книгах, украшавшее знамя Союза...

Немаловажен и свет, отражаемый ручным зеркальцем ворожеи Гекаты, заставляющий серебриться кору и иглы кедров, и пятна на небесном опале, в которых, согласно японской традиции, надо постараться увидеть фигуру грустной женщины; по этим-то причинам, конечно, настоящие созерцатели предпочитают полнолуние.

Несомненно, описываемое занятие является видом искусства, пускай самым эфемерным из них, зато и самым идеальным, рассчитанным на единственного зрителя, он же и автор, которого делает совершенным творцом, требуя от него только лишь концентрации и, разрушаясь от одного его движения, приучает к мысли о закономерном конце всего сущего.

Примерно неделю в месяц, если ночь выдаётся ясной, можно наслаждаться полной луной, когда ж она бывала слишком старой или молодой для того, я гулял по апартаментам.

Жизнь в «Дубах» не затихала круглосуточно: девушки привозили гостей, у бассейна сидели парочки, подъезжали и отъезжали машины, играла музыка, иногда раздавался громкий разговор или перебранка.

Однажды предо мной неожиданно возник огромный Рич и, загородив дорогу, извинительным тоном попросил вернуться назад. «Глупые парни перессорились из-за грязной шлюхи», - пояснил он. Издали я увидел два полицейских шевроле и фургон пожарной спасательной службы, здешний эквивалент скорой помощи, из которого парамедики выкатывали носилки на колёсиках.
Я вспомнил, что около пяти минут назад слышал хлопок, похожий на выстрел, и подивился быстроте, с какою полиция оказалась на месте.

Чтобы не нервировать обитателей замка, я приспособился гулять вдоль задней внешней стороны комплекса, на огороженной площадке, куда сваливали старую мебель и где, когда мне надоедало ходить, мог, скрыт от любопытных взглядов жильцов, удобно расположиться в кожаном кресле и выкурить сигаретку, наблюдая, как струйка дыма, долго не растворяясь во влажном воздухе, поднимается неторопливо до игольчатых опахал нижних ветвей кедров, нависших над головой.

Культурный виноград «мускатель» с чёрными ягодами величиной со сливу, росшими не гроздьями, а небольшими семейками, обвивал деревянный забор. Иные ягоды уже созрели и, невзирая на толстую кожу и крупные семена, имели приятный кисло-сладкий вкус.

Забор шёл вытянутым глаголем, оставляя проезд машинам, и упирался короткой частью в глубокий ров, заполненный доверху травянистыми широколиственными гигантами, стоявшими во вдумчиво текущей воде, а за ней на пологом холме, обнесённом частой металлической сеткой, виден был двухэтажный розовый особняк, на лужайке перед которым пасся белый конь, потряхивая заплетённой в косы гривой.

Вид на особняк, ночью подсвечиваемый скрытыми в траве прожекторами, открывавшийся с тыльной стороны «Дубов», хорошо помогал мне после дня, полностью протекшего в закрытых стенах и, пусть иначе, чем созерцание луны, но тоже создавал чувство, вернее, предвосхищение где-то ожидающих меня тишины и покоя.

На площадке для выброшенной мебели я и проводил свои регулярные ночные бдения, дефилируя вдоль забора и подкрепляясь чёрными ягодами, хотя с кедров иногда срывалась шишка и шумно ударялась об асфальт, заставляя вздрогнуть. Впрочем, звуки, доносившиеся из внутреннего двора, отрешённости моей мешали чаще, не вдохновляя на поиски лучшего места, и я продолжал движение взад и вперёд, перелопачивая в уме информацию, однако мало-помалу накапливалась усталость, вспоминалось, что, дай Бог, и назавтра придёт подобная ночь, и мыслитель медленным шагом отправлялся к спящей семье, под крышу.

### В ПЕШЕМ РИТМЕ

Пару разлапистых шишек
Я подобрал по дороге.
Сосны во Флориде выше,
Только не златоноги.
Ярки хохлатые птички,
Белки, напротив же, серы.
Также иные привычки,
Также отличные меры,
Также - аэрозоли,
Преподавание в школе,
Вежливость и манеры,
Запахи и бациллы...
Тёмная зелень магнолий,
Замки, бунгало и виллы,
Сочные карамболи,
Смесь отворотная соли,
Сахара и текилы,
Пицца и равиоли...
Впрочем, да будет по воле
Нас окормляющей силы.

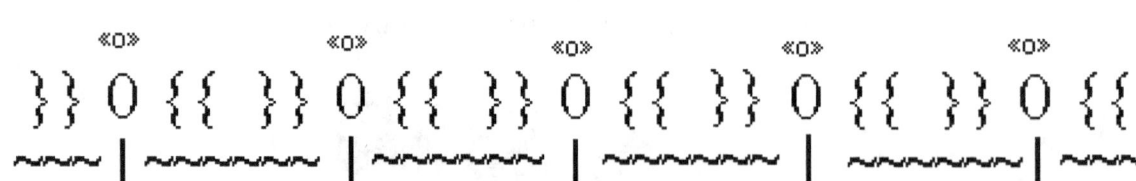

## Глава пятая,
### где герой, найдя сокровище, меняет на время род занятий

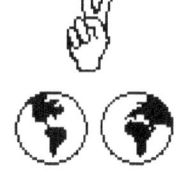

Теперь, Читатель, я хочу обратиться к своему лабораторному журналу и более подробно изложить факты, позволившие тогда мне заключить, что в моих руках находится открытие мирового значения.

Не бойся, я не собираюсь углубляться в дебри технических деталей, доступных только специалисту, и, думаю, простой житейской логики и интуитивного понятия о вероятном и невероятном хватит вполне, чтобы оценить обоснованность моих выводов.

Первые четыре недели после того, как я разработал и отшлифовал методику, исключающую бессознательную подсказку испытуемому, и ввёл в нашу практику ежевечерние опыты с ассистентом, роль которого добросовестно исполняла жена, результаты Миши оставались, какими были, а именно, в серии из десяти попыток он совершал только одну или две ошибки.

Причём все ошибки происходили в конце серии предсказаний, когда, очевидно, подопытный уставал, к тому же достижение достаточного числа верных ответов, обеспечивших уже успех сегодняшнего опыта в целом, лишало мотивации ребёнка.

И вообще, сын, доказавши членам семьи свои необыкновенные способности, явно терял интерес к занятию, требовавшему немалого напряжения.
Поэтому я нисколько не удивился, когда результативность его стала падать, и какое-то время старался поддерживать её на должном уровне как стимулами вроде дополнительного похода к электронным играм или маленьких подарков, так и сокращением количества опытов. Когда я ограничился одним-двумя в день, результаты снова стабилизировались, хотя и не дойдя до прежних 85 процентов, однако остановившись на вполне достойных шестидесяти девяти. Тем не менее, собрав убедительную статистику, я тут же прекратил эксперименты с Мишкой, будучи, в силу своего опыта, крайне осторожен с любым неизвестным явлением, и теперь не нарадуюсь на кстати проявленную предусмотрительность.

Конечно, мне предстояла ещё большая работа по изучению механизма «видения насквозь», и если бы я не нашёл себе другой морской свинки, то, несомненно, продолжал бы мучить сына, ибо воспитан в суровом духе самой передовой в мире имперской научной мысли, не останавливающейся пред принесением гекатомб молоху прогресса.

К счастью, автор обрёл мотивированного и всегда находящегося под рукой субъекта для своих исследований в лице самого себя.
Об этом идеальном варианте я подумал заранее, и со второй недели опытов под занавес программы менялся ролями с сыном, выясняя, обладаю ли сам открытым недавно мною «шестым чувством», и в какой степени.

Начальные шаги мои на новом поприще были совершенно замечательными - из восемнадцати ответов ни одного верного! Ясно было - это не случайность, и, как впоследствии оказалось, такая подготовительная "отрицательная серия" весьма характерна для субъектов, показывающих после небольшой тренировки стабильные положительные результаты.

По-видимому, Миша незаметно для меня проскочил этап самообучения мозга, когда отыскивал монетки на газоне, я же тогда, со своим избыточным весом, даже и не пытался разглядывать что-либо в густой траве.

Период сплошных ошибок внезапно заканчивается, и безо всякого перехода наступает стадия, в течение которой подопытный способен легко и быстро, на одном дыхании, провести длинную серию опытов с одним-двумя сбоями, как правило, в самом конце.

Затем у всех наблюдается медленное падение результативности, и здесь я рекомендую начать уменьшение числа попыток в серии, постепенно спускаясь до одной, причём, если она будет удачной, в этот день ею и ограничиться, если же нет, разрешить испытуемому после отдыха попробовать взять реванш.

Все приводимые мною данные о проценте верных ответов относятся только к экспериментам, где всякое событие имеет лишь два равновероятных исхода, ставя испытуемого перед простейшим выбором, как то, есть монетка или нет, чёрное или белое, крест или звезда, и так далее.

Я безусловно предпочитаю дихотомию, ибо она всегда мобилизует субъекта, заставляя его отвечать за каждое произнесённое слово.

После стабилизации результатов по изложенной выше схеме, первая попытка давала шестьдесят процентов правильных ответов, зато вторая, предоставляемая для исправления ошибки, не удавалась крайне редко, один раз из полутора сотен. В сумме получалось около семидесяти процентов успешно определённых исходов, и эту результативность регулярная тренировка в дальнейшем могла поддерживать как угодно долго.

Интересно, что моя система уравнивала в конце концов и талантливых, демонстрировавших чудеса в первых сериях, и середнячков, чей результат вначале показывал слабые отклонения от статистики чистой случайности.

Применив указанный метод, за два месяца я добился воспроизводимости и теперь был твёрдо уверен: выяснение природы открытого мной феномена - только вопрос времени.

Напомню ещё раз - я не допускал и мысли, будто Академия Наук СССР могла намеренно умалчивать об исследованиях в такой интригующей сфере, тем более, не содержавшей, как я думал тогда, никакой стратегически важной информации, и поэтому обоснованно считал себя первопроходцем области.

Всё же главным нашим приоритетом оставалось изучение языка; школьный тест приближался, и за две недели перед ним я свернул исследования вовсе.
Сын выдержал тест гораздо лучше всех других эмигрантов и удивил учителей, рассказав им, как научился читать за пару месяцев.

Мишу немедленно показали школьным психологам, которые обнаружили у него экстраординарный (какой, не сообщили даже мне) «коэффициент интеллекта» и определили сына на некую элитную программу спецобучения, предназначенную для исключительно одарённых детей.
Итак, напряжённый экспресс-курс английского, к облегчению всех нас, окончился, и у автора появилась возможность посвятить себя иным занятиям.

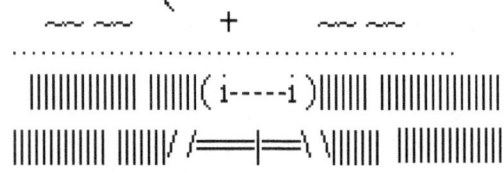 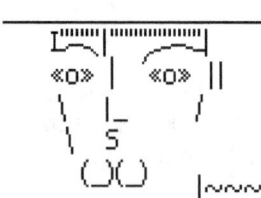 

Каждый день я выходил к почтовому ящику и возвращался с толстой пачкой разноцветных листков и конвертов. Помнится, в первый раз, когда я открыл свою ячейку и увидел такое обилие депеш, то решил, что в оффисе комплекса мне по ошибке дали ключ от чужого ящика. Оказалось, все бизнесы района, коих тысячи, рассылают жителям рекламу, купоны на скидку с обычной цены, приглашения посетить экспозицию товаров или принять участие в дегустации, лотерее, празднике по случаю юбилея фирмы и прочее. Крупные магазины - продуктовые, бытовой техники, одежды, автомобильных частей - еженедельно присылают газетки с цветными изображениями выставленного на распродажу; парикмахерские, рестораны, флористы, массажисты шлют изящные открытки; от врачей, дантистов, юристов, брокеров, банковских, страховых, кредитных и иных агентов поступают плотные длинные конверты с вензелями монограмм.

Иногда обнаруживаешь и многостраничные красочные каталоги косметики, женского белья, шоколада, вин, бижутерии, доставляемых вам прямо на дом по одному телефонному звонку, а также предложения подписаться на газету или журнал, или же серию книг, с приложением бесплатного выпуска издания.

Кроме того, с неумолимой регулярностью приходят просьбы о пожертвовании в пользу какого-либо благотворительного общества.

Американцы всю эту превосходную полиграфическую продукцию называют «мусорной почтой» и умеют мгновенно сортировать её, опытным взглядом выхватывая из пёстрой груды важные документы, иммигранту же приходится долго потеть над бумажками, чтобы, не дай Бог, не выкинуть конверт с чеком федерального пособия или с билетиком вида на жительство, или с карточкой медицинской страховки.

Нечего делать, и изо дня в день, исключая воскресения, когда госпочта не производила доставку, я посвящал около часа разбору корреспонденции.

Газетку «Льва еды» я внимательно просматривал сразу, свежие сведения о распродажах позволяли экономить время на охоте, однако и все остальные многостраничные издания нужно было хотя бы перелистать, чтобы проверить, нет ли внутри них какого-либо письма, попавшего туда случайно, и тут уже, хочешь-не-хочешь, ты сравнивал цены, разглядывал девиц в ажурном неглиже или у моря в купальниках, или фарфоровых кукол и так далее.

Приглашение на работу из Пентагона всё никак не появлялось, и я, удивляясь нерасторопности американских вояк, о которых был прежде лучшего мнения, выуживал раз в месяц из мусорной почты только семейное пособие да счета за воду и электричество.

Конверт ведомства, выплачивавшего семейству беженское денежное довольствие, ничем от иных не отличался, зато содержал сложенный втрое толстый гербовой лист с водяными значками, вооружёнными молниями лысыми орлами и презаковыристыми подписями государственных лиц. Посреди него прописью и цифрами было начертано магическое сочетание чисел - триста девяносто два доллара и шестьдесят один цент.

Сумма выплаты, контрастируя со стоимостью всякого здешнего товара, очень логично оканчивалась не девяткой (сравни с ценами в первой главе), но единицей, ибо по законам человеческой психологии, шестьдесят один, переводя счёт в следующую десятку пенни, подсознательно нам кажется намного больше пятидесяти девяти.

Напомню, первый месяц проживания семьи в «Дубах» оплатили спонсоры, откуда у нас образовался запас денег, из которого мы покрывали разницу между размером пособия и реалистичным бюджетом; я разложил избыток на два месяца, но чрезвычайно экономно используя электричество, заначку удалось растянуть на дополнительных три недели. Кроме того, нам вскоре открылся не предвиденный вначале источник наличности.

Продовольственные талоны не выпускались мельче одного доллара, потому сдачу в магазине давали свободно конвертируемой валютой, и её, естественно, можно было получить до девяноста девяти центов зараз, для чего нужно было лишь правильно рассчитать стоимость покупки, включая шесть с половиной процентов налога, с чем я справлялся шутя, и такое умственное упражнение, вместе с подобранными монетками, приносило две твёрдые сотни ежемесячно, благодаря чему до конца сентября, а то и дольше, нам не грозило банкротство.

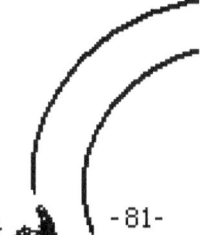

« Всё же, - рассуждал я однажды, куря далеко за полночь, развалившись в кожаном кресле на площадке для старой мебели, - ввиду медлительности или особой дотошности проверяющих мою благонадёжность, неплохо бы найти пока какую-нибудь подработку для поддержания штанов, но только приличествующую хорошему физику, временно находящемуся не у дел. »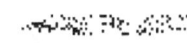

Ночь выдалась пасмурной и небо, закрытое ровным слоем низких серых туч, выглядело зачем-то завезённым в тропики, наверное, неким недоумным туристом, громадным ориенбургским платком из мягкого козьего пуха.

Прожектора, подсвечивавшие розовый дом на холме за заросшей канавой, заодно чуть подкрашивали тучи, и тёплый оттенок служил прекрасным фоном для ажурного хитросплетения кедровых сучьев над головой, будто кованых из чернёного серебра.

Я докурил сигарету и прошёлся по площадке. Отражённый небесным экраном, отблеск розового дома дошёл и сюда, и разбавленные карминные рефлексы украшали изгибы деревянных деталей кресел и рассчитанных на двух или трёх популярных у местной публики « любовных сидений ».

Моё внимание привлекла обстановка целой квартиры, отсутствовавшая тут ещё прошлой ночью и не сброшенная из кузова трака грудой, а выставленная довольно компактно и аккуратно у забора, тем самым заставляя подозревать в бывшем владельце азиата, или, во всяком случае, своего брата иммигранта, а не урождённого американца, которым, по сугубо практическому складу ума, претит заниматься никому не нужной работой.

Мебель, впрочем, не несла никаких следов чужестранного вкуса - обычный псевдобарочный гарнитур с шёлковой, потёртой во многих местах обивкой.

Единственным выпадавшим из общего стиля предметом был высокий торшер, издали показавшийся бронзовым, но подойдя поближе, я увидел крашенную сильно повреждённую гипсовую отливку, представлявшую крылатую фигуру некоего существа в полный рост.

На плечах его помещалось подобие куба, переднюю грань которого занимал барельеф лица антропоида без признаков пола, из боковых сторон выступали орлиная и львиная головы, а на реверсе ( или аверсе ? ) скульптуры оказалась рогатая бычья морда.

Статуя была точь в точь с меня высотой, и четыре лика её глядели автору прямо в глаза, однако все по-разному: человеческий - доброжелательно, львиный - гордо и благосклонно, орлиный - гордо и презрительно, а задний, бычий - грозно.

Он явно выигрывал игру в гляделки, и когда я сдался и отвернулся от взгляда, упертого в меня из-под покрытых завитками шерсти бугров низкого лба, то заметил в узком тёмном пространстве между спинкой софы, стоявшей рядом, и забором приглушённое мерцание золота.

Я втиснулся туда и, покряхтывая, извлёк одну за другой и прислонил к забору шесть картин кабинетного формата в багете.
Тщательно детализированная лессировочная масляная живопись представляла любимых героев американского фольклора - повозки пионеров чредой на марше, индейцы возле вигвамов, гарцующие ковбои, лесорубы или старатели у костров.

Полотна, блестевшие ровной толстой густой лакировкой, казались написанными одной рукой и буквально вчера, и яркая свежая позолота на рамах даже ещё чуть липла к пальцам.

Аналогичные произведения заполняли витрины маленьких галереек в моле, продаваясь по триста долларов за штуку, и чего б им не приобрести у меня новёхонькие холсты. С такими мыслями я перетащил находку в квартиру, сперва решив было захватить и побитый торшер, явно не представлявший коммерческой ценности, однако чем-то притягательный, но зная вкусы жены и её неприятие диссонансов любого рода, поколебавшись, отказался от идеи.

Наутро я пожалел об этом и вернулся к забору. Крылатая гипсовая фигура лежала, повержена, на асфальте, и её четырехликая голова была старательно расколочена на мелкие осколки.

Дети на рассвете уехали в школу, да и вообще, они тут никогда не играли, и я не понимал, кому могло понадобиться учинить столь странное действие.

Светло-серые низко нависшие тучи по-прежнему закрывали небо, и погода, не грозя ни жарой, ни ливнем, благоприятствовала задуманному походу в мол.

Мне, разумеется, не терпелось узнать, сколько предложат за партию товара, розничная цена которой - тысяча восемьсот. Перед выходом я внимательно осмотрел все шесть картин и не обнаружил дефектов, и даже если исходить из грабительских пятидесяти процентов комиссионных, оставалось девять сот - больше нашего двухмесячного содержания!

Правда, возникали некие вопросы из области этики, а именно, по какой причине прежний владелец не потрудился выручить крупную сумму? не рассчитывал ли он, вероятно, совершив очень срочный переезд, возвратиться позже за картинами, которые аккуратно устроил в укромное место между спинкой софы и забором? и не его ли гнев обрушился сегодня рано утром на неповинную гипсовую статую, не устерегшую клада?

Впрочем, я не собирался сейчас ничего продавать, а только предварительно поговорить о цене в нескольких галерейках, и если в течение двух-трёх дней на доске объявлений у оффиса «Дубов» не появится просьба вернуть находку, значит, бывшего владельца не беспокоит пропажа - может, получил наследство или страховку, или выиграл миллионы в казино, или неожиданно умер, и не он вдребезги разнёс нынче голову бедной скульптуре.

Стены магазина, называвшегося «Мир искусства», заполняли такие же пионеры и индейцы, кони, повозки и вигвамы, лесорубы, старатели и ковбои, какие стояли сейчас и у меня в кладовке, но плакат оповещал посетителей о возможности заказать любые гамму, сюжет и формат, материалы и багет, выполненную точно в технике оригинала репродукцию или портрет по фото, образцы каковых работ помещались рядом.

Клерк за кассой, узнав о моем предложении, удалился в заднюю комнату, и оттуда вышел поджарый и высокий, загорелый до красноты старик с карими маленькими глазками. Он упёрся ладонями в стойку и глянул на меня, склонив грубой лепки лоб с крупными надбровьями, живо напоминая бычью ипостась четырехликого торшера, и, чуть помедлив, растянул губы в улыбке.

«Сынок, - сказал он по-деревенски протяжно и в нос, - мы вовсе не берём проклятых картин, мы завалены проклятыми картинами, и знаешь, парень, я плачу проклятым художникам проклятые пенни из той проклятой цены, которую нужно запросить. И ежли у тебя есть лишь такие проклятые штуки, - он ткнул коричневым пальцем в стенки, - загони их на гаражной продаже по проклятой пятёрке каждая.»

Я поблагодарил владельца «Мира искусства» за полезную консультацию и поинтересовался, где можно найти упомянутую им «гаражную продажу».

Старик посмотрел на меня с изумлением и объяснил, что гаражные продажи проводят хозяева частных домов, по субботам и воскресеньям освобождаясь от ненужных вещей; объявления о таких продажах висят на любом столбе.

В грудах старья, выгребаемого из чердаков и сараев, дошлые скупщики часто находят бесценный антиквариат, а предметы домашнего обихода и обстановки выгодней всего покупать на распродажах по случаю переезда, когда и новое, и старое спускают подчистую за гроши.

Сообщив мне всё это, галерейщик осведомился, откуда я буду сам, и узнав, что недавно из России, посоветовал заниматься торговлей русским искусством, которое сейчас тут очень хорошо идёт, затем пожелал удачи и, взяв за плечи, поворотил меня к выходу лицом и на прощание хлопнул по спине, воскликнув: «Добро пожаловать в Америку!».

Я медленно шёл по молу в сторону «Дубов» и размышлял над услышанным. Ясно, оказавшиеся в моих руках картины не представляют особой ценности, поэтому мне вовсе не стоит беспокоиться о попрании права собственности их бывшего владельца.

А вот сказанное стариком относительно популярности русского искусства заслуживает всяческого внимания.

Видит Читатель, мне не чужды музы, среди физиков это бывает нередко, вспомним скрипку Эйнштейна, и в прошлом Имперскую Академию Наук отмечал особый артистизм её учёных. Так, Институт Физических Проблем, где царил великий Капица, гордился обширным выставочным залом и даже обладал должностью референта по изобразительному искусству.

Воспитанник Физпроблем, я весьма успевал в живописи и выставлял её не только там, но и в других местах ослепительной тогда ещё столицы, имел постоянный, хоть и небольшой круг поклонников и, когда вздумается, продавал свои полотна по неплохой цене.

И теперь, кажется, наступило самое время попробовать заработать этим, таким приличествующим человеку большой науки хобби.

Кроме галереек с индейцами и ковбоями, в моле находилась и другая, называвшаяся «Мастерская изящного», голый цементный пол её витрины был художественно запятнан и на нём стоял мольберт с написанным яркими и плоскими акриловыми красками абстрактным панно.

Большинство работ внутри относилось к различным течениям экспрессионизма, обычно, нефигуративного, однако попадались пейзажи, портреты и натюрморты, выполненные в этакой лёгкой манере *a la prima*.

Ещё моё внимание привлекли симпатичные композиции-коллажики, собранные из потемневших металлических пуговиц и пряжек, подёрнутых патиной монет, потёртых кожаных портмоне и прочего.

Навстречу мне из-за столика с табличкой «Лиса Мэй, продавец-ассистент», поднялась медноволосая девица в крошечном платьице изумрудного шёлка и вышколенно справилась, есть ли у меня вопросы или просьбы. Я попросил позвать хозяина, и ко мне вышел тучный вальяжный усач с курчавой гривой, зачёсанной назад; чёрные радужки и блеск его больших глаз не позволяли видеть зрачков и понять, в какую точку он смотрит, и оттого казалось, будто лучащийся улыбкою взгляд его беспрерывно движется по лицу собеседника; галерейщик назвал себя Томом и спросил, чем он может служить.

Я представился художником из России, и Том очень оживился. Он тут же принялся расспрашивать меня про сюжеты моих картин, технику и материалы, и я подробно рассказал обо всём. Том всё одобрил и заметил, что хотя ему самому никогда в жизни не приходилось продавать русского искусства, но он знает одно место, и совсем близко отсюда, где им определённо интересуются.

Рыжая протянула своему боссу планшетку, и толстяк быстро черкнул цедульку владельцу той галереи, положил её в конверт и заклеил его, и, надписав адрес, подал мне, сопроводив рукопожатием и приглашением заходить к ним без стеснения всякий раз, когда я буду нуждаться в совете или какой-либо помощи.

Место, действительно, оказалось неподалёку на Университетском проспекте, и я по горячим следам отправился туда. Однако на полдороги к номеру дома указанному на конверте, я увидел вывеску, заворожившую меня, поскольку на ней стояло волшебное слово, вызывавшее из глубин врождённой памяти образ утраченного тысячелетия назад Сада, где меж мраморных колонн бродит грустный Аристотель и твердит, что Платон-то ему друг, но истина дороже.

Да, на непримечательном одноэтажном строении с подслеповатыми окнами было обозначено «Академия Изящных Искусств», и, конечно, я никак не мог преодолеть желания заглянуть внутрь хоть одним глазком.

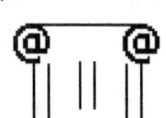

Вход был открыт, и пройдя коридор, я попал в зал, где в ряд у стола сидели девять глубоких старух и рисовали пастелью на листах, лежавших пред ними, плетёную корзину с восковыми яблоками, помещённую на железной треноге подле белёной стены. Наблюдал за их действиями костлявый седой старик с острыми усами и бородой-эспаньолкой. Он поднял голову и взглянул на меня тёмным печальным взором, и я поспешно закрыл дверь и тихо ретировался, избегая ненужных вопросов.

Галерея, куда меня направил Том, занимала обширное отдельное здание и называлась « Эсмановское искусство », очевидно, по имени её владельца.

В центральном фойе за полукруглым прилавком, напоминавшим стойку бара, возвышались три совершенно одинаковые крашеные платиновые блондинки с короткими стрижками, в белых свободно падающих платьях, схваченных золотыми поясками. Я подал сёстрам в искусстве записку Тома, и девушки, прочтя послание, сказали, что мадам Эсман должна через минуту появиться и предложили пока осмотреть экспозицию.

Здесь царил совсем другой стиль, воскрешавший времена импрессионизма, и стены были полны видов Елисейских полей, уличных кафе под маркизами, лодочных причалов, заросших неньюфарами прудов и лугов со стогами сена.

Имелись тут и сидящие на подушках ню под Ренуара, являвшие зрителю пышные кремовые зады, и голубые танцовщицы в духе Дега, и натюрморты с как бы рубленой моделировкой формы, пре-кубистическим изобретением великого аналитика Сезанна.

Реже ощущались более поздние веяния, вроде гротескно изломанной графики, украденной у богатого калеки Тулуз-Лоттрека, или древнеегипетских мотивов, популярных в краткий период « ар нуво », или типичной для Кес-ван-Донгена стыдливо-порочной грации яркоротых гризеток, или трагической клоунады Руо.

Быстро пробежав пять или шесть залов, ярко освещённых искусственным холодноватым светом, я вернулся к началу осмотра, где за прилавком впереди трёх блондинок уже стояла мадам Эсман - вся в чёрном, сухая горбоносая дама с огненным, не по возрасту, взглядом.

Она приветствовала меня с истинно царственным английским прононсом и спросила, как мне понравилась её выставка.

« Многие полотна весьма верно воссоздают сошедшие со сцены стили, - сдержанно ответил я, - однако моя собственная манера самовыражения, хотя и не чужда влияний, требует от меня большей самостоятельности. »

« О да, помню, это ваш обычай - улыбнулась мадам. - Не волнуйтесь, русское искусство идёт хорошо, надо лишь знать, где и кому продавать его. »

Я сказал, что был вывезен в Джексонвилль два месяца назад как беженец, мне не было позволено забрать из России ни одной своей картины, и прежде чем начинать работать здесь, хотел бы уяснить, какие именно направления изо всего многообразного русского искусства, в котором по сей день живы традиции и абстрактного экспрессионизма, созданного Василием Кандинским, и супрематизма, детища Малевича, и конструктивизма, изобретения Татлина, и сюрреализма, творения комиссара живописи Марка Шагала, не говоря уж об иконографии, эмали, лубке, куклах, керамике, лаковой росписи, ювелирии - какие из них имеют шансы найти сбыт в Америке.

Мадам снова улыбнулась. « Русское всегда будет русским, - заметила она, - даже не стоит и беспокоиться. Советую вам работать в привычной для вас манере, как вы зовёте то, гм, « самовыражения » и с удовольствием взгляну на ваши полотна, если вы их напишете. Желаю успехов. »

И по её знаку три девушки в белом проводили меня до дверей галереи, приглашая заходить ещё раз.

Когда я шёл назад в апартаменты по пустому Университетскому проспекту, произошла последняя за день, внешне ничем не примечательная встреча, о которой мне пришлось вспоминать позднее.

Среди кустов ярко-красных роз на газоне островерхой лютеранской кирхи сидел обнажённый по пояс молодой гигант пропорций редкостной красоты, достойных увековечения резцом Праксителя.

Пепельные густые вьющиеся волосы юноши стекали вдоль его длинной шеи на могучие плечи, одежду его составляли зелёные шаровары с камуфляжными бурыми и чёрными пятнами и армейские кожаные бутсы. Рядом с ним на траве лежал рюкзак.

*

Он бы мог показаться мне просто бродягой, осенью мигрирующим через город к югу, если бы я не видел его на протяжение всего лета вблизи «Английских дубов», причём всякий раз при одном и том же стечении обстоятельств.

Иногда у дверей квартиры я находил мёртвых маленьких изумрудных змеек, точно таких, как та, на которую переселенцы наткнулись в первый день здесь, во время столь неосмотрительной прогулки по парку частной школы; их то ли роняли коршуны, жрущие рептилий, то ли подбрасывали дворовые мальчишки, переставшие принимать моих пацанят в компанию.

Смутное чувство почему-то не позволяло мне без церемоний выкидывать безжизненных красавиц в мусорный бак, и сметя змейку в бумажный пакет, я огибал забор мебельной свалки «Дубов» и там, где кончался бетон, щепкой вырывал для неё могилку, и, совершая погребение, всегда видел на откосе за канавой и сеткой, обносившей усадьбу с розовым домом, фигуру сидящего обнажённого по пояс высокого длинноволосого парня, мимо которого теперь проходил по проспекту.

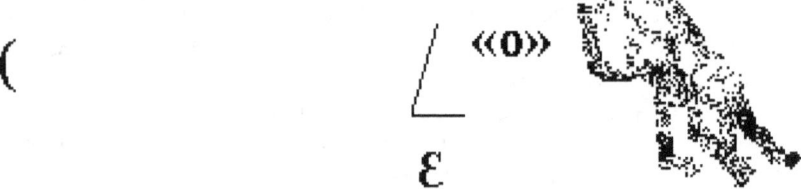

Как и тогда, он сидел в той же самой позе, сцепив перед собой пальцы рук и чуть наклонив голову, и на его правом предплечьи я заметил татуировку в виде змеи, обвивающей дерево.

У незнакомца были большие голубые глаза, слегка на выкате, полные губы и короткий нос, и несмотря на чисто арийский генотип, и лицом, и фигурой он чем-то напоминал чёрного Рича.

Вечером я хорошенько обдумал увиденное и услышанное и решил потратить определённое время, силы и даже некоторые средства на проверку потенциала здешнего рынка изобразительного искусства. Заработок в творческой области, который вполне к лицу учёному, позволил бы не только безбедно дожидаться окончания затянувшихся проверок, но и предоставил бы потом возможность более селективно подходить к предложениям нанимателей и оговаривать себе свободу для проведения своих собственных исследований, ибо имея в руках открытие мирового масштаба, было бы крайне глупо оставить работу над ним.

Без ложной скромности должен сказать, что моя живопись на голову выше всего, заполняющего стены трёх галерей, однако по языку довольно близка фигуративному экспрессионизму, который представлен у Тома, следовательно, часть его клиентов заинтересуется и моими картинами.

*Ergo*, нужно быстрей приниматься за дело, пока меня не рвут на части научные заведения страны, и вначале записать посланные Провидением шесть полотен в рамах, праздно занимающих полезную площадь кладовки.

Утром в дверь постучали и появилась давно не навещавшая нас грациозная толстуха Кори. Скоро осень, известила она ( сентябрь уже наступил, но тут считают началом весны и осени дни равноденствия, то есть 21 - 22 числа марта и сентября ), жара спадает и стоит проводить больше времени вне стен, используя краткую передышку перед сезоном дождей и ураганов.

На завтра, субботу, прогноз обещает чудную для прогулок на воздухе погоду, облачную, с небольшой вероятностью недолгого ливня, и она, раз всё так совпало, приглашает семейство своих подопечных посетить исторический Сэйнт-Огустин, удобно расположенный всего лишь в сорока милях отсюда.

Я был наслышан об этом, заложенном испанцами четыре века назад городе, о его почтеннейшего возраста католических соборах в стиле высокой готики, и обрадовался возможности переменить обстановку.

Искренне поблагодарив необъятную волонтёрку, я справился у неё, как нам надлежит одеться в поездку, и она воскликнула: « По-пляжному, по-пляжному ! Нас ждут исключительные пляжи. »

Затем патронесса спросила, каковы мои успехи в деле трудоустройства, и я ответил, что рассчитываю вскоре получить первые предложения, а пока хочу попробовать свои силы в живописи.

Кори очень понравилась эта мысль, и она загорелась идеей прямо сейчас отправиться со мной в магазин художественных принадлежностей, чтобы я познакомился с американскими изопродуктами, в которых она разбирается - недавно закончила артистические курсы - и может быть полезна мне советом.

Действительно, магазин « Майклз », или, в переводе, « Мишин » превосходил по количеству товара всех продовольственных левиафанов, и без помощи Кори я бы потерялся в нём навек. В таких запасах не нуждался даже сам великий худфонд Империи !

Неужели в Джексе больше художников, чем в достославном Союзе во времена самого расцвета соцреализма ?!! ( я не подозревал тогда о существовании здесь легиона карликовых студий, обещающих превратить в Рафаэля любого, у кого завелась лишняя тысчонка-другая долларов ).

Масло оказалось весьма разорительным, и при моей пастозной манере письма мне потребовалось бы его на добрых два-три десятка долларов для картины кабинетного формата. К тому же, судя по легковесности тюбиков, эти краски продавались уже сильно разведёнными, в расчёте на живопись лессировками - тонкими прозрачными слоями.

Не очень кусались акриловые, однако новомодную синтетику я не выносил, из-за её мёртвой, лишённой фактуры поверхности мазка. Оставалась темпера, но и она была у них невообразимо жидкой.

Правда, тут же стояли банки совсем дешёвых грубо молотых сухих пигментов, и я вполне мог, по образцу мастеров средневековья, растирать их потоньше и смешивать с яичными желтками.

Я на всякий случай спросил, не производится ли краска большей густоты, и Кори ответила, нет, эта максимальная. Не шибко расстроившись, я набрал немного порошков основных цветов, кистей и покрывного лака, уложившись в выделенную мной на то двадцатку, и потому гордо расплатился на кассе сам, не дожидаясь Кори, потянувшейся было за чековой книжкой.

Следующим утром волонтёрка, как и обещала накануне, вывезла всю семью в Сэйнт-Огустин. Мы быстро домчались до него по бетонке, но там пришлось поколесить изрядно в поисках места для парковки. На огороженных паркингах и гаражах-многоэтажках висели плакаты «Вакансий нет» и оставалось ждать, когда кто-нибудь отъедет от обочины тротуара, где частоколом возвышались автоматические счётчики, принимавшие по квотеру за десять минут стоянки.

Кори была готова к такому варианту и, приметив человека, открывающего дверцу машины, выбрала точно исходную позицию и, медленно вписываясь впритирку за отъезжающим на освобождаемую площадь, обошла конкурентов, и достав из ящичка за рулевой панелью мешочек монет, накормила таймер серебряными квотерами до отказа.

Устройство продаёт свободу пешего передвижения на час, а потом его надо кормить опять, иначе оно выбросит красный транспарант, и работник особой патрульной службы, совершая обход, прилепит на ветровое стекло требование об уплате штрафа размером больше нашего месячного бюджета.

Потому посещение готического храма, расположенного в получасе ходьбы, пришлось отменить, зато мы остановились удачно близко от самой главной туристической приманки - узенькой торговой улочки, заполненной лавочками, кафе и лоточниками, вливавшейся в набережную с видом на старинный форт.

Тут бурлило пёстрое многолюдие, и я почувствовал себя не в пример лучше, чем на пустынных весях Джексонвилля.

Я ведь вырос и жил в уличной сутолоке, толчее базаров, трамвайной давке, и после переезда мне их остро не хватало. Толпа заряжала меня энергией, пребывание в ней было мне так же необходимо, как и одиночество, и именно столпотворение современного метрополиса, сюрреалистичную густую пасту столкновений всех типажей на свете, частиц и античастиц, между которыми то и дело проскакивают искры мгновенной взаимной аннигиляции, я обожал изображать на своих полотнах.

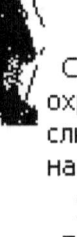

Дети, увидев, что американцы любого возраста во время пешей прогулки держатся за руки, как в детском садике, сами подали руки взрослым, и мы вступили в людской поток, огибавший уличных певцов и музыкантов, клоунов, мимов и фокусников, художников и торговцев украшениями из экзотических раковин и кораллов, тележки мороженщиков, переносные жаровни с барбекью и шиш-кабобом на палочках, грили с гамбургерами и «горячими собаками» и нагреватели с вращающимися над ними громадными бубликами-претцелями.

Течением заносило нас в сувенирные лавочки, букинистические магазины, картинные галереи и антикварные развалы, или на веранду, где танцовщица исполняла фламенко с кастаньетами или греки под бузуку плясали цепочкой, в которой ведущий приседал и крутился, поддерживаемый следующим за ним за поднятый первым в руке над собой платок.

На миг нашу команду прибило к помосту со сдобной белокурой демуазель в мини-бикини, туго прикрученной цепью к столбу и закатывавшей глазки, пока злобного вида факир готовился пронзить её дрожащие телеса клинками, затем к пьедесталу человека-статуи, выкрашенного золотом с головы до ног и застывшего в абсолютном оцепенении, и наконец, вынесло на набережную, где чредой мерно ступали вороные кони, запряжённые в чёрные пролётки, чьи усатые кучера, несмотря на духоту носившие тёмного сукна крылатки, сапоги-боофорты, шляпы и перчатки с раструбами, щёлкали длинными бичами.

Силуэты пролёток эффектно вырисовывались на светло-серой воде залива, охраняемого громадой старого форта, и человечий поток тут коагулировал, слипаясь в плотные и разноцветные группки-кластеры, запечатлевавшие себя на этом почти монохромном фоне.

У Кори в руках тоже откуда-то появилась маленькая камера и она сняла нас, попросив присоединиться к нашей компании клоуна, выступавшего с тремя чёрно-белыми далматинцами. Пожилой актёр был одет в такую же, как у них, пятнистую шкуру и держал коробочку с надписью «На пропитание собачкам», куда Кори потом положила несколько долларов.

Глаза мои радовались обилию лиц вокруг, но я, всегда чувствовавший себя в толпе словно рыба в воде, здесь ощущал какое-то неприятное напряжение, причину которого никак не мог понять, пока не отметил, что моё подсознание пытается осмысливать любой обрывок фразы, ненароком выхваченный слухом из общего шума - задача, не посильная иностранцу, даже хорошо владеющему чужим языком. Жена и, особенно, дети устали ещё больше, и мы попросили закончить прогулку, тем паче, что и один час, отпущенное нам время паркинга, почти уже истекло. Волонтёрка приобрела для каждого в передвижном гриле по пакету с гамбургером и картофельными палочками, а также по баночке питья, и мы, как все, закусывая и припивая на ходу, вернулись к её машине.

Кори помчалась по шоссе назад и, немного не доезжая Джекса, свернула на плавный съезд и подрулила к домику с полосатым шлагбаумом. Тут она заплатила в окошко по доллару с человека и, запарковавшись в тени падубов на охраняемой будочниками площадке и повесив через плечо дорожный баул, повела путешественников к плещущему в двух шагах Океану, отделяющему, согласно вере древних, мир, пригодный для жизни, от земли, со временем обращающей в чудовищных монстров её обитателей.

Мягкий пляж, где глубоко утопали ноги, отчего сразу же пришлось разуться, переходил в очень отлогую отмель, и потому стена высоких рокочущих волн, потрясающих белыми гребнями, стояла далеко от подвижной границы суши, которую теснил и гладил только бессильный и шепелявый накат, исходивший лентами тёплой пены.

Раздевшись до купальных костюмов, жена и дети упали во влажный песок, лицом к берегу и, смеясь, подставляли тело набегавшему и отбегавшему, будто газированному потоку, а я, поднырнув под прибой, отплыл подальше покачаться на крутых валах.

Купание в открытых водах, когда над головой пловца лишь небо да чайки, а берег скрыт от взора за белопенной грядой и неизвестно, есть ли он там, или уже провалился в тартарары, разумеется, не идёт ни в какое сравнение с полосканием в бассейне, откуда, при точке зрения ниже уровня земли, видны, как из могилы, в ненатуральном ракурсе, который любил эль-Греко, постройки, деревья, кусты и человеческие фигуры.

Это было приятно, хотя и никак не освежало, поскольку у здешнего побережья, омываемого Гольфстримом, вода на исходе лета типично куда теплей воздуха, к тому же безбожно солона, щиплет глаза не хуже хлорки и после высыхания оставляет на коже белые пятна, напоминающие проказу.

Искупавшись в океане, следует вмиг сменить одежду, пропитанную рассолом и быстро дубенеющую на воздухе, и волонтёрка, достав из баула широченные, способные охватить даже её талию, полотенца и галлон дистиллированной воды, предложила нам пойти в кустики обтереть соль и переодеться, рекомендовав при том внимательно смотреть под ноги, чтобы не наступить на экскременты, ибо пляжники справляют естественные нужды там же.

Обнажать интимные части тела на общественных землях Флориды запрещено везде, кроме мест, отведённых нудистам, и переодеваясь, необходимо следить, не появятся ли конные рейнджеры, иногда объезжающие парк, и если мы вдруг заметим их из кустов или услышим её предупреждение, то должны поскорее прикрыть срам хотя бы полотенцем, ибо иначе патрульные полисмены обязаны нас подвергнуть аресту.

Порой в иных штатах сохраняют силу допотопные законы, которые вовремя забыли упразднить, извинительным тоном добавила девушка, но всем известно, как обходить без риска реликтовых динозавров.

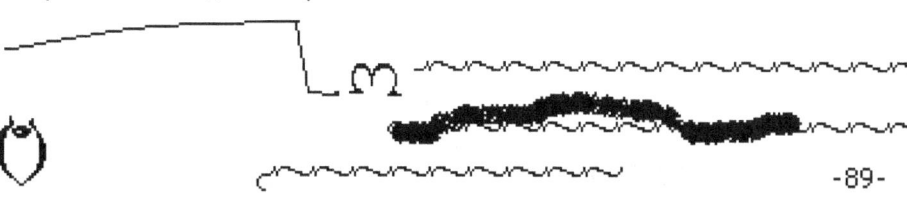

Во время нелегальной процедуры смены костюмов пляж и подходы к нему, на которых до того перед нашими глазами не прошло ни единой живой души, оставались по-прежнему абсолютно пусты, и я спросил Кори, где находятся те посетители, чьи машины, числом около двух дюжин, стоят на площадке.

Большинство приезжает сюда поудить рыбку в реке, текущей неподалёку, ответила волонтёрка, и она собирается сейчас повести нас берегом к её устью, образующему живописный болотистый лиман.

Трусиха Галя сразу же заволновалась и спросила, не опасно ли удаляться от охраняемой парковки, но Кори сказала, что все въезды в парк перекрыты пропускными пунктами, на которых при сборе платы обязательно снимают скрытыми видеокамерами лица всех посетителей и номера их автомобилей, и засветившись таким образом, ни один головорез не решится тут совершить что-либо противозаконное.

Кроме того, она изучала японские военные искусства и знает, как дать нападающему достойный отпор - и толстуха продемонстрировала на месте несколько впечатляющих приёмов, с криком свалив незримого противника мощным ударом босой ноги в голову, после чего сломала ему позвоночник, подпрыгнув и рухнув на песок всем своим немалым весом.

И, конечно, она всегда имеет при себе средства самозащиты, без которых не должна путешествовать одинокая женщина. Открыв сумочку, Кори показала пистолет среднего калибра, «булаву» - аэрозольный флакон, выбрасывающий жгучую струю перечной суспензии в лицо нападающего, и миниатюрное теле-радиоустройство, при включении непрерывно посылающее по спутниковой связи сигнал тревоги в ближайшее полицейское управление.

Единственная реальная опасность, угрожающая здесь - это солнечные ожоги, и хотя сегодня выдался подходящий день для прогулки, и солнце лишь пятном угадывается за тучами, в тропиках с ним шутить нельзя никогда, и особенно, если пасмурно - именно в такую коварную погоду поражение ультрафиолетом наблюдается гораздо чаще.

И покровительница, вынув тюбик солнцезащитного крема, помогла всем нам нанести его густым слоем на не защищённые одеждой участки кожи.

Слова гигантессы несколько успокоили мою Галину, и мы отправились в путь. Сразу за пляжем простиралась большая устричная отмель, где отлив обнажил отмёршую часть колонии со сросшимися в причудливые капители и гротики, покрытыми нежнейшим перламутром внутри и бугристыми натёками снаружи парными створками - ложечка и её крышка.

Это был прекрасный материал для коллажей, гораздо более выразительный, чем старые пуговицы, монеты, кожа и пряжки, использованные в композициях, которые я видел у Тома.

Я выломал дюжину гроздьев самой разнообразной формы и сложил кучкой под приметным деревом, чтобы захватить по дороге назад.

Вскоре мы пришли к лиману реки, выносившей в океан струи мутной взвеси. Низины берега затапливала жёлтая жидкая грязь, возвышенности покрывала корка глины в сеточке кракелюров, по которой сновали, передвигаясь боком, тысячи и тысячи сухопутных крабов размером с ноготок. Тут накапливались груды лесного валежника, приплывавшего по реке, и просаливаясь приливами и высушиваясь ветрами, древесина его за годы приобретала прочность камня и устойчивость ко всякой гнили, и я набрал немало кусков дерева для коллажей, от мраморно-белого и розового до серого и угольно-чёрного.

Я справился у Кори, чем питаются несметные орды крабов, и она ответила, что, большей частью, дохлой рыбой, поскольку здесь постоянно случаются заморы, вызываемые вспышками размножения одноклеточных водорослей - так называемые «красные приливы».

Вода тогда будто окрашена кровью, и находиться на берегу в такое время - небезопасно - микроскопические создания переносятся ветром и, попадая в дыхательные пути, поражают лёгкие животного или человека токсинами.

Разложение погибшей рыбы также заражает воздух водорослями, и крабы выполняют очень важную в экологии функцию, очищая пляжи.

Мы подобрали на обратном пути прежде собранные мною устричные соцветия и, довольно тяжело нагруженные, вернулись к машине.

Укладывая добычу в багажник, я с удовлетворением отметил, что располагаю хорошей палитрой и завидным набором фактур. Но для композиций не хватало мелких деталей, и взяв пакеты из-под гамбургеров, мы отправились искать их на литорали.

Бродя вдоль колеблющейся границы между водой и сушей, где пауконогие рачки-отшельники в спешке погребали себя при каждом откате волн, оставляя крошечные воронки на песке, можно было найти немало интересных предметов.

Кроме обломков раковин, тщательно обкатанных и отшлифованных прибоем и оттого чрезвычайно прочных, встречались бусины и, реже, веточки кораллов, камешки, в кружево источенные моллюсками, частички губок, морские звёзды, а также вещи, сотворённые руками человека, но нёсшие следы длительного пребывания на дне океана, например, красные керамические черепки, обросшие беленькими уточками, пористые косточки или проржавевшие насквозь монеты, непонятно какой страны и достоинства.

Эта стихия преображала даже осколки ординарного стекла, скругляя им края и, матируя зёрнами песка грани, наделяла утилитарный аморфный материал тёплой опалесценцией внутреннего отражения.

Среди иных встречались объекты, не поддававшиеся идентификации автором - равные секторы дисков, словно спрессованные из порошкообразного вещества типа вулканического пепла; поверхности серых пластин испещряли борозды, напоминавшие загадочные письмена.

Кори сказала, что на такие фрагменты обычно распадается после смерти его владельца внешний скелет «песчаного доллара», донного животного, родственного морским ежам и звёздам, и тот, кому удастся найти на берегу целый «песчаный доллар», считается счастливчиком.

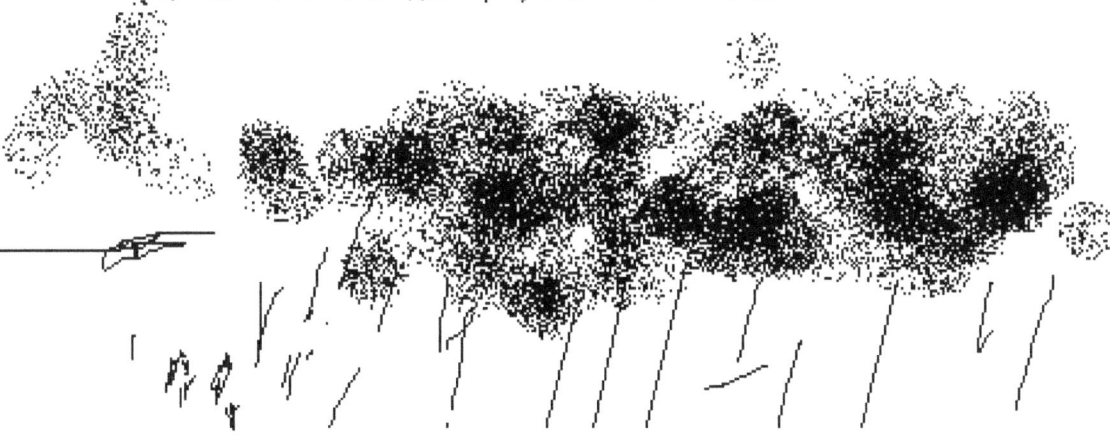

Увлёкшись охотой, мы и не заметили, как набежали тяжёлые низкие тучи, и подняли глаза к небу только тогда, когда оттуда хлынули потоки дождя, мгновенно не оставившие на нас ни единой сухой нитки.

Жена в панике схватила детей за руки и собралась было бежать к машине, однако Кори велела с пляжа не уходить и лишь держаться от воды подальше.

Основной фактор опасности при тропической грозе составляют молнии, объяснила она, поэтому во время неё нельзя ни купаться, ни укрываться под сенью или же подле растений, хорошо проводящих ток.

Хотя на открытом пространстве, где путешественники, сбившись в кучку, видели прямо у себя над головой клубящиеся, словно живые, мохнатые тучи, озаряемые синими вспышками, и казалось, будто каждый огненный штрих незримого Художника, разветвляясь, летящий вниз, перечеркнёт именно их, отчего Галина взвизгивала чаще, чем от раскатов запаздывающего грома, укрываться под кронами было не только опасно, но и лишено смысла, так как, во-первых, все мы промокли до предела, не успев ещё стронуться с места, и, во-вторых, тёплый обильный ливень мягкой водой из горних сфер кстати прекрасно промыл нам волосы, слипшиеся после купания от соли.

Гроза продолжалась недолго, в соответствии с прогнозом; вскоре солнце уже проглядывало сквозь тучи, бегущие прочь от его побагровевшего лика, и наша одежда и песок стали высыхать на глазах.

Здорово пахло гарью, и я спросил у Кори, не следует ли опасаться пожара. В это время года, отвечала волонтёрка, молнии могут поджечь один подлесок, состоящий, в основном, из пальмет - низеньких пальм с широкими листьями, полными эфирных масел.

Такие пожары не распространяются далеко и не опасны, однако сухим летом огонь выжигает во Флориде сотни и сотни квадратных миль.

Впрочем, тропическому лесу раз в три-четыре года необходимо гореть, и если подлесок разрастается слишком уж сильно, специальное пожарное подразделение искусственно устраивает контролируемый поджог.

Последние тучи убегали за окоём Океана, названного именем простодушного титана Атланта, которого боги обманом завлекли за предел обитаемого мира и взвалили ему на плечи планету.

Мы уже полностью высохли и, подобрав пакеты с добычей, медленно пошли в сторону заходящего солнца, к парковке.

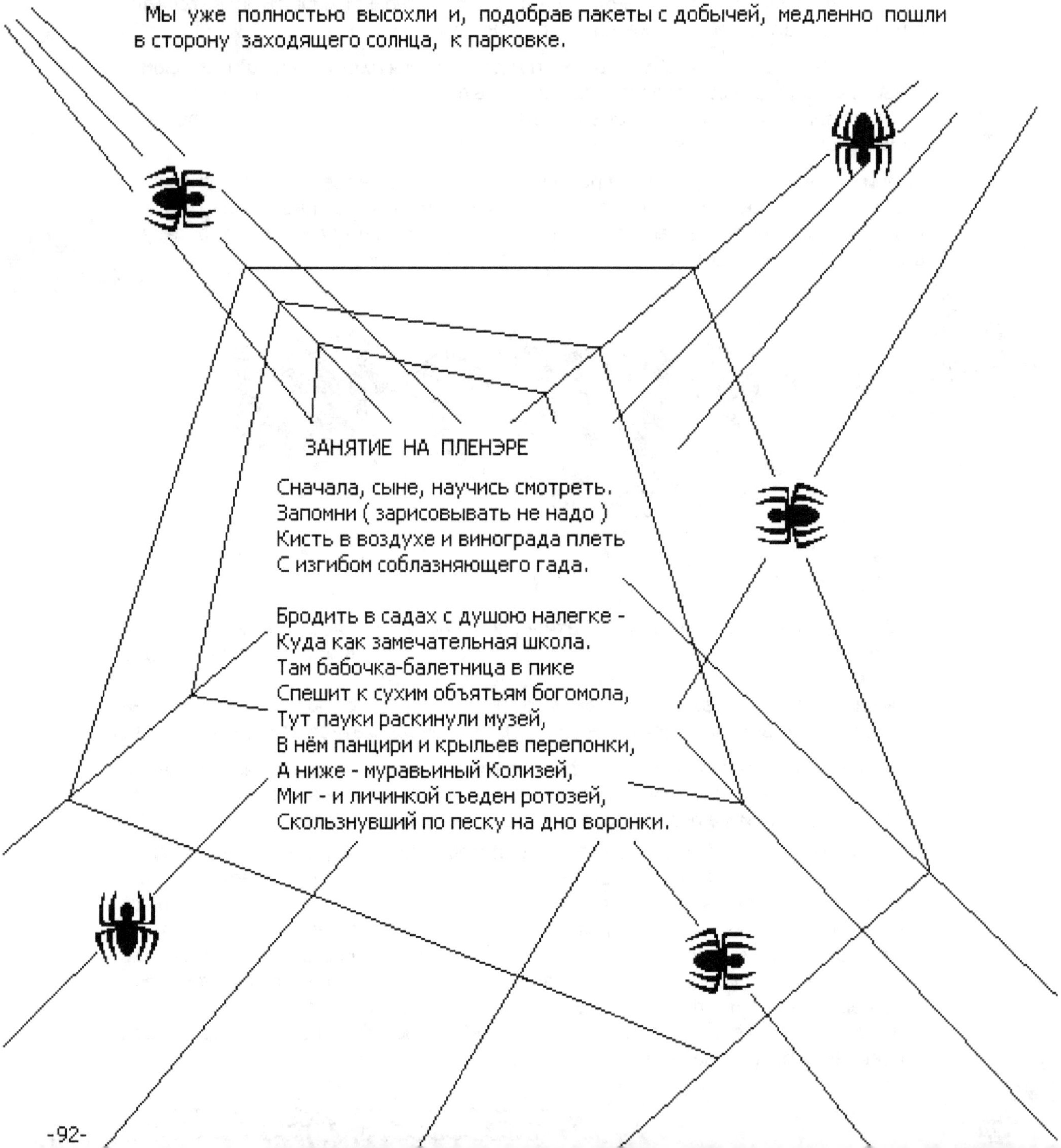

### ЗАНЯТИЕ НА ПЛЕНЭРЕ

Сначала, сыне, научись смотреть.
Запомни ( зарисовывать не надо )
Кисть в воздухе и винограда плеть
С изгибом соблазняющего гада.

Бродить в садах с душою налегке -
Куда как замечательная школа.
Там бабочка-балетница в пике
Спешит к сухим объятьям богомола,
Тут пауки раскинули музей,
В нём панцири и крыльев перепонки,
А ниже - муравьиный Колизей,
Миг - и личинкой съеден ротозей,
Скользнувший по песку на дно воронки.

## *Глава шестая,*
*где герой, ничтоже сумняшеся, дерзко учиняет « Сотворение мира »*

Всё вокруг благоприятствовало тому, чтобы я поскорее мог открыть поточное производство предметов искусства, и я почти не удивился, когда в ту же ночь, по обыкновению выйдя курнуть на площадку для старой мебели, сразу увидал вытянутый простой стол, больше напоминавший верстак, и ровно полдюжины складных деревянных стульев с высокими сидениями, легко превращающихся в импровизированные мольберты.

Эти вещи, в течение года, как минимум, находились под открытым небом, и их светлая древесина, никогда не осквернённая ни краской, ни политурой, говорила о том своим совершенно нейтральным серым тоном.

Следовательно, их завезли в « Дубы » откуда-то, скорее всего, из поместья с розовым особняком за канавой.

Сейчас в частных владениях проводят осеннюю уборку территории, заодно полностью меняя садовую обстановку, однако, согласно моим наблюдениям, её принято сносить к дороге, вместе с обрезками сучьев, где домашние отходы, годные в переработку, подбирают комбайны утилизационной службы, тут же на ходу измельчающие древесину в крошку.

Впрочем, я ни разу не замечал работников за оградой усадьбы, хотя трава там выглядела подстриженной и кусты подрезанными.

Белый конь продолжал гулять по ночам, но юный длиннокудрый гигант-атлет, печально смотревший в мою сторону при погребении змеек, с того вечера, как я встретил красавца с рюкзаком возле кирхи, больше не попадался на моём пути, равно и мёртвые или живые змейки.

Я знал, что с находкой ничего не случится, ибо какого « дубовика » прельстит подержанная парковая мебель и, докурив сигарету, пошёл спать, а на рассвете, пока жители комплекса, после барбекю с танцами продиравшие глаза поздно, ещё не уткнули в щёлки любопытных носов, мобилизовав семью, перетащил оборудование своей художественной мастерской в дальнюю спальню квартиры.

Шесть картин, которые я нашёл на свалке и собрался использовать первыми, были одного размера и формата и вставлены в одинаковые рамы, и потому напрашивалась мысль превратить их в серию тематически связанных работ.

Мне хотелось отметить начало моей творческой активности на континенте чем-то очень значительным, и я перебирал в уме подходящие сюжеты.

А пока мы поставили садовый стол у боковой стенки, там, куда не попадал прямой свет из окон, и я, разместив на нём шесть раскладных стульев, достал из кладовки и установил на них своих пионеров, дровосеков, индейцев и ковбоев так, чтоб они не отблёскивали.

Закончив эту работу, мы отправились к бассейну, и по дороге нам встретились два незнакомца. Они походили друг на друга и ростом, и короткой стрижкой, и круглыми курносыми лицами, но левый в паре был негром, чёрным до синевы, а правый, напротив, розовокожим блондином с рыжинкой.

Оба носили серые костюмы и галстуки цвета бордо и явно не принадлежали к обитателям благословенных « Дубов ».

Широко улыбаясь, молодые мужчины представились миссионерами, членами межконфессионной конгрегации « Друзья новой правды », и поинтересовались, как ранее дубовики, нашим вероисповеданием.

Хоть я его и назвал по-здешнему, то есть, «ортодоксальным Христианством », казалось, мои слова мало о чём говорили миссионерам. Парни осведомились, разрешает ли нам упомянутая Церковь читать Священное Писание, и узнав от меня, что да, без всяких ограничений, предложили пройти вместе с ними к их фургону, где всем желающим вручается, абсолютно бесплатно, Библия в разных изданиях и на многих языках мира, и некоторая другая литература.

Должен сказать, моё нерушимо материалистическое образование, полученное в лучших Имперских учебных заведениях с конца пятидесятых до ранних семидесятых годов, понятное дело, не оставляло ровно никакого места вере, и рекомендуя себя «православным христианином», я выражал тем самым лишь своё предпочтение данной культурной национальной традиции.

В нас воспитывали уважение к этическому, эстетическому и философскому наследию Христианства, и, будучи аспирантом Академии Наук СССР, помню, я составлял увесистые рефераты об Оккаме, Роджере Бэконе и Фоме Аквинате.

Естественно, я любил древнерусскую икону, очаровавшую самого Матисса, службу в патриаршем Елоховском соборе, где пели солисты Большого театра, и религиозную музыку Бортнянского, Рахманинова, Чайковского.

Я имел и читал Библию, и не только на русском, но и на славянском языке, и звучные строчки оттуда, понятные без перевода чувствующему родную речь, нередко использовал в своих стихах.

Наконец, мы все были крещены по православному обряду и даже привыкли носить нательные крестики.

Вышеизложенное давало мне основание, не очень-то лукавствуя, звать себя христианином перед верующими людьми, и особенно теперь, перед жителями практически неведомых нам города и страны, столь неожиданно оказавшимися такими набожными, почище оторванных от цивилизации тибетских ламаистов.

Мы покидали Родину при обстоятельствах, не позволивших нам вывезти ни единой книжки, и я с благодарностью принял предложение миссионеров.

Белый и чёрный провели семью иммигрантов к автолавке, у которой стоял прилавок с рядами новёхоньких, только что из-под печатного пресса томов.

Справившись, откуда мы приехали, чёрный нашёл нам Синодальное издание Библии на русском, а белый между тем вручил братьям детскую её обработку с прекрасными цветными картинками. Я пробегал глазами длинные шеренги великолепного качества полиграфической продукции на английском, и чёрный, заметив это, порекомендовал мне адаптированное для малограмотных издание, написанное предельно простым уличным языком, близким к «эбоник».

Я, однако, вежливо отказался, сославшись на слабое знание местного диалекта, и чёрный, улыбнувшись, протянул мне толстую американскую академическую ревизию Священного Писания с подробными комментариями и разночтениями.

При этом (или это мне показалось) он отодвинул на край стола и прикрыл каким-то буклетом небольшую книжицу в мягком переплёте.

Закончив листать фолиант с массой убористых сносок и улучив момент, я протянул туда руку и достал версию короля Джеймса - перевод Библии, завершённый в 1611 году и авторизированный сим правителем Англии, владевшим поэтическим пером, коим Господь редко награждает монархов со времён Давида и Соломона.

Я тут же ощутил необычайное качество трехсотвосьмидесятилетнего текста, каждую строчку которого можно было петь.

Чёрный и белый наблюдали за мною с очевидным беспокойством, и бросив какую-то фразу партнёру, белый извинился и спросил, хорошо ли я понимаю архаическую лексику книги. Получив положительный ответ, он попросил меня прочесть и пересказать указанный им параграф Посланий, обильный сложно-сочинёнными предложениями, и когда автор успешно выбрался из их лабиринта, оба только переглянулись.

Всё же, дополнительно к версии Джеймса, миссионеры всучили мне и академический талмуд, и целую охапку журналов, брошюр и буклетов.

После чего пара построила четвёрку кружком и, присоединившись к хороводу, вознесла краткую, но прочувствованную молитву Небесному(ой) Отцу-Матери, возблагодарив Божество за чудесную встречу с нами и выразив надежду на её добрый плод, и, не обращая больше на нас внимания, принялась упаковывать свои манатки.

В первую же свободную минуту я открыл выполненный под эгидой Джеймса перевод Библии. Он был снабжён предисловием, описывающим трагическую фигуру короля-стихотворца, по достоинству не оценённую ни современниками, ни историками последующих поколений.

Джеймс родился в Шотландии незадолго до того, как его мать, знаменитая Мэри Стюарт, организовала убийство его отца - злодеяние, за которое Мэри заточили в замок и заставили отречься от престола в пользу годовалого сына. Когда впоследствии Елизавета I подписала смертный приговор опасной узнице, двадцатилетний шотландский король не поднял своего голоса в защиту матери, получив благодаря тому право наследования английской короны.

Взойдя на трон Англии после смерти Елизаветы, Джеймс оказался в центре жесточайшей междоусобной борьбы пуритан, лютеран, англикан и католиков, и пришелец, не обладавший ни железной волей, ни умом, ни популярностью своей предшественницы, не имел никаких средств держать в узде распрю, угрожавшую самому существованию страны, и лавируя в гуще свары, король, в довершение ко всему, награждённый плюгавенькой внешностью, невыгодно контрастировавшей с величием Тюдоров, заслужил нелюбовь и презрение каждой из бьющихся до взаимоистребления сторон, изливаемых на Стюарта двадцать два тревожных года его правления.

Единственным удачным предприятием Джеймса показал себя лишь перевод Библии, осуществлённый им немедленно по воцарении, да и то успех этот приписывают мастерству известных богословов, собранных монархом, хотя на каждой странице книги видна рука поэта, не дающая учёности принести великий Дух оригинала в жертву букве, чем и отличен сей труд от остальных, произведенных простым умением.

Собственные же поэтические опусы короля, равно и трактаты, осуждавшие колдовство и курение новомодного табака, никто никогда не принимал всерьёз.

Версия Джеймса за считанные десятилетия завоевала признание всех церквей и сцементировала Соединённое Королевство прочнее, чем политические акты, позволив англоговорящей Британии почувствовать свою языковую общность и поставить её выше религиозной и культурной розни.

...Боже, помяни царя Давида и всю кротость его.

Стихосложением, как и живописью и рисунком, я занимался с младых ногтей, разумеется, тоже по-любительски, ибо меня нисколько не прельщала карьера советского профессионала от искусства, не только зашоренного идеологией и сурово ограниченного цензурой, но и всегда втянутого в сложные интриги, неизменно сопровождавшие процесс распределения государственных заказов.

Пробовал я себя и в литературном переводе, ощутивши тяжесть авторитета - то каторжное ядро, кое должны влачить все, бредущие тем трактом, и теперь мне не терпелось уяснить себе, каким же чудом Джеймс, оставаясь в рамках смыслового соответствия великому Подлиннику, умудряется придавать фразе музыкальную фактуру, переводя её в абсолютно другое измерение и отражая, кроме сказанного, и несказанное, и невыразимое словами.

Тут превосходно помогало сравнение королевской версии и буквалистского Синодального перевода, а также изумительно дотошной американской ревизии.

Джеймс был склонен чаще использовать конкретные образы, так например, передавая обращение царя Давида, восхваляющего Бога-защитника, он писал « Ты Скала моя и Высокая Башня моя », вместо обобщённого « Основание моё и Прибежище ( Убежище ) моё », употребляемого в современных изданиях.

Этот приём даёт нужную для аллитерации и ритмизации текста свободу, ибо он снабжает писателя изрядным количеством синонимов; сравни лишь набор конкретных понятий « сети-силки-тенёта-западни-ловушки-капканы » с абстрагирующим « уловки-хитрости ».

Потому неподцензурный суверен мог аранжировать Писание, приспосабливая свою версию к литургическому пению, которое в те времена, следуя еврейской и первоапостольской традиции, сохраняли даже ещё и протестантские церкви.

Синодальное издание не рассчитано на пение или чтение вслух, поскольку Русская Православная Церковь служит на славянском по переводу IX века, созданному святыми Кириллом и Мефодием, тем паче американская ревизия, предназначенная для местных церквей, давно отказавшихся от архаического речитатива в пользу мелодий текущего дня, вплоть до рока, кантри и рэпа, и чуткие авторы новосветной редакции Книги книг, обладая большей свободой, чем все короли этого мира, смело модернизировали лексикон обоих Заветов.

Так, во фразе: «...воздвигну Церковь Свою и врата ада её не одолеют» одушевлённые буйной фантазией древних «врата» мифического узилища были заменены на «силы смерти».

И вообще, вместо вульгарного слова «ад», к тому же за океаном обретшего грубо-оскорбительный оттенок, в тексте американской ревизии всюду стояло звучное древнееврейское «Шеол», а в сносках под страницей иногда петитом указывалось также и греческое «Гадес».

Чтение Библии сразу натолкнуло меня на мысль почерпнуть из этого кладезя сюжеты своих будущих картин, тем более, что религиозная тематика должна тронуть сердца здешних благочестивых жителей, а избранная мною техника живописи яичной темперой как нельзя лучше подходит для подобных работ, напоминая зрителям о непревзойдённой и доныне средневековой иконографии.

И красиво серию из шести чудно найденных полотен, призванную положить начало моей творческой активности в противоположном полушарии, посвятить шести дням, или верней, зонам - периодам Творения, да будет первая буковица новой записи манускрипта моей жизни «алефом»,

она же «альфа».

Меня немного смущало полное отсутствие в галереях Тома и мадам картин, хотя бы отдалённо напоминающих задуманные мною.

Строго говоря, единственные сюжетные произведения, увиденные автором за Университетским проспектом, представляли те же «мир-искусственные» пионеры, золотоискатели, индейцы, ковбои, негры с тюками хлопка и лесорубы.

И потому-то прежде, чем приступить к осуществлению замысла, я, проявляя присущую мне осторожность и помня о множестве приглашений заходить ещё, отправился за магистраль поделиться с торговцами своими планами.

Действительно, Том и Лиса встретили меня очень радушно. Том с восторгом прищёлкнул пальцами, когда узнал об идее полиптиха «Сотворение мира», а Лиса лукаво заметила, что сама Природа велит писать картину о зарождении всего сущего яичными красками.

При этом ассистентка поглядела на меня в упор своими зелёными глазищами и со смешком облизнула маленький рот острым розовым язычком.

Мадам Эсман, по-прежнему вся в чёрном среди платиново-золотых весталок, выслушала рассказ о моих прожектах и с благосклонной улыбкой произнесла: «О да, разумеется, разумеется. Я и сама предполагала нечто в подобном роде, ведь все русские глубоко религиозны, не так ли?»

Я не стал убеждать даму в обратном и, вежливо поблагодаривши, откланялся.

Случайно или нет, но я возвращался в апартменты той же стороной дороги и в то же самое время, что и при первом посещении галерей, и проходя мимо лютеранской кирхи, я не мог не вспомнить юного полуобнажённого гиганта, сложённого, как Антиной, грустно сидевшего тогда среди алых роз на газоне в знакомой классической позе, положив голову на плечо и сцепив пред собою могучие руки.

Хотя колючие кусты ещё не отцвели, однако на свеженасыпанной клумбе впереди их вперемешку уже пестрели красные, розовые и фиолетовые астры и мелкие ветвистые белые хризантемы сорта «дубок».

Получив одобрение профессионалов, я принялся внимательно штудировать начальные главы « Бытия », ибо, разумеется, ушлые местные богословы, зная Библию назубок, живо усекут любую ошибку.

Даже при поверхностном прочтении было видно - история сотворения мира излагается дважды, причём разными авторами.

Лексика и стиль их отличаются значительно, и, называя Творца Всего, первый именует Его древнееврейским словом Элохим, понимаемым и переводящимся как Бог, однако имеющим ивритское окончание множественного числа « -им », без сомнения, восходящее к многобожию.

Второй же автор употребляет выработанный явно позднее Тетраграмматон - сочетание четырёх согласных, содержащихся в имени Яхве - Сущий, Которое, по еврейскому обычаю, нельзя произносить вслух; отчего Оно снабжается гласными слова Адонаи - Господь, и так читается, а переводится, как правило, не вполне точным композитным заместительным выражением « Господь Бог ».

Писатель « Бытия », мудро не утруждая себя согласованием обоих рассказов, переходит без интерлюдий к следующему прямо в середине 4 стиха II главы, тем самым представляя их двумя вариантами предания, дошедшего до него из глубины времён, и открывая весьма широкий простор для интерпретаций.

В первом рассказе события инициируются Словом Бога, однако происходят естественным путём, то есть, Бог сказал, и стало так, и геологические эпохи описаны правильно: период, когда всю поверхность планеты покрывал один праокеан - Панталасса; « отделение вод от вод » - интенсивное испарение и образование сплошного покрова облаков; потом возникновение суши в виде единого материка - Пангеи; разрежение облачного слоя вследствие усиления турбулентности атмосферы, отчего насущный для фотосинтеза свет Солнца достигает поверхности Земли ( « сотворение светил » и появление растений ).

При заселении планеты, воды Океана прежде, чем суша, порождают животных, причём классы их приведены в последовательности « рыбы - рептилии - птицы », соответствующей теории эволюции.

И, контрастом ко всему предыдущему, произведенному той или иной средой - создание лично Демиургом, хоть и нигде не упоминается, из какого материала, но по Собственному Его Божественному Образу и Подобию, людей обоего пола, отчего, вследствие сопоставления, у читателя невольно возникает мысль о том, что мужчина есть Образ, а женщина - Подобие.

Впрочем, идея мужского превосходства первым автором не педалируется, в отличие от использующего грозное Имя « Яхве » второго, по чьей версии животные созданы вслед за мужчиной, а женщина - только после того, как Бог не нашёл среди сотворённых Им скотов и зверей пары, подходящей Адаму.

« Яхвист », не углубляясь в космогонию, концентрирует внимание на сложных отношениях Господа с людьми, убирая из фокуса повествования материальное, отчего противоречие двух вариантов акта Творения относительно очерёдности создания земной фауны и человека разрешается предположением об автономии духовных сущностей вещей, суть замыслов Божиих, рождённых вне времени и пребывающих отдельно от их земных отражений в параллельной сфере мира.

И согласно с тем, во втором библейском рассказе Бог предстаёт не Режиссёром и Организатором глобальных процессов, но Производителем конкретной работы: Скульптором, формирующим Адама из праха; Садовником, возделывающим Эдем; Ирригатором, залагающим оросительную систему Рая и сопредельных ему земель; Хирургом, проводящим первую операцию под общим наркозом.

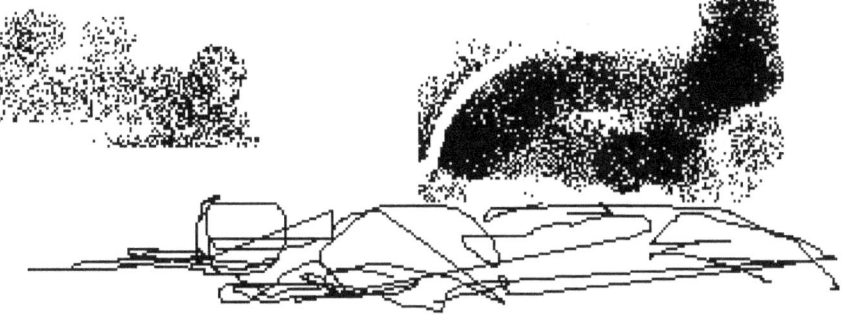

Теперь я готов был взять кисти в руки и отправился во львиный гастроном купить яиц для изготовления темперы. Удача мне сопутствовала и в этом, и я обнаружил в углу холодильного шкафа баночки с яичным боем, которого прежде никогда не видали в продаже. Бой стоил куда дешевле целых яиц, кроме того, сами баночки с крышками являлись абсолютно необходимой мне художественной принадлежностью, ибо разводимые малыми разовыми дозами сохнущие в мановение ока пигменты доводили до состояния неотмываемости горы мелкой посуды.

Итак, день первый, сотворение света. Весь человеческий опыт показывает - свет испускается каким-либо источником. Существование света без источника должно было казаться вопиющей нелепицей древним, чаще нашего видевшим светила на небосводе или живое пламя. Тем не менее автор, называющий Бога «Элохим», пишет о том, что лишь недавно стало известно благодаря теории Большого Взрыва - в начале Вселенную наполнял один только свет, и остатки первозданного сияния, так называемое «реликтовое излучение», не связанное ни с какими телами, регистрируют современные телескопы.

Замечая в первой главе «Бытия» вспышки сверхъестественной интуиции и не имея пока тому объяснения, я сосредоточился на довольно прозрачном символическом смысле отделения света от начальной тьмы как утверждении противостояния добра и зла и их взаимопорождения, подчёркнутом фразой: «И увидел Бог свет, что он хорош», содержащей также намёк на опасную непредсказуемость произведённого Создателем действия.

Сообразно концепции, я разделил полотно на два одинаковых прямоугольника, канонически написав справа свет, а слева тьму, причём обе области бытия в моей трактовке кишели прообразами будущего, и правые из них не всегда казались безусловно благими, равно и левые - не однозначно злокозненными.

Там были змеи, драконы, единороги, крылатые гиганты и кони, птицы, рыбы и даже явно техногенные роботоподобные устройства, аппараты и механизмы.

Ниже, точно на границе света и тьмы, я легко наметил фигуру Демиурга, витавшего над глянцем девственно безучастной воды в развевающихся ризах, ибо Он, как указано, Дух, или же иначе, Руах - Ветер.

На картине «День второй» пар, клубившийся над поверхностью праокеана, собрался в огромные столбы, увенчанные шапками кумулюсов и упирающиеся в многоярусный облачный покров, отчего тёмная и светлая части мироздания стали напоминать интерьеры египетского и античного храмов соответственно, с их рассеянным светом, лишающим вещественности, и не материализованные ещё твари построились в когорты по родам их в пространствах между колоннами.

На следующей картине столбы исчезли, а из воды, по-прежнему в призрачном свете ниоткуда, поднялась коническая Гора с кудрявыми рощицами, ручьями, водопадами и лугами; вершину её укрывал нижний слой облаков.

Когорты двух начал дуалистической Вселенной, слившиеся в два легиона, выстроились походными порядками, соблюдая иерархию: авангард составили бесплотные дети эфира; воплощения взыскующие - обоз, и войска потянулись к новорождённой Земле, нисходя диагонально по незримым нам серпантинам справа и слева.

На четвёртом полотне облака над волшебной Горой рассеялись и с тверди воссияли все светила и звёзды, по воде побежали солнечная и лунная дорожки, волны оживились бликами, краски стали ярче и у предметов появились тени.

Воздушные армии разделились - духи обитателей Океана спустились к воде, образы сухопутных вытянулись вдоль склонов, светлые же и тёмные ангелы собрались над открывшейся вершиной, усеянной камнями и увенчанной тремя зубцами скал неравной высоты.

На пятой картине морские твари - плезиозавры, акулы, кашалоты, кальмары, крабы, угри - обрели плоть и наполнили воды, пожирая друг друга, а в небе над Горой, где полетели стаи встревоженных птиц, тёмные и светлые силы вступили в битву.

Шестая картина показывала финал создания, когда небесные рати, временно прекратив сражение, смотрят вниз, на райскую Гору, в кущах которой мирно сожительствуют всякие звери, и между них юная прекрасная пара, чью одежду составляют лишь венки на головах, влюблённо и по-детски держится за руки.

И заняв господствующую высоту, центральную из трёх скал вершины Земли, на границе Дня и Ночи благословляет идиллию Сам её Автор, над Коим парит белый сияющий голубь; справа от Него стоит предводитель Божьего воинства Архангел Михаил в красном плаще и латах, а с ночной стороны, чуть пониже, в думах острокрылый обнажённый гигант сидит, сцепивше пред собою руки.

Когда картина складывается у меня в мозгу, я пишу её довольно быстро, и за неделю полиптих был готов.

Неожиданно я приобрёл поклонника моего художественного таланта в лице Романа Бронштейна, кто по-прежнему в каждый полдень являлся ко мне с бутылкой охлаждённой смородинной смирновки и какими-нибудь изысками, вроде постромы, шейки или балыка из Нью-Йорка, для приготовления обеда на две семьи.

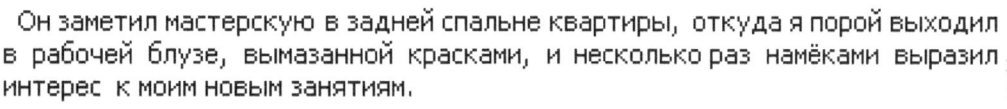Он заметил мастерскую в задней спальне квартиры, откуда я порой выходил в рабочей блузе, вымазанной красками, и несколько раз намёками выразил интерес к моим новым занятиям.

Пришлось показать ему «Сотворение», к счастью, тогда уже практически завершённое, и сосед принял его с большим энтузиазмом, при том удивив меня толковыми замечаниями, неожиданно обнаружившими в бывшем аппаратчике периферийного ведомства покойного Союза отнюдь не профана, но тонкого ценителя и знатока искусства.

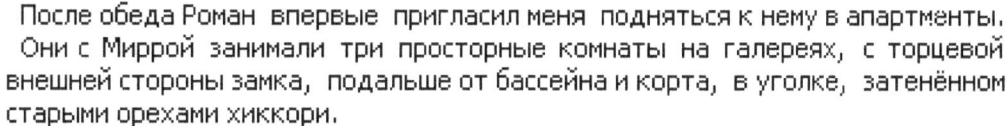После обеда Роман впервые пригласил меня подняться к нему в апартменты. Они с Миррой занимали три просторные комнаты на галереях, с торцевой внешней стороны замка, подальше от бассейна и корта, в уголке, затенённом старыми орехами хиккори.

Поверх обычного мохнатого синтетического покрытия, полы комнат устилали чудные бирюзовые узбекские ковры, и я почтительно оставил туфли у порога.

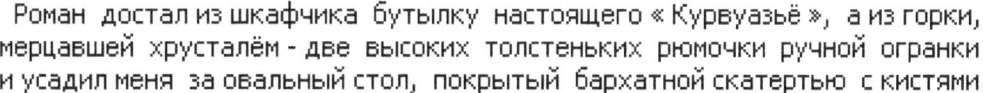Роман достал из шкафчика бутылку настоящего «Курвуазьё», а из горки, мерцавшей хрусталём - две высоких толстеньких рюмочки ручной огранки и усадил меня за овальный стол, покрытый бархатной скатертью с кистями.

Мирра принесла из кухни тарелку красиво нарезанного сыра ассорти - бри, рокфор, камамбер, козий монтраше - и Роман торжественно возгласил тост, предрекая мне большое будущее как художнику и, по восточному обычаю, осыпав меня и мою работу цветистыми комплиментами.

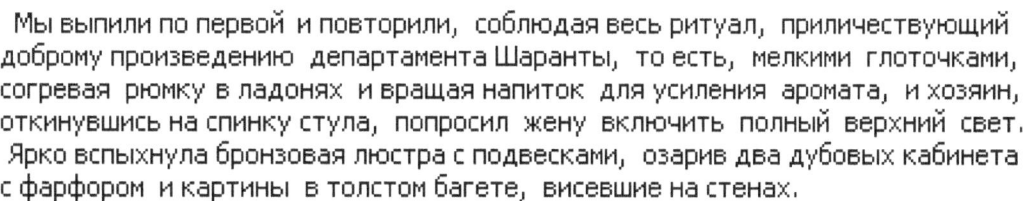Мы выпили по первой и повторили, соблюдая весь ритуал, приличествующий доброму произведению департамента Шаранты, то есть, мелкими глоточками, согревая рюмку в ладонях и вращая напиток для усиления аромата, и хозяин, откинувшись на спинку стула, попросил жену включить полный верхний свет. Ярко вспыхнула бронзовая люстра с подвесками, озарив два дубовых кабинета с фарфором и картины в толстом багете, висевшие на стенах.

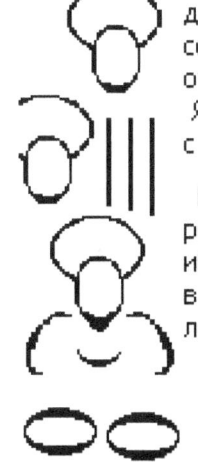Впрочем, это не было для меня неожиданностью, поскольку я сразу заметил резкого дихроматического письма холсты, несмотря на тень, укрывавшую их, ибо они буквально лучились грозящей вот-вот взорваться энергией застывших в напряжённом противостоянии вулканически рубинового кармина и льдистого лазурного индиго.

Картины изображали мужчин, собравшихся вокруг достархана, чьи чалмы, рукава халатов и шаровары пузырились какими-то космическими сферами, возводя банальное чаепитие во вселенского масштаба действо.

Роман спросил, известно ли мне имя автора наполненных тревожным блеском неукрощаемой силы полотен, и, конечно же, я знал его - Александр Волков, скромный, нетитулованный преподаватель живописи Ташкентского худучилища, где ему странным образом удавалось-таки пересидеть все регулярные кампании по искоренению формализма в искусстве.

Некоторое время мы потягивали коньяк молча. Волковские работы, намеренно лишённые даже малейшей литературной подоплёки, ради чего и лица сидящих обозначались только условно, безносыми, безглазыми и безротыми овалоидами, наглядно показывали преимущества подобного подхода, выключавшего сознание для непосредственного воздействия на подсознание зрителя.

Словно в ответ на мои мысли, Роман заговорил о живучести русского гения, умудрявшегося творить при любом режиме, обходя все цензурные рогатки и достигая величайших глубин, однако лично ему, Роману, всегда не хватало крепкой сюжетной живописи, аппелирующей к нормальному, а не задуренному имперской пропагандой разуму.

Мы выпили за обретение вновь сюжетной почвы русским искусством вообще и за « Сотворение » в частности, я похвалил сыры и коньяк, а Роман заметил, что, конечно, предпочёл бы старый « Варцихи » под сухую армянскую колбасу, и разговор сам собой перешёл на воспоминания о временах расцвета Империи.

Брат, разве забыть нам холодное пиво и горячих раков Сандуновских бань, пахучие шашлыки в уютном подвальчике « Арагви » или отварного осетра на поплавке у Котельнической набережной !

Хозяин вспомнил инспекционные поездки, гость его - научные конференции, неизменно заканчивавшиеся посещением специализированных угодий и обедом из кабанятины, оленины, лосятины, а то и медвежатины.

А какие выставки, какие гастроли знала тогда столица ! Лучшие музеи мира, лучшие театры ! « Ла Скала », Венская опера, Джоконда, золото Тутанхамона !

И не то, чтобы наслаждалась одна элита - магазины ломились от яств, каждый работяга позволял себе запросто заглянуть в ресторан, послушать, если захочется, концерт, отправиться летом на взморье и многое другое.

« Ты ведь не станешь отрицать очевидного, - вздыхал Роман ( мы с ним спонтанно перешли на "ты" ), - в стране на протяжение четырёх десятилетий поддерживался по многим показателям более высокий, чем тут, уровень жизни.
Бесплатное образование и здравоохранение, доступное жильё - городское, правда, оставляло желать, зато почти у каждого имелась дача.

Следовательно, плановая экономика выполняла свою функцию, и система, в принципе, могла бы существовать бесконечно долго.
И какая тихая напасть погубила Союз ? Кто-то валит на Брежнева, кто-то на Горбачёва, на поддержку Кубы, на поражение в Афгане. Здешние считают, что победили нас в холодной войне, разорив гонкой вооружений. Но всё это хренота, и историкам придётся признать факт - свергли строй подобные мне незаметные герои, управленцы среднего звена, мелкая министерская сошка, такие ж технари, как и инженеры.

Мы, экономисты, каждый год разрабатывали план отрасли, и рассчитывали его безо всякой туфты, поверь мне. Но промышленники имели наверху свои ходы, и нам начинали спускать так называемые корректировки.

Этому убавить - он чей-то сват иль брат, тому добавить - мы его не знаем. А у каждого - обязательства по поставкам, и поехало, латать не перелатать. Неувязки копились, пока планирование не потеряло всякий смысл и на нём просто поставили крест. И что было делать ? Идти в диссиденты ? Диссиденты горланили совсем не о том, их нисколько не беспокоил развал промышленности.

Потом объявили "прихватизацию", производство вовсе остановилось, а теперь пришли "новые" и спешно растаскивают ресурсы, где какие ещё остались... »

Я не в состоянии точно передать стиль излияний Романа, ибо он пространно описывал внутриминистерские склоки и борьбу интересов, часто уснащая свою речь непарламентскими выражениями. В утешение бывшему референту я заметил, что и сам немало способствовал падению Империи, создав не одну дутую репутацию, зачисляя в соавторы статей т.н. « организаторов науки ».

Также мне трудно сказать, сколько часов прошло за нашим разговором, но мы явно досидели до наступления вечера, когда Мирра, испросивши разрешения, зашла в гостиную и, приглушив свет люстры, поставила на стол перед мужем три свечи в серебряных шандалах и четвёртую, маленькую, от которой зажгла остальные лучинкой.

Затем она прикрыла глаза ладонями и пропела звучную молитву на иврите: « Барух Ата… » и помедлила, глядя на Романа, пока тот не отозвался: « Аминь ». « Жена любит, чтобы всё было по правилам, - заметил он, - и я тебе скажу, нас тут к этому приучили.

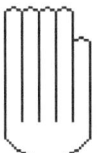

Спонсоры могут неожиданно приехать и проверить, как ты соблюдаешь обряды. Американские евреи берутся за новоприбывших круто, и мгновенно заставили всех русских мужиков обрезаться. Не хочешь - катись из общины, но одиночки здесь не преуспевают. »

Он разлил коньяк по рюмкам и добавил: « На Димочку, я заметил, процедура повлияла особенным образом - сын перестал встречаться с девушками вовсе. »

Мирра принесла круглый фарфоровый чайник и пиалы, расписанные цветами, такие же, как на картинах Волкова, рубиновые краски которых при свечах словно б отделились от полотен и парили сами по себе в полумраке.

« Завтра Йом Киппур, Судный день, - сказал Роман, - и сейчас уже положено поститься, молиться и раскаиваться в грехах. Ну, поститься не по моей части, а вот покаяться и помолиться у нас получилось кстати.

С утра нас повезут в хоральную синагогу, там будут петь известные канторы из Нью-Йорка, голоса совершенно бесподобные, не хуже, чем в миланской опере, вход строго по пригласительным билетам.
Однако ты, если хочешь, можешь поехать с нами, у нас есть лишний билет, община присылает на Димочку тоже. »

Я никогда в жизни не бывал в синагоге и охотно принял предложение Романа, справившись только, какая форма одежды в Судный день.
Роман ответил, что парадная - костюм, белая рубашка с галстуком, и что они ждут меня к восьми часам у себя дома.

Когда я поднялся наутро к Роману, он вышел ко мне в халате, посоветовал снять пиджак и деликатно справился о моём самочувствии после вчерашнего.
Голова была слегка смурной, в чём я признался, и хозяин, испытывавший, полагаю, то же самое, велел жене принести « поправку ».

Мирра поставила перед нами блюдо дымящихся свиных ножек, сваренных с лавровым листом и обильно приправленных толчёным чесноком и перцем, тарелку квашенной капусты с луком и маслом и запотевший графинчик водки, а сосед мой вспомнил, как я некогда помог ему разыскать в дебрях гастронома « кислого немца », и мы грамотно выпили и закусили, растворивши спиртом и связав желатином сивуху.

При этом Роман философски заметил, что, конечно, Моисей запретил свинину, но и водку тогда ещё не изобрели.
И вообще, если уж соблюдать букву Ветхого Завета, то каждого, совершившего супружескую измену, следует вывести за городскую черту и побить камнями.

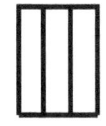

Потом Роман объявил, что во искупление наших грехов мужчинам предстоит перед синагогой пройти обряд очищения, и повёл меня в ванную. Там он налил каждому по полстакана ядовито-зелёной жидкости, которую довольно долго пришлось держать во рту, пробулькивая через неё воздух. Затем он разрешил её выплюнуть и сбрызнул рот мне и себе аэрозолем. В завершение ритуала он щедро окропил нас шибающими в нос очень стойкими духами и вручил мне коробочку мятных драже «Тик-так», посоветовав держать их под языком всё время на людях.

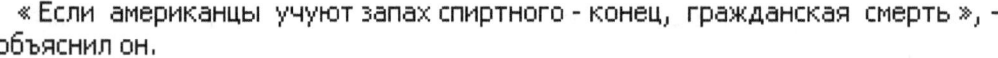

«Если американцы учуют запах спиртного - конец, гражданская смерть», - объяснил он.

Мирра в открытом шёлковом платье и шляпке проверила, как мы пахнем, поцеловав нас в щёчки, и одобрила: «Всё о-кей, мальчики.»

Вскоре под окном квартиры во дворе «Дубов» бибикнул автобус «Альянса», и мы втроём торжественно спустились по лестнице с галереи.

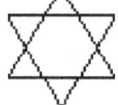 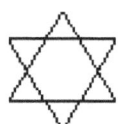

В мраморном вестибюле синагоги мужчины надели, а верней, положили на макушку крошечные круглые шапочки-кипы, наполнявшие чашу у входа, и накинули на шеи талесы - узкие и длинные полосатые шарфы с кистями, отчего все приобрели несколько легкомысленный французский вид.

Служба в просторном светлом зале, чьё сходство с театральным усиливало наличие впереди помоста, где на креслах с высокими спинками восседали почётные члены общины, гордо взиравшие на прочих в течение всего действа, представляла из себя сочетание музыкальных номеров с чтением, которое явно вызывало у публики куда меньше интереса, чем выступление солистов, действительно, отличавшихся превосходными голосами.

В общем, атмосфера была либеральная, и только дважды я почувствовал дух богоизбранного прежде народа.

Первый раз, когда аудитория поднялась при исполнении простого и краткого гимна «Слушай, Израиль».

Древняя строчка «Шема, Исраэль, Адонаи элокейну, Адонаи эхад!» обладала удивительным потенциалом.

Она легко ложилась на маршевый ритм, и воображению представали повозки, сопровождаемые пешими отрядами. Она могла звучать, словно военный клич, и пред глазами возникала лавина загорелых и курчавобородых мужей, летящих со склона горы на врага.

И вместе с тем она оставалась убеждением, полным нездешних покоя и силы увещеванием пророка, сподобившегося свышнего откровения.

Второй раз меня поразил хриплый звук изогнутого бараньего рога-шофара, совершенно немузыкальный, похожий на стон раненого зверя и вселяющий в человека подсознательный, почти сверхъестественный ужас.

Впрочем, кажется, только я так воспринимал трубные звуки, может быть, просто от отсутствия привычки к ним, остальные же на них не обращали особого внимания и вели себя, как на обычном концерте. Также и в одеждах я не заметил ничего неординарного, равно не увидел в зале ожидаемых мною бород, и евреи «Эц Каим», в отличие от гостя, оказались гладко выбритыми, включая и самого раввина, кто в краткой, зато горячей проповеди призвал паству сопротивляться процессу ассимиляции светским обществом, умолчав, почему-то, о том, в чём конкретно должно состоять это сопротивление.

Чтение в синагоге проходило на двух языках, и я впервые мог услышать звучание Подлинника. Иврит, заметно сразу, создан для литургического пения, ибо он изобилует гласными, причём, длинными и чистыми, не объединёнными в дифтонги, какими отличается английский язык, к тому же часто ударными и завершающими открытые слоги.

Я вытащил блокнот и записал транскрипцию нескольких отрывков, а потом законспектировал их переводы и ссылки на первоисточник по двуязычному молитвеннику, лежавшему на каждом сидении зала.

Впоследствии, сравнивая свои записи с версией Джеймса, я оценил точность передачи поэтической фактуры оригинала в переводе и, самое главное, ощутил те нити, из которых соткана тонкая материя этого невозможного соответствия.

Однако я с удивлением обнаруживал во многих местах применяемого евреями английского текста, явно не отягощённого художественными сверхзадачами и призванного, по всей очевидности, лишь буквально передавать содержание Книги книг, очень важные смысловые отклонения от Ветхого Завета христиан.

Загадка долго не давала мне покоя; я должен был узнать, кто проявил такую недобросовестность, и почему она до сих пор не исправлена.
Наконец, когда я получил возможность пользоваться приличной библиотекой, небольшое исследование фактов истории прояснило подоплёку расхождений.

Сразу после падения Иерусалима и разрушения Второго Храма римлянами в 70 г. от Р.Х., евреи, среди других усилий по сохранению единого иудаизма, предприняли учреждение общества массоретов - коллегии учёных раввинов, призванных выработать стандартный вариант Писания.

Труд растянулся на восемь сотен лет, и где-то в конце девятого века приняв унифицированную версию Ветхого Завета, евреи по всему миру уничтожили более ранние его списки, так что все существующие манускрипты на иврите абсолютно идентичны и содержат один и тот же текст, и старейший из них датируется 916 годом новой эры.

Хотя ортодоксальным иудаизмом утверждается, что современная редактура точно соответствует проверенным древним свиткам, спасённым из хранилища во время пожара Второго Храма, имеются документированные свидетельства об исключении массоретами мест, признанных ими «вставками переписчиков», и критики выдвинули гипотезу о явно тенденциозном устранении пророчеств, указывающих на Иисуса Христа Назореянина как на предсказанного Мессию.

Логичное это предположение, ибо трудно ожидать беспристрастия от адептов столь нещадно искореняемой религии, обретает подтверждение при сличении массоретского текста и гораздо более древней Септуагинты.

Последняя представляет собой перевод Ветхого Завета на греческий язык, выполненный в III веке до нашей эры семьюдесятью лучшими иерусалимскими знатоками Писания по заказу царя Египта Птолемея и по просьбе влиятельной и обширной еврейской общины Александрии, утерявшей к тому времени иврит.

Созданную за века до Рождества Христова в либерально-скептическую эпоху просвещённого эллинизма, снисходительно принимавшего любые верования, к тому ж под эгидой царя, снискавшего славу широтою взглядов, её трудно заподозрить в преднамеренных искажениях ради пропаганды некой концепции.

Септуагинта дошла до нас в хорошем состоянии, и христианское прочтение Ветхого Завета практически ничем не отличается от списков этого памятника.

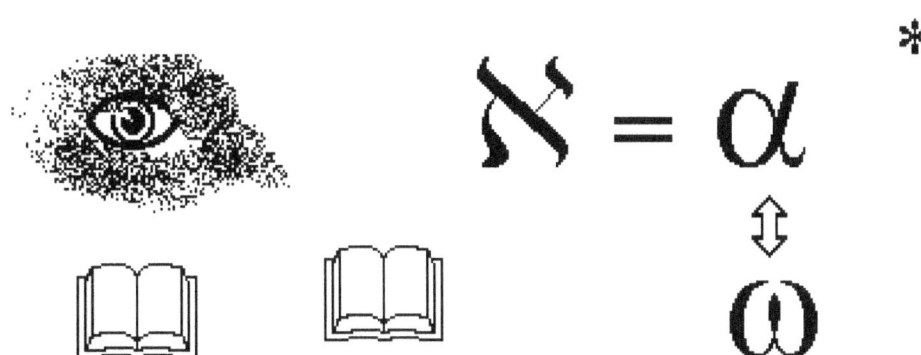

После Судного дня я снова погрузился с головой в работу. Теперь меня уже не вполне удовлетворяла прямолинейная диалектическая символика «Сотворения мира», и я размышлял, не изложить ли в шестой картине заодно и трагедию соблазна и грехопадения, расположив главные её сцены в хронологическом порядке среди райских кущ кругом по часовой стрелке, следуя иконописному канону средних веков.

Такое решение, во-первых, подчеркнуло бы относительность времени, показав различие в его масштабе в Космосе и на Земле, где длинная вереница дней, сиречь, оборотов планеты - часть, и наиничтожнейшая, одного вселенского.

Во-вторых, явилась бы новая Ипостась Бога, контролирующего любое событие быстроизменчивой круговерти бытия Своих тварей и даже берущего на Себя труд человеческий, и я бы изобразил Его с лопатой, насаждающим Сад Едема, с пастушеским посохом, прогоняющим стада перед Адамом, с мерной лентой, нитками, иглами и портновскими ножницами, сооружающим кожаные одежды для будущих изгнанников.

Но как мне ни импонировала идея, от неё пришлось отказаться, ибо и без того переусложнённая и перегруженная деталями шестая картина, чудом каким-то ещё не разрушившая вовсе единства серии, оснащённая таким дополнением, сразу бы убила своих пятерых сестёр.

Напротив, теперь мне следовало подумать о создании подходящего полиптиху контрапункта, который в совместной экспозиции смог бы объединить полотна. Непростая задача требовала кардинальной смены материала и техники, и я приступил к запланированным прежде скульптурным настенным коллажам.

Кроме того, я решил написать за два месяца, остававшиеся до лишения нас беженского пособия, с десяток живописных и графических работ, желательно, экспрессивных и менее литературных, чем «Сотворение мира».

Таким образом, к рождественским каникулам у меня сложится небольшая, но впечатляющая выставка, и профессиональные маршаны будут в состоянии представить меня Америке как новое имя.

//////// | «o» )))) -----------------

Конечно, мне слегка действовало на нервы выглядевшее странно отсутствие предложений от работодателей, однако каждый будний день при разборе почты мысленно выматерив дураков пентагонцев, я всё же благодарил Провидение за дарованный кстати, хотя и скудно оплачиваемый отпуск.

И не только потому, что он давал мне редкую возможность выделить время для упражнений по зримому отражению реальности, занятие, которое я всегда расценивал как приятное, полезное, но отнюдь не наиважнейшее в своей жизни.

Я ведь физик, Читатель, хороший физик, и ощущал остро волнующий азарт, исследуя открытое мной явление, да не какое-нибудь, а овеянное легендами «шестое чувство»!

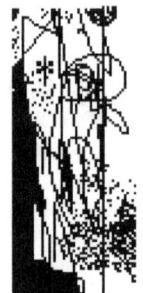

К моему глубокому сожалению, на моём единственном субъекте - самом себе - в день я мог провести крайне ограниченное число экспериментов.
Разработанная мною методика требовала высочайшей степени концентрации и после каждой утомительной попытки - длительного периода восстановления, причём активного, заполненного эмоциональной, однако не умственной работой, и, кстати, по моим долгим наблюдениям, все виды изобразительного творчества превосходно для того подходят, обеспечивая умеренную физическую нагрузку, обучая тонкому анализу визуальных впечатлений и, главное, умению при этом раскрепощать подкорку, без чего не создать сильного художественного образа, действующего на подсознание зрителя - так же, как и не «увидать невидимого».

Теперь, удостоверившись в реальности эффекта, я мог исследовать его один, лишь изредка привлекая жену в качестве ассистента и выясняя, не скажется ли применение полного набора мер предосторожности на статистике результатов.
Удобства ради, я определял не наличие или отсутствие монетки под чашкой, а положение черты на кружке обычной белой бумаги, закрытом с обеих сторон картонными дисками диаметром не больше моей ладони.

-104-

Я собирал стопку из трёх кружков, не глядя на неё, и при каждом опыте вращал её достаточно долго, чтобы положение черты на внутреннем диске было вполне случайным.

Кроме того, каждый день я вырезал новые кружки, опасаясь неосознанного запоминания наощупь каких-либо их нерегулярностей, которые позволили бы закладывать внутренний кружок в одном и том же положении относительно закрывающих его от меня наружных дисков.

* Эти и другие хитрости по предотвращению самообмана никак не повлияли на распределение удачных и неудачных попыток, сохранявшее свой прежний и явно неслучайный характер, хорошо совпадавшее с данными, полученными в контрольных сериях при участии второго лица, и потому метод следовало признать удовлетворительно чистым, согласно строгим научным критериям.

Конфигурацию в виде стопки кружков не составляло труда заэкранировать от определённого вида излучения; например, прикрывая её торцы металлом, я не дал бы проникнуть внутрь электромагнитному полю; введя поглотители из пористого материала, ослабил бы ультразвуковые колебания и так далее. Подобные эксперименты должны были составить главную часть исследований, и резкое падение результативности при устранении одного из потенциальных носителей информации раскрыло бы основу, на которой зиждится механизм таинственного « зрения насквозь ».

Напомню, результативность моя слегка превышала семьдесят процентов для простых событий с двумя равновероятными исходами, типа « чёт-нечет » или « орёл-решка », которые я всегда предпочитал многоальтернативным как обеспечивающие лучший контроль.

Я решил, что отсутствие влияния выбранного фактора на статистику должно подтверждаться с вероятностью случайного совпадения меньшей, чем 0,1 %, и раз навсегда установил строгое правило: сопровождать любое изменение условий эксперимента точно 55-ю попытками, рассчитывая на удачу минимум в тридцати девяти.

Не очень полагаясь на твоё знание математической статистики, о любезный моему сердцу Читатель, поясню, какое везение нужно, чтоб тридцать девять раз угадать, скажем, выпадение орла или решки в серии из 55 честных бросков несверлённой монеты. В среднем, это случается в одной из 1200 серий, то есть, при умеренной удаче тебе потребуется всего 66 000 бросков.

Совсем не впечатляющее с первого взгляда двадцатипроцентное превышение над наиболее вероятной половиной удачных угадываний случайного исхода в достаточно длинной серии происходит крайне редко.

Для 120 попыток такая серия одна на 245 тысяч, для 170 - на 18 миллионов ! Если хочешь, можешь начать проверку приведенных цифр экспериментально, правда, хватит ли остатка жизни тебе - не знаю, поэтому лучше поверь мне и отправимся дальше, ибо нас ожидают удивительные вещи.

При подтверждении существования « шестого чувства » мой сын и я провели более трёх сотен опытов с результативностью выше семидесяти процентов, и вероятность случайности этого настолько мизерна, что даже не заслуживает никакого усилия по её вычислению.

Теперь же шла речь о том, чтобы не пропустить резкого падения результатов тогда, когда будет заблокировано поле, переносящее информацию, и 55 опытов должны были сработать вполне надёжно.

И, понятно, если вдруг, по ужасному невезению, я не замечу такого падения, ничто не помешает мне повторить исследование снова.

На 55 попыток уходило около сорока дней; казалось бы, и не слишком долго, но в моём положении любой лишний час мог лишить меня множества лавров, причитающихся первооткрывателю явления, способного кардинально изменить ход мировой истории.

Нет сомнений, всякий активно практикующий учёный, едва ухватив за хвост эту жар-птицу, тут же соберёт коллектив исследователей - физиков, инженеров, психологов, нейрофизиологов, найдёт и задействует немалые денежные средства, составит команду субъектов, получит оборудование высшего класса и так далее, и была бы жива Академия Наук СССР, меня давно б уж назначили директором нового её института.

Ибо значение феномена вовсе не в даре некоторых не совсем достоверно различать предметы через непрозрачную преграду, для каковой цели имеются ультразвуковые и другие локаторы.

Главный вывод, вытекающий из факта «видения насквозь» и затрагивающий важные основы нашего понимания высшей нервной деятельности, следующий: наш мозг постоянно испытывает влияние одного или нескольких из окружающих нас полей и непрерывно отвечает на него слабыми зрительными импульсами, в обычных ситуациях не осознаваемыми как образ.

Незаметное, но пожизненное возбуждение может быть причиной старческих заболеваний, а то и самой смерти, и отнюдь не исключено, что оградив себя от всех вредоносных полей, человечество обретёт б е с с м е р т и е.

Если тебе такое предположение кажется слишком смелым, дорогой Читатель, то, забегая вперёд, скажу - как мне впоследствии удалось выяснить, механизм «шестого чувства», и впрямь, имеет непосредственное отношение к проблеме вечного физического существования индивидуума, хотя и несколько другое, и тайна сия, естественно, оказалась крепенько запечатанной, поэтому-то автор и не вполне уверен, успеет ли сам ею воспользоваться.

Во всяком случае, учёному понятно - реакция организма на раздражитель доказывает серьёзность производимого последним воздействия, поскольку природа жизни *per se* категорически исключает бесполезную трату энергии.

Тут же наблюдаем не просто единичную реакцию на некий фактор, вышедший за порог безопасности, установленный эволюцией вида, но чувство, то есть, постоянно работающий детектор, неусыпный страж, призванный предупредить особь о смертельной опасности, могущей возникнуть неожиданно из ниоткуда, для чего служат зрение, осязание, обоняние, слух и вкус.

Так что готов побиться об заклад - открытие «шестого чувства» неизбежно повлечёт колоссальный скачок в нашем, человеческом развитии.

Первая забота совершившего открытие - утверждение его приоритета, и для того нужно как можно скорее опубликовать воспроизводимую методику регистрации описанного эффекта в официально признанной научной периодике или получить засекреченное авторское свидетельство, если открытие подлежит классификации.

Представляемая информация должна, разумеется, прежде пройти экспертизу лидирующих специалистов соответствующей области, призванную исключить всякую возможность фальсификации и подтвердить квалификацию заявителя.

В системе советской Академии, где обширный круг экспертов всецело доверял моей репутации, у меня с тем никогда не было затруднений, и вкратце изложив старому знакомцу содержание своей работы за ужином в хорошем ресторане, я неизменно получал акт экспертизы, подписанный прямо на столике.

В нынешнем же моём положении, от меня наверняка потребуют публичной демонстрации явления под строгим контролем независимых наблюдателей.

Проводить её, по всей логике, придётся перед врачами-нейрофизиологами, и, зная научный мир изнутри, автор понимал, насколько сложно неспециалисту организовать кропотливую многомесячную проверку гипотезы, выглядящей полным абсурдом с точки зрения биологии - существования скрытого чувства, не проявляющего себя никак и неизвестно для чего предназначенного.

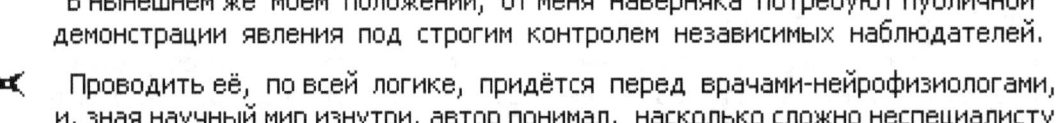

Шансы мои повысило б только изобретение прибора - генератора того поля, которое переносит зрительную информацию через непрозрачные препятствия и в естественных условиях не обладает интенсивностью, обеспечивающей вполне уверенное восприятие.

Генератор, вырабатывая более сильное поле, позволил бы любому скептику самому « увидеть невидимое », воочию ( или каким другим органом, в чём предоставим разбираться медикам ).

Именно поэтому я и должен был за краткое время, пока мне ещё не начали поступать приглашения на работу, выяснить природу носителя информации в обнаруженном интригующем процессе.

По сравнению с открытием явления, исследование его - дело даже не второе, т.к. намного важнее определение стратегии поиска, чем обычно и занимался научный руководитель группы; рутина же - плановый эксперимент, выпадает на долю чёрной косточки, подразумевая лаборантов, аспирантов, соискателей, которыми я прежде располагал в неограниченном количестве. Оттого я слабо знаю лабораторную технику, ибо почти четверть века практическую сторону моих идей разрабатывали другие.

И теперь, при конструировании генератора, мне, теоретику, никак не обойтись без приличной команды толковых помощников.

Однако физическая сущность любого феномена, даже чрезвычайно сложного, определяется очень простыми, буквально, домашними средствами, и вооружась этим знанием загодя, я буду сразу же выбирать подходящую работу, которая позволит мне, имея в своём распоряжении нужное оборудование и специалистов, продолжить мои исследования « шестого чувства » и довести их до публикации.

И не страшно, если для того придётся отвергать предложения, прельщающие моментальной карьерой в иных областях, зане награда первопроходца не идёт ни в какое сравнение с потным куском хлеба всех его последователей.

Природа поля, переносящего информацию, может быть электромагнитной, тепловой или звуковой.

Более экзотическая возможность - что оно представляет из себя поток элементарных частиц, и тем полностью исчерпываются разумные гипотезы.

Я решил начать проверку со звуковой модели процесса как самой простой, и вырезав поглотители из пенопластовых подносиков, на которых продавались многие продукты в универсамах, приступил к запланированным 55-ти опытам.

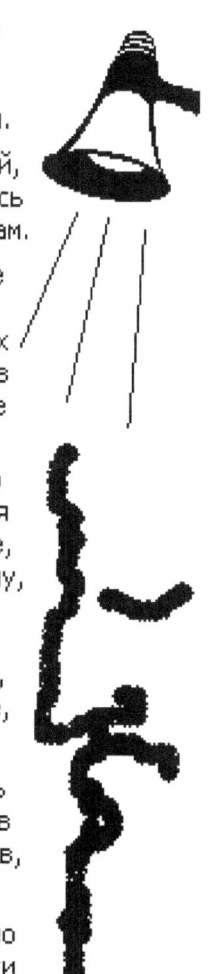

На это должно было уйти сорок дней, и ускорять процедуру ни в коем случае не следовало.

Стабильные результаты достигались только при совершенно выматывающих затратах психической энергии, когда я по многу раз подносил стопку кружков к плотно зажмуренным глазам, пока ясный образ черты на внутреннем кружке не возникал в красном тумане под закрытыми веками.

Но я уже знал, что первому впечатлению никогда нельзя доверять, и нужно продолжать вглядываться, преодолевая головную боль, и через какое-то время воображаемая мною линия станет вращаться, неизменно по часовой стрелке, чуть задерживаясь в одном положении, которое чаще соответствует реальному, чем любое другое.

Я пробовал проводить эксперименты легко, без напряжения, и выяснилось, что они также могут быть успешными, однако при применении иной, вернее, прямо противоположной техники.

В специальной серии опытов я указывал положение черты не задумываясь и не ожидая появления зрительного образа, но по наитию и без перерывов на восстановление сил, и после четырёх-пяти, обычно, неправильных ответов, количество удачных существенно возрастало.

Таким способом всегда удавалось в течение получаса набрать примерно на 5 - 7 точных попаданий больше среднестатистических двадцати пяти из пятидесяти возможных и за неделю показать математически чрезвычайно убедительную статистику.

Правда, для того необходимо выдавать предсказания со скоростью пулемёта и не обращать никакого внимания на результат, который должен записывать, разумеется, не сам субъект, а помощник. Неудобство составляла и обработка длинных серий с малой результативностью, крайне затруднительная вручную, без компьютера.

Но самое главное, в будущем предстояла демонстрация эффекта, призванная убедить любого скептика, и она обязана быть наглядной безо всякой обработки, если не стопроцентно безошибочной.

Поэтому мне пришлось отказаться, скрепя сердце, от красивого, артистичного и неутомительного метода в пользу тяжёлого и долгого, зато результативного, по которому я проводил в день один или два, изредка три опыта, перемежая их занятиями изобразительным искусством.

Вырисовывающееся взаимодополнение художественного и аналитического способов познания, а также «шестого чувства», само по себе представляло немалый научный интерес и не только показывало, где искать перспективных субъектов для дальнейших моих исследований, но и освещало тёмную фигуру подсознательного, вечного статиста на сцене мышления.

Возле мебельной свалки у канавы в траве я нашёл клещи и большой молоток, возможно, тот самый, которым некто с неизвестной целью расколотил голову четырехликого торшера.

Старую мебель со свалки вывозили регулярно, однако некоторые вещи явно пролежали тут не один год, и с помощью найденных инструментов я отодрал от них множество великолепно выветренных досок розового, красного, а порой даже и редкого чёрного, иначе, эбенового дерева.

В магазине слесарных принадлежностей за весьма скромную цену я приобрёл ножовку по металлу, а во «Льве еды» - дюжину мохнатых кокосовых орехов, целых, а не распиленных на две чашечки, и попотев изрядно, распилил их сам, не поперёк, но вдоль, получив из каждого две изящные лодочки.

Внутри, под белым съедобным слоем, по вкусу напоминавшим лесной орех, оказалась, как я и предполагал, изумительной красоты поверхность глубокого каштанового цвета с тонкими ветвистыми прожилками.

Лёгкая и прочная скорлупа ореха величиной с детскую голову, укреплённая на морёных досках, служила превосходной рамкой композициям, склеенным из кусков плавника, коры и раковин.

Китайская рыбная лавка, расположенная поблизости в моле, снабжала автора ещё одним уникальным художественным ингридиентом.
Я регулярно покупал в ней тушки кальмаров, которых меня научил готовить самарский знакомый, репатриированный из Шанхая, в те странные годы, когда Хрущёв переводил страну то на цыплячью монодиету, после визита в Америку, то исключительно на дары моря, посетив Японию.

Экономии ради, я брал их неразделанными, не брезгуя самому снять с них скользкую пятнистую кожицу, отсечь дюжину щупалец, усеянных присосками, вырезать попугайский острый клюв и наполненные чернилами глазные мешки.

Однажды мне пришло в голову высушить белёсые мутные сферические глаза, размером от булавочной головки до крупной горошины, плававшие в противной тёмной жидкости, и результат получился совершенно потрясающим.

После высыхания твёрдые, будто жемчужинки, сферы распадались надвое, обнажая плоскую, словно полированную поверхность, откуда в упор смотрел таинственно мерцающий фосфоресцирующий зрачок.
Глаз обладал свойством ярко светиться в темноте, и выражение взгляда его, казалось, меняется каждую минуту.

Так мои композиции ожили и стали глядеть на зрителя. Из морёных досок я сбивал решётчатые структуры свободной формы и крепил к ним овальные половинки кокосовых орехов, а внутри них помещал свои глазастые коллажи.

Сам собой в них наметился общий сюжет, рассказ о художнике, потерпевшем кораблекрушение и выброшенном на необитаемый остров. Еды там оказалось предостаточно, но художник не может не работать, и вот он собирает у моря обломки корабля, плавник, раковины и воздвигает подобие алтаря, желая тем возблагодарить Провидение за спасение и надеясь на освобождение из плена.

Маленькие скульптурки в ореховых скорлупках составили связную повесть-воспоминание о его прошлой жизни, а композиционный центр алтаря заняла створка крупной раковины в виде рассечённого пополам человеческого сердца, которую я нашёл вечером первого дня в Америке, идеально вписавшаяся туда и по объёму и форме, и цвету.

Также я не оставлял занятий живописью, и вспомнив совет хозяина галереи «Мир искусства», использовал для неё полотна старых картин, приобретая их за гроши на гаражных распродажах.

Рачительные владельцы частных домов округи по субботам и воскресениям, перетряхнув содержимое чердаков, сараев и кладовых, устраивали в гаражах выставки безносых статуэток, потёртых плюшевых медведей, поржавевших велосипедов, разрозненных наборов посуды, заплесневелых книг и так далее.

Порой там бывали вещи, точно стоившие целое состояние на приличном аукционе, вроде жёлто-голубого блюда старой итальянской майолики, барочного секретера из карельской берёзы или лёгкого конструктивистского стула школы «Баухаус».

Увы, сейчас я не мог разрешить себе вложить в это дело даже пару долларов, и походив кругом, повздыхав, поцокав языком и справившись о цене, обычно совершенно демпинговой, покупал только обрамленные полотна, чаще всего, тех же вездесущих ковбоев, индейцев, пионеров, лесорубов и золотоискателей.

Наступила осень, изнуряющая жара спала, и в нередкие ясные дни погода напоминала о конце августа на родном северном побережье Чёрного моря.

Я ощущал определённый прилив сил, и мои занятия живописью, композицией и научными опытами помогали мне преодолевать уже накатывавшие на меня приступы той тоскливой болезни, коя неотвратимо поражает любого эмигранта через пару-тройку месяцев после его переселения и держит железной хваткой вплоть до самого смертного часа - малоизученной и неизлечимой ностальгии.

Корни же её - в механизмах защиты, используемых подкоркой для смягчения разрушительного действия психических нагрузок, сопровождающих эмиграцию.

Мы существенно недооцениваем важную роль привычек в нашей жизни, однако знакомые с детства запахи, образы, звуки, вкусовые ощущения каждую минуту сигнализируют мозгу об обстановке, много раз нами прежде изведанной, *ergo*, не чреватой неожиданной опасностью.

Когда ж вокруг буквально всё другое - речь и музыка, форма бутылок и банок, сладкая ветчина, пластиковые упаковки - чуткий незримый страж в подкорке не засыпает ни на миг, и пытаясь успокоить его, подсознание вырабатывает какую-нибудь связанную с прошлым приятным опытом в похожем окружении небольшую обонятельную галлюцинацию, внешне бы совершенно безобидную.

Теперь кроны деревьев заметно поредели, ибо и в тропиках многие породы сбрасывают листву, однако, не желтеющую, а ещё на ветках приобретающую ржавый цвет жжёной сиены, пятипалые листья лиан покраснели, трава газонов потеряла былую яркость, и автора начал преследовать острый грибной запах, типичный осенью в лесистых местах, где он обитал последнее время, хотя тут воздух пах абсолютно не так, а приторно-сладко, солоновато и пряно.

Другим симптомом недуга было впечатление выморочной игрушечности, призрачности всего вокруг, влияние которого ты, внимательный Читатель, полагаю, уже успел заметить в бледных описаниях моей книги, страдающих недостатком плотной, наполненной кровью материи.

Упомянутую реакцию исследовал В. Набоков, и юная героиня «Подвига» искренне удивляется, как это можно всерьёз воспринимать жителей Англии, где её семья нашла убежище после октябрьского переворота, и безжалостно третирует, полагая "невсамделишними", ухажёров из уроженцев островов.

Моё мировоззрение физика, воспитанного в материалистических традициях имперской идеологии, восставало против чувства, подрывающего постулат о реальности - «действительности, данной нам в ощущения» - фундамент, на котором тысячелетия незыблемо стоит зиккурат науки.

Змей, нашёптывающий ересь об иллюзорности сей юдоли, отползал, едва я подымал могучее оружие логики, но скепсис, источаемый древнейшей ложью, и в умеренной дозе жизненно необходимый естествоиспытателю, принуждал подойти критически даже к определению понятия материи, принадлежащему непогрешимому великому Основоположнику - «данная» в ощущения, а Кем?

Словно по заказу, атмосфера нереальности начала сгущаться, что в Штатах происходит каждый год по мере приближения 31 октября - Дня Всех Святых.

Протестантская культура, не признающая за человеком ни малейшей святости, превратила праздник молитвы к небесным покровителям в шутовской шабаш, посвящённый колдовству, магии, некромантии, призыванию духов, чертовщине и всяческому злодейству.

Прилавки магазинов загодя заполнили страшные маски, вымазанные кровью, флюоресцирующие, воющие и хрипящие; саваны, косы, цепи; груды черепов и специальные наборы накладок и грима, с помощью которых можно, причём, весьма натурально, изображать ужасные раны.

Бензоколонки, гастрономы, универмаги, оффисы, частные дома украсились паутиной, висельниками в лохмотьях, пляшущими скелетами и осветились жёлтым светом фонарей из тыквы с вырезанной на ней оскаленной мордой - Джеком О'Лэнтерном.

Телевидение, каждый день и без того транслировавшее сериал про вампиров - кажется, популярнейших у американцев монстров - теперь почти полностью переключилось на фильмы, где, вооружась новейшей компьютерной техникой, режиссёры правдоподобно и талантливо воплощали самые жуткие кошмары своей психоделической фантазии.

Когда настаёт этот праздник, предваряющий сезон каникул, ибо вслед его идут один за другим День Благодарения, Ханука, Кванза, Рождество и Новый год, хотя он и не входит в список официально отмечаемых страной и предприятия не прекращают работы, повсюду устраивают костюмированные ланчи и обеды для сотрудников и клиентов, поэтому в банке вас вполне может принять клерк с накладными острыми зубами и кровавым ртом и предложить вам освежиться карамельными глазными яблоками или мармеладными червяками и скорпионами.

Вечером в местах публичных увеселений кипят пирушки взрослых, ряженых колдунами, покойниками, зомби, цыганами, дракулами, пиратами, а малолетние, так же наряженные и загримированные, группами бродят по жилым улицам и стучатся во все двери с шуточным вопросом-угрозой «Трик ор трит?!!» - «Угощение или проказа?!!».

К детям положено выйти за порог и, изобразив ужас, откупаться от каждого чем-нибудь вкусным, обычно, сладостями или фруктами, которые те собирают в большие мешки.

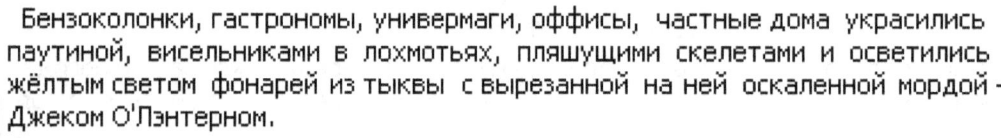

Американцы к этому дню готовятся заранее, закупая совершенно несметное количество конфет, леденцов на палочках, пузырящихся жевательных резинок, шоколадных кошек или летучих мышей и сухого печения в форме черепов и тыкв.

Как я заметил в гастрономе, местные жители запасались, преимущественно, наборами сладостей ассорти, специально предназначенными для ублажения юных вымогателей и упакованными в запаянные пакетики с изображениями летящих по небу ведьм и каббалистических знаков. Стоили они, однако же, не дёшево, и необходимые несколько десятков их пробили бы зияющую дыру в семейном бюджете. Фрукты обошлись бы ещё дороже, шоколадные плитки кусались тоже, и я бродил между полок в тяжёлых раздумьях.

Вдруг за день до наступления праздника «Лев Еды» объявил распродажу красивых и очень вкусных золотисто-румяных яблок, фунт которых прежде шёл за полтора доллара, почему мы баловали ими детей лишь изредка.
Теперь же цена их упала в семь с половиной раз, до девяноста девяти центов за пятифунтовый полиэтиленовый мешок!

Удивившись и обрадовавшись, я купил сразу пять мешков, больше полусотни наливных ароматных плодов, чтобы после неизбежного угощения побирушек осталось бы и самим хозяевам.

Назавтра под вечер мы вымыли несколько дюжин яблок и стали ждать гостей. С наступлением темноты в дверь постучали, и открыв её, я увидел маленькую, хорошенькую и застенчивую девочку в монисто и цветастой шали с бахромой.

Чуть сзади неё стоял молодой мужчина, наряженный покойником - на лбу его красовался глубокий пролом, обнажавший мозг, из которого торчал огромный ржавый болт.

8(«о»..«о»)8
*

Крошка, запинаясь, пролепетала положенную угрозу, и я, нагнувшись к ней, улыбнулся и подал ей большое румяное яблоко. Но малышка испуганно отпрянула и укрылась от меня за спиной своего спутника.

Я протянул яблоко мужчине, тот аккуратно ухватил его за хвостик, и достав откуда-то герметичный пакет, быстрым движением фокусника сунул его туда и задёрнул застёжку-змейку.

Затем нас посетили две группы подростков - латинов, которые изображали пиратов, размахивая бутылками рома и палашами под «Весёлым Роджером», и чёрных, одетых мумиями и висельниками и предваряемых Смертью с косою, пляшущих под барабаны, гремевшие из портативного магнитофона-бумбокса.

В общем, визитёров оказалось не так уж много, и хотя ещё несколько раз по двору с громким смехом проходили ряженые, к нам больше никто не стучал, и заключив отсюда, что семья с честью исполнила роль в туземном обряде, я дал отбой по квартире и погасил свет.

Поутру, собравшись, как обычно, на прогулку по комплексу и выйдя за порог, мы увидели все наши сладкие сочные яблочки возле дверей, раздавленные в кашу и разбитые вдребезги о стенку. Мы кинулись убирать скользкое месиво, недоумевая, чем невинные дары Помоны так разгневали дубовиков.

Недоразумение выяснилось в обед, когда Роман рассказал мне о телепередаче местного вещания, состоящем из уголовной хроники и происшествий, отчего я игнорировал мрачные городские новости в пользу программ повеселее.

Полицейское управление выражало тревогу по поводу циркулирующих слухов о запланированном неизвестными террористами массовом отравлении детей с помощью инъекций яда в раздаваемые ими подарки и советовало опасаться незапечатанных подношений, и особенно, свежих фруктов. Видно, потому-то «Лев» и произвёл коварную супер-уценку завезённых специально к празднику чудных золотых плодов, словно сошедших с натюрмортов малых голландцев.

Помимо карнавальной мистики Дня Всех Святых, живо вызвавшей в памяти дух рассказов Эдгара А. По, первый октябрь нам запомнился ещё ураганами. Они неожиданно обрушивались на Джексонвилль несколько раз в столетие, и город напряжённо следил за медленным дрейфом на север каждого из одного-полутора десятков их, ежегодно рождавшихся в низких широтах.

Телевидение передавало подробные репортажи с островов, на которые обычно приходился жесточайший удар стихии, причём журналисты, с риском для жизни, выходили к самой кромке океана и позировали на фоне злобно ревущих волн и жалобно скрипящих тридцатиметровых пальм.

За трое суток до прохождения урагана через ближайшую к Джексу точку прогнозируемой метеорологами траектории, местные средства информации объявляли предупреждение, и горожане спешно запасались питьевой водой, консервированными продуктами, бензином, сухим спиртом, углём для гриля, батарейками для фонариков и радио, на случай отключения электричества, липучей лентой и фанерой, чтоб заставлять оконные стёкла, и многим другим.

Если вероятность превышения силы шквального ветра порога, возводящего ненастье в категорию шторма, по расчётам достигала 10-ти процентов, школы, к нескрываемой радости их учеников, закрывались, и бизнесы, не связанные с предоставлением услуг населению, также распускали сотрудников по домам.

В тот сезон ураганы прошли далеко от суши, сообщив о себе лишь резким изменением погоды. Однако малым судам в такое время не рекомендуется покидать акваторию бухты, о чём водные патрули напоминают владельцам катерков и яхт. Зато высокий прибой радует сёрферов и собирателей раковин.

Кори, помня о моих занятиях композицией, улучив хороший день, вывозила меня на берег, и обильный улов нужных мне вещей был всегда обеспечен.

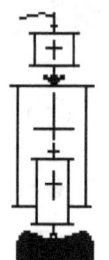

Накат нередко вымывал кости и куски железа странной формы, которые вполне могли быть обломками шлемов, клинков, акербуз, алебард и кирас, и я вспоминал об испанцах, упрямо строивших форты на этой земле, несмотря на отчаянное сопротивление местных племён.

В моём воображении возникала трехбашенная каравелла, спустившая якоря в устье реки, тогда как отряд на прибрежном холме воздвигает прямой крест под пение « Te Deum » и монах с эскортом латников обходит и освящает место.

Корабельные плотники сразу же приступали к работе, первым делом строя маленькую часовенку Божией Матери, а затем вокруг неё временный палисад, чтобы отражать неизбежные набеги индейцев.

Прогулки по ветреному пляжу и купание в тёплом, как парное молоко, океане помогали мне одолевать ипохондрию, становившуюся всё большей проблемой. Я уже понимал истоки болезни, излечить которую могла лишь немедленная изоляция от инородной среды, отторгающей и отторгаемой непрерывно.

Раньше пришельцы всегда оседали национальными колониями, что, похоже, единственный способ сохранения личности и разума в таких обстоятельствах.

И ежели не изменит ход событий некая сверхъестественная сила, жизнь моя, равно и карьера за океаном, весьма закономерно закончатся в Нью-Йорке, на Брайтон-Бич, где, согласно непроверенным сведениям, прохожие дивно пахнут рыбой, несвежими носками и чесноком и говорят по-русски.

## ST.AUGUSTINE, FL

Сталь толедского закала
И набор свинцовых блях.
Каменный цветок портала.
Звук латинского хорала.
Кружевные покрывала,
Гребни в чёрных волосах -
Содроганье черепах.
Юбки взмах - держись, монах ! -
Реплики мадридских мах,
Взоры, что кинжалов жала.
Своды мрачного подвала.
Кабальеро на часах.
Монтильядо в черепах.
Впечатленье карнавала.
Тёмная вода канала.
Дым буддистского сандала.
Красны глазоньки мангала.
В безвоздушных небесах -
Резкий хохот ярких птах
И тремоло кардинала.
Пальмовые опахала
С их японскими перстами
Нереальнее реала…

А в стране моей судьбы
То ль Голгофскими крестами,
То ль бесовскими верстами
Телеграфные столбы
Над полей сухим быльём
По заснеженным просторам
Страшной вести семафором
Всё бегут за окоём:

« Падает снег
  Который уж век.
  Майн либер Аугустин,
  Аугустин, Аугустин,
  Майн либер Аугустин,
  Алес ист вег.» *)

---

\*)  Майн либер Аугустин... – мой милый Августин, всё прошло, всё ( нем. )

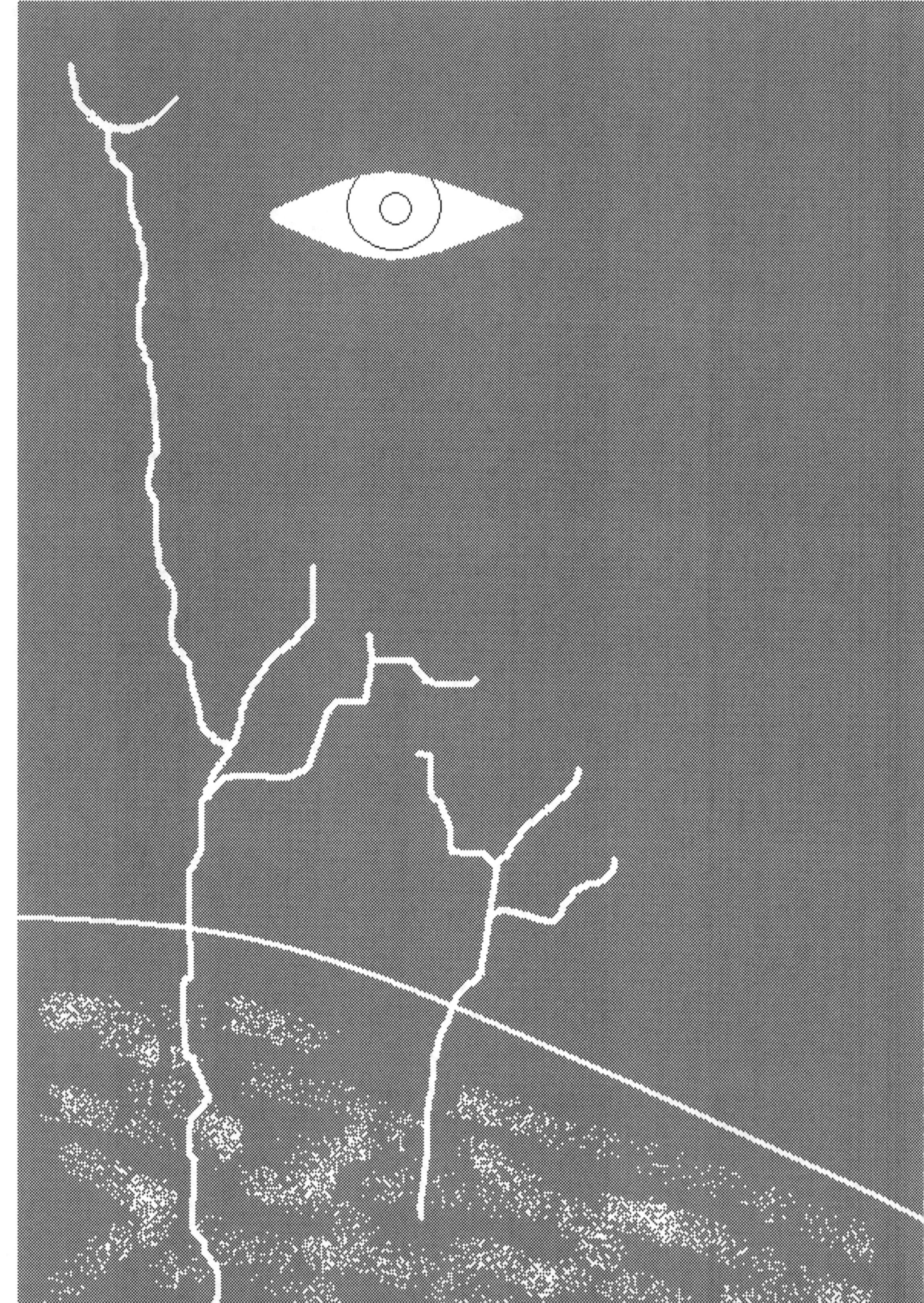

## Глава седьмая,
### где герой узнаёт о своей национальной принадлежности

В соответствии с разработанным планом, автор к началу ноября написал ещё полтора десятка полотен. Сюжеты их варьировались в широком диапазоне - некоторые продолжили развитие библейской темы, поддерживая программное « Сотворение мира », другие были просто жанрами, пейзажами и портретами; в одной из них, вслед Пикассо и, кажется, под впечатлением Дня Всех Святых, я интерпретировал классическую аллегорию « Художник, Модель и Смерть ».

Кроме того, я сделал десятка три небольших графических вещей, используя давно освоенный мной эффективный приём - на целый лист картона я наливал и набрызгивал краски, добиваясь насыщенной декоративной фактуры, а затем, нашедше среди пятен зародыши образов и развив их несколькими штрихами, кадрировал в рамку и вырезал, получая из одного абстрактного полуфабриката серию фигуративных миниатюр.

Не все коллажи вошли в алтарь « Кораблекрушение », какие-то предпочли независимое существование и обрели статус и оформление самостоятельных настенных и настольных скульптур.

Плоды двухмесячного труда, по моему мнению, составили совсем неплохую экспозицию для отдельного зала любой галереи, способную привлечь публику и, самое главное, внимание компетентных критиков.

Я не пожалел времени, профессионально развесив работы на стенках спальни, обращённой в художественную мастерскую, и остался доволен результатом.

Мои глазастые композиции показали себя крайне полезными для организации пространства выставки на такой ограниченной площади, и почти гипнотически притягивая взгляд, размещённые в правильных точках, принуждали переходить в заданном ритме и нужной последовательности от экспоната к экспонату.

Я подумал, что для выставочного зала нормальных размеров потребуется больше этих фосфоресцирующих указателей, и семейство придётся кормить недельки с две кальмарами в разных видах, чтобы запастись глазами впрок.

Внутренние стенки квартиры представляли собой тонкие пустотелые панели сухой штукатурки, и картина в раме, подвешенная на одном гвозде, норовила немедленно выдернуть его с мясом, и укрепить её, осторожно подбивая гвозди под нижнюю кромку багета, было невозможно без посторонней помощи.

Особенно хлопотной оказалась развеска самых крупных вещей под потолком, и все мои домочадцы приняли участие в процессе, даже Павлуша, которого попросили внимательно следить за тем, куда папа кладёт молоток, ножницы и моток верёвки.

В угаре трудового энтузиазма ударникам изменило чувство времени, однако к полудню, по традиции, явился Роман с полбутылкой смирновки и закуской.

Увидев учинившийся хаос, он поставил приношение в холодильник и вышел, и через минуту приведя Мирру, вместе с женой сходу включился в работу.

Вскоре за тем к нам постучали, и в открытую дверь впорхнула Кори, которая тут же принялась огромной птицей Рух носиться по спальне, живо подавая Роману полотна, так что мне оставалось лишь указывать, куда их повесить.

В столько рук мы споро закончили дело, и Кори уехала, но только для того, чтобы вернуться с двумя корзинами роз и водрузить их у входа на выставку.

Мы между тем накрыли стол а ля фуршет, и Роман, произнеся пышный тост, провёл для Кори и остальных весьма толковую первую экскурсию по выставке, объяснив символику произведений и сравнив меня со многими выдающимися художниками прошлого.

Кори, пригубив рюмку коньяка и надкусив золотое яблочко, экспансивно восхищалась всем, восклицая: « Русская выставка ! Превосходно ! Чудесно ! » и я чувствовал себя, в некотором роде, именинником.

Хотя у въезда в «Дубы» стоял большой стационарный плакат, изображавший план апартментов с указанием номеров квартир, я не поленился нарисовать в нескольких экземплярах карту подъездов к своей резиденции и отправился за магистраль приглашать на вернисаж галерейщиков.

Том и Лиса снова встретили меня очень мило, и услышав краткий перечень произведенного мной с момента приезда, удивились моей работоспособности и поздравили с удачным началом.

Я вручил им карту «Дубов», хорошо видимых из окон галереи, и спросил, когда они смогут ко мне приехать.

Том улыбнулся и, разведя руками, предложил мне самому назначить время, и я сказал, что лучше всего мастерская освещена в полдень, и обстоятельства заставляют меня торопиться, и я буду очень рад, если визит состоится завтра.

Том энергично изрёк: «Да-да, конечно, конечно!» и похлопав меня по плечу, проводил до дверей галереи.

Совершенно аналогичный разговор произошёл в «Эсмановском искусстве», и я, узнав, не помешает ли присутствие Тома, пригласил покладистую мадам на то же время назавтра, собираясь устроить маршанам, по русской традиции, приём с экзотическим для них угощением.

Роман вызвался помочь, и с утра притащив мантовницу, принялся колдовать, и к полудню апартмент наполнился пряными и острыми ароматами Бактрии.

Но галерейщики не приехали ни вовремя, ни через час, и нам пришлось, призвав женщин и детей на помощь, срочно съесть остывающий деликатес и зарядить свежую порцию дивно удавшихся мантов; повар с удовольствием выслушивал заслуженные комплименты, и участники застолья почти забыли, по какому поводу затеян пир.

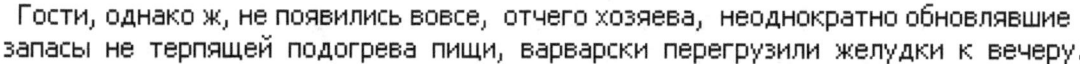

Гости, однако ж, не появились вовсе, отчего хозяева, неоднократно обновлявшие запасы не терпящей подогрева пищи, варварски перегрузили желудки к вечеру.

На другое утро, вставши с тяжёлой башкой и в довольно кислом настроении, я, медленно ворочая чугунными мозгами, пытался понять, где допустил промах.

Я чувствовал, что преступил какие-то неизвестные мне правила, и вспомнил, как три платиново-бело-золотые девушки многозначительно переглядывались у меня за спиной, когда я приглашал их мадам ненадолго заехать в «Дубы».

Рыженькая Лиса излучала сверхъестественную радость, а старая леди и Том оба приняли мои предложения поспешно, с излишне подчёркнутой готовностью и ни на минуту не задумавшись.

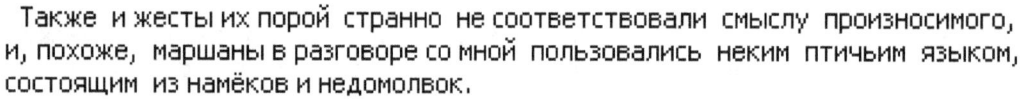

Также и жесты их порой странно не соответствовали смыслу произносимого, и, похоже, маршаны в разговоре со мной пользовались неким птичьим языком, состоящим из намёков и недомолвок.

Поразительно, но, кажется, они полагали, что и я, иностранец, владею этим эзотерическим средством общения!

Так и не родив приемлемого объяснения поведению галерейщиков, я решил пересечь Университетский проспект и выяснить в чём же дело самолично.

Том, по-видимому, не ждал моего визита, и мне даже ненароком почудилось, будто круглое лицо толстяка побледнело и вытянулось, впрочем, ни на минуту не переставая улыбаться.

Сразу выслав из помещения Лису, он рассыпался в пространных извинениях за вчерашнее отсутствие, оправдываясь непредсказуемым наплывом клиентов и сетуя на невозможность оповестить меня о том по телефону, поскольку я не оставил ему никакого номера для связи.

Я в свою очередь извинился, признав своё упущение, и спросил, не лучше ли мне самому занести ему несколько работ, но если такое почему-то не принято, не мог бы он сказать мне об этом прямо, без экивоков, ибо я в Америке новичок и совершенно не знаком ещё с обычаями, равно и со многими нюансами языка.

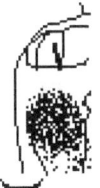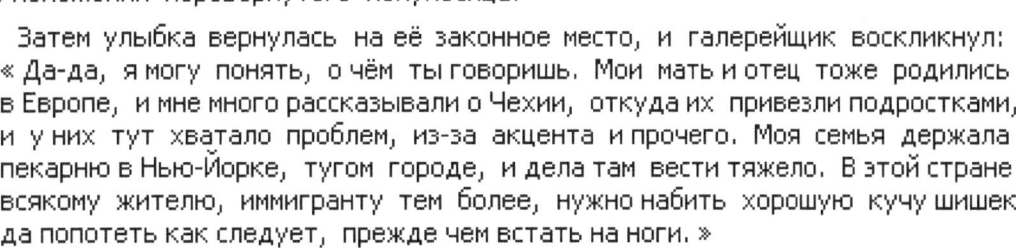

Здесь Том на долю секунды задумался, позабыв о своей неизменной улыбке, уголки рта его опустились и сияние зубов погасло, однако аккуратные усики не шелохнулись, как будто росли не из губы, таинственным образом оставшись в положении перевёрнутого полумесяца.

Затем улыбка вернулась на её законное место, и галерейщик воскликнул: « Да-да, я могу понять, о чём ты говоришь. Мои мать и отец тоже родились в Европе, и мне много рассказывали о Чехии, откуда их привезли подростками, и у них тут хватало проблем, из-за акцента и прочего. Моя семья держала пекарню в Нью-Йорке, тугом городе, и дела там вести тяжело. В этой стране всякому жителю, иммигранту тем более, нужно набить хорошую кучу шишек, да попотеть как следует, прежде чем встать на ноги. »

Он посмотрел на часы и бросил: « О-кей ! Приноси картины через полчаса, только точно, ни раньше, ни позже. »

В мастерской мне пришлось по-быстрому вытащить из багета два полотна и упаковать несколько небольших настольных скульптур.

 *  Помню, я выбрал вещи попроще, адекватно воспринимавшиеся изолированно: птиц на ветках дерева и каменистый горный пейзаж.

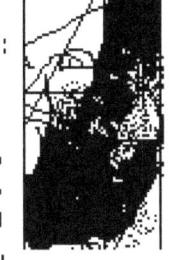

Придя в галерею, я никого не увидел в зале, но маленькая боковая дверца была открыта и Том позвал меня откуда-то из глубины. Двинувшись на голос, я зашёл в полутёмную и тесную каморку, где хозяин сидел за широким бюро. Освещение никуда не годилось ни для какой живописи, зато глазастые коллажи крайне эффектно выглядят в подобном сумраке. Я стал доставать скульптурки, намереваясь поставить их на пустую столешницу, но Том, неожиданно издав короткий вой, отшатнулся и погрузил правую руку в выдвинутый ящик бюро, а манием левой послал меня к табурету у противоположной стены.

Я торопливо отошёл туда и остановился, ожидая дальнейших указаний, и Том корректно попросил меня расставить принесённое на табурете и рядом с ним.

Я кое-как разместил там свои произведения, и галерейщик, не поднимаясь, бросил взгляд на них издали и произнёс: « Великолепно ! Русское искусство ! », а потом добавил: « К моему сожалению, « Мастерская изящного » не продаёт, не покупает и не занимается экспертизой предметов этнических культур, но я позвонил мадам Эсман, и она согласна тебя принять. Подожди немного. »

Он снял трубку телефона и через одну минуту подтвердил - да, мадам готова увидеть меня прямо сейчас, и пожелал автору всяческого успеха.

Три грации в стиле ретро встретили меня у входа галереи, покинув прилавок, и я отметил их стройные ножки и золочёные лодочки на шпильках.

Их сопровождал угловатый верзила в чёрном костюме и галстуке, которому девушки представили меня так: « Альфред, это Грегори, художник из России. »

Альфред очень крепко пожал мне руку и, отобравши у меня сумку и картины, встал за моей спиной, и четвёрка построилась правильным ромбом вкруг автора и препроводила гостя, как они сообщили, в « ателье владелицы предприятия ».

Старая леди, подобно Тому, приняла меня сидя за столом, однако в светлой просторной комнате, лаконично обставленной конструктивистской мебелью.

Перед ней стоял компьютер с принтером, и она бойко била сухими пальцами по клавишной доске. Она кивнула нам, не прерывая своего занятия, и спросила, есть ли у меня какое-либо удостоверение личности с фотографией.

 *  Я ответил, что не захватил с собою ничего, и мадам велела продиктовать моё полное имя и фамилию.

Затем она кивнула Альфреду и тот, запустив лапищу в сумку, извлёк оттуда одну композицию и показал хозяйке.

Мадам ещё раз кивнула, и верзила развязал полотна и поднял оба в воздух, после чего аккуратно увязал их снова и возвратил вместе с сумкою мне.

Галерейщица тем временем исполнила пассаж на клавиатуре, и принтер мигом отстучал гербовой лист, который на лету цапнула девица и сунула в мой карман, так как руки мои были заняты.

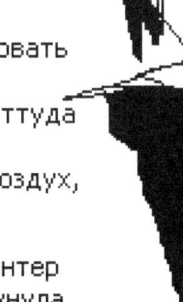

Я пребывал в состоянии « грогги », и Альфред, загородив своим телом хозяйку, растопырил предо мною ладони и произнёс: « Сэр ? Сэр ?!! », оттесняя к двери, где триада харит профессионально ловко подхватила любителя под локотки, ласково воркуя: « Пойдём, пойдём », и вместе с ними эскортировал художника на выход в прежнем порядке.

Отойдя немного от галереи, я прислонил картины к фонарному столбу и достал из кармана письмо на бланке компании с эмблемой в виде буквы S, обвивающей связку кистей.

« Дорогой Грегори Йетесеккер ! - гласил документ, - Благодарим за решение использовать услуги « Эсмановского искусства », бизнеса, свыше сорока лет удовлетворяющего все эстетические нужды Джексонвилла !

Произведения, которые Вы доверили оценке наших экспертов, по их мнению, обладают характерными чертами русского творчества второй половины XX в. и имеют определённый потенциал сбыта в городе Нью-Йорке штата Нью-Йорк.

Пожалуйста, выпишите чек или денежный перевод в размере 139 долларов на имя нашей фирмы ( далее следовал точный адрес ).

Ещё раз благодарим за Ваш выбор.

Искренне,

Сониа Сабрина Эсман, Президент. »

Так закончилась моя первая попытка обеспечить себе приработок посредством своего изобразительного искусства.

Должен сказать, последующие оказались успешней с финансовой точки зрения и приносили мне нужные пару-тройку сотен зелёных в критические моменты. Всё же эта видимая неудача стоила неизмеримо больше их, преподав автору несколько крайне полезных ему уроков.

Конечно, я не выносил предлагаемых вниманию Читателя заключений сразу в категорической форме на основании только вышеизложенного опыта, однако дальнейшая жизнь много раз подтверждала верность моих начальных догадок.

**Урок №1**: <u>в деловом разговоре американцы никогда не отказывают впрямую.</u> Более того, в глаза собеседнику не принято высказывать никаких соображений, способных обескуражить или просто расстроить его.

Это считается элементом культуры общения, но, скорее всего, продиктовано заботой о личной безопасности, поскольку в стране, где каждый житель вправе носить оружие, нередки случаи, когда разгневанный посетитель учреждения, теряя над собою контроль, выпускает пулю, а то и целый магазин в отказчика.

Выяснять истинную реакцию на просьбу или предложение следует с помощью телефонных звонков или в письмах; несколько односторонних отсрочек дела, извиняемых явно надуманными причинами, сообщат аппликанту о тщетности предпринимаемых им усилий.

**Урок №2**: <u>новые контакты налаживаются лишь по представлению знакомых.</u> Патрон должен иметь неформальный интерес в рекомендуемом, исключающий какую-либо материальную подоплёку его ходатайства.

Знакомства подобного рода являются непременной компонентой каждого жизнеспособного начинания и целенаправленно завязываются дебютантами в клубах или церквях ( синагогах, мечетях ).

Для меня роль первого покровителя по собственному почину исполнил Том, которому я, не умышляя и не подозревая того, вероятно, напомнил чем-то его чешского папу.

И к уроку №1 уместно заметить, как он, очевидно, зная мадам превосходно, всё же счёл необходимым в последний момент подтвердить моё рандеву с ней по телефону её оффиса.

**Урок №3**: <u>русских боятся.</u>
За сорок лет холодной войны средства массовой информации США преуспели в создании образа кровожадных « красных », да и сейчас они - главные злодеи большинства детективных фильмов и телесериалов.

-118-

Постоянно раскрываемые грандиозные аферы выходцев из бывших частей развалившейся гнилой Империи также способствуют закреплению этого страха в подсознании средних Джона и Джейн Доу, страдающих острой ксенофобией вследствие радикально менявших лицо страны пионеров, начиная с XIX века, ирландского, еврейского, итальянского, южноамериканского, филиппинского, кубинского, арабского и других иноплеменных нашествий.

Проанализировав реалии здешней жизни, уясняешь, в чём причина причин легковесности обещаний и заверений, эфемерности устных договорённостей, или обратной пропорциональности числа одобрительных кивков интервьюера к баллам, выставляемым вам за ответ в блокноте вашим улыбчивым виз-а-ви.

Отнесён джексонвилльскими маршанами к «типично русским художникам», я воспринял их суждение с изрядной долей юмора, сочтя его просто следствием прискорбной неосведомлённости провинциалов.

Ибо на самом деле моя манера живописи - изобразительный экспрессионизм, рождённый в Норвегии и по причине своей импульсивности чуждый склонному к формальным конструктам имперскому менталитету не меньше, чем коллажи из кокосовых скорлуп и сушёных кальмарьих глаз - израстила скудные всходы на обычно восприимчивой почве моей родины, да и те регулярно выпалывали блюстители эстетических табу режима под грозный аккомпанемент обвинений в «западничестве» и «безродном космополитизме».

Вообще, начиная со времён Возрождения, всякое художественное течение никогда не замыкало себя в границах одного государства, а распространялось на весь ареал данной культуры, неизбежно просачиваясь через политические, этнические, религиозные и прочие дамбы.

Даже супер-эксперт не возьмётся определить по стилевым особенностям страну происхождения полотна работы анонимного мастера, если он только не принадлежит к окружению эпигонов кого-либо из известных.

Когда ж я посетовал Кори, пожаловавшись на смехотворное невежество галерейщиков периферии, девушка позволила себе со мною не согласиться.

Она слышала о русском искусстве на курсах в колледже, и хотя не может сформулировать его отличительные черты, совершенно определённо чувствует в работах моих качества, не присущие привычной тут изопродукции.

Она не искусствовед, самой ей затруднительно аргументировать своё зявление, к счастью, в городе именно сейчас пребывает известная «Редкостная сделка», и стоило бы подвергнуть мои произведения инспекции этой достойной и весьма авторитетной, несмотря на её демократическую общедоступность, комиссии, которая, как она уверена, подтвердит её скромное непрофессиональное мнение.

Я уже замечал в программе упомянутое Кори шоу, резко выделявшееся на фоне хроники происшествий, заполнявшей канал местного телевещания, и представлял, о чём ведёт речь волонтёрка.

Множество американцев избрали своим хобби субботне-воскресную охоту на гаражных распродажах, с чьей помощью владельцы домов избавляются от залежей не используемых в хозяйстве вещей. Однако большинство тех, кто приобретает за гроши потенциально коллекционные предметы, не имеет знаний, необходимых для их верной рыночной оценки, и поэтому существует компания, представители которой кочуют с телешоу постоянно по Штатам, проводя бесплатную экспертизу чего угодно для всех желающих.

Качество этой экспертизы превыше всяких похвал, причём объективность её гарантируется принципиальным неучастием компании в процессе реализации оцениваемых объектов; прибыль же ей обеспечивается за счёт только шоу, глубоко затрагивающим сердца членов "нижнего среднего класса" историями мгновенного фантастического обогащения подобного ему работяги, живущего в том же городе, и возможно, даже соседа, купившего за несколько даймов обломок резного дерева, служивший знакомому засовом для чердачного люка и оказавшийся частью личного ритуального весла последнего монарха Гавайев, отчего, получивши сертификацию экспертов, эта палка принесла на аукционе без малого три четверти миллиона долларов!

Я охотно принял предложение Кори, лишь настаивая на точном соблюдении заранее оговорённого регламента предстоящей акции, призванного устранить из процедуры оценки произведений все намёки на национальные корни автора.

Кори сама предоставит мои работы на суд экспертов, используя легенду о том, что купила их в страшных попыхах на распродаже по случаю переезда и, не имея в то время возможности побеседовать с хозяевами, не располагает ни малейшей информацией о своём приобретении.

Ей хотелось бы знать, откуда родом привлёкшие её предметы и ценны ли настолько, чтобы оправдать усилия и расходы по розыску прежних владельцев и выяснению происхождения вещей, без чего они, разумеется, не подлежат выставлению на аукционных торгах.

Я буду отираться вблизи и подслушивать разговор, а Кори не должна давать повода заподозрить её в знакомстве со мной.

Девушка согласилась исполнить роль в невинной мистификации, тем более, задуманной отнюдь не с какой-то корыстной подоплёкой, но единственно ради установления истины, и я выбрал для показа искусствоведам аллегорию « Художник, Модель и Смерть ».

Это полотно, как все мои работы в Америке, я подписывал только монограммой из двух своих латинских инициалов и не датировал, и если на нём и были видны влияния великих, то лишь Дюрера и Пикассо.

И стремясь окончательно запутать следы, автор отобрал несколько коллажей, где применял исключительно местные материалы - с пристальными очами кальмаров и обломками тропических раковин в мохнатых кокосовых лодочках.

На время гастролей в городе шоу снимало помещение у « Братства Солнца », сообщества врачей-педиатров, объединённых, как объявляла доска на фасаде, с целью оказания бесплатной помощи детям из неимущих семей, получившим тяжёлые ожоги и переломы.

Сфинксы в двойных коронах Египта, на которых раздували капюшоны кобры, охраняли вход в здание, украшенное орнаментом из треугольников и звёзд и колоннами с капителями в форме цветков папируса.

Джексонвилльская ложа организации именовалась « Марокканская обитель », и портреты её членов, улыбчивых мужчин, к вечернему костюму носивших алые фески с кистями и кушаки, заполняли стены лобби, посреди которого стояла бронзовая статуя осанистого джентльмена с бакенбардами и в сюртуке, держащего на руках обнажённого мальчика лет шести-семи, словно бы спящего.

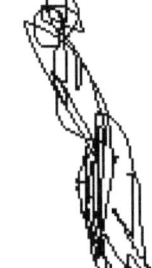

Высокие пальмы в кадках поднимали плюмажи до самой стеклянной крыши, струи воды били из лотосов розового мрамора и рассыпались мелкой пылью, чреватой дужками крошечных радуг, над бассейнами с чёрными черепахами, в просторной вольере вальяжно прогуливались носатые птицы, кажется, ибисы.

Мы с Кори поодиночке, но не упуская друг друга из виду, она нагруженная моей картиной и композициями, я же, как опытный конспиратор, не рисуясь вовсе налегке, а неся коробочку с чудом ускользнувшей от глаз таможенников трофейной пудреницей жены ( серебряное литьё, вставка эмали с росписью ), которую, раз уж выдался случай, собрался оценить, вступили в зал, где текла, лавируя меж окружённых софитами и камерами столов, довольно густая толпа.

На шоу привозили любые вещи, и вовсе не обязательно старые, но те, в каких подозревалась коллекционная ценность - помимо предметов чистого искусства, редкую мебель, посуду, игрушки, печатную продукцию, оружие, сувениры и т.п.

Я увидал японский меч « катана », саблю конфедерата и дуэльные пистолеты, серский фарфор и глиняные горшки, курильницу для опиума, пороховницу, африканские магические фигурки, тотемный столб, кожаную упряжь и утварь переселенцев-гугенотов.

Иные были объявлены позднейшими репликами, но встречались и подлинники, стоившие целое состояние, вроде оцененного в двести тысяч первого номера « Плэйбоя » с чёрно-белой фотографией Мерилин Монро на обложке, конечно, не нагишом, как позже, а целомудренно чуть раздвигавшей коленки под юбкой.

Высоко котировались, в несколько десятков тысяч, плюшевые мишки Тэдди и куклы Барби пробных партий, вышивки по канве провинциалок-пансионерок, напрочь лишённые прикрас комоды протестантов и их керамические сосуды, из которых торчат головы, руки и ноги якобы заключённых внутри грешников.

Иногда с какого-то места доносился взрыв смеха со вскриками и типичными взвизгиваниями - это сумма, названная экспертом, во много раз превосходила ожидания посетителя.

Одна рослая девица, принёсшая альбом в сафьяновом переплёте, воскликнув: «Не может быть!», просто села на пол, сотрясаема нервными судорогами, и к ней бросился стоявший у дверей полицейский.

Живописью занимался сухонький беленький старичок, скучавший в уголке. При нас он осмотрел только две работы - женскую головку на фоне цветов кисти американского прерафаэлита и портрет мальчика в «наивном» стиле конца восемнадцатого века, поставив обеим по скромные полторы тысячи.

На мою картину старый хрыч тоже глянул вполглаза и, к моему удивлению, тут же безапелляционно припечатал: «Русское искусство», а затем, добавив: «Нью-Йорк, Нью-Йорк», сделал знак рукой, отпуская Кори с миром.

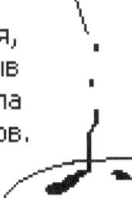Выдал меня, вероятно, необычный материал - яичная темпера, заключил я, но утешительная гипотеза потерпела крах, когда Кори получила тот же отзыв у эксперта по трехмерному искусству, дамы сложения Юноны, коей принесла мои коллажи из кальмарьих глаз, тропических раковин и кокосовых орехов. Боже, откуда ж и в малых сих всем известный спиральный дух?!!

Кори победно посмотрела на меня и, уже не скрывая наших отношений, мы направились вместе к столику ювелиров оценивать пудреницу жены.

Крышка её представляла собой миниатюрную копию на эмали фрагмента «Почитания Помоны» Якоба Йорданса в обрамлении из полных яблок ветвей. «Немецкую штучку» после войны привёз отец Галины в подарок её матери, однако изготовлена она была, скорее всего, не в Германии.

Эксперт разглядел в лупу крошечное клеймо, определив его как бельгийское, и заключил, что на американском аукционе пудреница принесёт сотен восемь, на европейском - больше.

Отойдя, Кори предложила мне за неё четыре сотни наличными, напомнив о пятидесяти процентах комиссионных, взимаемых аукционерами, а также о неизбежных налоге и страховке, и я, поблагодарив, пообещал волонтёрке в скором времени сообщить ей ответ, испросивши согласие жены на сделку.

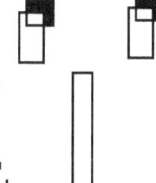Век живи, век учись. С ума сойти, особое течение современного искусства, именуемое здесь «русским», существует в природе, и ваш покорный слуга, не ведая о собственной сопричастности сему - его типичный представитель!

И, беспрецедентный случай в истории, определяется оно вовсе не стилем, но чем-то другим, принципиально отличным, чему ещё надо найти название.

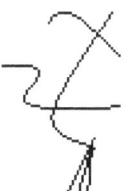Теперь, неоднократно встретивши упомянутую классификацию, я начал понимать, по какому это признаку западные искусствоведы валят скопом в единую категорию «русские нон-конформисты» столь внешне непохожих сюр- и фото-реалистов, абстрактных и изобразительных экспрессионистов, символистов, примитивистов, супрематистов и опт-артистов, умудрявшихся произрастать и работать за ничуть не символическим «железным занавесом».

В советские времена всякий товар обязан был пройти через некий процесс официального одобрения, олицетворявший неусыпную заботу государства о каждом члене общества.

Это незыблемое правило распространялось и на произведения искусства, показателем качества коих служила насыщенность утверждёнными идеями, выраженными в стандартной, легко воспринимаемой форме, за чем следили многочисленные «художественные советы».

Не желавших или не способных удерживаться в строго предписанных рамках не допускали к профессиональному образованию и государственной кормушке, однако не преследовали до тех пор, пока они не искали широкого рынка сбыта, довольствуясь кругом поклонников, растущим за счёт молвы о гонимом гении, устраивая вернисажи по квартирам знакомых, в учреждениях, а иногда даже и в предназначенных для того специальных залах, исхитряясь примазываться к повсеместно культивируемой и поощряемой «народной самодеятельности».

Дитя дотоле не виданной социальной модели, «квартирное искусство» составляло поистине абсолютно уникальное явление.

Радикальные реформаторы стиля, типа Ван-Гога и Модильяни, из-за того не снискавшие признания при жизни, что и привело обоих к ранней могиле, всё же имели в виду какого-то покупателя, который и стал их приобретать вскоре после смерти творцов, несколько обогнавших время.

К самым смелым новациям привыкают, манифесты об окончательном разрыве с буржуазной культурой попадают на архивные полки, и эпатажные чашечки кверху мехом, дохлые собаки и крысы, менструации и писсуары на пьедесталах занимают почётное место в частных коллекциях и музеях.

Мы же осознавали - нам выход на рынок запрещён общественным строем навек, и это изменяло всю систему мотиваций художника в корне.

Освобождённое от пут меркантильных соображений, наше созидательное эго могло погружаться в прельстительные и отталкивающие пучины подсознания, недоступные тому, кто мысленно примеряет свою картину на стену особняка благополучного потребителя.

Тщательно отобранные немногие, поминутно рискуя потерять из виду вожака, дерзали сопровождать нас туда, где одним усилием воли мы творили миры, чужеродные оставшемуся на поверхности отечеству, светлому и воздушному.

И, возвращаясь обратно, мы чувствовали себя, как боги.

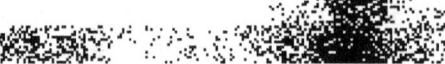

Передо мною женский портрет моей собственной работы.

Писал я его не с натуры и даже не имея никаких намерений отразить в нём черты конкретных личностей, просто «создадим женщину».

Показана она анфас, по грудь, в масштабе несколько крупнее естественного.

На персонаже - декольтированное бело-палевое платье, отделанное кружевами, и широкополая шляпа с перьями.

Глаза дамы различаются цветом и тоном, правый гораздо темнее левого, оба лишены зрачков, а радужки их едва намечены, отчего зрителю кажется, будто бы портретируемая смотрит прямо на него не отрываясь, независимо от его положения относительно плоскости холста.

Фактура полотна, шероховатая и испещрённая пятнами смутных очертаний, всюду матовая, кроме выделенных блестящим лаком глаз и улыбающихся губ, которые, спустя некоторое время, начинают словно парить перед картиной, воспринимаясь вне фокуса, а внимание переключается на фон, приобретающий глубину пейзажа; тульи шляпы чудится горою на горизонте, перья над ней - облаками, волосы - водопадом, кружева на вырезе платья - растениями, но они лишаются всякой вещественности при попытке более пристального изучения, провоцируя на неосторожный шаг вперёд, и тогда-то овальное пространство, ограниченное абрисом лица и обрамлением пепельных локонов, проваливается, как полынья, открывая бездну, клубящуюся паром.

Подобные «эффекты совмещения», порождаемые расторможенной подкоркой, когда плотская компонента личности подразумевает и творит одно, а духовная из того же материала - совсем другое, весьма типичны для произведений тех, кого вместе с автором объединяют в категорию «русские нон-конформисты».

Вполне вероятно, именно это качество и будет положено краеугольным камнем в основание теоретического анализа течения, которым, впрочем, у меня сейчас нет никакого желания, ниже практической возможности заняться.

Произведения такого рода, как описанный выше портрет, весьма сложно экспонировать, ибо они не терпят соседства картин других авторов и даже иные создания своего творца переносят с трудом.

Нелегко им найти подходящее место и в жилом помещении, и если кто-нибудь изредка решался обзавестись подобной неортодоксальной работой, то обычно для развески её приглашал на дом самого художника, где бедняку приходилось порой учинять полную перестановку мебели, процедуру нервную и не всегда безропотно переносимую семьёй поклонника.

Но картины проявляли свои почти мистические свойства, будучи вывешены в небольшой комнатёнке, причём, насколько возможно плотнее, желательно, закрывая все стены от пола до потолка.

Тем создавались иллюзия погружения в заповедный мир творящей личности и особая атмосфера, привлекавшая элитную публику со всех концов города.

Вернисажи типа обои без перерывов шли у каждого неофициального художника и, оставаясь на одной квартире подолгу, не имели нужды в печатной рекламе.

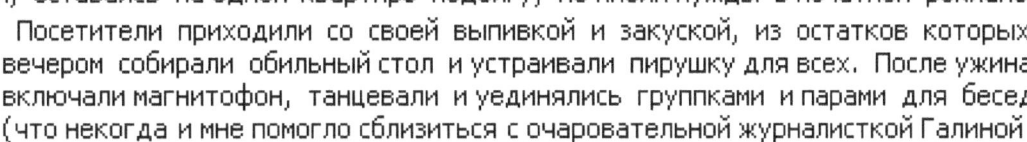

Посетители приходили со своей выпивкой и закуской, из остатков которых вечером собирали обильный стол и устраивали пирушку для всех. После ужина включали магнитофон, танцевали и уединялись группками и парами для бесед (что некогда и мне помогло сблизиться с очаровательной журналисткой Галиной).

Воспою ли, о муза, песнь советской богеме и её сборищам в неафишируемых квартирных клубах, этим раскованным суарэ с разговорами далеко заполночь, провожаниями и поцелуями в тёмных парадных.

Кружок почитателей, обращавшийся вокруг персоны вашего покорного слуги, состоял из актёров и актрис, режиссёров, литературной братии, оформителей и, разумеется, всякого рода научных сотрудников.

Имперский режим порождал несусветное число людей творческих профессий, совершенно непредставимое при рыночных отношениях.

Как упоминалось ранее, десятилетие я провёл в Самаре, тогда Куйбышеве, городе с тем же, что и Джексонвилль, населением и не менее провинциальном, и оттого их удобно сравнивать.

Если фундаментом духовной жизни Америки служат церкви, то в Империи аналогом тому были театры.

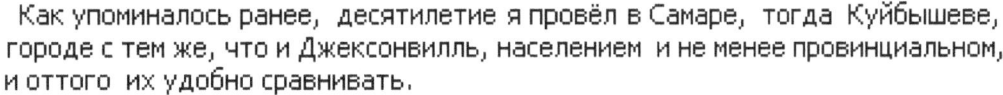

Каждому областному центру, в том числе и Куйбышеву, полагалось иметь как минимум, четыре театра - драматический, оперный, кукольный, детский, а также цирк и филармонию. В союзных республиках и автономиях к этому ещё добавлялся театр, играющий на национальном языке.

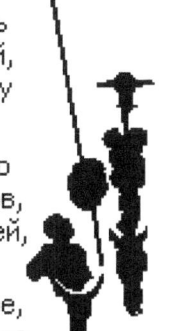

Кроме того, существовали многочисленные сцены и дворцы спорта, постоянно принимавшие гастролёров, и несчётное количество любительских коллективов, оплачивающих услуги профессионального режиссёра, костюмера, осветителей, бутафора, гримёра и художника-декоратора.

Присовокупите сюда же балет, непременно содержащийся при оперном театре, равно и народные хоры, ансамбли песни и пляски, классические капеллы и прочее.

Ничего подобного нет в Джексонвилле, чья единственная сцена занимает неказистое старое помещение, где раз в году заезжая сборная труппка ставит адаптацию для минимального состава какого-нибудь ископаемого мюзикла.

Театральное искусство расценивалось как средство воспитания, и потому, щедро финансируясь, подвергалось наижесточайшей цензуре.

Но можно ли контролировать жесты и мимику актёра и общепонятные, хотя столь сложно формализируемые интонации, умелым употреблением которых опытный лицедей привносит желаемое скрытое содержание во всякий текст?

Отточивши до поразительной остроты технику иносказания, совковые театры породили плеяду замечательных мастеров, магнетизировавших зал, наперекор произносимым ими словам, эманацией некоего загадочного излучения.

Люди подмостков, имея способности манипулировать эмоциями толпы, всегда мнили себя угрозой правящему режиму, и, катализируя собою брожение в богеме, насыщали этот продукт общества терпким духом бунтарства.

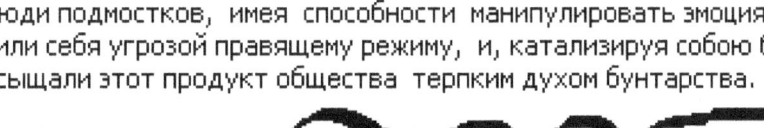

Заботясь о создании атмосферы вечного праздника не только на досуге, но и в рабочее время, партия в своих уложениях, обладавших силой закона, предусматривала на каждом предприятии содержание малотиражной газеты и комитета радиовещания.

Такая политика также порождала обширный клан богемы - армию мелких профессиональных журналистов, которых в капиталистическом обществе можно перечесть по пальцам.

В Джексонвилле выходит одна городская газета, а фирмы, даже крупнейшие, без проблем обходятся небольшими информационными листками, издаваемыми самими сотрудниками между делом.

Исходя из той же идеи, предписывалось, дабы на любом заводе, фабрике, в конторах, колхозах, совхозах, в интерьерах, экстерьерах, просто на улицах присутствовала бы в обилии, а к торжественным датам и событиям особенно, наглядная худагитация: лозунги, плакаты, стенды, бюсты и портреты вождей и членов политбюро, доски почёта, диаграммы достижений, призывы и прочее, что пекли непременно входившие в состав каждого предприятия изомастерские и шатавшиеся шарагами по просторам Империи вольные оформители-грабители.

Читателю ясно - этой категории населения в Джексонвилле нету и не бывало.

И, наконец, четвёртый отряд, куда входил и автор, получал зарплату в многочисленных институтах - академических и научно-исследовательских.

Последние плодились поистине в геометрической прогрессии, по мере того, как перед страной вставали всё новые экономические и социальные задачи, каждая из которых сейчас же давала импульс потоку оригинальных проектов решения конкретной актуальной проблемы.

Однако советские учёные мыслили широко, никогда не замыкая исследования в рамках сиюминутных нужд, и государство привычно изыскивало средства для разработки направлений, рассчитанных на далёкую перспективу.

Вообще, партийное руководство, освободивше самоё себя и общество из тенёт обветшалого религиозного сознания, свято верило в безграничные возможности человеческого разума и материалистического научного мировоззрения, уделяя пристальное внимание воспитанию молодёжи в таком же духе.

С этой-то целью при всяком высшем учебном заведении содержалось море обладавших замечательно разнообразной тематикой карликовых лабораторий, призванных на практике прививать студентам вкус к науке.

В этих местах кормилась ватага совершенно свободных естествоиспытателей, не подчинённых диктату промышленников и/или военных.

В Штатах буквально каждый грош, изъятый из кармана налогоплательщика, расходуется под пристальным наблюдением конгрессменов, переизбираемых, при ожесточённейшей конкуренции, раз в два года и вынужденных постоянно отчитываться перед избирателем, которому не объяснишь, зачем ему лично финансировать открытие самой мелкой из элементарных частиц, к тому же живущей крошечные доли секунды.

Также и профессиональное образование не возлагает на себя ровно никакой воспитательной, ниже общественной миссии, а по деловому продаёт студенту, за его кровные, выбираемый тем определённый набор специальных знаний.

Джексонвилль имеет лишь два заведения, где желающий может продолжить обучение после окончания двенадцатилетней школы.

Первое из них - городской колледж, предлагающий сотни вводных курсов, разбитых на части и сравнительно недорогих, во всевозможные дисциплины, от физики и психологии до макраме и оригами.

Их используют, чтобы повторить программу школы и заполнить её прорехи и для углубления самообразования или расширения горизонтов и ориентации.

Второе - так называемый местный университет, затерянный среди церквей Университетского проспекта, по своим размерам и по уровню преподавания никак не превосходящий техникума.

Разумеется, в обоих не найти ничего непрактического, тем паче, лабораторий, занимающихся свободным научным поиском.

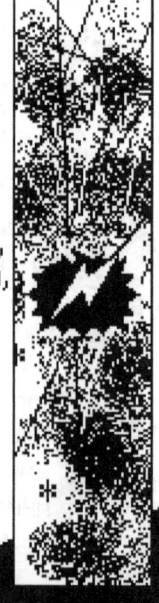

Σ  Конечно, и в США существуют исследователи, художники, актёры, но они разумно группируются в известных районах, дабы заказчик и потребитель знал заранее и определённо: все кинозвёзды - в Голливуде, новые постановки - на Бродвее, живые живописцы суть в городке Кармель вблизи Сан-Франциско, физики - в Массачусетсе и так далее.

Обычай концентрации специалистов, удобный для коммерции, очень пагубно влияет на характер артистической натуры, осуждённой профессией прозябать в условиях жестокого соперничества соседей и до смерти не снимать личины, соответствующей стереотипу своей клиентуры.

То ли дело моя светлой памяти богема, средствами массовой информации покойной Империи пышно титулованная « классом советской художественной и научно-технической интеллигенции » !

Она была раскована, великодушна и присутствовала в большом числе всюду, ибо партийные органы следили за тем, чтобы народ и в провинции не обделяли словесной и наглядной агитацией, поэтому спрос на людей сцены, оформителей и журналистов был везде постоянно высок.

Также всемерно поощрялось продолжение образования после школы, которое мало того, что всегда оставалось бесплатным, ещё и обеспечивало учащихся важными льготами - освобождением от призыва на воинскую службу, жильём, стипендиями, скидками на проезд и питание.

В куйбышевских институтах - политехническом, авиационном, медицинском, архитектурном, педагогическом, связи и других - обучались, очно и заочно, тысячи и тысячи студентов, причём закон страны предписывал изыскивать любому выпускнику место соответственно новоприобретённой квалификации сразу же по окончании учёбы, из-за чего штатные расписания предприятий добрую долю позиций отводили инженерному составу.

Поэтому поток абитуриентов не иссякал, и конкурс на приёмных экзаменах побуждал государство, с первых его шагов провозгласившее своею целью просвещение населения, раскидывать шире сеть высших учебных заведений, удовлетворяя тягу народа к знаниям.

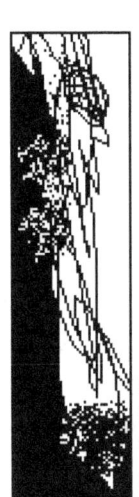

Каждому академическому институту полагался исследовательский сектор, ведущий настоящий научный поиск и привлекающий учащихся к решению небольших прикладных задач, и эта почва на просторах Империи всегда испытывала нужду в свободных экспериментаторах, призванных прививать студентам на практике навыки научного мышления и, посредством оного, надёжно укоренять в их умах материалистическое мировоззрение.

Но вопреки тому, столь бесконечно далёкие от практики и педагогики особи, как автор этих строк, пользовались ещё большим спросом.

Дело в том, что правительство, свято веруя в необходимость приложения научного подхода ко всякой сфере труда, предписывало руководителям заводов, конструкторских бюро, шахт, портов, и вообще, любых крупных предприятий, через определённое время пребывания в командной должности обзаводиться степенью доктора каких-либо наук.

Степень эта присуждалась Академией Наук Союза или же союзной республики, чьи традиции требовали исключительно серьёзной разработки теории процесса, рассматриваемого в объёмистом опусе, представляемом соискателем к защите.

Изготовление диссертации для « самого », всегда обладавшего в его вотчине властью царька, делало дефицитного теоретика привилегированной персоной, позволяя диктовать свои условия, чем я и пользовался без зазрения совести, с порога немедленно оговаривая себе абсолютно свободный режим посещения той « конторы », хозяину которой продавал свою голову.

Я же приобретал у него быстротекущее и незаменимое время, прежде всего, ради ничем не стеснённых занятий живописью.

-125-

Я предпочитал погружаться в миры, творимые подсознанием, ночью, а к утру, перепачканный краской, засыпал на узком топчане или прямо на полу.

После полудня, вымывшись, я отправлялся в кафе или пивную, где встречал своих друзей и поклонников, также из числа городской богемы.

Оттуда мы обычно шли в лавочки букинистов или на книжный развал, затем в чудный парк на берегу реки или в ботанический сад, а вечером собирались на кочующей по городу выставке моих произведений, под которую постоянно и безвозмездно предоставляли свои жилища и дачи самоотверженные члены нашего неформального клуба, или, вернее, братства.

У читателя, не посвящённого в таинства теорфизики, абсолютно закономерно возникнет вопрос, когда я умудрялся заниматься работой, приносившей мне и моей семье насущное пропитание.

Но особенность аналитического метода познания мира заключается в том, что хорошая теормодель должна скрытно вызреть, как яблочко, вначале зелёное и неприметное среди листвы, и лишь постепенно проявляющее себя красными пятнами мыслей, вдруг от вздоха Космоса возникающих из глубин хитросплетений нейронов мозга, словно из кроны древа.

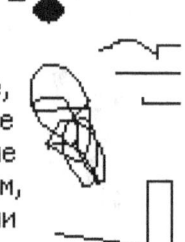

Созреванию и воплощению идей в слова помогают прогулки на свежем воздухе, каковой эффект заметили ещё философы Древней Греции, оттого создавшие школу перипатетиков, то же самое справедливо и в отношении стихов, которые автор сочинял с детства, приучась всегда иметь при себе карандаш с блокнотом, куда заносил удачные строчки, вперемежку с формулами, расчётами, схемами и скетчами чем-то интересных физиономий, поз и деталей пейзажа.

am=F

Сему отстранённому и едва ли не механическому занятию не мешают, а скорее, способствуют стакан-другой доброго винца под ароматный севрюжий растегай, шашлыки или чебуреки на веранде кафе, летом открытой, зимой застеклённой, с видом на многовёрстовую набережную-променад вдоль великой Волги.

В ежедневных и почти ритуальных прогулках автора сопровождал один, редко два или три самых близких друга, зато вечерами его окружала пёстрая толпа, предоставляя отдых в преддверии ночного бдения и не требуя беспрерывно исполнять роль единственного средства развлечения, поскольку наша группа, естественно тяготея к своей центральной фигуре, всё ж никогда не замыкала её интересы исключительно на мне, и кто только не перебывал у нас в гостях!

Барды, певшие хриплыми голосами блатные баллады под гитарный перебор, поэты-сюрреалисты петербургской плеяды, виртуозы языка и тонкие лирики, и подтрунивающие над ними москвичи, грубияны и ёрники. Нередко на суд моего кружка выносили работы другие городские неофициальные художники, что иногда приводило к эмоционально напряжённым дискуссиям, но неизменно кончалось объятием оппонентов за столом с речами и тостом на брудершафт.

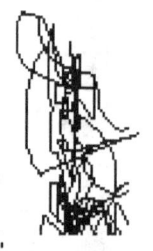

В городе сосуществовало не менее дюжины объединений, подобных нашему, но это не создавало между ними ничего даже отдалённо похожего на борьбу, ибо всякий из нон-конформистов мог быть уверен, что вокруг него непременно и вне зависимости от стиля соберётся горстка его приверженцев, достаточная для организации выставок и прочего, а большего и не требуется.

Поэтому никто из нас не попекался о том, чтобы удержаться на волне быстропреходящей моды, выработке суперорригинальных новых концепций и даже о закреплении найденной техники и создании узнаваемой манеры, кардинально меняя творческое лицо когда и как только захочется.

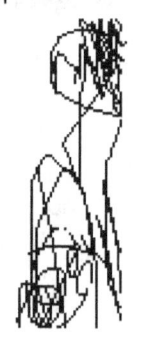

Также нас не пугали возможные упрёки в подражательстве, и мы брали своё везде, где находили, от икон и лубка до смелых абстракций Кандинского - роскошь, не доступная никакому коммерческому художнику.

Но заимствуя неограниченно, мы не скатывались в эпигонство, поскольку раскрепощённая подкорка обязательно наполняла любую внешнюю оболочку нам одним принадлежащими слоями глубинных ассоциаций.

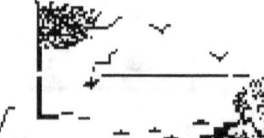

Благотворна ли свобода от потребителя искусству и самому художнику? Таковой вопрос муссировался часто, и образ творца, заточающего себя в башне слоновой кости ради подвига самопознания, волновал философов от начала времён.

Однако проблема веками оставалась на уровне теоретических умозаключений, пока не возникло первое общество в мире, практически запретившее его членам торговлю своими произведениями.

Кроме того, впервые возгласив официальную анафему религиозному дурману и храня при том должное уважение к эстетическим ценностям Христианства, государство высвободило громадную творческую энергию масс, ибо, конечно, идея всеведающего и всё контролирующего Отца, собирающего вокруг Себя души тех, кто достиг блаженного состояния святости, подавляет в зародыше желание смертного человека посадить косточку плода познания на этой планете.

Потому-то феномену советского искусства и не находится аналога в истории, что, по-видимому, уже почувствовали профессионалы на Западе.

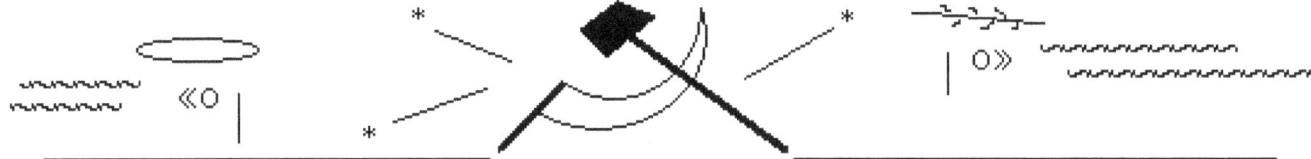

Обдумавши ситуацию, я утешился. Богобоязненный провинциальный Джекс - явно не подходящее место для сбыта моей специфической продукции, и меня ввели в заблуждение легковесные оптимистические отзывы галерейщиков, щедро отпускаемые всякому встречному-поперечному в силу принятого тут стандарта вежливости.

И всё же, принадлежность к уникальному течению, тем более, потерявшему почву при падении Империи и дышащему сейчас на ладан, оставляет надежду на существование где-то моего потенциального коллекционера.

Возможно, позже, в Нью-Йорке, или, чем чёрт не шутит, в старушке Европе, в Париже или Копенгагене, я обнаружу понимающую публику, а пока нам надо терпеливо возделывать свой сад.

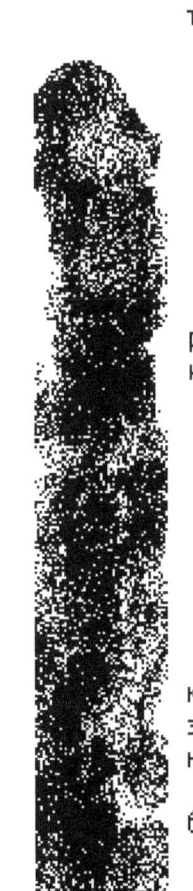

Я не стал разбирать свою выставку в задней спальне и не прекратил занятий изобразительным искусством, правда, отдавая теперь предпочтение графике и коллажу, не требующим особых затрат на материалы. Это было необходимо и для сохранения хорошей формы «внутреннего зрения», без чего невозможно добиться воспроизводимости в опытах по исследованию «шестого чувства», которые я продолжал со всем возможным тщанием и упорством, провидя здесь безмерно богатые перспективы и крепко веря в уже вырисовывавшийся успех.

В начале ноября я получил последний чек беженского пособия, а предложение работы от Пентагона, ожидаемое мной со дня на день, по-прежнему где-то и отчего-то задерживалось.

Магазины, рестораны, бары и бензоколонки кругом пестрели объявлениями о найме подсобников ко Дню Благодарения и Рождеству, но опытный Роман советовал не терять лица и не выходить куда ни попадя, ибо такой шаг может похоронить мою карьеру тут на веки веков, аминь.

Жена доверяла этим соображениям и, несмотря на мои протесты, настояла на продаже Кори трофейной серебряной пудреницы, единственной её памяти от ныне давно покойного фронтовика-отца.

Вырученной суммы хватало на оплату апартментов до Нового года, однако к ней требовалось изыскать ещё с полторы-две сотни для погашения счетов за воду и электричество, а также для приобретения товаров, не отпускаемых на продовольственные талоны.

Я урезал бюджет повсюду самым жестоким образом, в частности, героически бросив курить, и всё же концы с концами не сходились никак.

Добрый сосед взялся помочь и тут, обещав поговорить со своими знакомыми, выше описанными «русскими» гешефтмахерами из «Бель Эр», на предмет подыскания мне у них маленького приработка «по левой».

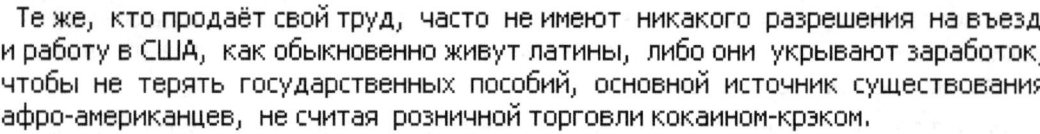

Как я уже упоминал, огромное число людей в Штатах работает нелегально, поскольку бизнесмену, особенно мелкому, силящемуся извернуться в тисках беспощаднейшей в мире конкуренции, важно сэкономить средства, по закону отчисляемые на социальную страховку каждой из указанных им рабочих душ.

Те же, кто продаёт свой труд, часто не имеют никакого разрешения на въезд и работу в США, как обыкновенно живут латины, либо они укрывают заработок, чтобы не терять государственных пособий, основной источник существования афро-американцев, не считая розничной торговли кокаином-крэком.

Если вдруг искоренить «левый» наём, тонкая и чуткая экономика страны, несомненно, получит смертельный удар, и потому нормально правоохранители мудро предпочитают закрывать на него глаза.

Однако полиция периодически устраивает провокационные акции, подсылая под видом нелегалов переодетых агентов не угодившему ей предпринимателю, по какой причине «русские» ташкентцы захотели самолично убедиться в том, что профессор физики из Москвы не доносчик.

Роман организовал смотрины на своей квартире, привычной его знакомым, и точно в назначенный час к «Дубам» подкатил чёрный «Кадиллак-Девиль», из которого вышел низенький худощавый мужчина в буклированном пиджаке, белой рубашке без галстука и широкой кепке.

Его сопровождали два конопатых парня, тоже в кепках, чьи упитанные лица обрамляли аккуратно подстриженные рыженькие бородки.

Визитёр между ними взошёл на галерею, где его в широко открытых дверях, распахнув объятия, встречал Роман, и, обернувшись, кивнул шофёру машины, немедленно уехавшему из апартаментов.

Мне было велено ожидать работодателя внутри, и, войдя впереди гостей, Роман подал автору знак приблизиться и, не представляя никого друг другу, пригласил компанию занять места за столом.

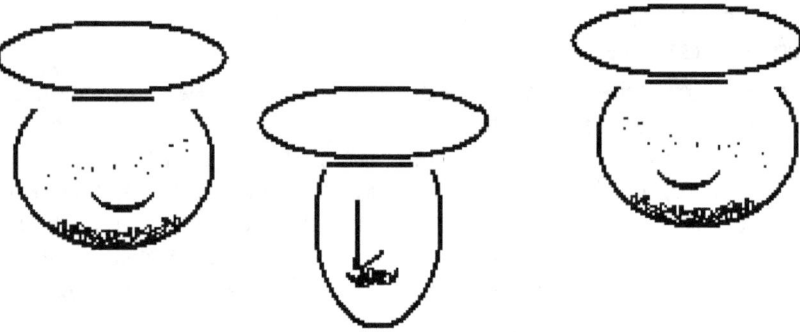

Разговор предстоял обстоятельный, и хозяин приготовил угощение, правда, весьма безыскусное, состоявшее только из огромного блюда печёной форели. В распоряжении каждого были тарелка, горка салфеток и миска для отходов, и все обходились без помощи ножей и вилок, разламывая нежную рыбу руками, и, выбрав кости, отправляли сочную мякоть в рот щепотью.

Время от времени главный наклонял голову, и один из его парней наполнял толстенькие гранёные стаканчики доверху холодной водкой, босс аккуратно поднимал свой с неизменным: «Ле-хаим!», и присутствующие одновременно опорожняли лафитнички до дна.

После нескольких возлияний потенциальный наниматель в деталях, однако хаотично перескакивая с предмета на предмет, начал расспрашивать меня о прошлой жизни, впечатлении об Америке, новых надеждах и планах, часто задавая в другой форме вопрос, на который я уже успел ответить раньше.

Он справился, откуда я родом, и узнав, что из Одессы, заставил вспомнить кабачки и подвальчики шестидесятых годов с чудным выбором бочковых вин, ларьки, где летом пиво подавали ледяным, а зимой, по желанию покупателя, подогревали до требуемой степени, и даже клички городских сумасшедших - Саши Пушкина и Капитана дальнего плавания.

Он был умён и хитёр, и проверял вовсе не то, сфабрикована или нет история моей жизни, но копал гораздо глубже, выясняя по непроизвольным реакциям субъекта своего исследования, являюсь ли я частью его мира, то есть, несу ли в душе и люблю ли достаточно бунт и свободу, или же по природе раб и трус и готов угождать всякому, кто ни купит.

Через несколько тостов я ощутил странное единение с этим скользким жидом, до того, что мог уже предугадывать его вопросы. Кажется, он этого только и дожидался, поскольку немедленно поднялся из-за стола вместе с парнями и, подойдя ко мне, широко расплылся в довольной улыбке и, похлопав по плечу, произнёс: « Не бзди, товарищ, мы наши кадры на съедение здешним акулам не бросаем. »

Потом он вызвал свою машину по сотовому телефону и укатил, оставив меня в размышлениях о том, насколько, пожалуй, правы жители континента, когда, несмотря на бурные протесты первой и второй волн эмиграции из Империи, и моего патрона, и автора этих строк вместе с его неповторимым искусством, и всё другое, вымытое на берега Америки после падения заокеанского колосса, упорно снабжают предупредительной этикеткой « русское ».

### EXODUS *)

Вот, с обрывком верёвки на вые
Мы уходим, о бронзовый век,
Что сносил переулки кривые
И извивы бессмысленных рек.

Под зелёным налётом эпоха
Не даёт ускользнуть налегке.
Эстафетную палочку Коха
Зажимаем в простёртой руке.

Стул хороший, губа не дура,
Далеко ещё до склероза,
Только в памяти, как заноза
( Притворяемся - акупунктура ):
Коренастенькая фигура,
Закреплённая эта поза,
Положительный образ Тимура,
Воспалённый глазок абажура,
Кубатура и арматура,
Комсомолочки колоратура,
Погрубевшая от мороза.

Потому что тебя больше нету,
Незабвенная наша страна,
Мы ушли на другую планету,
Где грядущее - тишина.

Оживают моторы сердец.
Рвутся ниточки липкого сюра,
Расправляется мускулатура
И хохочет великий мертвец.

Полыхает за нами Аврора.
Мы спускаемся с корабля.
Под нелёгкой стопой Командора
Прогибается снова земля.

Погодите, мы входим во вкус.
Пред матронами Нью-Сиракуз
Мы не бросим на ринг полотенца.
Мы ещё вам настроим турус,
Мы ещё вам отколем коленца.
Рано, блин, отпевали Союз !

Красноромбовый светится туз
Под бушлатиком переселенца.

*) Exodus - Исход ( англ. )

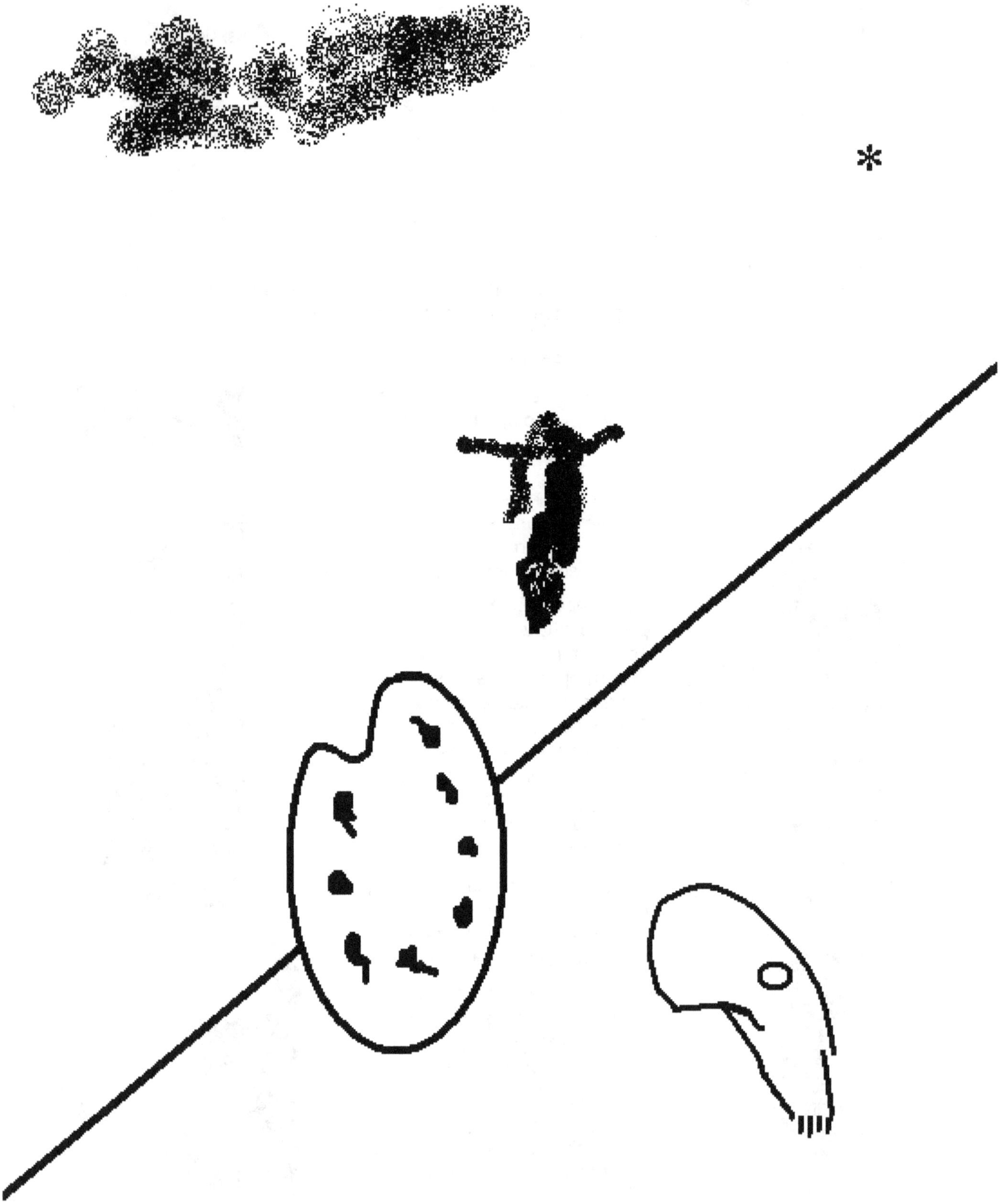

## Глава восьмая,
### где герой посещает «нижний город» и надевает синюю униформу

Мой анонимный покровитель не обманул меня, и назавтра Роман сообщил мне об идеально подходящей для моих целей нелегальной работёнке, подысканной, с учётом отсутствия у меня средства передвижения, прямо в моле напротив.

Крохотному итальянскому ресторанчику «Папа Луиджи» требуется помощник на кухне вечерами в пятницу и субботу, период пикового наплыва посетителей, но регистрировать официально позицию для такой незначительной должности и платить положенные налоги и страховки хозяину, естественно, не хочется.

Он предлагает пять с половиной долларов наличными в час, на целый доллар больше, чем обычно получает подсобник, однако кандидат, само собой, должен помалкивать об условиях взаимовыгодного негласного контракта.

Позже я узнал, что многим рисковал, принимая это предложение. К счастью, в те недели праздников, когда автор мимодумно нарушал федеральный закон, Луиджи не попался на более серьёзных махинациях, вроде торговли героином, и потому всё завершилось благополучно.

Ресторан имел зал на полторы дюжины столиков, отделённых перегородками, выдержанный в пурпурно-вишнёвой гамме, и, не в пример другим заведениям, вечерами был освещаем только толстыми и низкими свечами, возжигаемыми непосредственно перед подачей заказа, так что лица посетителей оставались погружёнными в глубокий полумрак.

Во время моих смен обыкновенно приходили средних лет, в дорогих костюмах мужчины, как правило, без дам, разговаривавшие между собою по-итальянски.

Тесная кухонька, напротив, была залита светом и походила на маленький ад, где среди густых столбов пара, вздымавшихся из кастрюль с кипящей пастой, сновали три повара и сам хозяин со скворчащими сковородами в обеих руках.

Когда, появившись там, я представился, Луиджи глянул на меня и оскалился, добродушно заметив: «Еврейская борода о-кей», и отправил меня на помощь мойщику посуды, определив моей несложной обязанностью быстро обмакивать использованные бокалы в дезинфицирующий раствор и ополаскивать.

В свободные минуты я наблюдал за чёткими действиями поваров у плиты, отмечая для себя массу интересных приёмов.

Основной принцип очень дешёвой и несложной итальянской готовки состоит в запекании чего угодно под небольшим количеством тёртого мягкого, лёгкого и нежирного сыра «моццарелла», который, расплавляясь и образуя корочку, чудесно объединяет разнообразные овощи, морепродукты, обрезки любого мяса, в каких ни вздумается комбинациях и пропорциях.

Ясно, этот метод оказался близок по духу местной синтетической кулинарии, и, позволяя утилизировать всевозможные объедки без остатка, был немедленно принят мною лично на вооружение.

Также просты в изготовлении: лазанья, представляющая собой нечто вроде блинного пирога из гофрированных пластов отваренного теста, переложенных мясо-овощными начинками; маникотти - толстые макаронные тубы с фаршем; фетуччини, лингвини и прочие виды лапши; равиоли - те же самые вареники, или полента, неотличимая от молдавской мамалыги, однако все заливаемые плотным томатным соусом и запекаемые под ничем не заменимой моццареллой.

Я тут же стал испытывать итальянские рецепты на собственном семействе, как обычно, скрещивая их с аналогами из известных мне кухонь, и хотя порой получались и не вполне жизнеспособные гибриды, иные из моих творений могли бы по праву занять место в кулинарных книгах.

Близился День Благодарения, отмечающий первый ( и, кажется, последний ) совместный пир протестантских переселенцев с благожелательными тогда ещё индейцами, принесшими белым, высадившимся год назад в преддверии зимы на враждебном и совершенно не знакомом им континенте, но дивным образом не вымершим поголовно, как ожидали аборигены, а только наполовину, плоды своей осенней охоты - диких индюков, убитых стрелами, рассчитывая взамен узнать секрет удивительной живучести пришельцев.

   Теперь миллионы индюшек откармливают за лето специально к празднику открытым способом, отчего они дешевле грибов ( намного ), и американцы перед зажаренной тушкой, набитой хлебными крошками, благодарят Бога, Который пасёт народ Свой на земле, где всякий поклоняется чему захочет, причём именно в той форме, какая ему подходит больше.

   Мы тоже решили устроить праздничный обед, правда, не сопровождая его застольными молитвами, и вообще, не вкладывая в эту традицию никакого религиозного содержания, а просто выказывая должное уважение к обычаю страны, давшей прибежище людям без веры, потерявшим приют на их родине вследствие исторического катаклизма, каким была и реформа церкви Англии, произведенная Джеймсом I Стюартом и принудившая пуритан-сепаратистов, отрицавших любую иерархию и обрядовость, высадиться в декабре 1620 года по ошибке на заснеженных скалах Плимута.

   Некоторую проблему представляли размеры птичек, Мишуткой почтительно окрещённых « индюкаторами », ибо самая маленькая из них, подготовленных к жарке целиком - обезглавленных и со скреплёнными проволокой ляжками увязанных в компактные овоиды, лежавшие грудами в холодильных поддонах, напомнивши мне белые озёрные валуны - весила свыше пятнадцати фунтов, и я предложил разрезать громадину на порции и, сняв мясо с костей, сохранить большую часть в морозильнике впрок, а к празднику приготовить, например, только отбивные котлетки из грудки, в разумном количестве.

   Но дети немедленно закричали, что это не по правилам, и надо всё делать, « как у индейцев и пилигримов », о чём они видели фильм по телевизору и учительница объясняла Мише в школе, то есть, набивать брюхо индюка разломленными чёрствыми корками белого и чёрного хлеба, перемешанными с высушенными травами и кореньями, и, запекая, мазать его мёдом, а потом подавать под клюквенным соусом с ямсом, кукурузой и мятою картошкой.

   Тогда меня подобного рода рецепты ещё приводили в смущение, и я выдвинул альтернативу - папа готовит индюка по-охотничьи, если, конечно, семейство даёт слово безропотно есть его всю неделю на завтрак, обед и ужин, однако безо всяких тяжёлых гарниров, с которыми четверым не одолеть зверя вовек, но для пикантности могу нафаршировать его зелёными яблочками, начинкой, вероятно, более типичной в рационе индейцев, чем корки пшеничного хлеба, и не имею никаких возражений против уместных с пресноватой индюшатиной маринадов, солений и кисло-сладкого клюквенного соуса.

   Возле нас белили и чистили освободившуюся квартиру, и маляры, уходя, оставили на галерее большущее пустое ведро из-под пенопластовой крупки, применяющейся как наполнитель в краске для создания бугристой фактуры на потолках. Двадцатилитровая посудина точно соответствовала размерам типичной валуноподобной тушки, и мне пришла в голову превосходная мысль облагородить незамысловатый вкус мяса этого создания, для чего разморозил и замочил его на двое суток в некрепком растворе яблочного уксуса.

   Утром в День Благодарения я извлёк тело утопленника и щедро умастил его в пазухах кожи и изнутри солью, крупно молотым чёрным перцем, чесноком и мускатным орехом, потом набил ему брюхо твёрдыми зелёными яблочками сорта « бабушка Смит », аналогичными среднерусской « семеринке », а затем, обложив ломтиками апельсина, завернул в несколько слоёв плотной фольги, специально для таких целей продающейся во всех универсамах, и поместил в духовой шкаф, установивши температуру, руководствуясь более интуицией, чем наукой, на 350 градусов по Фаренгейту.

Рискованный опыт оказался удачным, и протомившийся с полдня в духовке индюк вышел оттуда сочным и ароматным, хотя и сильно смахивая по вкусу на рождественского гуся.

Дети опять обличили меня в нарушении правил, но я успешно отбился от них, сочинивши, что, согласно кое-каким источникам, иные продвинутые индейцы мариновали убоину в перебродившем ягодном соке и, за отсутствием тогда алюминиевой фольги, закапывали дичь, обмазанную глиной, под угли костров.

После того юные американцы успокоились, и глава семьи положил каждому по ломотищу дымящейся розовой грудки с морщинистым печёным яблочком и консервированным клюквенным соусом.

По обычаю, День Благодарения отмечают среди наиболее близкой родни, но местные жители считают богоугодным делом принять за семейным столом нескольких свежих иммигрантов, имитируя гостеприимство, приписываемое коренным племенам Новой Англии, лишь из вполне понятной осторожности не пришедшим на помощь пилигримам в губительную для тех первую зиму, и Роман и Мирра, естественно, поехали на обед к своим еврейским спонсорам, а мы, самонадеянно не примкнувшие ни к одной церкви, остались вчетвером сражаться с огромной птицей и, несмотря на героические усилия коллектива, не одолели за вечер и шестой части тушки.

Всё же мы съели тёплыми самые лакомые кусочки, и когда над мощным килем птицы обнажилась вилочковая косточка скелета, дети потребовали, чтоб мы провели на ней гадание, также входящее в ритуал.

Вилочковая косточка симметрична и с равной вероятностью может обломится по любой своей ветви, и двое гадающих берутся за концы вилочки, затем один произносит желание и оба тянут в разные стороны, пока не разломят косточку, и если длинный обломок с черешком остаётся у загадавшего, то здесь верят, что его желание исполнится.

Я, однако, со всем авторитетом физика воспротивился глупости и убедительно попросил сыновей не подхватывать впредь предрассудков у тёмных туземцев, популярно объяснив, как смешно и наивно полагать, будто произнесение слов, равно и совершение неких магических действий влияют на течение будущего.

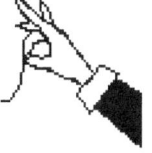

Спонсоры не только накормили соседей до отвала всё тем же индюком с ямсом, пюре и подливкой, но и вручили им на прощание увесистые пакеты остатков, почему беднягам не удавалось даже поглядеть на это блюдо без отвращения, и временно отменив совместные обеды с Бронштейнами, я привёл в исполнение свою угрозу, приказав Галине подавать неистребимую птицу три раза в сутки, разнообразив, по возможности, лёгкими гарнирами.

К счастью, новоизобретённый индюк **a la** русский гусь оказался не такой уж надоедливой пищей, и семейство почти не роптало, уминая его с маринадами, среди которых обнаружились и крохотные, как мизинчики, початки кукурузы, позволявшие соблюсти традиционное сочетание, не перенапрягая желудков.

Тем я на неделю избавил себя от ежедневной кухонной вахты, и духовка, обычно активно используемая в моей готовке, также теперь была свободна, изумительно кстати.

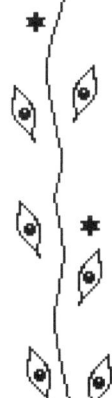

День Благодарения отмечается в четвёртый четверг ноября, и после него нам уже не полагалось федерального пособия, как первые полгода, когда беженцы, предположительно, занимаются изучением языка.

Я-то мог проскрипеть ещё месяц, продав пудреницу и тишком подрабатывая, однако государственные трудоустроители, не ведая о скрытых моих ресурсах, очевидно, обязаны прореагировать на положение семьи, и не позже 5 декабря, крайнего срока внесения квартплаты в «Дубах».

Поэтому, ожидая вскоре предложений работы и оказания помощи в переезде, я спешил завершить хотя бы первый этап исследований «шестого чувства», с тем, чтобы оценивать перспективы продолжения на новой должности дела, твёрдо обещавшего увенчать (и в конце концов действительно увенчавшего) научную карьеру автора неслыханным триумфом.

Меня порою одолевал страх однажды утратить мою не так давно обнаруженную и неясно чем обусловленную способность «видеть невидимое», что вызвало бы массу неудобств и на неопределённое время задержало бы изучение феномена.

Но благо признаков этого до сих пор (тьфу-тьфу!) не отмечалось, я успешно завершил серию из 55-ти опытов с пенопластовыми поглотителями ультразвука, не получивши существенного изменения статистики, и поэтому пока исключил, с достаточной степенью вероятности, звуковые волны из числа подозреваемых переносчиков зрительной информации через не прозрачные для света объекты.

Затем я начал проверку тепловой гипотезы, для чего и понадобилась духовка, ибо если носителем информации является тепловое излучение тела человека, то нагревая внешние кружки стопки до температуры, скажем, 130-150 градусов по Фаренгейту, я внесу в распределение температурного поля такие искажения, которые сделают передачу изображения от внутреннего кружка невозможной.

Опыты, напомню, состояли в том, что я определял положение тонкой черты на картонном кружке, скрытом внутри стопки чистых, посредством анализа смутных зрительных ощущений, возникавших в мозгу при поднесении стопки к закрытым глазам, и преодоление сознанием физического барьера требовало изнуряющего напряжения всех сил, опустошая до слабости и дрожи в коленках.

Чтобы прежде истечения периода льгот закончить серию с нагревом и придти к минимально проверенному эмпириком выводу относительно предполагаемой тепловой природы явления, я должен был теперь, очень осторожно и аккуратно, попытаться увеличить количество ежедневных экспериментов.

Восстановлению остроты «шестого чувства» весьма способствуют занятия изобразительным искусством, и я продолжал работать в графике и коллаже, хотя, экономя каждый пенни, не разрешал себе покупать холсты для живописи, помогающей не в пример эффективнее.

В качестве компенсации я решил возобновить сеансы медитации на свалке старой мебели, которые не практиковал с тех пор, как бросил курить, опасаясь разбудить подавляемую тягу к табаку в обстановке, рефлекторно связанной с перекурами; впрочем, после опытов мною овладевало единственное желание - скрыться куда-то от шума и человеческих лиц.

К тому же, я был странным образом убеждён в том, что найду на площадке ещё одно полотно и смогу вернуться к живописи, поскольку красок и кистей у меня оставалось пока вполне достаточно.

С такими мыслями я отправился за загородку, где под кедрами по-прежнему стояло моё удобное кожаное кресло, однако обломки четырехликого торшера кто-то прибрал с асфальта, тщательно подметя мельчайшие гипсовые крошки.

Я уселся и расслабился, наблюдая холм с не по-осеннему свежей травой и дом на другой стороне канавы.

Постоянно прядавший ушами и озиравшийся белый конь, вносивший ранее в пейзаж тревожную ноту, теперь отсутствовал, и зрелище очень успокаивало.

Отдохнув с полчаса, я встал и прошёлся по площадке, и впрямь, сразу же обнаружил искомую вещь - большой холст, лежавший на газоне лицом книзу.

Картина была явно учебная, и кисть писавшего допускала серьёзные промахи в передаче фактуры и моделировке формы, но тем не менее преподаватель его поставил перед новичком крайне сложную задачу, предложив связать воедино интерьер мастерской и вид через окно на пожелтевшие луг и осинник.

Более того, под окном помещался стул с высокой спинкой, задрапированной тяжёлой синей тканью, ниспадавшей крупными складками, а на нём стояли плетёная корзина, полная золотистых яблок, и ваза с тёмно-красными розами.

Я соскучился по живописи и принялся закрывать холст широкими мазками, не имея в голове ни малейшего проекта будущего произведения.

Темпера мягко ложилась на масло первоначальной прописки, но, глуше его, сразу отступала назад, образуя фон, и вскоре стул с драпировкой стал юным коленопреклонённым паладином в длинном плаще, возле окна в портьерах вырисовывались ещё двое мужей, мавр и белокожий старик, обращающих взоры к самому светлому пятну композиции - окружённому деревьями сектору неба, где немногие штрихи очертили сияющую и словно парящую надо всем фигуру Нашей Госпожи, выходящей из вертепа навстречу гостям, воздевши обе руки в жесте ветхозаветного благословения.

Вероятнее всего, сюжет поклонения волхвов, они же три мудрые царя Востока, овладел моим подсознанием, поскольку со Дня Благодарения везде начинают наряжать рождественские ёлки, устанавливать группки кукол, представляющие Святое Семейство с Младенцем на сене в яслях, и посетителей приветствуют обременённые, невзирая на плюс-двадцатиградусную (по Цельсию!) теплынь, шубами, рукавицами и колпаками (впрочем, снабжёнными электроохлаждением) лицедеи в белых синтетических бородах и очках, изображающие Санта Клауса, более известного нам как покровитель плавающих в море Николай Мирликийский, святитель и великий чудотворец.

Итак, остаток ноября я интенсивно писал, освобождая тем самым подкорку, регулярно медитировал в своём кресле на свалке мебели и, избавлен от готовки, совершал в одиночестве длительные прогулки по окрестности.

Перечисленные меры помогали восстановить способность «видеть насквозь», падавшую после каждой утомительной попытки, и я почувствовал в себе силы проводить от четырёх до семи опытов ежедневно, вместо обычных одного-двух.

И, закончив к декабрю серию с нагреванием стопки кружков, автор не нашёл существенного изменения статистики распределения удач и неудач.

Это был самый благоприятный в моём положении результат, ибо если бы я обнаружил исчезновение эффекта, то, разумеется, потребовалось бы выяснить, не пропало ли у меня «шестое чувство», от переутомления или иных причин, и надёжное исключение, а в худшем случае, подтверждение тепловой природы носителя информации отняло бы немало столь дорогого времени.

Теперь же я, отбросив звуковую и тепловую гипотезы, мог, не углубляясь в незнакомые мне области физики, продолжать исследования на своей почве, потому что зрительные образы, скорее всего, переносятся тем или иным видом электромагнитного излучения, с коим я имел дело последние двадцать пять лет, и даже маловероятное предположение о переносе информации потоком частиц удобнее всего проверить учёному моего направления.

Таким образом, отпадала неприятная необходимость перемены специальности, и я был вполне готов рассматривать удачно задержавшиеся где-то в дебрях здешнего военно-промышленного комплекса предложения работы.

Воистину, я куда как вовремя завершил серию, ибо в почте того же дня увидал долгожданное письмо от Мишель, глазастенькой трудоустроительницы, сообщавшей о назначенном для автора интервью в некой компании по имени «Мэйфлауэр» - «Майский цветок».

Точно так же назывался корабль, на котором приплыли в Америку пилигримы, и, возможно, словосочетание, европейцу навевающее романтические аллюзии, тут символизирует упорство и отвагу; впрочем, оно может оказаться попросту фамилией владельца фирмы.

Заехавши за мной, выглядя строго, но элегантно в чуть мешковатой тройке и белой рубашке с отложным воротом, стриженая по-прежнему очень коротко, так что сзади на длинной шейке взгляд отметил канавку у основания черепа, Мишель попросила с порога проводить её на выставку, о которой она узнала от своей подруги Кори, бегло обвела глазищами стены спальни-мастерской, не преминув осыпать млеющего художника комплиментами, и мы не мешкая поспешили тут же отправиться в «Цветок», ибо, цитируя трудоустроительницу, дорога предстояла неблизкая, хотя и весьма нескучная.

Маленькая красная машинка Мишель вынесла нас на скоростное шоссе, и мы помчались, лавируя между огромными фургонами и, пересекши реку по мосту, не так уж быстро, но наконец добрались до нижегородского делового центра, той группы небоскрёбов, которая издали напоминала друзу горных кристаллов, и когда огромные зеркальные ячеистые плоскости стен, покрытые змеящимися и поминутно меняющими форму отражениями, закрыли небо со всех сторон, а над показавшимися узкими, тесными и, непонятно почему, кривыми улочками повисли застеклённые переходы, виадуки и трубы надземки, автора этих строк охватило чувство погружения в некий сюрреалистический сон.

Фантастичность обстановки усиливали окружавшие стеклянные небоскрёбы трёх-четырёхэтажные краснокирпичные бараки-развалины с выбитыми окнами, кое-как заколоченными досками или фанерой, и в них обитали живые негры: на ступеньках подъездов сидели одетые в серые лохмотья старики и старухи, не обращавшие никакого внимания на голопузых детей, сновавших вокруг них, фонарные столбы и углы подпирали девки, также почти ничем не прикрытые, а по тротуарам скользили разболтанной походкой, подавая пока неясные мне знаки проезжим, парни в грубых штанах с опущенной ниже колен ширинкой.

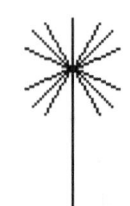

Машина зарулила в зев подземного гаража одного кристалла друзы, и к нам тут же подбежал патрульный службы безопасности лота, кто, держа наготове радиотелефон, доложил о визитёрах и провёл их в главное лобби к полукругу мониторов скрытых камер, на экраны которых поглядывал, сидя под пальмами, дежурный офицер, попросивший каждого расписаться в журнале регистрации, а затем детально растолковавший, на каком этаже, в каком крыле и секторе расположен оффис компании, интересующей посетителей.

Нам пришлось миновать немало перекрёстков широких и светлых коридоров, куда выходили высотой во всю стену окна витрин, где, словно в аквариумах, размещались приёмные самых различных фирм, начиная от всемирно известных « Сони » и « Ксерокса » и кончая загадочным « Весенним источником на горе ». Оформление оффисов было весьма индивидуальным, однако в нём ощущался единый стиль, проявлявшийся в подборе аксессуаров - фото, абстрактных панно и букетов, щедро украшавших все интерьеры.

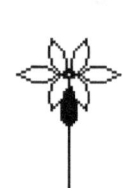

Пользуясь транспарантами и стрелками, мы сравнительно быстро разыскали « Майский цветок », представлявший собой, к моему глубочайшему удивлению, хотя и в полном соответствии с названием, крупно начертанным над входом, пускай и более фешенебельную, чем знакомые автору уличные, но всего лишь г а л е р е ю   ф л о р а л ь н о г о   д и з а й н а.

Я остановился, будто наткнувшись на что-то, и трудоустроительница, похоже, предвидя такую реакцию, посмотрела мне прямо в глаза с усмешкой.

Заведение имеет безупречную репутацию, бросила юная госслужащая, и она, доверяя мнению Кори, оценившей мои таланты, приложила со своей стороны немало усилий, дабы убедить владелицу фирмы устроить интервью русскому.

Я у неё не один, и сейчас ей придётся уехать по другим делам, и её совет - постараться извлечь максимум пользы из назначенной мне процедуры, ибо если я предпочту остаться в коридоре, мной заинтересуется охрана, и тогда мне доведётся провести бессонную ночь на допросах в полицейском участке.

Отчеканивши сие, Мишель раздвинула губки и показала опять идеальные зубы, и, эскортировав меня в ателье и отрекомендовав хозяйке, даме по имени Мери, откланялась и ушла, обещая возвратиться за своим клиентом через час-полтора.

Цветочная леди обладала высоким ростом, королевской осанкой и следами в прошлом, по-видимому, неординарной красоты несколько восточного типа - удлинённые члены и лицо, тонкий горбатый нос и большие тёмно-карие глаза под густыми бровями.

Рукопожатие немолодой уже женщины отличалось тою особой энергией, которую излучают мышцы разработанной кисти практикующего художника, и она, задержав мою руку в своей ладони, похвалила мои пальцы, заметив, что её теперь, увы, не те, какими были когда-то, и артрит постепенно лишает их гибкости, так необходимой хорошему флористу.

Мери провела меня в мастерскую, оборудованную стеллажами, заполненными стеклянными, керамическими, пластиковыми и металлическими вазами, урнами, кувшинами, блюдами, пьедесталами, горшками, кашпо, плетёными корзинками разной формы и объёма.

Вдоль стены размещались бочки с астрами, гладиолусами, лилиями, калами, папоротником и другой зеленью; на особых полках лежали сухие ветки, лианы, камни и пучки испанского мха; маленькую каморку без окон занимал бассейн, где меж лотосов плавали розы на длинных стеблях; шкаф с цифровым замком отводился орхидеям, заключённым в прозрачные контейнеры и применяемым, как объяснила мне галерейщица, только для самых эксклюзивных композиций. Жизнь экзотических красавиц поддерживала специальная атмосфера их келлий, и, извлечённые из неё, они увядали в течение суток.

Посреди растительного царства под лампами стоял длинный непокрытый стол со столешницей белого полированного мрамора, где в определённом порядке располагались ножницы и секаторы, пинцеты, кусачки, прямые и кривые ножи, кольца и прутья проволоки, иглы, шила, губки, обрезки пробки и пенопласта, химические пробирки и пульверизаторы с какими-то окрашенными растворами.

« Все фирмы, арендующие помещения в небоскрёбе, обязаны по контракту еженедельно приобретать у меня свежие букеты, - сообщила леди, - и потому я никогда не сижу без работы. Кроме того, сотрудники заказывают композиции для личных нужд, и сейчас я, чтобы ты мог показать мне свои способности, попрошу тебя изготовить вещь этого рода, предназначенную в подарок, скажем, пожилой любимой тётушке, прикованной к больничной постели. »

И добавив, что при выполнении задания, которое нужно закончить за полчаса, разрешается пользоваться какими угодно инструментами, равно аксессуарами, материалами и цветами, конечно, за исключением орхидей, запертых в шкафу, и мило улыбнувшись, Мери покинула мастерскую.

Больному старому человеку необходимо ободрение, обоснованно рассудил я и оттого задумал воплотить в миниатюрной бутоньерке, ибо она не должна занимать много места на тумбочке возле кровати, идею победы над недугом, и, руководствуясь поставленной самому себе задачей, разыскал среди сушняка угольно-чёрную ветвь, похожую на тщащуюся схватить что-то мёртвую руку, укрепил её в светло-сером шершавом сосуде из не покрытого глазурью фаянса и туда, куда тянулись кривые пальцы, поместил подобный взрыву сверхновой и сразу будто бы обжегший и заставивший отпрянуть окружающие его сучья розовый китайский пион.

Цветочница, вернувшись, оценила лаконизм и выразительность аранжировки.
« Серый сосуд олицетворяет будничную жизнь, из которой вдруг вырастает чёрная злая хворь и, одновременно, светлые силы сопротивления ей.
Триада классической философии Востока, основной из принципов икёбаны », - тонко заметила хозяйка и справилась, можно ли заработать на хлеб насущный сейчас в России таким или ему аналогичными творениями.
Подавление свободного рынка в Союзе, ответил я, исключает все возможности получения источника существования неангажированным художником, однако ж, каким-то крайне загадочным образом существует немало подданных Империи, чувствующих настоящее изоискусство и приобретающих, несмотря на препоны, возведенные системой, качественные произведения в их личную собственность.

Мери посмотрела на меня с улыбкой.
« Если верить Мишель, ты весьма активно продолжаешь работать в Америке, - сказала она. - Будь любезен, расскажи мне, чем именно ты занимался здесь последнее время. »

Я вкратце описал свою деятельность, упомянув алтарь « Кораблекрушение », а из живописи - « Сотворение мира » и незаконченное « Поклонение волхвов ». Галерейщица выслушала меня внимательно, а затем приступила к расспросам о жизни в Союзе, интересуясь многими её деталями.

« Ограничения вечно приводят к расцвету творчества, - резюмировала она. - Посмотри-ка, строго рациональная догма, внедрённая марксистами в умы, подобно прежним запретам на ведовство, изгоняя подсознательное и мистику из повседневной практики, тем сразу же переполнила ими сферу искусства, породивши в самые суровые годы коммунистического диктата экспрессионизм Кандинского и Малевича и сюрреализм праотца его Шагала.

Когда же режим стал преследовать иррациональное и там, новые течения вместе с их идеологией выплеснулись в мать-Европу, где вознеслась до неба фигура атеиста и коммуниста Пикассо, но, вижу, они и на исторической родине выжили в подполье и теперь, с падением Империи, достигли до наших берегов.

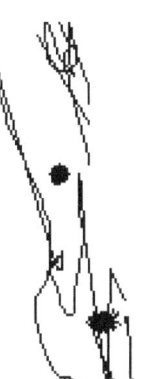

Однако тут любому бурному гению придётся подчинить свои созидательные, равно и все другие импульсы единственно великой цели, к достижению которой только и стремится это самое могучее и демократичнейшее в мире общество - быстрому, полному и окончательному удовлетворению Потребителя.

Потому, как бы мне лично ни импонировала твоя талантливая композиция, я никогда и не подумаю отсылать её старой женщине, ибо та, скорее всего, не привыкла отыскивать символическое значение в букетах, а за утешением перед лицом болезни и смерти обратится к религии, что, подозреваю, было не так уж доступно в твоей стране, и старушку могут серьёзно перепугать непонятные ей сухие ветви, и если это повредит здоровью моего покупателя, адвокаты тут же разорят меня многомиллионными исками. »

Видя вытянувшуюся физиономию автора, Мери коротко и незло засмеялась и, потрепав его по плечу, достала с полки овальную керамическую плошку.

« Сейчас я покажу тебе, какой дизайн осчастливит американскую тётушку, - произнесла дама и узкие кисти рук флористки с длинными цепкими пальцами, несмотря на артрит, помянутый ею раньше, замелькали, словно пара стрижей, над операционным полем. - Ему положено привлекать внимание посетителей пышностью, яркостью, излучать неколебимый оптимизм и выглядеть богато, но не расточительно дорого, не давая повод подумать, будто бы племянником движут какие-либо иные чувства, нежли чисто родственные. »

За то время, пока она изрекала сию тираду, Мери успела вложить в сосуд плотную пенопластовую подложку, куда вонзила восемь бутонов чайных роз, наискось обрезая одним точным взмахом их стебли серповидным ножичком, обложила основания стеблей мхом и пустила понизу усики мышиного горошка, под бутонами роз ярусом поместила ярко-голубые махровые звёздочки цветов совершенно неизвестного мне растения и окружила всё сооружение листьями свежего папоротника, аспарагуса, а попросту, спаржи, и микроскопическими беленькими хризантемками, усеивавшими паутиноподобные кустистые веточки.

« Разумеется, здесь нет ни грана искусства », - кажется, даже с некоторым удовлетворением отметила галерейщица, обозревая свою работу.

Она сразу же приступила к составлению большого букета, предназначенного, скорее всего, для оффиса, укрепивши тёмно-кобальтовую с росписью золотом фарфоровую вазу на поворотном столике.

Центром композиции служили королевские лилии, поддержанные множеством кремовых розанчиков и жёлтых нарциссов, и несколькими алыми георгинами; фактуру разнообразили ветки с гроздьями лиловых ягод и другие, на которых висели огненно-оранжевые сердцевидные семенные коробочки.

« Украшения бизнесов обязаны строго соответствовать вкусам их клиентуры. Конечно, я иногда позволяю себе и свободный полёт фантазии и наполняю вещи, которые делаю для близких друзей, особым смыслом и содержанием, - развивала цветочница начатую тему, не прекращая компоновать букет, - однако более девяносто девяти и девяти десятых процента моей продукции - доброе, старое и хорошо отточенное ремесло.

Зрение опытного аранжировщика автоматически отвергает все диссонансы и выбирает радостные и бодрые сочетания объёмов, цветов и фактур, создавая именно то, что привлекает покупателя, успокаивает и позволяет расслабиться, а не тревожит и побуждает расходовать серое вещество и нервную энергию, вовлекая его воображение в непривычные и вовсе не полезные ему эксерсизы. »

Теперь флористка поворачивала букет на столике и, словно иглоукалыватель, втыкала в него мелкие золотые шары и незабудки, и яркие цветовые акценты, заставляя взгляд перемещаться по спирали, и вправду, затормаживали мозг, и эффект этот заметно усилился, когда леди, завершив композицию, обдала её ароматическим аэрозолем, ибо, как я заметил раньше, все цветы в мастерской не обладали совершенно никаким запахом.

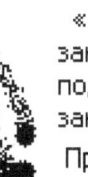

«Итак, дорогой друг, ты видишь, в чём суть и прелесть моей профессии», - заключила свой монолог потенциальная нанимательница автора и спросила, подтверждает ли он желание перейти от малоперспективных и даже опасных занятий свободным искусством к флоральному дизайну.

Произошло недоразумение, нехотя признался мнимый претендент на место, поскольку девушка Мишель не удосужилась выяснить его планы, в которые никак не входит перемена специальности, и он полагает продолжить карьеру физика-теоретика, вместе с облегчающими его текущие исследования, а вернее, составляющими их важную часть опытами, где подсознанию беспрепятственно позволено плыть по воле случая, спонтанно генерируя художественные образы, не скованные рациональными ниже материальными соображениями.

Флористка с видимым сожалением отметила, что такая установка кажется ей ещё более опасной и чреватой непредсказуемыми последствиями, и если я когда-нибудь захочу себе и другим покоя, она охотно вернётся к разговору.

Дама протянула автору бизнес-карточку её галереи и, переменивши тему, принялась расспрашивать о новостях из практически неуправляемой Империи и о неудавшемся августовском путче. При этом профессионалка приступила к третьей композиции, заказанной, как она мимоходом обронила, на похороны, и не прекращая беседы, укрепила в широкой урне охапку белых гладиолусов и дюжину тёмных, будто обожжённых роз, и обрызгала всё особым раствором, отчего лепестки усыпали невысыхающие слёзки размером с маисовое зерно.

Когда разговор почти иссяк, в галерее снова появилась Мишель и дала нам прочитать и подписать в трёх экземплярах бумагу о состоявшемся интервью, организованном беженцу имярек бюро федеральной службы трудоустройства, которое, тем самым добросовестно выполнив обязательства перед клиентом, прекращает с ним дальнейшие сношения. Последний имеет право обжаловать изложенное решение в течение сорока дней в определяемом законами порядке.

Затем хозяйка фирмы подошла к моей композиции, выглядевшей Золушкой рядом с аранжированными ею самой, столь богатыми цветами и фактурами, и извлекла из её сердцевины, сплетения сухих чёрных неэстетичных сучьев, сопротивлявшийся из последних сил их охвату единственный розовый пион.

Она вставила цветок в милую узкогорлую вазочку гранёного стекла, окружила беленькими хризантемками и папоротником и, перевязав муаровой ленточкой, протянула смущённому аппликанту, велев передать моей замечательной жене с наилучшими пожеланиями от неё, Мери, и опять задержала мою руку в своей несколько дольше обычного.

И вторично пересекши негритянский район, лежавший в руинах, словно тут вчера шли ожесточённые бои, юркая красная машинка Мишель помчала меня за реку, откуда скопище небоскрёбов казалось друзой драгоценного минерала.

«Ничего удивительного, сосед, - утешительно заключил Роман Бронштейн, услышав на следующий день за обедом о моём интервью, - это чёртово бюро ещё ни разу не предлагало русским работы классом выше мойщика посуды, куда, как ты успел убедиться, берут любого, даже нелегалов без документов, поэтому мы с большим интересом наблюдали за происходящим.»

Я спросил, зачем же, в таком случае, существует не к ночи будь помянутое федеральное учреждение, и Роман открыл мне глаза на то, в чём иммигрантов чрезвычайно полезно было бы просвещать загодя.

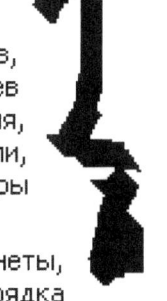

Один из фокусов, обеспечивающих бесподобную динамику экономики Штатов, кстати, позволяющий с пользой для них переварить мощный поток переселенцев со всех концов света, состоит в исключительно низком уровне налогообложения, и казна довольствуется примерно раза в три меньшей долей валовой прибыли, чем та, которую покорно возлагают на алтарь их отечества баузры и бюргеры других индустриально развитых стран.

Оставшись после падения восточной Империи единственной супердержавой планеты, западная понесла на своих плечах основное бремя поддержания мирового порядка и, понятно, военные расходы поглощают львиную долю государственного бюджета, отчего полиция, публичные школы и все социальные институции кормятся крохами от рациона федерального «Льва Еды» - Пентагона.

Впрочем, такое положение вещей вовсе не примета наших тревожных дней, и концепция правительства как, прежде всего, инструмента для ведения войны с фигурой Главнокомандующего в лице Президента, уходит корнями в историю возникновения и становления Соединённых Штатов и питается ныне выгодами, связанными с контролем над определёнными зонами земного шара.

И всё ж не по указанным причинам забота о боеспособности вооружённых сил неизменно стоит номером первым в списке приоритетов каждого законодателя, заседающего на вершине Капитолийского холма.

Аналитику, увы, очевидно - самоё устройство совершеннейшей, вне сомнения, изо всех демократий, сущих в мире, не позволяет ровным счётом ничего иного.

Проекты бюджета, обычно, независимо разрабатываются главными партиями, кабинетом Президента и казначейством, а не каким-то специально созданным для того органом, затем широко обсуждаются и увязываются в один, который должен, прежде всего, получить одобрение нижнего дома (палаты) Конгресса, где скрещивают копья 435 Представителей. Каждый же из последних получает мандат свой лишь на двухлетний срок от одного компактного этнического округа, причём всегда в бескомпромиссной борьбе со множеством кандидатов, и по идее, заботясь о продолжении карьеры политика до выхода на пенсию, должен быть обеспокоен мнением избирателей куда больше, чем поддержкой партий, союзов, равно и других открытых либо тайных группировок.

Однако на практике контингент в своей оценке деятельности конгрессмена руководствуется не статистикой результатов его голосования по федеральным и глобальным проблемам, а тем, « приносит ли он или она домой свинину ».

Общепринятый термин означает привлечение на территорию своего округа федеральных средств, потому всякий из Представителей сражается, как лев, за сохранение военных баз и размещение заказов на производство вооружения в районе, где он/она предполагает баллотироваться на будущий срок.

Гражданские институты государства интересуют законодателей нижнего дома гораздо меньше, и уж вовсе им безразличны программы помощи переселенцам, поскольку иммигранты лишены права голоса.

Поэтому служба натурализации, сидя на голодном пайке, платит сотрудникам половину суммы, получаемой чиновниками в частном секторе, и вынуждена нанимать всякую дрянь, вроде той же Мишель, которая, как тут всем известно, будучи открытой лесбиянкой, находит удовольствие в тонком издевательстве над клиентами-мужчинами, и особенно, женатыми.

Правда, со мною она обошлась ещё по-Божески, питая слабость к натурам артистического склада, и предложение места ассистента в « Майском цветке » говорит о некотором её ко мне благоволении.

Роман изложил свою версию произошедшего за закусками, зелёным борщом и жарким, и к десерту я успел возразить ему, что моя квалификация учёного позволяет претендовать на позицию исследователя в лабораториях Пентагона, и успех моего интервью в бюро давал мне повод на то надеяться.

Сосед немедленно пожелал узнать о моём опыте подробнее, и пригласил меня пройти к нему наверх, в гостиную, где Мирра поставила на стол коньяк и сыры и вышла, предвидя мужской разговор.

Роман расспросил меня об этом дне, дотошно вникая в детали, даже такие, как покрой платья жены и костюмов сильной части семьи, брила ли Галина ноги, принимали ли все горячую ванну непосредственно перед приездом волонтёрки, пользовались ли духами и деодорантами, а также что ели и пили за обедом.

Он осведомился, не осыпали ли меня с домочадцами дождём комплиментов и не было ли среди них чего-либо вроде: « У вас прекрасная большая борода, редкая в наших местах » или « Сразу заметно, что этот изумительный костюм из Европы », или « Вы владеете английским языком куда лучше американцев ».

Ещё он задал вопрос, не расточали ли интервьюеры похвал русской культуре, не восторгались ли системой образования, искусствами и наукой в Империи, не выражали ли сожаления по поводу её сегодняшнего плачевного состояния, и, действительно, я вспомнил немало подобных моментов.

« Эх, и лихо ж ты, профессор, сюда явился, - хмыкнул сосед, когда автор завершил свой рассказ, - без гроша, то бишь, пенни за душой и не имея тут никого из друзей или просто знакомых, кто хотя бы предупредил тебя об этой и других ловушках, насторожённых повсюду в капиталистических джунглях на наивных свеженьких искателей счастья, голова-за-облаками. »

Как я узнал от него дальше, устроенный мне скрытый допрос предназначен вовсе не для выяснения рабочей квалификации иммигранта, а для составления его так называемого « социального профиля », и люди, с которыми я тогда общался безо всякой задней мысли - профессиональные психологи, выносящие суждение об агрессивности, искренности, внушаемости, привычке к роскоши, силе воли, склонности к преступлениям и прочих свойствах твоего характера.

Нарисованный ими психологический портрет личности навечно сохраняется в компьютерной базе данных и за умеренную плату выдаётся любому, включая самого портретируемого, и оказывает немаловажное влияние на всю его жизнь, ибо он рутинно учитывается при приёме на работу и продвижениях по службе, принятии решения о женитьбе или замужестве, предоставлении кредитов и т.п.

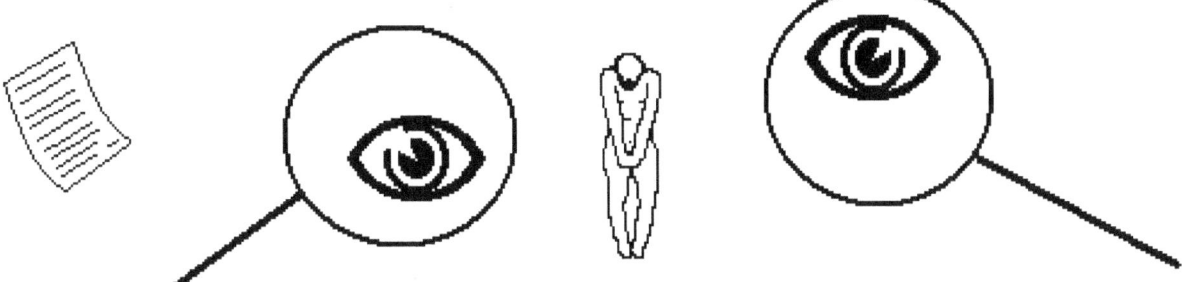

Такая деятельность абсолютно законна в Соединённых Штатах, поскольку она является отражением закреплённого в Конституции принципа свободы слова, и никто не может запретить никому распространять своё мнение о ком угодно, бесплатно или за деньги.

Тебе даётся полное римское право игнорировать приглашения на интервью, но шаг этот не ограждает от профилирования, скорее же, напротив - тем самым субъект неизбежно привлекает ещё более пристальное внимание специалистов, побуждая их собирать информацию от осведомителей, а иногда даже и прибегать к методам тайной слежки.

И вообще, в компьютерную эру на любого заводится масса электронных досье, где подробнейшим образом запечатляется его история: место и даты рождения каждого из членов семьи, их гражданский статус, доход, раса и происхождение, нынешний и три прошлые адреса, и, самое важное - статистически обработанные сводки всех их покупок, включая сюда еду, питьё, сигареты и прочие мелочи, и при теперешнем уровне развития информатики несложно выяснить подноготную всякого индивидуума, для коммерческих, равно и для других целей.

Никто не в состоянии уклониться от профилирования, однако существует сумма стереотипных приёмов и правил, знание которых позволяет иммигранту поднять свой социальный рейтинг, насколько это возможно в его положении.

Прежде всего, следует одеваться в соответствии с американскими вкусами, то есть, никогда не выдерживать одежду в одном тоне.

Подол юбки должен оканчиваться много выше колена, невзирая на возраст и варикозные вены, обратное считается признаком ханжества и лицемерия, подобно тому, попытка визуально исправить изъяны фигуры покроем платья расценивается как свидетельство неуверенности в собственных силах.

Обязательно необходимо надушиться, причём чем забористей, тем лучше, ибо все естественные ароматы по какой-то причине производят на аборигенов совершенно ошеломляющее действие, и пренебрежение отдушками говорит, по мнению здешних, о превосходной степени наглости.

И совсем губительно для репутации пахнуть едой, особенно морепродуктами, а уж запах алкоголя приравнивается просто к пощёчине окружающим.

Мы потихоньку потягивали вкусный и очень пахучий «Курвуазьё», заедая нестерпимо пахучим, чтобы не выразиться иначе, бри, и Роман посвящал меня под это дело в сложности отношений граждан Соединённых Штатов с Бахусом.

Традиция страны, восходящая, вероятно, ко временам ковбоев Дикого Запада, исключает употребление спиртного вместе со съестным, и в барах к виски не предлагают буквально ни крошки никакой закуски.

Маленькие порции, счёт которым вести невозможно, опрокидывают в нутро не ради вкусовых ощущений, а для того, чтобы подзавестись, и, естественно, при этом нередко утрачивается всякая благоразумная мера.

Поскольку же каждый покидает восвояси бар на своих четырёх (колёсах), представляя собой немалую опасность на скоростных шоссе, все выпивающие обоснованно третируются обществом как потенциальные убийцы.

Добавим к тому запрет, налагаемый на винопитие протестантами, мормонами и на глазах набирающими силу чёрными мусульманами; постоянные попрёки колонизаторам испанцам и французам за злоумышленное спаивание индейцев; саднящую память о бутлегерстве, рождении мафии и провале сухого закона, и мы поймём, отчего большинство добрых американцев на дух не терпит зелья, завезённого на континент отравителями-захватчиками, и спокойно относится к наркотикам, составляющим неотъемлемую часть культуры местных племён, и, надо сказать, не толкающим на буйные подвиги, а напротив, погружающим в состояние нирваны и любви ко всему на свете.

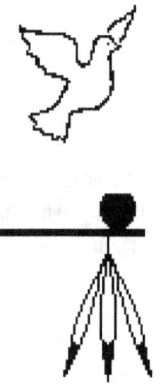

Также интервьюируемому настоятельно рекомендуется не выносить никакого категорического суждения ни по одному вопросу, иначе его сразу причислят к личностям доминантного типа и претендентам на лидерство в группе, и это весьма отрицательно скажется на перспективах его трудоустройства.

Следует ожидать очень провокационных сентенций со стороны профессионалов, и если не имеешь абсолютно безукоризненного ответа, то наилучший выход - сделать вид, будто не расслышал или недопонял собеседника.

Кажется, ваш покорный слуга умудрился нарушить все преподанные ему *post facum* правила, придя с женой на интервью в европейских костюмах, по здешним стандартам, неприлично волосатыми и после распития бутылки предательски подаренного чёрным Ричем пива «Магнум», чей крепкий запах ячменного солода, на который тут у всех особый нюх, не удаётся до конца обычной чисткой зубов.

Кори, разумеется, настучала кому следует о замеченных устрицах и омаре, и в довершение провала, автор клюнул на простую лесть и закатил психологам неуместную лекцию, понизивши отметку «социального профиля» до предела, и мой ментор и сосед выразил беспокойство по поводу дальнейшей судьбы и видов на благополучие меня и моего семейства вкупе.

Я со смехом заверил его в том, что мне глубоко наплевать на ихний профиль, хотя и понимаю необходимость выявления подозрительных среди приезжих, ибо какая же разведка упустит возможность массовой инфильтрации агентов, пользуясь потоком, хлынувшим из Империи, да и криминальные наклонности наших, равно и других иммигрантов, общеизвестны.

Но я крупен для их ловушек, у меня в кармане удивительнейшее открытие и вот-вот обо мне узнает и заговорит весь цивилизованный мир.

Если ты, следующий за мною Читатель, не разделил ещё энтузиазма автора относительно важности факта обнаружения им некой неизвестной способности, слабой, по всей видимости, не часто встречающейся у людей, не приносящей явной пользы владеющему ею и при осознанном её применении вызывающей истощение всех человеческих сил, буквально патологическое, то твоя апатия говорит мне, и поверь, вовсе не к твоему упрёку, лишь об отсутствии у тебя системного научного подхода, приобретаемого только, увы, соответствующими образованием и практикой.

Всё же я упорно стараюсь восполнять пробел за пробелом, и должен сказать, первопроходцев от века скорее можно обвинять в близоруком преуменьшении, чем в преувеличении своих достижений, и в том полушарии, где мы с тобою сейчас обретаемся, не уместно ли нам помянуть хорошего католика Колумба, чья забота - проторить в обход мусульман торговый путь из Европы в Индию, тогда, как впереди него раскинулся непомерный и ни на одну знакомую землю не похожий материк.

Обычно я очень болезненно реагирую на уколы своему самолюбию, однако мой блистательный провал на интервью сослужил мне неоценимую службу, подарив целые полгода, свободные от житейских забот, которые я никогда бы не решился выделить себе сам, тем позволив заметить и начать исследования присноенуловимого « шестого чувства ».

Но теперь дело подыскания мне места в научном учреждении, откуда я мог бы застолбить найденную мной золотую жилу, следовало незамедлительно брать в собственные руки.

Прежде всего, я решил поговорить без обиняков с кем-нибудь из разведчиков, допрашивавших меня по приезде, ибо они-то собрали и, надеюсь, проверили всю информацию касательно моей учёбы и закрытой деятельности в Союзе.

Все они аккуратно оставляли мне свои визитные карточки, и пересмотрев их, я остановился на старом польском еврее, том самом, который называл Галину « милая пани » и вспоминал про « кавьярни » в довоенной Варшаве.

Местные по привычке примутся долго ходить вокруг да около, и к тому же, старик питал неприкрытое восхищение имперской наукой.

Мафусаил шпионажа, похоже, вначале решил, будто я позвонил ему с целью заложить кого-либо из иммигрантов, уличённых автором в порочащих связях, и оттого некоторое время не мог понять, чего же мне надо, однако, врубившись, обстоятельно и доброжелательно ответил на мои вопросы, и от него я узнал о законе, воспрещающем негражданам занимать государственные должности.

В годы гонки вооружений Конгресс порой декретом жаловал крупным учёным гражданство без обязательного пятилетнего срока ожидания, но после скандала с выдачей красным всех секретов атомной бомбы, такая практика прекращена.

Он рекомендует мне обратить внимание на частные фирмы и университеты, чьи объявления о найме систематически публикуются в американских изданиях широкодоступного популярного журнала « Физика сегодня », впрочем, советуя запастись терпением, поскольку теперь, в связи с победоносным окончанием холодной войны, не ощущается необходимости форсировать и финансировать проекты исследований по физике, особенно фундаментальной, и гранты на них, выделяемые бюджетом, так же, как и благотворительные стипендии, повсюду урезаны в пользу гуманитарных и социальных направлений.

Итак, моей персоной пока никто не заинтересован, и библиотечный поиск, а также переписка и переговоры с работодателями займут некоторое время.

Деньги от продажи пудреницы разошлись, нелегальный заработок у Луиджи далеко не покрывал расходов, да и испытывать судьбу больше не следовало.

Галина, благодаря мне, разбирала тексты по-английски, пользуясь методом «глокой куздры», но её разговорный навык был явно недостаточен для того, чтобы бегло общаться с клиентами и сослуживцами в магазине или ресторане, и я не видел иного выхода, кроме как, рискуя своей репутацией, официально поступить на неквалифицированную работу, которую потом никоим образом нельзя укрыть от следующих нанимателей, ибо послужной список и данные о доходах жителя США хранятся вечно в компьютере налогового управления и без ограничений выдаются всем заинтересованным лицам за скромную плату.

Конечно, я бы не влип в описанную ситуацию, если бы предвидел наш отъезд и занялся бы, по крайней мере, обучением жены английскому языку в Союзе, однако уносили-то мы ноги с Родины настоящим и непредсказуемым чудом, когда совпадение множества факторов приоткрыло на миг незаметную дверку в казавшейся непреодолимой стене препятствий, и я, стараясь думать именно и только об этом, отправился обходить заведения, расположенные в пределах пешей досягаемости от апартментов.

Спрос на почасовой простой физический труд в стране поистине неисчерпаем, поскольку обслуживание, а не производство - важнейший сектор её экономики, требующий непрерывной подпитки людьми, вовлекши в себя уже подавляющее большинство населения Штатов - предлагает любому на выбор специальности кассира, разносчика, продавца, мясника, расфасовщика, уборщика, упаковщика, грузчика и тому подобное.

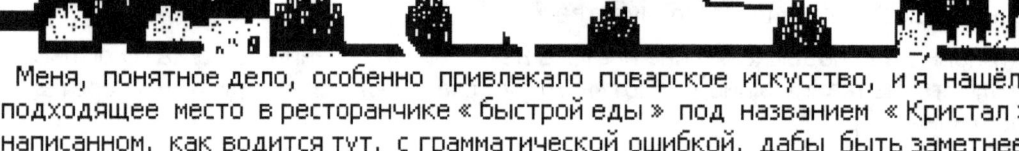

Меня, понятное дело, особенно привлекало поварское искусство, и я нашёл подходящее место в ресторанчике «быстрой еды» под названием «Кристал», написанном, как водится тут, с грамматической ошибкой, дабы быть заметнее.

«Кристалу» требовался работник у плиты в самое удобное для меня время, с шести до одиннадцати вечера, и хотя он стоял несколько на отшибе, не в моле сразу через дорогу, а гораздо дальше, вниз по «Университетскому проспекту», зато вблизи от него останавливались автобусы маршрута, проходившего мимо центральной публичной библиотеки города, где я теперь планировал заниматься все дневные часы.

*Kristal*

Менеджер в серебристом костюме-тройке и галстуке цвета бордо, манерами, безукоризненным пробором и лаковыми туфлями напоминавший аристократов кальмановских оперетт, чьё произношение указывало на неплохое образование, пригласил меня в его стеклянный кубикл-оффис, откуда просматривалась кухня, вложил в мою ладонь узенькую панельку дистанционного контроля и усадил в кресло перед видеомагнитофоном, после чего включил запись и удалился.

Лента начиналась исполнением гимна компании и рассказом о её истории, отцах-основателях и нынешнем руководстве, неизменно высокой репутации, и о блестящих перспективах и возможностях роста, открывающихся любому, добросовестно и верно служащему ей.

Во второй части видео излагались принципы и правила, коих неукоснительно обязаны придерживаться все заведения сети, и подробно демонстрировались производственные процессы и технологии, одобренные специалистами центра.

Рестораны «быстрой еды», действительно, обслуживают клиента мгновенно, тогда как «Папа Луиджи» и подобные ему одиночки тратят на то не меньше четверти, а то и получаса.

Феноменальная быстрота достигается резким ограничением выбора; обычно готовится единственное и основное фирменное блюдо, пара дополнительных и гарнир: необходимое разнообразие обеспечивается набором соусов и приправ.

Камнем, заложенным отцами в край угла конкурентоспособности «Кристала», является маленький, квадратный в поперечном сечении бутерброд-гамбургер, отличный от круглых, умеренного размера, сервируемых «Макдональдсом», и от по-раблезиански огромных, составляющих коронку «Короля бёргеров». «Кристалический» гамбургер, припускаемый с луком-репкой, приправляется ломтиками маринованных огурцов и недозрелых помидоров, листиками салата, шкварками из бекона, прессованным суррогатным сыром, а также кетчупом, слабой горчицей и майонезом, всем сразу или во всевозможных комбинациях.

На гарнир к нему подают в отдельной коробочке бруски мороженой картошки, жареной в кипящем фритюре; дополняют меню куриные котлетки, обжаренные в том же жире, что и картошка, и сосиски на длинных булочках, по желанию, с острейшим соусом «чили» из бобов с мясом.

Во всех кулинарных процессах применяются исключительно полуфабрикаты, поставляемые только централизованно, технология не меняется уже полвека, с момента её изобретения, чем компания гордится особенно, и, соответственно, оборудование подвергалось лишь минимальной модернизации, не влияющей на качество, такой, как установка более совершенных таймеров и термометров, и оттого покупатель может быть уверен в старом добром вкусе «кристалов» повсеместно, от экватора и до обоих полюсов, и далее.

Когда я дошёл до финала видеозаписи, где сияющая коробочка с гамбургером под звуки гимна поднялась над планетой, в кубике снова появился менеджер.

Он задал мне несколько вопросов по фильму, и удовлетворившись ответами, вызвал с помощью карманного телефона свою помощницу, и перед нами тут же возникла юная яркая блондинка на шпильках, также в серебристом костюмчике, очень и очень женственном, с облегающей высоко разрезанной по бёдрам юбкой, ажурным жабо и галстуком-бабочкой бордо, сколотым фальшивой жемчужиной.

Менеджер представил меня девице, в обязанности которой, как он объяснил, входит инструктаж новонанятых, и препоручил автора её попечению.

Блондинка, назвав себя Пэм и протянув мне руку, с улыбкой указала пальцем на мою бороду, сказав, что назавтра её нужно сбрить, ибо таковы их правила. Можно оставить усы, а баки не должны опускаться ниже мочек ушей.

Я выразил на то своё согласие, и тогда помощница повела меня в кладовую, где подобрала мне по размеру лёгкую хлопчатую униформу работника кухни - синюю рубашку с отложным воротом, синие брюки и шапочку типа жокейской, и чёрные полуботинки.

Галстука повару положено не было, и контрастным элементом одежды служил эластичный ремень ярко-красного цвета с металлической пряжкой.

Девица сложила всё в пластиковые мешки, башмаки отдельно, торжественно вручила мне, и, тепло поздравив со вступлением в семью «Кристала», велела явиться в два часа пополудни следующего дня для прохождения инструктажа, который эта замечательная компания включает в рабочее время и оплачивает.

Резкое устранение окладистой бороды, коя облагораживала мою физиономию в ту пору, влечёт за собой весьма неприятные последствия, поскольку кожа, защищённая ею, привыкает к постоянной температуре и умеренной влажности, и без подготовки открываемая действию элементов, отвечает на предательство сильными раздражениями и воспалениями.

Нормальная процедура уничтожения волосяного покрова включала бы стадии уменьшения его толщины, выбривания щёк, обращения бороды в эспаньолку, затем в усы с подусниками, и только после того - окончательное искоренение. Теперь же, понятно, на всю теорию по-чапаевски следовало наплевать и забыть, и приготовиться недельки две терпеть непрекращающийся зуд.

Наилучшим орудием для экзекуции была б электрическая бритва, однако поглядев на цены, я приобрёл станочек «Жиллетт» и тюбик пенистого крема, и состригши бороду насколько возможно ножницами, принялся скоблить лицо, которое тут же стало покрываться красными пятнами.

Потом я слегка погасил жжение самодельным лосьоном из водки с огурцом, припудрился, надел синюю форму и ремень, сейчас гармонировавший цветом с моим подбородком, и пошагал на свою первую легальную работу в Штатах.

Я пришёл туда чуть раньше назначенного времени, ланч ещё не закончился, и ко мне вышла не Пэм, а быстроглазая азиатка и проводила меня в оффис, попросивши не покидать его, пока полностью не спадёт наплыв посетителей.

Через прозрачную стенку кубикла я наблюдал слаженные действия команды низеньких черноволосых и схожих людей, вероятно, одной национальности, иногда бросавших друг другу фразы на языке, изобильном носовыми звуками.

В окна раздачи им подавали команды по-английски две миленькие девчушки того же типа, с водопадами тяжёлых смоляных кудрей до пояса.

------((((«о»))))------

Пэм в своём костюмчике с кружевами также споро сооружала гамбургеры, заправляла и заворачивала «горячие собаки», засыпала мороженую картошку в проволочные корзинки и погружала их в кипящий жир, помешивала что-то, пыхтевшее в чанах и котлах, и вообще, двигалась по всей кухне, подключаясь, по-видимому, туда, где не хватало рабочих рук.

Около двух часов заказы стали поступать со значительными промежутками, азиаты занялись протиркой полов и утвари, восполнением запасов продуктов, поднося ящики полуфабрикатов из кладовой, впрок замачивая сушённый лук, поджаривая полосочки бэкона и нарезая помидоры механическим устройством, а Пэм подошла в оффис.

Она приветствовала меня с широкой улыбкой, хотя без обычного рукопожатия, и похвалив за исполнительность, попросила подождать ещё немного и вышла.

Вскоре в оффис вошёл менеджер и, потрепав по плечу, усадил меня в кресло, а сам устроился виз-а-ви на стуле.

Он тоже начал с похвалы моей обязательности, после чего спросил, как мне нравятся политика и правила компании.

Я ответил комплиментом, и он принялся довольно пространно говорить о том, какие строгие требования предъявляет фирма не только ко вкусу её продукции, но, и прежде всего, к обеспечению безукоризненной производственной гигиены.

Завершив изложение кредо «Кристала», менеджер выдержал паузу, словно предоставляя мне возможность продолжить беседу, а затем поинтересовался датой моего приезда в Америку.

Я назвал её, и менеджер, демонстрируя всем своим аристократическим видом крайнюю степень смущения, справился, будто бы походя, не было ли у меня трудностей при прохождении врачебного освидетельствования, необходимого для получения разрешения на въезд в Штаты в качестве их постоянного жителя, и не знаю или не подозреваю ли я о каких-либо медицинских обстоятельствах, препятствующих мне выполнять обязанности повара.

**K**reed

Тут я додул, хоть и с опозданием, что причиной его беспокойства послужили следы раздражения от бритья на моих щеках и подбородке, принятые им и Пэм за дерматическую болезнь, и поспешил заверить начальство в их незаразности, поскольку они представляют собой естественную реакцию кожи на лишение её долговременного волосяного покрова.

Сам он верит, и всё же не вправе нанимать работника, вид которого вызовет подозрения клиентов, отвечал босс и посоветовал мне навестить его ещё раз, когда пятна полностью сойдут, но только в цивильной одежде, а униформу прихватить с собой, чтобы, если интересующую меня вакансию уже займут, возвратить компании её собственность.

Между тем автор обзавёлся более обещающими идеями в связи с увиденным, и поблагодарив и попрощавшись, поторопился назад в апартменты.

Почему б в городе не быть и русскоязычным бригадам, подобным азиатской, чью смену я застал в «Кристале»? тогда Галине её начального английского достало бы с головой, чтоб вписаться в одну из таких, избавляючи мужа от суровой нужды продать первородство учёного за чечевичную похлёбку, подумал я и попросил Романа немедленно разузнать о том.

Добрый сосед оперативно обзвонил своих деловых знакомцев и выдал на гора исчерпывающую, хотя малоутешительную информацию.

   Организация национального подряда прибыльна, легальна и даже поощряется немаловажными налоговыми льготами, причём посреднические фирмы не только трудоустраивают иммигрантов, но и содействуют компатриотам в получении рабочих и других виз.

   Однако сферы влияния в Джеке давно поделены, и камбоджийцы формируют команды для ресторанов быстрой еды, филиппинцы контролируют магазины, а карибцы специализируются на уборке оффисов, и оттого «русские» дельцы, имеющие доступ к богатейшими ресурсами дешёвой рабсилы в Империи, пока только примеряются к рынку, не решаясь вступить в открытую конфронтацию с нацгруппами, застолбившими места раньше.

   На текущий момент они держат лишь такелажную шарагу в порту, да ещё иногда снабжают молодыми девицами индустрию «взрослых развлечений» - оба эти занятия навряд ли подходят моей жене.

   Я рассказал Галине о постигшей меня неудаче, и опытная женщина всю ночь лечила раздражения примочками из ромашкового чая, а наутро отвела меня в косметический отдел универмага, где подобрала точно под цвет моего лица палочку прессованного грима, замаскировавшего пятна, и получив от супруги указание обновлять его каждые два-три часа, автор отправился в «Кристал», и там, осмотрен и одобрен, сменил штатское, в котором явился, на униформу и был, в сопровождении Пэм, допущен к плитам.

   Инструктаж прошёл без каких-либо осложнений, и мне предложили тут же приступить к работе и познакомиться со своими партнёрами по смене, чему я чрезвычайно обрадовался, поскольку финансы семьи таяли катастрофически.

   К шести вечера азиаты вымыли помещение, заготовили полуфабрикаты впрок и укатили в одном, длиннее вагона антикварном «Линкольне», а на их место заступил, судя по поведению и разговору, чисто американский состав.

   Большинство в нём составляли разбитые чёрные парни, сразу наполнившие кухню гамом и смехом; все они носили серьгу и толстые витые золотые цепи, заметные через ворот апаш фирменных рубашек.

   Пэм представила меня вечерней помощнице менеджера, которой передавала свои полномочия - очень юной негритянке с гордой посадкой на лебединой шее стриженной под ноль головы удивительной формы и пропорций, в чьих ушах сверкали большие настоящие солитеры.

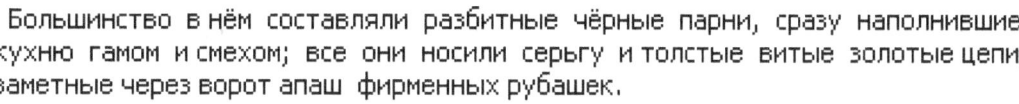   Та грациозным жестом протянула мне руку, после чего, подозвавши из кухни дюжего чернокожего верзилу, носившего мусульманское имя Хасан и чем-то напомнившего мне Рича, приказала ему заняться моим дальнейшим обучением.

   Хасан проверил, как я умею разделять лопаткой брикет мороженых котлеток, раскладываю эти квадратики прессованного фарша ровными рядами по плите, слегка припекаю с одной стороны, не пережаривая, а затем, быстро перевернув, кладу на каждую щепоть мочёного сухого лука и нижнюю половинку булочки, пристраиваю на бутерброды верхние их части и опускаю крышку, позволяя им пропариться установленное инструкцией время.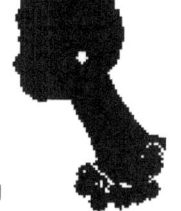

   Куда труднее было точно выполнять все распоряжения, сыпавшиеся градом, и от сотрудниц передней стойки, обслуживающих посетителей зала ресторана, и от ловкого боя, вооружённого микрофоном с наушниками, посредством чего он принимал заказы по переговорному устройству у проезжающих, подавая упакованные еду, питьё, приборы через окно на улицу прямо в автомобили.

   Получив приказ, повар обязательно громко повторял его, но всё равно порой случались подмены в ассортименте и заправки продукции не по вкусу клиента, однако тот, кто снаряжал поднос или пакет, обычно до передачи их покупателю замечал промах, ибо имел копию кассового чека со списком оплаченных блюд, и не так скомплектованный набор тут же возвращался в кухню на исправление.

   Думается, я ошибался не намного чаще других, во всяком случае, раздатчики ни единого раза не выказали мне недовольства, напротив, при каждой оплошке использовали шанс подбодрить новичка какой-нибудь незамысловатой шуткой.

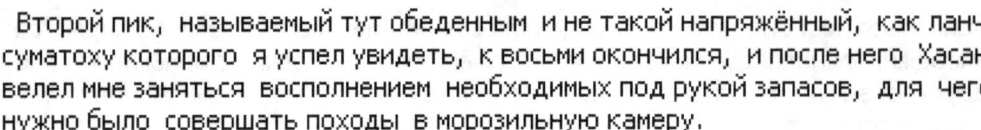
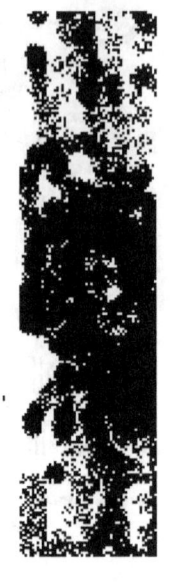

Второй пик, называемый тут обеденным и не такой напряжённый, как ланч, суматоху которого я успел увидеть, к восьми окончился, и после него Хасан велел мне заняться восполнением необходимых под рукой запасов, для чего нужно было совершать походы в морозильную камеру.

Последняя представляла собой освещённую слабыми газосветными трубками комнатку типа отсека субмарины, с тяжёлой стальной герметической дверью и стеллажами, под потолок заставленными коробками; подобраться к верхним позволяла лестница-стремянка.

Температура внутри поддерживалась - 10° F, соответствуя 23,3° ниже нуля по шкале Цельсия, и входя туда в лёгкой рубашке прямо от горячей плиты, за кратким блаженством ощущаешь уже знакомый мне, но более сильный шок, вызывающий спазмы и рези в членах, заставляющие быстро покидать камеру.

Отчего-то мой чёрный ментор не посчитал полезным однажды отвести меня в морозильник и наглядно ознакомить с размещением продуктов, предпочитая давать разъяснения устно, причём бегло и на рыкающем густом «эбоник», и понимая его путаные, хоть и пространные директивы очень приблизительно, я проводил немало бесконечных минут в сумраке искусственной полярной зоны, разбирая надписи на коробках и промерзая до мозга костей.

Я возвращался с ящиком к плите и Хасан, пошутив насчёт моего пристрастия к «русским холодам», пускался в следующие объяснения, неторопливо выполняя редко поступавшие теперь заказы, во время чего я успевал полностью оттаять, а потом и снова как следует разогреться, проходя на деле через все фазы цикла того «экзотического существования», которое расхваливал герою-композитору скользкий типаж «Доктора Фаустуса», незваный гость больного додекафониста, наглец, принимавший разные формы.

Мне удалось, правда, провозившись изрядно, обнаружить котлетки, картошку, куриное филе, «собак», однако задания усложнялись, относясь к дополнениям, чьи запасы на кухне истощаются нечасто, и резонно устроенным под потолком.

Я устал, двигая тяжёлую стремянку, ноги подкашивались, голова кружилась, озноб не позволял читать этикетки, и я, как ни старался, не мог найти брикеты американского суррогатного сыра.

Вконец окоченев, я покинул камеру с пустыми руками и попросил Хасана ещё раз повторить мне свои инструкции, чуть помедленнее и не глотая звуков.

Тот отозвался на мои слова лишь ухмылкой и послал меня скрести чаны, а сам направился в оффис, где, словно в хрустальном гробу, полулежала в кресле, подняв красивые ноги на стол, и курила чёрная юная бриллиантоносительница, в противоположность Пэм, никогда не выходившая из кубикла.

Вернувшись оттуда, мой наставник передал мне распоряжение начальницы прекратить работу, переодеться в кладовой и повесить свою униформу там отдельно от ненадёванных.

На меня пока не заведена карта учёта, объяснил он, и мои данные не введены в компьютерный файл.

Менеджер, вероятно, примет окончательное решение о моём графике завтра и сообщит мне его, когда я явлюсь на службу.

Действительно, босс на другой день встретил меня у порога и с места в карьер справился, не хочу ли я принять внезапно открывшуюся прекрасную позицию в утреннюю смену, где смогу зарабатывать гораздо больше.

Я отказался, сославшись на личные обстоятельства, и тогда он со вздохом признался, что Хасана не удовлетворяет моё слабое знание английского, и мне нужно бы немедленно поднапечь и оперативно усвоить необходимый минимум производственной терминологии.

Я пообещал, и он, вызвав Хасана в оффис и закрывши двери, некоторое время с ним о чём-то оживлённо беседовал.

Затем он подал мне знак заходить и попросил меня повторить своё обещание в присутствии моего наставника.

Я сделал это, и детина, осклабясь, потрепал меня по плечу и дал мне неделю на овладение жаргоном, объявивши менеджеру, что ежели за указанный срок я не научусь хорошо понимать уроженцев страны, в которую меня впустили, не спросив позволения у тех, кого я лишаю прав первородства, то он от лица их вполне способен сказать мне «DOZ-VE-DA-NYA» по-русски.

-148-

На кухне Хасан заверил меня в безукоризненной чистоте своих побуждений и стопроцентном отсутствии у него какой-либо расовой мотивации.

Наоборот, он желает, чтобы я стал полноценным членом общества, и оттого преподаёт мне язык безвозмездно.

Я поблагодарил его, в самом деле, чувствуя определённую признательность, и решил не терять редкий шанс языковой практики и применять «эбоник» активно, но убедился вскоре в непреодолимой несовместимости этого диалекта с нормой.

Вообще, не уверен, возможно ли в принципе разговаривать на двух наречиях одного и того же языка, ибо они начинают безбожно путаться друг с другом, и я ощутил глубину отчаяния людей, на которых среда их обитания выжигает по гроб жизни невытравляемое тавро.

Я не полный профан в лингвистике, и, постоянно слушая хасановы сентенции, разумеется, начну разбирать его лексику, но процесс не обещал быть быстрым, поскольку мой учитель, объясняя мне детали производства, а также порою пускаясь в отвлечённые рассуждения об исторических взаимоотношениях рас, никогда не растолковывал слэнговых выражений и даже ни мало не замедлял темпа речи.

Кстати, его объяснения не коснулись ни словом тех странных заказов, когда чёрный сотрудник, обслуживающий через окно с переговорником проезжих, подходил к нему и на ухо сообщал о чём-то.

Тогда Хасан без единого звука отодвигал меня прочь из рабочей зоны и сам заправлял неизменно два разных гамбургера, один обычный без лука, а другой, напротив, с добавочным луком, кетчупом, сыром и горчицей, а затем извлекал откуда-то из-за штабеля ящиков белый пакетик, похожий на упаковки специй, и подавал его вместе с продукцией раздатчику.

Ещё наши уроки прерывали регулярные появления на кухне двух парней в одинаковых пиджаках с накладными плечами; двигались они пружинисто на полусогнутых и поворачивались всем корпусом; при виде их мой учитель торопливо отпрашивался у начальницы и выходил с посетителями на улицу, отсутствуя нередко свыше часа.

Я боялся, что за неделю не достигну нужной степени владения негритянским, и до обеда занимался поиском альтернативной работы, однако хотя повара требовались всем ресторанам «быстрой еды», автору нигде не предлагали вечернего расписания.

Хасан заметно нервничал перед приходом чёрных молодчиков, и его монологи стали более спорадическими, а потом и вовсе сошли на нет.

Я надеялся на справедливое продление испытательного срока и несколько раз позволял себе осторожно заикнуться о том, но мой чем-то озабоченный ментор лишь отмахивался от меня, словно от мухи; впрочем, судьбе было благоугодно разрешить мою проблему иначе, радикальнее некуда.

В день седьмой недели моей апробации Хасан, как всегда, покинув «Кристал» между своими гостями, на сей раз ушёл по-английски, не возвратившись вовсе, и с той ночи я не встречал ни его самого, ни двух похоже одетых костоломов.

После его исчезновения дремлющую в стеклянном кубике красавицу сменил жизнерадостный бывший моряк, состав бригады также существенно обновился, и наставником ко мне прикрепили удивительно невозмутимую чёрную толстуху, общавшуюся со мной при помощи полудюжины стандартных фраз.

Обучала она меня только методом показа, работала размеренно и очень споро, часто и вовремя оказывала мне помощь и не просвещала абсолютно ни в чём.

Закрепившись, по счастливому случаю, на удобной для моих целей позиции, я получил возможность по будням ежедневно в первую половину дня посещать публичную библиотеку.

Добираться туда нужно было полтора часа в одну сторону на автобусе, и я любил эти продолжительные поездки, позволявшие мне отдохнуть и заодно познакомиться со многими районами города.

Все они, за исключением заречного кирпичного гетто, отличались чистотой и блистали полнейшим отсутствием на их тротуарах пеших, даже кварталы скромных и доступных передвижных жилищ, имеющих вид больших сараев, установленных на бетонных опорах безо всякого фундамента.

Заменующий тут начало зимы солнцеворот наступал через несколько дней, но и на декабрьской палитре здешней Флоры доминировали зелёные оттенки, хоть медленный, как лепра, листопад методически сбрасывал бурые листья на слегка поблекшие газоны; впрочем, такими темпами большинству деревьев не успеть обнажиться и до весны.

В местном фитоцарстве только бананы драматично резко прореагировали на изменение сезона и, являя скрытую травяную натуру, опустили до земли свои широченные навершья, теперь напоминавшие ветхие свитки пергамента.

Редко глаз отмечал среди зелени парков красные и жёлтые невысокие клёны, ввозимые разнообразия ради из умеренных широт и не достигающие зрелости, похоже, болея от жары, и тогда я долго провожал их яркие сполохи взглядом через дымчатые стёкла просторного «Икаруса», где большую часть времени оставался единственным пассажиром, восседая на ближайшем к шофёру месте.

Вдосталь покружившись по спальным районам, мы попадали на оживлённые ресторанно-торговые магистрали.

Город готовился к праздникам, и на площадях-плазах пушистые голубые ели, увенчанные трубящими ангелами и пятиконечными вифлеемскими звёздами, соседствовали с ханукальными семисвечниками-менорами, а на крышах домов Санта-Клаусы в санях, запряжённых северными оленями, озирая окрестности, сверяли часы и карты для массового десанта в каминные трубы.

Рекламные щиты магазинов ошеломляли объявлениями о немыслимых уценках на сорок, пятьдесят, а то и семьдесят процентов, и парковки молов без просвета заполняли шеренги автомашин, ибо американцы в предрождественские недели совершают основную часть годовых покупок.

Это же время имущим подавать в пользу бедняков, и у выходов универмагов прохожих подстерегают обряжённые в алые шлафроки и колпаки с помпонами юные бойцы и амазонки Армии Спасения, протягивающие завершившим шоппинг жестянки для сбора мелочи и ритмично позванивающие колокольцами.

Афиша с девочкой в пачке сообщала расписание традиционных представлений «Щелкунчика» Чайковского силами любительской детской балетной труппы, и от обстановки вокруг веяло ощущением зимней сказки, несмотря на теплынь, исключающую мысль о коченеющем под окном особняка богатого дяди сиротке.

О дивная страна изобилия без границ! нет, вы покажите мне одного человека, кто в этом краю не питает надежды на улыбку фортуны, сумасшедшую удачу, находку нефти или клада при ремонте канализации во дворе. Истинно, по вере и воздаёт Господь им в этой юдоли.

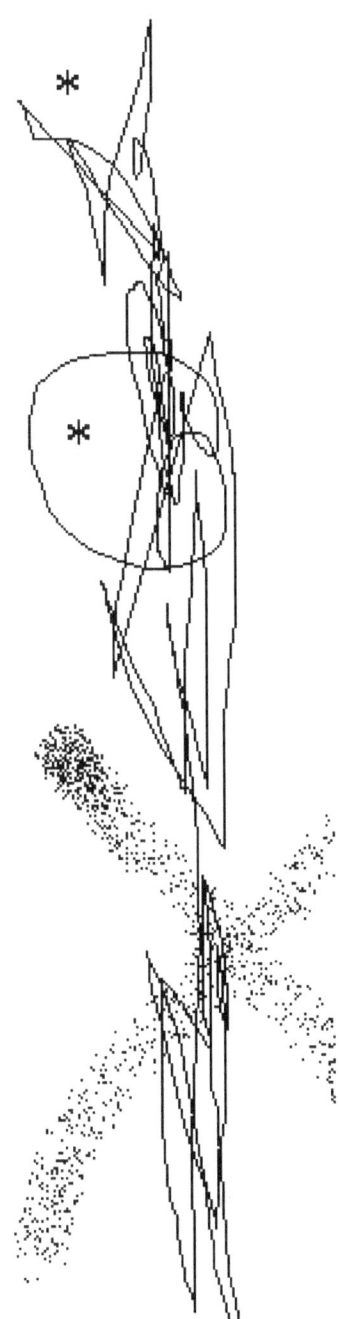

## БЕГЛЫЕ КУПЛЕТЫ

И в тропиках бывает листопад.
Едва ли это тут необходимо,
Но так пришельцы отмечают зиму:
Платаны, клёны, дикий виноград.

\* \* \*

Флоридская пантера-осень -
Не византийский древний лев
И серый лён небесных кросен
Не заткан золотом дерев.

Но запах смерти, как ни странно,
На мили три ( сиречь, вёрсты )
С аптечным привкусом бадьяна
Струят зелёные листы.

\* \* \*

Испанский мох на падубе прекрасен,
Укоренясь тут. В том-то вся и суть.
Учись - каштан-француз, британец ясень
Пред пальмой не тушуются ничуть.

И нет причины, побресито локо\*),
Вздыхать у рек молочных и в тепле.
Родня с того или иного бока
Есть у тебя повсюду на земле.

\* \* \*

Жёлтый клён роняет листья,
Так похожие на кисти,
Без особенной тоски,
И каменья старых истин
Вдруг становятся легки.

\* \* \*

Магнолия задумала цвести
На зиму глядя. Тут зима такая.
Не ясно ль - Флорида, подобье Рая,
Не зря нам повстречалась по пути.

Итак, лелей ростки любви к чужбине,
Душе. Хоть гаснут около шести,
Закаты ярче, чем на Украине,
А воздух пахнет, как духи « Коти ».

\*) побресито локо - дурачок несчастный ( исп. )

## *Глава девятая,*
### где герой совершает переход из варяг во греки

Всякое дело в Штатах начинают с телефонного звонка, и не пренебрегая тем, прежде, чем первый раз отправиться в библиотеку, скормив автомату четвертак, я набрал номер её информационной службы.

Как обычно тут при связи с учреждениями, между живым клерком и абонентом была воздвигнута стандартная преграда в виде запрограммированного устройства, предлагающего избрать одну из тем разговора, и мне пришлось неоднократно прокручивать пространное «основное меню», пока я не догадался о значении до тех пор никогда не встречавшегося мне двухбуквенного сокращения «ай-ди» - «идентификационный документ».

Требуемый вид его следовало выяснить, и я нажал на чёрном ящике клавишу соответствующего цифрового кода, подсказанного роботом.

Наша библиотека финансируется городским бюджетом, сообщил мне клерк, и для записи в неё необходимо иметь фотографический «ай-ди» постоянного и легального жителя муниципалии-спонсора.

Им явно не мог служить мой краснокожий паспортина рухнувшего Союза с фотокарточкой, теперь не похожей на меня безбородого, и белой бумажкой размером со спичечный коробок, пришлёпнутой иммиграционным чиновником и свидетельствующей о законности въезда моей семьи на территорию США, ибо город Джексонвилль никак там не фигурировал.

Обязанность обеспечить себя документом, позволяющим установить личность, возлагается на самого жителя, объяснил всеведущий сосед, поскольку полиция, задерживая кого-либо, спрашивает у того лишь как его зовут и дату рождения и сейчас же получает по компьютерной сети массу данных о подозреваемом, включая и его фотопортреты в профиль и анфас, погрудные и в полный рост, хранящиеся в электронном банке данных.

Причём процедура идентификации проводится и при наличии у задержанного «ай-ди», среди которых попадается немало фальшивых, легко изготовляемых на современной широко доступной печатной технике для оффисов, и каждый может заказать себе такое на улицах больших городов за скромные $50-100.

В менее ответственных случаях, например, при нарушении дорожных правил, не повлекшем аварии, личность устанавливается по водительской лицензии, она же годится в библиотеке, банке и других местах, а ничтожное количество американцев, не водящих машин, имеет право, заплатив пятнадцать долларов, получить специальное удостоверение о том в департаменте мототранспорта.

Впрочем, регистрация по «ай-ди» позволяет читателю использовать абонемент - брать материалы на дом, выписывать из других библиотек и архивов - но работать внутри помещения, в многочисленных его комнатах-читальнях и видеокабинетах, разрешается всякому без предъявления каких-либо документов на входе и выходе, и мой сосед мог сам удостовериться в этом факте, когда составлял и печатал там своё р е з ю м е.

Употребление последнего слова показалось мне странным, ибо я всегда считал, что резюме выносят, а не составляют и печатают, и Роману ( в который-то раз ) пришлось просвещать моё невежество, теперь насчёт весьма формализованной ( равно всё тут без исключения ) процедуры профессионального трудоустройства.

Один из главных принципов организации американского производства состоит в предельном опрощении всякой деятельности, и оттого, в то время, как спрос на неквалифицированных исполнителей огромен, сообщение о любой вакансии, предполагающей некие нерутинные обязанности, сейчас же вызывает конкурс в сотни и тысячи заявлений.

Оперативно обработать их позволяет лишь резюме - размером в страничку описание по строго определённому канону опыта и образования аппликанта, без которого прошение отсеивают сразу.

Роман снабдил меня образцом, и я решил следовать установленной форме.

Далее, на свежее объявление о найме нужно реагировать быстрее молнии, для чего необходимо проанализировать спектр предложений работ за последние пару-тройку лет и написать загодя несколько заготовок резюме, отражающих наборы типичных требований к аппликанту.

При том исключительно важно не представлять свою квалификацию ни на йоту выше запрашиваемой, ибо таких претендентов также отвергают сходу.

И наконец, прежде, чем рассылать резюме, я должен обязательно установить в своих апартаментах телефон, причём снабжённый автоответчиком, поскольку прошедшему первоначальный отбор сообщают о дате личного интервью только единственным звонком по указанному в резюме номеру связи.

О Элеззэндр Грэм Белл! о великий американец, кто ещё в прошлом веке положил начало революции, нынче упраздняющей ветхое искусство письма! Осуществив передачу звуков на расстояние, ты убил их абстрактные символы, и надписи теперь повсюду всё более замещаются упрощёнными картинками, вернувши нашу цивилизацию к эпохе иероглифики.

Плата за телефонные службы в Штатах невелика, если не покупать каких-то особо изощрённых сервисов, типа возможности одновременного подключения нескольких собеседников или наведения справок о звонящем ещё до разговора.

Но единственная во Флориде компания «Южный Белл» резонно не доверяет всем людям без кредитной истории, ибо нелегалы сегодня здесь, а завтра там, и оказывает им услуги лишь после внесения ими залога и покупки аппаратуры за наличные, что выливается примерно в две сотни долларов - сумма, которую мне удастся отложить не меньше, чем через восемь недель поварской работы.

Впрочем, анализ объявлений и написание резюме займут, пожалуй, столько же, кроме того, при маячащей в будущем необходимости выписывать литературу из других библиотек, некоторое время и деньги отнимет процесс приобретения прежде упомянутого «ай-ди».

К моему глубочайшему изумлению, все известные мне научные журналы имелись в техническом зале центрального отделения городской библиотеки, хотя только часть хранилась в бумажном виде, остальное же на микрофишах, проецируемых на большие экраны устройствами в особой полутёмной комнате, обычно совершенно пустой.

Также посетители, безразлично, зарегистрированные в абонементе или нет, могли беспрепятственно пользоваться компьютерами, принтерами и копирами, по скромному даймику за отпечатанную страницу, и я поспешил приступить к поиску объявлений о вакантных местах в журналах, до поры не беспокоясь об обеспечении документами моей пока ещё столь незначительной персоны.

Семейство вставало в семь утра, быстро окуналось в бассейн и завтракало, и теперь это была наша единственная совместная трапеза.

Заправившись как следует на целый день, старшие мужчины разъезжались - Мишеньку вместе с группой чёрных и латинских ребят забирал из «Дубов» специальный жёлтый школьный автобус, а я, захватив ресторанную униформу и несколько бутербродов и яблок на ланч, отправлялся в публичку.

Галина с Павлушенькой оставались на хозяйстве - убирать избу, готовить еду и совершать экспедиции во чрево «Льва», и по дороге на свою первую охоту провожали меня до остановки рейсового «Икаруса».

Автобус ходил точно по графику, хотя с промежутками по часу, и подбирал и высаживал пассажиров около столбиков с вензелем транспортной компании, разбросанными вместе со скамеечками и навесами через каждые сто шагов, останавливаясь возле них только по требованию тех, кто ожидает подвоза, благо хорошо заметны издали у кромки малолюдных тротуаров, они подавали водителю знаки, если их устраивал номер его маршрута.

Я желал своим удачи, и поднявшись по лесенке, как положено, обменивался приветствиями с шофёром в мундире и оплачивал проезд, опуская в автомат или 60 центов любыми монетами, или бумажный талончик, стоивший 55 центов и продававшийся на главной автостанции в книжечках по десятку штук зараз, а потом занимал целое сидение в пустом салоне у широкого дымчатого окна.

Иногда за рекой в автобус входили три старые негритянки, лишь цветом кожи отличавшиеся от обычных среднерусских бабушек, даже в таких же платочках, завязанных узелком под подбородком.

Старухи ничего не платили, поскольку графство предоставляет его жителям старше шестидесяти лет право бесплатного пользования местным транспортом.

Я кивал им, и они мне вежливо и с улыбками отвечали, ибо в Джексонвилле, так же, как и у нас кое-где в деревушках, лежащих вдалеке от путей прогресса, сохранилась умилительная традиция здороваться с незнакомцами.

Главные службы библиотеки оккупировали четырёхэтажное бетонное здание модернистической формы у подножия друзы небоскрёбов «нижнего города».

Стены строгого параллелепипеда фантазия архитектора, вероятно, питаемая впечатлением от вида раскинувшихся вокруг словно разбомблённых развалин, украсила узкими, как бойницы, окнами и рядами водостоков, напоминавших то ли пушечные жерла, то ли горгульи, через кои осаждённые в средние века лили на головы штурмующих кипяток и смолу.

Правда, несмотря на грозный облик и наряд вооружённой полиции в её фойе, всякому позволялось войти в библиотеку беспрепятственно, и лишь на выходе барьеры направляли посетителей к воротцам-детекторам, поднимавшим трезвон при попытке пронести через них библиотечные материалы с магнитной меткой, не дезактивированной прежде сотрудником регистратуры.

Внутри помещения мигрировало немало число нижегородцев, среди которых выделялся негр в грубой рубахе до колен и сандалиях на босу ногу, с бородой и космами почти до пола, склеенными в сотни мелких косичек.

Он потрясал сучковатым посохом и, что-то бормоча себе под нос, приплясывал на манер шамана посреди зала отдела реферативной литературы.

Иные читатели неспешно перелистывали книжки и журналы в пёстрых обложках, другие, поникнув головою на стол, дремали в индивидуальных кубиках.

Я высаживался около библиотеки в десять утра, точно к её открытию, и сразу интенсивно включался в работу, прерывая труды только для короткого обеда.

Принимать пищу и питьё во всём здании не разрешалось, о чём напоминали яркие рисунки на стенах с перечёркнутыми «макдональдсом» и стаканчиком, и я выходил со своими бутербродами в ближайший сквер, на газонах которого также спали люди, завёрнутые в одеяла.

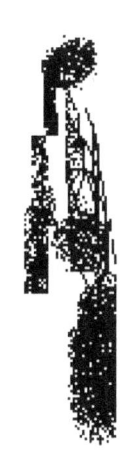

Тут меня вначале донимали нищие, здоровенные парни, выпрашивавшие квотер якобы для срочного и очень важного звонка по телефону, но вскоре убедившись в полной тщетности этих риторик и выслушивая каждый раз, что денег у автора только в обрез на обратный проезд, клянчуги навсегда оставили меня в покое.

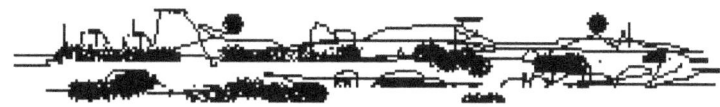

Ровно в половине пятого мне нужно было прекращать занятия и возвращаться на уже описанном «Икарусе» за реку.

Автобус подвозил меня прямо к дверям ресторана, и успев хорошо отдохнуть, предаваясь дорогой долгой медитации в тиши пустого и прохладного салона, я быстро надевал униформу в кладовой «Кристала» и бежал на кухню к плитам, окунаясь в жаркую суматоху «обеденного» часа.

Физическая и нервная нагрузки, сопряжённые с ним, были мне, несомненно, полезны после дня сидячей работы в библиотеке, а к тому моменту, когда я снова чувствовал утомление, пик оканчивался, и повара между мойкой посуды, заготовками полуфабрикатов и выполнением нечастых заказов расслаблялись и заводили посторонние разговоры.

Из них я черпал массу интересного относительно местных нравов и обычаев. Например, чёрных не трогало, что их дочь может принести в подоле, наоборот, если юная негритянка не рожала первого ребёнка, и, разумеется, внебрачного, в 15-16 лет, а к двадцати пяти не обзаводилась, как минимум, полудюжиной от разных отцов - это вызывало беспокойство родни и знакомых.

Справившись о размерах моего семейства, одна чернокожая молоденькая мама спросила, потупив глазки, любят ли русские вообще детей.

Также широко обсуждалась на кухне и сложная судьба нового босса смены, бывшего моряка, а теперь вечернего помощника менеджера, часто являвшегося со свежими засосами на шее и открыто отдававшего предпочтение своему полу.

Откуда-то стало известно о его принудительной отставке без пенсии, связанной с чрезмерно тесными отношениями с подчинёнными, по убеждению командования, несовместимыми с воинской дисциплиной, и политика руководства флота США, дискриминирующая гомосексуалов, находила среди моих товарищей по бригаде единодушное и резкое осуждение как нарушение главных американских свобод и ущемление прав социальных меньшинств.

Сексуальная ориентация закладывается в человека природой, эмоционально объясняли свою позицию автору, не взращённому на принципах демократии, политкорректные повара здешнего общепита, и, сам посуди, справедливо ли наказывать кого бы то ни было за его врождённую особенность.

Несмотря на инсинуации бедняги Хасана, вдруг исчезнувшего из ресторана, как дым, я вполне мог понимать «эбоник» моих собеседников, поскольку они старались, чувствуя порой мои затруднения, говорить почётче, помедленней, и даже иногда снисходили до интерпретации и перефразировки слэнга.

Разговоры прекрасно помогали скоротать время, однако к одиннадцати часам я успевал просто зверски проголодаться.

«Кристалы» нам полагалось без жалости выбрасывать через двадцать минут после изготовления, и несметное число их летело в корзину в период затишья.

Я получил разрешение босса перед уходом набирать чуть остывшие гамбургеры, якобы для бродячих собачек, и неплохо ужинал ими по дороге назад в «Дубы».

Путь мой туда пролегал под виадуком, где в ящиках устраивались на ночлег, двигаясь отрешённо-замедленно, ахроматические и безмолвные людские тени.

Вначале я торопился пройти это место и прекращал там закусывать на ходу, но в недолгом времени удостоверился в полном отсутствии у обитателей бивуака реакции на что-либо, происходившее вокруг и рядом.

Всё сложилось довольно удачно, однако литературный поиск быстро выявил новые неожиданные препоны, грозившие серьёзно замедлить моё продвижение к тем научным полям, на которых я мог бы пожать заслуженные мною лавры.

Каждая из областей знания подразделяется на фундаментальные дисциплины числом около дюжины, например, физика состоит из оптики, электродинамики, классической и квантовой механик и так далее.

Всякая дисциплина, в свою очередь, раздроблена на многие десятки, а иногда и сотни специальностей, и для достижения вершин в имперской Академии Наук исследователь обязан был совершенствоваться в пределах лишь одной из них.

Одновременно система инспирировала создание своего рода элитных клубов учёных одного профиля, благодаря чему они постоянно и тесно общались очно.

Здесь, похоже, всё устроено иначе, ибо любое объявление недвусмысленно требовало наличия у кандидата на место как минимум двух-трёхлетнего опыта в решении узко заявленной проблемы, заставляя предполагать, что наниматель или сам не имеет такого опыта, или находится в убийственной для его исследований противоестественной изоляции от коллег.

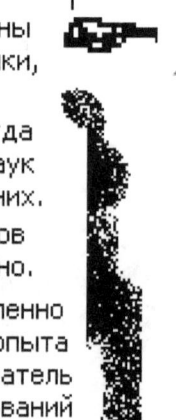

Объявления давали кафедры университетов, и оговорив максимально высокие степени претендентов - доктора философии, в крайнем случае, магистра наук - предлагали людям, обучение которых сегодня в Штатах обходится во многие сотни тысяч, только одно-двухгодичные контракты с оплатой ниже заработка заводского рабочего без образования.

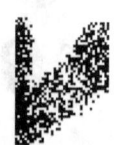

Вероятней всего, эти должности занимает по совместительству профессура, освежая таким образом свои практические навыки в различных направлениях, что способствует расширению их кругозора и повышает уровень преподавания, поскольку частные учебные заведения ни в чём другом и не заинтересованы.

Чистые же исследователи, кажется, тут могут существовать исключительно в государственном секторе, дорога куда мне на ближайшие пять лет заказана вследствие карантина, предписываемого иммигрантам до получения статуса натурализованного подданного державы, не ущемляемого законом ни в чём, кроме права стать Президентом США - позиция, сейчас меня не прельщающая.

Но в моей ситуации я согласен перебиваться на гроши, лишь бы побыстрее добраться до оборудования, которое позволит завершить изучение природы носителя информации в эффекте «видения насквозь» и создать генератор этого пока ещё загадочного поля.

И хотя осталось невыясненным, берут ли университеты тех, кто не преподаёт, аппликации нужно начать рассылать без промедления. Во-первых, не исключено, что лаборатория для поддержания формы профессоров не откажется заполучить, в качестве учителя учителей, дешёвого, но настоящего специалиста-иммигранта, а во-вторых, альтернатив у автора никаких не было.

Сильней иного меня волновало то, что я в упор не понимал самого принципа, по которому оценивалась квалификация претендента на должность.

В научной системе покойного Союза наиважнейшим критерием, определяющим рейтинг учёного, служило количество и качество его печатных трудов, тут же в перечне требуемых от аппликанта бумаг никакого подобия списка публикаций не фигурировало, зато упоминалось о необходимости присовокупить к резюме, помимо сопроводительного, двух рекомендательных писем.

Я было собрался связаться с парой знакомых академиков из учёного совета, где защищал диссертацию, и просить у них разрешения, которое они, конечно, дадут с охотой, сочинить от их имени нужную мне хвалебную телегу, но Роман убедил меня не делать этого.

В стране, вследствие широкой практики намеренной дезинформации конкурентов, не принято доверять заключению посторонних специалистов из той же области, объяснил сосед, и рекомендации положено искать у тех людей, чей нейтралитет очевиден и не подлежит сомнению.

Для этого годится любой американский бизнесмен, и знакомства такого рода тут завязывают внутри своего социального круга, политического объединения, клуба или же религиозной общины. Ежепонятно, у свежего иммигранта имеется лишь последняя из указанных возможностей, так что воленс-ноленс извольте-ка обращаться к Господу Богу, больше некуда.

Судьба опять решила всё за меня, поскольку я не мог посещать синагогу, ибо в субботу работал в «Кристале» и в публичке, закрытой по воскресеньям, когда и ресторан давал мне обязательный выходной, и несмотря на выгоды, которые, благодаря дружбе с Бронштейнами, принёс бы выбор иудаизма семье, сложившиеся обстоятельства принуждали ограничиться рассмотрением только великого множества представленных в городе христианских конфессий, кроме мессиан да адвентистов седьмого дня, ветхозаветно служащих по субботам.

И хотя мы ещё не успели побывать на воскресном богослужении ни в одной из конгрегаций Джексонвилля, автор всё же составил мнение о большей части их по живым трансляциям служб церквей и телевизионным евангелизациям пасторов.

Религия занимает заметное место в бесплатных программах, где даже существует особый пятидесятнический канал, который заявляет о его прямой связи с Небом и называется «Широковещание Троицы».

Я ничего не имел против доминирующих здесь и в стране баптистов, чья служба напоминает лекцию со вставками в её паузах вокальных номеров, однако город входит в «библейский пояс» регионов, славящихся крайним фундаментализмом, и в члены прихода принимают лишь тех, кто выдерживает серьёзный экзамен на знание Библии, а также крестится заново, с полным погружением под воду.

Другой влиятельной ветвью Христианства в США являются пятидесятники, практикующие исцеления больных путём наложения рук, реальность которых подтверждалась крупными врачами, но их чрезмерно эмоциональные радения с выкриками бессвязных звуков, падениями и судорогами пугали жену и детей.

Музыкальная литургия под орган была в епископальной церкви, исторически происходящей от англиканской, однако на американской почве она, в отличие от южных баптистов, всегда проповедовавших незыблемые моральные устои, завоёвывает паству безудержным либерализмом, рукополагая в священники женщин и открытых гомосексуалистов, и Галю беспокоило, не вызовет ли это неправильную сексуальную ориентацию ребятишек.

Католические храмы здешнее телевидение явно обходило стороной, но всякий мог легко догадаться о преобладании в них латинов.

Телефонный справочник, среди сотен других, указывал на наличие в городе двух православных, иначе, ортодоксальных церквей, греческой и антиохийской, и мы с женой, поразмыслив, решили попытать счастья в одной из них, надеясь легче найти понимание у тех людей, которые совершают путь американизации, исходя из ближайшей к впитанной нами культурной традиции.

Обе церкви удобно располагались прямо на маршруте автобуса, отвозившего автора по будням в библиотеку, и выбор снова не представлял затруднений - маленькое островерхое здание антиохийского «Святого Георгия» находилось в чёрном районе вблизи неприглядного питейного заведения, в то время как принадлежащий грекам внушительный храм «Откровение Св.Иоанна Богослова» стоял на широком, чистом и безопасном для пешеходов коммерческо-деловом Атлантическом бульваре в четверти часа езды от «Дубов».

Нам не стоило пропускать предрождественские дни, когда местные христиане оказывают помощь нуждающимся на год вперёд, и в ближайшее воскресенье, запасясь талончиками на проезд в оба конца стоимостью в небезразличные нам четыре доллара и сорок центов, ибо оба мои пацана переросли уже заветные сорок два дюйма, до которых тут за детей не платят, мы утром вчетвером поехали на свою первую семейную службу.

Ребятишки мои вообще ещё ни разу в жизни не переступали порога церкви, и окрестили их скрытно на квартире, как и меня тоже, а мы с Галиной порозно иногда посещали соборы в Москве и Сергиевом посаде, в ту пору Загорске, стараясь не засвечиваться в маленьком Переславле-Залесском, где занимали, прежде развала нерушимого Союза, довольно престижные и видные положения.

Своей модернистской архитектурой греческий храм походил на католические и протестантские культовые сооружения города, только над главным входом помещалось небольшое мозаичное изображение Христа-Пантократора.

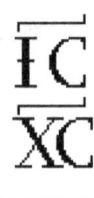
Я напомнил мальчишкам о том, как и когда положено креститься, и мы вошли в некое подобие вестибюля. От свечной стойки нас приветствовал привратник, сразу же позвонивший куда-то по телефону.

Основное помещение ещё закрыто, извинившись, пояснил он, и нам придётся немного подождать.

Мы приобрели у него за доллар пару самых тонких свечек и поставили их в две чаши с песком, одна из которых находилась перед современной картиной с полулежащей фигурой медитирующего старого Апостола и парящим над ним убелённым Агнцем-Христом, возносящим семь звёзд в деснице; другая чаша стояла перед чёрной, древнего письма иконой Богородицы Знамение, лишённой нанёсшего неизгладимые повреждения слою темперы металлического оклада и, словно в музее, безопасно установленной внутри ниши за толстым стеклом.

Вскоре к нам, улыбаясь, приблизилась молодая женщина, представившаяся Анастасией Каливас, ассистентом по коммуникации, и пригласила нашу семью последовать за ней на подземные этажи, отводимые внеслужебной активности.

В нижнем уровне наша вожатая показала нам концертный холл, украшенный масляной живописью на сюжет « Гостеприимство Авраама и Сарры », имевший подмостки, снабжённые кафедрой и обязательным звёздно-полосатым флагом; обеденную залу величиной с футбольное поле; большую кухню, оборудованную электрическими плитами, микроволновыми печами, шкафами и холодильниками; оффис, где издавали листок « Откровения »; библиотеку, комнату для малышей с играми и кроватками, классы для детей постарше и взрослых.

Анастасия была некрасива, чтобы не высказаться сильнее - бесформенная, рыхлая, толстая, прихрамывающая при ходьбе и, кажется, немного горбатая, но через её уродливую оболочку пробивался свет внутреннего благородства, особой душевной гармонии и кротости.

Её детально интересовали прежние и нынешние обстоятельства нашей жизни, и реакции ассистентки обнаруживали в девушке острый пытливый ум.

В разговоре она употребила несколько раз типично британские выражения, и я позволил себе спросить, не связывают ли её корни с туманным Альбионом.

Она родилась и выросла в семье греческих иммигрантов третьего поколения, ответила Анастасия, в Англии же только училась, получив степени по теологии и литературе в Оксфорде.

Группа детей разного возраста с шумом и визгом вбежала в концертный холл и разместилась на сцене, а сопровождавшая их дама, заметив незнакомцев, подошла к нам и узнав, что мы полгода тому из России, с улыбкой произнесла « Милости просим » и « Здравствуйте », причём довольно чисто.

Впрочем, её словарь составляют всего лишь несколько простых выражений, пояснила дама уже по-английски, и потрепав Мишутку и Павлика по головам, справилась, понятен ли им этот язык, и мои молодцы утвердительно кивнули.

Сегодня нет воскресной школы, продолжала она, вместо этого мы проводим репетицию рождественской пьесы, и русские дети, если хотят, могут занять места в актёрском составе.

Те, получив наше ободрение, согласились, и Павлуше тут же вручили веночек и посох пастушка, а Мише - плащ и тюрбан одного из мудрых царей Востока.

Ассистентка между тем пригласила меня пройти в кабинет настоятеля храма, протоиерея отца Николая, которого прихожане неформально зовут папа Нико.

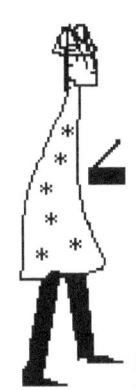

Я увидел дородного мужчину лет пятидесяти в клобуке монаха, сидевшего за бюро и курившего тонкую ароматную сигарету; руки его были ухоженными, чёрная риза подчёркивала белизну кожи, а лицо с блестящими оливками глаз полуобрамляла аккуратная бородка, по тогдашней моде низведенная стрижкой до состояния трехдневной щетины.

Он указал мне на глубокое кресло перед бюро и спросил, давно ли я приехал, кем был в России и чем занимаюсь теперь в Америке.

Я ответил, что пробую устроиться по своей специальности физика, а пока пишу картины и делаю коллажи из подручных материалов.

Папа Нико сейчас же повёл разговор о живописи, выказав прекрасное знание художников Империи, и классических, и современных, произведения которых, как оказалось, он давно собирает, и попросил моего разрешения заехать ко мне и посмотреть мои работы.

Я был очень тронут его вниманием и выразил тому своё приятное удивление, упомянув о неудачной попытке общения с джексонвилльскими галерейщиками.

« Вряд ли какой-нибудь из других народов понимает Россию и её искусство так же хорошо, как мы, греки, - заметил священник, - ибо обе наши культуры суть отрасли одного великого корня - святой Византии.

Кроме того, мы никогда не забудем о вашей роли в деле освобождения Балкан от ига безбожных турок. »

На оконном витраже за его спиной в утренних лучах вспыхнул двуглавый орёл, напомнив, что и герб свой третий Рим унаследовал от второго, где тот означал не сретение запада и востока, но благую идею о единстве Церкви и государства.

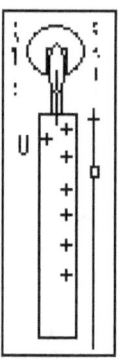

Моя первая аудиенция у отца Николая продолжалась недолго, поскольку ему пора было начинать утреню, и он извинился и встал из кресла.

На прощание я наклонился, чтобы приложиться к его руке, но настоятель обнял неофита и по-братски поцеловал три раза в щёки.

В концертном холле на сцене продолжалась репетиция рождественской пьесы, и наши мальчишки активно участвовали в действии.

«Дети обычно проводят всё время внизу под присмотром учителей-прихожан, и лишь иногда родные спускаются за ними, чтобы подвести к причастию», — сообщила Анастасия, и мы, предупредив о том отпрысков, поднялись наверх в теперь уже открытое богослужебное помещение.

Я ожидал погружения в сумрак с колеблющимися язычками множества свечей, озаряющих суровые лики, сплошь заполняющие стены, как в русских церквах, однако залитый светом зал с шеренгами скамей подошёл бы скорее театру, и ощущения этого не разрушал ряд золотистых, писаных одною рукой икон, укреплённых высоко над полом.

Не было тут и купола с грозно взирающим Саваофом, вместо него по потолку протянулись три полуцилиндрических пустотелых резонатора, обеспечивающих весьма неплохую акустику.

Отец Николай обнаружил сильный и хорошо модулированный тенор, дьякон — густой баритон, псаломщик — бас профундо; хор, правда, вытягивал не всегда, но в критические моменты ему помогал органчик.

Служба шла преимущественно по-английски, хотя изредка в неё вкраплялись греческие гимны, сразу удивившие меня особой ритмикой и музыкальностью; с пониманием их не было сложности, поскольку в карманах на спинках скамей имелись двуязычные песенники и служебники, да и на слух я легко улавливал корни, вошедшие в международный и научный обиход, вроде «уран'ос» — небо, «Те'ос» — Бог, «зон» — век, «псих'е», «д'инамис», «т'анатос», «Л'огос» и т.д., или «Ставр'ос» — Крест, подкоркой немедленно ассоциируемый со Ставрополем в предгорье Кавказа.

Я, разумеется, досконально знал греческий алфавит, широко применяемый в математике и физике, и быстро усвоив произношение дифтонгов, и благодаря непременно проставляемым, так же, как и по славянской традиции, ударениям, скоро мог сравнительно бегло разбирать подлинник.

После завершения литургии все спустились в обеденный зал на нижнем этаже, где нас ожидал обильный ланч, сервированный на длинном столе а-ля фуршет, а дети уже получили по громадной тарелке всякой всячины.

Среди блюд почётное место занимали салаты из холодных макарон с овощами, креветками и оливками, баклава и спинакопита — пирог со шпинатом, и, несмотря на рождественский пост, о коем папа Нико сегодня напомнил пастве в проповеди, долма, род голубцов — запелёнутый в листья винограда фарш из баранины с рисом.

Барную стойку заполняли яркие бутылки соков и газированных напитков — «Пепси», «Колы», лимонных шипучек и так называемого «корневого пива», чаша фруктового пунша и титанчик с кипящим кофе; на отдельном столике размещались трехлитровые пузатые бутыли белых и розовых столовых вин и большой поднос пёстрого сыра, нарезанного кубиками, в каждый из которых была воткнута деревянная зубочистка.

Отношение американцев к процессу еды в корне отличается от европейского, отражая общую тенденцию к десакрализации всех естественных отправлений, включая сюда секс и даже опорожнение кишечника, о чём, Читатель, мы лучше поговорим позднее.

Соответственно, деток не учат «Когда я ем, я глух и нем», не окружая вульгарное принятие пищи завесой некой интимности, но вполне *comme il faut* подойти к незнакомцу и справиться о содержимом его тарелки.

Такого сорта вопросы считаются совершенно нейтральными, и подобно тому, как англичанам замечание о погоде, служат здешним обыкновенным предлогом для установления без посредников контактов с интересующей их личностью, например, на регулярно устраиваемых повсеместно коммуникативных собраниях, где все приглашённые свободно передвигаются, словно древле перипатетики, закусывая по ходу беседы из одноразовой посуды.

Вернёмся, однако, ко своим баранам, вернее, к бараньим голубцам, которые я доедал, когда ко мне подошёл псаломщик церкви, и я, по незнанию обычая, поспешно отправил грязную тарелку в мусорный бачок, оплошно уничтожив предмет, обеспечивающий повод и вступительную тему для разговора.

Внимательная Анастасия, впрочем, тут же уловила неловкость и представила мне мистера Димо Пападиса, во внеслужебные часы успешно и широко торгующего лабораторным электронным оборудованием.

Недавно он совершил попытку вести дела с раскрепостившейся ныне Россией, и именно с тем самым институтом, который был мне хорошо известен ранее, и мы обменялись впечатлениями о его штате и руководстве, сохраняющихся, невзирая на все политические пертрубации, в неизменном и первозданном виде.

Заключая разговор, коммерсант обещал в подобных случаях привлекать меня к оценке его потенциальных партнёров, и Анастасия взяла в свои крепкие руки инициативу нашей дальнейшей интеграции в общину.

Она свела Галину с несколькими дамами из прихода: украинками, армянками, бессарабками 40-45 лет, усвоившими начатки русского, видимо, от родителей, перемещённых лиц послевоенной эпохи, а меня рекомендовала многим членам полностью американизированной и процветающей греческой диаспоры, прочно укоренившейся во Флориде ещё в прошлом веке.

Образовательный ценз и социальный статус всех тех, кого она знакомила с русским учёным-физиком и художником, был весьма высок - так, дьякон в миру оказался практикующим стоматологом, его жена - преподавательницей местного колледжа, а регент хора владел юридической консультацией.

В конце ланча к нам подошёл отец Николай, справившийся, понравилось ли нашей семье в церкви и планируем ли мы посещать её постоянно.

С энтузиазмом я отвечал определённо положительно, слегка посетовав, однако, на стоимость проезда, обременительную для не вставших на ноги переселенцев.

Настоятель тут же распорядился впредь отправлять за нами микроавтобус и велел Анастасии выяснить к нам дорогу, добавив, что хочет завтра сам посетить нас, назначив полдень, время, когда свет в мастерской наилучший.

Анастасия взялась отвезти новых прихожан в их апартменты на своём пикапе, куда она предварительно погрузила множество обёрнутых фольгой противней с остатками ланча и нетронутые бутылки питья, предназначенные нам в дар, избавляя Галину от поварской работы на добрую неделю вперёд.

Подъехав к «Английским дубам», ассистентка попросила у нас разрешения осмотреть наше жильё и выставку, и получив его, не стала заезжать внутрь, а запарковалась через дорогу на лоте «Льва Еды», объяснив нам это действие тревогой о безопасности новой и дорогой машины в апартаментах такого рода, ибо все сорвиголовы страсть как любят угонять именно пикапы-вездеходы.

Для транспортировки подаренных продуктов она предложила использовать магазинную тележку, и мы подошли, чтобы повзаимствовать одну из них, к панели перед гастрономом, где сейчас раскинулся рождественский базар.

Тут между башенками дубовых поленьев и столами с грудами ярких игрушек стояли ёлочки и сосёнки, крепким смолистым запахом напомнившие автору об оставшихся за Атлантикой переславских лесах.

Непроизвольно я загляделся на них, и Анастасия, заметив, куда я смотрю, справилась, имеется ли у нас рождественское дерево и все нужные аксессуары, и услышав отрицательный ответ, без долгих слов уложила на дно тележки металлический поддон на ножках с четырьмя винтами, зажимающими ствол, коробку алых шаров с муаровыми бантами, гирлянду разноцветных лампочек, бело-золотого ангела для верхушки и спросила, предпочитаю я ель или сосну, живую или искусственную.

Оказалось, на базарчике продаются и те, и другие, и их невозможно отличить, кроме как очень пристальным изучением хвои, или по этикеткам, и пахнут они совершенно одинаково, будучи все опрысканы ароматическими химикалиями.

Однако изощрённые создания человеческих рук стоили не в пример дороже естественных произрастаний земли, поскольку могли служить не один сезон, кроме того, Анастасия упомянула о популярности имитаций среди американцев, питаемой набирающими силу в стране веяниями дзэн-буддизма и вытекающей из его философии традицией неубиения ничего в биосфере.

Несмотря на то, я скромно высказал своё предпочтение настоящего дерева, обосновав его необходимостью предстоящего семье через несколько месяцев переезда в другой город и нежеланием обременять свой пока ещё лёгкий багаж громоздким подарком, и мы с Анастасией выбрали превосходную голубую ель свыше двух метров ростом.

Служитель базарчика донёс её до машины и предложил укрепить на крыше, но Анастасия вежливо отказалась от услуги и отпустила парня.

Ей лучше всего не уезжать отсюда, чтобы кто-нибудь не занял этого места, пояснила она и указала на фонарный столб, где помещались камера слежения, в чьём поле зрения находился пикап, а также магнитная полоска детектора, которую через каждые полчаса сканировал охранник, совершавший обход лота.

Оттого мы всё погрузили в тележки, а ель, не помещавшуюся туда, я положил комлем на плечо, попросивши Мишу поддерживать верхушку, и мы впятером пересекли улицу и внутренний двор « Дубов ».

По вечерам огни рождественских ёлок давно уже озаряли окна всех квартир, кроме нашей и Бронштейнов, на подоконнике которых взамен стояла менора.

Мы одни выглядели какими-то идолопоклонниками-людоедами, но зато теперь дубовики смогут убедиться, что и среди русских порой попадаются христиане, и это положительно отразится на престиже последней иммиграции из Империи, с некоторым удовлетворением размышлял я, возглавляя маленькую процессию.

Мы в десять рук споро укрепили в поддоне и нарядили ёлку, и вид её, и, в особенности, ядрёный аромат леса - естественный или нет, какая разница - наполнили наше обиталище неподдельной атмосферой праздника.

Мы все отметили это событие стаканчиком шипучего кваса, и Анастасии пришёлся по душе вкус русского тонизирующего напитка.

Гостья-благотворительница спросила Мишу, рад ли он своей первой ёлочке, и удивилась, услышав, что ему нравится голубая хвоя, « как возле Мавзолея », зато у них дома папа ставил всегда гораздо выше, и украшения были разные, и дождик, и бусы, и сосульки, и шишки, а не только шарики да шарики.

« Вершина ели, нетрудно видеть, упирается в самый потолок, а красные шары означают райские яблочки, вернее, плоды познания, теперь уже не приносящие людям вреда », - укорил я своего лингвистически одарённого, но лишённого такта сына, а ассистентка справилась, не находились ли под строгим запретом в Союзе все религиозные обычаи, тем более такой, где дерево недвусмысленно символизирует не только ветхозаветное Древо Жизни, но и обратившийся им, чудом предрекаемой Рождеством Пасхи, Крест Искупителя Агнца и Создателя, при упоминании Имени Которого Анастасия перекрестилась.

« Силу идеологии покойной Империи обеспечивало не грубое запретительство, напротив, свобода вероисповедания охранялась её Конституцией, - объяснил я доброй гречанке, пребывавшей, очевидно, в плену американских стереотипов. - Режим, устраивавший из обыденности непрекращающийся бесподобный бал, никогда не стал бы лишать подданных дорогого им праздника, а вместо того, облёк торжества совершенно невиданной карнавальной пышностью.

Гульба шла полные две недели, причём школы были распущены на каникулы и во всех многочисленных публичных местах проходили детские утренники.

Однако традицию очистили от вредных аллюзий и библейского содержания, и ёлки наряжали не к Рождеству, а к Новому году, и разумеется, безо всяких ангелов, пастухов и мудрых царей Востока. »

Клали ли детям ночью подарки, и от имени кого, поинтересовалась Анастасия, и я обрисовал ей сказочного Деда Мороза, заместившего греческого Св.Николая, равно и протестантского Санту, и выглядящего абсолютно неотличимо, правда, не летающего в небесах на своих санях, а несущегося без дорог по сугробам, то ли за отсутствием в России широких каминных труб, то ли учитывая обычай славных советских зенитчиков пускать ракету сначала, а уж разбираться потом.

Галина подала ужин, состоявший из кальмаров по-строгановски, тушёных с грибами и луком под сметаной; гарниром к ним служила гречневая каша.

«Это «оленья пшеница», называемая по-русски «греческой», - объяснил я, но гостья, осторожно попробовав, сказала, что в Греции ничего подобного нет, зато искренне отдала должное додекаподам и попросила записать ей рецепт.

Потом я провёл для неё экскурсию по выставке, где она оценила композиции с фосфоресцирующими в сумраке глазами тварей, давеча поглощённых нами, напомнившие Анастасии об «исполненных очами» животных Апокалипсиса; также она произнесла немало похвал моей живописи, в особенности, полиптиху «Сотворение мира», и с наступлением темноты мы все вместе проводили её через оживлённый вечерами двор «Дубов» и улицу к пикапу, неоднократно поблагодарив горячо при прощании за щедрый подарок.

Наутро я, разумеется, не поехал ни в какую библиотеку, но, воодушевлённый воскресными событиями, быстро и энергично дописал «Поклонение волхов», определил ему подходящее место в экспозиции, для чего пришлось произвести некоторую её перекомпоновку, и, мобилизовав семейство, устроил в мастерской бескомпромиссную генеральную приборку.

Отец Николай постучался к нам ровно в полдень. Вместо монашеской рясы на нём теперь была полуцивильная одежда, состоявшая из тёмно-серых брюк под ремень и чёрной рубашки с целлулоидным жёстким воротом и кармашком для сокрытия наперсного креста.

Он поискал глазами иконы на стенах и, не найдя ни одной, перекрестился просто воззревше горе, затем расцеловался со всеми и, отозвав меня в сторону, сообщил, что прихожане храма собрали подарки под ёлку моим деткам, однако ему хотелось бы, чтобы братья не увидели их прежде наступления праздника.

Я попросил Галину отвести сыновей на внеочередную охоту во «Льва Еды», чему мальчишки всегда были несказанно рады, имея в магазине возможность поиграть на околдовывающих их электронных играх, а мы со священником подошли к его длинному «Линкольну», который он, так же, как и Анастасия, запарковал через дорогу.

В салоне поместительной машины стояли два больших картонных ящика, запечатанных клейкой лентой, и мы с настоятелем, погрузив их в тележку, повзаимствованную опять у «Льва», перевезли их в апартмент и запрятали в дальнюю кладовую комнату, загородив чемоданами от любопытных глаз.

Немного переведя дух в кресле и пошутив насчёт своей роли Санта Клауса, идеально соответствующей его имени, отец Николай осмотрел мою выставку и, особенно внимательно, «Поклонение», которым был явно заинтересован.

Тем временем семья вернулась из магазина, и Галина стала собирать на стол, пригласив, как само собой разумеется, гостя разделить с нами нашу трапезу.

Монах согласился без долгих уговоров, попросивши лишь подождать, пока он принесёт из багажника кое-какую вещицу, и вышел, отказавшись на этот раз от сопровождения.

Минутами позже он возвратился с мешком из плотной глянцевой бумаги, украшенном рисованными золотистыми и алыми листьями винограда, откуда извлёк и вручил мне бутылку тёмного старого "Мерло", специальный штопор, чтоб не взбаламучивать осадок, а также небольшую иконку Преображения.

Недальновидно ему не пришло на ум, что у беженцев из безбожной страны может вовсе не оказаться семейных икон, объяснил настоятель, к счастью, у него в багажнике обнаружилась эта икона русской школы письма, и, кстати, бутылочка неплохого винца к обеду.

Случайности часто имеют особый смысл, продолжал он с улыбкой и спросил, не произошли ли какие-то важные в нашей жизни события шестого августа, в Преображение, праздник великий.

Первые роды Галины начались именно шестого, и по всем признакам они обещали быть затяжными, отвечал я, и оттого её старая мать попросила меня раздать милостыню на паперти самарского храма и заказать особую службу о разрешении от бремени с открытием Царских врат.

(Помню, я выполнил её просьбу крайне неохотно, просто не найдя в себе духу воспротивиться глупому суеверию тёщи, но об этом я, разумеется, умолчал.)

Миша появился на свет в полдень седьмого августа, сразу же после службы, хотя бездыханным, с пуповиной, обвитой вокруг шеи, но недолгая асфиксия не нанесла, по-видимому, серьёзных повреждений мозгу, и новорожденного удалось реанимировать бригаде врачей-акушеров.

Однако канун дня рождения сына не совпадает с Преображением, в России называемым также Яблочным Спасом.

Я хорошо запомнил это, поскольку на вторую неделю после именин ребёнка тёща неизменно потчевала нас яблочками, освящёнными в церкви; кроме того, в центральной полосе России каждый год на Спас отчего-то всегда выдаётся редкий там солнечный день, как и в Пасхальное Воскресение тоже.

Ничего подобного в здешних краях не происходит, отозвался отец-настоятель, и может быть, потому что российское Православие до сих пор придерживается Юлианского календаря, установленного Юлием Цезарем для Римской Империи и употреблявшегося на протяжении земной жизни Спаса нашего Иисуса Христа, тогда как американской Церкви, сущей в окружении протестантов и католиков, пришлось перейти на используемое теми Григорианское летоисчисление.

Последнее астрономически точнее первого, сдвигающего начало года к весне на 8 дней за тысячелетие; отсюда и проистекает несовпадение дат праздников, которое я успел заметить.

К сожалению, американским детям невозможно объяснить, отчего они должны получать подарки к Рождеству на тринадцать дней позже прочих.

Между разговорами Галина накрыла на стол, а я откупорил бутылку вина, наполнившего всю комнату терпким ароматом, заставившим автора вспомнить с детства милые его сердцу погребки Одессы.

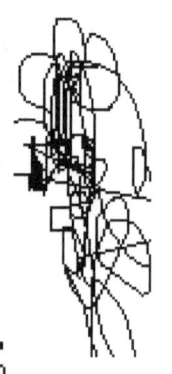

«Мерло» было произведено в Калифорнии и выдержано должным образом - на длинной, с выжженными вензелем фирмы и годом урожая пробке, которую храню по сей день, как положено, выросла крепкая щёточка винного камня.

За обедом отец Николай пригласил нас на Рождество к себе домой, где мы, кстати, сможем познакомиться с его коллекцией русской живописи, после чего мы выкурили с ним на балюстраде апартаментов по тонкой пахучей сигаретке, семья подошла под священническое благословение гостя и все проводили его через дорогу до вполне невредимого автомобиля.

На следующее утро Анастасия привезла нам целый иконостас, включавший всех святых имён членов семьи: великомученицу Галину, Архистратига Михаила, Апостола Павла и Григория Богослова.

Правда, она не знала, верно ль угадала моего небесного патрона, поскольку святых Григориев много: Палама, Нисский, папа Римский и другие.

Оттого-то ассистентка предусмотрительно захватила святцы, и справившись о дне рождения автора, нашла в объёмистом фолианте ближайшего к этой дате его прославленного тезоименника.

Им, к её удивлению, оказался редкий среди Григориев святой Древней Руси, да к тому же ещё и художник - иконописец Печерский, поминаемый 8 августа.

И, вероятней всего, некогда я посещал его мощи в Киево-Печерской Лавре, впрочем, то было не поклонение, а благонамеренная, атеистическая и даже антирелигиозная экскурсия, подчёркивавшая фанатизм одурманенных людей, заточавших себя в мрачных пещерах, по углам которых лежали груды костей их предшественников, и я не выделил своего тёзку среди множества мумий в одинаковых пурпурных шитых золотом покровах, оставлявших открытыми только иссохшие кисти рук.

Анастасия спросила, не планировали ли мои родители, выбрав мне такое имя, в будущем для меня карьеру живописца, и узнала, что это просто совпадение, ибо никто в моей семье коммунистов, чекистов и воинствующих атеистов не мог иметь ровным счётом никаких религиозных мотивов, а назвали меня в честь рано умершего дяди, комсомольского вожака, а также героя гражданской войны Григория Котовского.

Она попробует найти по каталогам икону моего святого, обещала Анастасия, а пока советует просить о содействии моим изографическим предприятиям общего покровителя художников Евангелиста и Апостола Луку, чью икону она позаботилась включить в наш иконостас.

Кроме того, ассистентка привезла в подарок семье служебники и песенники с параллельными текстами на английском и греческом; небольшой, с книжицу магнитофон «Сони», снабжённый наушниками, и добрые две дюжины кассет с православной музыкой; среди записей имелась и литургия на славянском, безупречно исполненная белогвардейским Донским казачьим хором.

В оставшиеся до праздника дни Анастасия каждый полдень пунктуально приезжала к нам и увозила жену и сыновей в церковь, где теперь собирались, в сопровождении родных, дети общины, так же, как и Миша, находившиеся на Ханукально-Рождественских каникулах.

Там для всех сервировали ланч, после которого ребятишки в концертном холле наряжали большущую ель и репетировали свою постановку, а дамы украшали вазонами с красно-зелёными розетками пойнсеттии и венками из хвойных лап, увитых алыми лентами, богослужебное и другие помещения храма и паковали в корзины наборы праздничной еды для бедняков.

Один такой набор получили и мы; он состоял из индюка, фаршированного хлебными крошками с травами и уже зажаренного промышленным способом до равномерного тёмно-коричневого цвета; коробки картофельного порошка, разводимого водой в пасту-пюре; и банки консервированной грибной подливки, так что ничего готовить не надо было.

24 декабря меня попросили явиться в «Кристал» к одиннадцати часам утра, чему я был рад, ибо публичка накануне Рождества не работала.

В ресторанной кухне я увидал обе бригады, камбоджийскую и негритянскую, трудившиеся с полным напряжением, обслуживая невиданную очередь машин, протянувшуюся к заднему окошку из переулка.

Элегантный менеджер заведения и его заместители, красавица Пэм и морячок,
также наравне со всеми ловко переворачивали гамбургеры у плит.

Однако обычных ланчевых и обеденных пиков не наблюдалось, и к семи вечера  поток посетителей иссяк практически вовсе.

В это время менеджер дал приказание всем собраться в углу пустого зала, хотя бой в наушниках оставался готов принять заказ у случайных проезжих.

 Босс поздравил всю команду с наступающим Рождеством и зачитал письмо
от центрального управления франчайза, убедительно просившее сотрудников не воспринимать этот праздник способом противопоставить христиан Америки гражданам инославных вероисповеданий, и сделал особый реверанс в сторону чёрных мусульман, упомянув почитаемого ими пророка Ису, отождествляемого с Иисусом Христом, и вручил каждому небольшой подарочный чек, после чего отпустил всех домой, за исключением двоих, определённых в ночную смену.

 К десяти вечера семейство вымылось, надушилось и приоделось, и вскоре
за нами приехал микроавтобус храма «Апокалипсиса», чтоб отвезти семью на всенощную службу.

Она, конечно, только называлась так, продолжаясь лишь немного заполночь, однако была весьма впечатляющей, открываясь торжественным благовестием: «Эн антр'опис эвдок'иа» - «Во человецех благоволение», и поддерживая тему многократным повтором строчек псалма Давидова, ликующе-грозящего клича, с коим Израиль прорубался к земле обетованной через орды идолопоклонников: «С нами Бог! С нами Бог! Разумейте, языцы, и покоряйтеся, и покоряйтеся, яко с нами Бог!»

 Затем все спустились в обеденную залу, поздравили друг друга с поцелуями,
разговелись традиционным здесь индюком с крошками и быстро разъехались, поскольку главное застолье предстояло назавтра, в общевыходной день.

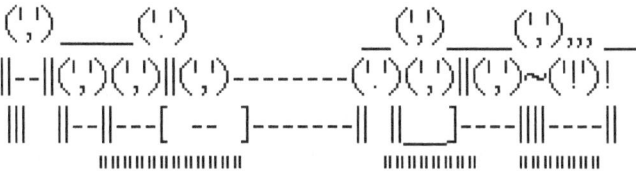 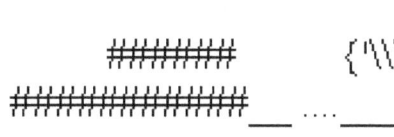

Вернувшись, уставшие дети без ропота отправились на боковую, а мы с женой достали из кладовой и поместили под ёлку ящики с подарками.

Утром братья обнаружили в них прорву всяких игрушек - радиоуправляемых, издающих разные звуки, светящихся, говорящих, поющих; среди них выделялось исключительно хитроумное устройство, носившее имя «Суперперегружатель», в котором поток ярких шариков сам собой совершал безостановочное движение по бункерам, лентам конвейеров, транспортёрам и лабиринтам, неизбежно и скоро гипнотически приводя наблюдателя в состояние восторженного транса.

Но самым удивительным оказался снабжённый кабелем и панелью с кнопками небольшой и скромного вида серый параллелепипед, поначалу не удостоенный ни малейшего нашего внимания.

Прочитав инструкцию и подключив аппарат к телевизору, папа превратил его во взаправдашний игровой автомат, почти такой же, как и во «Льве Еды»!

Начинённый электронными чипсами коробочек не блокировал телепередач, используя резервный канал, и считывал программу игры со сменных кассет.

Игрок или игроки управляли персонажами со своих индивидуальных пультов и могли сохранять неоконченные варианты на промежуточных финишах, ибо для достижения конечной цели требовалось потратить сотни и тысячи часов.

Игр, записанных на прилагаемых кассетах, было несколько. Одна из них повествовала о приключениях двух братьев-иммигрантов, Марио и Луиджи, трудившихся водопроводчиками и случайно попавших по трубам канализации в сказочный мир, где им предстояло спасти принцессу грибов Мухоморочку, захваченную в заложницы мафиозным семейством ящероподобных Баузеров.

По дороге, уничтожая агентов Баузеров, следовало ещё, проявляя ловкость, успевать подбирать монетки, раскиданные повсюду, и это живо напомнило мне о первом дне семьи в Америке и сборе пенни на парковке мола.

Главный герой другой игры, розовый пузырь Кёрби, бодро катился по облакам и, улучая момент, проглатывал соперников целиком, приобретая тем самым силы и способности своих оппонентов.

Он являл образец неистребимого оптимизма и не терял улыбки, даже будучи крепко бит и сброшен с небес на землю.

У него также имелась благородная задача - избавление чудесной Страны Грёз от владычества тиранично-злокозненного короля Диди.

Миниатюрный компьютер, превративший наш телевизор в игорную машину, произвели японцы и назвали его «Нинтендо» - слово, вызывавшее ассоциации с «ниндзя» и с «дзюдо», и в композиции и рисунке кадра я сразу отметил особую отточенность, присущую классическим гравюрам Хоккусаи и Утамаро.

В каждой из игр имелись участки, преодолеваемые лишь сноровкой, однако продвижение очень облегчало применение логики, часто весьма нестандартной, а уж поединки со злодеями-боссами, усложняясь по мере приближения к цели, требовали хорошо продуманной тактики и стратегии.

Всё вместе было невероятно увлекательным, и мужские три четверти семейства, включая и его главу, практически полностью утратили понятие о реальном, а не виртуальном времени; к счастью, жене удалось привести нас в чувство, напомнив о предстоящей сегодня в церкви детской постановке и последующем праздничном ужине в доме отца-настоятеля храма, и мы сломя голову побежали мыться, душиться и переодеваться.

Представление удалось на славу, хотя самый акт Рождества, естественно, невозможно было изобразить, в силу нежного возраста участников мистерии.

Также скомканной вышла сцена поклонения пастухов, где роли подпасков и ангелов исполняли совсем уж малыши, едва научившиеся ходить, и оттого их родители, всячески поддерживая актёров, совершенно смешали шествие.

Зато подростки эмоционально сыграли остродраматический момент скитаний Святого Иосифа с Марией на сносях ночью по Вифлеему в поисках пристанища, вызвав у зала бурю возмущения бесчеловечностью властей Римской Империи, не потрудившихся обеспечить нормальных условий для проведения переписи и заставивших мирных лояльных граждан укрываться в небезопасной пещере.

После пьесы отец Николай привёз нас к себе домой. Другие гости пока ещё не подъехали, и священник, дав на ходу несколько распоряжений по-гречески женщинам, сервировавшим стол и бар и работавшим на кухне, как и обещал, показал нам свою коллекцию картин, довольно обширную.

Она включала произведения многих знакомых мне авторов, от левитирующих ослов Шагала и до гипсовых пионеров, которыми стяжал известность мой тёзка Гриша Брускин, « парень русский ».

С кое-кем из представленных живописцев некогда я сталкивался носом к носу в московском горкоме графики на Малой Грузинской, узаконенном властями рассаднике модернизма в Империи, на суарэ у подпольной галерейщицы Ники на Садовом Кольце и на самых первых официально разрешённых эксгибициях так называемых « нон-конформистов », проходивших в павильоне пчеловодства Всесоюзной Выставки Достижений Народного Хозяйства.

Я отпустил насчёт этого несколько замечаний и справился у священника, какое он составил впечатление о колоритных личностях, определивших пути изобразительного искусства в период развала Империи, и где, по его мнению, на этой картине имеется место такой фигуре, как я.

Отец Николай ответил, что ему не доводилось бывать в России и встречаться с художниками персонально, и большинство работ его коллекции приобретены, и за довольно умеренную цену, в антикварных лавочках Европы и Америки.

Собрание советской живописи о. Николая занимало четыре отдельные залы с верхним светом, однако обиталище монаха в миру, разделяемое им только со старухой-матерью, содержало ещё немало иных помещений, поскольку ему, как объяснил нам настоятель, нередко приходится принимать приезжих гостей.

Спален было, кажется, пять; в одной хозяин показал нам фарфоровый кабинет, полный элегантного бело-голубого веджвуда, в другой предложил жене и детям удобно расположиться на широкой, застланной шёлком кровати под балдахином и включил для них громадный, во всю стенку телевизор на кабельный канал, по которому беспрерывно транслировались диснеевские мультики, а мы с ним прошли сквозь домашний оффис и библиотеку в дальнюю маленькую комнатку, названную монахом личной кельей.

Здесь помещался иконостас, пред которым горела лампадка, причём иконы были старые, в украсных окладах и ручного письма, не чета репродукциям на плитках из прессованной стружки, подаренных нам.

Посреди кельи стояли два глубоких кресла, обтянутых тёмно-вишнёвой кожей, а между ними - бронзовый треножник, используемый в качестве пепельницы. На стенке, куда обращались кресла, висела небольшая темпера, изображавшая полностью обнажённого юношу с крыльями на усеянной каменьями горе.

Он преклонил одно колено, сцепивши руки пред собой, и выражение его лица было отнюдь не ангельским, но выдавало скрытую скорбь и напряжение мысли.

Картина очевидно не происходила из России. « Аноним круга Синьорелли », прокомментировал хозяин.

Дав мне подойти и поглядеть на живопись, настоятель подвёл меня к резному чёрного дерева антикварному винному поставцу и извлёк из недр его бутылку совершенно обыкновенной русской водки, то есть, обыкновенной в тех краях, откуда автор благополучно вырвался - не импортной « Столичной », доступной в любом из американских универсамов, а родимого сучка в зелёной чебурашке, запечатленной жестяной блямбой, несшей клеймо рязанского розлива, славного жутким содержанием сивухи и, соответственно, сокрушительной похмелюгой.

Хозяин приобрёл это дело, по его словам, у какого-то проезжего иммигранта и заплатил гораздо больше магазинной цены водки, ибо продавец уверил его в абсолютной уникальности товара, производимого исключительно для Союза, кроме того, парень явно испытывал острую нужду в деньгах.

Проезжий не обманул, подтвердил я, предупредивши отрицательным жестом намерение отца Николая открыть и налить мне пойла, правда, надо учесть особенности экономики покойной Империи, в силу коих на внутренний рынок поставлялись, или же, как тогда было принято говорить, «выбрасывались», продукты не наилучшего качества, чтобы сэкономить на таможенных сборах и стоимости перевозки, но напротив, хуже некуда, поскольку правительство, не заинтересованное в неконвертируемых рублях населения, заботилось только о том, чтобы умеренные нехватки, равно количества и качества, не доводя до состояния отчаяния, поддерживали в людях здоровую неудовлетворённость и жажду жизни.

Отсюда вытекают весьма специфические свойства напитка в зелёной бутылке, который я не рекомендую к употреблению никому на этом континенте; всё же чрезвычайно редкостное в Америке зелье, несомненно, обладает коллекционной, а также высокой познавательной ценностью.

Выслушав моё авторитетное экспертное заключение, иеромонах усмехнулся и, аккуратно поместив чебурашку обратно, справился, как я отношусь к рюмке доброй пятнадцатилетней «Метаксы». Я, разумеется, не имел ничего против, и мы выпили по стопочке ароматного греческого коньяка, закусив орешками.

После этого отец Николай предложил мне и закурил сам длинную сигарету, и подведя меня к пустовавшей стене напротив юноши, спросил, хорошо ли будет здесь выглядеть моё «Поклонение волхвов» и согласен ли я продать его.

Цветовое окружение и освещение тут идеально точно подходили картине, и я попросил собирателя принять её в подарок. Он же, однако, энергично возразил и, замахав руками, сказал, что понимает моё нынешнее финансовое состояние и, помимо прочего, намерен заказать мне ещё одну, очень специальную работу.

Он провёл меня в библиотеку и достал фото серо-голубого и приземистого военного судна, кажется, эсминца.

«Это греческий корабль по имени «Македон'ия», каждую весну он приходит на Джексонвилльскую военно-морскую базу для совместных учений НАТО, - объяснил настоятель. - Совет общины постановил преподнести им на память икону, но только не вертикального, а более подходящего для кают-компании горизонтального формата. На полотне решено изобразить храм «Откровения», его патрона Апостола Иоанна Богослова, сам корабль у берегов родной Греции, а также Панагию Марию с Младенцем и покровительствующего навигаторам Святителя Николая Мирликийского, благословляющих моряков.

Икона должна быть скромных размеров; срок её исполнения - начало марта.»

Я без ропота принял все условия, и отец Николай тут же расплатился со мной чеком на шесть сотен за оба произведения совокупно, оценивая, очевидно, каждую штуку ровно по три сотни долларов.

После совершения купли-продажи хозяин дома пожал мне руку и попросил разрешения проверить, как идёт подготовка к ужину.

Его сервировали в шатровой, парадной части помещения, и когда я оказался в этой непременной принадлежности всякого американского более или менее престижного жилища, то сразу почувствовал себя несколько не в своей тарелке.

Мне привычны очень высокие потолки, поскольку привилегированная семья профессиональных и потомственных чекистов, где я вырос, всегда занимала квартиры в роскошных особняках репрессированных классов, и во времена моего детства белёные плоскости с горельефными ионическими бордюрами возвышались над нашими паркетами на добрых четыре человеческих роста.

Однако здесь потолка, в прямом значении слова, не имелось вовсе, и взгляд неопытного посетителя, вроде меня, мог долго подниматься по стенам, покуда не задирая неприлично голову, тот не упирался глазами в крутые доски кровли и толстые, словно бы закопчённые, стропила.

Торцевая же стенка шатра представляла собой огромную каминную трубу, облицованную диким камнем. Огонь в очаге был уже разложен и горел вовсю, заставляя мощный кондиционер нагонять в комнату волны ледяного воздуха. По обе стороны широкого устья печи, забранного низенькой решёткой, стояли гигантские кривые кочерги, лопаты, циклопические крючья, щипцы и клещи.

*Совершенно другая картина открывалась, если повернуться к очагу спиной, поскольку напротив каминной стены находился раздвижной стеклянный выход на беленькую тургеневскую балюстраду, за которой по глади пруда скользили разномастные утки и гуси и расстилались ровные изумрудные лужки с кустами, густо обсыпанными крупными цветами, голубыми, аквамариновыми и розовыми.

Прислужницы накрывали длинный, застланный белой скатертью до пола стол возле разверзстого жерла пылающего камина, и оттого эта часть помещения выглядела ещё более средневековой.

Центральным блюдом ужина был всё тот же индюк, начинённый крошками, коричневою горой возвышавшийся надо всем остальным и казавшийся целым, однако каким-то очень хитрым образом рассечённый на порционные ломти. Настоятель отдавал распоряжения по-гречески, и в его речи проскальзывали такие знакомые нам слова, как « ог'ури » и « фас'ола ».

Указав на индюка, он произнёс « галли-п'уло », и мой небольшой запас латыни позволил без труда перевести выражение буквально - « французская курица ».

По привычке хорошего физика проверять все свои гипотезы, я мимоходом задал вопрос о верности моего перевода хозяину, и тот, подтвердив догадку, заметил, что греческое слово отражает лишь иноземное происхождение птицы, точно так же, как и английское « тёрки » не предполагает её родиной Турцию.

« Зато мы, американские греки, с особым удовольствием поедаем « турок », вспоминая о веках издевательства османов над своей страной », - добавил он.

* Затем отец Николай спросил у меня, каково значение русского наименования чудной заморской твари с красными висюльками на носу, и узнав о его вполне достоверном смысле - « индейский петух » - справился, подают ли в России индюков по случаю Рождества.

« О, нет, - отвечал я, - согласно традиции, мы жарим гусей, набивая им брюхо твёрдыми зелёными яблоками. »

« Я бы, конечно, предпочёл гуся индюку, - вздохнув, признался священник, - однако у нас в Америке гуси во многих местах считаются важной компонентой экологической системы и являются предметом гордости и заботы общества и даже тотемной птицей-предком некоторых аборигенных племён, и не вру, меня самого бы зажарили живьём, если бы я посмел съесть одного из них. »

Впрочем, стол настоятеля блистал разнообразием, и с оригинальным здешним солёным окороком, запечённым в меду, мирно соседствовала чисто европейская приготовленная на вертеле маринованная баранья нога, а со странными для меня салатами из крупно посеченных сырых овощей или холодной пасты с уксусом - брюссельская капуста, овечий сыр типа брынзы « фета » и оливки « каламата ».

Также я отметил блюда, такие, как баклажаны сотэ, популярные в российском Северном Причерноморье, чью жизнь и культуру формировала в античности эллинская колония Одессос, а позднее - торговый путь « из варяг во греки », по которому ладьи с лебедиными носами, водимые воинами в острых шеломах, бывшими морскими разбойниками и идолопоклонниками, однако впоследствии обращёнными в православное Христианство, бесперебойно снабжали Византию выделанными мехами, экспортируя из Империи "деревянное" оливковое масло, бусы, пурпур, ладан и златокованную ювелирию для женщин викингов и славян.

*
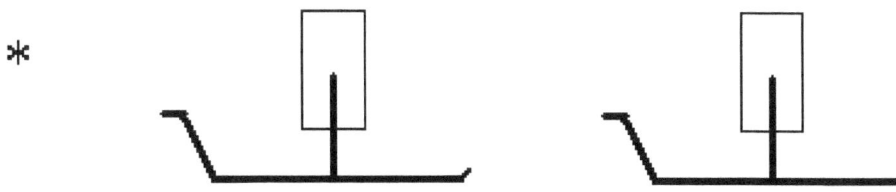

Прислужницы завершили сервировку стола и зажгли множество толстых свечей, источающих всевозможные благовонные ароматы, и по знаку хозяина удалились, и сразу же у парадного переднего крыльца невесть откуда возникла толпа гостей, спешивших пройти сквозь коридор в прихожую, где с восклицаниями радости папа Нико заключал в объятия и лобызал троекратно в щёки каждого визитёра, независимо от его или её возраста, равно и от всех прочих физических качеств.

   Хотя священник встречал свою паству так, словно не виделся с нею годы, все они - дьякон, регент, псаломщик и другие - присутствовали сегодня днём на представлении в храме «Апокалипсиса», но вечером к настоятелю приехали одни только взрослые и подростки, по причине чего компании моим пацанам не составилось, впрочем, дети не страдали от скуки, ибо диснеевский канал бесперебойно транслировал такие шедевры, как «Белоснежка», «Фантазия», «101 далматинец», и помимо того, служанки прикатили им целую тележку снеди, сладкого, газировки и вручили братьям по объёмистой бадейке тёплой воздушной кукурузы-попкорна, неизменного аксессуара здешних кинотеатров.

   Гости же, получив свои поцелуи, проходили в шатровую часть помещения, и в ожидании окончания процедуры приветствия некоторые из мужчин отважно осушали стопарик виски, водки, джина со льдом и содовой, или «Метаксы», реже рюмку вина, громко высказывая надежду о том, что к завершению вечера хмель успеет развеяться и содержание алкоголя в крови снизится до законной нормы трезвости, позволяющей не опасаться полицейской проверки.

   Однако по-ковбойски, к выпивке не полагалось никакой закуски, даже арахиса, и выставлена она была в углу на мобильном столике, который слуги вскоре вынесли в кухню из парадной залы, поскольку там, несмотря на её размеры, становилось уже ощутимо тесно.

   Наконец отец Николай встал над индюковой горой на фоне пламени камина и, крестным знамением осенив изобилие, пропел благословение еды и питья, после чего гости плотной и спиралевидной из-за тесноты цепочкой построились и потекли вдоль стола, накладывая на тарелки всякой твари по паре.

   Затем живая змейка протягивалась к стойке бара, где каждый наполнял стакан каким-либо «коксом» или же соком и, балансируя, диссипировал в общую массу.

   Американцы выполняли сложное действие непринуждённо, с немалой грацией избегая контактов с телами окружающих, мною же часто овладевала паника, когда над моей тарелкой вдруг нависли груди соседней дамы, а из её декольте в мои ноздри стремились мощные волны аромата роз и мускуса.

   Где-то в толпе дрейфовала и Галина, и мы несколько раз виделись издали, пока она, помахав мне рукой, не покинула залу, намереваясь, по вероятности, присоединиться к сыновьям в спальне.

   Вокруг меня люди ели и громко смеялись, обсуждая последнюю игру футбола (в который не играют ногами) или бейсбола, покупки домов и автомобилей, курсы акций, проблемы размещения капитала в ценных бумагах.

   Мне ж, из-за недостатка сноровки, кусок не очень-то лез в горло, несмотря на достоинства молодой и нежной бараньей ножки, предпочтённой автором изо всех блюд и весьма раздразнившей его аппетит.

   Оттого я потихоньку протолкнулся в кухню, надеясь там разыскать место, куда можно пристроить свою тарелку с жарким и, если будет на то Божья воля, обрести и стаканчик сухого винца, без которого есть баранину тяжкий грех.

   И как живое подтверждение этого догмата, вытекающего из тысяч лет опыта человеческой цивилизации, если не от Адама, то, по меньшей мере, от Ноя, я обнаружил возле столика со спиртным другого такого же развитого гостя-смуглого красивого парня в сутане с наперсным крестом, наливающего себе полный фужер тёмнокрасной «Сангрилы», и на тарелке юноши, стоявшей рядом, также дымился сочный ломоть барашка.

   Мы с молодым священником, естественно, почувствовали некую общность и разговорились.

   Парня, оказалось, привезли с Кубы в таком же возрасте, как и Мишу; тут он получил теологическое образование и служил пастырем католического прихода маленького тихого городка, сравнительно недалеко от Майами.

   Пост в зажиточной общине приносил неплохой доход, однако красавца-латина тяготил обет целибата, анахронично предписываемый клирикам деспотическим Папским Престолом, и влюбившись без памяти в свою прихожанку, он покинул Римскую Церковь и перешёл под омофор греческого епископа.

Здешняя родня считает его отступником, но он и его жена счастливы, открыв и продолжая исследовать неисчерпаемые глубины Православия, сохраняющего литургические традиции первохристианства, во многом скомпрометированные космополитом и конформистом Ватиканом.

«Кроме того, - доверительно сообщил мне ренегат, - я и моя дорогая Мария собираемся в скором времени вернуться на Родину, по которой тоскуем оба.

Начистоту говоря, я не такой уж противник социализма, и кому не известно - наш остров до Фиделя служил панамериканским непотопляемым борделем, зато в борьбе с империализмом янки кубинский народ постепенно научился снова уважать себя, вынуждая к тому же и других.»

Я согласился с тем, что всё имеет светлую сторону, и доев под вино барашка, мы избавились от использованной посуды и возвратились в зал.

Там публика продолжала циркулировать и общаться, теперь держа в руках чашечки огненного кофе по-турецки и блюдца со слоённой медовой баклавой, добрым хозяюшкам нашего юга также известной, подаваемые за стойкой бара.

Разговоры вращались вокруг перечисленных выше тем, и я лишь улыбался в ответ на приветствия знакомых, пока дьякон, он же в миру стоматолог, не протянул автору свою визитку, где золотое тиснение на бристоле гласило «Доктор Магос», и не предложил ему, в качестве рождественского подарка, счистить камень с его зубов бесплатно.

Группа прихожан-гостей собралась у камина и исполнила все классические викторианские рождественские песнопения: «Радость миру, Христос рождён», «Тихая ночь, святая ночь» и «Ноэль, Ноэль, Царь тебе рождён, о Израэль», а также несколько греческих «колада».

Затем зазвучали струны бузук и дюжина мужчин-греков выстроилась в линию и двинулась в танце, сначала медленно, потом быстрее, причём лидер цепочки периодически приседал и, держась за носовой платок соседа, бешено крутился на каблуке, ухитряясь одновременно с тем совершать и прыжки вперёд.

Аудитория встречала всякое антраша танцоров свистом, кликами и хлопками.

После кофе на прилавок бара к услугам присутствующих были выставлены деревянные пёстрые ящички сигар, и, несмотря на продолжающее действовать эмбарго, запрещающее экспорт с Острова Свободы, среди них я обнаружил полный ассортимент кубинских - ещё одно доказательство, как и сухой закон, тщетности всех попыток ущемить кого-то за счёт американского потребителя.

Я выбрал знакомую мне «Ромео и Джульетту», которыми частенько прежде баловался в Москве, и обрезав её с помощью стоявшей тут же особой машинки, вышел с остальными курильщиками подымить на переднее крыльцо.

Ночка выдалась далеко не лучшая, низкие серые тучи нависли над головой, и, пусть не к месту, непроизвольно вспомнился чёрт, на Рождество в Диканьке даже и месяц укравший с неба.

Никаких осадков, однако, не предвиделось, ибо здесь не выпадает затяжная скучная северная моросявка, но сюда накатывают, в сопровождении бурной электроактивности, только тропические грозы, предупреждая о визите издали раскатами грома и зарницами.

Обитель монаха вблизи пруда напоминала теплоход на круизе, до кровли убрана разноцветными гирляндами лампочек; бобики для театральной рампы подсвечивали гипсовые фигурки Девы, Иосифа и Младенца в яслях на газоне.

Так же выглядели и другие дома округи, не разделённые заборами, хотя иные вместо силуэта Санты, погоняющего упряжку оленей, и пятиконечных звёзд украшали шестилучевые «Щиты Давида» и семисвечники-меноры, поскольку Ханукальная неделя ещё не закончилась.

Границы личных участков обозначали лишь купы кустов и деревьев, тоже густо усеянные цветными огнями, зато по периметру весь район, возведённый, очевидно, по единому плану, окружала высокая стена с прожекторами, которую я заметил ещё днём, при проезде через пропускной пункт, где три охранника, снявши копии с красножих «ай-ди» чужаков, подняли полосатый шлагбаум.

\* Священник, уверивши в полной безопасности городка, на чьей территории за много лет не отмечено ни одного серьёзного преступления, совершённого посторонним против его жителей, благодаря сети скрытых повсюду телекамер и службе патрулирования, предложил желающим прогуляться по окрестности.

« Колядовать у нас не принято, к сожалению, - улыбнулся он, - однако всем полезно порастрясти калории, полученные за ужином; кроме того, этой ночью каждому вольно представить себя мудрым волхвом и отправиться вослед своей путеводной звезде. »

Гости попеняли было на непогодь, блиставшую беззвездием, но папа Нико, укорив маловеров, двинулся в путь от крыльца во главе небольшой процессии, велев последователям взирать горе с надеждой.

 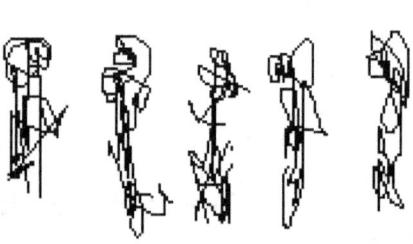

По молитве ли адептов или в силу естественных причин, в скором времени вечерний бриз от океана чуть-чуть развёл тучи, и кто-то углядел в их разрыве единую слабо мерцавшую точку света.

Правда, судя по размерам и положению светила, то была не звезда, а Венера, Веспер древних, впрочем, звезде никак не покинуть предначертанных орбит, и научающе истине волхвов-звездопоклонников, окормила их, вероятней всего, комета Галлея, тогда крайне удобно проходившая через перигей.

На сердце у меня тоже сразу просветлело - ведь это Ноэль, Навидад, начало возрождённого Адама, сперва представленное видимо едва различимым светом, исходящим из пещеры - полагаю, вход её Иосиф предусмотрительно завесил, дабы не привлекать внимания лихих людей.

Всё же исчисление лет новой эры, весьма примечательно, пойдёт не от этого самого главного события в истории мироздания, равновеликого акту Творения и воспеваемого ангелами на небесах, а от имевшего место через восемь дней Обрезания Господня по букве Закона Моисеева как первой жертвы Сына Отцу, однако совершённой от лица Младенца Его земными родителями, что ставит интересный вопрос о свободе воли и предопределении.

Таким образом, в рождественские дни 1991 года наша семья стала членом общины храма « Апокалипсиса Иоанна Богослова » греческого архиепископата Православной Церкви Америк, и помню, как самый факт этот взволновал автора до потаённых глубин подсознания.

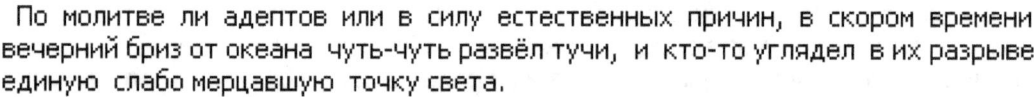

▯▯▯▯▯▯▯▯▯▯▯▯▯▯▯▯▯ **ЕΛΛΑΔΑ** ▯▯▯▯▯▯▯▯▯

Ибо нечто греческое всегда присутствовало в его жизни, начиная с детства, проведённого в Одессе, где имелись и Греческая улица, и Греческая площадь, и, когда-то, греческие оливки, брынза и контрабандисты, воспетые Багрицким.

Чёрное море, вода которого на Босфоре - Бычьем броде - лишь слегка темнее средиземноморской лазури, прежде именовалось не так, а Понт Эвксинский - Гостеприимное море, и северный берег его испещряют греческие топонимы: Севастополь, Крыжополь, Овидиополь, некогда бывший местом ссылки Овидия, Григориополь, откуда вышла семья вашего покорного слуги, совсем не потому наречённого Григорием; Мелитополь, Никополь, Каргополь и иные « полисы ».

Да и кроме того, культурное бытие Российской Империи веками пронизывало влияние античности, через блестящие строчки боготворимого всеми Пушкина ( « Плещут струи Флегетона, стены Тартара дрожат... » ), иронического Гёте, архитектуру и скульптуру эпох классицизма и ампира.

К наследию страны - колыбели гуманизма, материалистической философии и демократии - были небезразличны и советские вожди, и изучение его всегда, за исключением, разве, краткого периода бунтарства сразу после революции, власти поощряли и приветствовали.

Первой моей в четыре года самостоятельно прочитанной книгой было издание « Мифов древней Эллады », в обработке для детей, конечно, и хотя мне до того, разумеется, читали сказки братьев Гримм и Перро, интуитивно я почувствовал за настолько же, казалось бы, нереальными сюжетами, некую скрытую правду.

Позже к ощущению этому добавилось и то, что Колхида, страна Золотого Руна, находилась буквально за углом, в солнечной Грузии, на родине самого Сталина.

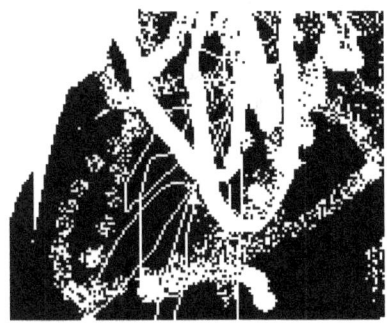  

Приплюсуем сюда серьёзный курс рисования тогдашней изостудии, который я прошёл полностью, начиная от карандашных штудий капителей ионического, затем коринфского одеров, и кончая проработками головы Антиноя с его тонкой полуусмешкой, предвещающей улыбку Джоконды, и композиционно сложного Аполлона Бельведерского, мечущего стрелу в лживого Пифона; геммы и камеи, черно- и краснофигурную керамику, копии в натуральную величину Парфенона и Пергамского алтаря в музеях, обязательное задание для зарисовок, и прочая, и прочая, и прочая.

ВОСПОМИНАНИЕ

Очарованье сна
И магия названий.
Ущербная луна
Встаёт среди развалин.
Ущербная луна
Над листьями аканта,
Тот серп из адаманта,
Что точит Сатана.
О тёплая волна,
О духота Леванта.

 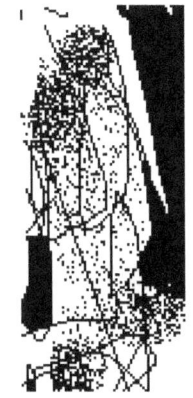

-173-

# МИР СТРАННОМУ

Отчая филоксения -
Верных щит перед толпой.
« Эн антропис эвдокия »
Мне, прохожему, пропой
С тёплых кровель Джексонвилла,
Яркокрылый кайнозой.

О зачем его стропила
Высоки под бирюзой.

* * *
Эн антропис эвдокия.
Чудны все Твои дела.
Эх, кругом одна стихия,
Ни подворья, ни кола.

Эн антропис эвдокия -
Благовестит высота,
А места-то всё чужие,
Незнакомые места.

Мысли грузные, мирские -
Стадо, чада и жена.
Хватит ли к весне зерна.
В горних не прямее кия,
А горбатится сосна.

Обернёшься - дрожь в ногах.
Сердце бьётся, яко птах.

Что в Афоне литания,
Тропка узкая длинна,
Но Звезда морей - Мария,
Благодатию полна,
Нас преображает лепо
И глядят осёл и вол :
Эта Дева средь вертепа -
Бога огненный Престол.

Эн антропис эвдокия -
Взор горе, о сыне дна.

Эн антропис эвдокия.
Чудны все Твои дела.
Где ты, сердца аритмия.
За спиной шумят крыла.

И душа сквозь обложные
Тучи серого руна,
Как орлица-Византия,
В небеса устремлена.

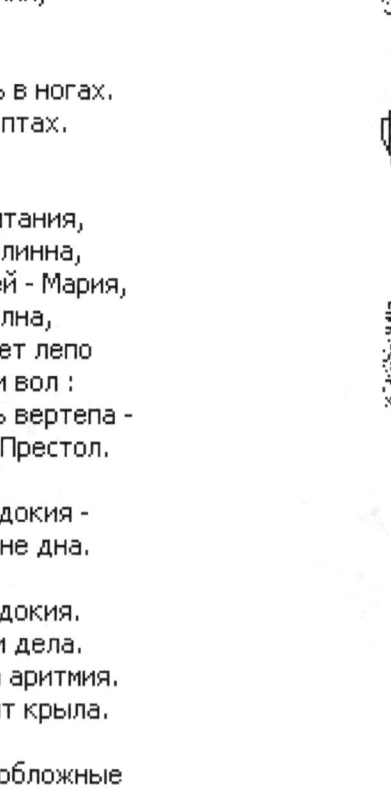

## Глава десятая,
### где герой вынужден углубиться в историю, хотя всегда старался туда не вляпаться

Теперь по воскресеньям за нами в «Дубы» заезжал просторный микроавтобус, ничуть не хуже «мицвамобиля» «Еврейского Вселенского Альянса», который каждую субботу отвозил наших соседей-приятелей Бронштейн в их синагогу, но украшенный четырёхконечными греческими крестами и заметной надписью вдоль обоих бортов: «Христианство (Ортодоксальное) - Церковь Св. Иоанна».

Он доставлял нас в храм «Откровения» чуть раньше того времени, когда там начиналась утреня и внизу, параллельно с нею - занятия воскресной школы и другая внеслужебная активность.

Утреню о.Николай и псаломщик вели только по-гречески, причём применяя протяжные монастырские распевы, и её посещали немногие старики и старухи, слабо, видимо, владевшие английским; абсолютное же большинство прихожан разбивались на группы и расходились по классам.

Дошкольники слушали отрывки из адаптированной для их возраста Библии, клеили крестики из картона и раскрашивали мелками контурные копии икон, детки постарше учили наизусть «Блаженства» и Декалог, тогда как подростки состязались в искусстве риторики на заданную религиозную тему.

Взрослым предлагалось на выбор несколько курсов - начального катехизиса, обязательный для бывших протестантов, готовящихся вступить в лоно Церкви через принятие таинства миропомазания; исторический экскурс, об истоках, возникновении и утверждении западной и восточной традиций Христианства; также уместно посвящённое небесному патрону храма Св. Иоанну Богослову крайне серьёзное изучение его «Апокалипсиса», с подробными толкованиями и комментариями современных теологов, и др.

На доске объявлений в холле висели бюллетени с темами отдельных занятий, и допускалось ограничиться одними теми, какие приходились тебе по вкусу.

Я, в основном, посещал уроки «Апокалипсиса», предпочитая их, разумеется, в силу ярчайшей изобразительности оригинала: кристаллическое зерцало-море перед престолами Сидящего и старцев, золотые светильники, пояса и венцы, звери, исполненные очей, рогатые змеи бездны, жена, облачённая в солнце, знаменитые четыре разноцветные всадника, женоликая саранча ростом с коней, победа белых воинств над багряным чудищем и сияющий Небесный Иерусалим из двунадесяти камней-самоцветов, чистого золота и колоссальных жемчужин.

Вдохновенная экспрессивность этой словесности, по православному преданию, принадлежащей стилосу столетнего Иоанна, находилась в явном противоречии с назидательной сухостью широко известных иллюстраций Дюрера, в которых четыре всадника изображены вместе, хотя по тексту они являются поочерёдно, кроме того, у монохроматичной ксилографии нет адекватных средств к передаче преизбыточной палитры ниспосланного свыше видения, отчего автору не раз довелось пожалеть об отсутствии у него возможности по свежему впечатлению присущей ему лёгкой кистью темперой на холсте воплотить красочные образы без малого две тысячи лет актуальной книги.

Порой я заходил и в другой класс, где изучали жития поминаемых на неделе православных святых, собранные во внушительнейшем числе на каждый день и насыщенные самыми невозможными чудесами - воскресениями из мёртвых, явлениями ангелов, хождениями по воде и тому подобным - всегда, однако, помещаемыми в конкретные место, время и обстоятельства.

Мне живо запомнилась одна из таких волшебно-документальных историй. Маленький гарнизон римской армии, сорок ветеранов, закалённых в боях, нёс караульную вахту у северных границ Империи, расквартирован в Севасте, городке, расположенном в нагорной Армении, тогда ещё вполне языческой.

Внезапно все сорок воинов, без каких-либо внешних причин типа контактов с проповедниками-миссионерами, обращаются в христианство, что немедленно становится заметно в небольшом поселении, поскольку легионеры прекращают принимать предписанное всем участие в празднествах в честь античных богов.

Оповещённый о том император Лициний зимой 320-го года посылает в Севаст карательный отряд, которому неофиты не оказывают никакого сопротивления, несмотря на превосходство в числе и прекрасное знание местности.

Напротив, по приказанию центуриона, командовавшего карателями, они кротко складывают перед ними оружие, снимают одежды, а затем заходят по горло в жгуче-холодную воду горного озера.

Каждый солдат может выйти из озера, но это будет считаться его отречением от несовместимой с верностью цезарю и Риму религии, объявляет центурион и повелевает разложить на берегу костры и устроить за счёт казны сатурналии с возлияниями, оргиями и жертвами Бахусу и Венере.

Однако новохристиане многие часы на глазах толпы стоят не шелохнувшись, укрепляя свой дух молитвой.

Наконец под вечер со стороны заходящего солнца к озеру слетают из-за туч сорок небесных крылатых посланников, надевающих на головы страдальцев золотые венцы святых, после чего мученики все вместе почивают в Бозе, и их нагие, мраморно-белые, словно статуи, покрытые боевыми шрамами тела, обращённые ликами горе, с коронами на челах, потемневшие волны прибивают к ногам безмолвно ужасающихся о чуде римских эмиссаров и граждан Севаста, вскоре, не дожидаясь потепления, крестившихся в тех же заледенелых водах.

Меня, естественно, привлекали и занятия по языку иконографии, где я узнал значение многих мне прежде непонятных символов.

Так, череп у подножия Распятия, по легенде, принадлежит ветхому Адаму и дивным образом оказался среди костей преступников, усеивавших Голгофу, чьё имя и означает «череп», дабы Кровь Агнца Божьего могла омыть его.

Автор также выяснил, что, согласно православной концепции, после смерти души праведников попадают в Рай, представляющий собой подобие сада Эдема, однако не тождественный Царству Небесному, дому Самого тройного Божества, в онь же вселятся оправдавшиеся на Его Суде, а грешники, аналогично тому, временно отправляются во Ад, иначе, античный Гадес, и лишь по воскресении, вновь облачены уязвимой плотью, ввергнутся навек в страшную Геенну евреев, состоящую из огненного и ледяного озёр, условно в иконописи обозначаемую помещёнными бок о бок двумя равновеликими кружочками, красным и голубым.

Изредка, если список тем воскресных классов не возбуждал у меня интереса, я поднимался на утреннюю службу, носящую название «ортрос», переводимое как «правило», а иначе и понятней - «направляющая».

Отдаваемый занятиям полный час до литургии щедро наделял её временем, и её вели истово, без малейшей спешки, с греческими бесконечными трелями, вроде «эз-зз-зз-влооо-гу-у-у-у-у-мззз-эн Сэзззз-з-з-з-з-з» и тому подобным.

Иеромонах Николай служил утреню в чёрной рясе и цилиндрическом клобуке с покрывалом, ниспадающим на спину; пустой зал прекрасно реверберировал, и закрыв глаза, нетрудно было вообразить себя в храме горного монастыря, чью тьму, трепеща, воюют лишь язычки свечей на шандалах пред образами.

Тягучие, но резко синкопированные распевы с точно рассчитанными паузами затормаживали мозг, освобождая подкорку, и тем активировали подсознание, приводя слушателя в хорошо знакомый мне лёгкий транс, так способствующий «видению насквозь», изучаемому мною.

Думается, ту же цель преследовало и окуривание помещения по периметру дымом ладана со стойким, типично восточным сладковато-пряным ароматом, ласково-нежно, чуть заметно кружившим голову, словно катание на карусели.

Завершив «направляющую», священник в будничном удалялся за иконостас, а на его место заступал дьякон, уже в праздничном, шитом золотом облачении, кто крест-накрест опоясывал себя орарём, и воздев конец его троеперстием, зычно возглашал: «Со-о-о-о-фиии-ия, о-о-ооо-о-орфиии!»

Темп службы убыстрялся существенно, зал как-то сразу заполнялся народом, поднимавшимся снизу, вступали хор и органчик, и перед паствою появлялся, из-за панели с фигурой Спасителя, протоиерей о.Николай, теперь выглядевший совершенно по-царски в сверкающей стразами митре и парчовой ризе.

Литургия, главная дневная служба, продолжалась порядка часа, после чего прихожане опускались опять в нижние уровни для совместной еды и общения, что отнимало у них также чуть больше часа, включая разъезд.

На этих ланчах наша семья «новых русских православных» оказывалась, особенно первое время, центром внимания, получая регулярно приглашения отобедать с видными членами общины, и нас принимали у дьякона-дантиста, регента-юриста, псаломщика-торговца и других.

Если же вечер воскресения был у нас не занят, Анастасия предлагала нам, обычно, прокатиться в район исторического Сэйнт-Огустина.

Ей, в отличие от волонтёрки Кори, претила ярмарочная толчея, и мы заходили только в музеи, гулкие храмы со стрельчатыми башнями, лавки антиквариата, или просто бродили по живописным окрестностям.

Однажды она привезла нас туда, где в XVI веке впервые высадились испанцы: отдельно стоящий холм, на котором был воздвигнут высокий крест и рядом - крохотная часовенка с крашеной скульптуркой Пренепорочной Девы.

Внутри горели свечи и посетителей встречала королевской стати старая дама на каблуках, в чёрном платье, украшенном оборками, и кружевной мантилье.

Поразительно, но именно это место, со стопроцентной гарантией до того дня не посещаемое и не виденное мною, даже на фотографии, представлялось мне каждый раз, когда я прикасался к определённой кости, похоже, человеческой, из найденных раньше на прогулке с Кори у впадения реки Св. Джона в Океан.

Добрая ассистентка-коммуникатор не забывала наше семейство и по будням, забирая Галину и Павлика, а после школы и Мишу, на чуть ли не ежедневные мероприятия церковного сестричества и православных бойскаутов, репетиции хорового, танцевального и театрального кружков, походы на природу и прочее.

Я же, как и прежде, сразу после завтрака отправлялся в библиотеку, а оттуда, без перерыва - на вечернюю смену в «Кристал».

Весомую долю продуктивной части суток, почти треть периода бодрствования мне приходилось проводить в салоне «Икаруса», и поначалу, беспокоясь о том, что мои опыты по исследованию «шестого чувства» застопорились, я пробовал продолжать экспериментировать по дороге.

Опровергнув собственную гипотезу о тепловой природе носителя информации, я уже не нуждался в кухонной духовке для нагрева стопки дисков, и легко мог всё необходимое мне научное оборудование уместить в небольшой коробочке.

Однако движение автобуса, неожиданно прерываемое остановками, шум улицы и, особенно, зайчики света, внезапно отражённого от проезжаемых объектов, очень мешали сосредоточиться на смутных зрительных образах, возникающих где-то в глубинах подсознания за закрытыми веками глаз, и я в конце концов оставил утомительно бесплодные попытки.

Зато покойное созерцание пейзажа и уличных сцен за окном рождали в мозгу вашего покорного слуги немало рифмованных строчек, и большинство стихов, которые, хочется думать, развлекают Читателя романа, сложены именно тогда.

Кроме того, я приспособился изучать во время поездки греческую литургию, пользуясь подаренными ассистенткой магнитофончиком "Сони" с наушниками, аудио-записями и двуязычными песенниками.

Эти стихи чем-то в корне отличались от всех, известных мне, и я пытался посредством анализа найти первопричину их уникальной силы.

Гимны композиции были рифмованы и аллитерированы, причём консонансы подчёркивали ударные по смыслу места стихотворений, тогда как ритмика вносила кинематографически изобразительный подслой, вроде картины полёта в « Херувимской песне », начинавшейся неуверенно при невероятно дерзком предложении присутствующим усилием духа преобразить себя в небожителей: « Ииии-та-а-а-а Хе-е-ру-вим... » - херувимы ? мы ли ?, и затем, восторженно: « И-тааааа Хеее-рувим !!! » - да, превратились, а потом, осмысливая переход и тихонько пробуя неокрепшие крылья: « мистикос икони-иииии-зооо-онтэс » -
мистически изображаем их, и преодолевая притяжение земли: « кэ-э-э-э-э-э-э », устремляемся к Престолу Животворящей Троицы: « ти-и-и-и », останавливаясь перед Ней в изумлении: « З'о-о-о-о-опиоооо Три'аа-а-а-а-а-а-ади, Трии-'а-ади », вместе с предназначенным к этому ангельским хором воспевая хвалу Божеству, и вдруг, оглядываясь на свою плотскую природу и понимая её неадекватность, увещеваем себя и других отложить всякое житейское попечение.

После чего нам в немногих словах открывается цель нашей трансформации - дабы вернувшись в наш падший мир и церковь, где в этот момент происходит шествие с выносом Чаши, перед Которой задом пятится дьякон с кадилом, встретили бы достойно Царя горних и всех, непостижимого, непереводимого,
« дориносимого », то есть, поднятого фалангой над гребнями шлемов на щите, возложенном поверх скрещённых копий гоплитов, как победоносные войска проносили по улицам и весям града сквозь толпу чествуемого ею полководца.

Чтобы в рост устоять на зыблемом гладко-выпуклом подножьи, триумфатор должен держаться, раскинув руки, за древки копий идущих по сторонам щита, силуэтом напоминая распятого, оттого-то греческое слово « дорифоруменон », употребляемое в подлиннике, сразу вызывало у жителя Империи ассоциации с копьём, пронзившим рёбра Спаса Агнца на Кресте, и Его победой над Смертью.

Лаконичная изобразительность поэзии умирала в переводе, предназначенном для варваров-неофитов, навряд ли знакомых с обычаями Византии, однако же просветители, занимавшиеся переложением гимнов, а заодно с тем и созданием литературного славянского языка, испытавши магическое действие оригинала, не решались отступать от буквы его ни на йоту, с фанатическим упорством оставляя неизменным даже первоначальный порядок слов и порой порождая удивительные химеры-гибриды, вроде упомянутого « дориносима ».

Вызванное их робостью ( или смелостью ? ) полное пренебрежение правилами поэтического перевода, более и сверх того, отсутствие мало-мальской заботы о благозвучии, да куда там, просто об удобстве произнесения, вспомним лишь языколомное « вочеловечшася », принудило новообращённые племена славян,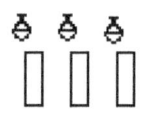
изощрившись, разработать скоро уникальнейшую систему хоровой полифонии, ту технику, коей можно спеть и телефонный справочник, внесше тем самым неоценимый вклад в развитие музыкальной культуры мира.

Мне всё ж было жаль классически длинных сольных трелей, унаследованных первохристианами, служившими на греческом диалекте, называемом « кини »,
от родной им иудейской традиции литургического пения, древнейшей на свете, впоследствии повзаимствованной Исламом.

Умом я, естественно, понимал суровую логику и неизбежность этой жертвы, ибо буквалистский перевод совершенно не в состоянии связать воедино поэзию
и мелодическую интонацию, построенную на ритмичном чередовании гласных и закладываемую автором в текст одновременно с его созданием, ибо прежде не существовало порозно ни композиторов, ни литераторов, и соответственно, распев обозначался гимнописцем апокрифическими крючочками промежду строк.

Драматический переход от одноголосного пения к полифонии, не исключено, являет собой отражение на сферу искусства религиозного пути человечества,
от строгой монотеистичности Иудеев ко триипостасному Богу Нового Израиля, и три главные артистические специальности, на которые в наши дни распалась одна и нераздельная творческая Личность, представляют: режиссёр - Демиурга, поэт, художник, писатель, актёр - Сына-Создателя, Отчее Слово ( не оттого ли им нечасто выпадает удача дожить до преклонного возраста ? ), а композитор, использующий ритмические сотрясения воздуха - разумеется, Духа Свята, Руаха.

О всеисполняющая Тройственность, превосходящая настолько сложностью общедоступную прямолинейную дихотомию материалистической диалектики, что мне до сих пор не вполне ясно, отчего такая теология, подразумевающая существование измерений свыше трёх с половиной, привычных земнородным, о чём лишь в самые последние годы, и пока ещё очень робко, заговорила наука, будучи противной логике и людскому мироощущению по природе, не погубила Христианство на корню и ни разу не подпала соблазну бесчисленных ересей, пронеся догматы троичности даже сквозь Реформацию ! тайна сия велика есть, впрочем, и искусство, разделившись и усложнясь без меры, также не умерло.

Выше я, и к месту, упомянул непроизносимый глагол из перевода Никейско-Константинопольского « Символа Веры » на славянский язык, а чуть раньше - загадочную билингвистическую конструкцию финала « Херувимской песни », отчего у Читателя может ненароком сложиться впечатление, будто бы автор досконально владел славянским текстом ещё до начала изучения им греческого в процессе своего автобусного анализа.

Сейчас я могу спеть разными распевами все основные литургические гимны на том языке, которого русская Православная Церковь придерживалась от века, но поклявшись описывать правду и ничего, кроме правды, вынужден признаться - сразу по приезде моём из России наизусть я не знал даже « Отче наш ».

В храмы я забегал минут на десять-пятнадцать, только чтобы погрузиться в странную атмосферу, раскрепощавшую подсознание, и слушал в полумраке, исполненном дымом ладана и трепетом пламени пред колеблющимися ликами, пение незримого хора, не понимая ни слова.

В те годы так, надо сказать, вело себя большинство посещающих церкви, устав коих дозволял войти и выйти когда заблагорассудится, и всю службу, медленную, как рассеянный склероз, отстаивали считанные по пальцам старухи в мышиного цвета платьях и косынках, затянутых под подбородком.

Разумеется, мне и в голову не приходило исповедать свои грехи священнику, для чего нужно было встать с петухами, и, пропостившись полдня, подойти ко святому причастию в церкви, и причастился я на Родине один только раз, после того, как меня крестили за компанию с малолетним сыном, да и то лишь по абсолютной случайности - относясь легкомысленно к предстоящему обряду, накануне вечером с друзьями я изрядно перебрал водки под жареные грибки, отчего наутро с похмелья не мог ничего взять в рот, и преклонных лет иерей, приглашённый тёщей для совершения таинства ко мне на квартиру, сочтя это за пост, удостоил автора Тела и Крови Христовой, причём без исповеди, ибо её заменяет, в соответствии с древней традицией, включаемая в ритуал баптизма формула отречения от врага всего с троекратным оплёвыванием личного беса.

Тёща моя, происходившая из дворян и лишённая большевистским режимом возможности учиться и занять хоть какое-то положение в новом обществе и, благодаря тому, не имевшая нужды демонстрировать верность идеологии, оставалась верующей, входя в то ядро серых старух, несокрушимость которых и позволила Православию в Империи выжить при Советской власти.

Однако литургических текстов твёрдо не знала и она, произнося, к примеру, в песне Богоматери « плоть чрева » вместо « Плод чрева », и тому подобное, поелику богослужебных книжек отродясь в руках не держала.

Вообще, сжигаемы вместе с церквями и монастырями в ранние годы совдепии, служебники и молитвенники были гораздо большей редкостью, чем Библия, чьи зарубежные издания протоптали себе окольные тропки на чёрный рынок, а дореволюционные синодальные на славянском, а порой и на русском языке, не найденные дотошными пионерами в бабушкиных кладовых и на чердаках - в букинистические магазины, ибо при первых же признаках ослабления вожжей они начали пользоваться немалым спросом у творческих интеллигентов Союза, помещаемы на почётное место в гостиной и выдаваемы за фамильные реликвии.

Я, правда, приобрёл их вовсе не для показа, а сугубо как пишущий человек, дабы увеличивать свой тезаурус и расширять лексикон, овладевая славянским, который столь часто поворачивает затёртые слова весьма неожиданной стороной.

Когда я решил посвятить автобусное время изучению греческой литургии, всё тот же всемогущий случай предоставил в моё распоряжение полный набор служебных книг на славянском, в России мной даже и в глаза не виданных.

Портфель с ними в наш квази-дубовый замок завёз незнакомец, разменявший, похоже, недавно четвёртый десяток; ни имя гостя Давид, ниже фамилия Пирс, происходящая от английского глагола pierce - пронзать, не указывали ничем на славянские корни визитёра, равно как и неуловимая оливковая смуглость и черты лица - бледного, худого, с удлинённым слегка горбатым носом.

Он представился членом общины храма Св.Иоанна, хотя ни прежде того дня, ни позднее я там его не встречал, и сказал, что услышал обо мне в церкви. Он просит меня принять унаследованные им книги одного священнослужителя, которые, как ему отчего-то кажется, мне очень сейчас должны пригодиться.

Толстокожий портфель, чьи замки и углы потемнели, содержал в своих недрах азбуку с начальным учением, песенник «Простопение церковное», требник и служебник с параллельными славянским и английским текстами, изданный в Канаде старообрядческой Церковью, все в переплётах тиснённого сафьяна, крупно напечатаны на плотной фактурной бумаге, пожелтевшей, но не ветхой, с карминными фигурными буковицами и лентами-закладками из голубого муара.

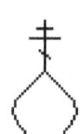

Книгам исполнилось явно не одно десятилетие, однако меж них лежала новая, пахнущая свежей типографской краской иконка, изображавшая крещение Руси и сонм её святых.

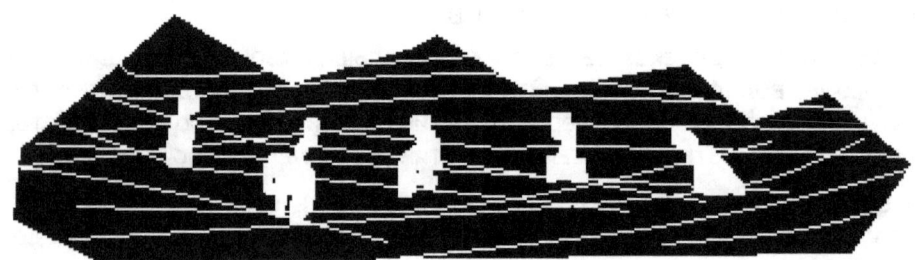

Славянский язык - близкая родня русскому, и все же в литургии встречались неясные фразы и выражения, не поддававшиеся толкованию даже с помощью имевшегося в моём распоряжении английского подстрочника.

Но и эта проблема разрешилась наилучшим образом, и как можно догадаться, сама собой.

Внимательная к нуждам всех членов семьи Анастасия решила позаботиться о том, чтобы и у Галины тоже были тексты литургии на доступном той языке, ибо в английском переводе жена пока ещё изрядно плутала.

Обряда по-русски в природе не существует, славянским супруга не владела, зато свободно читала по-украински, и ассистентка разыскала-таки для неё книжицу «Добрый Пастыр» Украинской Греко-Православной Церкви Америк, содержавшую полный и довольно грамотный перевод.

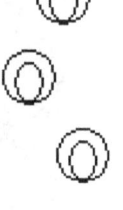

Теперь я, сравнивая оригинал и оба очень точных буквальных подстрочника, мог выяснить всю полисемантику текста на «кини», за исключением лишь нескольких особо тяжёлых случаев, наподобие «дорифор'уменон», когда приходилось обращаться за консультацией к охотно помогавшей Анастасии или же к самому отцу Николаю.

Клянусь, о мой Читатель, я не имел желания, по крайней мере, осознанного, заниматься систематическим сравнительным анализом церковных традиций, однако обилие литературного материала и неизбывное научное любопытство постепенно втянули меня в работу, которой я не стал бы уделять времени, годного для достижения каких-либо практических целей на иоту чуть больше, чем всё равно уж пропащее автобусное.

Так виртуально лишь стечение обстоятельств, и ничто иное, позволило мне погрузиться в крайне интересный мне предмет и изучить принципы построения, отыскать исток зарождения, как и пути эволюции богослужения - своеобразного и прежде того не известного автору жанра литературно-музыкального действа.

В начале моих поездок я просто слушал, читал и заучивал греческие гимны, и эта поэзия немедленно сразила меня бесподобно ёмкой своей лаконичностью, превосходя порою краткостью даже японские семнадцатисложные «хокку».

К примеру, важная догма единой сущности Отца и Сына выражена всего лишь десятью словами, не считая заключительного «Аминь»: «Ис 'агиос, ис К'ириос, Иисус Христос, ис д'оксан Те'у Патр'ос», передавая идею чередованием слогов «-ис» и «-ос».

Причём прямое содержание строчки не несёт ничего, предполагающего такое: «Един свят, един Господь, Иисус Христос, во славу Бога Отца», и хор поёт её в ответ на восклицание священника «Святая святым», когда иерей в алтаре вздымает хлеб-Тело, уготованное к преломлению во спасительную пищу миру.

Признавая, таким образом, недостойность падшей нашей природы буквально, стих неявно указывает и путь её преодоления, акцентами ненавязчиво задавая направление мысли от открытого познанию Сына к непостижимому Его Отцу - полисемантика, приёмами искусства абсолютно не воспроизводимая в переводе.

Каждый гимн оригинала при ближайшем рассмотрении легко обнаруживал, помимо поверхностного вербального слоя, ещё и глубинные изобразительные. Богородичен, ритмом живо напоминая те сельские танцы-хороводы цепочкой, кои плясали на вечеринках греки, рождал ассоциации с поклонением пастухов, но не только, рисуя, кроме того, видение Иаковлевой Лествицы от земли к небу: «Тин ти-ми-о-т'ее-ран тон Хеее-рууу-вим...» - эпитет, в православной поэтике описывающий роль Девы Марии, предопределённую Заветом Яхве с Израилем.

И эпос всего в двадцать девять слов, радужными переливами оркестровки все чувства пленяет жемчужина «Победной песни», зачином которой служит «в духе» услышанное сначала Исайей, а после него и столетним Иоанном несмолкаемое торжественное славословие бесплотных чинов (Ис.6,3; От.4,8): «Свят, свят, свят Господь Саваоф! Исполнь небо и земля славы Твоея!», а фраза за мерным хоралом чистых огней имеет иной, радостно-скачущий музыкальный темп и принадлежит перу, а верней, каламу царя-пастуха Давида: «Осанна в Вышних. Благословен Грядый во Имя Господне.» (Пс.117, 25-26).

Итак, мы можем заключить, звучат синхронно темперированный горний хор и взволнованные голоса людей, восклицающих «Осанна в Вышних!», то есть, «Спасение свыше!», и приплясывая, распевающих древние псалмы Пророка, и невероятный сей дуэт указывает на единственное время и место - 9 нисана, Пальмовое Воскресение, въезд во Иерусалим обетованного Царя, и возникает каноническая икона - Спас, обращённый вспять, верхом на белом осляти, толпа, срывающая с тел одежды и размахивающая ветвями, и шестокрилатии Лики, незримым сонмом окружающие Сына и возносящие Его («дорифор'уменон»).

Но по степени концентрации информации сию картину далеко превосходит с первого взгляда непримечательная последняя строка гимна, вроде бы просто припевом повторившая уже употреблённое раньше «Осанн'а эн тис Ипс'истис!», добавив сюда лишь крохотное словечко-артикль «О»: «О эн тис Ипс'истис», отчего по чудным законам греческой грамматики всё словосочетание целиком становится существительным: «Тот, Кто в Вышних», и удивлённое признание Сидящего на осле Самим Создателем, вмещённое в один звук и краткую ноту, до ужаса богохульное для уха законопослушных мессиан-евреев, предрекает и крик их: «Распни Его, распни!», и страшные гонения на горстку прозревших.

-181-

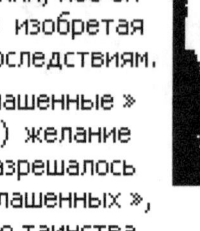

Перед сугубо специальными способами поэтического выражения, которыми виртуозно оперируют авторы оригинала, разумеется, пасуют все переводы, однако славянский, чей самый язык сформирован по ходу его составления, выглядит не настолько бесцветно-убогим, как английский и украинский, ибо он чрезвычайно активно использует право первородства, непрерывно изобретая смелые неологизмы, что порой приводит к весьма неожиданным последствиям.

К примеру, нынче ровно ничего не говорящий уму термин «оглашенные» прежде относился к язычникам, изъявившим в храме (огласившим) желание присоединиться к Церкви, но ещё не принявшим крещение, коим разрешалось присутствовать лишь на части службы, завершаемой «Литанией оглашенных», когда, по молитве о ниспослании им благодати свыше к совершению таинства, священник и дьякон поочерёдно троекратно зычно повелевают им удалиться.

Однако народное сознание, не понимая не раскрываемой славянским текстом сути действа, рудимента первых веков Христианства, придало финалу литании смысл экзорцизма, отчего прихожане, подозревающие в себе беса, при возгласе: «Елицы оглашеннии, изы-дииите!» чувствуют себя несколько не в своей тарелке, а раньше, бывало, и вовсе с воплями валились наземь и бились в конвульсиях, откуда и взялась в русском языке идиома: «Орёт, как оглашенный».

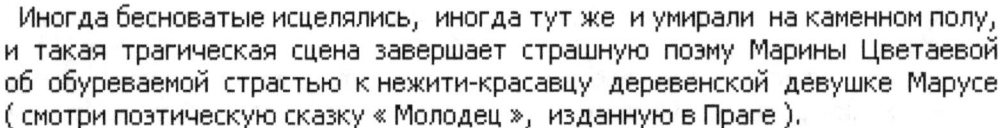

Иногда бесноватые исцелялись, иногда тут же и умирали на каменном полу, и такая трагическая сцена завершает страшную поэму Марины Цветаевой об обуреваемой страстью к нежити-красавцу деревенской девушке Марусе (смотри поэтическую сказку «Молодец», изданную в Праге).

Но украинские переводчики разрядили средневековое напряжение, применив уничтожающую эзотерическую недосказанность формулу: «Ті, що готуються до хрещення», а английские употребили заимствованное у протестантов слово со значением «проходящие катехизис».

Отказавшись от воспроизведения сложной поэтической фактуры подлинника, создатели славянского перевода вместо этого сконцентрировали свои усилия на восстановлении баланса вербальной и музыкальной составляющих службы и ритмико-временном их согласовании с действием, естественно, разрушенного буквальным переложением на язык, существенно более краткий, чем исходный.

Оттого им пришлось расширить антифоны псалмами, добавить «Блаженства» и произвести большое количество мелких вставок, а также перенести проповедь к отпусту из её прежнего места между литургиями мира и верных.

Кроме того, пользуясь младенческой гибкостью новорождённой лингвистики, они весьма успешно приспособили падежи, порядок придаточных предложений, равно и другие литературные нормы, к полифоническим церковным распевам, которые тогда тоже находились на стадии разработки, и синхронное развитие всех элементов её и наделило славянскую традицию необходимой цельностью.

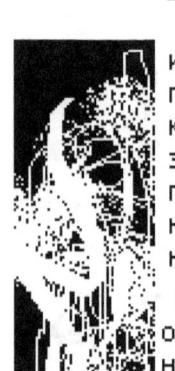

Ни украинцы, стремившиеся не потерять ридну мову в диаспоре, ни русские, избежавшие гибельной репатриации и во втором поколении капитулировавшие пред неизбежной ассимиляцией, не решались изменять распевы, а тем паче, компоновку службы, освящённую тысячелетней историей, и в обоих переводах зияют лишние паузы и сбои ритма, особенно разрушительные для английского, поскольку присущие этому языку жёсткий порядок слов и чудная краткость не позволяют залатать бреши; впрочем, большой и очень профессиональный хор, наподобие «Донского казачьего», способен сохранить крепость.

Несмотря на заверения Православной Церкви о неизменности всех её обрядов от момента их возникновения, взгляд пишущего человека без труда отмечал неоспоримые следы нескольких общих и радикальных редактур, среди которых предпринятая просветителями славян была далеко не первой.

Начало переделкам положили византийские монастыри V-VI вв., изобретшие неотступный растянуто-синкопированный речитатив, здесь уже упомянутый, коему засим отвели доминирующую роль, сократив иные компоненты действа.

Однако проявив поразительную, и я бы сказал, богодухновенную мудрость, монахи при том не выбросили ни иоты из исходной композиции, что теперь позволяет воссоздать подлинный текст, не копаясь в истлевших пергаментах.

Больше всего мешали перейти к монастырской гипнотической манере пения молитвы, написанные одной рукой, ритмом и смыслом объединившие гимны, судя по изобилию стилей, разных авторов, коллективные прошения-ектеньи и всяческие ритуальные акты, совершаемые участниками службы.

Оттого реформаторы перенесли их за иконостас, наверное, и воздвигнутый с целью скрыть от паствы недоступное непосвящённым, сделав их тайными, сиречь, неслышимыми, произносимыми священником про себя, возглашающе только заключительные, самые ударные фразы.

В служебнике приведены полные тексты безмолвных молитв, и можно узнать, что во время исполнения хором «Достойно и праведно есть поклонятися Отцу и Сыну, и Святому Духу...», иерей упоминает предназначенные к тому от века «тысящи Архангелов и тмы ангелов, Херувими и Серафими, шестокрилатии, многоочитии, возвышающиися пернатии», и возглашает слышимо лишь сице: «Победную песнь поюще, вопиюще, взывающе и глаголюще:», после чего хор и зачинает: «Свят, свят, свят Господь Саваоф...» (см. выше).

Тут же, не теряя ни минуты, священник приступает втайне к новой молитве, а дьякон, согласно служебнику, «приим святую звездицу от святаго дискоса, творит креста образ верху его, и целовав ю, полагает. Таже приходит и станет на десней стране, и взем рипиду в руце, и омахивает тихо со всяким вниманием и страхом верху святых даров, яко не сести мухам, ни иному чесому таковому. Аще же несть рипиды, творит сие со единем покровцем».

Таким образом, и заалтарная молитва, и действия дьякона, несмотря на их заявленную в славянском переводе утилитарность, призваны напомнить пастве о легионах духов, как преданных благу, так и злу, витающих вкруг нас незримо.

Однако же в монастырском чине и в основанной на нём современной службе, всё это скрыто от глаз и ушей обычных верующих ради погружения их в среду непрерывного и неявно трансформирующего сознание пения.

Конечно, вначале это никак не обедняло содержания, ибо каждый паломник знал детально, что происходит за иконостасом, поскольку приходские церкви продолжали ещё служить по-старому.

Но постепенно и они стали усваивать монастырскую манеру, апеллирующую непосредственно к чувствам, и практически перешли на неё в средние века, когда грамотность населения упала.

Последние записи богослужения на греческом языке для прихода затерялись во времена османского ига, славянская же традиция изначально развивалась по монастырским канонам, благодаря музыкальности новообращённых племён, а также неважному поэтическому качеству переложения, строго буква в букву.

Чем глубже я изучал православную службу, тем ясней пред моими глазами обрисовывалась её роль Матери-воспитательницы культуры, ибо внутри неё, словно в струях пара всходя от лица сотворённой Сыном-Логосом юной Пангеи, вибрировали летучие семена любого из жанров, чудом пока ещё не рассеянные по странам и континентам.

Ею заложены основы и симфонизма, и многомерного представления действий в нашей свёртке пространства и полувремени, путём сопоставления событий, явленных тварным на параллельных поверхностях, иначе, планах, отразив тем свойство нелокальности природы мира и её Творца, одной заалтарной молитвой постулируемое словами стиха: «Во Гробе плотски, во аде же с душею яко Бог, в раи же с разбойником, и на Престоле был еси, Христе, со Отцем и Духом, вся исполняяй, Неописанный.»

В библиотеке у меня часто случались минуты, когда уже прочтя немногие свежие предложения работы в научных журналах, я ожидал своей очереди на терминал компьютера, позволяющий получать информацию по Интернет, и в такие моменты я обычно перелистывал тома «Истории мировых религий», справочные и популярные теологические издания различных церквей, книги по оккультизму, мистике, спиритизму и по немало раздражавшей меня тогда наукообразностью терминов парапсихологии, изобиловавшие на стеллажах зала, и чтение этой литературы, не очень-то распространённой в покойном Союзе, значительно раздвинуло горизонты автора.

Не только понятие о параллельных вселенных, из коих сложено мироздание, в средние века изображаемое системой концентрических сфер, как у Данте, но, и главным образом, идея их обитаемости, то есть, мысль о мириадах духов, незримо кишащих везде, проникая из установленных им вотчин в другие слои, красной нитью пройдя через литургию, пленила умы и до сих пор ещё остаётся основным фактором формирования ментальности многих людей, прямо или же опосредованно.

Эта концепция отсутствует в Моисеевом Пятикнижьи, ангелы Торы обладают явной телесностью - гости Авраама едят, а Божественный оппонент Иакова пытается одолеть его физически и в борьбе повреждает ему «сустав бедра».

Такая материальность смущает позднейших исследователей Ветхого Завета, и эпизод, обычно толкуемый как предсказание отступлений Израиля от Бога, куда христианские теологи включают и факт отторжения Избранным народом Иисуса из Назарета, признаётся пророческим видением, посланным патриарху, впрочем, грубая реальность его увечья заставляет равви Хиллеля Веронского рассуждать на тему о том, что бестелесный посланник небес может вызвать локальную турбулентность воздуха, силы достаточной для дислокации кости.

Тут он входит в явное противоречие с Бен Маймоном, авторитетнейшим учёным еврейского богословия, в XII веке утвердившим «принцип иносказательности» приводимых Библией описаний сверхъестественных опытов пророков и прочих в книге, названной им «Путеводитель для заблуждающихся»: «Только те, кто слабы в силлогических умозаключениях, после всего, сказанного тут мной, способны ещё оставаться в тенётах фантазий, порождаемых историями о людях, которым будто бы Сам Господь Бог, неважно каким образом, повелел создать или открыть человечеству то-то и то-то».

Я ощутил, насколько питаемое первохристианской литургией представление о вездесущности и ежечасной активности ангелов, а стало быть, и демонов, пропитало всю нашу культуру и историю, через волшебные сказки, суеверия, охоту на ведьм и подобное, тогда как средневековые иудаизм и мусульманство предприняли усилия по очищению монотеизма, отведя ангелам и архангелам роли Божьих набросков Творения, созданных заранее идеальных прообразов реальных явлений, или же, в крайнем случае, неких космических движителей.

Мне захотелось, конечно, уяснить, откуда в иудео-христианскую традицию проникло это мировоззрение, заставляющее на каждом шагу ожидать чудес, видеть в каждом событии скрытый смысл и указание, и для того мне пришлось проследить, пускай даже бегло, путь развития религиозной мысли от Авраама и чуть ли не до наших дней, узнавая по дороге множество любопытных вещей.

Скажите, можно ли не удивляться невероятнейшей цепи событий, позволившей крошечной нации, чудом сформировавшейся из кочевого клана, не только выжить в окружении самых блестящих империй мира, стремившихся как одна приобщать все народности к своим весьма развитым цивилизациям, но и стать уникальным аккумулятором и синтезатором культур, концентрируя непреходящие премудрости в стихотворных строчках.

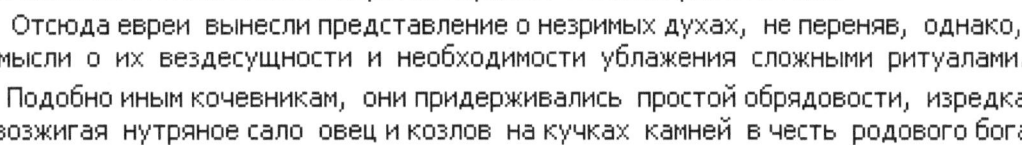

Авраам был первым из людей, кто в исторически датируемое время установил систематическое поклонение Тому Самому Господу Богу, к Которому до сих пор, четыре тысячелетия спустя, продолжают в молитвах взывать в Него верующие иудеи, христиане и мусульмане - в каждом из концов обитаемой части планеты.

Он родился и вырос в земле Халдеев, знаменитых волхователей и астрологов, и вместе с отцом своим Фаррой и сродниками раскидывал полосатые шатры под крепостными стенами Ура, немалого по стандартам того времени города, согласно данным археологии, с населением около двадцати четырёх тысяч душ.

Члены семейства Фарры, несколько десятков человек, называли себя евреями, ведя свою родословную от Евера, потомка Ноя.

По ярмарочным дням они заходили в город продавать козьи и овечьи сыры и крашеные шерстяные ткани.

Аврааму с детства его запомнились возвышавшийся над городом зиккурат - глиняная искусственная гора с храмами и алтарями богу Луны, патрону Ура, дым жертвоприношений, процессии жрецов и их долгое пение на малопонятном шумерском языке; наперебой предлагавшие свои услуги звездочёты и гадатели, уличные лицедеи и чтецы, декламировавшие с клинописных табличек поэму о сошествии Гильгамеша в царство мёртвых и о всемирном Потопе.

Отсюда евреи вынесли представление о незримых духах, не переняв, однако, мысли о их вездесущности и необходимости ублажения сложными ритуалами.

Подобно иным кочевникам, они придерживались простой обрядовости, изредка возжигая нутряное сало овец и козлов на кучках камней в честь родового бога и возя с собой небольшие статуэтки умерших родственников.

По мнению специалистов-историков, эти керамические портретные фигурки не были ни предметами поклонения, ни магическими амулетами, но служили средством выражения почтения прародичам и напоминанием о них потомкам, помимо того, такая коллекция скульптур подтверждала права её обладателя как легитимного главы клана и единоличного распорядителя его имуществом.

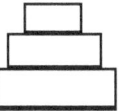

В XX веке до Р.Х. кочевники Аморреи, близкие по культуре и языку евреям, предприняли экспансию в плодородные угодья Ханаана, нынешней Палестины, отделённые от Ура малообитаемыми песками обширной Аравийской пустыни.

К тому времени города Халдеи стали приходить в упадок, не выдерживая торговой и политической конкуренции со стороны Вавилона, где воцарился энергичный воин и законодатель Хаммурапи, и Фарра задумал перекочевать со своими родичами в Ханаан, рассчитывая закрепиться на ещё не полностью разделённой аморрейскими царьками территории.

*

Евреи двинулись на северо-запад по Междуречью, и через несколько месяцев их табор достиг блестящего Вавилона с его почти стометровым зиккуратом, увенчанным храмом бога Мардука, сверкающим голубой глазурной облицовкой.

Переселенцы наверняка зашли в оживлённый город пополнить запасы, а затем погнали свои стада и вьючных ослов к Харрану в земле арамеев, которые были самыми близкими родственниками колена Фарры.

*

Здесь они встретили весьма радушный приём и задержались не на один год, ибо их престарелого патриарха тут настигли болезни и смерть.

Евреи явно опаздывали к переделу Ханаана, и по всей житейской логике должны были бы теперь навсегда слиться с родственным арамейским народом; так бы неизбежно и случилось, если б с новым предводителем рода Авраамом неожиданно не свершилась поразительнейшая трансформация.

Он, семидесятипятилетний и бездетный мужчина, непреложно уверовал в то, что Бог его семьи Яхве велит ему продолжить путь отца и дойти до Ханаана, где, наперекор всем шансам, Бог отдаст Палестину евреям в наследие вечное.

На обетованной земле Господь Бог подтвердил Свой Завет с Авраамом, обещав наделить вождя преклонных лет наследником, однако племени пришлось туго, ибо хорошие пастбища были чужакам недоступны, и угроза голодной смерти в первый же год заставила племя откочевать в Египет.

Там им сопутствовала удача, стада их умножились и род Авраама процветал, поставляя скотоводческие продукты в богатые города Дельты.

Но Патриарх, твёрдо веруя в клятву Бога Яхве и скопив некоторый капитал, принял рискованное решение возвратиться в засушливые холмы Палестины.

Господь Бог исполнил часть обещания Аврааму, произведя от старца в Ханаане весьма многочисленных потомков, однако положение евреев оставалось шатким и, на протяжении трёх поколений побывав не раз на грани полного вымирания, клан пренебрёг обетованием и переселился на постоянное жительство в Египет, заручившись поддержкой воцарившихся в Аварисе (Танисе) в 1730 г. до Р.Х. фараонов XV семитской династии "Хиксос" - имя это, согласно Иосифу Флавию, означает «Короли-пастухи».

Хиксосы проводили в захваченной ими стране социалистические реформы, национализировав землю и ресурсы и централизованно распределяя продукты, и оттого остро нуждались в кадрах, не связанных с местной аристократией, поэтому на протяжении полутора веков евреи благоденствовали под их эгидой, успешно интегрируясь в египетское общество и занимая самые высокие посты в проникавшем во все сферы жизни государственном аппарате.

Около 1550 г. до Р.Х. египтяне восстали против пришельцев и восстановили правление урождённых африканцев с центром в Фивах, и вскоре повстанцы, собрав большую армию, осадили Аварис.

Их предводитель Ахмос, не желая кровопролития, предложил хиксосам уйти, и те, примерно 240 000 человек, с оружием в руках покинули пределы Египта и обосновались на земле будущей Иудеи, заложив город-крепость Иерусалим.

Однако евреев Ахмос не выпустил вместе с их покровителями, но обложил тяжкими податями и повинностями, низведя с вершины социальной лестницы на самую последнюю её ступень.

Отчаяние порабощённого племени достигло предела при Рамзесе II, который в тринадцатом веке до Р.Х. затеял грандиозную перестройку Таниса, заставив каждую еврейскую семью поставлять строителям ежедневную норму кирпичей, и оттого когда Моисей призвал их к Исходу, напомнив о Завете и обетовании, они были готовы двинуться за ним куда угодно.

Но от испытаний в пустыне их вера в невидимого Яхве тут же испарилась, и они вернулись к привычному поклонению нильскому божеству - быку Хапи, отливши из похищенных у египтян украшений пресловутого Золотого Тельца.

После чего Господь Бог, снисходя, очевидно, к слабости растерянных людей, повелел Моисею дать им зримый объект почитания, изготовив Ковчег Завета, и украсить его крышку знакомыми евреям типично египетскими Херувимами, крылатыми сфинксами-львами с человеческими лицами, создавши тем первый и далеко не последний священный предмет ортодоксального богослужения, кстати заметить, сохраняемый до сей поры Православной Церковью Эфиопии.

Иисусу Навину, военачальнику Моисея, удалось за 40 лет жизни в пустыне выковать из детей деклассированного и деморализованного сборища Народ, объединённый сознанием своей великой миссии, точными ударами привести в подчинение не ожидавший нападения Ханаан и разделить его территорию между одиннадцатью коленами Израилевыми, не определив место жительства только сынам Левия, призванным Богом служить при Скинии (шатре) Завета и сопровождать Ковчег во время военных кампаний.

На земле Израиля оставались ещё анклавы язычников, среди них Иерусалим, построенный «Королями-пастухами» хиксосами; это, да и сам ландшафт - узкие долы, ограждаемые каменистыми холмами - способствовали сохранению изначальной клановой структуры молодого государства, без единого центра и регулярной армии, заменяемой по нужде народным ополчением.

Обожжённые солнцем жилистые кочевники, привыкшие к долгим переходам, нестриженые и небритые, износившие в пустыне последние тканные одежды и прикрывавшие наготу грубо выделанными шкурами, ночевавшие в шатрах на тростниковых матах или на голой земле, легко покорили аграриев Ханаана, чей гедонистический размеренный уклад не так уж отличал их по образу жизни от богатых египетских землевладельцев.

Теперь же, в первый раз поселившись оседло на плодородных почвах, евреи должны были научиться строить дома, возделывать поля, виноградники, сады, жать и молотить зерно, прясть и ткать лён, давить вино и оливковое масло, в чём недавние пастухи не имели навыка, и естественно, их учителями стали вассальные местные нации, в изрядном количестве рассеянные меж сюзеренов.

Поколение, выросшее в Обетованной земле, совместно с нужными знаниями перенимало у Хананеев долгополые цветные одеяния, резную мебель, духи, косметику и неотделимые от земледельческого календаря обряды поклонения богам плодородия, включавшие жертвы, храмовые пляски, возлияния и оргии с участием культовых проституток и проститутов.

Молодые евреи и еврейки, несмотря на протесты своих диковатых родителей, сожительствовали и даже вступали в браки с язычниками, и вскоре Израиль должен был бы разделить судьбу множества завоевателей, растворившихся, словно соль в воде, среди побеждённых народов, если бы не внезапная угроза, надвинувшаяся на страну извне, от побережья моря.

В то время, когда Иисус Навин завершал захват Ханаана, армия Агамемнона осаждала Илион в Троаде, добиваясь освобождения Елены, царицы Спарты.

Через несколько недель после падения города вёсельно-парусные триеры бросили якоря у средиземноморского берега Ханаана, и отряды наёмников - греки, киликийцы, критяне, фригийцы, варвары с нижнего Дуная, входившие в пёстрый состав сил коалиции и демобилизованные по разграблению Трои - укрепились и осели тут и были названы соседними народами Филистимлянами, откуда после их экспансии и произошёл топоним «Палестина».

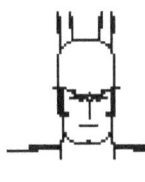

Арийцы, или пользуясь библейским термином, япетиды по языку и культуре, они стяжали известность глубоким презрением к семитам, отличаясь от них буквально всем - гладко выбритыми лицами, чеканными доспехами и шлемами, увенчанными гребнями из орлиных перьев, суровостью нравов и дисциплиной.

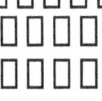
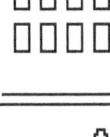

Среди окрестных народов они одни обладали секретом ковки железа, и оттого их мечи и копья были острее и боевыми качествами существенно превосходили бронзовое оружие израильтян.

До поры их враждебность проявляла себя лишь в малозначащих конфликтах, и евреи даже имели пользу от их соседства, покупая у них железные изделия. «Люди моря», как звали их египтяне, Филистимляне, казалось, не стремились вглубь суши, довольствуясь контролем над морскими путями.

Однако в 1065 году до Р.Х. к власти в Египте пришли фараоны XXI Династии, вынашивавшие планы восстановления не столь давней зависимости Ханаана от Нижнего Царства, планируя добиться этого с помощью армии Филистимлян, которым роль наёмных солдат была привычна.

Колонны закованных в броню фалангистов, прикрытые со всех сторон щитами, сомкнутыми в сплошной бронзовый панцирь и неуязвимые для стрел и камней лёгкой еврейской пехоты, неудержимой лавиной двинулись на восток, и скоро разрозненные земледельческие кантоны Израиля пали один за другим.

Несмотря на структуру рыхлой конфедерации государства евреев, у них был единый глава, но действовавший только в особых случаях - Судья Израилев, избираемый старейшинами родов для решения миром споров между коленами, и Самуил, ставший последним в ряду Судей, далеко превышая полномочия, употребил своё положение для объединения страны перед лицом опасности.

С этой целью Самуил создал гильдию пророков-"наби", мужчин и женщин, профессионально занимавшихся предсказаниями, вменив им в обязанность, прежде всего, обличать любые отклонения от единобожия.

На улицах городов появились люди в скудных лохмотьях или шкурах зверей, а порой и совсем нагие, и предрекая и призывая кары на идолопоклонников, собиравшие и возбуждавшие толпы, громившие языческие капища и храмы.

Разного рода предсказатели и гадатели были обычны в Египте и Вавилоне, однако они преследовались в Израиле по Закону Моисееву (Второзак. 18,10).

Теперь, легализованные авторитетным Судьёй, который возглавил их ряды, начав и сам пророчествовать, но используя ещё эффект «запретного плода», организованные в подобие монашеского ордена и направляемые Самуилом наби убедили евреев, подавленных перспективой истребления под железной пятой ненавидящих их Филистимлян, в том, что они наказаны за преступление Завета, и возвратили заблудшее стадо к вере праотцов и своему небесному Пастырю.

Самуил разрешил только прорицательство, запретив гадания по полёту птиц, внутренностям животных, магию, некромантию и употребление наркотиков для введения себя в состояние транса, впрочем, этого дозволялось достигать при помощи громкой ритмической музыки и танцев.

Несмотря на то, коммерциализация такой деликатной сферы, как предвидение, конечно, породила великое число беспринципных шарлатанов, людей, которые, по выражению Иеремии, «бегут, а их и не посылали».

Но лишь над головами суетливой толпы пигмеев, шепчущих в уши клиентов успокаивающее «Мир, мир», когда мира нет и в помине, могли воздвигнуться гигантские глубоко трагические фигуры Илии, Елисея, двух человек, писавших под именем «Исайя», избитого камнями Иеремии, Иезекииля, Амоса и других.

Кроме религиозного, стране срочно требовалось и политическое объединение, и в 1020 г. до Р.Х. Пророк Самуил помазал на царство Саула, простого парня из удела Вениамина, наименьшего изо всех колен.

Применяя неожиданные рейды по тылам врага и тактику партизанской войны в хорошо знакомых ему горах, царь Саул остановил продвижение Филистимлян вглубь Ханаана, но, опьянён успехом, возгордился и перестал прислушиваться к советам Пророка, и Самуил удалился от его двора и тайно помазал на царство юношу-пастуха Давида из городка Вифлеема в земле Иудиной.

Во исполнение Божественного Промысла став сначала оруженосцем, а вскоре военачальником и зятем царя Саула, Давид стяжал всенародную популярность и после гибели в сражении впавшего в безумие Саула и трёх его наследников был поставлен главою колена Иудина и за тем, когда приближённые Иевосфея, последнего сына Саула, низложили и убили его, провозглашён единодушно царём надо всем объединённым Израилем, в 1000 году до Р.Х.

Готовясь к решительному сражению, Давид объявил тотальную мобилизацию, и армия Филистимлян заняла растянутую с запада на восток позицию, надеясь помешать соединению войск Иудеи и северных колен.

Это оказалось их просчётом, ибо легковооружённые подвижные формирования сумели соединиться и нанесли им серию крупных поражений по всему фронту.

К тому времени фараон, обеспокоен внутренними проблемами, утратил интерес к упрочению своего положения в Ханаане, перестав платить Филистимлянам, и те предпочли мир войне с полным сил и харизмы тридцатилетним лидером евреев.

Давид, ограничив их территорию средиземноморским берегом, выделил им для проживания четыре города, один из которых окружали со всех сторон еврейские поселения, а в качестве репарации мудро потребовал выдачи ему технологии производства железа; лишённые поддержки Египта, Филистимляне больше уже никогда не покажутся на ближневосточной политической арене.

Устранив угрозу извне, царь Давид продолжил консолидацию государства, ликвидировав оставшиеся в нём анклавы язычников, и взяв главный из них, основанный «Королями-пастухами» и превосходно укреплённый Иерусалим, занимавший стратегически важное положение, сделал его столицей Империи, а также духовным центром Израиля, перенеся туда Ковчег и Скинию Завета.

Обладая незаурядным поэтическим даром, царь-пастух написал около сотни хвалебных и покаянных псалмов по образцу шумерских, и собрав музыкантов и певцов из числа священников-левитов, впервые установил перед Ковчегом непрерывное литургическое богослужение в сопровождении цитр, кимвалов, десятиструнных псалтирей и труб.

Впоследствии он планировал возвести в Иерусалиме величественный Храм, где бы Бог Израилев мог обитать незримо - идея, заимствованная у язычников и находившаяся в противоречии с представлениями ортодоксальных евреев, считавших свод небес местопребыванием Яхве, Того, Кто действует на земле через Ангела и лишь в исключительных случаях обозначает Своё присутствие при помощи туманно-сверкающей Ипостаси, именуемой на иврите «Шехина».

 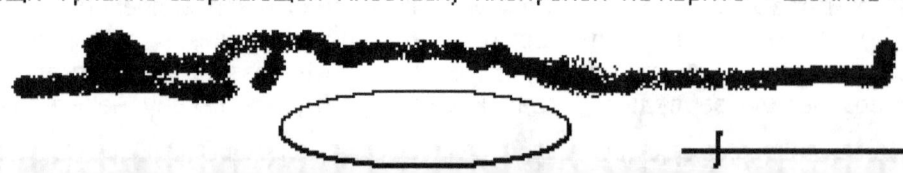

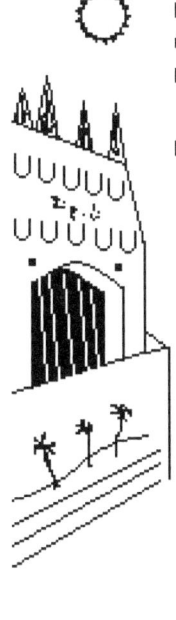

Царь Давид начал запасать камни, золото, медь и кедровое дерево для Храма, пользуясь потоком товаров, хлынувшим по новым торговым путям, которые, охраняемы теперь гарнизонами Империи, протянулись от Финикийских портов на юго-восток до самого Красного моря, а оттуда дальше, в Эфиопию и Индию.

Всё же военные заботы Давида не позволили ему приступить к строительству, и на смертном одре царь завещал сделать это своему наследнику Соломону.

При царе Соломоне, благодаря его мудрой политике и династическим бракам, держава пребывала в мире и покое, и он, подрядивши мастеров из Финикии, славной на Ближнем Востоке искуснейшими архитекторами, воздвиг в столице впечатляющий храмовый комплекс, щедро украшенный уже знакомыми нам египетскими крылатыми сфинксами-Херувимами.

Парадокс, но именно сотворение земного дома Единому Пастырю Израилеву способствовало дестабилизации Империи Соломона, и сразу после его смерти десять колен Севера, возмутясь повинностями и данью, налагаемыми на них Иерусалимом ради содержания Храма, отделились от Иудеи и восстановили когда-то усвоенный их предками-рабами культ поклонения богу-тельцу Хапи.

Однако, что уже происходило не раз, богоборчество большей части Израиля дало возможность его « святому остатку » продолжить свою мировую миссию, сохраняя чудом искорку веры, аккумулирующую мощнейшие эманации духа, не изменяясь по сути.

Ибо лишь сепаратисты успели укрепить свою столицу Самарию, как над ними и надо всей Палестиной нависла грозная тень Ассирии, и потому Северное Царство оказалось вдруг на целых два века в незавидной роли буфера, оградив невольно крохотную Иудею от новой имперской силы, одержавшей верх в регионе.

Национальная политика Ассирии состояла в ассимиляции народов Империи, и мигранты наполнили города долин Ханаана, селясь между израильтянами, вера которых уже не препятствовала межнациональным бракам, и очень скоро молодёжь Северного Царства стала стыдиться своего родового имени "евреи", предпочитая ему самоназвание "самаритяне".

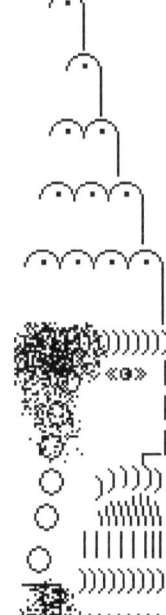

Гористая Иудея, где пришлец, не знакомый с местностью, не мог надеяться прокормить себя, не то чтоб разбогатеть, избежала нашествия чужестранцев, и хотя как вассал Ассирии формально должна была ввести поклонение её богам, фактически сохранила автономию и, управляема прямыми потомками Давида, в основном оставалась верной единому пастушескому Богу отцов.

Десять же северных колен, отвратившихся от единобожия сразу по отделении, погружались всё глубже в пучину паганизма, вновь практикуя храмовые оргии и даже жертвоприношения детей.

Падение религиозных устоев привело к полной деградации морали и нравов: чиновничество погрязло во взяточничестве, царский двор сотрясали заговоры, лжепророки-демагоги вовлекали народ в кровавые междоусобицы.

В 722 году до Р.Х. воцарившийся над Ассирией Саргон II решил раз и навсегда положить конец хаосу, и его войска осадили и взяли Самарию.

Саргон оккупировал Северное Царство, и, не давши ему и крох независимости, сослал всю его разложившуюся элиту, по ассирийской архивной документации, 27 900 человек, на поселение к берегам Каспийского моря, в далёкую Мидию.

Следующим его шагом, естественно, должно было стать завоевание Иудеи, консолидирующее уже формируемую на северо-западе из Финикии и Израиля новую провинцию Империи, и, казалось, ничто не могло предотвратить падения маленькой и одинокой автономии. ************************************

В то время на троне Давида пребывал Езекия, сын идолопоклонника Ахаза, кто, как нередко в жизни случается, показал себя, в противоположность отцу, самым богобоязненным из монархов Иуды, прислушиваясь, хотя и не всегда, к словам Пророка Исайи (Первого), и перед лицом опасности царь и подданные наверняка взывали к небу об избавлении. ************************

Вмешались Небеса или нет, но иудейская кампания не состоялась, поскольку в Месопотамии вдруг вспыхнуло первое крупное восстание вассалов Империи, возглавленное Вавилоном в союзе с Эламом и поддержанное Урарту и Ираном, и Саргон отправился наводить порядок.

-189-

Вавилония, где в 625 г. до Р.Х. воцарилась Халдейская Династия, переживала своё второе рождение после тысячелетнего упадка, и теперь заявляла права на одну из ведущих ролей в ближневосточной драме.

Её притязания поддержала XXV ( Эфиопская ) Династия фараонов Египта, и складывающаяся коалиция государств имела все шансы низложить Ассирию.

Близкий по культуре Ханаану и космополитично-либеральный Египет был бы несравненно лучшим сюзереном для Иудеи, чем железная Ассирия, и в стране приобрела влияние мощная про-египетская партия.

Царь Езекия также склонялся к мысли о необходимости немедленно вступить в альянс потенциальных победителей, однако же против того, вопреки логике, неожиданно и очень резко выступил Пророк Исайя.

Божий человек три года ежедневно бродил по стогнам Иерусалима, бос и наг, страстно заклиная царя и народ не опираться на руку бывших поработителей и предрекая возмездие Яхве в случае, если они сделают это.

События вскоре доказали его правоту, опровергнув прогнозы политиков, ибо Саргон II усмирил Вавилонию и двинулся на юг, беспощадно карая мятежников.

Сохранив лояльность Ассирии, Иудея получила передышку, однако ситуация повторилась почти буквально, когда после смерти его отца, павшего в бою, на трон в Ниневии воссел сын Саргона II Сеннахирим, выглядевший мягким и неопытным, и его вассалы, испытывая силу молодого монарха, объединились для нового восстания.

На сей раз Езекия пренебрёг советом Исайи, войдя в союз, и в 701 г. до Р.Х. остался один на один со всей мощью военной машины Империи, методично и жестоко сокрушившей раньше других участников антиассирийской коалиции.

И опять озадачивая всех, вопреки очевидной бессмысленности сопротивления Пророк Исайя призвал царя не соглашаться ни на какие условия капитуляции и уповать на чудо.

Армия Сеннахирима обложила Иерусалим и приготовилась к штурму города, как вдруг в одну ночь без боя потеряла большую часть своего состава.

Библия пишет об Ангеле Господнем, поразившем осаждавших ( 4 Цар. 19,35 ), ассирийские источники - о вспышке бубонной чумы небывалой скоротечности; спешно схоронив 185 000 трупов, остатки грозного войска ушли в Месопотамию.

Благодаря предвидению Исайи, Иудея, лавируя между имперскими силами, оставалась независимой до тех самых пор, когда упорное сражение гигантов наконец точно выявило победителя.

В 663 г. до Р.Х. Асурбанипал захватил и разрушил столицу Египта Фивы, однако это была Пиррова победа, истощившая ресурсы одряхлевшей Империи, и в 612 г. до Р.Х. войска неуклонно возвышавшегося Вавилона взяли Ниневию, полагая тем начало владычества Халдейской Династии в регионе.

Культура Халдеев, несомненно, превосходила всякую на Ближнем Востоке; религия, реформировавшая пантеон древних шумерских богов, подчинивши их создателю мира и людей Мардуку, не имела отвратительных обрядов и по сути приближалась к монотеизму, и в сравнении с ассирийцами и даже египтянами, новые покорители народов прославились либеральной национальной политикой и веротерпимостью, так что царь Иудеи Иоаким в 604 г. до Р.Х. почёл за благо склониться к подножию Вавилона без промедления.

И тут, встав мумией из погребённого саркофага, на подмостках опять возник неустранимейший из игроков ближневосточной мистерии - Египет, вернувшийся из царства мёртвых, куда был ввергнут Ассирией, как ежегодно воскресает его убитый бог Озирис, тело которого Изида собирает по кусочкам, заимствуя пенис для него у оскопляющего себя жреца.

Обделённый и преданный Египет выступил против своего бывшего союзника, и в 601 г. до Р.Х. фараон XXVI Династии Нехао нанёс мощный удар Вавилону, принудив царя Навуходоносора ретироваться и скрыться в Месопотамии.

Иоаким, по стопам предшественников, посудил извлечь выгоду из конфликта и покамест выйти из-под руки сюзерена, ожидая исхода битвы титанов, и снова, через век после Исайи Первого, в Иудее возвысил голос Пророк, левит Иеремия, заклинавший давидида не связывать судьбы богоизбранного народа с Египтом.

Неверующий царь не внял пророчеству и, провозгласив независимость Иудеи, сохранял её, воюя с малыми вассалами Вавилона, три года, до своей смерти. После чего сам Навуходоносор, заняв без боя Иерусалим, легко низложил 18-летнего царя Иехонию и отдал приказ о первой депортации евреев.

Депортации народов, устраиваемые, по необходимости в притоке свежих сил, властями Вавилонской Империи, ни в коей мере не были суровыми ссылками, практикуемыми прежде Ассирией, напротив, переселенцы тут же становились натурализованными гражданами Вавилонии, с правом поселиться в её столице, пригородах или где угодно.

Также они могли пробовать себя на любом поле деятельности, и впоследствии дошли до командных высот в политике, бизнесе, медицине, юриспруденции. Империя обладала развитой банковской системой, и иудеи, кому, вообще-то, Тора не разрешает заниматься ростовщичеством (Исх.22:25), быстро освоили новую для них область интереса, заклада, залога, ипотеки, кредитов, гарантий, и династии еврейских банкиров, основанные пленниками Вавилона, с тех пор твёрдо держат под контролем финансы мира.

Предвосхищая открывающиеся пред ними возможности, которых не имелось в их маленьком изолированном отечестве, евреи, особенно молодые, наверняка ощутили радостное волнение, через четырнадцать веков после Авраама увидав стометровую ступенчатую пирамиду зиккурата со сверкающим над равниной и отражающимся в реке лазурным храмом.

Город окружали достигавшие в основании 150-ти метров двойные зубчатые стены, вознесённые над Ефратом, струившимся под ними в облицованных камнем берегах, связанных многими широкими мостами; по водам караванами проплывали корабли и сновали юркие лодки, представлявшие собой основное транспортное средство в сплошь покрытой сетью судоходных каналов Месопотамии.

Удивляли пришельцев и многоэтажные здания вдоль оживлённых магистралей, впадающих в просторные площади, фонтаны и знаменитые сады Семирамиды, разбитые на сорокаметровых террасах и орошаемые хитроумными акведуками.

Заходили они и в огромные храмы, наполненные терракотовыми фигурами львино-, собако-, змееголовых существ, где в сумраке непрерывно звучали исполняемые невидимыми певцами протяжные шумерские гимны.

Иногда жрецы устанавливали статуи на носилки и в торжественном ходе с пением спускались к реке и, погрузившись в лодки, плыли к храму Мардука, обозначая тем символически подчинённость остальных богов их Создателю.

Никто не вынуждал иноземцев поклоняться богам Вавилона, но они не могли не заметить разительного сходства веры покорителей со своею собственной, ибо такие её положения, как сотворение всего «Мумму», изречённым Словом, в том числе и человека из глины в его первоначальном блаженном состоянии, грехопадение, спровоцированное злым духом, сказание о Всемирном Потопе и другие мифологические сюжеты были заимствованы евреями у Халдеев Ура ещё во времена Фарры и Авраама.

Второстепенные божества укладывались в представление иудеев об ангелах, демоны - в концепцию восставших против Творца сил Сатаны, и эти аналогии неизбежно приводили многих к религиозному релятивизму, убеждая их в том, что Праотцы искони почитали Мардука, но только под именем Яхве - Сущего.

И теперь, не отметя канонизированной вековой традиции, евреи кардинально расширили её, пополнив обрядовостью, почерпнутой из вавилонской службы, адаптируя и теологию к оной, и, как в случае учреждения пророческой гильдии, распространивши иудаизм далеко за границы, очерченные Моисеевым Законом.

Ангелология и демонология наполняли все сферы обыденной жизни Вавилона, ибо, по понятиям Халдеев, светлые и тёмные эфирные создания ни на минуту не прекращают борьбы за обладание душой человека.

Оттого любое важное дело, и особенно, медицинские процедуры, в которых местные врачи не знали себе равных, обладая богатейшим в мире арсеналом эффективных растительных и минеральных средств, непременно сопровождало пение священных гимнов, рассеивающее тьмы злых и созывающее благих духов, и такой обряд скоро был включён в еврейскую литургию.

Евреи усвоили применение амулетов и буквенно-числовой магии, породив тем ээзотерическое учение Каббалы, как сдаётся автору, живое и поныне, а также ввели в обиход практикуемый Халдеями ритуал водного очищения от греха, шесть веков спустя Предтечей Иоанном преображённый в Таинство Крещения.

Сблизившись весьма по мировоззрению и обычаям с большинством населения, депортированные успешно диффундировали в социум Империи.

Хотя они оседали в компактных колониях, обеспечивающих взаимовыручку, но, не замыкаясь в своей среде, упорно двигались вверх по ступеням общества, используя к тому многообразные возможности, предоставляемые мегаполисом, в совокупности с протекцией государственных лиц, ибо власть имущие открыто поощряли далеко идущие амбиции переселенцев.

И только один из них, тридцатилетний мужчина, полный сил, не участвовал в благотворном для всех процессе интеграции и совершал вместо того публично гражданское самоубийство, обращая на себя внимание и гнев соплеменников актами безнадёжно-дерзкого эпатажа, и звали нетипичного еврея Иезекииль.

Впрочем, начинал он обосновываться в новых местах так же, как и остальные, построив себе дом в городке Тель-Авив, расположенном неподалёку от столицы и удобно связанном с ней водным путём, там он поселился с женой и детьми и первые пять лет вёл обычную жизнь доброго главы и кормильца семейства. Внезапно трезвомыслящий муж впал на неделю в молчание, а затем объявил о бывшем ему небесном видении, которое он описал детально.

Пред ним предстали два существа, названные им Херувимами, за неимением другого термина, поскольку не напоминая четырехлапых египетских сфинксов, они, в соответствии с представлениями вавилонского искусства о небожителях, обладали человеческими торсами и стояли вертикально на задних ногах быка.

Каждый из Херувимов имел четыре лика тех созданий, кои в далёком будущем послужат инсигниями канонических Евангелистов - человека, льва, орла и быка - и четыре крыла по бокам тела. Провидец отметил особую пластику Херувимов, её шарнирно-механическую угловатую точность, ибо они никогда не уклонялись от прямых путей, смотрели только вперёд и поворачивались всем корпусом сразу.

По земле под Херувимами и синхронизированно с ними двигались таинственные биологическо-технические конструкты - колесо, левитирующее в другом колесе, чьи ободья во множестве покрывали живые глаза.

Все части системы, не подчинённой закону гравитации и, по описанию похоже, связанные в целое какими-то внутренними силами, но не абсолютно жёстко, непрестанно совершали быстрые колебания возле определённых точек покоя.

Осеняем кристаллическим куполом, в зените небес парил сапфирный Престол и на нём восседал антропоморфный Огонь, Он же Глаголющий, Чьё сверкание ослабляло милосердно окружавшее Его радужное облако-Шехина.

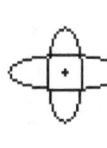

Яхве ( это был, конечно, Он Сам, верней, Его частичное Присутствие, согласно раввинистическому толкованию ) поведал Иезекиилю о крайне жестоких карах, уготованных Им в будущем Дому Израилеву, приказав новопризванному Наби предостеречь Народ Завета с помощью серии символических действий.

Бог не скрыл, что люди не поверят прорицателю несчастий, которого ожидают презрение и угрозы толпы; тем не менее, миссию необходимо довести до конца, невзирая на её немедленные результаты.

Первый подвиг, предстоявший избраннику, требовал незаурядной силы воли, ибо ему предписывалось лежать на одном левом боку триста девяносто дней по числу лет отпадения от Бога десяти северных колен, а затем сорок дней на правом боку, соответственно годам идолопоклонничества южан.

Во время такого лежания, вызывавшего страшные боли в суставах и мышцах, он должен был ещё разыгрывать осаду Иерусалима на его игрушечной модели, вылепив для того кукольных солдатиков из глины.

В пищу ему определялись только лепёшки грубого помола, печёные на навозе и оттого некошерные с точки зрения ортодоксальной религии.

Дневной рацион лепёшек и воды вменялось ему в обязанность отвешивать по исключительно скудной мере, предрекая такие же лишения жителям Иудеи.

Завершив самую тяжёлую часть его поручения и, вполне вероятно, завоевав некоторое уважение соплеменников своим упорством, Иезекииль продолжил эпатирующие акции и прилюдно обезобразил себя, выбривая клочьями волосы и пуская их по ветру в знак будущего рассеяния сынов Израилевых.

После этого он разрушил стену своего дома и покинул его через пролом, закутан в дорожный плащ, с посохом и мешком за плечами, предуказав тем вечные скитания племени неисправимых богоборцев.

Междуречье славилось рыбой, курами, утками, гусями, фруктами и овощами, однако любимая иудеями баранина доставлялась издалёка и потому стоила не в пример дороже другого мяса.

Но Иезекииль, придерживаясь прежней аскетической диеты, по указанию Бога приобрёл отборные части бараньей туши и, наполнив ими необъятный котёл, на виду у всех выварил его содержимое до превращения в несъедобное месиво, а затем и в обугленный чёрный осадок на стенках, предрекая, что именно так Пастырь Израилев поступит с дурными овцами Его стада.

Во время того у Иезекииля умерла жена, и хотя Пророк любил её всей душой, он не оплакал умершую положенные по Закону семь дней, сокрушаясь лишь о печальной судьбе Соломонова Храма и Иерусалима.

Когда Иезекииль был призван к своему тяжкому служению, ничто на свете не предвещало надвигающейся трагедии, напротив, евреи смотрели в будущее, впервые за многие годы, очень оптимистично, ибо царь Вавилонский проявил глубокую личную симпатию к пленённому им юному Иехонии, возведя его в ранг принца при своём дворе.

Ожидалось, что Навуходоносор вскоре воцарит возмужавшего под его рукой и преданного ему давидида вместо его дяди Седекии, временно исполнявшего обязанности регента в Иерусалиме, дав своему любимцу всю полноту власти, причём не только в Иудее, но и в Северном Царстве, осуществив таким образом вековые чаяния о едином и обновлённом Израиле.

Постепенно Иезекииль приобрёл широкую известность среди переселенцев, и многие приходили послушать его речи и посмотреть на странные выходки, впрочем, воспринимая их лишь как некий новый вид нон-конформистского театрального искусства.

И вдруг однажды полные гипертрофированно-красочных описаний бедствий преизбыточно экзальтированные пророчества чудака-актёра начали сбываться, причём с пугающей аккуратностью, и до слуха депортированных дошли вести о грозных событиях, сотрясших покинутую ими и Богом родину.

Коварно и вероломно замышляя воспрепятствовать возвращению Иехонии, Седекия организовал гораздо более серьёзный заговор, чем прежде Иоаким, заручившись обещанием Египта поддержать восстание всеми своими силами.

Старец Иеремия опять принялся урезонивать безоглядно рвущихся к власти, предрекая плачевный финал авантюры и крах богопротивного альянса, и снова опьянённый надеждами двор не внял его мрачной риторике, и бунт разгорелся.

Реакция Навуходоносора последовала молниеносно: армия Вавилона на марше вторглась в Иудею и, обложив Иерусалим, успела насыпать вал вокруг него, пока египтяне занимали боевые позиции и группировали полки.

Инсургенты оказались отрезаны от союзников, и хотя фараон вступил в бой, соблюдая слово, данное Седекии, войска Империи, доминируя по всему фронту, малой кровью оттеснили неприятеля в Дельту.

Развязав себе руки, Навуходоносор возвратился под Иерусалим и продолжил осаду гнезда мятежа, превратив её в бесконечно долгую садистскую пытку обречённых.

Не торопясь вавилоняне подвозили стенобитные машины, штурмовые башни и вели подкопы, дожидаясь, когда в городе иссякнут запасы продовольствия, и евреи диаспоры наблюдали в ужасе неотвратимое приближение кары Божией.

Наконец, почти через два года после начала кампании, доведя осаждённых до последней степени деморализации и даже людоедства, в июле 587 г. до Р.Х. несметные войска Халдеев ринулись на приступ и Иерусалим пал.

Навуходоносор в первый раз показал когти, устроив публичное судилище над захваченным живым Седекией - перед ним казнили его сыновей, а затем ему выкололи глаза, и победители увели преступника в цепях в Месопотамию, где он сгнил в наихудшей из тюрем Империи.

Однако Навуходоносор велел позаботиться о нуждах престарелого Иеремии и предложил Пророку занять почётную должность при его дворе.

Но старец предпочёл оставаться в Иерусалиме до конца развязки трагедии, описав судьбу Града Давидова в знаменитом своём «Плаче».

В августе из Вавилона прибыл особый карательный отряд, возглавляемый начальником охраны царя Навузарданом, который с имперской методичностью разрушил стены и все строения Иерусалима, включая Храм, и предал всё огню.

Знать подверглась принудительной депортации в Месопотамию, после чего в стране была объявлена земельная реформа и крупные латифундии ссыльных были экспроприированы и безвозмездно розданы бедным семействам общества.

Узнавши о том, при нашествии халдеев бежавшие в сопредельные области евреи вернулись и получили положенные им наделы.

Правителем Иудеи Навузардан поставил мудрого и богобоязненного Годолию, поселившего Иеремию при своём дворе.

Новые землевладельцы собрали неплохой урожай, и народ некоторое время вкушал плоды мирных трудов, пока опять не взошли драконьи зубы заговора.

Демократичный Годолия мало заботился о своей безопасности, и хотя его загодя предупреждали о готовящемся на него покушении, не принял контрмер и был заколот на пиру группой националистов.

Верные Вавилону военачальники Годолии подавили восстание в зародыше, но тем не менее опасались репрессий центральной власти, ибо заговорщикам удалось бежать и укрыться в землях Аммонитов, и они обратились за советом к Пророку Иеремии.

На протяжение десяти дней старец пребывал в строжайшем посте и молитве, а по истечении их объявил вопрошавшим волю Божию.

«Если останетесь на земле сей, то Я устрою вас и не разорю, насажду вас и не искореню; яко Я сожалею о том бедствии, кое навлёк Я на вас.

Не бойтесь царя вавилонского, которого вы страшитесь; не дрожите пред ним, сказал Господь, зане Я с вами, дабы спасать вас и избавлять вас от руки его.

К вам, остаток Иуды, изрёк Господь: не ходите в Египет; знайте, что Я ныне предостерегал вас.»

И снова, в который раз, Пророка никто не послушал, и придворные Годолии, убоявшись гнева Навуходоносора, ушли-таки в Египет, уводя Иеремию с собой.

Бегство двора окончательно убедило Навуходоносора в неспособности евреев установить стабильное правительство в своей стране, и в 582 году до Р.Х. он подчинил Иудею вавилонскому губернатору в Самарии.

Большинство евреев, и особенно, процветающая диаспора, совсем неплохо чувствовали себя под скиптром Империи, не вменявшей в вину всему народу действия кучки безответственных экстремистов и продолжавшей оказывать всяческое содействие лояльным переселенцам.

Им, уже практически неотличимым в толпе от местных жителей, и прежде приходили в голову мысли о тождественности Мардука и Яхве, по их мнению, заимствованного Патриархами, скитавшимися возле Ура, из пантеона Халдеев.

Теперь же падение трона Давидова и разрушение Храма воспринимались ими как знак того, что Господь Бог желает их возвращения к истокам веры отцов и поклонения Ему по обычаям Вавилона, этого новообретённого сада Эдема.

Кризис иудаизма был весьма глубок, и спасло его лишь резкое выступление Иезекииля, после настолько ужасного доказательства своего пророческого дара, занявшего по праву место духовного вождя месопотамской колонии, и он имел собственную версию и толкование произошедших событий.

Бог, неизменно претворяющий зло в добро, и на сей раз усмотрел обратить наказание Израиля в благословение для него и для всех народов.

Ибо разрушение Храма покажет миру, что Господь не обитает в Иерусалиме или другом каком-либо месте, но присутствует одновременно всюду, на земле и на небе, в противоположность иным богам, не всесильным и не вездесущим, поскольку оные суть лишь падшие ангелы, твари, притворяющиеся творцами.

Евреи должны научиться чувствовать присутствие Адоная и поклоняться Ему там, где сейчас находятся, и когда они будут в состоянии ощущать Бога духовно, Господь восстановит Храм и Иерусалим и соберёт из рассеяния Народ Его Завета, проповедовал Иезекииль, сопроводивши пророчество впечатляющим образом поля, до линии окоёма усеянного иссохшими костями мёртвых Дома Израилева, которые по слову Пророка сочленяются, обрастают живою плотью и воскресают.

Не теряя времени, Иезекииль приступил к организации синагог и созданию литургии, подходящей для нового вида богослужения, внося в неё элементы, заимствованные из вавилонской обрядовости, в частности, призывания ангелов, впоследствии преобразившиеся в молитву Малого Входа и в Херувимскую Песнь; во главе синагоги стоял не священник-ааронит, исполняющий ритуал по канону, а раввин - духовный учитель и толкователь традиции.

Так иудаизм перешёл на следующую ступень Иаковлевой Лествицы, обретя великую гибкость и утерянный им в наши дни универсализм, который тогда, после смерти Иезекииля, ещё более усилил в нём Второй Исайя.

Всё же одно это не позволило бы ему выжить, если бы поколение, начавшее тяжёлую радикальную перестройку религии, вступивши на путь установления личного контакта с ужасным Богом и воспринимая страдание как искупление, не пожало никаких плодов упорного труда на каменистой ниве реформации.

К счастью, наследники Навуходоносора не обладали его энергией и харизмой, и под их неэффективным управлением Империя хирела и клонилась к упадку.

Офицер персидской армии Кир, взошедший на трон в результате дерзкого путча и одержавший серию блестящих побед, завоевав территорию от Эгейского моря до закаспийских степей и Индии, в 538 г. до Р.X. наголову разбил вавилонян в решающем открытом сражении, и его курдские части заняли Вавилон без боя, не нанеся урона бесподобному древнему городу.

Персидская Империя, по сути своей, представляла собой союз государств, полностью независимых во всех, включая религиозные, внутренних вопросах, чьи правители не были подотчётны сатрапам-наместникам, следившим только за сбором необременительного налога на содержание центрального аппарата и мобильной высокопрофессиональной армии, предназначенной, прежде всего, служить инструментом геополитики; стабильности же колоссальной державы способствовала, лучше силы страха, её единая финансово-монетарная система, обеспечивающая прочную торговую и экономическую межнациональную связь.

Потому евреи беспрепятственно получили разрешение вернутся на родину, более того, Кир возвратил им увезённые Халдеями драгоценные сосуды Храма, приказав проводить его восстановление, полностью за счёт имперской казны.

Светским начальником общины репатриантов стал Шешбацар, аристократ, потомок царя Давида, а духовным главой - священник Иисус, сын Иоседеков. Но за ними последовала горстка людей, 42 360, остальные предпочли остаться там, где укоренились, в процветающих во всех странах мира еврейских колониях.

Святая Земля лежала в развалинах и запустении, жители её теперь утратили всякое чувство этнической принадлежности и единобожие, вступая в браки с иноплеменниками, и встретили новоприбывших крайне враждебно.

Всё же строительство Второго Храма было завершено в 515 году до Р.Х., и евреи диаспоры увидели воочию исполнение пророчества Иезекииля.

В середине V в. до Р.Х. Неемия, евнух царя Артаксеркса I, возложил на себя титаническую миссию восстановления стен Иерусалима, обезопасив тем самым крошечный остаток Народа от постоянной угрозы со стороны сильных соседей, а законник Ездра убедил мужей иудеев дать развод инородкам-политеисткам.

Раввинистический иудаизм получил новый импульс и продолжал впитывать все живые соки других религий, готовя синагогу к тому моменту, когда она донесёт слово Бога маленького Израиля до любого уха земли.

### ВЕРШИНА

Скалы, как бабки гигантов, стары.
Млечные пряди на гребне горы.
Клонит луна свой мерцающий лик.
« Слушай, Израиль, Бог один, Бог велик ! »

### ПСАЛОМ LIX

Слава Богу и слава в веках
Крепкой мышце бойца Иоава !
Идумея повержена в прах
И сапог наш на шее Моава.

Меру он им принёс в каждый дом.
Не достигших полроста мужчины
Он щадил, да отныне Эдом
Гнёт в Израиле чёрные спины.

...Только царь возвышает свой глас
Посреди всенародного пения:
« Боже, Боже, отринувый нас !
Кто введет мя во град ограждения ? »

### ТРАГЕДИЯ

Иесеев сын скакал пред Богом,
А жена кривила рот: « Пастух ! ».
Мир певцу, тому, кто чудным слогом
Некогда пленил принцессы слух.

Скиния мертвей, чем пирамида.
Верного вокруг ни одного.
Боже, помяни царя Давида
По великой кротости его.

### ПРИТЧИ

Вот, погляжу, что у вас там внизу,
Как суеты вашей коло вратится.
Северный ветер пораждает грозу,
Тайный язык - недовольные лица.

Мудрых владык, возлюбивших добро,
Я уподоблю великим пророкам.
Сонм их, как вложенный в серебро
Спелый гранат, истекающий соком.

Птиц перелёт и повадки зверья
И не вневременны, и не случайны.
Тайны открытие - слава царя.
Божия слава - сокрытие тайны.

## Глава одиннадцатая,
### где герой выгребает из глубин истории к современности

Выяснивши происхождение ангельско-херувимской темы Православной службы, наложившей совершенно неизгладимый отпечаток на христианскую культуру, я, разумеется, не остановился на том, а проследил её непрерывное развитие, чудно отражающее, будто в капле воды, все перипетии мировой цивилизации.

Несмотря на восстановление Храма и автономии Израиля, большинство евреев, как и сегодня, не спешило с радостью вернуться в Святую землю, но связанное деловыми соображениями, предпочло жизнь в диаспоре, занимаясь, в основном, ростовщичеством и торговлей, и раскинуло густую сеть процветающих общин от Иберии на западе до Аму-Дарьи на востоке.

Членов их языком, одеждой, манерами не отличались от коренного населения, и лишь в одних синагогах порой можно было услышать иврит, впрочем, обычно сопровождаемый переводом; также и обрядовость раввинистического иудаизма, гибко приспосабливаясь ко вкусам каждого прихода, переняла немалую толику из культовой практики окружающих народов.

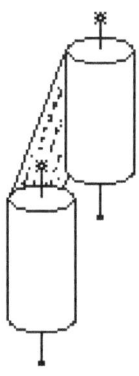

Традиция толкований и поучений, впоследствии развившаяся в талмудизм, закрепляла многочисленные влияния письменно, и Зороастризм привнёс в неё не только дыхание древнеиндийской ведической мудрости, но и столь яркое описание сражения сил Бога Света Ормаза с войском Князя тьмы Арихмана, в котором несложно увидать прообраз картины битвы верных и падших ангелов, живописно изображённой Мильтоном в его «Потерянном Рае».

Черпая вслед за космогонией, эсхатология евреев из ирано-персидских мифов заимствовала предречение финальной решительной схватки вселенских армий, окончательной победы добрых духов и заключении злых в тартарары навек и перешла от сельскохозяйственного символизма Божьей жатвы прегрешивших и топтания винограда в точиле к прорицанию катастрофического конца мира, ненароком напоминая о всесжигающей пляске Шивы на вершине горы Кайласа.

Развиваясь невозбранно в синагогах рассеяния, иудаизм, однако, испытывал довольно сильное давление на Святой Земле со стороны самаритян - потомков отпавших северных колен, смешавшихся с язычниками, но всё ещё сохранявших начатки веры отцов, не включая в Завет ничего, кроме Торы в особой редакции.

Их притязания на право принесения жертв и поклонения во Втором Храме были резко отвергнуты партией хасидим - праведников, основанной Ездрой, и после многих конфронтаций, не дошедших до вооружённых столкновений лишь благодаря бдительному контролю властей Империи, самаритяне возвели собственный альтернативный храм на горе Гаризим, где некогда Иисус Навин совершил богослужение по переходе Народа через Иордан.

Закрепление разрыва со схизматиками, отказывавшими в боговдохновенности всему, что написано не Моисеем, имело крайне важное значение, ибо евреи никогда не покидали литературного поприща, произведя великое множество книг духовной направленности, из которых определённая часть вошла в канон, другие же, причисляемые к апокрифам, тем не менее пользовались уважением и влияли в трудно переоценимой степени на религиозное сознание, философию и ход истории.

Иеремия, чьи пророчества сбывались чуть ли не с математической точностью, предсказал и продолжительность вавилонского плена - 70 лет, и действительно, от первой высылки и до начала работ репатриантов по реконструкции Храма протекло примерно столько времени.

Однако далее он описывает установление Царства Божия на земле, и народ ожидал исполнения этого в тот же самый срок.

Иные, среди них и Пророк Аггей, прозревали ниспосланных свыше мессий в Зоровавеле, давидиде и светском правителе Иудеи, и в священнике Иисусе, иные в царе Кире, и всё же жизнь под эгидой персов не очень-то походила на то ослепительное будущее, когда всё семя Адамово притечёт поклониться Единому Богу Израилеву.

Затем и самая Персидская Империя, гарант независимости и безопасности маленькой Иудеи, вдруг в одночасье рухнула под молниеподобными ударами стройных фаланг Александра Великого в 333 году до Р.Х., унося вместе с собой в небытие всякие надежды евреев на обретение их родиной статуса державы.

Александр, ученик Аристотеля, был не просто завоевателем, но ставил себе грандиозную цель объединения человечества в лоне боготворимой македонцем греческой цивилизации и в покорённых им землях от Геллеспонта и до Инда проводил политику интенсивной эллинизации этноса, возводя повсюду театры, гипподромы и гимнасии, библиотеки и термы и прочие непременные атрибуты культуры его мачехи-Родины.

Евреи, как и прежде, быстро воспринимали новые моды, язык, развлечения и даже проходили операцию хирургического восстановления крайней плоти, дабы нагими участвовать в атлетических соревнованиях.

После безвременной кончины тридцатитрёхлетнего Александра в 323 г. до Р.Х. и раздела оккупированной им огромной территории его соратниками-диадохами, ничуть не меньшими, чем он, эллинизаторами, Иудея, в какой-то раз, оказалась объектом экспансионистских устремлений двух гигантских сопредельных империй - Египта, доставшегося Птолемею, и Сирии с Месопотамией, отошедших Селевку.

Первые 125 лет эллинистической эпохи Палестиной управляли Птолемеиды, превратившие Александрию в пуп мира, космополис, интеллектуальный центр трёх континентов, и евреи образовали там колонию, населением превзошедшую всю Иудею, где мудрецов их питали мысли Платона, Аристотеля, Пифагора с его моделью концентрично-сферической Вселенной, идеи циников и стоиков, а их дети учились у Эпикура, Зенона, Эратосфена, Эвклида и Архимеда.

Однако налоговое бремя, накладываемое Египтом на данников, было тяжёлым, и в 198 г. до Р.Х., во время вооружённого конфликта между Египтом и Сирией, иудеи помогли последней установить свой контроль над Палестиной.

В виде благодарности царь Антиох III уменьшил новым подданным налоги и даровал некоторые льготы, гарантировав также и определённую автономию во внутренних делах и вопросах религии.

Этот шаг представлялся выгодным обеим сторонам, и особенно, подчинённой, ибо евреи по-прежнему могли свободно мигрировать и переселяться в пределах эллинистической ойкумены, к тому же сирийская столица Селевкидов Антиохия мало чем уступала по имперскому блеску и престижу египетской Александрии.

Политика эллинизации в Сирии была не в пример более жёсткой, чем в Египте, впрочем, такое обстоятельство играло лишь на руку верхушке священничества и правящей светской аристократии, кои и инициировали смену сюзерена Иудеи, поскольку сами они давно уж и глубоко интегрировали в греческую культуру, и не веря теперь ни в ангелов, ни в грядущее воскресение мёртвых, ни в особую роль дома Израилева на земле, формировали партию саддукеев, противостоя партии фарисеев, духовных наследников праведников-хасидим Ездры, а также ессенам - секте, ожидавшей светопреставления в поселениях типа монастырей.

Думается, священники-саддукеи горько пожалели о сделанном ими выборе 30 лет спустя, когда, далеко превзойдя эллинизаторским пылом их и норму, царь Антиох IV Епифаний отмёл общепринятую имперскую веротерпимость и под страхом смертной казни запретил исполнение всех обрядов иудаизма и даже просто хранение книг на иврите, а Храм превратил в святилище Зевса.

Жители эллинизированных крупных полисов страны, и прежде склонявшиеся к мысли о тождественности Яхве и Зевса, весьма возможно, с течением времени и переварили бы такие проскрипции, но Антиох явно перегнул палку, приказав всем подданным участвовать в ежемесячном пире по поводу его дня рождения и пожирать мясо поросят, принесённых в жертву богам.

В маленьком северном городке престарелый Маттафия, глава клана Хасмона, священник, хотя и не потомственный, обнажил свой меч и заклал прилюдно еврея, собиравшегося совершить святотатство, а затем он и его пять сыновей укрылись в окрестных горах.

Посланный за ними взвод сирийских карателей не нашёл их, зато наткнулся на тысячу иудеев из местных сёл, собравшихся тайно для встречи субботы.

Раздражённая неудачей поисков, горстка солдатни без жалости перерезала тысячу мужей, сидевших в молитвенном облачении и не оказавших убийцам никакого сопротивления, дабы не осквернился шаббат, и так иудаизм приобрёл своих первых мучеников.

К Маттафии и к его сыновьям стали стекаться со всех сторон добровольцы, и партизаны, принявшие имя Маккавеев - «молотов», нанесли вскоре сирийцам серию дерзких и очень чувствительных ударов.

Старый Маттафия умер в походном лагере, передав командование отрядом своему третьему сыну Иуде, человеку исключительной отваги и твёрдой веры, кто никогда не взвешивал свои шансы на успех в борьбе с могучим противником, но, по выражению Библии, «рыкал, как лев молодой, при виде добычи».

По счастливому стечению обстоятельств, Антиох IV в это время проводил военную кампанию в Персии, и тыловые части армии под предводительством далеко не лучших стратегов, причём ошеломлённых неожиданностью, несмотря на своё подавляющее превосходство в числе, не сумели остановить патриотов, триумфально на марше вошедших в Иерусалим.

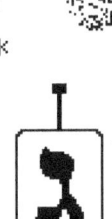

Стены его, пробитые сирийцами раньше и наскоро заделанные партизанами, всё же служили довольной защитой от оккупационных войск, не решавшихся предпринять штурм и ввязаться в уличные бои, и до подхода основных сил, занятых в Персии, повстанцы были хозяевами города, чей сирийский гарнизон они прочно блокировали в его внутренней мощно укреплённой цитадели Акра.

Не занимаясь осадой изолированных сирийцев, Иуда, срочно облачив сам себя, конечно, ввиду чрезвычайных обстоятельств, достоинством Первосвященника, приступил к ритуальному очищению Храма, десакрализованного Епифанием ровно три года назад, и в конце декабря (25 кислева) 164 г. до Р. Х., произведя пунктуально все положенные по Закону обряды, возобновил в нём богослужение.

Восьмидневное событие с тех пор празднуется иудеями как весёлая Ханука (Перепосвящение), и только в эту неделю, видимо, в память о великом риске, связанном с предприятием Иуды, евреям разрешены азартные игры на деньги.

На следующий год архизллинизатор Епифаний, завершив персидский поход, повернул полки к Иерусалиму, но по дороге умер.

Короновав его малолетнего сына Антиоха V Эвпатора и получив регентство, генерал Империи Лисиас решил одним ударом расправиться с мятежниками и двинулся на Иудею во главе самых элитных частей, включая и дивизион из 32 боевых слонов.

Осенью армия подошла к Иерусалиму, и Иуда отважно вывел свой отряд из города ей навстречу.

План был захватить мальчика-императора заложником, и один из братьев, Елиазар, прорубился сквозь ряды сирийцев к самому большому и по-царски украшенному слону и, поднырнув под его брюхо, смог пронзить копьём сердце гигантского животного, рухнувшего на него всем весом.

Но жертва сына Маттафии оказалась напрасной, ибо император находился на безопасном расстоянии от поля битвы, и разъярённые сирийцы разгромили евреев наголову.

Остатки маккавеев забаррикадировались в Храме и приготовились достойно встретить смерть, когда, как не один раз уже случалось в истории Израиля, Лисиасу вдруг пришла депеша о созревшем заговоре против него в Антиохии, и генерал наспех заключил мир с Иудой, гарантировав стране свободу религии, а затем возвратился с гвардейскими полками в Сирию.

Так было заложено начало царской династии Хасмонеев, и хотя упорная борьба за политическую самостоятельность Иудеи на том не закончилась, и в ходе её погибли все пятеро сыновей Маттафии, последний из братьев, Симон добился если не полной, то существенной независимости, за что всенародное собрание титуловало его «этнархом, Первосвященником и Благодетелем Израиля».

Сын Симона Гиркаший (Иркан'ос), пользуясь временным ослаблением Сирии, осуществил успешную экспансию государства на север, прежде всего разрушив на горе Гаризим храм, в котором поклонялись раскольники-самаряне, а затем овладев их столицей и сравнявши её с землёй.

Кроме того, он распространил свой контроль на Идумею, жителям которой было ультимативно предложено либо принять иудаизм, либо же эмигрировать.

-199-

Впрочем, в следующих поколениях династия не отличалась фанатизмом веры, не стремясь ни искоренить греческую культуру, столь ненавистную маккавеям, ни изолировать Израиль от внешнего мира.

Эллинизация страны продолжалась, ныне уже не составляя опасности религии, саддукеи вновь приобрели влияние, и Хасмонеи, лавируя с переменным успехом между претендентами на престол Сирии, продержались у власти до 37 г. до Р.Х., когда при поддержке грозной Римской Империи, чья длинная рука в 67 году дотянулась и до Палестины, на трон Давида взошёл идумеянин Ирод.

Успех акции сопротивления, возглавленной сыновьями сельского священника, и возобновление службы во Храме, вне сомнения, подняли престиж Иудаизма, и многие считали это исполнением пророчеств, и всё же ортодоксы-теологи не могли признать ни одного из Хасмонеев Мессией, поскольку те не были ни потомками Садока, ни давидидами, и вообще, узурпирование власти царя и Первосвященника одним лицом составляло непримиримое противоречие духу и букве Закона.

Ситуация требовала немедленного разрешения кризиса мессианских упований, и разные социальные группировки подошли к проблеме по-разному.

В 1947 г. (по Рождестве Христовом) бедуины, водившие, как всегда, стада у Мёртвого моря вблизи Вади (сухой ложбины) Кумран, заполняемой водою только в сезон дождей, нашли в глубине пещеры, где укрывались от ливня, запечатанные в кувшины древние манускрипты, которые они захватили домой в качестве превосходной растопки для очага, что от века делали все их предки, и несколько свитков успели сгореть в тануре, пока кто-то из молодых пастухов не надумал проверить достоверность россказней о продаже клочков пергамента в городе за большие деньги.

За старьё хорошо заплатил некий священник Сирийской Православной Церкви, и предприимчивые бедуины вскоре отыскали в окрестных пещерах около 1000 подобных первым рукописей на коже и папирусе.

Библиотека, по видимости, принадлежала насельникам иудейского монастыря, чьи развалины находились в местности Кирбет (руины) неподалёку, однако, исходя из её размеров и разнообразия стилей письма, не могла быть создана исключительно членами небольшой общины, и она содержала сведения о секте, за один-два века до Р. Х. веровавшей в уже пришедшего обетованного Мессию.

Раскопки Кирбет Кумрана позволили установить как дату закладки монастыря - 138 г. до Р.Х., так и разрушения - 68 год по Р. Х., во время оккупации региона римлянами в ходе Иудейской войны, и обилие стрел и копий в последнем уровне говорит об упорном сопротивлении, оказанном легионерам кумранцами.

Но в промежутке в жизнь общины никто не вмешивался, и летописцам её было бы естественно составить подробную биографию Мессии, Которого они считали основателем их секты, как впоследствии поступили все Евангелисты.

В разрез обычной логике, язык мессианских документов Кумрана намеренно затемнён и предельно абстрагирован, и фигура Мессии - Учителя праведности не вписывается ни в один из исторических периодов, вместо того, черты Его поразительно напоминают Иисуса из Назарета, тогда ещё не рождённого.

Подобно будущему Спасителю, легендарный Учитель возглавлял конгрегацию, предавшую Его в руки Злого Первосвященника, принял мученичество и умер, хоть и неясно, какою смертью, может быть, в ссылке, но должен воскреснуть и повести членов сектарианского сообщества Яхад (Единство) - сынов Света, союзно с ратью Князя ангелов Михаила, в битву против бесовской орды Велиала.

Отрасль Давидова по Его земной линии, Учитель имел и небесную генеалогию и называется «Сыном Божиим, рождённым Им прежде всех».

В довершение ко всему, некоторые речения новозаветного Христа, в частности, притча о смоковнице или «Блаженства» Нагорной проповеди почти дословно совпадают с текстами, найденными в кумранских рукописях.

Литургическая служба Яхада включала специальные литании изгнания злых и призывания добрых духов, и уклад жизни монастыря был крайне эзотеричен.

Вступавшие в него исполняли послушание в течение трёх лет, проходя обряды водного крещения и многие иные, а затем, принеся обет целебата, ещё два года поднимались по ступеням инициации, и лишь после того узнавали об Учителе и спасении, уготованном Им исключительно для сынов Света.

Монахи клялись не посвящать мирян в свои догматы, согласно которым они пребывали в ежеминутной готовности к сражению с неким народом Киттим, кое предоставит **casus belli** Михаилу Архистратигу и святому воинству его и тем зачнёт предречённый вселенский Армагеддон.

Потому у их современников римлянина Плиния, евреев Иосифа Флавия и Фило, описавших ессенов довольно подробно, равно и у раннехристианских историков мы не находим ни слова об Учителе праведности, и когда вся кумранская братия полегла в самоубийственном противостоянии несокрушимым римским когортам, предварительно замуровав свою библиотеку в пещерах, тайна веры их секты скрылась от поколений земнородных почти что на два тысячелетия.

Прослеживая извращение начинаний людских на примере монархии Хасмонеев, так быстро преобразившихся из вождей религиозно-патриотического движения в политиков, а затем и в обычных восточных тиранов ( сын Гиркания Аристобул взошёл на трон Давида, уморив голодом родную мать и убив одного из братьев, а трёх остальных заключив под стражу ), не только лишь затворники Кумрана, но и многие, не искавшие спасения за монастырскими стенами, были убеждены в неотвратимом приближении катастрофического конца света и Страшного Суда, и умонастроения подобного рода отражались потоком апокалиптических писаний, создаваемых иудеями со II века до Р. Х. и вплоть до второго века новой эры.

Известнейшее среди них, канонизированная книга Пророка Даниила, датируемая 165 г. до Р.Х., переосмыслила предречённые Иеремией 70 лет, интерпретируя их как « семьдесят седьмиц годов », то есть, 490 лет, и, таким образом, перенеся время ожидания явления Христа Израилю удивительно точно к моменту въезда одного незначительного Равви ( Учителя ) из провинции на ослятi во Иерусалим.

Другая книга, называемая « Эфиопский Енох » ( полный текст её сохранился лишь в переводе на древнеэфиопский ), представляющая собой пятичастное собрание апокалиптических трудов разных авторов, подходит с иной позиции к проблеме кризиса мессианских надежд, сопоставив семьдесят лет Иеремии с тем же числом ангелов-покровителей Дома Иаковлева, предрекая столько же периодов истории Народа, чьи характеристики определяет поочерёдно каждый из незримо хранящих его крылатых святых патронов.

Теме бесов и ангелов уделяется много внимания в иудейских апокалипсисах, и связанный с эфиопским « Славянский Енох », списки которого обнаружены в библиотеках России и Сербии, рисует впечатляющую картину небесных сфер, с пятым небом, где молчаливо томятся Григории ( Наблюдатели ), повинные в передаче смертным людям запретных для них знаний.

Книги, написанные от лица Еноха, жившего до Потопа праведника, который « ходил ... пред Богом, и не стало его, ибо Бог взял его » ( Бытие 5:24 ), дабы познакомить с тайнами Вселенной, нередко принципиально противоречат средневековым представлениям, были отнесены к апокрифам и исчезли из вида на целое тысячелетие, пока не так давно палеографы не открыли их заново.

Тучи над Иудеей сгустились ещё больше после падения династии Хасмонеев и воцарении Ирода Великого.

При поддержке Рима на трон Давида впервые взошёл Идумеянин, потомок не пастыря Иакова, заключившего Завет с Яхве, но брата его охотника Исава, чьё семя всегда доставляло Израилю немало хлопот.

Женат на принцессе последней легитимной линии, Ирод в приступе ревности приказал казнить свою пылко любимую Мариамн, и девять последующих браков не избавили царя от жесточайших мучений совести.

Осознавая стойкую неприязнь к себе общества, Ирод пытался заигрывать со всеми слоями его: с чернью, обеспечивши, по примеру Рима, раздачу еды и бесплатные развлечения для плебса; с эллинистами, возводя амфитеатры, гимнасии, гипподромы, библиотеки и учредив состязания в роде олимпийских; с верхушкой священничества, затеяв беспрецедентную программу грандиозной перестройки Второго Храма, что и стяжало ему прозвище «Великого».

Раздираем желанием одновременно быть и стопроцентным иудеем, и эллином и преследуем призраком убиенной жены, Ирод, к тому же страдавший запоями, в последние годы жизни практически впал в безумие.

В завещании он разделил государство, потом и кровью созданное Хасмонеями, на тетрархии, назначивши в них трёх из многих своих сыновей четверовластниками.

Архелай, воссевший на престол в Иерусалиме, показал себя таким тираном, что делегация евреев обратилась к самому Божественному Августу с просьбой упразднить вовсе тысячелетний монархический строй в Иудее.

Глава республики выслушал **vox populi** и оперативно удовлетворил петицию, введя пост прокуратора области с целью надзора за светскими властями этноса.

Юрисдикцию теперь, как во времена Судей, осуществляли духовные лидеры - Синедрион и Первосвященник, а также раввины, книжники и старейшины кланов.

Это, равно и возрождение Иродом былого великолепия Иерусалима и Храма, роскошью, пожалуй, затмившего Соломонов, несомненно, дало мощный импульс религиозной жизни страны, однако свергшая трон Давидов железная рука Рима не оставляла надежд на приход Мессии естественным путём, и простой народ в большинстве своём ожидал чудесного установления Царства Божия на земле.

Оттого когда прокуратор Иудеи Понтий Пилат в 33-м году был принуждён утвердить смертный приговор, вынесенный Синедрионом одному из пророков апокалиптического толка, вызвавшему возмущение во Храме в праздник Пасхи, слова горстки Его сподвижников, проповедовавших Воскресение их Учителя и искупленье Кровью Агнца всех грехов человечества, начиная с первородного, и скорое второе пришествие Сына во славе на облаках с ангельской ратью, пали на хорошо подготовленную почву.

Великий авторитет своего времени в религиозных вопросах Равви Гамалиил убедил Синедрион оставить в покое немногочисленное новое течение, тем более, что члены его придерживались весьма ортодоксального иудаизма.

Вследствие чего обретя легитимный статус и вместе с ним положенное от века неотъемлемое право каждого иудея выступать во всякой синагоге, движение, называвшее себя вначале просто «Путь», вскоре организовало густую сеть небольших, служивших по-гречески общин в полисах цивилизованной ойкумены, включая Антиохию, Александрию, Рим и другие крупнейшие центры Империи.

Иудея, внезапно преобразованная из монархии в теократию эдиктом Августа и переживавшая религиозный подъём, именно потому была глубоко задета языческим присутствием в Святой Земле и действиями римских прокураторов, по незнанию обычаев нередко оскорблявших чувства верующих.

В горных районах страны активизировались партизаны-зилоты, а в городах - террористы-сикхарии (кинжальщики), ярые истребители коллаборационистов.

Сопротивление вдохновлялось примером отважных маккавеев и подобно тем уповало на споспешествование небес поражению великодержавного Голиафа.

Война вспыхнула в 66 году, и в самом начале её христиане, помня пророчество их Учителя о грядущем скоро разрушении града и Храма, покинули Иерусалим, дав евреям повод обвинить их в предательстве.

Восставшие невероятным образом сдерживали легионы Императора Веспасиана целых четыре года, однако чуда на сей раз не произошло, и в 70 г. генерал Тит вошёл в Иерусалим и не оставил от роскошных строений Ирода камня на камне.

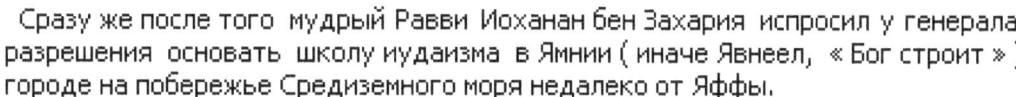

Сразу же после того мудрый Равви Иоханан бен Захария испросил у генерала разрешения основать школу иудаизма в Ямнии ( иначе Явнеел, « Бог строит » ), городе на побережье Средиземного моря недалеко от Яффы.

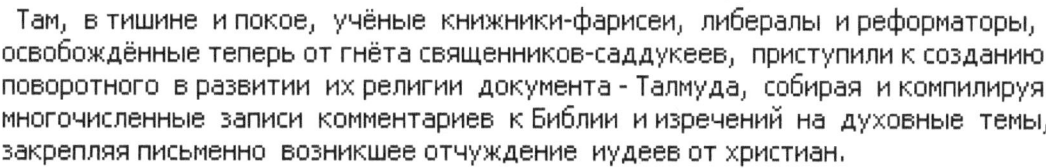

Там, в тишине и покое, учёные книжники-фарисеи, либералы и реформаторы, освобождённые теперь от гнёта священников-саддукеев, приступили к созданию поворотного в развитии их религии документа - Талмуда, собирая и компилируя многочисленные записи комментариев к Библии и изречений на духовные темы, закрепляя письменно возникшее отчуждение иудеев от христиан.

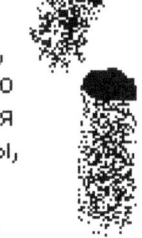

Раскол завершило восстание 132 г., глава которого Бар-Кохба, с благословения великого Равви Акибы, объявил себя Мессией, отчего христиане, естественно, демонстративно порвали отношения с мятежными компатриотами.

Разгромив повстанцев, римские власти изгнали всех иудеев из Иерусалима, но не тронули христиан-евреев, утвердив официальным эдиктом схизму де-юре.

Двусмысленная милость победителей привела христиан в смятение, ибо она лишала их привилегий, положенных исповедующим иудаизм, и вынуждала, как всех прочих подданных Рима, выражать лояльность Императору клятвой, жертвоприношениями и участием в языческих фестивалях.

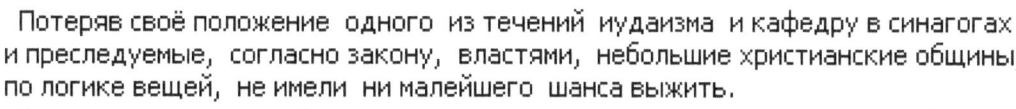

Потеряв своё положение одного из течений иудаизма и кафедру в синагогах и преследуемые, согласно закону, властями, небольшие христианские общины, по логике вещей, не имели ни малейшего шанса выжить.

Символика их учения была понятна лишь тем, кто штудировал Ветхий Завет, концепция воскресшего Бога, вера в Коего гарантирует блаженство за гробом, не составляла ничего нового и присутствовала давно в мистериальных культах: Изиды и Озириса, Афродиты и Адониса, Иштар и Таммуза, Кибелы и Аттиса, а ежеминутное ожидание конца света, не приходившего уже более столетия, эллинизированному уму должно было казаться просто несусветной глупостью.

К тому ж в борьбу за души вскоре вступил гностицизм, синкретическая вера, дитя космополитов-александрийцев, использовавших терминологию христиан для объединения элементов египетской, вавилонской, греческой мифологий, античной философии разных школ, индуизма, буддизма и всех религий мира.

И всё же, по совершенно тогда мне неясным причинам, церкви, как искры, раздуваемые ветром, вспыхнули вдруг повсюду одновременно, и Христианство охватило метрополию и провинции Римской Империи с удивительной скоростью.

Ко дню, когда, как повествует предание, Св. Император Константин увидел на солнечном диске скрещенные буквы « хи » и « ро » и уверовал в Сына Божия, Христианство стало доминирующей религией всей существующей цивилизации.

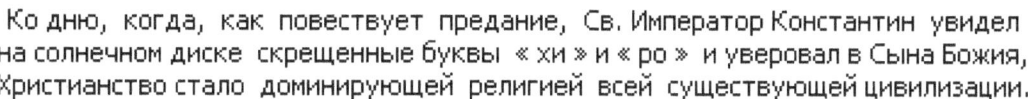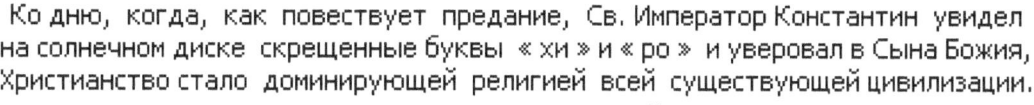

К приверженцам его принадлежал подавляющий процент населения Египта, в Армении, несмотря на преследования, обратились царская семья и вся знать, а в сильной Эфиопии, независимой, но находившейся в сфере интересов Рима, покровительство новому вероучению составляло уже государственную политику.

В 313 году в Милане вышел императорский указ о полной свободе исповедания любой религии, не подрывающей основы строя, а в конце IV в. Феодосий Великий искоренил нехристианские обряды по всей Империи, столицу которой Константин стратегически перенёс из Рима в древний город Византию.

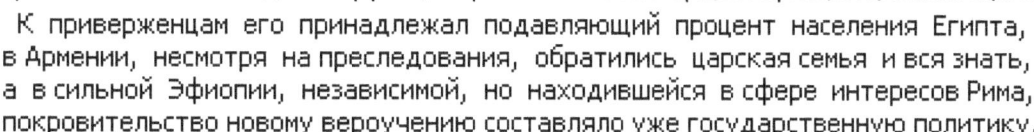

Под эгидой центральной власти Христианство смогло очиститься от ересей, в частности, опровергнув соблазн построений александрийского скопца Оригена, последыша гностицизма и проповедника идеи реинкарнации.

Однако именно в процессе того зарождавшаяся Православная теология усвоила крайне важные для её дальнейшего развития мысли о множественности миров и незримом присутствии ангелов и злых духов повсюду.

Центр Христианства, несмотря на все старания императоров утвердить его в новой столице, переименованной в Константинополь ( нынешний Стамбул ), оставался в тысячелетнем городе на семи холмах, где претерпели мученичество Апостолы Пётр и Павел во времена Нерона.

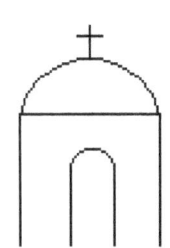

Рим и папский престол, оказавшись на периферии Империи, были весьма слабо защищены от иностранной интервенции, и в 410 году вождь визиготов Аларик ввёл своё войско в практически не сопротивлявшийся город.

Христианизированные визиготы, пожалованные Феодосем легальным статусом «конфедератов» и рекрутируемые в армию, формально не порывая с Византией, показали себя превосходными хозяевами западной части Европы, способствуя обращению и остальных идолопоклонников-тевтонов, и впоследствии послужив щитом Европы от мавров, оккупировавших Пиренейский полуостров и Сардинию.

Крещёные германцы и раньше занимали самые высокие посты в государстве, по слову Нового Завета, не дискриминировавшего «ни Еллина, ни Иудея», но обретение власти над Вечным Городом варварами, этими «бородатыми», весьма уязвляло самолюбивых латинян, обвинявших в неумеренном пацифизме и отстранённости от злобы дня насаждённую сверху идеологию Православия.

Ответом на эти инвективы стал фундаментальный труд Августина Блаженного, озаглавленный «Град Божий», где святой подробно излагает и обосновывает немедленно принятую Церковью христианскую ангелологию.

Политическое падение земного Рима он рисует как наказание за его гордыню, противопоставляя ему Горний Град, объединённое самоотверженной любовью великолепное симбиотическое существование Самого Творца, верных ангелов и спасённых человеческих душ.

Причём этот коллективный космический Суперинтеллект, замысленный Богом прежде Сотворения мира, ещё не функционирует адекватно, ибо его структуру нарушило низвержение во ад возмущённой Люцифером трети ангелов, и их места призваны заполнить люди, дошедшие до ангельского совершенства в процессе их земного познания добра и зла, инициированном в Раю грехом Прародителей, который Августин смело называет «счастливым».

Получивши солидную логическую основу и внедряемо прямо в подсознание виртуозно тонкой литургической поэзией, восходящей к еврейским литаниям, обнаруженным недавно в свитках Мёртвого моря, понятие о сонмах ангелов и тьмах демонов, ищущих контактов с людьми, прочно укоренилось, породив и монастыри как имитацию в земной юдоли «Града Божия», и сожжения ведьм, и легенду о докторе Фаустусе, и произведения Данте, Микеланжело, Мильтона, Гёте и многое другое, без чего невозможно представить себе нашу цивилизацию.

В то же время Ислам, возникший в VII веке как ответ на стремление арабов к политическому объединению, но в некоторой степени явившийся реакцией на эксцессы молодого Христианства, поспешил отречься от смущающей идеи о вездесущих духах и низвёл ангелов до эфирных созданий, славящих Аллаха и несколько раз в прошлом изъявлявших волю Его семи великим Пророкам: Адаму, Ною, Аврааму, Моисею, Давиду, Иисусу и Магомету, откровением коему завершена до Дня Воскресения история общения Всемогущего со смертными.

Вслед за тем и иудаизм, расцветший под рукой веротерпимых тогда мусульман, в лице Моисея бен Маймона, или Рамбама (1135-1204 гг.), жившего в Кордове и писавшего по-арабски, постулировал невозможность физического присутствия бестелесных в нашей материальной Вселенной и объявил все явления ангелов, упоминаемые Писанием, видениями тех, кто находился в молитвенном экстазе.

По стопам сим Фома Аквинский, цитирующий в своих опусах труды Маймонида, почтительно именуя его «Равви», рационализировал католическую ангелологию, но ни ему, ни потом протестантам, в массе своей отвергающим существование Ангела-хранителя каждой окрещённой души, так и не удалось подорвать в корне четырёхтысячелетнюю веру людей в действующих среди них незримых созданий.

Не добился этого и Эмануил Сведенборг, обрисовав открывшуюся ему в трансе жутковатую картину ада с грязными трущобами, игорными домами и борделями, где тени грешников эффективно терзают себя и друг друга без всякой помощи смехотворных копытоногих чертей с вилами.

Взлелеянное Христианством стремление к личной связи с духами, на которое налагают запрет остальные библейские религии, и сегодня не ограничивается узаконенными для того классической Церковью литургическими средствами, как, впрочем, было всегда, даже под бдительным оком Инквизиции.

На полках библиотеки я обнаружил целую коллекцию пособий по колдовству с развёрнутыми инструкциями желающим испробовать его на деле.

Все до одного новые маги утверждают, что их практика не богопротивна, но напротив, помогает человеку находиться в гармонии с природой и Творцом.

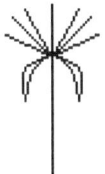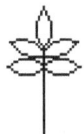

Симпатичная старушка Дороти Маклин учит пользоваться помощью духов для возделывания растений, каждый из видов которых, по её заключению, охраняет специально назначаемая «Гением ландшафта» огромная «дэва» - артишоки особо, аспарагус особо - а нью-йоркская красавица Суза Скалора делится со всеми секретами своей удачной фотоохоты на фей.

Суза устраивает засады на пугливых лесных и озёрных дев, полупрозрачных, судя по её фотографиям, кстати, являющим высокий художественный вкус, и привлекает их к её замаскированному укрытию приманками.

Охотница установила, что интерес у фей вызывают садовые цветы, иногда же искры, куклы Барби, наполненные гелием шары, а одну из них на острове Мальта отчего-то очаровала декламация стихов чилийского коммуниста Пабло Неруды.

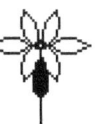

Кроме богатейшей истории и непревзойдённой поэзии Православной Литургии меня пленяла, конечно, и великая её театральность - многоплановое действие, синхронные передвижения и часто сменяемые необычные одежды участников, использование эффектов освещения, стереофоническое звуковое сопровождение и наличие элементов любимого мною хэппенинга.

Надо сказать, я совсем не профан в лицедейском искусстве, прежде занимавшем немаловажное место среди разнообразных увлечений автора в тот период, когда общедоступные зрелища по всей Империи заместили третируемую ею религию.

Люди погружались в атмосферу цирка, праздника, карнавала с раннего детства благодаря системе государственного дотирования «культурных учреждений»: дошколят водили в уголки Дурова и на кукольные представления, школьники посещали вначале театры юного зрителя, а затем драму, оперу, филармонию и даже оперетту.

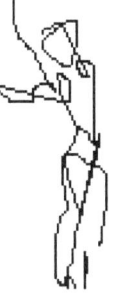

До сих пор я помню эти еженедельные культпоходы в пополуденные часы, мраморные лестницы, застланные красными коврами, позолоченную лепнину, расписанные плафоны люстр и капельдинеров, тщетно пытавшихся сохранить положенный им вид суровой важности в присутствии возбуждённых подростков.

Одесса, где я родился и вырос, всегда была признанным театральным центром, с её шикарным оперным зданием, построенным в XIX в., подобно всему городу, в стиле позднего итальянского барокко и щедро украшенного изображениями пляшущих голоногих муз и гротескных фавнов, полудюжиной других театров, десятками т. н. «очагов культуры», имевших сцены, и бессчётным количеством шапито и открытых эстрад в садах, парках, санаториях, домах отдыха.

Но разумеется, лавры «столицы театра», как и всего остального на свете, никому не уступала Москва, тем более, что цензура там не особенно лютовала, поддерживая имидж Империи в глазах зарубежных дипломатов, и в 60-х годах, когда я жил и учился в ближнем Подмосковье, в часе езды от Красной Площади, режиссёры метрополии пользовались прежде не виданными свободами.

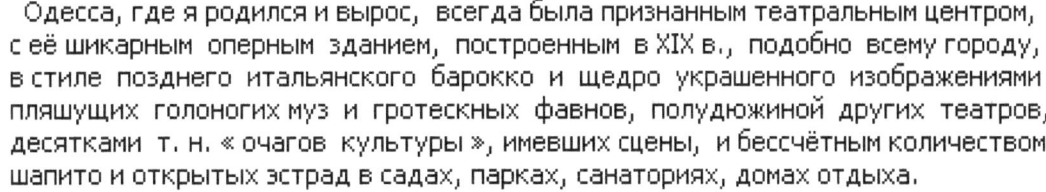

Особенную славу стяжали дерзкие постановки Юрия Любимова на Таганке, и я, тогда ещё юн и полон сил, выстаивал многокилометровые очереди за билетами в загончике, выгороженном на углу Волхонки, не пропуская ни одной премьеры.

В Куйбышеве (Самаре), куда волей Случая я был направлен после института, меня удручала игра провинциальных трупп, и местных, и приезжих, чей состав далеко не дотягивал до любого московского, ибо стоило лишь актёру подняться чуть выше общего убожества, как его тут же переводили в столицу, а режиссёры, мучась комплексом неполноценности и вжаты в тесные рамки цензуры, часто шли на рискованные эксперименты с классикой.

Так самарский музыкальный слабыми его голосами портил не воспроизводимую белыми певцами оперу Гершвина «Порги и Бэсс», а приехавшая на гастроли таганрогская драма поражала зрителей смётанной на живую нитку постановкой обеих частей «Фауста» Гёте, бесспорно, предназначенного только для чтения, о чём свидетельствуют сотни и сотни якобы участников, постоянно меняющиеся планы, время и место действия, колоссальные массовые сцены и многое другое.

Вивисекция таганрожцев больно задела меня как физика, поскольку лейтмотив книги ироничного веймарца - изначальная опасность познания и обречённость попыток её преодоления - так или иначе затрагивает сердце любого учёного.

Вероятно, я заразился провинциальной наглостью, потому что замыслил тогда написать собственную адаптацию гётевского «Фауста» для сцены и худо-бедно скомпоновал на заданную тему весьма компактную пьесу-коллаж в двух актах.

Надо сказать, раньше того в институте я приобрёл небольшой, но полезный опыт в драматургии, сочиняя репризы для Клуба весёлых и находчивых (КВН), телевизионной игры, где команда Физтеха всегда пребывала среди фаворитов.

Писал я пьесу безо всякой мысли о постановке и публикации, просто восполняя некоторую недостаточность моего бытия в г. Куйбышеве, пренебрегая не только нормами цензуры, но и общественным вкусом и мешая для своего удовольствия высокий слог и ёрный слэнг, «серебряную» латынь и советские канцеляризмы.

Вскоре после завершения моего хулиганского «Самого последнего Фауста» проводимыми автором ради куска хлеба насущного рутинными исследованиями неких сверхвысокочастотных устройств, используемых для навигации в космосе, неожиданно глубоко заинтересовался крупный московский учёный, и я получил предложение продолжить работу под его руководством в заочной аспирантуре Академии Наук СССР.

Теперь я часто наезжал в столицу, по которой крепко скучал и где в то время по счастливому совпадению учился мой младший брат.

Он заканчивал экономический институт, но, конечно же, увлекался театром и вместе с молодою женой удобно снимал просторную квартиру на Сретенке, и в одну из командировок я по просьбе его друзей устроил читку «Фауста» на непринуждённом застолье, собранном по такому поводу.

Среди гостей брата был ассистент-режиссёр Театра на Таганке Ефим Кучер, и тут же за столом он спросил меня, не согласен ли я написать по его заказу сценическую обработку заметок А. П. Чехова о поездке на каторжный о. Сахалин.

Я вообще-то тихо ненавидел Чехова за гнусный тон журнальных рассказиков, карикатурными скетчами знати являющих мелкое нутро парвеню их кропателя, сына розничного торговца, признавая, впрочем, некоторое новаторство его пьес, намеренно тягомотных и бессюжетных и в таком качестве предвосхищающих произведения великих абсурдистов Бэккета и Ионеско, но, скажите, кто бы мог отказать режиссёру самого знаменитого театра Москвы, и я не думая согласился.

Таганка, как оказалось, пребывала в кризисе, вызванном решением Любимова задержаться на неопределённое время за границей, где он, ободрённый успехом поставленного им с иностранным составом «Бориса Годунова», собрался утвердить своё имя в системе антрепризы свободного мира, и осиротелый коллектив искал новых лидеров и новых авторов.

Впрочем, театр не терял ещё популярности, очередь в кассу не уменьшалась, и Ефим расплачивался со мною, бронируя для меня и для моих друзей билеты на какие угодно спектакли, а также помогая мне не упустить важные гастроли и поддерживая в курсе всех событий бурной артистической жизни столицы.

Главное же, Ефим не раз проводил меня в служебные помещения через вход, защищаемый суровыми вахтёршами от орд экзальтированных поклонниц актёров, стремившихся всеми силами отдаться своим кумирам, и для усмирения которых в критических ситуациях привлекался на помощь начальник пожарной охраны, рыцарственной стати убийственно вежливый пепельногривый мужчина в тройке, готовно отзывавшийся на имя Ричард Львинович.

Наблюдение вплотную актёрского племени с его внутренним соперничеством, истериками, резкими перепадами настроения и никогда не прекращаемой игрой позволило мне глубже проникнуть в сущность второй древнейшей, но безусловно первой по вредности профессии.

Понимание психологии лицедейства очень помогало вести работу с Ефимом, и хотя прогресс её прочно блокировало наше полярное отношение к материалу, тонкий этот нерв, совокупно с известным притяжением противоположностей, немало лет удерживал наш постыдно бесплодный союз от распада.

**ОТКРОЙТЕ**     **АМЕРИКУ!**

В процессе длительного взаимодействия кое-что находилось у нас и общее. Ефим произошёл из какого-то местечка в самой глубине черты оседлости, где с детства впитал крепкий там дух атеизма и социализма (отсюда и его пристрастие к Чехову), и не знал никакого богослужения, ни синагогального, ни, тем паче, церковного.

И всё-таки, может быть, подчиняясь голосу генной памяти, он, как и я тогда, тяготел к созданию в театре глобального священнодействия, подобия литургии, и даже предлагал устроить в нашей инсценировке ритуальное поедание балыка зрителями и актёрами (автор же, разумеется, настаивал на добавлении к тому причащения всех желающих рюмкой холодной водки).

Так мы, сами того не понимая, старались открыть и показать в лице театра унаследованные им и искажённые его почтенным возрастом черты религии, праматери всех искусств.

Увы, скреплявший мозаику эпизодов облик вояжёра, кто, соответственно идее, не появлялся на сцене физически, но кого непрерывно играли все персонажи, не годился мистериальному герою, ибо то и дело из текста популярнейшего, однако смертельно больного литератора предреволюционной Российской Империи вылезала затаённая змейская злоба на всех и вся, трудно представимая в виде простительной преходящей слабости бренной аватары высокого духа.

В конце концов мы устали от наших потуг и работа сошла на нет, к тому же Любимов, подозреваю, полным лаптём хлебнувший западных рыночных свобод, возвратился в Москву, и его театр остыл к экспериментальным постановкам.

Сейчас, по слухам, Ефим проживает в Израиле, я ж осел в Джексонвилле, где рукопись незавершённой инсценировки, опрометчиво брошенную в сарай, с корками сожрали всеядные местные термиты, и всё же трёхлетний мой опыт здесь весьма и весьма пригодился, ибо Православная служба открывает глазам множество сокровищ её драматургии, но лишь намётанному взгляду.

Только аналитическим и сугубо профессиональным подходом удаётся выявить принципиальное отличие службы в американской православной конгрегации от служения собраний инославных деноминаций, поскольку плохой перевод, равно и типичная обстановка во храме - скамьи и полное освещение, в угоду протестантской привычке паствы следить за текстом гимна и петь его с хором, вне зависимости от наличия музыкальных талантов - разваливают композицию, но вспоминая знакомую мне, хоть и крайне поверхностно, русскую традицию с её ритмическим речитативом и умелым использованием световых эффектов, создаваемых движениями в полумраке со свечами и растворением-затворением врат иконостаса, и проецируя эти приёмы на теперь мне доступный оригинал, я мог восстановить великолепие первоначального замысла - и убедиться в том, что мы-то с Ефимом по необразованности пытались изобрести давно известное.

Поднимаясь к истокам литургии в древности и листая Библию, я натолкнулся на имя «Ицгар», очевидно походившее на мою родовую фамилию «Яцкарь». Я знал, что мягким знаком снабдил её мой дед в первые годы советской власти, просто ради удобства произнесения, и это добавление отсутствует в надписи на могильном камне моей прабабки.

Далее, начальные звуки «Я» и «И» изображаются в иврите одной и той же буквой «иод», а центральный согласный фамилии передаётся буквой «куф», произносимой как некая интерполяция между «г» и «к», и с учётом того, оба имени практически совпадают.

Догадавшись позвонить в синагогу, я спросил об истолковании слова «ицгар», и раввин уверенно и мгновенно продиктовал мне его перевод на английский: *challenge* - «требование доказательства правоты», или «вызов».

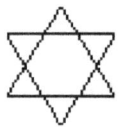

Ицгаром звали потомка Авраама в пятом поколении, дядю Моисея и Аарона, правнука Иакова ( Израиля ) и внука Левия.

Во время Исхода Моисей по воле Яхве отделил колено Левиино от остальных для службы в Скинии Завета и при Ковчеге, однако прерогатива исполнения священнических обязанностей принадлежала лишь ааронитам, другие же левиты должны были содержать в порядке, охранять и переносить священные вещи, в частности, роду Ицгара надлежало заботиться о Ковчеге, столе, светильнике, жертвеннике, служебных сосудах и завесе.

Такая дискриминация возмутила сына Ицгара Корея, кто поднял восстание против Моисея и Аарона, и, по Библии, его с домочадцами поглотила земля.

Однако род его не пресёкся, и потомки его служили при Соломоновом Храме, где разделение меж левитами сохранялось также, техническими работниками - сторожами, певцами и музыкантами - и десять псалмов канонической Псалтири принадлежат перьям « сынов Кореевых ».

Итак, моё любительское исследование литургии принесло свои первые плоды, неожиданно подарив мне ценную информацию относительно возможных корней моего генеалогического древа.

Добравшись до этого места, теперь и ты, мой Читатель, достойно вознаграждён, ибо, скорей всего, тебя давно уже беспокоит вопрос, каким таким образом автор, не будучи, если верить его словам, ни евреем, ни армянином из Азербайджана, ни баптистом-пятидесятником, умудрился очутиться в Америке в статусе беженца.

Возможно, ты и продирался сквозь дебри повествования лишь с целью выяснить, как бы тебе и самому осуществить подобный головоломный трюк.

Если это так, то ты с разочарованием прочитал несколькими строками выше моё признание в своём ветхозаветном происхождении, и всё же, видит Бог, я не лукавил перед американцами, утверждая, что я не еврей ( тебе я никогда не говорил ничего похожего, правда ? ), поелику слово *jew* употребляется тут исключительно в качестве обозначения вероисповедания, и английский язык не располагает никаким термином, характеризующим по этническому признаку приверженцев иудаизма, сегодня распространённого не только среди семитов, заметная часть которых исповедует ныне Ислам и Православное Христианство, но и в народах других рас, например, в типично негроидном племени « лембо », обитающем на территории Южноафриканской Республики не одно тысячелетие и исполняющем ритуалы Торы с бурным плясом под аккомпанемент барабанов.

Дорогой мой друг, не покидай меня, ведь ты преодолел уже большую часть пути ( надеюсь, объём романа не превысит 416 страниц ), и поверь мне, та информация, коей я сейчас окропляю тебя, лишь мелкий дождичек в сравнении с водопадом, тяжело обрушивающимся на голову каждого переселенца.

Смысл же моих действий - не только крещение, облегчающее, словно прививка, течение типичных иммигрантских болезней, буде ты изберёшь или уже избрал такую судьбу, но и предоставление тебе сведений, необходимых для понимания устройства этого мира и общества, что сослужит хорошую службу любому.

Здешнее население не является народом в прямом смысле, как и евреи вообще, представляя собой конгломерат наций, этносов и культур.

Много ль сходства между евреями-ашкенази, воспринявшими столько от мавров и изгнанными из Испании Великим Торквемадо после её реконкисты, караимами, потомками хазар, тех « неразумных », которым собирался отмстить Вещий Олег, и татами, в незапамятные времена осевшими на Кавказе.

*A propos,* грузины также издревле претендуют на происхождение от иудеев, считая царей династии Багратиони стопроцентными давидидами, и не случайно Равноапостольная Нина, просветительница Грузии, была еврейкой-миссионеркой, прибывшей к иверийскому двору из Александрии.

Подобно тому, и императоры Эфиопии возводили свою родословную к Соломону, имевшему, согласно апокрифическим писаниям, сына Менелика от Царицы Савской, кто, после смерти отца и развала его Империи, вывез из Иерусалима Ковчег Завета на родину матери и воссел на её трон.

Но, конечно, всех переплюнули упомянутые « лембо », сказаниям которых о долгом пути, проделанном их прародителями из Палестины через некую Сану к южной оконечности Африки не верил никто, поскольку по виду это племя, занятое примитивным скотоводством, ничем не отличается от своих соседей - ни антрацитовым цветом кожи, ни плоским широким носом и вывернутыми губами, ни пропорциями черепа с выдающимися надбровьями и низким покатым лбом - а присутствие в их религии элементов иудаизма легко объяснялось влиянием приплывавших сюда еврейских купцов из Йемена.

Всё ж антропологи недавно решили проверить утверждение пастухов, тем паче, что анализом ДНК нетрудно установить истину, ибо Моисеев Закон запрещает межродовые браки ааронитам, и оттого у наследственных священнослужителей подлинно иудейских народов сохраняется характерная структура генного кода.

Племя охотно предоставило исследователям образцы слюны, анализ которой, проведенный в одной из престижных английских лабораторий, точно установил - негроидные « лембо », все до единого, обладают неизменёнными генами Аарона, сохранёнными куда лучше, чем в знаменитых священнических родах Израиля, являясь, таким образом, не только евреями, но и чистокровнейшими на свете.

Раса и этнос - разные вещи, и надо избегать стереотипов, особенно в Штатах, где негры из "нации Ислама" совсем не такие, как христиане, певцы "спиричуалз", не говоря уж о чёрных эмигрантах из Бразилии, Гаити и Доминиканской Республики, практикующих магико-некромантские религии вроде « ву-ду », и в то же время расово близкие им выходцы с островов Тринидад и Тобаго глубоко англизированы.

Они посещают англиканские церкви, одеваются скромно и чуть старомодно, имеют неплохое общее образование и разговаривают на « роял бритиш », вызывая своим « акцентом » злобно-завистливые насмешки уроженцев США.

Никто никогда не исследовал мои хромосомы, но навряд ли они настолько же безупречно еврейские, как у « лембо », ибо мои предки не отгородились от мира множество веков назад, предпочтя ему пасторальную жизнь вдалеке от родины и всякой цивилизации вообще под солнцем Африки, лучи которого снабдили б их, путём естественного отбора, достаточной для защиты от радиации концентрацией меланина в эпидерме, а жаркие самумы с песком - плоскими носами и развитыми лобными пазухами черепа, и оттого Ицгары остались горбоносыми, высоколобыми, с типичным скорбным взором, вполне соответствуя генотипу европейских жидов.

При маврах они, вероятно, занимались врачеванием, науками, расцветшей тогда еврейской литературой, философией, приспосабливая аристотелевские концепции к современности и закладывая фундамент Ренессанса, а потом, не имея места в построенном на землевладении феодальном обществе и лишены возможности вступать в средневековые гильдии торговцев или ремесленников, зарабатывали свой кусок хлеба запрещённым добрым католикам презренным ростовщичеством и скитались по Европе, ненадолго порой попадая под покровительство монархов, заинтересованных в оживлении экономики страны, как это произошло в Польше в царствование Казимира Великого ( 1333 - 1370 гг.), но затем, обычно, изгоняемы или сурово ущемляемы декретами власти.

Впрочем, не исключено, что прародичи мои кормились при общине, где они, судя по всему, занимали некое особое положение по наследству, ибо сохраняли родовую фамилию Ицгар, тогда как остальные, даже очень важные персоны, традиционно обходились именем и отчеством, к чему порой прибавлялось только название места рождения, для идентификации наиболее широко известных лиц, например, Иегошуа бен Мариам ха-Ноцри ( согласно мусульманским источникам, Шестой Пророк звался не по отцу, а по матери, поскольку Иосиф не сумел скрыть, хотя и старался, беременности Марии до замужества ).

Фамилиями евреев решила облагодетельствовать Австро-Венгрия, и её писцы, сочиняя их по-немецки, старались придать им благозвучие, однако не делать похожими на общеупотребительные, и производили методом склейки корней неологизмы-химеры типа « Розенблюм » ( Цветок розы ) или « Зильберштейн » ( Серебряный камень ).

Древнееврейское слово, да ещё с таким подрывным значением ( см. выше ), наверняка вызывало немало подозрений в каждой инстанции многоступенчатой бюрократической системы Империи, и моим прадедам, полагаю, приходилось не раз выдерживать неприятные объяснения с австрийцами по этому поводу и, разумеется, платить взятки.

Наполеоновские войны принесли в Европу дыхание Французской революции, все граждане получили равные буржуазные права, и система крупных общин, позволявшая евреям выживать в условиях дискриминации, начала разлагаться.

Оттого мои предки, как и многие евреи, овладели ремёслами и, покинув гетто, двинулись в поисках работы на восток Молдавии, недавно освоенной молодым российским капитализмом, и поселились в бессарабском Григориополе, откуда через небольшое время перебрались в Одессу, космополитичный порто-франко, третий город Империи, уступавший по населению и аристократическому блеску только Санкт-Петербургу и Варшаве.

Оторванные от исторических центров своей религии и потому практически утратившие её, но сохранившие принципы социалистической взаимопомощи, выработанные ими за века рассеяния, евреи стали главной движущей силой зревшей в России революции, и всю подготовку её провёл пламенный трибун Лейба Бернштейн (Лев Троцкий), у которого лишь в самый последний момент хитрым приёмом вырвал из рук знамя восстания ушлый симбирский адвокат.

Впрочем, в рядах соратников помянутого также было немало видных вождей, вышедших из черты оседлости - Свердлов, Урицкий, Бухарин, Якир, Каменев, Лариса Рейснер и другие.

Мои предки Игцары, переселившись в Российскую Империю довольно поздно, держались в стороне от революционного движения, исполняли обряды иудаизма и продолжали ремесленничать.

Дед мой по отцовской линии, носивший непопулярное имя Аарон, скорнячил и шил головные уборы, умудряясь оставаться частником, невзирая на давление, налоговое и моральное, оказываемое советской властью на «чуждый элемент»; жил он в беднейшем районе города Молдованке на Госпитальной улице и снабжал меховыми воротниками и муфтами жён биндюжников и налётчиков, а их самих - клетчатыми кепочками форсистого «английского» кроя.

Однако восемь детей «тёмного» шляпника поднялись до вполне достойного положения в наигуманнейшем обществе мира.

Отец мой в сорок пятом году закончил Военно-Воздушную Академию Связи, ставши специалистом по аэродромному оборудованию, и хотя он сам не летал, щеголял в умопомрачительной форме лётчика из тонкого синего сукна с погонами, галунами, шевронами, латунными знаками и украшениями, надевая в праздники золотой пояс и внушительного размера кортик.

יצחק

Что и говорить, сразу после войны, когда мужчины, да ещё не искалеченные, были наперечёт, симпатичный лётчик пользовался вниманием нежного пола, и ухаживаниями молодого офицера не пренебрегали лучшие девушки города.

Он женился на одной из них, красавице Майе, несмотря на сопротивление её семьи, принадлежавшей к высшей коммунистической элите и занимавшей не тесную каморку с низеньким потолком в двухэтажной коробке Молдованки, а просторную квартиру с лепными бордюрами и паркетом в барочном особняке бывшего дворянского квартала, где балконы над подъездами поддерживали оштукатуренные коры и атланты из ракушечника.

Дед мой со стороны матери служил комдивом железной когорты Дзержинского, обеспечивая охрану Страны Советов от происков буржуазной Румынии, и хотя он однажды был вызван в Москву, откуда, как случалось порой тогда с военкомами, не возвратился, имя его осталось незапятнанным.

Бабушка моя, состоявшая при штабе деда, получила депешу о гибели мужа при героической попытке спасти ребёнка из-под колёс поезда и одновременно приказ о своём назначении на весьма высокую должность в одесском Губчека.

Там она, вместе с двумя незамужними сёстрами, а потом и подросшей Маечкой, которую воспитывали все трое, работала до почётной отставки по выслуге лет, организовав немало успешных акций и удостоившись множества боевых наград.

Штамп в паспорте их дочечки вынудил чекисток смириться с произошедшим, и молодым отвели одну из комнат квартиры, а появление вскоре на свет Божий вашего покорного слуги связало всех женщин ещё больше.

Выбор имени для меня проводили демократически, пригласивши на обсуждение бабушку и дедушку с Молдованки, и когда они предложили назвать ребёнка Гришей в честь их сына, комсомольского лидера, рано умершего от чахотки ( вообще-то Герша ), три фурии революции, вспомнив чтимого ими Г. Котовского, без особых возражений согласились.

Вдова комдива и её бездетные сёстры, конечно, души не чаявшие во внуке, проводили со мною дни и ночи, в то время как неблагонадёжным родичам отца дозволялось видеться с их « принцем » только под бдительным надзором первых.

Уж не знаю, коим образом удалось провести профессионалок, но герой романа был похищен и тайно обрезан по Закону Моисееву, « яко человек осмодневный ». Секретная операция требовала от злоумышлявших тщательного планирования и тонкого знания приёмов конспирации.

Дом, где проживала моя семья, относился к ведомственным, и населяли его лишь сотрудники местного Комитета Госбезопасности, в немалом числе отставные, по привычке собиравшие сведения о соседях и коротавшие долгие часы их дней с цейсовскими биноклями за плотными шторами окон.

Появление бородатого раввина в нашем дворе сразу красноречиво открыло бы намерения заговорщиков, и оттого ритуал совершили в доме деда на Молдованке.

Путь туда из центра занимал значительное время, тем более, что похитители не могли пользоваться такси, редкими тогда и заметными на улицах « Победами », и запелёнутого младенца, вероятней всего, везли двумя трамваями с пересадкой. Мать меня кормила грудью, и технически совершенно невозможно, чтобы она не принимала участия в моём дерзком киднэппинге.

Тут встаёт вопрос, отчего же Майечка, комсомолка и секретарь КГБ, устроила такое испытание своим чадолюбивым родственникам.

Замечу, действия её, по законам сталинского времени, подпадали под состав немалозначащего преступления и могли повлечь за собой не только увольнение всего их чекистского клана из КГБ и лишение моего отца офицерского звания, но и заключение в трудовые концлагеря Сибири.

Навряд ли ею двигали религиозные убеждения, поскольку через восемь лет, когда родился мой младший брат и моя семья жила отдельно, а все наказания за исполнение традиционных обрядов были отменены полностью, ей и отцу и в голову не пришло обрезать второго сына.

Возможная подоплёка событий, которую я, их невольный участник, подозреваю, предполагает желание молодых супругов обрести больший вес в семейном совете, превратив старшее поколение в своих соучастниц, ибо чекистки, несмотря на их крепкую дзержинскую закалку, не имели всё же духа заложить любимую дочку.

Вообще, к религии, этому « опиуму для народа », относились в моей семье всегда безоговорочно отрицательно.

Бабушка и внучатые тётки хранили пыл безбожных синеблузников 20-х годов, передав его и своей воспитаннице, и никогда даже не употребляли « спасибо » как сокращённое « спаси вас Бог », заменяя его нейтральным « благодарю », а гостю, случайно воскликнувшему « Боже мой ! », напоминали : « Бога нет ».

Другим табу в семейном кругу были любые разговоры на национальные темы.

Не то, чтобы кто-то стеснялся своего происхождения, просто коммунистам следовало беспощадно искоренять в сознании вредные пережитки, связанные со всеми различиями, насаждаемыми проклятым капитализмом, и считать себя членами единокровного всемирного братства пролетариата.

В доме никогда не звучало ни слова ни на идиш, ни на иврите, и я оставался в полном неведении о нашем еврействе до довольно зрелого возраста.

Не ощущал я гнёта его и потом, получив краснокожий паспорт с пресловутой пятой графой, и не скрывая своей национальности ни от кого из моих знакомых, не замечал к себе, ни при каких обстоятельствах, ни малейшего предубеждения.

Я помню себя и обстановку вокруг с полутора лет, и к этому времени бабушка, которую меня приучили называть ласковым уменьшительным именем Анюша, поскольку она выглядела очень молодо, и обе её младшие сёстры уже вышли в отставку из «органов», получив персональные пенсии, намного превышавшие положенные простым смертным, приобрели уютную дачу на Большом Фонтане, где я неизменно проводил каждое лето, вплоть до своего отъезда в Америку, и до кончины их пеклись обо мне, словно о своём собственном чаде.

Как только начинался купальный сезон, одна из них рано утром обязательно вела мальчика к морю «для оздоровления».

Благодаря их красным книжечкам персональных пенсионеров КГБ, мы могли пользоваться замечательными спецпляжами, закрытыми для обычной публики.

Я плавал, нырял и загорал в своё удовольствие, а потом, когда южное солнце поднималось к зениту и песок перекалялся, мы совершали длинные прогулки в старых тенистых парках на береговом обрыве.

Няньки мои рассказывали мне о годах своей молодости, полных энтузиазма и героизма, и о моём покойном деде-комдиве, и из их воспоминаний возникала эпическая фигура человека безупречнейшей чекистской морали.

Многие враги народа тогда пытались уйти за Буг, в боярскую Румынию, унося свои сбережения, обращённые в драгоценности, и горы конфискованных вещей, бывших у перехваченных неудачных перебежчиков, проходили через руки деда.

Ни разу не исчезло и колечка, но как-то жена комдива утаила из конфиската не представлявшую ни малейшей ценности начатую коробочку пудры «Коти», обнажив тем скрытую под личиной коммуниста буржуазную сущность.

Дед, председатель ревтрибунала, самолично осудил свою любимую Аннушку, и только вмешательство командарма, случайно узнавшего о приговоре, спасло красавицу штабистку, беременную моей матерью, от расстрела.

Воспитательницы раскрывали и некоторые эпизоды их работы, в частности, охотно описывали, пожалуй, самую впечатляющую её страницу - организацию партизанского Сопротивления немцам и румынам во время оккупации города.

Одесса стоит на циклопической платформе из лёгкого и прочного ракушечника, великолепно подходящего для барочной архитектуры со скульптурой *a la prima*, и камень для строительства добывали тут же, образовавши тем сложный лабиринт катакомб наподобие римских.

Моим родственникам принадлежала идея укрыть в них партизанскую армию, и чекистки заранее позаботились о составлении карты части катакомб, создании подземных складов продовольствия и оружия и разветвлённой сети агентуры, направлявшей удары внушительного отряда Молодцова-Бадаева.

К двум часам дня мы возвращались на дачу, где на веранде нам подавала обед наша расторопная домработница тётя Нюся, прекрасная кулинарка, к тому же покупавшая недоступные другим продукты в специальных магазинах гэбистов.

Ах, какие она готовила украинские борщи и вареники, фаршированные перцы и кабачки, говяжьи мозги в сухарях, курники, кулебяки и пирожки с ливером! (В жарке она применяла исключительно чистое коровье масло, для тушения - густейшую сметану, и диета наша привела бы в ужас американцев, превосходя нынешнюю норму калорийности раза в три, а жиров чуть ли не десятикратно, тем не менее родня моя достигла преклонного возраста в завидном здравии.)

После обеда полагался часовой сон, а когда солнце спускалось ниже, мы шли на причал и морской трамвайчик отвозил нас в места городских развлечений - Аркадию и Ланжерон, или в морвокзал, откуда на фуникулёре мы поднимались к старому центру Одессы - её Приморскому бульвару, Опере и Дерибассовской.

Я катался на пони и аттракционах, стрелял в тире, ел мороженое в кафе, а затем семья смотрела кино или живое представление на свежем воздухе, в одном из многочисленных приятно прохладных зелёных театров.

Причём по красным книжечкам нас везде пропускали без очереди, и даже если билеты были распроданы, администраторы всегда услужливо ставили для нас дополнительные кресла или проводили в так называемую «служебную» ложу.

Используя влияние их орденов и титулов, три опекунши добились от наробраза зачисления внучка в наиболее престижную школу города ( тридцать пятую ), где учились отпрыски секретарей обкома и известный повсюду повеса Ванечка, сын самого генерала Потапова, бывшего крупного полководца, защитника Киева, а в те годы начальника одесского военного округа.

Для этой школы отбирали старых и опытных учителей, преподававших ещё до революции в классической гимназии и владевших умением кнутом и пряником вкладывать солидные познания даже в таких, как Ванечка, кто после выпуска наравне с остальными смог поступить в серьёзный московский ВУЗ, выдержавши немалый конкурс, и, главное, закончил его, невзирая на все соблазны столицы, кое-каким из которых мы, сокашники, признаюсь, подпадали вместе.

К последнему году обучения, дававшего крепкую основу по всем предметам, учащиеся *en masse* успевали определить своё призвание, и пожалуй, средь всех один лишь я продолжал испытывать колебания в выборе между гуманитарными и популярными в то время точными дисциплинами.

Всё же я присоединился к большой, по масштабу нашей маленькой школы, группе выпускников, по заведенной традиции отправлявшихся каждую весну поступать в обладавший тогда высшим академическим рейтингом в Союзе бастион противостояния Америке - Московский Физико-Технический Институт.

Конкурс туда был совершенно фантастический, выше даже чем во Всесоюзный Институт Кинематографии, готовивший звёзд экрана, однако попытка поступления не несла в себе никакого риска, поскольку приёмные экзамены МФТИ проводил в мае, намного раньше всех остальных ВУЗ-ов, и завалившие их имели возможность в том же году поступать в любое другое место, а тех абитуриентов, кто выдержал, но получил недостаточные для зачисления баллы, тут же наперебой вербовали, без новых испытаний, эмиссары университетов и институтов страны, занимавших следующую за физтехом ступень в табели о рангах.

Я-то не мог надеяться даже на все "тройки", однако имел иные, очень личные стимулы для поездки.

На физтехе было немало студентов из выпускников нашей школы прошлых лет, составлявших неформальный рыцарский орден « одеколон » ( одесская колония ), ежегодно избиравший особый комитет встречи, предназначенный исключительно для работы с абитуриентами из нашего города.

В ту весну новоприбывших встречал мой закадычный друг и старший соученик, с которым я давно мечтал увидеться, и я знал, что после провала мне предстоит приятнейшее утешительное турне по ресторанам столицы.

В год моего выпуска, 1966-й, наробраз прекратил свой эксперимент в школах, состоявший в обучении какому-либо полезному ремеслу и практике на заводах и для того добавивший к прежним десяти годам учёбы одиннадцатый, и теперь десятый класс выпускали вместе с моим, одиннадцатым.

Вытекавший отсюда двойной конкурс уменьшал вдвое и так небольшие шансы поступления в МФТИ, и товарищи мои единодушно решили подавать заявления на физико-химический, наименее престижный из факультетов, где конкуренция была не столь острой, и я, конечно, присоединился к ним.

Друг мой встретил меня замечательно, и мы проводили все ночи за водкой, преферансом и бесконечными разговорами, после чего я нехотя отправлялся сдавать экзамены, пренебрегая чем лишился бы права проживания в общежитии.

Результаты их поразили всех, и прежде всего, самого меня, до изумления ! Одноклассники мои с треском проваливались, причём в разделах, считавшихся их наиболее сильной стороной, мне же невообразимо везло, и верные ответы независимо от меня как-то возникали в мозгу, расслабленном и затуманенном затяжными бессонницами и похмельем.

Я получил « четвёрки » по письменным и « пятёрки » по устным экзаменам - отметки, не оставлявшие сомнений в моём будущем зачислении на физхим !

Я принял поздравления и мы с моим другом совершили запланированное турне, только уже не утешительное, а в честь моей неожиданной победы.

Однако через бурно проведённые полтора месяца, когда в институте вывесили утверждённые списки принятых, фамилии автора там отчего-то не оказалось.

Я видел, что те, кто набрал даже на целых три балла меньше меня, зачислены, и почёл случившееся явным недоразумением, но учёный секретарь факультета, приёма у которого я добился, сухо напомнил мне о советском законе, дающем право институциям отклонять любые заявления без объяснения причин.

Это был сокрушительный удар ниже пояса. Я пропустил все сроки, когда бы мог держать экзамены в другие ВУЗы, и многочисленные прежде бойкие агенты их, вербовщики троечников, давно покинули ставший странно тихим городок физтеха между Новодачной и Долгопрудной.

Я вернулся в Одессу и остаток лета убивал в томительном ничегонеделаньи один без друзей на раскалённых пляжах, заплывая километра за два от берега и часами качаясь на лёгких волнах, глядя в безоблачное небо.

Каждый день я ожидал грозной повестки из военкомата, поскольку закончив одиннадцать классов и никуда не поступив, подлежал в том году призыву.

Надо сказать, военная казарма того времени с её дедовщиной и беззаконием была губительна для мальчиков домашнего воспитания и солдатская служба наверняка калечила их, морально и физически, а то и сводила в гроб.

Мои чекистские родичи приободряли меня, однако же проявляли непонятную скованность в общении с потерпевшим, уходя от обсуждений моего будущего.

Как вдруг из ректората физтеха пришло письмо на бланке с массой извинений за допущенную грубейшую ошибку, во исправление которой они предлагали мне занять в последний момент случайно открывшееся из-за болезни поступившего место на ведущем их факультете, Общей и Прикладной Физики, да ещё в группе, составлявшей предмет сокровенных вожделений каждого абитуриента - 22-ой, находившейся под прямым кураторством самого великого нобелевского лауреата Петра Капицы !

Через много лет мать открыла мне детективную историю моего поступления, взяв с меня клятву никому никогда о том не рассказывать, впрочем, думаю, сейчас рассекречивание тайны вряд ли серьёзно заденет чьи-либо интересы и оттого собираюсь нарушить обет молчания.

В 60-е годы холодная война пошла на убыль, отношения между СССР и США слегка оттаяли, и по настоянию последних евреи Империи получили впервые право выезда на свою « историческую родину ».

Воспользовались им немногие, но оставшихся охватила паника, ибо среди них циркулировали слухи о брошенной лидером их « доисторической родины » фразе: « Мы не станем готовить кадры для Израиля », и все ожидали введения неких неофициальных мер по преграждению доступа евреев к высшему образованию.

Такие настроения играли на руку нечистоплотным членам приёмных комиссий, вымогавшим взятки у родителей не уверенных в себе абитуриентов, особенно в Одессе, известной криминальными склонностями её жителей, бравшими начало в традициях дерзких контрабандистов периода « порто-франко ».

Некоторые же авантюристы действовали крупномасштабно и собирали данные и обрабатывали перспективную клиентуру загодя.

Один из них имел неосторожность приблизиться к моей состоятельной родне с предложением содействовать моему поступлению в лучшие одесские ВУЗы.

Вымогатель занимал значительный пост во всесоюзных министерских кругах, и, в соответствии с веяниями эпохи, мог впрямь обладать решающим голосом в органах упомянутых им заведений города.

Если бы персональные пенсионерки просто отшили негодяя, он, скорей всего, перестал бы досаждать почтенным дамам, однако бывшие чекистки, конечно, задумали обезвредить наглого преступника и вступили с ним в хитрую игру, привлекше к ней друзей из числа отставных разведчиков.

Мне эти люди были хорошо знакомы, поскольку тогда, когда я предпочитал уже посещать пляжи и места развлечений в компании сверстников и у моих нянек освободилось немалое число часов, гэбисты на покое собирались вечерами у них за чаем, рюмочкой коньяка и обязательным преферансом по копеечке.

Нередко и я присоединялся к ним, особенно, если за столом не хватало партнёра, и вскоре играл с ветеранами почти на равных, отвечая за себя выделяемыми мне специально для того ежемесячно пятью рублями.

Старики блестяще владели стратегией и тактикой, и лишь моя спонтанность уберегала меня порой от разорения, а иногда даже и давала кой-какую прибыль.

Догадываюсь, они превосходно знали психологию и законы уголовного мира, и конечно, дилетант из министерства не имел против них ни малейших шансов.

Группа собрала достаточно компромата на шантажиста, однако не торопилась выступать против него с обвинениями, понимая обстановку и резонно полагая, что человек, очевидно ворочавший большими деньгами, имеет покровителей во всех эшелонах советской власти.

Точный расчёт был внимательно следить за действиями опекаемого и ждать, пока они не позволят навлечь на него гнев более могучих персон и, как всегда в подобных играх, «жадность фраера погубит».

Взяточничество при приёме процветало в провинции, московские же ВУЗы пресекали злоупотребления гораздо строже, а уж физтех отличался и гордился совершенно незапятнанной честью мундира.

Впрочем, именно это открывало возможности для иной махинации, которую и попытался провести упоминаемый мною выше вымогатель из министерства.

Узнав, что я набрал баллы более чем достаточные для поступления на физхим, он пожадничал и, дабы не терять обещанной ему чекистками мзды, задумал воспрепятствовать моему зачислению.

Того он добился до смешного примитивным образом, просто-напросто позвонив из министерства в деканат физхима и информировав об имеющихся у них сведениях о факте подкупа неких членов приёмной комиссии, произведённого родственниками абитуриента имярек.

Чиновники бросились изучать мои письменные работы и подробные протоколы устных испытаний, и хотя не обнаружили никаких подтверждений инсинуации, всё же, руководствуясь популярным советским принципом: «Лучше перебдеть, чем недобдеть», на всякий пожарный случай вычеркнули моё имя из списков.

Только чего-либо такого и дожидавшиеся отставные пинкертоны немедленно отрядили мою мать, снабдив её всеми доказательствами шантажа, в столицу и устроили ей аудиенцию у ректора МФТИ, академика О. М. Белоцерковского.

Честный Олег Михайлович, как то и предполагали конспираторы, рассвирепел и обрушил громы и молнии и на авантюриста, и на министерство.

Неизвестно, какие пружины задействовал академик, но проходимец и его жена в те же дни покончили жизни самоубийством (не исключено, что их патроны помогли им в том, во избежание скандального расследования).

Восстановление справедливости и избавление автора от призыва требовали моего немедленного зачисления в студенты, ставя администрацию института перед неприятной необходимостью увеличить в одной из групп число учащихся, по традиции ограниченное двумя десятками, как вдруг случайно открывшаяся и к тому же чуть ли не самая престижная вакансия разрешила их проблемы.

Так окончилось, вполне благополучно, первое и последнее событие, в котором национальность моя оказала некое влияние на моё положение в покойном Союзе.

Вряд ли я мог использовать его в качестве доказательства «дискриминации со стороны государственных институций или организованных групп, угрожавшей жизни и свободе аппликанта и/или членов его семейства», что требовалось для получения статуса беженца в посольстве Соединённых Штатов.

Разумеется, при четырёх миллионах заявлений, поданных на выезд из Империи как только приоткрылась дверка, дюжина сотрудников американского посольства не проверяла ничьих показаний, отвергая лишь изобиловавшие противоречиями, и не верящие ни в Бога, ни в чёрта евреи, воздев правую руку горе и поклявшись говорить « правду, одну правду и ничего, кроме правды », не моргнув глазом лепили на интервью заученные истории об избиении бандой чернорубашечников.

Я-то как раз жил в самом гнезде русских фашистов, с которыми встречался в ресторанах и барах Переславля-Залесского и нередко даже выпивал вместе, однако моя профессия физика привила мне просто органическое неприятие лжи. Кроме того, надо было и детей заставить вызубрить мамину и папину врачку, а уж это казалось мне хуже всего на свете.

Собственно говоря, я не имел серьёзных причин для эмиграции, включая Штатами не считавшиеся уважительными, но двигавшие большинством наших побуждения экономического характера.

После окончания аспирантуры, утративши повод к частым поездкам в Москву, я решил перебраться поближе к столице.

Галина, возможно, в силу своих мелкопоместных генов, на дух не выносит сутолоки и атмосферы метрополисов, которую я, грешник, люблю.

Компромиссный вариант предоставил нам древний и изумительно красивый, и по-домашнему уютный Переславль-Залесский, отстоящий от черты Москвы в часе езды с небольшим.

Там оказался завод и филиал Всесоюзного Института кино- и фотоматериалов, охотно принявший автора на пустовавшее место старшего научного сотрудника, а его жену-журналиста определивший главным редактором радио предприятия.

Выгодные условия и хорошая зарплата объяснялись тем, что начальник отдела, взявший меня к себе на работу, поступил недавно в отраслевую докторантуру и нуждался срочно в человеке, способном написать ему диссертацию.

Я приступил к исследованиям и успел нащупать несколько любопытных вещей прежде, чем босс и вся отрасль полностью потеряли интерес к науке.

В конце 80-х годов начались реформы промышленности, призванные постепенно преобразовать плановую экономику страны в рыночную.

Правда, проводились они слегка странно, так, в качестве первой фазы перехода предприятиям разрешили утилизировать их отходы где и как угодно и продавать сделанное из них по свободным ценам.

Вследствие того заводы и фабрики сейчас же перестали производить что-либо, кроме отходов, приносивших теперь не слыханную прежде прибыль.

Я запомнил сцену, когда работяги с ёрными прибаутками крошили кувалдами огромные пакеты готовых рентгеновских фотопластинок, из боя которых затем изготовлялась очень симпатичная облицовочная плитка для душевых и туалетов.

Отрасли сократили научно-исследовательские заведения на добрые две трети их состава, однако элиту, куда входил и автор, оставили, увеличив намного её заработок, несмотря на то, что она состояла покамест несколько не у дел.

В недалёком будущем, когда всем откроется выход на международный рынок, услуги экспертов снова понадобятся, намекали нам руководители, особенно мне, с моим незаурядным знанием английского.

А покамест авангард советской науки, со времён октябрьского переворота впервые предоставленный самому себе, устраивал просто дивные конференции, семинары и симпозиумы, проходившие порой на немыслимой высоте, как тот, у вершины гордого красавца Эльбруса, где мы беседовали на свободные темы, наслаждаясь шашлыками, вином и видом на грозный и дикий мощный ледник, весь усеянный обломками чёрно-красных скал и отчего-то называвшийся « Мир ».

« Всё же страна уважает науку и отношение это, заложенное Петром Первым, никогда и ни при каких обстоятельствах не изменялось.

Кажется, исторический путь России вновь готовится повернуть довольно круто, но надо возделывать свой сад, и беспокоиться нам нечего - здесь любой режим поддержит настоящего учёного » - рассуждал я над стаканом « Кинзмараули » за столиком кафе у обрыва ущелья, разглядывая базальтовые стены пропасти с надписью и крестом в память погибшего тут альпиниста Шоты.

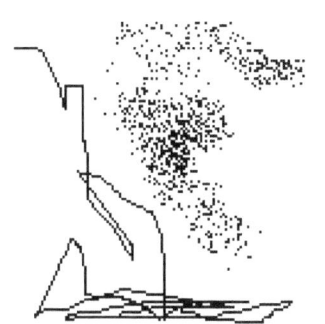

## ВОСПОМИНАНИЕ

Сей дом, исполненный прохладой,
И монолитные шары,
И сад за каменной оградой
Манят безгрешностью игры,
Где феи, крошки и шалуньи,
Покличешь - а они уж тут,
Табак белеет в полнолунье
И граммофончики-петуньи
До поздней осени цветут.

## У МОРЯ

И вот свободная стихия
Последний раз передо мной.
Кто я ? Зачем пишу стихи я ?
Мир утонул. Я старый Ной.

Юг.
Ночной цикады пиццикато
И Маданы цветочный лук,
И тихо каплют ароматы.
          ...Юг.
И между побледневших звёзд
Огнём в торце чуть видной нити,
Кометой, потерявшей хвост,
Ползёт беззвучный истребитель.

Не немца ли какого трюк
( Весь перекошенный сюртук
И рукава коротковаты ) -
Ручного зеркальца Гекаты
Опалесцирующий круг
Глядь белым оком буйной Аты !..
И холодом пахнуло вдруг.

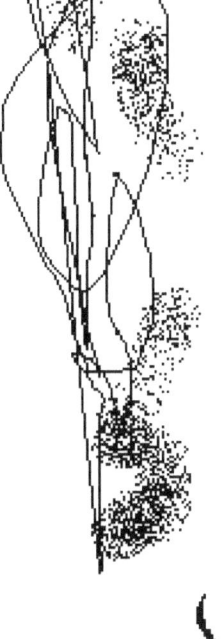

Как плечи девичьи покаты !
Ах, Вероника, милый друг,
Меняй волос тяжёлый пук
На Марса красные караты.

И я на линии огня
Поглаживал винтовки ложе,
И военрук учил меня
Бить неприятеля по роже.

С налёту брал преграды век,
И в терпком запахе зверинца
Вскочил наездник Али-бек
На белого ахалтекинца.

## Глава двенадцатая,
где герой рассказывает о своем невероятном пути в Америку

Не меньше, чем пёструю московскую толпу, я любил пасторальное уединение Переславля-Залесского, имевшего тогда всего лишь сорок тысяч обывателей.

Город, обнесённый при постройке высокими валами с палисадом и башнями, ровесник Москвы, входящий в Золотое Кольцо, заложил Юрий Долгорукий в качестве северного форпоста столицы.

Он был уделом рождённого в нём Александра Невского, и сюда удалился князь, обижен республиканцами Новгорода; здесь творил чудеса и великие подвиги Святой Никита Столпник.

Тут в округе нескольких вёрст стояло полдюжины монастырей, до революции привлекавших паломников изо всей России.

Закрытые обители превратились ныне в заросшие лопухом руины, где мы часто гуляли всей семьёй, находя порой в промоинах грудку мелких обломков костей цвета умбры, сиены и охры - следы былых богоборческих кампаний, когда мощи вытаскивали из рак и покровов, раздробляли и скрытно закапывали по частям в укромных уголках подворий.

Окрестности Переславля отличает поразительная красота, ибо он расположен у впадения реки Трубеж в обширное Плещеево озеро, древле вырытое ледником на его южной морене, и оттого яйцевидные валуны всех размеров, от горошины и до автомобильного кузова, живописно разбросаны повсюду.

Разнотравьем луга тут богаче, чем даже знакомые мне жигулёвские, и цветут с первых проталин и пока не покрываются снегами; в них немало очень пахучей дикой земляники, а смешанные леса - ель, сосна, берёза, осина, ясень, рябина, дуб - изобилуют малиной, орехом-лещиной и, во всякий сезон - грибами.

Хотя каждый из нас по-своему прикипел душой к чудесному месту, мы всё же рассматривали его вначале лишь как наше временное пристанище.

Никакого строительства в крохотном историческом городке не велось вовсе, и квартиру от института можно было получить, если только она освобождалась в результате внезапной смерти сотрудника, причём одинокого, на что, конечно, не стоило особенно рассчитывать.

Нам дали комнату в хорошем семейном общежитии, однако Мишенька подрастал, к тому ж мы планировали завести и второго ребёнка, и следовало позаботиться о создании детям нормальных условий жизни.

Поэтому мы собирались через пару-тройку лет навсегда перебраться в Одессу, к бабушкам, тётушкам, синему Чёрному морю, фруктам, солнцу и прочим благам.

Когда оба сына Маечки встали на ноги, семья разъехалась, разменявши огромную ведомственную квартиру, ибо две младшие из трёх сестёр-чекисток вышли замуж, но протекло время, Анюша умерла, а тётки овдовели, и мои родители, естественно, предложили пожилой родне снова поселиться с ними вместе.

При этом освобождалась одна из квартир, просторная и в прекрасном районе, и семейный конклав постановил подарить её старшему внуку, то есть мне.

Правда, персональные пенсионерки, орденоноски и закалённые коммунистки, привыкшие сами печься о других, не спешили с обменом, стараясь до конца обходиться собственными силами, но гнёт лет и диагнозы заставили гордых дам скрепя сердце принять протянутую им руку помощи их питомицы и её мужа.

Невзирая на искренние уверения начальства о моей блестящей будущности в грядущей рыночной фотопромышленности, ситуация внушала беспокойство и я был рад услышать от одесситов, что вариант, устраивавший всех, нашёлся.

Я уже приглядел там себе и место работы, в океанографической лаборатории, где отыскались несколько старых знакомцев, надёжных друзей.

Группа занималась глубоко засекреченными исследованиями гидроакустики, много лет щедро и очень стабильно финансируемыми министерством обороны, и в ней мне была гарантирована должность ведущего специалиста.

По советскому законодательству, тётка не могла подарить мне квартиру, пока я проживал в Переславле, и я должен был уволиться, переехать в Одессу и прописаться к моей престарелой родственнице.

Процедура переоформления жилплощади занимала не один месяц, и чем ближе она подходила к успешному финалу, тем отчего-то большую и большую нервозность проявляла Галина.

Умом жена ясно осознавала уйму преимуществ нашего переселения, и Одесса нравилась ей, особенно поскольку половину года мы бы там проводили на даче, но её мучили предчувствия, сны и голоса, велевшие не покидать Переславля, и дабы успокоить её, я пообещал, что если когда-нибудь семье предоставится случай туда вернуться, мы непременно сейчас же его используем.

Я вряд ли рисковал, дав такое обещание, ибо в маленьком городке, где все знали друг друга хотя бы понаслышке, не было ни единой души, желавшей обменять Подмосковье на юг, и тщательные розыски, проведенные Галиной, не выявили никого, имевшего побуждение к подобной сделке.

Настаивать на том, чтобы мы отказались от подарка и обрекли детей в будущем неопределённое время жить по чужим углам, жена, конечно, не могла и решила с помощью логики победить свою необоснованную тревогу, увы, нараставшую.

Вдруг в тот момент, когда документы прошли все инстанции и я вступил в полноправное владение двухкомнатным кооперативом тёти, по Переславлю прокатилась первая волна увольнений и кормилец одной многодетной семьи остался без должности и сбережений.

К счастью, у бедняги тут объявился потерянный давно бездетный дядюшка, процветавший, как легко догадается Читатель, в Одессе и принявший участие в несовершеннолетних племянниках, отыскавши для их папаши хлебное место.

Безработный, конечно, слышал о поисках жены и оперативно связался с нами, предложив нам в обмен свою просторную трехкомнатную квартиру, и супруга увидела в этом перст судьбы и напомнила мужу о его слове чести.

Я подписал заявление на обмен, втайне надеясь, что ему помешают произойти действующие ограничения прописки в Одессе, запрещавшие варианты обмена, где число въезжавших в лимитный город превышало число выезжавших, однако новоявленный дядька оказался важной персоной и как-то исхитрился протолкнуть почти безнадёжное дело.

Сначала родичи навечно на нас обиделись, но когда поостыли, то тётушка, получившая при обмене значительную сумму, составлявшую кооперативный пай её полностью выплаченной квартиры, подарила основную часть капитала нам, и Галина, внимая зову мелкопоместных дворянских генов, употребила деньги на осуществление своей давнишней мечты - приобретения земельного участка с огородом, садом, сенником, крытым двором и крепко рубленой пятистенкой в сонной дачной деревеньке у Переславля, носившей былинное имя Берендеево.

Молодой энергичный администратор, под чьим началом я состоял в институте, чуть ли не боготворил автора за исследовательские способности, коих сам он был абсолютно лишён, и с радостью восстановил меня в должности, причём с повышением в несколько степеней.

Потеряв интерес к защите докторской, он продолжал свято верить в будущее экономики, сотрясаемой особенным типом реформ, которые он и ему подобные в своём кругу прозрачно называли «периодом первоначального накопления».

В ожидании следующей фазы перехода к рыночным отношениям начальник не забывал регулярно давать мне прибавки жалования, компенсируя с лихвой нараставшую инфляцию, и пока не обременял меня никакими обязанностями.

Мы завели, как и собирались, ещё одного ребёнка, маленького Павлушеньку, и проводили с детьми долгие приятные часы на даче и в прогулках.

Освобождён от работы на других, я занялся своей кандидатской диссертацией, которая пролежала без движения после написания десять лет.

Несмотря на то, рецензенты сочли её актуальной, и я получил все белые шары в солидном учёном совете по радиофизике ныне покойной Академии Наук СССР.

Я участвовал во многих мероприятиях Академии, вроде чудного симпозиума на Эльбрусе, упомянутого выше, и вообще, ездил куда хотел, ибо мой начальник подмахивал мне ближние командировки не глядя, и пользуясь тем, я посетил Ярославль, Ростов, Кострому, Владимир, Углич и другие города Кольца.

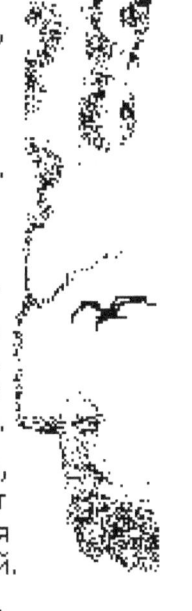

Конечно, чаще всего я бывал в блистательной ещё столице, где после выпуска поселился мой младший брат, купив частный дом в пригородных Люберцах, в десяти минутах езды от метро.

Он удачно устроился в экономическую лабораторию института им.Плеханова, в просторечии «Плешки», и сам приложил руку к созданию моделей перехода от планируемого социалистического производства к нерегулируемому рынку.

Вероятно, именно потому прогнозы брата относительно перспектив Империи отличались глубоким пессимизмом, и в компании его приятелей-экономистов постоянно велись речи о необходимости побыстрее покинуть пределы страны.

Он и его друзья потихоньку наладили связи с американскими дипломатами, и заранее узнав о готовящемся массовом приёме иммиграционных заявлений, организовали инициативную группу, круглосуточно посменно пикетировавшую посольство США и державшую списки очереди, нараставшей как снежный ком.

Они включили в списки и меня с женой и детьми, и одесских родственников, мотивировав это тем, что разрешение законно въехать в Америку не связывает получившего его ровным счётом никакими обязательствами, но может оказаться полезным и даже спасительным, если ситуация внезапно станет критической.

Услышав о том, я переполошился не на шутку, поскольку учёный моего ранга непременно имел форму допуска к секретным документам и давал подписку о несношении с граждан(к)ами иностранных государств, и подача заявления в посольство неизбежно привела бы к моему увольнению.

Брат, однако, заверил меня в полной конфиденциальности списка и пообещал взять на себя все остальные хлопоты, так, чтобы мне не пришлось никогда и ни перед кем засвечиваться и где угодно я мог бы с чистой душой утверждать и доказывать свою непричастность к его нелояльным действиям.

Я принадлежал к абсолютно «невыездной» категории жителей Империи и хотя ценил желание брата обеспечить моей семье потенциальное убежище на случай предрекаемых им великих потрясений, не видел в его усилиях особого прока, впрочем, зная его характер, понимал, что ему не требуется ни моего одобрения, ни разрешения.

Итак, поставивши меня в известность, он заполнил от моего имени прошение на въезд в Соединённые Штаты и убедил сотрудников посольства принять его, в обход существующих правил, заочно.

Следующий этап иммиграционной процедуры представляет собой интервью для обоснования аппликантом фактами страха репрессий, и уклониться от него не было уже никакой возможности.

Очередь на интервью пропускали через особый пост, где два советских офицера проверяли и регистрировали, якобы в целях безопасности, паспорта входивших, и подвергаться такого рода рентгеноскопии я, разумеется, не мог и не собирался.

Всё-таки брат и его друзья ежедневно держали для меня место в очереди, пока однажды, в день годовщины октябрьской революции, будочка-ментовка с утра не оказалась по какой-то причине пустой.

Сразу же за нами отрядили в Переславль машину и провели нас в посольство, предусмотрительно снабдив тёмными очками и прикрыв от посторонних взоров.

Я не заучил никаких легенд о гонениях и предупредил наших доброжелателей, что врать не буду.

Принимала нас юная стажёрка посольства, впервые проводившая интервью и очень стеснявшаяся своего плохого русского.

Она расцвела, когда мы перешли на английский, и отбарабанив ритуал присяги, прочитала нам данные, занесённые в анкету, попросив подтвердить их, а затем заглянула в книжицу и спросила, могу ли я посещать синагогу в своём городе беспрепятственно и открыто.

Я чистосердечно ответил «нет», ибо в маленьком Переславле никакой синагоги, да и евреев-то кроме меня отроду не было, и девушка радостно пожала нам руки и пожелала семье удачи на земле религиозной свободы, а вечером нам вручили сертификат с лысым орлом со стрелами, удостоверявший наш статус беженцев.

Дома я спрятал бумажку подальше, не полагая, что когда-нибудь в будущем получу шанс и захочу ею воспользоваться.

При всяком режиме, пускай наидемократическом ( а о каких таких беженцах мы тогда рассуждаем ), засекреченность военных технологий никуда не денется, автор же, напомню, совсем недавно защищал диссертацию по теории устройств, незаменимых при стыковке космических модулей, и, кроме того, знакомые мне по прежней работе сверхмощные газовые лазеры, хоть и оказались бесполезными для осуществления управляемого термояда, нашли своё применение в системах противоракетной и противоспутниковой обороны.

Не имело смысла даже пытаться получить разрешение властей на эмиграцию, что же касается возможности тайно покинуть пределы страны, то Империя вам не Соединённые Штаты Америки, где по данным последней переписи проживают одиннадцать с лихвой миллионов нелегалов и патрульные рейнджеры, случись им задержать бедняг, накормив и напоив их кофе, с миром везут обратно на родину.

У нас же нарушителей, тех, кого не укладывали на месте, отправляли гнить за лагерную колючку до смерти, и советские люди с гордостью всегда считали - молодцы в зеленоверхих фуражках держат границы Союза республик на замке.

Не побуждая нас в обход замаскированных пулемётных гнёзд форсировать вспаханную контрольную полосу и многие другие препятствия, не снившиеся американским пограничникам, брат обсудил со мной альтернативные варианты, так или иначе сводившиеся к схеме невозвращения.

Повод законно вывезти детей из СССР давало только приглашение в гости оказавшейся за кордоном прямой родни, и хоть в большинстве случаев Отдел виз разрешал сопровождать их лишь одному родителю, оставляя его/её половину в качестве заложника, более надёжного плана для семьи не просматривалось, и брат произвёл-таки на свет какого-то мифического американского дядюшку.

Сделавши всё возможное плюс невозможное, он успокоился, и наша жизнь вошла в своё прежнее русло, не возмущённая удачно проведённой операцией.

Я не разделял тревоги брата по поводу опасности тотального взрыва антисемитизма в России и повторения преследований типа нацистских.

Такое происходит лишь с благословения властей государства, стремящегося к военной экспансии и опирающегося при том на передовую промышленность, которую оно, естественно, поддерживает и развивает всемерно.

У нас же наоборот, наблюдалась весьма недвусмысленно инспирируемая сверху дезинтеграция системы планового производства, подточенного за десятилетия прогрессировавшей коррупцией его аппарата управления.

Капиталы, накапливавшиеся в руках « капитанов » отраслей, теперь с песнями топивших вверенные им корабли, необходимо обезопасить от лавинной инфляции, размещая их за границей, и оттого правительство постарается не разрушать имидж демократических преобразований и порядка внутри страны.

После долгого периода деконструкции громоздкого « народного » хозяйства неизбежно наступит время безудержной эксплуатации всех природных ресурсов столь обширной и богатейшей территории и формирования прослойки олигархов, новых российских нефтяных Рокфеллеров.

Потом, по мере истощения залежей, возникнет вновь перерабатывающая, вслед за нею и прочие индустрии, и экономика постепенно сбалансируется.

Так Россия повторит путь Америки, и процесс этот займёт век, если не больше, и в продолжение его она сохранит определённую политическую стабильность, равно и связи с развитыми державами Запада.

Разумеется, нас ждёт и засилие мафии как одного из видов бизнеса, и рэкет, и шантаж с киднэппингом, и другие прелести, которых полно в Америке, и всё же такая модель не чревата революциями и террором, сотрясшими прежде Европу, когда буржуазии, исподтишка набравшей силу при феодализме, противостояла родовая аристократия, и надо отметить, что проклятый октябрьский переворот, грубо прервавший эволюцию несколько слишком инерционной Империи, успешно обратил её население в уголовно-люмпенский конгломерат, столь напоминающий первые волны безродных искателей счастья в Новом Свете.

Становление капитализма рождает немалый спрос на исследовательские умы, и автор тогда уже не раз получал заманчивые предложения от возникавших, словно грибы, посреднических московских фирм, но моя синекура в Переславле и абсолютная свобода не утратили ещё в ту пору для меня привлекательности.

Оттого я смотрел в будущее безо всякого страха и нисколько не помышлял об отъезде.

Не чета хватким настоящим учёным, конечно, экономисты советской закваски в эпоху неограниченного предпринимательства рисковали оказаться не у дел, и я вполне понимал настроения брата со товарищи, классных программистов и хороших исполнителей, весьма ценимых в Штатах.

Впрочем, не спутанные тенётами секретности и имеющие право в любой момент выехать в качестве легальных эмигрантов, они не спешили спасать свои души, как можно было бы ожидать от людей, доказавших нависшую над ними опасность, однако статус беженца не обладал сроком действия, и мои знакомцы старались обеспечить себе кой-какие начальные средства на период укоренения за океаном.

Подобно многим жителям Империи, все они владели недвижимостью - дачами, частными домами, кооперативными квартирами - и стоимость этого имущества росла теперь не по дням, а по часам, вследствие обвальной инфляции.

Потому они пока выжидали, тщательно следя за конъюктурой и обстановкой, отыскивая покупателей, способных платить валютой в инобанке, которых также в стране становилось больше и больше, и выясняя пути не засветить капиталы перед американскими иммиграционными властями.

Централизованное управление промышленностью практически разрушилось, но множество планово-экономических институций продолжали существование, превратясь в этакую анархическую вольницу, и сотрудники их использовали вычислительную и другую технику учреждений по собственному усмотрению.

Умный брат мой, к примеру, демонстрируя способности будущего бизнесмена и антрепренёра свободного мира, создал под своим руководством целую фирму, незарегистрированную, разумеется, по производству потребительских программ, собираясь ещё в Москве приступить к завоеванию зарубежного рынка.

Не платя ни гроша за помещения, электроэнергию и компьютеры, коллектив надеялся выручить сумму, достаточную для открытия компании на Западе, и это служило ещё одним поводом не торопиться с отъездом.

Группу назвали «Бедные Русские Евреи» ( *Poor Russian Jews* ), а знаком её избрали употребляемую в ханукальных азартных играх карманную юлу-дрейдл, обращённую к зрителю гранью с буквой «шин».

В развлекательных её программах фирма развивала сюжеты Шолом-Алейхема, заимствуя богатую палитру и пластику анимаций у популярного Марка Шагала, однако главным проектом брата была компиляция высоко профессиональной кулинарной системы, автоматически синтезирующей мириады новых рецептов на основе компьютерного анализа всех кухонь мира.

Членам его команды, в которую я входил тоже, вскормленным их родителями с помощью «Книги о вкусной и здоровой пище», завсегдатаям кафе и ресторанов идея представлялась весьма актуальной и многообещающей.

Хорошо знакомая нам кухня евреев-ашкенази соединила в гармоничное целое блюда разных народов благодаря скитальческой истории европейской диаспоры, а уж в Советском Союзе интернационализм насаждался везде, включая питание,  но системный подход к указанной проблеме никто ещё не пытался применить, и хотя для того требовалось обработать и формализовать горы информации, эмпирика свидетельствовала о разрешимости задачи.

У каждого из нас дома нашлось немало литературы по поварскому искусству, и собрав библиотеку в несколько сот названий, мы приступили к делу.

Дабы освежить своё знание национальных традиций, кулинарная бригада нередко устраивала заседания в ресторанах.

Правда, они уже заметно сдали, и я делился с младшим поколением воспоминаниями о том, как мы, бедные студенты, заказывали в «Будапеште» за скромные деньги фирменную «горящую гусарскую саблю».

Заказ выливался в небольшое представление - по знаку метрдотеля оркестр исполнял залихватский чардаш из оперетты Имре Кальмана «Принцесса цирка», а официант в ментике вносил блюдо с клинком солидного размера, унизанным кусками вырезки, облитой спиртом и подожжённой. Снявши жаркое на блюдо и гарнировав его, он, прищёлкнув каблуками, отдавал нам салют своим оружием и уносил его лезвием перед лицом, уходя парадным шагом, чуть было не сказал «за кулисы».

Теперь в «Софии» уже не подавали седло молодого барашка на жаровне с углями, в «Охотничьем» далеко не всегда удавалось полакомиться медвежьим окороком, посреди ж «Валдая» грустно смотрелся пустой орбитой глаза мраморный бассейн, где прежде плескалась живая рыбка, заказываемая посетителями.

Несмотря на это и на цены, неизмеримо превышавшие пределы возможностей среднего жителя столицы, залы каждого из ресторанов просто ломились от гостей, а очереди у их входов день и ночь напролёт растягивались не на один квартал.

Некоторые заведения, по счастью, не самые лучшие, вообще превратились в закрытые клубы, куда охрана пускала лишь известных им лиц и где нувориши учились глотать под шампанское устриц (по агентурным данным, доставляемых каменно замороженными и вряд ли первой свежести), однако и в других местах публика качественно заметно изменилась.

Люди не приходили, как бывало, поужинать парами или поодиночке, а только большими компаниями «чтоб погулять», занимая несколько сдвинутых столов. Заказывали они всё подряд и сразу, пили крепко, напивались быстро и веселье их заканчивалось обычно шумной разборкой, требовавшей вмешательства вышибал.

Обстановка утратила шарм и интимность, и я получал от еды мало удовольствия, даже случись ей порой оказаться не хуже, чем в достопамятные минувшие времена.

Зато наши собрания в доме у моего брата, также всегда сопровождавшиеся хорошим застольем, чьё меню продумывалось и составлялось в соответствии с обсуждаемыми на данном семинаре темами, покамест меня не разочаровывали.

В сжатые сроки кулинарная программа перестала выдавать полные глупости, вроде безумных предложений гарнировать селёдочным форшмаком бифштекс или гурьевскую кашу - креветками и чёрными китайскими яйцами, и мы начали потихоньку готовить по синтезированным рецептам, приглашая на дегустации всех знакомых из широкого круга московских гурманов.

Комментарии знатоков тщательно фиксировались и учитывались программистами, и вскоре экспериментальные обеды бригады у квалифицированных экспертов заслужили высокие оценки.

Работа расширяла мой кругозор и приносила немалое удовлетворение, и я гордо выходил вместе с другими в белом фартуке и колпаке из кухни на аплодисменты и принимал комплименты присутствующих.

Брат мой попросил меня нарисовать эмблему фирмы, изложив мне свою идею, заключавшуюся в интегрировании инициалов компании с буквой «шин», которая есть родная бабушка нашего «ша», введена в славянский Кириллом и Мефодием, как и «цади», праобразовавшее «цз», и заимствована просветителями из иврита для передачи варварских звуков, блистательно отсутствующих в греческом языке

Три вертикальных её элемента легко превращались в стилизованные «P. R. J.» и совокупно с горизонтальной перекладиной в исполнении автора напоминали то ли трехсвечник, то ли трехмачтовый кораблик под парусами.

Эскиз всем понравился и был единодушно одобрен, однако теперь я выяснил - в лёгшем в основу его замысле таился эстетикой не компенсируемый порок.

«Бедные Русские Евреи» сроду не посещали синагог и не праздновали Хануки и по незнанию традиции напрочь перепутали значение символов на юле, считая выпадение «шин» выигрышем, тогда как оно означает полную потерю ставки, а весь кон забирает игрок, если дрейдл упал верх гранью с буквой «гимел».

Вряд ли ляп остался незамеченным, ибо на демонстрациях, проводимых братом перед американскими потенциальными покупателями его кулинарной программы, наверняка присутствовали практикующие иудеи, впрочем, штатские бизнесмены никогда не позволяют себе никаких отзывов, кроме похвальных, расточаемых ими по поводу и без повода, и мы пребывали в блаженном неведении об этом и других, более серьёзных наших промахах.

Сейчас мне ясны корни краха проекта синтеза кухонь мира, вроде б имеющего крупные шансы принести плоды в многонациональном обществе Нового Света.

Тому препятствуют и особый режим питания, и строгие диетические правила, выработанные за океаном и ограничивающие потребление сахара, соли, жиров, животные же отрицая вовсе, отчего все рецепты советских книг, содержавшие цельное молоко, сливки, сметану, коровье масло, абсолютное табу для здешних, совершенно не годились как исходная база данных предлагаемой нами системы.

В конце концов брат видя, что никого из толстосумов, экспансивно выражавших восхищение «талантливыми молодыми русскими», не раскошелить ни на грош, так и не поняв истоков странного поведения чёртовых янки, объявил коллегам и компаньонам о вынужденной ликвидации их позиций, равно и всей «P.R.J.».

Сразу озаботившись тем по получении статуса беженца, он предусмотрительно преодолел эмиграционные рогатки и запасся визой, и теперь, оставив надежды заработать на открытие своего дела с помощью компьютеризированной кулинарии, принял не без оснований решение разумно поторопиться с отъездом.

К описываемому моменту власть Горбачёва висела уже буквально на волоске, поскольку процесс дезинтеграции планируемой экономики, разрушив «соцлагерь» с его бартерными отношениями между странами блока, вступил в закономерную следующую фазу, ослабив связи республик Союза настолько, что со дня на день можно было ожидать лавинообразного падения всей Империи.

Плод перезрел и был мягок, и я не предвидел угрожающих сотрясений почвы вследствие естественного события, однако беженские бумаги в результате того, весьма вероятно, утратили бы по формальном роспуске Союза легитимную силу.

Инфляция довела стоимость люберецкого домика до довольно круглой цифры в долларах, и логика подсказывала не желать большего и не медлить.

Как я упоминал, старшее поколение моей одесской родни, как-то всех сразу, постигли грозные удары, сведшие в могилу бабушку и мужей её двух сестёр, их же самих оставивши беспомощными инвалидами на руках у моих родителей, самоотверженно заботившихся о столько сделавших для них старых тётушках, нуждавшихся не только в уходе, но и в наблюдении специалистов и лекарствах, что обеспечивать становилось всё сложней и сложней, ибо медицина страны, лишившись государственных дотаций, фактически перестала функционировать.

Ситуация, угрожавшая жизни моих бывших нянюшек, заставила мать и отца согласиться с увещеваниями их младшего сына эмигрировать как одна семья.

Теперь все они уговаривали и меня попробовать получить разрешение выехать якобы в гости к потерянному и новообретённому заморскому дяде, упирая на то, что вероятный провал попытки не повлечёт за собой неприятных последствий.

Действительно, уровень секретности моей позиции в Переславском институте был не чета тому, который ждал меня в одесской военно-морской лаборатории.

Любая отрасль промышленности достопамятного Союза в той или иной степени обслуживала оборонку, и мирное моё предприятие также выпускало кое-какие фотоматериалы «специального назначения».

Однако мой начальник намеренно держал меня подальше от подобных работ, желая применить моё владение английским и широту эрудиции для налаживания предполагаемых им в некоем будущем зарубежных связей, отчего я обходился третьей, либеральнейшей степенью допуска, и по её ограничениям обнаружение прежде не известного мне иностранного родственника, с которым я не состоял и давал подписку не состоять в несанкционированных сношениях, не каралось, при отсутствии обстоятельств, отягчающих дело, отстранением от должности.

ЖЖЖЖЖЖЖЖЖЖЖЖЖЖЖЖЖЖЖЖЖЖЖЖЖЖЖЖЖЖЖЖЖЖЖЖЖЖЖЖЖЖЖЖЖ

Впрочем, всё равно мои шансы выехать равнялись нулю, ибо меня оковывали прежние мои допуски, и на мою просьбу познакомиться нам лично с дядей в лучшем случае можно было ожидать разрешения навестить его только детям в сопровождении матери.

Я сопротивлялся бессмысленной, с моей точки зрения, затее, когда внезапно к хору голосов, убеждавших меня эмигрировать, присоединилась, и очень громко, Галина, русская столбовая дворянка по рождению, и надо признаться, автор сам подал ей для того довольно значительный повод.

После краха кулинарного проекта я стал проводить больше времени в Переславле, а у меня там было немало друзей.

В городе находился Дом Творчества МОСХа, мастерские скульпторов, занимавшие один из бывших монастырей, в дополнение к чему, сёла окрест, включая и чудную деревеньку Берендеево, где мы с женою приобрели избу, служили дачными местами столичной интеллигенции.

Кроме того, наши края полюбились и «новым русским», сорившим деньгами и снимавшим на денёк-другой дачи у старожилов, подряжая их как своих гидов и организаторов развлечений на широкую ногу, куда гости вовлекали и сельчан.

Приезжая эта публика, отстёгиваясь от рутин, устраивала, дав егерям взятки, охотничьи вылазки в заповедники, рыбалки, пикники на природе с девочками, походы «по грибы, по ягодицы», сопровождая всё обильными возлияниями Вакху, и герой, прозябавший в сей атмосфере, к тому же не имея занятия, требовавшего мало-мальских умственных усилий, запил, и если не по-чёрной, то очень крепко.

Вообще-то, я не подвержен срывам в запои и к алкоголю устойчив, будучи сложения корпулентного, а не астенического.

Во времена моего детства и отрочества считалось позволительным и полезным лет с пяти порой угощать ребёнка кружечкой свежего светлого пива, что в США является уголовно наказуемым преступлением, если «дитяти» не исполнилось двадцати одного года.

Подобно абсолютному большинству здоровых мужчин Империи, пить регулярно я начал где-то между пятнадцатью и шестнадцатью, в старших классах школы.

Однако в отличие от своих северных сверстников, сразу стартовавших с водки, одесские подростки постепенно приучались к винам, сначала к лёгким сухим, наличествовавшим на всяком углу в киосках, торговавших газированной водой, которой летом часто вино разбавлялось напополам, образуя шипучий «шприц», а потом к более плотным бочковым - алиготе, шабли, рислингу, переходя затем к золотистым крымским портвейнам и мускатам, ароматной молдавской «фраге» и другим, подававшимся в уютных подвальчиках чуть ли не под каждым домом вместе с бесплатной нехитрой закуской - помидорками с брынзой, сладким перцем, виноградом, яблочками, абрикосками - возмужав же, юноши могли позволить себе пропустить рюмочку-вторую коньячка или ликёра с чашечкой кофе и пирожным на веранде кафе или прямо на улице под маркизами.

Такая закалка предохраняла от потери контроля, и спустя два года на Физтехе, где среди студентов мне не раз приходилось браво глушить стаканами водку, в любом состоянии мне удавалось не нарушать определённых приличием границ.

Платой за то, разумеется, была зависимость от сухого вина и пива, вошедших неотъемлемой частью в ежедневную диету автора.

По американским стандартам я бы считался хроническим алкоголиком, но у нас признаком болезни служили лишь отклонения поведения от нормы при опьянении, и оттого при заполнении иммиграционных бумаг я безо всякого зазрения совести отметил крестиком в соответствующей графе - алкоголизмом не страдаю.

И впрямь, врачи такого диагноза мне никогда не ставили, сверх того, мои почки, печень и прочие внутренние органы (исключая сосуды, мозг и нервную систему) доныне пребывают в почти идеальной, конечно, с возрастной поправкой, кондиции.

К моменту, когда я в Москве защищал кандидатскую диссертацию и участвовал в кулинарной программе, вследствие распада соцлагеря с прилавков гастрономов пропали всегда украшавшие их венгерские токай и рейнвейны, болгарское каберне и даже алжирские столовые типа бургунди и кьянти.

За ними последовательно исчезли грузинские, молдавские, крымские и узбекские, и остались одни только дорогие коньяки.

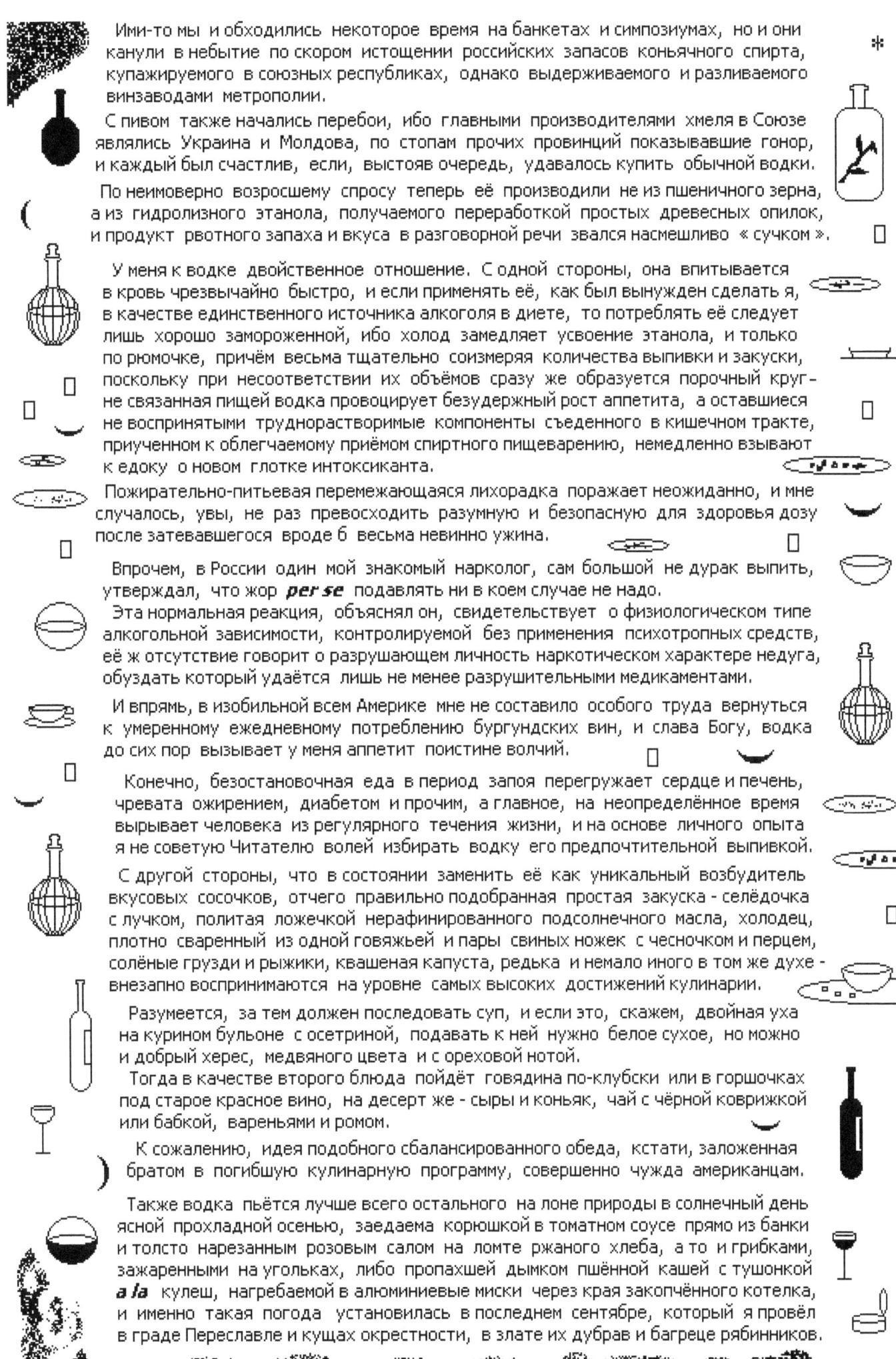

Ими-то мы и обходились некоторое время на банкетах и симпозиумах, но и они канули в небытие по скором истощении российских запасов коньячного спирта, купажируемого в союзных республиках, однако выдерживаемого и разливаемого винзаводами метрополии.

С пивом также начались перебои, ибо главными производителями хмеля в Союзе являлись Украина и Молдова, по стопам прочих провинций показывавшие гонор, и каждый был счастлив, если, выстояв очередь, удавалось купить обычной водки.

По неимоверно возросшему спросу теперь её производили не из пшеничного зерна, а из гидролизного этанола, получаемого переработкой простых древесных опилок, и продукт рвотного запаха и вкуса в разговорной речи звался насмешливо «сучком».

У меня к водке двойственное отношение. С одной стороны, она впитывается в кровь чрезвычайно быстро, и если применять её, как был вынужден сделать я, в качестве единственного источника алкоголя в диете, то потреблять её следует лишь хорошо замороженной, ибо холод замедляет усвоение этанола, и только по рюмочке, причём весьма тщательно соизмеряя количества выпивки и закуски, поскольку при несоответствии их объёмов сразу же образуется порочный круг - не связанная пищей водка провоцирует безудержный рост аппетита, а оставшиеся не воспринятыми труднорастворимые компоненты съеденного в кишечном тракте, приученном к облегчаемому приёмом спиртного пищеварению, немедленно взывают к едоку о новом глотке интоксиканта.

Пожирательно-питьевая перемежающаяся лихорадка поражает неожиданно, и мне случалось, увы, не раз превосходить разумную и безопасную для здоровья дозу после затевавшегося вроде б весьма невинно ужина.

Впрочем, в России один мой знакомый нарколог, сам большой не дурак выпить, утверждал, что жор *per se* подавлять ни в коем случае не надо.

Эта нормальная реакция, объяснял он, свидетельствует о физиологическом типе алкогольной зависимости, контролируемой без применения психотропных средств, её ж отсутствие говорит о разрушающем личность наркотическом характере недуга, обуздать который удаётся лишь не менее разрушительными медикаментами.

И впрямь, в изобильной всем Америке мне не составило особого труда вернуться к умеренному ежедневному потреблению бургундских вин, и слава Богу, водка до сих пор вызывает у меня аппетит поистине волчий.

Конечно, безостановочная еда в период запоя перегружает сердце и печень, чревата ожирением, диабетом и прочим, а главное, на неопределённое время вырывает человека из регулярного течения жизни, и на основе личного опыта я не советую Читателю волей избирать водку его предпочтительной выпивкой.

С другой стороны, что в состоянии заменить её как уникальный возбудитель вкусовых сосочков, отчего правильно подобранная простая закуска - селёдочка с лучком, политая ложечкой нерафинированного подсолнечного масла, холодец, плотно сваренный из одной говяжьей и пары свиных ножек с чесночком и перцем, солёные грузди и рыжики, квашеная капуста, редька и немало иного в том же духе - внезапно воспринимаются на уровне самых высоких достижений кулинарии.

Разумеется, за тем должен последовать суп, и если это, скажем, двойная уха на курином бульоне с осетриной, подавать к ней нужно белое сухое, но можно и добрый херес, медвяного цвета и с ореховой нотой.

Тогда в качестве второго блюда пойдёт говядина по-клубски или в горшочках под старое красное вино, на десерт же - сыры и коньяк, чай с чёрной коврижкой или бабкой, вареньями и ромом.

К сожалению, идея подобного сбалансированного обеда, кстати, заложенная братом в погибшую кулинарную программу, совершенно чужда американцам.

Также водка пьётся лучше всего остального на лоне природы в солнечный день ясной прохладной осенью, заедаема корюшкой в томатном соусе прямо из банки и толсто нарезанным розовым салом на ломте ржаного хлеба, а то и грибками, зажаренными на угольках, либо пропахшей дымком пшённой кашей с тушёнкой *a la* кулеш, нагребаемой в алюминиевые миски через края закопчённого котелка, и именно такая погода установилась в последнем сентябре, который я провёл в граде Переславле и кущах окрестности, в злате их дубрав и багреце рябинников.

«Сучок», в сравнении с надлежащим образом ректифицированной водкой, индуцирует более длительные запои и неуправляемый жор, и вероятно, был одной из причин, по коим полки магазинов удручали теперь взоры пустотой.

Потому монетарная система пришла в упадок и только бутылка «сучка» оставалась твёрдой конвертируемой валютой.

Народ, в общем-то, не голодал, живя картошкой и капустой со своих огородов и приладившись гнать самогонку из картофельных очистков и рябиновой бражки.

Качеством «самтрест» нередко превосходил «сучок», однако умельцы порой настаивали его на махорке, мухоморах, паслёне, красавке и секретных травках, «чтобы шибче с ног сшибало».

Не заесть это самоделье-зелье, доступное днём и ночью в подпольных шинках, выросших повсеместно, равнялось практически самоубийству, и оттого мужики, те, кто ещё не спился полностью, рыскали повсюду в поисках любой закуски.

В октябре того года зарядили дожди, и редко удавалось выбраться в лес по грибы и даже на близлежащую затонь Трубежа натаскать ведрышко рыбной мелочёвки.

Мы подъели домашние запасы картошки и капусты, и хотя у любого местного оставалось их, и преизрядно, в подполах загородных изб, никому не улыбалось полдня месить сапогами грязь по раскисшему просёлку с рюкзаком за плечами, и я с друзьями мрачно пил мутный первач, без особого вожделения поглядывая на стоявшее перед нами «лошадиное лакомство» - чёрный хлеб, обсыпанный крупно молотой солью, чьи кристаллы таинственно поблёскивали из глубин пор ноздреватой поверхности.

Разговор, как обычно в подобных случаях, вертелся вокруг съестного, и автор делился с присутствующими, заядлыми и опытными грибниками, впечатлениями о грибной охоте в Жигулях, где встречались чудеса наподобие наростов на пнях, доходивших весом до нескольких десятков килограммов, кровянистых на разрезе и в жарке по вкусу напоминавших говядину.

Затем я похвастался новоприобретённым толстым справочником по микологии, изданным в братской Праге на чешском языке, который я помалу мог разбирать, употребляя свои познания в украинском и славянском, галинины - в польском, а также описанный выше всемогущий метод «глокой куздры».

Случайно фолиант открылся на цветной таблице с рисунком навозника белого, и бегло скользнув глазами по тексту, я наткнулся на строчку «едла добра хуба».

Переведя всю статью, я узнал, что навозник считается деликатесом чешской и итальянской кухонь, однако использовать его надо только очень молодым, пока шляпка плотно закрыта и пластинки не успели порозоветь.

Он утрачивает аромат и вкус, едва немного перерастёт, снятый же вовремя, без немедленной кулинарной обработки сохраняет качество лишь в течение часа.

Он также совершенно не переносит заморозки и оттого не продаётся в магазинах или на рынках, но свежетушёный, обладает особой изысканностью, ради которой самые фешенебельные рестораны не ленятся выращивать его в ящиках с почвой в оборудованных специальной техникой подсобных микопитомниках.

Этим грибам требуется температура от умеренной до прохладной и много влаги; в соответствии со своим именем, они предпочитают щедро унавоженные земли либо вызревавший столетиями перегной лугового типа и в природе встречаются весьма большими группами на местах открытых, но затенённых высокой травой.

Когда я справился с переводом, на улице ненадолго просветлело, и выйдя из дому, я возвратился на кухню через минуту с дюжиной крепких отборных навозничков.

Осенью в Переславле они растут в неимоверных количествах буквально всюду, поскольку тут, в противоположность Америке, никакие газоны никто не косил и не обрызгивал химикатами целых восемь веков.

Местным, избалованным изобилием в ближних лесах боровичков, подосиновиков, подберёзовиков, груздей, маслят, рыжиков и лисичек, и в голову не приходило собирать и сразу бежать готовить странные вездесущие создания, один вид которых даже у голодного отбивал аппетит и желание до них дотронуться.

Взрослый раскрывшийся плод стоял на высокой тонкой ножке, показывая всем ещё недавно чисто белые, а теперь угольные бахромчатые пластинки, истекавшие чёрною жижицей со спорами, откуда второе имя рода - «чернильный гриб».

Да и молодой и плотненький, он живо напоминал формой мужской половой орган и на научной латыни носил название «мутинус канис», то есть «хрен собачий».

Впрочем, нарезанные кольцами белоснежные мясистые пенисы не вызывали неприятных ассоциаций и брошенные на сковородку моментально выпустили море вкусно и свежо пахнущего прозрачного сока.

Друзья мои следили за мною с подозрением, не поверивши то ли переводу, то ли книжке, и резонно указывали на великую способность грибов к мутациям, отчего, к примеру, зонтики, прежде употребляемые в жаркое, начали кое-где аккумуляцию ядовитых алкалоидов.

Живущие невемо в какой дали чехи нам не указ, и раз неглупые русичи за века не сочли ихние мутины «едлой хубой», думается, к тому имеются основания.

Я и сам не собирался рисковать и осторожно проглотил несколько ложечек быстро протушившейся чуть маслянистой нежной массы, и по такому поводу гости мои, закупив у соседей-шинкарей довольно самогонки, остались на ночь, и достав из аптечки таблетки активированного угля и приготовивши в туалете воду и всё необходимое для промывания желудка, стали бдительно наблюдать, не появятся ли у отчаянного хозяина признаки отравления.

До утра все попивали первач, закусывая чёрным хлебом и солью и вспоминая опасные эксперименты учёных, в частности, недавний Чернобыль, а на рассвете, доказав при помощи несложных тестов, что кондиция вашего покорного слуги практически неотличима от состояния других присутствующих, вышли во двор и за каких-то полчаса набрали полное ведро молодых навозничков.

Затем я промыл их и стушил для всей честной компании, и мы прекрасно заели шибавшую тяжёлой сивухой выпивку.

Так была открыта закуска буквально у нас под ногами, благодаря чему автор и его знакомые, закладывая безбожно, всё ж не докатились до стадии патологии, в которой организм извлекает калории не из еды, а из алкоголя.

Мутины проявляли свои самые лучшие качества тушёные в собственном соку немедленно после сбора, не требуя тогда никаких приправ, кроме щепоти соли, но и консервированные поджаренными в масле, отварными или маринованными на безрыбье сходили куда как неплохо, и предвидя межсезонную бескормицу я мудростью усмотрел запастись ими в изрядном количестве.

Мутины, каковое красивое латинское имя мы предпочитали для навозников, росли баснословно большими семьями на каждом газоне, клумбе и пустыре, и я набирал их громадными сумками, вызывая удивление и смех окружающих, поминутно справлявшихся, кого собираюсь я попотчевать супчиком из поганок - любимую тёщу или супругу.

Я охотно рассказывал всякому, кто хотел слушать, о вкусовых достоинствах и простых приёмах готовки уродливого чуда природы, но на весах Переславля до конца моего пребывания в оном не отметил присутствия иного сборщика.

Зато популярность моя в городишке, где все знали друг друга хотя бы шапочно, возросла в результате того невероятно.

Малознакомые люди начали каждый день звонить мне и напрашиваться в гости с целью попробовать появившийся недавно иностранный деликатес.

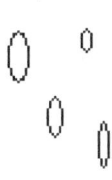

Каждый приносил, разумеется, бутылку «сучка» или «самтреста», которую приходилось тут же и починать под грибки, наглядно доказывая на самом себе безопасность пропагандируемой новой закуси в сочетании с алкоголем.

Оттого бедный автор перестал просыхать вовсе, что заставило мою дорогую жену и родичей серьёзно встревожиться за моё здоровье.

Тут Галина и принялась убеждать меня подать прошение на выезд за рубеж якобы в гости и в случае положительного ответа присоединиться к семье брата и одесситов, уже занимавшихся подготовкой к отлёту, назначенному на 1 июня будущего года, ибо без их помощи и базовой квартиры в Люберцах нам самим преодолеть везде разбросанные рогатки процесса практически нет возможности.

Я ни на минуту не сомневался в получении отказа, однако чтобы отвязаться от назойливых просьб глупой женщины, рассказывавшей про свои предчувствия и сны о жизни за океаном, подмахнул однажды по пьянке требуемые бумаги.

Каково ж было моё удивление, когда вдруг отдел виз и разрешений области прислал в Переславль иностранные советские паспорта для всех нас!

Как я выяснил позже, крайне маловероятное событие произошло в результате ювелирно точного согласования во времени длиннейшего ряда случайностей.

жжжжжжжжжжжжжжжжжжжжжжжжжжжжжжжжжжжжжжжжжжжжж

Увольнение из института и прописка на жилплощади в Одессе автоматически лишали меня допуска к секретной информации, который по моему приёму обратно надлежало восстановить в течение предписанного инструкциями жёсткого срока.

Для того личное дело такого сотрудника по спецпочте переправляли в Ярославль, где местная служба госбезопасности расследовала его связи за период выпадения из поля зрения областных особистов.

Мой же начальник, верующий в скорое рождение рынка из окружающего хаоса и вытекающую отсюда свободу отношений с вожделенным Западом, старался не связывать путами допуска единственного своего подчинённого, способного разговаривать с капиталистами на их родном языке, и, превышая полномочия, сколько мог, откладывал пересылку моего досье в соответствующие инстанции.

Несколько раз он давал мне повышение в должности с изменением перечня моих по-прежнему абсолютно фиктивных обязанностей и под предлогом того получал новое продление срока сбора необходимых отзывов, составления характеристик, заполнения многих листов анкет и прочего, и тому подобного.

Так он динамил органы около двух лет, надеясь, что система вот-вот рухнет и вместе с нею исчезнут нелепые ограничения на интернациональные контакты.

Отсутствие допуска, как я уже говорил, нисколько не облегчало мне выезда, поскольку моё личное дело содержало сообщение о моих предыдущих работах, чей уровень секретности препятствовал предоставлению автору зарубежных виз едва ль не до самой смерти, и никто из администрации института не имел власти снять с него налагаемые наследниками железного Дзержинского ковы.

Офицеры службы, надзиравшей за соблюдением государственных тайн повсюду, формировали на любом предприятии обособленное подразделение, Первый отдел, не подчинённый никому из производственников.

В начале «перестройки» влияние их пошатнулось вследствие общего разброда, однако гэбэшники оперативно очистили и сомкнули ряды и принялись искоренять наблюдавшиеся прежде послабления режима.

Теперь стало небезопасным играть с ними дальше, и моё представление к допуску направилось наконец куда ему следовало.

Потому образовалось крошечное окошко возможностей, несколько дней, пока папка путешествовала с курьерами в стольный град области и обратно, и запрос отдела виз по поводу моего прошения о разрешении на выезд угодил как раз в эту щёлку.

В довершение ко всему, опытная начальница Первого отдела отсутствовала, кажется, из-за гриппа, и замещавшая её молоденькая сотрудница, не очень-то досконально освоившая регламент и забывшая заглянуть в список документов, находящихся в пересылке, отбарабанила ответ о том, что на работника имярек не заведено никакого личного дела.

По коей причине ярославские чиновники и сочли меня выездным, и выписали разрешения выехать в гости и зарубежные паспорта членам семьи заявителя, всем без исключения.

Явную ошибку ОВИР могли усечь и исправить каждую минуту, однако Галина, держа наконец в руках красно-золотые ксивы на французском и русском языках, окончательно поверила в мышцу Божию, расчищающую нам дорогу на Запад, и с помощью брата отважно ринулась форсировать преграды на пути в Штаты.

Одесситы, к тому времени продавшие дачу и большую часть их имущества, переселились в Люберцы, и Майечка, постаревшая, но очень ещё энергичная, сходу включилась в работу по подготовке отъезда.

Женщины взяли на себя все хлопоты, я ж, в глубине сердца предвидя результат, уже известный Читателю, должен признаться, запил пуще прежнего, прощаясь, хотя никому и не открывая того, с Родиной, Переславлем и со всеми друзьями.

Зима стояла в полном великолепии, и просёлок, замёрзнув, снова открыл доступ к нашей дачной деревне.

Гости из Москвы начали опять наезжать к нам, пусть и не так часто, как осенью, устраивая по свежему снегу охоту на лосей или браконьерский подлёдный лов огромных сонных пятнистых налимов, чьи тут же изжаренные раздутые печени бесподобно шли под охлаждённую в сугробе водку.

Затем наступила весна с её распутицей, когда мои консервированные мутины составили чуть ли не единственную нетривиальную закуску, но вскоре в лесу на проталинах появились морщинистые сморчки, по Трубежу в Плещеево озеро косяком пошла всяческая мелкая рыбка, которую ребятишки таскали вёдрами, и борщики из майской крапивы и щавеля также приятно разнообразили меню.

Жена и мать, понимая моё настроение, не вмешивались в мой последний загул, проходивший под нежно-зелёными кронами на молодой травке, и лишь однажды женские руки вынули меня из моего буколического окружения и препроводили не вполне протрезвевшего автора под локотки в одно частное медучреждение, где мне проделали конфиденциальное обследование, анализы и рентгеноскопию, необходимые всякому претенденту на поселение в США.

Результаты их ни у кого из нас не представляли препятствий к иммиграции, впрочем, остававшейся весьма и весьма проблематической, и не только потому, что выданные нам по ошибке визы власти могли аннулировать в любую минуту.

Вряд ли кому-либо удастся вспомнить время более неблагоприятное для выезда за пределы судорожно доживавшего последние дни Союза, чем начало 1991 года.

Миллионы людей всеми фибрами их чемоданов изо всех сил стремились прочь, и билеты на зарубежные рейсы советского воздушного монополиста Аэрофлота были официально распроданы на несколько лет вперёд.

Билеты, разумеется, имелись на чёрном рынке, куда попадала броня госаппарата, однако их расхватывали замешкавшиеся в прибыльных для них российских краях и теперь второпях «делавшие ноги» барыги Кавказа, Азии, Молдавии и Крыма, которым падение Империи сулило особенные трудности в переправке капиталов через покуда не освоенные ими новые границы.

Тайные базарные богачи считали купюры мешками, и «чёрные» цены на перелёт четырёх человек за океан взлетели на высоту, нами никоим образом не досягаемую.

Брат, подробно рассмотрев ситуацию, нашёл единственно возможный вариант нашего выезда и готовно предложил помочь в его осуществлении.

План заключался в том, чтобы подкараулить «горящие» билеты, от которых какие-то отъезжанты отказались в самый последний момент, и оттого шедшие в срочную реализацию за часть, и скромную, их текущей рыночной стоимости.

Он постарается отыскать кассира Аэрофлота, кто согласится ловить возврат, потребную же нам сумму, по его подсчётам, обеспечит продажа нашей дачи.

Конечно, никто не в состоянии гарантировать того, что нужный нам комплект появится в кассе до его отъезда, пока он может посредничать в деликатном деле, и есть немалая вероятность потерять все деньги, так ничего и не обретя взамен, честно предостерёг нас брат.

Супруга моя тем не менее, осознавая, как я выяснил, в полной мере риск, не задумываясь поставила на кон достояние, о коем жена и её предки мечтали два поколения - собственное землевладение, куда она вкладывала всю душу.

Дача очень много значила для Галины, каждый прутик на ней обхаживавшей своими руками.

Лишь недавно она закончила осенние работы в саду, посадив несколько яблонь, подрезав деревья, окопавши и обвязав стволы, и в преддверии весенней страды запасла семена, удобрения и прочее.

Огород нам давал превосходный набор овощей и в нынешние тяжёлые времена служил совершенно незаменимым подспорьем в обеспечении детей витаминами.

Намерение отказаться от всего этого ради призрачных шансов на эмиграцию вызывало у меня уважение, заставив поверить в серьёзность предчувствий моей безусловно лучшей половины, и я не стал чинить препятствий на пути продажи, хотя с дачей в Берендеево меня и связывало столько приятных воспоминаний.

Всякая недвижимость расхватывалась пуще пирожков, и на нашу избёнку покупатель в Москве нашёлся вмиг, предложив за неё в десятки раз больше, чем я уплатил пару лет назад.

Владея участком земли в деревне, мы формально состояли членами колхоза, и для продажи жилья и надела нам прежде требовалось получить согласие общего собрания коллектива.

Как правило, сделка, подобная нашей, не вызывала у сельчан возражений, напротив, ибо денежные москвичи чинили за свой счёт общественные дороги, чистили пруды и колодцы, устраивали развлечения и так далее.

Однако я был слишком заметной фигурой в городе и окрестностях, и наверняка кто-нибудь из многих знакомых мне колхозников справится о причинах продажи такого исключительно полезного поместья, и к ответу следовало подготовиться.

Получение Яцкарями иностранных паспортов на всю их семью, разумеется, не могло не привлечь внимания переславцев, на чьи вопросы пришлось лепить заученную легенду о дядюшке, обнаруженном намедни за океаном.

Одна ложь, как водится, повлекла за собой другую, и продажу дачи жена решила объяснить нашим желанием купить за рубежом иномарку.

Сие выглядело логично, ибо собственное средство передвижения в то время являлось под Москвой ещё лучшим капиталовложением, чем недвижимость.

Я не присутствовал на собрании и не видел реакции зала на уверения супруги, но думаю, крестьяне похмыкивали в кулачок, впрочем, сделку нам разрешили.

Выручку переправили «левому» кассиру и потянулись томительные дни, в каждый из которых инфляция пожирала часть покупательной способности вложенных в немыслимо шаткое дело наших кровных.

Наконец брат передал нам требование кассира или доложить немалую сумму, или же выходить из игры.

Я имел тяжёлое объяснение по этому поводу с Галиной, продолжавшей видеть обнадёживающие сны и не внимавшей голосу разума, и уступив её настояниям, дал скрепя сердце согласие на продажу домашней библиотеки.

Мы с женой не пропускали ни единой букинистической лавки или развала во всех местах, где нам случалось оказываться, и вместе любовно составили коллекцию в тысячи томов, известную всему городу, зане ею пользовалось преизрядное количество его жителей, знакомых нам порою весьма отдалённо.

В отличие от недвижимости или автомобилей, книги в те неустойчивые годы не представляли надёжного капиталовложения, и реализация собрания целиком по оценкам не могла принести необходимой нам доплаты.

Оттого пришлось пустить библиотеку в розницу, расклеивши об этом объявления на стенах, столбах и заборах, и наши раритеты разошлись практически мгновенно - полное академическое издание «Махабхараты», антология восточной поэзии и прозы с тонкими «Записками у изголовья» Сэй-сёнагон, Плиний, Плутарх, Мильтон, Чосер, Шекспир, «Смерть Артура» Мэллори с иллюстрациями Бёрдсли в стиле «ар нуво», Псалтирь и Евангелие на славянском, напечатанные в XVIII веке, и многое другое. Все книги, за исключением антикварных, несли мой экслибрис на титульном листе, и городок, само собой, наперебой судачил о наших планах.

Судя по тому, что автор увидел на медобследовании, где громадные толпы темнокожих гортанных людей на руках носили по кабинетам не проявляющих никакой реакции на окружающее полумёртвых стариков и старух, заставить их отложить эмиграцию навряд ли могли такие причины, как болезнь и смерть.

Исход из южных провинций нарастал экспоненциально по мере приближения очевидно близкого краха Империи, и шансы на появление возврата на рынке падали так же стремительно, как и увеличивались цены, и вскоре от кассира поступило через брата требование новой доплаты.

Теперь жена взялась распродавать последние наши ценности - старый фарфор и столовые серебряные приборы, дар одесситов нам на свадьбу вместе с парой пасхальных кубков, украшенных виноградными лозами, оренбургские платки и павлово-посадские шали, кунью шубку, сапожки и даже обручальные кольца, дав переславцам немало информации к размышлению.

Увы, ввиду обвальной инфляции и бешеного спроса на билеты в Америку денег достало ненадолго, и когда кассир в третий раз предъявил ультиматум, продавать нашей семье уже было нечего.

Как раз в это время я пьянствовал с одним «новым русским», крупным тузом нефтедобывающей промышленности, отмечая его удачную охоту, на которой он добыл на весеннем току красавца тетерева.

Я больше не владел дачей в Берендеево, и гость отдыхал, а я готовил обед на моей городской квартире, в чём имелись и преимущества в виде горячей воды и оборудованной всяческой электроникой новой печи с духовкой на кухне, не чета деревенским чугунным плитам.

Я ощипал и выпотрошил тушку косача, и в ожидании, пока она промаринуется с ягодами можжевельника и пряностями, мы потихоньку потягивали арманьячок под сезонное лакомство, поданное женой - чуть припущенные на сковородке песты ( молодые побеги хвоща ) вместе с жареными потрошками дичи.

Нефтяной барон приезжал к нам развеяться на протяжении уже нескольких лет, и я неоднократно принимал его у себя дома.

Конечно, он держался в курсе всех сплетен города, и теперь, обводя глазами голые стены со светлыми пятнами на месте ковров и декоративных тарелочек и пустые книжные полки, посудные шкафы и горки, наш посетитель, используя конфиденциальную обстановку, поинтересовался, как идёт подготовка к отъезду.

Я посетовал на провал всех планов и потерю денег, добавив, что дядюшка крайне огорчится по поводу отмены визита.

Похоже, ушлый магнат ни на минуту не поверил в мифического дядюшку, ибо ещё раз оглядев обширную гостиную, он сказал: «Хорошо, я дам тебе сколько требуется... - и, немного помедливши, - а ты мне оставишь квартиру».

Большой площади трехкомнатная с балконом и лоджией, раздельным санузлом, неспаренным телефоном и паркетом, в отличие от обменённой на неё одесской, была не кооперативом, а государственной собственностью, состоящей в жилфонде моего родного фотопредприятия, и как таковая открытой продаже не подлежала.

Однако нефтяной туз указал мне на лазейку в правилах, позволявшую практически продать её, если только квартиросъёмщик выезжает по гостевой и возвращаться не собирается.

Жилищное законодательство Империи складывалось в те ещё времена, когда за железный занавес отправлялись надолго лишь дипломаты да военнослужащие оккупационных сил Варшавского пакта.

Оттого выезжающим по иностранным паспортам всей семьёй предоставляется право с целью обеспечения охраны имущества поселить на оставляемой площади кого им вздумается, просто выписав доверенность в домоуправлении.

Мало кто знает о действующем указе, погребённом во множестве уложений в глубине неподъёмного кодекса, и потому мы доставим в домоуправление лично близко знакомого ему главного прокурора города, кто сможет найти и разъяснить соответствующие параграфы управленцам.

Но акцию надо провести безотлагательно, ибо дела заставляют моего гостя завтра же вылететь в длительную командировку в Сибирь.

Я внимательно посмотрел на вальяжно развалившегося в низком кресле барона. Он поднял рюмку в дружеском салюте, и на среднем пальце его руки блеснул странной формы массивный перстень светло-серебристого металла, не похожего на серебро или платину.

Его курносое лицо с большими голубыми глазами навыкате и полными губами излучало добродушие.

«Насколько я разбираюсь в юрисдикции, - сказал я, - выписавший доверенность может и отменить её в любой момент, и я это несомненно сделаю, если мой выезд по каким-то причинам не состоится, не оставлять же семью на улице.»

Затем я раскрыл перед покупателем все карты, рассказав о визах, выданных вследствие явной ошибки гэбэшников, и о мизерных своих шансах на эмиграцию.

«Я детально осведомлён о твоей ситуации, - отвечал с улыбкой мой визави, - и давай-ка рискнём на пару. Отчего-то мне кажется, что всё у тебя получится. Если не выедешь, ты мне ничего не должен. Как оно?»

Предложение было щедрым, и я не мог отклонить его. К тому же, разговор наш слышала Галина, теперь бросавшая на меня умоляющие взгляды.

Выпив ещё рюмочку под песты, я согласился, и мой приятель мгновенно набрал номер своего московского оффиса на сотовом телефоне и приказал подчинённым срочно разыскать моего брата по такому-то адресу и, вручив ему искомую сумму, немедленно соединить его со мной для подтверждения получения денег.

В ожидании того гость вызвонил прокурора и начальника жилищной конторы, отсутствовавшего тогда на работе по причине законного отгула, и велел всем находиться на месте, пока он за ними не явится.

Через неполные полчаса я услышал в трубке голос брата, после чего мы, подхватив прокурора, подскочили в домоуправление, а оттуда в госнотариат, где заверили подписанную мною и завизированную домоуправом доверенность, и официальная часть процедуры была закончена.

Явление русского Рокфеллера в любом учреждении ускоряло, будто рапидом, каждое движение наших обычно невозмутимых чиновников, и мы уложились как раз в то время, за которое обрадованная Галя, пользуясь указаниями мужа, диктуемыми им с дороги по телефону барона, извлекла из маринада, заправила и запекла в меру пропахшего ягодами можжевельника тетерева, и вернувшись вместе с прокурором и домоуправом в ещё принадлежавшую автору квартиру, мы по-приятельски скрепили застольем заключённую нынче сделку.

На чужой роток не накинешь платок, и вся власть нефтемагната в Переславле, мнилось, пасти гладных львов заградить способная, не могла укоротить язычки девчонкам из нотариата и жилконторы, и новость о полученной скоробогачём бессрочной доверенности на пользование квартирой отъезжающего семейства, распродавшего всё имущество, тут же разлетелась по городу и окрестностям, и наши намерения не возвращаться из гостей стали предельно ясны каждому, даже и не отличавшемуся особо острой сметкой.

Надо заметить, моя богемная фигура, выглядевшая весьма одиозно на фоне добрых урождённых местных жителей, раздражала многих, а беспрецедентный свободный режим, предоставленный мне начальством, приводил в бешенство не одного несчастного исполнителя, обречённого томиться на службе от и до. Теперь каждый из них имел основания, проявляя гражданскую бдительность, поинтересоваться анонимным звонком в ярославском Комитете госбезопасности, законно иль нет столь подозрительно ведущий себя индивид получил разрешение со всем своим кагалом навестить их некую зарубежно-капиталистическую родню.

Всякий учил в школе рассказ про Павлика Морозова, и мораль общества считала стукачество делом уважаемым и достойным, поощряя к нему людей повсюду, и немало моих компатриотов состояли сексотами Комитета, за плату и льготы регулярно сообщая о сомнительных настроениях и поступках знакомых, и этим недоносительство грозило крайне неприятными последствиями.

Я знал вокруг себя тайных осведомителей, и их реакция на городские слухи обещала быстро положить конец нашим безумным надеждам обыграть органы.

Со дня на день я ждал вызова в райотдел милиции с иностранными паспортами, но какие-то силы не давали переславцам заложить нас, уж не те ли самые голоса, которые продолжали ободрять супругу.

Впрочем, на нас капнули, хотя и не в Комитет, что было бы, конечно, вернее, однако и так недоброжелатели воздвигли на пути семьи солидное препятствие.

Выше я неявно сознался в том, что Галина не первая моя жена, и действительно, до неё восемь лет я был женат на Лене. Небо судило нам сблизиться стремительно, когда она и я оба заканчивали институты.

Лена получала специальность инженера-химика в Институте стали и сплавов, раньше носившем имя Сталина и расположенном на том же Ленинском проспекте, на углу которого на Воробьёвском шоссе, дом 2, стоял и мой базовый Институт физических проблем имени Вавилова.

Уходила дивная весна 1973 года, но мы, выпускники, не могли наслаждаться ею, в поте лица завершая свои дипломные проекты.

Мой увлекал меня немало, ибо он представлял собой серьёзный научный вызов самому «деду» - академику Петру Капице, основателю и директору Физпроблем и куратору 22-й группы Физтеха, обожаемому и даже боготворимому всеми нами.

Наш седой, сухой и крепкий ментор, ходивший с большим деревянным посохом, служил живым подтверждением высокого статуса науки, сохраняемого в России при любом режиме, ибо новорождённая Совдепия, по примеру Петра Великого, рукой, обагрённой кровью, отправила сметливого украинского парубка учиться, и не куда-нибудь, а в старую Англию, в самую престижную лабораторию мира - знаменитый Кавендиш в университете Кэмбриджа, да ещё к наиболее крупному физику нашего времени - Сэру Эрнесту Резерфорду, прославленному открытием строения атомных ядер.

Резерфорд происходил из Нельсона, микроскопического сельца на южном острове пастушеской Новой Зеландии, по сравнению с которым Переславль показался бы чуть ли не столицей, и видимо по причине стойких провинциальных комплексов, он, даже получивши Нобелевскую премию и титул " барон Нельсон I " от короны, оставался привержен идее социального равенства, и поэтому с охотой включил в число своих учеников посланца республики, сражавшейся за воплощение мечты всего « прогрессивного » человечества.

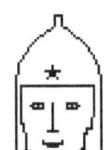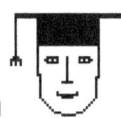

Более того, когда Капица закончил курс и собирался возвращаться на родину, Резерфорд отправил с ним в дар коммунистической Империи полный комплект наилучшего лабораторного оборудования, и послуживший основой для создания Института физических проблем.

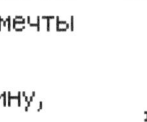

Ученик оправдал все надежды, изобретя детандер - устройство для получения экстремально низких температур, приближающихся к холоду пустоты космоса и позволивших сжижить солнечный благородный газ гелий, уникальное вещество, не переходящее в твёрдую фазу ни при каких обстоятельствах.

В погружённом в него металле почти полностью прекращалось беспорядочное тепловое движение ионов - узлов кристаллической решётки, отчего электроны, до того свободно парившие меж ними, связывало удивительное квантовое поле, устранявшее все препятствия на их пути и лишавшее материал сопротивления.

В этом сверхпроводящем состоянии электроны образца, как угодно большого, реагировали на всякое локальное воздействие все сразу, в противоположность всем известным раньше процессам распространения возбуждения, протекавшим только благодаря какого-либо рода волнам, переносившим энергию со скоростью, не превышающей световой.

Тут же индивидуальная частица воспринимала событие, произошедшее вдали, даже и не моментально, а фактически немного загодя, ибо квантовое поле имеет неограниченную протяжённость в прошлое и будущее.

За столь важное открытие Пётр Леонидович получил Нобелевскую премию, тем поднявшись на уровень своего учителя Резерфорда, хотя труды последнего и привели уже к созданию ядерных бомб, а затем и атомных электростанций, тогда как сверхпроводимость оставалась ещё в стадии исследований, и « дед » двигался дальше, презирая недовольство « самого великого учёного » Сталина, один осмеливаясь возражать страшному вождю в глаза.

Он спас от репрессий блестящего аналитика еврея Ландау, бабника и ёрника, склонного к эпатажу и риску, и тот занял пост главного теоретика института, выясняя механику и разрабатывая модели физических явлений, большей частью обнаруженных его покровителем с помощью лишь интуиции гения.

Но однажды, изобретя сверхмощный генератор электромагнитного излучения под названием « нигатрон », « дед » решил показать, что и ему не чужда теория, и слепил её для своего детища собственноручно.

Устройство функционировало паче всякого чаяния, создавая в пучностях поля колоссальные потоки энергии, позволявшие получать идеально чистые сплавы, однако опубликованное математическое описание процесса генерации пестрело грубыми ошибками и натяжками, заметными каждому специалисту.

Тем не менее, четверть века никто из теоретиков не решался устранить их, возможно, испытывая гнёт авторитета академика, покуда ваш покорный слуга, зелёный студент, не возложил на себя эту миссию в качестве дипломного проекта.

Я разработал алгоритм и приступил к отладке программы расчёта нигатрона на Вычислительном центре Академии Наук СССР, которым тогда пользовались все без исключения институты Москвы, ибо персональные компьютеры были ещё превеликой редкостью.

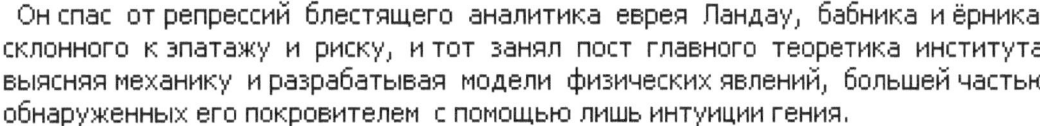

Непосвящённых к вычислительной технике, огромным шкафам, начинённым электронными платами, даже и близко не подпускали, и операторы разносили и раскладывали многометровые распечатки выдач и толстые пачки перфокарт по персональным ящичкам пользователей, установленным сплошной стеной в полутёмном коридоре вычцентра.

Совершенно случайно мой ящичек оказался рядом с ящичком Лены, тоже проводившей расчёты для своей дипломной работы.

Наши расписания машинного времени также почти совпадали, и оттого я часто встречался с этой красивой девушкой, статной, с большими карими глазами и густыми каштановыми волосами, стекавшими до того самого участка спины, где она, после значительного сужения, расширяется до максимума, не намного превзойдя ширину плечей, и начав округлое схождение, должна бы, пожалуй, уже потерять старое и приобрести иное название.

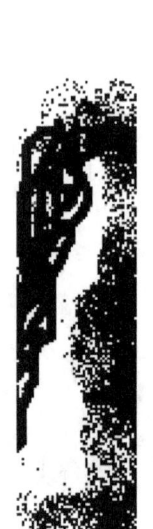

Коридорный сумрак располагал к доверительности, и мы обычно обменивались между делом одной-двумя беглыми фразами и кое-что выяснили друг о друге.

Милое тёплое грудное придыхание в речи Лены очевидно указывало на землю, её произрастившую - Западную Украину, с населением настолько своеобразным, что изо всех славянских только этот народ антропологи нацистской Германии признавали настоящим арийским.

Став, наряду с итальянцами, венграми и румынами, европейскими союзниками Третьего райха, западноукраинцы формировали эсэсовскую дивизию «Галичина», сдерживавшую до последней капли крови продвижение Советской армии, а затем, в детские годы моей будущей жены, долго вели упорную партизанскую войну против оккупантов-москалей.

Отец Лены рано умер, и детей воспитала мать, энергичная и волевая женщина, служившая главным эпидемиологом Луцка, контролируя санитарное состояние всякого предприятия города и района.

Вначале она противилась решению любимой дочери ехать учиться в Москву, но та настаивала, и мать Лены в конце концов отпустила её, поставив условие, чтобы жила она не в общежитии, а у родной тётки, жены генерала в отставке, в их собственном доме в режимном «звёздном» городке на станции Монино, куда приходилось добираться электричкой чуть ли не целый час.

Все школы Союза устраивали для старшеклассников туристические поездки по провинциям Империи, в соответствии с политикой поддержания в молодёжи духа интернационализма, и Лена успела посетить Одессу, а я - Западную Украину, поразившую меня дивной красотою Карпат и абсолютно нерусской культурой, и нам было интересно обмениваться впечатлениями.

Кроме того, в темах наших дипломных работ обнаружилась определённая связь, ибо проект моей соседки по коридорному ящичку касался технологий получения высокой чистоты сплавов, для чего также использовался и нигатрон, и замечания, походя высказанные мною, вылились в полезные дополнения к проекту Лены.

Всё же наше знакомство оставалось весьма поверхностным и вряд ли обещало продолжиться по завершению нами последних расчётов.

Не могу сказать, что мы не испытывали сексуального возбуждения, если вдруг в темноте наши руки или колени случайно соприкасались.

Ленин ящичек располагался на самом нижнем ярусе, и когда она приседала, доставая из него распечатку и перфокарты, платье обтягивало всю её фигуру, и я с удовольствием художника незаметно обозревал очень ладно скроенное тело.

Впрочем, девушка явно была для меня крупновата, и понимая это, она иногда по-дружески подтрунивала над моим незадавшимся ростом.

Мы закончили сбор численных данных и перестали встречаться на вычцентре, приступив к построению графиков, диаграмм и схем, составлению отчётности и оформлению проектов - занятия, требовавшие сосредоточенности, и я решил, с благословения и при финансовой поддержке родителей, съехать на это время из общежития, которое предоставляли старшекурсникам-стажёрам Физпроблемы, и снять отдельную тихую комнатку неподалёку.

Мне просто немыслимо повезло, и на нелегальной квартирной бирже столицы, чуть ли не от начала века бурлившей в Банном переулке у проспекта Мира, военный советник, отъезжавший на три месяца на Кубу, сдал мне не комнату, а целую самостоятельную квартиру как раз на Ленинском проспекте, на полпути между Физпроблемами и Институтом стали и сплавов, напротив кафе «Паланга», славном своими натуральными куриными котлетами и превосходным выбором вин.

Там в покойной обстановке, не отвлекаем всегдашними картами и попойками, неизбежными в общежитии, я дописывал диплом, лишь изредка поощряя себя за ударный труд соточкой-другой коньячка у стойки в заведении через дорогу.

Обработка расчётов разворачивала пред моими глазами интригующую картину. Электроны, испущенные эмиттерами в резонаторных прорезях катода прибора, не начинали, как предполагали все модели, немедленно методично подниматься к аноду, концентрически окружавшему катод генератора, словно небесный свод, но по пути неоднократно устремлялись не вверх, а вниз, и ударяли с разгону в медные ламели родившей и отталкивающей отрицательные частицы «земли».

Каждое такое падение было счастливым, ибо освобождало другие электроны, заключённые в толщу металла, благодаря чему они размножались лавинообразно в скрещенных между «небом» и «землёй» электрическом и магнитном полях, и синхронно черпая из них энергию, вместе преображали её в мощное излучение.

Причём генерация становилась возможна лишь при ювелирном согласовании величин постоянных полей и геометрических размеров устройства, поскольку если заряды влекло к аноду слишком быстро, то они не успевали размножиться, с другой стороны, их чрезмерная приземленность и частые соударения с катодом создавали вокруг него облачко невысоко взлетевших частиц, не позволяющее многим иным подняться выше и достичь цели.

И тут возникала самая большая загадка. Никто, находящийся в здравом уме, не смог бы предположить, что точного согласования параметров генератора кому-то удалось достичь простым перебором вариантов, для чего б не хватило не только жизни одного человека, но и истории цивилизации и всей Вселенной.

Итак, изобретателю нигатрона, безусловно, требовалось понимать механику функционирования прибора, и тем не менее Капица, разрабатывавший модель своего детища с очевидным желанием утвердиться как теоретик, не включил в её описание процесс размножения электронов, или иначе, вторичную эмиссию.

По обычаю Физпроблем, перед защитой студент представлял выводы диплома на открытом для гостей общеинститутском семинаре, и весть о том, что автор собрался обнародовать свидетельства полной теоретической несостоятельности самого великого «деда», с быстротою молнии разнеслась по научному миру, и доброхоты советовали мне не выносить на публику особо вопиющие факты, дабы не дразнить могущего академика, страшного во гневе.

Однако я не прислушался к ним и не утаил ничего из обнаруженного расчётами.

В день защиты в большом конференцзале института негде было иголке упасть и присутствующие учёные оживлённо обсуждали возможные варианты реакции патриарха физики на инвективы зелёного выпускника и, сдаётся, кое-кто даже заключал пари, словно в тотализаторе на скачках.

Но Нобелевский лауреат выслушал мой доклад с невозмутимостью олимпийца, а на вопрос кого-то из пришлых профессоров о том, как ему удалось попасть в крайне узкую область оптимальных параметров генератора, по всей видимости, не имея никакого представления о вторичной эмиссии, с царственным величием обронил, свысока улыбаясь: «По вдохновению Божию».

Затем «дед» похвалил меня, и укорив своих младших коллег за чинопочитание, призвал их в будущем не взирать на личности в утверждении научной истины.

Товарищи поздравили меня и мы традиционно отправились отмечать событие.

Защита проходила с утра, все мы изрядно проголодались и оттого решили заскочить ненадолго в близлежащее кафе «Паланга» и наскоро подкрепиться холодными закусками со стаканчиком винца или рюмкою коньяка, а затем уже переместиться в центр к нашим любимым «Софии», «Праге» и «Будапешту».

-237-

Неожиданно в кафе оказался незауряднейший выбор вин с весьма редким и мною очень ценимым рейнвейном «Высокий замок», и мы под него заказали сначала по куриной котлетке «Балтика», в тот вечер удавшейся на удивление, а потом, расслабившись, и полный праздничный ужин в сопровождении батареи длинных и узких бутылок рейнского, рассудивши, что от добра добра не ищут.

Разумеется, в рестораны центра нас влекла не только превосходная кухня, но и царившая там, в окружении роскошных столичных отелей, атмосфера скоротечного амурного приключения, и искательницы его, местные и приезжие, заходили туда без мужчин, и бросая из-за столиков жаркие взгляды юношам, ожидали приглашения на танец, во время которого они весьма недвусмысленно выказывали свои желания при помощи прижиманий, пожатий и томных вздохов.

Предприятие второго разряда, «Паланга» не располагала эстрадой, и хотя тут негромко наигрывал автомат с недурным подбором пластинок, присутствующие, по преимуществу, пары, и в нашем представлении, пожилые, не танцевали вовсе.

Правда, в самом дальнем от нас углу затемнённого зала мы сразу отметили группу девушек, похоже, нашего возраста, но никто из нас не отважился бы подняться, пройти между всеми сидящими сиднем, и проделав к ним долгий путь по узким проходам, пригласить кого-либо на танец, не обменявшись, как обычно, незаметными знаками взаиморасположения и рискуя получить неприятный отказ, и оттого мы передали им через официантов предложение объединить компании.

Девушки, подобно нам, очевидно скучавшие, согласились, и когда официанты расторопно сдвинули столики, выгородивши за ними пространство для танцев, и пересадили кавалеров поближе к общительным девицам, я увидал среди них улыбавшуюся мне прежнюю мою соседку по ящичку в коридоре вычцентра.

Лена и её однокурсницы зашли в кафе по тому же самому поводу, что и мы - подкрепиться, отдохнуть и расслабиться после долгого дня защиты дипломов, и металлургини были одеты празднично и возбуждены не меньше физтехов.

За время, пока мы не виделись, моя знакомая сбросила несколько килограммов и похорошела ещё больше, и теперь, в узком платье и с роскошными волосами, каштановой волной ниспадавшими ниже некуда, привлекала взоры всех парней.

Однако она танцевала только со мною одним, несмотря на то, что носила туфельки на высоких каблуках и посматривала на меня немного сверху вниз.

Лене не нужно было, как раньше к исходу вечера на вычцентре, торопиться, чтобы успеть на последнюю электричку в Монино, поскольку по случаю банкета тётка её, в порядке исключения, дала ей разрешение заночевать у соученицы.

Мы гуляли до полуночи, и когда от официантов пришла просьба закруглиться, расставаться никому не хотелось, и я пригласил желающих продолжить веселье в ту отдельную квартиру, которую крайне удобно снимал прямо через дорогу.

Мы доели закуску и допили рейнское, захваченное из «Паланги», поплясали и попели хором студенческие песни, а затем я сварил кофе на всех и мы вышли на проспект ловить проезжающие мимо такси.

Лене и её товарке удивительно не везло, и странным образом никто из таксистов не направлялся в нужный им, обычно весьма оживлённый район, и другие гости все разъехались, пока мы отыскали шофёра, чей маршрут пролегал через пункт, в разумной близости от которого проживала сокурсница, обеспечивавшая сегодня ночлег моей знакомой.

На беду, в ехавшей туда машине оставалось лишь одно свободное место, и Лена, шепнув что-то на ухо своей подруге, отправила её домой с попутчиками, а сама вернулась вместе со мной в квартиру, и только я успел закрыть за нами дверь, сбросила туфли и прильнула ко мне, дрожа всем телом, и после показавшегося чуть ли не бесконечным поцелуя, обмякла и позволила проводить себя в постель.

Как Читатель может умозаключить из изложенного выше, причины и чувства, повлекшие меня и мою будущую жену в объятия друг друга, не отличались особенной глубиной и серьёзностью, и большинство подобных связей рвутся безболезненно сразу после выгоняющей хмель из голов утренней чашки кофе.

Но вследствие хорошо известного и широко применявшегося в древности, а ныне почти забытого психологического эффекта, описанного Шекспиром в его трагедии, первая ночь изменила нас и определила дальнейшие наши судьбы.

Ибо в 22 полных года, проведя пять последних из них в Москве, среди соучениц, давно уже пустившихся во все тяжкие, Лена, воспитанная в традиционно строгом духе Западной Украины и под бдительным надзором тётушки до той самой ночи сохраняла невинность, о чём и шепнула мне на ухо, когда я раздевал её в спальне.

О, если бы я проявил зрелость и отступил в тот же самый момент! многие жизни не были б сейчас безнадёжно изломаны.

Увы, возбуждён событиями дня, обильной едой и возлияниями, я, конечно, не мог отстранить полуобнажённую девушку, чьи руки крепко обнимали меня, а груди, покинув чашечки лифчика, вздымались пред моими глазами от частого дыхания.

К тому же, наверняка она обиделась бы на меня досмерти, и автор, не встречая ни знака сопротивления, снял с подруги скользкую комбинацию ацетатного шёлка и кружевные трусики, и то, чему не миновать, свершилось.

Мой сексуальный опыт ограничивался несколькими краткими приключениями с женщинами много старше меня и довольно лёгкого поведения, и ни я, ни Лена не ведали о том, что в силу непостижимых уму психо-физиологических причин дефлорация мгновенно связывает молодую пару удивительно прочными узами, из-за которых на рассвете сияющий взор моей любовницы больше не замечал ни скромного моего роста, ни картавости, ниже наметившихся лысины и брюшка.

Нечто похожее испытывал и я сам, и о расставании, даже на короткое время, никто из нас не мог и подумать.

Однако разлука нам грозила, и очень скоро, поскольку Лене через две недели предстояло распределение на работу.

Плановая система Империи, обеспечивая бесплатное обучение на любом уровне, в качестве компенсации за то страхом лишения диплома принуждала выпускников отрабатывать образование на определённом властями предприятии целых три года.

Только законный брак, заключённый срочно, позволил бы нам остаться вместе, зане супруги-выпускники, распределённые в разные города, обретали право, причём по их выбору, поселиться в одном из них оба два.

В соответствии с действующим законоуложением, браки регистрировали не сразу, а через месяц после подачи заявлений, но Лена надеялась обойти это препятствие с помощью дядюшки-генерала, чьё слово имело немалый вес в посёлковом совете.

Терять нельзя было ни минуты, и мы на скорую руку привели себя в порядок и побежали через улицу к метро, торопясь на ближайшую электричку в Монино.

Долгие полчаса мы томились в полосатой будке у «звёздного» городка, проходя непростую процедуру оформления гостевого пропуска, а потом солдаты охраны, проверив наши паспорта, отворили дверку в серой бетонной стене, ограждавшей часть корабельного соснового бора с двухэтажными коттеджами военачальников, каждый за забором в личном саде-огороде и в отдалении друг от друга.

Узнавши о цели моего визита, тётя принялась было уговаривать нас подождать и проверить наши чувства, вспомнив, как во время войны девушки, и она тоже, ждали возвращения суженных по четыре года и больше, пока Лена не пригрозила, если нам не помогут, плюнуть на свою карьеру «человека огненной профессии» и отказаться от металлургического диплома вовсе.

Тут уж дядюшка, до того помалкивавший, оценивши военную обстановку, взял командование на себя, и первым делом велел супруге слазить в кухонный подпол и начерпать из бочек огурчиков, помидоров, грибков и прочих домашних солений и организовать нам в гостиной застолье, приличествующее мужскому разговору, а когда это было исполнено, отослал дам продолжать беседу наверх, в спальни, и вынул из бара-холодильника непочатую бутылку редкой «Посольской» водки.

Я описал генералу свою семью чекистов, рассказал о послужном списке отца и ответил на его вопросы о моих научных интересах и планах, задавая которые мой интервьюер проявил весьма глубокое знание дела, ибо оказался ракетчиком и имел опыт курирования некоторых оборонных исследований.

Затем он позвал женщин вниз, и используя особую штабную линию, заказал срочные телефонные разговоры с Одессой и Луцком, а когда наши родственники приняли неожиданную новость, позвонил регистратору ЗАГСа посёлка Монино и назначил день и час нашего бракосочетания.

После чего дядюшка объявил помолвку состоявшейся, хлопнул рюмку водки, крикнул «Горько!» и приказал жене постелить мне и Лене в одной комнате.

Утром назавтра Лена собрала свои вещички и переехала в квартиру, которую я снимал на Ленинском проспекте, и на пороге близкой свадьбы мы провели чудный «медовый полумесяц».

Вторая половина мая, пожалуй, лучшее время в Москве, и хотя мы с невестой, сознаюсь, большую часть его не покидали постели, я познакомил её с окрестными любимыми мною местами прогулок - не много кому известными парком Физпроблем и старым кладбищем Донского монастыря.

Почти все физики склонны предаваться размышлениям на ходу, и удовлетворяя перипатетические потребности сотрудников, «дед» разбил за основным зданием этакий «сад Академа», с тенистыми аллеями и даже озерком, посреди которого на насыпном островке в честь Резерфорда стояла бронзовая статуя крокодила - лукавый украинский паренёк так прозвал своего учителя, сказавши, что в русском имя рептилии служит символом ума, и весь Кавендиш радостно подхватил кличку, превосходно шедшую новозеландскому барону.

Здесь, единственная на всю Москву, росла купка старых конских каштанов, и из криогенной лаборатории, расположенной рядом, вечером всегда выносили серебристые дымящиеся дюаровские сосуды с отработанным жидким азотом и ритуально выплёскивали его под деревья, именно оттого, то ли удобряемые, то ли закаляемые холодом, росшие просто на диво мощными, и как раз тогда они буйно цвели, навевая Лене воспоминания о ридной Украине.

В Донском же монастыре, на кладбище, густо заросшем черёмухой и сиренью, я обращал её внимание на обнаруженные мною раньше интересные надгробья и небрежно брошенные под задней стеной подворья циклопические скульптуры, снятые с первого Храма Христа Спасителя перед его разрушением, среди которых выделялась экспрессией фигура пророчицы Деборы.

Свадьбу по нашей просьбе сыграли в «Паланге», нанявши туда на один вечер инструментальную группу и певицу, и на торжество съехалось множество родни с обеих сторон.

Родственники Лены относились к двум разным национальностям, ибо жена моя была метиской - русской по покойному отцу и украинкой по матери.

Я посещал Галичину, по пакту с Гитлером аннексированную Союзом в 1939 г. и не вполне ещё утратившую в котле народов обычаи и веру отцов, и оттого меня не удивило, что западники, приступая к трапезе, перекрестили лбы.

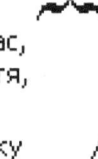

Одна из них, старая пани Мария в чёрных кружевах долго смотрела на нас, а потом подошла к нам, взяла за руки и сказала: «Діти, ой, не буде вам щастя, коли ви не повенчаєтесь в церкві».

Впрочем, тёща моя, услышав её слова, резко осекла свою доистматовскую тётку и велела не приставать к молодым с их закарпатскими сельскими благоглупостями.

Незначительный эпизод никак не омрачил общего веселья, оркестр исполнял украинские, русские и еврейские песни, москальская водка шла не хуже горилки, да и горела она точно так же, котлетки «Балтика» отличались от «Киевских» только соусом внутри трубочки из куриной грудки, жареной в сухарях, и еду одинаково хорошо утрясали гуцульский чардаш с подпрыгиваниями и быстрая всем известная полечка «Семь-сорок», написанная к открытию железной дороги Санкт-Петербург - Одесса и названная так по времени прибытия первого поезда из града Петрова в южный центр Империи.

Все нации общались непринуждённо, гости восклицали «Горько!», мы с женой готовно целовались и были на седьмом небе от счастья.

На следующий день состоялось распределение в Институте стали и сплавов, и Лена получила назначение хуже некуда - в забытый Богом Красный Сулим, заштатный угледобывающий посёлок Донбасской области.

Но теперь она как замужняя женщина могла потребовать от министерства разрешения отрабатывать образование по месту распределения мужа, которое обещало быть несравненно лучше, правда, о том главе семьи, то есть автору, следовало побеспокоиться самому.

Физтехов, штучных специалистов, одних среди всех остальных не вынуждали три года их жизни трубить в глуши по указке безликих чиновников наробраза, руководствовавшихся очень приблизительными оценками планирующих органов, отчего свежие кадры советской промышленности часто занимались вовсе не тем, чему их выучили за счёт государства.

Нам же на последних курсах предоставлялась возможность подобрать себе самим подходящее для начала научной карьеры заведение, и большинство, естественно, оседало или в Москве, или в близлежащих уютных исследовательских городках.

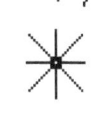

Я также загодя присмотрел местечко в одной закрытой лаборатории, причём в черте столицы, ограничивающей приток новых жителей куда более строго, чем пригороды.

После женитьбы мне нужно было без промедления подыскивать что-то другое, поскольку госразнарядка позволяла выбранному мной предприятию в том году прописать по лимиту только холостого мужчину.

Я начал поиски в Подмосковье, но на них оставалось уже не много времени, и для страховки я решил ознакомиться с иногородними заявками на физиков, обычно мёртвым грузом оседавшими в анналах администрации.

Декан факультета сразу обратил моё внимание на одну из них, поступившую от некоего конструкторского бюро из Куйбышева, занимавшегося необычным для провинциальной организации проектом небывалой амбиции - получением управляемой реакции термоядерного синтеза, инициируемой лучами лазеров.

Осуществление управляемого термояда обеспечило бы человечество навеки неисчерпаемым источником экологически чистой и дешёвой энергии, и конечно, создатели его стяжали бы все мыслимые лавры на свете.

Каждый учёный мечтает участвовать в чём-то подобном, и хотя меня смущала, как и моего декана, отдалённость места исследований высочайшего приоритета от Москвы, точки сосредоточения всех наук Империи, оставаться равнодушным к редчайшему шансу, выпадающему не всякому, я, разумеется, не мог никак.

Войдя в ситуацию, бессменный декан Факультета общей и прикладной физики, известный всему учёному миру Радкевич, желая помочь мне, попробовал навести хоть какие-то справки о Куйбышевской фирме, однако никто из его знакомых не сообщил нам о ней ничего определённого.

Делать нечего, декан велел секретарю соединить его с бюро, и назвавшись, попросил к телефону руководителя проекта и переговорил с ним лично.

Тот, видимо, произвёл на него хорошее впечатление, и Радкевич рассказал ему о выпускнике факультета, проявляющем интерес к заявке.

Затем декан передал трубку мне, и я услышал от Генерального Конструктора краткий обзор их работ и приглашение мне и моей супруге посетить их молодое, но перспективное предприятие в любое удобное для нас время.

Ознакомительную поездку и дорожные расходы оплачивало бюро, предложение ни к чему не обязывало, и обсудив его с Леной, я телеграфировал в Куйбышев наше согласие.

Нам заказали двухместное купе на экспресс «Жигули», где мы приятно провели вечер и ночь, а наутро встретили нас на вокзале и на легковой машине начальника доставили к нему самому.

Генеральный Конструктор Игорь Бережной, элегантный, улыбчивый, галантный, первым делом заверил нас в том, что бюро не задержится в Куйбышеве надолго и скоро переберётся в Подмосковье, в уже строящийся научный городок, а тут проводит пока подготовительный этап исследований, используя имеющиеся здесь достаточно мощные газовые лазеры, разработанные прежде для иных применений.

Предварительные результаты весьма обнадёживают и проект финансируется очень щедро, и оттого они могут предлагать молодым специалистам оклады чуть ли не вдвое выше московских.

Моей очаровательной супруге тоже найдётся хорошее место на предприятии, в химической лаборатории, занимающейся глубокой очисткой лазерных газов.

Потом нас провели по подразделениям, показав ангары, наполненные до крыш высоковольтными изоляторами и некими устройствами, напоминающими пушки, а по завершении рабочего дня отвезли в центр, и разместивши в гостинице, угостили доброй рыбной солянкой в ресторане, где пел цыганский хор.

В следующие дни нас познакомили со старой купеческой Самарой, выстроенной из красного кирпича вдоль правого берега Волги, достигавшей в этом течении в ширину около восьмиста метров.

Лене понравились продовольственные магазины с большим выбором копчёной, солёной и свежей рыбы, включая осетрину и знаменитую волжскую стерлядку, а по разнообразию мясопродуктов превосходившие даже гастрономы Москвы; интерьер их украшали коричнево-белые в полоску пласты корейки и грудинки, висящие на бечеве грозди шариков буженины и поленницы каких угодно колбас, я запомнил экзотические мозговую, печёночную, языковую и утиную.

Также я отдал должное отличному местному пиву, продававшемуся в розлив буквально на каждом углу, причём не одного, как в столице, а трёх сортов — «светлое», «жигулёвское» и плотное «бархатное».

В конце же недели «конструкторы» устроили в нашу честь пикник, вывезя нас в живописнейшие Жигулёвские горы, и в полностью неформальной обстановке мы могли расспросить сотрудников предприятия о их работе и жизни в городе и собрали только самые лучшие отзывы.

Вместе с молодёжью бюро, которая составляла в нём большинство, мы с женой нарвали в заливных лугах черемши, наловили рыбы и раков бреднем в протоках и сварили обед на костре, запивая уху изумрудным настоем смородинных почек, изготовленным на химически чистом спирте, выписываемом для научных целей.

Мы с Леной грелись в лучах всеобщего к нам внимания, и нас, новобрачных, не покидало несколько легкомысленное настроение свадебного путешествия.

Затем нам показали квартиру, где в больших раздельных комнатах проживали две симпатичные супружеские пары молодых специалистов, одна из Молдавии, а другая из украинского Ровно, города, расположенного неподалёку от Луцка.

Третья комната квартиры, светлая, полностью обставленная мягкой мебелью, с цветным телевизором, оставалась пока ещё свободной, и мы могли занять её, как только подпишем бумаги о распределении.

Мы с Леной переехали в Куйбышев, и я приступил к теоретическим оценкам возможности получения положительного выхода термоядерной реакции синтеза, индуцированного лазерным излучением, сфокусированным на таблетке дейтерия, ради чего меня бюро и наняло.

Это была не моя область, ибо по образованию я криогенник, и мне пришлось некоторое время вникать в новую для меня проблематику.

Однако физтеховская закалка учила быстро входить в суть задачи, и скоро предо мной одна за другой стали открываться технические трудности, о которых никак не подозревали воодушевлённые «конструкторы».

Сил инерции явно не хватало, чтобы удержать крошечную капельку плазмы, разогретую до солнечных температур, в точке-фокусе схождения лучей лазеров, и большей части материала предстояло выплеснуться оттуда протуберанцами, не успев превратиться из водорода в гелий в результате ядерной цепной реакции.

Между тем я подружился с работниками бюро и увидел его жизнь изнутри.

Я оказался единственным физиком на всём предприятии, а остальные были инженерами, и весьма неплохими, к их чести.

Финансирующие организации обещали перевести проект в Подмосковье, если исполнителям его удастся достигнуть генерации энергии, то есть, превышения получаемой в ходе реакции над вкладываемой в процесс.

К тому лежал долгий и нелёгкий путь, на котором требовалось преодолеть множество препон, возникающих в самых разных областях науки и техники.

Инженеры же занимались лишь одним из бесчисленных аспектов проблемы — доведением коэффициента полезного действия газовых лазеров до максимума.

Эта деятельность вполне удовлетворяла главных спонсоров бюро — военных, планировавших применять лазеры в качестве оружия «звёздных войн», и они бесперебойно финансировали подопечных, разрешая тем тешить себя надеждой на эпохальное открытие мирного термояда.

Бюро процветало и позволяло себе содержать флотилию катерков на Волге и даже небольшой аэродром с несколькими самолётами и постоянно устраивало развлекательные поездки в разные точки Союза для отличившихся сотрудников, а в Международный женский день 8 марта всегда отправляло один из самолётов на Кавказ, где его доверху заполняли свежей мимозой, предназначенной в дар всей прекрасной половине штата предприятия.

Всё ж молодой Генеральный Конструктор, крепко державший синицу в руке, заглядывался и на журавля в небе и выписал физика-теоретика, чтобы выяснить, нет ли не особо хлопотного способа наряду с техническими вопросами решать и принципиальные - фокусировки излучения, стабилизации плазмы и др.

Я не скрывал ни от кого своих неутешительных выводов, и вскоре, как я и ждал, секретарь Генерального, улучивши момент, когда вокруг автора никого не было, вызвала меня в кабинет к Игорю Бережному для конфиденциального разговора.

Босс высказался в том смысле, что не сомневается в моей добросовестности, однако ему не хочется занижать планку перед сотрудниками, и если я обещаю не распространяться о результатах своего анализа, то он готов, буде я пожелаю, отпустить из бюро меня и жену прежде истечения срока отработки дипломов.

Я с радостью дал ему такое слово, ибо мог, получив официальное открепление, отыскать себе место в Подмосковье и заняться настоящей работой.

Незадолго до того, как Бережной даровал нам волю, в моей семье произошло радостное и влекущее многие счастливые хлопоты событие - Леночка родила моего сына-первенца, замечательного крепыша Максимку.

Жена ещё находилась тогда в послеродовом отпуске, и прежде его завершения ей было невыгодно покидать бюро, теряя законную льготу.

Я же уволился и собрался было приступать к поискам, как вдруг случилось нечто, чего никто не мог предвидеть, и тот, с кем я заключил устный договор, Генеральный с треском сгорел, да-да, сгорел в буквальном смысле этого слова.

По слухам, он вступил в конфликт с оборонщиками, потребовавши у тех денег на полноценные научные изыскания, а не только на усовершенствование лазеров, и не исключено, что выводы автора сыграли в том определённую роль.

К тому, вообще говоря, босс имел основания, поскольку именно идея термояда оправдывала избыток средств, отпускаемых военным из госбюджета.

Расследование не выяснило, кем лимузин Бережного, которым он пользовался во время своих частых поездок в столицу, был заминирован и отчего шофёр, он же денщик и телохранитель, предоставляемый Конструктору покровителями, отлучился по малой нужде, когда тот вместе с автомашиной взлетел на воздух и покинул сию земную юдоль в клубах дыма и пламени.

Новый начальник бюро, назначенный на место погибшего, потихоньку спустил на тормозах исследования по термояду и перевёл их в более практическую сферу.

Он, конечно, не собирался выполнять упомянутое джентльменское соглашение, устно заключённое его предшественником, и рассудил не отпускать мою жену из химлаборатории, где она занимала ведущую позицию.

Впрочем, работа Лене нравилась и давала заработок намного превышавший то, на что она могла рассчитывать в Подмосковье.

Так я обрёл свободу, а жена моя осталась узницей распределения, закабалена ещё на существенный срок, и мысли о переезде нам следовало пока отложить.

Я отыскал себе совсем не плохую работу в Куйбышевском электротехническом институте связи, на кафедре физики, заведующий которой собирался закрепиться навсегда на своей должности, защитив обязательную докторскую диссертацию, и ему позарез требовался дефицитный в провинции теоретик.

Затем, как уже знает внимательный Читатель, мне представился редкий шанс поступить в заочную аспирантуру Академии Наук СССР, и моё переселение в ареал притяжения центра Империи задержалось добавочно на четыре года.

В лучшем из временных миров обнаруживается во всём что-либо позитивное. В Куйбышеве я сразу использовал своё совершенно исключительное положение для устранения всех рамок и ограничений и создания себе в институте режима наибольшего благоприятствования, чего вряд ли мог бы требовать под Москвой.

Я в корне пресекал вмешательства в мои исследования, оттого приносившие весьма недурные плоды, и защищён покровительством влиятельного завкафедры, проводил рабочие часы где угодно и как хотел, никому не давая отчёта.

Я гораздо активней, чем раньше, занялся живописью и литературой, задумав и написав своего «Самого последнего Фауста», и вокруг меня собрался кружок ободрявших и поддерживавших автора поклонников и друзей, один из которых даже предоставил безвозмездно в моё распоряжение отдельную комнату, и я обустроил там собственную художественную мастерскую, о чём давно мечтал.

Диалектически в падшей юдоли всё имеет и тёмную сторону, и моя свобода и весьма раскованный образ жизни вызывали глухое недовольство моей жены, также ревниво поглядывавшей на прекрасных волжанок, окружавших автора в его ателье и на выставках (клянусь, ни с кем из них я не заводил амуров).

Наши отношения с Леной стали постепенно натягиваться, а надо сказать, в них изначально присутствовали и неуклонно накапливались черты, детали, моменты, способные серьёзно обеспокоить всякого сведущего в семейных делах.

Сильное чувство, связавшее нас в первую ночь, не остывало, но очень скоро наши акты интимной близости затруднило никак не проявлявшее себя прежде физиологическое несоответствие столь неопытных любовников.

Сообща мы взялись преодолевать его; я раздобыл экземпляр самиздатовского русского перевода «Кама сутры» с иллюстрациями, и мы принялись пробовать экзотические приёмы и позы, рекомендуемые этим древнеиндийским трактатом, единственным доступным в те времена учебником секса.

Начало регулярной половой жизни, после дефлорации, обычно, интенсивной, приводит к разработке связок малого таза женщины и несколько расширяет её генитальные органы.

Лена была почти с меня ростом и крупновата в кости, и оттого её влагалище перестало плотно охватывать мой ниже средних размеров пенис.

Трактат предлагал великое число способов компенсации этого недостатка, не полагая его препятствием к совершению полноценного акта.

В нём описывалось множество прижиманий живота, ягодиц и промежности, придающих довольную силу фрикциям, равно и способствующих тому позиций.

Из них мне больше всего нравились положения на боку, очень шедшие Лене с её пышными бёдрами, осиной талией и изумительными тёмными волосами, и классическая поза энгровских одалисок ещё доныне преследует меня во снах.

Иногда же мы проводили акт в хитроумно-сюрреалистических сплетениях тел, наподобие «Объятий аспары (небесной девы)» или «Змеи на дереве», когда женщина обнимает плечи мужчины ногами, а тот поднимается высоко над ней, опираясь на одну прямую руку, и наложивши ладонь свободной на низ живота участницы этого чуть не акробатического этюда, придавливает область у лобка и проникает членом, даже и небольшим, в сокровеннейшие глубины гениталий.

Эксперименты увлекали нас, каждый старался доставить своему партнёру максимум наслаждений, и я освоил технику долгих ласк перед совокуплением, совершенно необходимых моей жене.

Такие игры давались мне нелегко, ибо я впечатлителен и вспыхиваю как порох, но используя аналитичность ума и наблюдательную отстранённость художника, присущие мне по натуре, совместно с элементами индуистского самоконтроля, философски изложенными «Сутрой», я научился удерживаться на тонкой грани достаточное для возбуждения моей подруги время.

Лена оказалась восприимчива и талантлива в новом для неё роде искусства, и совместными усилиями мы оба синхронно генерировали психическую энергию, пока в точно выбранный момент не позволяли накопленному в нас разрядиться длинной серией управляемых взрывов эмоций, приближавшихся по их мощности к тому запретному пределу, за которым, кажется, уже вовсе стирается разница между болью и радостью.

На самом деле «Кама сутра», созданная тысячелетия назад, ни сном ни духом не предназначалась для просвещения широкой публики, и рукописные копии её с выразительными несколько шаржированными миниатюрами, надёжно укрытые от взоров непосвящённых, употреблялись только в качестве учебного пособия для храмовых проституток (прославленных баядерок), хотя в них описывались все вообразимые, маловообразимые и вовсе не вообразимые способы сношений, включая и небольшое число помеченных сноской «супружеские».

Правда, последние совсем не годились для коррекции физической дисгармонии, и мы, не вполне осознав специфику исторического документа, применяли другие, заключая без достаточного обоснования, что некоторые семейные пары могли использовать и такие.

Однако по индуистской традиции невесте не положено даже видеть жениха до первой брачной ночи, и суженого для дочери выбирают опытные родители, учитывающие все аспекты совместимости, и оттого составителям трактата и в голову не приходило, что супруги могут испытывать проблемы в этом плане.

Методы же, предписанные баядеркам, чьими услугами мужчины пользовались лишь несколько раз в году и в чьи обязанности входило не только восполнять, а и претворять во преимущества любые физиологические недостатки клиентов, именно с их помощью достигая затяжного, многократного и острого оргазма, при ежедневном применении оказываются весьма опасными.

Экстраординарные процессы и средства возбуждения, практикуемые жрицами бога любви Камы, вооружённого цветущим луком с тетивой из живых пчёл, приводят к созданию в мозгу критических концентраций серотонина, и организм быстро впадает в автонаркозависимость от производимого им же самим агента.

Обычно сразу по успешному завершению близости это «вещество наслаждений» нейтрализуется так, что уровень его опускается немного ниже нормы, и человек впадает в особую лёгкую светлую меланхолию, способствующую размышлениям о добре и зле и неизбывной порочности всех людских вожделений, но мы с Леной не испытывали известной смиренной печали «post coitum».

Частота наших соитий возросла сначала до двух, а затем и до трёх в сутки и продолжала увеличиваться, однако ни я, ни жена не встревожились, напротив, с гордостью сравнивали себя с другими парами, многие из которых находились в плену безнадёжной фрустрации.

Юноши и девушки моего поколения зачитывались и «Мудищевым» Баркова, и дневником Казановы, и «Гавриилиадой» и описаниями похождений Пушкина.

Общественное сознание полагало укрощение похоти насилием над природой и отрыжкой самоистязания тёмных монахов, а необуздываемую сексуальность - признаком превосходного телесного и душевного здоровья.

Так мы с женой отравляли себя своим собственным ядом, не подозревая о том.

Мы не прекращали половой жизни ни в периоды женских месячных очищений, ни в последние дни беременности Лены, когда во время оргазма созревший плод судорожно пытался отодвинуться от влагалища к задней стенке матки.

Мы возобновили сношения, как только мою жену с видимо здоровым ребёнком выписали из роддома, несмотря на не зажившие ещё разрывы, довольно тяжёлые после первых родов. Но она отдавалась мне радостно и охотно, преодолевая боли с наслаждением и считая анальгезию следствием не болезни, а завидной для всех силы воли и крепости тренированных мышц.

К проявившейся в сексуальной гиперактивности физиологической нестыковке добавлялись и важные наши психологические различия.

По конституции я и Лена оба склонны к полноте, а так уж устроено мудростью, что полные любят худеньких и наоборот, чтобы не накапливались в поколениях генетические факторы тучности.

Зная о том и стараясь нравиться мужу, Лена соблюдала диету и следила за весом, и во время совместных прогулок над Волгой героически преодолевала соблазны, предоставляемые кондитерскими на набережной.

Наделённой от природы пышностью женщине благоприобретённая стройность придаёт совершенно особый шарм, и жена моя в моих глазах выглядела чудесно, чего и добивалась.

Также ей, взращённой одинокой и крайне авторитарной матерью и усвоившей модель её поведения, теперь приходилось оставлять за мужем последнее слово во всех вопросах без исключения, ибо я не допускал в семье никакого матриархата.

Лена явно не рассчитала груз, взятый ею на свои плечи, но гордость мешала ей признаться мне в этом, и скрытое напряжение наших отношений, усугубляемое обоюдной зависимостью от секса, начало взрываться меж бурных любовных ласк не менее бурными ссорами по пустякам.

Автор первый устал от неуклонно учащавшихся сцен и съехал однажды жить в свою мастерскую.

Я не думал ещё порывать с женой и объяснил ей своё решение необходимостью несколько остыть и на трезвую голову вместе осмыслить прошлое нашей семьи и распланировать её будущее.

Я посещал их с Максимкой несколько раз в неделю, и во всякий такой визит мы с Леной неизбежно оказывались в постели, где каждый вознаграждал себя за длительный период воздержания, мало уже заботясь о партнёре, а затем взаимообвинения наши всегда разжигали скандал, и даже безобразнее прежних. Намучившись вдосталь, я почёл за благо прервать агонию одним *coup de grace*, и скрепясь яко можаху, прекратил садомазохистские свидания вовсе.

Я полагал, что сойду с ума и/или покончу жизнь самоубийством, поскольку меня так и подмывало кинуться на любую женщину, коих было море кругом, готовых отдаться за улыбку, однако ж какая-то сила не позволяла мне сделать этого.

Следовало как можно скорее вырваться из пут позорной зависимости, и интуиция подсказала мне правильный путь к свободе от падшей плоти.

Точно в это время в институте начались летние каникулы, и два месяца на кафедре никто б обо мне не спохватился.

Я оставил в бухгалтерии письменное распоряжение перечислять большую часть моей зарплаты на адрес Лены, а остальное на мой счёт в сберкассе и свернул все работы по расчётам для диссертации шефа.

После чего я занял у друзей немного денег и закупил двадцать килограммов дешёвых и до черноты копчёных свиных щёчек, не подверженных никакой порче, сорок буханок ржаного хлеба и полдюжины банок аджики, злого азиатского зелья, состоящего из красного жутко горького перца, чеснока, соли и ароматических трав.

Также я запас три полных ящика водки (60 бутылок) и достаточное количество холста, рам и подрамников, кистей, красок, растворителей и лаков для живописи и заперся в своей мастерской от мира и от людей.

В ателье моём стояла железная койка с матрасом, а холодильника не было, и я обмазал щёчки толстым слоем аджики (она и приправа, и консервант), хлеб же изрезал и высушил на газетах.

Этим я питался два месяца, запивая водкой и сырой водой из-под крана, и никуда не выходил и никого не впускал к себе.

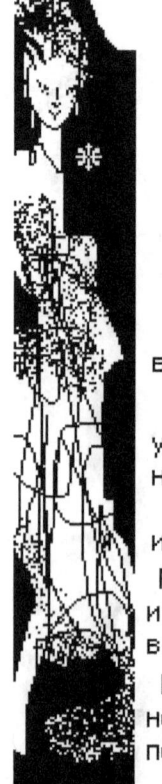

За период моего вольного заточения я написал большую серию обнажённых в экспрессионистической намеренно грубой пастозной манере, одновременно вульгарно-отталкивающих и, несмотря на то, а может, именно благодаря тому, остро сексапильных, и к началу учебного года психика моя пришла в норму.

Я заметно похудел и отпустил бороду, которая мне идёт, и многие дамы вокруг выказывали мне знаки благорасположения, но я холодно игнорировал их авансы.

В сентябре в Самаре традиционно проводятся осенние вернисажи, и в том году устроители впервые пригласили к участию в них нон-конформистов, и я выставил несколько ню, резко выделявшихся на фоне официально признанной серой скуки.

Новшество это весьма взбудоражило не избалованную событиями прессу города, и все местные газеты прислали на открытие своих обозревателей.

Меня представили одной из них - стройной, очень изящной, безупречно одетой и отличавшейся тонким, и совершенно очевидно, врождённым аристократизмом в речи, пластике жестов и движений Галине, и мы сразу же понравились друг другу.

Мы стали встречаться каждый день, проводя долгие часы в прогулках и беседах, но сближение наше шло медленно и осторожно, и обнял я Галочку первый раз по истечении целых восьми месяцев самого доскональнейшего знакомства.

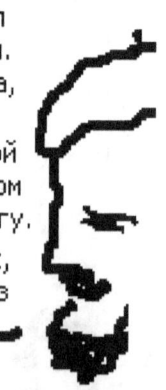

Тогда мы с ней, вслед за недавно весело отмеченным первомаем, праздновали в более узком кругу 5 мая, День советской печати, который между нами двумя с той поры называем «Днём снятия печати», и к тому моменту бедный автор после разрыва с Леной не дотрагивался до женщин полный битый год, о чём прежде не мог бы даже и помыслить.

Как ни невероятно, Галя, дожив до конца третьего десятка, фактически никогда не знала мужчины.

Много лет назад в туристическом походе ею только однажды и крайне грубо овладел ухлёстывавший за нею инструктор, видно, опоив её вином с наркотиком, ибо событие произошло на Кавказских горах, где пастухи приторговывают опием.

Девушка помнила лишь обездвиживающую боль и чувство глубокого унижения, и теперь любое прикосновение к её телу влекло рефлекторное сжатие влагалища, препятствующее вхождению.

Мне пришлось применить всю разнообразную технику предварительных ласк и йогические приёмы самоконтроля, почерпнутые мною из «Кама сутры», и изрядным терпением нам удалось добиться нужного расслабления мышц.

Правда, Галина сходу точным чутьём отвергла несупружеские позы трактата, впрочем, оргазм у неё был многократным и не менее сильным, чем у Лены.

Спазмы влагалища не прошли полностью и сохранялись в первой фазе акта, однако они не вызывали ни боли, ни дискомфорта, наоборот, устраняли нужду в действующих подобно удару хлыста прижиманиях мягких тканей.

Мы съехались, и хотя в начале совместной жизни доставляло мне беспокойство то, что Галочке вовсе не хотелось ежедневной близости и она подпускала меня к себе два раза в неделю максимум, постепенно я приспособился к такой частоте и стал получать большее удовольствие от удовлетворения скопленного желания.

В центре города я иногда ненароком встречал одну из прежних своих соседок по квартире молодых специалистов, говорливую молдаванку, сообщавшую мне новости о моём оставленном семействе, и однажды она сказала, что у Лены наконец-то завёлся постоянный, и по наблюдениям, серьёзный любовник.

Пользуясь тем, я подал немедленно на развод, надеясь теперь легко получить на то согласие строящей новые отношения Лены.

Действительно, она по первой повестке явилась в суд и с презрительной миной подмахнула все необходимые бумаги, гордо отказавшись от предложения судьи подать исковое заявление о назначении алиментов.

Я, однако ж, и без принуждения не забывал о своих отцовских обязанностях и как часы посылал на имя Лены сумму, весьма существенно превосходившую ту, которую с меня взимали бы по закону.

Пока я не заперся в мастерской, я проводил довольно много времени с сыном, гулял с ним в парке, читал ему книжки, учил английскому, и мы с ребёнком сильно скучали друг за другом, и я полагал, что мать его, поостынув и поняв необратимость произошедшей перемены, не будет препятствовать, а наоборот, проявит заинтересованность в сохранении этой связи.

Лена вроде бы не возражала, но когда я явился на запланированную встречу, оказалось, она уже успела порвать с первым любовником, и отославши сына после краткого общения со мной погулять с приятельницей, бывшая моя супруга попробовала снова увлечь меня в постель, мобилизуя все свои немалые чары. Безнадёжную попытку, конечно же, завершил сокрушительнейший взрыв эмоций, и это был последний раз, когда я видел своего первенца.

Молдаванка, хотя я и не просил её о том, продолжала информировать меня обо всех перипетиях, взлётах и падениях, в бурной сексуальной жизни Лены.

Мужчины липли на неё, как мухи на мёд, однако никому из её поклонников так и не посчастливилось удовлетворить в достаточной степени её аппетит, молва о котором мгновенно распространилась по городу, и я корил себя за то, что некогда по преступному легкомыслию приучил молодую неопытную жену к плохо освоенным селадонами провинции древнеиндийским способам соития.

Вскоре после моего развода мы с Галочкой сыграли свадьбу, и новобрачная организовала празднество для друзей и родни скромно и со вкусом, безо всякого купеческого шика и разгула, а остальное Читателю в общих чертах уже известно.

В Куйбышеве у нас родился старший сын, нами наречённый Михаилом, поскольку однажды Галина увидела во сне красавца в латах и алой тоге, произнесшего посвящённый ей стих, из которого, проснувшись, она помнила лишь заключительную строку: «...Твой вечно юный друг Архангел Михаил».

Затем, после окончания мной заочной аспирантуры, мы переехали в Переславль, и неподалёку от него, в Ростове Великом с его дивным белокаменным кремлём и коллекцией северных икон явился на свет Павлуша, потому что в нашем городке временно был закрыт роддом, по случаю заражения золотистым стафилококком.

В Переславле мы прожили восемь лет, разве за вычетом того времени, когда мне ненадолго пришлось уехать в Одессу для не очень-то законных приобретения и обмена тётушкиной квартиры.

Теперь же моя вторая жена, распродав дачу, библиотеку и семейные ценности, собиралась перебираться отсюда в Америку, а автор и герой нашего повествования беспрецедентно крепко запил горькую.

Инфляция лютовала, люди старались получить заработанное как можно скорее, и в первые дни выдачи месячной зарплаты в моём институте у окошечка кассы вытягивались длиннейшие очереди.

Я же, в отличие от остальных, прикованных к столу или пульману режимом, не был расположен столь бездарно проводить часы, и всегда получал деньги не в шеренгах сплочённого коллектива, а много позже.

Всё ж я не желал, чтобы Лена терпела оттого убытки, и оставил в бухгалтерии письменное распоряжение перечислять ей треть моего оклада автоматически.

По той причине почтовый адрес моей экс-жены содержался в моём личном деле, и одна из девушек-расчётчиц, думаю, та, которая строила мне всякий раз глазки, написала ей в приватном письме о подготовке нашей семьи к отъезду.

Лена отреагировала мгновенно и вскоре сообщила мне телефонным звонком о том, что приехала навестить монинскую тётку, а заодно желает видеть меня, назначивши мне свидание там, где мы любили гулять вместе на продолжение нашего «медового полумесяца» - на кладбище Донского монастыря в Москве.

Очевидно, наши прогулки запомнились Лене в мельчайших деталях, ибо она велела ждать себя не у главного входа, а внутри, возле интересного памятника, который я показал ей девятнадцать лет назад, смотревшегося по-современному, однако изваянного в семнадцатом веке не обозначенным скульптором лаконичного серого мрамора дерева с отрубленными ветвями.

Я явился загодя, и поплутавши совсем немного, нашёл его, и в ожидании встречи со своей первой и столь несчастной любовью, рассматривал стоявшее прямо напротив дерева позабытое мною трагическое распятие, со Спасителем, приоткрывшим рот в мучительном последнем вздохе, напрягши грудную клетку над оттекшим, будто беременным, шаром живота и поправ опухшими ступнями череп Голгофы, сверлящий зрителя в упор глазницами из-под надбровных дуг.

Так же, как и перед нашей свадьбой, кончалась первая половина мая и держалась похожая, редкая в такое время для широт Москвы абсолютно безоблачная погода.

Солнце светило вовсю, крепко пахли сирень и доцветающая черёмуха, и вокруг ничего видимо не изменилось, но вот женщину, подошедшую ко мне, я ни за что бы не узнал, если б столкнулся с ней случайно.

Лена остригла так украшавшие её длинные волосы и очень располнела, хотя полностью не расплылась, и формы Юноны, особенно бюст и реверс, наверняка воодушевляли подавляющее большинство кавалеров провинции, где по традиции ценится, когда у дам «имеется за что подержаться».

Правда, она, вероятно, учитывала мой вкус, и её благоприобретения скрадывало чёрное свободного покроя платье до щиколоток и туфли-лодочки на шпильках.

-248-

Я поглядел ей в глаза и предложил беседовать без экивоков. Лена, к чести её, не стала скрывать своей осведомлённости о моих довольно прозрачных планах и прямо сказала, что не даст им осуществиться.

Она не боиться лишиться моей финансовой помощи, если я удеру за океан, и способна, и даже предпочитает, содержать своего сына сама.

Мотивы её иные - Максим уже закончил школу и его влечёт карьера военного. Дядюшка-генерал обещает помочь ему своими связями, но если отец парня окажется за границей, допуска к секретным работам ему не видать вовек, а это стопроцентно губит всякую будущность офицера, о чём я не могу не знать.

Потому-то она меня не выпустит, и для того ей не придётся ложиться костьми, ибо задачка, как мне известно, решается одним анонимным звонком куда следует.

Насчёт костей получилось к месту и обстоятельствам, и я незаметно улыбнулся. Её внушительная фигура в чёрном на фоне позеленевших надгробных камней выглядела весьма импозантно, и мне вспомнились пышнотелые миланские дивы, играющие Дездемону или Джильду, или умирающую от чахотки Виолету.

Я проводил свою бывшую супругу и первую любовь до метро, а сам вернулся в Переславль, догуливать чудные деньки с друзьями и ждать скорого появления нарочного милиционера с приказом срочно прибыть в райотдел, имея при себе свой заграничный паспорт.

Невзирая на явную невозможность выехать всей семьёй, Галя упорно продолжала готовиться к отъезду, и я спросил её, не собирается ли она эмигрировать без меня, благо у властей не имеется явных либо скрытых оснований не выпускать её и детей.

Жёнушка отвечала, мол, муженька никогда не бросит и прекратит приготовления, как только аннулируют мою визу.

Однако Лена не спешила с выполнением своего обещания, и зная её характер, я полагал её бездействие мстительным умыслом держать нас как можно дольше в подвешенном состоянии и наблюдать за бессмысленным трепыханием жертв.

Галина, кажется, уже не способна в остром психозе остановиться, укладывала и распродавала последнее, я же проводил большую часть времени вне дома, и глядя на озеро и заедая самогонку дикой уточкой, печёной под костром в глине, по-философски раздумывал о хорошей стороне измотавших нам нервы событий.

Разорив гнездо в Переславле, жена, когда безумный прожект эмиграции рухнет, наверняка перестанет противиться переезду в Москву, куда меня давно уже звали и где вовсю идёт « первоначальное накопление капитала ».

Процесс этот естественный, без него невозможно дальнейшее развитие страны и разве постыдно умному человеку в нём участвовать.

Об отказных билетах нет и слуху, до отлёта брата и родителей, назначенного на 1 июня, остаётся одна неделя, и скоро всё так или иначе должно разрешиться.

Брат запланировал на 30 и 31 мая грандиозную отвальную, куда, разумеется, был приглашён и я с домочадцы и где предстояли трогательные прощания, а также, конечно, богатый стол и малодоступная по тем временам выпивка, доставленная заранее к проводам знакомым из Грузии.

И тут, словно гром с ясного неба, пришло сообщение от « чёрного » кассира о возврате комплекта из четырёх билетов на 29 мая, последний день, когда брат ещё успевал помочь нам в сложной организации отъезда.

У нас оставалось два дня на сборы, и я сообщил об этом нефтяному магнату.

Он появился у меня через пару часов с легионом помощников и фургоном, полным импортной мебели, ковров, обоев и сантехники, и его летучая бригада сразу принялась обращать мою квартиру в комфортабельную мини-гостиницу.

Жена тем временем упаковала намеченное, и барон отдал приказ шофёру отвезти нас в Люберцы, на прощанье уверив, что готов освободить помещение по первому же требованию владельца, буде отъезд его за рубеж не состоится.

Впрочем, добавил он, если в том случае я захочу поступить к нему на службу в качестве референта, меня ждут прекрасно обставленные апартаменты в Москве и достойный моих талантов доход в конвертируемой валюте, а впоследствии даже и партнёрство в его процветающей и расширяющейся компании.

Получивши для нас горящие билеты, брат мой тут же приостановил подготовку своей отвальной и он и все люберчане полностью посвятили себя нашим делам.

Прежде всего, нужно было познакомиться со сводом таможенных уложений, относящихся к отъезжающим за пределы Империи по гостевым приглашениям.

Такая брошюра существовала, но ни у кого из друзей брата её не оказалось, поскольку все они, не связанные допуском, эмигрировали открыто.

Также ни таможня, ни отделы виз и разрешений не выдавали копии их правил обычным гражданам, и брату пришлось потрудиться немало, пока он раздобыл заветную довольно объемистую книжицу.

Соответственно ей, каждому гостевику полагалось иметь лишь одно место багажа, к тому же ограниченного размера, правда, пределы определялись не всем трём, а максимальному измерению ноши.

Оттого отъезжанты приспособились шить в ателье специальные мягкие сумки, раздувавшиеся чуть ли не точно в шар, и брат заказал нам уже четыре таких. Вывозить можно было только одежду, и женщинам предстояло пересмотреть и уложить гардероб каждого в заданный объём.

Им же следовало решить исключительно важную задачу - укрыть в багаже рентгенограммы большого формата, без которых беженцев не впускали в США, согласно действующему на протяжении многих десятилетий закону этой страны.

Выезжая в гости всей семьёй, мы явно смахивали на будущих невозвращенцев, и пограничники превосходно знали, что им нужно искать в подобных случаях.

Я на пробу прибинтовал пружинистые пластины к телу, но жёсткий панцирь заметно сковывал движения, и ничего другого не оставалось, как замотав их носильными вещами, рассредоточить снимки-улики по баулам, где всё равно они сразу выдавали себя при прощупывании характерной упругостью.

Те, кто покидали Союз по эмиграционным визам, покупали билеты заранее и загодя по телефону либо по переписке устанавливали персональные контакты с чиновниками еврейских организаций, занимавшихся размещением беженцев, и к моменту прилёта выбирали себе место и общину поселения.

По этим каналам брат мой сообщил и о нашем прилёте и замолвил словечко за своего единокровного и единоутробного, и именно потому нам в Нью-Йорке так оперативно отыскали спонсора.

Требовалось ещё организовать нашу отправку с вещами в аэропорт и выяснить массу связанных с тем деталей, и забот у брата хватало по горло.

Жена его, вместе с моей матерью и Галиной, занимались упаковкой багажа, о детях заботились дедушка и две правнучатые тетушки, соскучившиеся о них, я же оставался уверен, что Лена и дядя-генерал замыслили красиво снять меня в самую последнюю минуту с трапа самолёта, и меня раздражали казавшиеся мне абсолютно бессмысленными приготовления к отъезду моего семейства, в которые автора, с его мрачной рожей и брюзжанием, никто даже и не пытался вовлечь.

*

Пользуясь мигом свободы, я положил освежить многие московские знакомства, долго не обновляемые по причине Переславского запоя, в чём имелся резон в свете скоро предстоящего мне переселения в метрополию.

Также нужно было собрать сведения о фирме магната, сравнив его предложение с другими подобными, да и вообще, оценить обстановку и настроения в столице, где всё теперь менялось быстро и радикально.

Я посетил несколько посреднических компаний, желавших заполучить меня, равно и главный оффис нефтяного концерна барона, и несмотря на компьютеры, факсы, ксероксы и прочие дефицитные вещи, заполнявшие их, остро ощутил царившую там неустроенность и атмосферу вокзала.

Внутренние помещения, куда не приглашали клиентов, отмечала та же грязь и неприбранность временного обиталища, какую автору в жизни не удавалось изгнать из его собственного жилища.

Я прошёлся по неметеным улицам и дворам, посидел с друзьями в ресторанах, кафе и барах, утративших прежний шик, и решил не особенно расстраиваться, если вдруг моей эмиграции суждено невозможным каким-то образом произойти.

Пока я проводил разведку и психотерапию, брат мой к 28 мая успел завершить запланированную им подготовку отлёта моего семейства полностью и с утра устроил нам отвальную, распечатав запасы грузинских коньяков и вин.

В кругу приглашённых наших приятелей мы отметили предполагаемое событие, как положено, а затем отправились в Шереметьево II на заказанном братом фургоне.

Тут я оценил размеры исхода из Империи, ибо зал международного аэропорта, площадью с олимпийский стадион, был набит плотней провинциального трамвая.

Во время таможенного досмотра один молодой пограничник обратил внимание на тот комплект украшений, который носила Галина, не броский, но элегантный, исполненный в технике северной финифти из витого чернёного серебра и эмали. Недорогой и произведенный не так давно, набор, хоть и был редок, не обладал исторической или музейной ценностью, однако юноша упорно твердил, что вещь подпадает под категорию антиквариата и без экспертизы не подлежит вывозу.

Умная жена поняла причину его непреклонности, и сняв перстень, колье и серьги, не отдала их кому-либо из провожавших, а положила на край досмотрового стола, и парень, продолжая внимательно изучать нашу декларацию и задавать вопросы, прикрыл украшения листком бумаги и словно б ненароком смахнул всё в ящик.

Благодаря этому незначительному инциденту наши баулы с рентгенограммами ушли в багаж без досмотра, и под сурдинку проехала действительно антикварная серебряная пудреница "Почитание Помоны", честно заявленная супругой.

Нас пропустили в закрытый пассажирский накопитель, и я рассуждал о том, где меня возьмут наведенные Леной чекисты, тут или у трапа перед посадкой. Но длинная рука советских органов отчего-то мешкала, и я беспрепятственно прошёл в салон и занял указанное в билете место у иллюминатора.

Впрочем, самолёт Аэрофлота считается территорией Империи, и возможно, храбрые дзержинцы перестраховываются и решили, пресекая сопротивление, брать опасного беглеца пристёгнутым к авиакреслу.

К счастью, Аэрофлот в то время всеми силами старался завоевать репутацию у иностранных туристов и оттого поил и кормил своих пассажиров беспрерывно.

На халяву я спорол несколько канопе с икрой, жюльен и пару котлет по-киевски, запивая всё изрядным количеством дармового армянского коньяка, а затем уснул, и забывшись, хотя некрепко, прокимарил большую часть полусуточного перелёта, и лишь встав на почву другого континента в аэропорту Кеннеди начал трезветь, медленно осознавая, что теперь я сверхъестественным стечением обстоятельств или чем-то иным отсечён от корня и переселён в Америку.

*

-251-

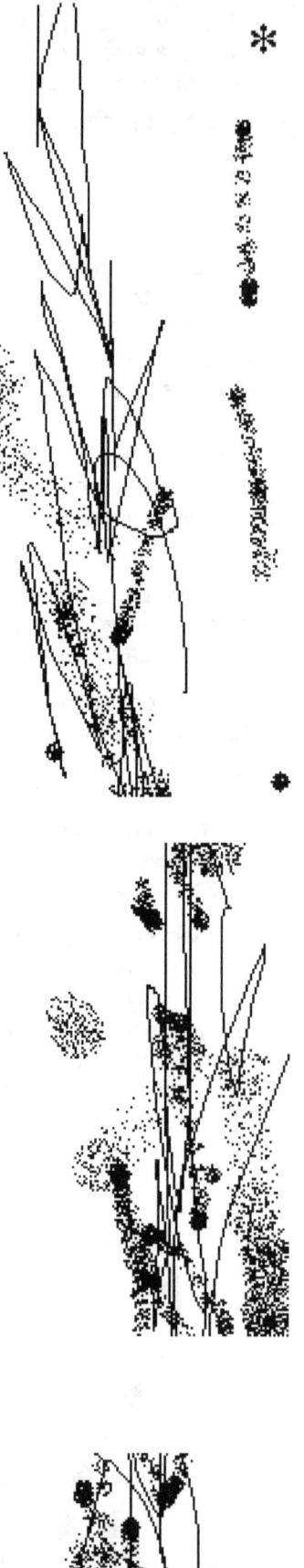

## РОССИЯ. ЛЕПТА ИУДЕЯ

Рослых сосен в шишаках
Стройноногие когорты.
Большеротый плачет птах,
Явно на разрыв аорты,
И холмы круглят бока,
Каждый чья-нибудь Голгофа,
А в лазури облака,
Словно кудри Саваофа.

## ПОМУТНЕНИЕ

О, предотъездный шиз и шик
Роскошных липовых вериг
И пьяный трёп, и пьяный сплин,
И в пьяной Мурке шесть маслин.
По миру - миром. Клином - клин.
Леча недуг родных осин,
Дотянем до аэродрома.
Арриведерчи, терцо Рома !

Прощай, преступница Москва !
Увы, живописуя смело,
Найду ли краски и слова ?
Ещё живая голова
Лежит, отсечена от тела,
И умиранья каждый миг -
Беззвучный, но ужасный крик.

### * * *

Изящен, точен, словно пентаграмма,
Лес в инее красив, как Райский сад,
Застывший по изгнании Адама,
Когда дрожа от холода и срама,
Назад он обратил последний взгляд.

А Хава шла не обернувшись, прямо,
Туда, где умирал заката свет,
И Мать народов не дрожала, нет !

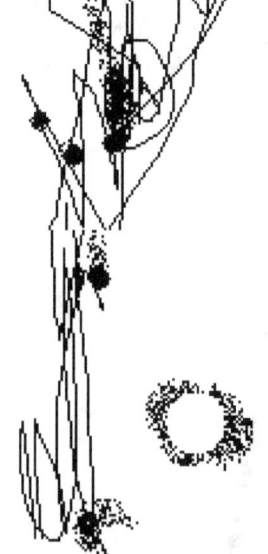

### * * *

Запах неухоженных больных
На подземных улицах столицы.
В пролежнях мой давний-давний стих,
Словно Лазарь, вышел из гробницы.

Скоро уж отнимется Жених.
Сбудется, что и должно случиться.
Плачь в тарелку красной чечевицы,
Если можешь, плачь за нас двоих.

## Глава тринадцатая,
*где героя, в конце-то концов, устраивают на штатскую работу*

Развёрнутые отступления предыдущих глав способны сбить Читателя с толку, создавши ложное впечатление, будто бы автор манкировал основной задачей, для решения которой и затеял ежедневные поездки в библиотеку.

На деле же я никогда не менял приоритетов и в первую голову и прежде всего упорно занимался трудоустройством.

Я сошёлся ближе с бизнесменом-псаломщиком и дантистом-дьяконом из церкви, и когда они достаточно узнали меня, попросил их написать мне рекомендации. Я составил точно по образцу своё резюме и начал рассылать его по объявлениям.

Деньги, полученные от отца Николая за картины, я употребил на уплату залога в местную телефонную компанию «Южный Белл» и приобретение аппаратуры, включая автоответчик, и установив её, стал ожидать ответов.

Теперь каждый день в дополнение к проверке «мусорной почты» приходилось прослушивать и стирать с десяток депеш, оставляемых телефонными торговцами, ибо телемаркетинг в США - динамичная и процветающая отрасль.

Но, наперекор всем усилиям, американские работодатели оставались немее рыб, хотя немало университетских вакансий, по их описаниям, хорошо соответствовали моей научной квалификации и опыту.

Интернет - мощнейший источник всякой информации, и я имел возможность производить поиск по мировой сети с помощью библиотечного компьютера.

Хорошие поисковые системы проще пареной репы в пользовании, и однажды я набрал, повинуясь интуиции, в окошечке для ввода одной из них, называемой бесшабашным ковбойским кличем «Йа-ху!», имя моей *alma mater*, по наитию представив его на латинице как «*Fiztech*».

Немедленно я получил перечень сайтов-страничек, употребляющих такое слово, и в первой строке его стоял список интернетовских адресов бывших выпускников лучшего из всех институтов незабвенной Империи, ныне проживающих в диаспоре.

Среди них один в прошлом был моим близким другом, покинувшим Империю в конце семидесятых годов на волне диссидентского движения - настоящего, а не той позднейшей пародии на него, в которой участвовали соседи-ташкентцы.

Теперь он руководил отделением в академическом университете Нью-Йорка, и я послал ему сообщение по сети, обрисовав свою ситуацию и попросив совета.

Несмотря на занятость, профессор отозвался подробным письмом, из которого выяснилась полная бесперспективность моего текущего способа трудоустройства.

Американские университеты совершенно перестали доверять заявлениям в резюме о степенях образования, приобретённых в покойном Союзе, ибо ушлые наши люди научились печатать какие им вздумается дипломы-фальшаки.

Единственный путь преодолеть стену недоверия - устроиться по рекомендации влиятельного сотрудника университета на полтора-два года волонтёром, то есть выполнять это время обязанности прислуги за всё бесплатно, после чего обычно удаётся получить, по открытии подходящей вакансии, место в штате.

Мой друг взялся обеспечить мне необходимое содействие и советовал тут же всё бросить и перебираться из Джекса к нему в Нью-Йорк.

Я искренне поблагодарил своего участливого бывшего соученика и немедленно стал обмозговывать и подготавливать предстоящий нам переезд.

По нью-йоркским газетам несложно было установить арендную плату в городе, очень варьировавшуюся в зависимости от района, однако поскольку Галине, скорее всего, светила работа лишь в русскоязычной части Бруклина, следовало в первых прикидках ограничиться только ею.

Односпальная квартира стоила там около семи сотен в месяц, двухспальная - свыше восьмисот, против трехсот пятидесяти, которые мы платили в Джексе.

Также всюду оговаривался залог-депозит в размере оплаты за два месяца, а не за один, как вносили у нас в «Дубах».

Объявления позволяли выяснить и спрос неквалифицированной рабочей силы, подобной нам, и несмотря на рецессию экономики, приезжий безо всякого опыта мог сходу легально устроиться в мегаполисе подсобником в магазин или ресторан.
Стартовая почасовая зарплата порой достигала шести с половиной долларов - существенно больше четырёх и квотера, минимума, диктуемого законодательно, с которого автор стартовал в «Кристале» поваром.

Начнём с расходов. Семьсот на жильё, сотня на электричество, по сведениям, в Нью-Йорке можно обойтись без машины, однако на общественный транспорт нужно положить хотя бы сотню в месяц.

Далее, поскольку я волонтирую, а жена работает, Павлику понадобится детсад (150 в неделю, 645 в месяц), а Мишеньке группа продлённого дня (70 в неделю, 300 в месяц).

Если наш доход покроет вышеуказанное, программа продовольственных талонов, никак не учитывающая различную стоимость жизни в разных районах, лишит нас всякого вспомоществования, почему на питание отслюним-ка ещё три сотенных.

И кроме того, медуслуги - самая дешёвая семейная страховка стоит не меньше двух с половиной сотен в месяц, не включая сюда частичного погашения расходов на посещение докторов, процедуры, медикаменты и, не дай Бог, госпитализацию.
То есть, ежели повезёт со здоровьем, чистыми нам потребуется 1845 в месяц, 430 в неделю.

Автоматически вычитаемые работодателем налоги и взнос в социальный фонд составляют примерно пятнадцать процентов, поэтому зарабатывать надо около пяти сотен в неделю.
Следовательно, при стартовой почасовой зарплате шесть с половиной долларов на это уйдёт семьдесят семь часов.

Цифра выглядела вполне достижимой, особенно учитывая обилие в мегаполисе магазинов, ресторанов и, очевидно, работы в сфере обслуживания.
Конечно, обоим придётся подрабатывать и вечерами, и по выходным, но ради будущего семьи стоит поднапрячься полтора-два года.

Теперь нужно было изыскать средства на переезд в город «большого яблока».
Добраться туда можно за восемнадцать часов автобусом «Серая гончая», что обойдётся всего лишь в четыре сотни.
Сразу потребуется внести депозит и плату за месяц вперёд в апартментах, залог за воду и электричество, да и жить до получения первого чека, итого, искомая сумма выливается в добрые три тысячи долларов.

Как раз к тому времени в «Кристале» вновь назрели серьёзные изменения.
Юная помощница менеджера Пэм, управлявшая дневной камбоджийской сменой, объявила о своём решении учиться бухгалтерии и собиралась вскоре уволиться.
По этой ли причине или нет, вся камбоджийская бригада целиком уходила тоже и уже подыскала себе другое место работы.

На позицию Пэм назначили морячка, показавшего себя умелым организатором, а вечернюю смену возглавил новонанятый громадный негр в золотых серьгах и витых цепях с висюльками.

После процедуры знакомства главы вечерней смены с её наличным составом, я и несколько других белых работников были вызваны по одному к морячку.
Мне, как, по-видимому, и остальным, он мягко, но настоятельно предложил перейти вместе с ним в дневную смену, предлагая большие прибавки и льготы, и я охотно согласился, ибо не имел уже нужды отправляться с утра в библиотеку.

Теперь я получал ровно пятёрку в час, но существенней было то, что пока бригада оставалась недоукомплектованной, я мог работать с шести до шести, семьдесят два часа в неделю!

Такое выпадает в Америке чрезвычайно редко, и вовсе не потому, что здесь мало кто столько занят, напротив, большинство иммигрантов ежесуточно пашут по 16-18 часов без выходных, и я знаю одну железную филиппинку, вкалывающую по 20 часов каждый Божий день, уделяя для сна лишь минуты урывками.
Однако для того все должны трудиться на двух-трёх различных предприятиях, тратя изрядно дорогого времени на дорогу.

Причина заключена в законе, призванном якобы охранять интересы наёмников. По нему владелец бизнеса обязан предоставлять служащим, занятым в неделю свыше тридцати шести часов, льготную медицинскую страховку, оплачиваемые отпуска и «дни недомоганий», для получения коих достаточно устно сослаться на неважное самочувствие, а также платить в полуторном размере за время, сверх сорока часов проработанное в протяжение календарной недели.

Предложение морячка давало не мыслимые нигде сверхурочные, 32 часа, и хотя малина закончится немедленно, лишь компания заполнит вакансии, всё ж она могла продлиться месяц-другой, а то и больше, ибо американцы, несмотря на объявление о найме, крупными буквами запечатленное на табло перед рестораном ниже «приманки дня», не торопились подавать аппликации в смену, на которую приходились оба пика наплыва посетителей.

Кроме быстроты, работнику в ней требовался весьма широкий набор навыков, поскольку ассортимент завтрака включал в себя яичницы, глазуньи и болтушки, приготовляемые прямо на плите, пшеничные каши из крупы грубого помола, жареные кружочки фарша и замешиваемые вручную бисквиты.

Зато вместе со сверхурочными я получал 440 в неделю, и после уплаты налогов и отчислений, счетов за апартмент, электричество, воду и телефон, мог откладывать почти что тысячу чистыми в месяц и таким образом скопить сумму, необходимую для переезда и первоначального нашего обустройства в славном и перспективном Нью-Йорке всего лишь недель за четырнадцать.

Вообще-то говоря, можно было б сократить вдвое «период первоначального накопления капитала», подыскавши ещё дополнительную работёнку, скажем, с шести тридцати до десяти-одиннадцати, и я оставил аппликации в ресторанах, магазинах и лавочках, расположенных вокруг, однако пока подходящая смена никак не подворачивалась.

Впрочем, скоро уже начнутся летние каникулы и жизнь в университетах замрёт, а к началу нового учебного года я вполне успеваю перебраться и обосноваться.

Таким образом, вечера и воскресения очень кстати получились у меня свободны, ибо шёл Великий Пост и Анастасия ежевечерне заезжала за нами, дабы отвезти на семичасовую службу во Храм «Откровения».

Пели её только по-гречески, но Анастасия снабдила нас Постной Триодью, акафистами и другими текстами для полных десяти предпасхальных недель на славянском, ритмикой превосходно соответствующими оригиналу, потому мы не ощущали никаких сложностей с восприятием смысла, и впервые я смог оценить логику протяжённого действа о преодолении нашей падшей натуры и через то - смерти.

Я запомнил исповедальный канон Св. Андрея Критского с понуждающим лик простереться на полу мощным припевом: «Помилуй мя, Боже, помилуй мя» и крик-молитву осознавших невозможность восстать плотью самим: «Покаяния отверзи ми двери, Живнодавче, утренюет бо дух мой ко Храму святому Твоему, храм носяй телесный весь осквернен; но, яко Щедр, очисти благоутробною Твоею милостию».

Также помню стих из Литургии Преждеосвященных Даров: «Положи, Господи, хранение устом моим и дверь ограждения о устнах моих.
Не уклони сердце мое в словеса лукавствия, непщевати вины о гресех.»

Службы Святой Четыредесятницы неожиданно оказались действенной терапией, принося столь необходимый мне тогда катарсис, ибо меня, как и всех эмигрантов, донимали в ту пору призраки прошлого, вызывая угрызения совести, вроде тех, коим я дал волю в предыдущей главе, и воспоминания эти, симптом ностальгии, выглядят много ярче действительности, оттого кажущейся игрушечно-выморочной.

Заканчивалась флоридская зима с её резкими перепадами погоды, когда сейчас можно ходить в шортах и рубашке с короткими рукавами, а через шесть часов налетает колючий норд-ост, от которого спасает лишь толстая меховая парка.

Такие моменты провоцируют приступы меланхолии и переселенческой болезни, и всё же переносил я их сравнительно легко, и не только благодаря целительному действию великопостных служб.

Ведь я, дорогой Читатель, считал себя первооткрывателем «шестого чувства» и вскорости предполагал пожать все причитающиеся по такому поводу лавры.

И клянусь, так думать имелись веские основания. Фундаментальность открытия наводила на мысли о его связи с потаёнными глубинами Мироздания, в частности, о его ключевой роли при решении проблемы бессмертия человеческой личности, каковую задачу и старается, хотя совсем иным подходом, разрешить и религия.

И опять забегая вперёд, скажу, что все мои интуитивные догадки подтвердились, хотя покамест и не в отношении лавров.

Впрочем, теперь в свете всего открывшегося мне, это меня никак, совершенно, ничуть, ни на волос, абсолютно, то есть, ни в коей мере не волнует.

Итак, моя церковная жизнь тогда обрела не бывалую прежде интенсивность. Хотя ежевечерние службы собирали не так уж много народа, после них всё же устраивался общий ужин, и невзирая на пост, кто-нибудь обязательно приносил тарелку сыра, тунцовый салат или даже блюдо долмы.

Ужин заканчивался полдевятого, и пару часов перед сном я уделял живописи, неторопливо делая заказанную мне икону, предназначенную в подарок морякам греческого эсминца «Македон'ия» - раздумчивое занятие хорошо успокаивало и после него я спал крепко.

Тут пришлось изрядно пораскинуть мозгами, чтобы удовлетворить условиям, выдвинутым церковным советом.

Я изобразил морской залив и на нём длинную тушу эсминца, вдали - горы, кипарисы и среди них монастырь с греческими округлыми куполами, а над ним в облаках - Богоматерь и Младенца.

Обоим следовало благословлять корабль, причём Приснодеве как еврейке для того требовались обе руки, что принуждало иконографа думать о том, где же в таком случае должна находиться фигура Сына.

Одно каноническое решение позволяло поместить ещё не рождённого Спаса во чрево Его Матери, условно обозначаемое кружком на Её животе - приём, иронически переосмысленный Шагалом в его летающих беременных ослицах.

Однако циклично-симметрический образ претендовал на роль центра композиции, кроме того, до Рождества не вочеловечившийся Бог по канону представляется тут не Младенцем, умилительно обнимающим Деву, но предвечным Иммануилом, иначе, невоплощённым Логосом - строгим ангелоподобным юношей.

Куда больше мне импонировал другой вариант, правда, встречающийся редко - Троеручица, где Приснодева по-современному дерзко снабжена третьей рукой, и после некоторого колебания я остановился на нём.

Левую часть полотна заняли благословляющие зрителя Свв. Иоанн и Николай, а Храм «Откровения», несмотря на его позднеконструктивистскую архитектуру, я по древней иконописной традиции поставил на ладонь шуйцы его покровителя.

Настоятелю понравилась моя работа, и снабдив её собственноручной аннотацией, он выставил икону на всеобщее обозрение в концерт-холле, а затем, в день визита, когда экипаж эсминца в белоснежной парадной форме явился на службу в храм, после неё на многолюдном гала-приёме, устроенном в честь моряков, отец Нико вызвал меня на сцену, и представив аудитории как художника, под аплодисменты вручил обрамленный холст капитану греческого судна.

Потом он поблагодарил меня от лица паствы и попросил в следующее воскресение организовать в нижнем ярусе храма однодневную экспозицию моих картин.

Я охотно взялся за дело, но держать огромное помещение одной моей коллекции было никак не под силу и ей грозило потеряться на необъятных стенах.

Воленс-ноленс, пришлось призвать на помощь Романа, и тот оперативно собрал достаточное количество произведений искусства, вывезенных им и его знакомыми из терпящей крушение Империи - живописи, ювелирии, павлово-посадских шалей, палеха, хохломы, гжели, вологодских кружев, расписных эмалей, матрёшек и ложек.

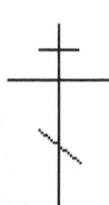

Выставка произвела настоящий фурор, и у меня приобрели даже три листа мелкой графики, предназначенной мной в продажу, а мой сосед и его жена успели установить полезные связи с влиятельными американскими греками.

Пришло Пальмовое Воскресение, когда православным положен рыбный обед, и жена псаломщика София привезла нам голову розового снэппера - гигантского морского окуня, из которой я сварил неплохую уху.

Традиция пошла от преследуемых первохристиан, применявших образ рыбы в качестве эзотерического символа, ибо по-гречески слово «рыба» - «ихтис» есть акроним фразы «Иисус Христос, Божий Сын, Спаситель», и как рыба не от суши, обиталища людей, так и Избавитель их не от временного сего мира.

Затем наступила Страстная Неделя, и я использовал теперь причитающиеся мне «дни недомоганий», чтобы участвовать в трагических похоронных ритуалах - Снятии с Креста, Плаче Иосифа и Богородицы, целовании и выносе Плащаницы («Приидите, ублажим Иосифа приснопамятного, в нощи к Пилату пришедшаго и Живота всех испросившаго: даждь ми Сего Страннаго, Иже не имать где главы подклонити...»), в Положении во Гроб с чтением канона «Волною морскою...», неожиданно завершающимся голосом Самого Усопшего: «Не рыдай Мене, Мати».

Но утешение Сына дано слышать лишь одной Пречистой, прочим же смертным грозно возглашается: «Да молчит всякая плоть человеча и да стоит со страхом и трепетом и ничтоже земное в себе да помышляет».

Ближе к полуночи в церкви гаснет всякий свет и желающие восстать с Богом погружаются вместе с Ним во мрак преисподней.

Ожидание длится вечно, наконец возжигается единственная малая свечечка и провозвещивается: «................Дефте лавете фос эк ту анэсп'эру Фотос кэ докс'асате Христон тон анастанта эк некрон!»

(................ Приидите, приимите свет от невечерняго Света и восславите Христа, воскресшаго из мертвых.)

От первой свечи зажигается вторая, третья, трепетные огоньки размножаются в геометрической прогрессии, и верующие с пением стихиры выходят на улицу. Когда они возвращаются, храм озарён полным светом, и бывшие жители могил троекратно целуются друг с другом. «Пасха красная, Пасха, Господня Пасха! ................... Воскресения день, и просветимся торжеством, и друг друга обымем. ...... Рцем: братие! и ненавидящим нас; простим вся Воскресением и тако возопиим: ........ Христос воскресе из мертвых, смертию Смерть поправ и сущим во гробех живот даровав.»

В службе, идущей после крестного хода, опускаются кафизмы, шестопсалмие и даже чтение Евангелия, ибо зачем напоминание о чуде Воскресения людям, только что самим участвовавшим в нём.

Ритм подхлёстывают восклицания священника и дьякона, в американской церкви произносимые на нескольких языках мира, и энергичные, если не всегда дружные отклики паствы: «Христос анести! - Алитос анести!», «Christ is risen! - Indeed He is risen!», «л-Мессия кам! - Хакан кам!», «Христос воскресе! - Воистину воскресе!».

На отпусте священник с благословением подаёт каждому красное яичко, и все садятся за общую трапезу с вином и всякими вещами, кои запрещает, а по здешней традиции, только ограничивает Великий Пост - бифштексами, ростбифом, ветчиной, колбасами, маслом, сырами и прочим.

После чего уставшие прихожане разъезжаются отсыпаться, а в середине дня собираются снова, обычно на большой пикник в парке, который продолжается вечерним застольем в более узких компаниях.

Тем начинается Светлая Неделя, и Богослужение ведётся по Цветной Триоди, и земные поклоны не кладутся до дня Пятидесятницы-Троицы.

Ибо «рыданию время преста».

Первый раз предо мной развернувшееся в полноте десятинедельное изложение эпической истории преодоления смерти, прочувствованное мною довольно остро, оказало на меня благотворное воздействие и моя зимняя меланхолия растаяла вместе с облаками, нагоняемыми норд-ост.

Небосвод сиял ослепительной лазурью, всё вокруг опять пахло приторно-пряно, и влюблённые парочки алых кардиналов порхали повсюду, не обращая внимания ни на кого дольнего - ни на крадущихся котов, ни на летящие в лоб на них авто.

Скоро, совсем уже скоро я смогу вступить в мир американской науки, и хотя университет, куда даст мне рекомендацию мой друг, не ведёт работ в области электромагнетизма, очевидно, связанного с моим открытием, но в Нью-Йорке огромное число лабораторий соответствующего профиля, и кроме того, город - излюбленное место проведения международных конференций, и получив статус работника академического заведения - неважно, как и вообще ли оплачиваемого, справляться о том не принято - я приобрету возможность завязывать контакты с учёными наивысочайшего рейтинга и, конечно, очень быстро найду людей, заинтересованных в создании генератора неизвестного поля, обеспечивающего «видение насквозь», и в изучении с его помощью столь обещающего эффекта.

Приказом по семье я ввёл строгую регламентацию трат, запретивши жене делать любые не санкционированные мною покупки, а детям - выпрашивать у матери что-либо.

Я разработал самое дешёвое американское меню: яйца, сметана, цыплёнок, рис, паста, овсянка без наполнителей, овощи и обрезки мяса - только нестандартные, уценённые или вовсе бесплатные в небольших лавочках, велел супруге освоить блины с начинкой, домашнюю выпечку, утилизацию холодных «Кристалов» и даже отказался от необходимого мне бургундского вина, заменив его в своём рационе бражкой на воде, сахаре и дрожжах; сэкономленные «продовольственные талоны», не имеющие срока годности, доставят нам хлеб насущный в первое время, когда мы лишимся и этого вспомоществования федеральной казны.

Деньги и талоны откладывались хорошо, и накапливаемая сумма обещала комфортно превысить установленный мной минимальный уровень выживания.

Кстати и «Серая гончая» объявила о летней пятидесятипроцентной уценке билетов, приобретаемых заранее за месяц, что добавляло к нашему бюджету добрых две сотни долларов.

Я поделился своими планами с Анастасией, и она, выразив глубокое сожаление по поводу потери общиной такой замечательной семьи прихожан, отзывчиво взялась помогать нам и связалась по телефону с Михаилом, личным секретарём греческого архиепископа Нью-Йорка,  описала ему наше положение и заручилась обещанием содействовать нам в переселении, и, буде возможно, устроить нас на программу церкви для неимущих православных без крова, с предоставлением на две недели места в общежитии, чтобы нам спокойно подыскать себе жильё и работу в удобной близости.

Короче, подготовка к релокации проходила весьма успешно, и я уже назначил дату отъезда и собирался приобретать билеты, когда горизонты предприятия неожиданно затянули тучи, грозившие нарушить всю диспозицию, ибо мою жену подвело прежде вроде бы крепкое здоровье и наше незнание некоторых реалий американской медицины.

Вначале проблема не представлялась особенно серьёзной, просто у Галины однажды случились очень обильные и продолжительные месячные очищения.

Нам как беженцам полагалась на год государственная медицинская страховка, которой мы раньше никогда не пользовались, и срок её действия скоро истекал, потому казалось естественным до отъезда бесплатно провериться и, если надо, подлечить все недомогания.

Впоследствии выяснилось однако, что в нашем интересном положении именно этого делать ни в коем случае не следовало, но ни один из нас тогда ни сном ни духом не подозревал о том.

Государственная страховка, по сравнению с частными, менее выгодна врачам и абсолютное большинство их её не принимает.

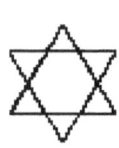 Оттого нам пришлось обратиться к спонсорам, то есть, в «Еврейский Альянс» (в иммигрантском просторечии «джуйку»), который по соглашению с властями обязан обеспечивать переселенцев медициной, доплачивая своим врачам из денег,  получаемых им, согласно контракту, при обоснованной необходимости.

Нас доставили к еврейскому доктору, недешёвому, судя по меблировке приёмной, украшенной оригинальной живописью маслом в толстом багете и живыми пальмами. Галину взвесили, измерили температуру, рост и давление, затем нас провели в кабинет и я подробно изложил ассистенту симптомы заболевания.

На мой взгляд, в них не было ничего необычного, такого рода кровотечения возникают с возрастом почти у всех женщин и вызываются эндометриозом - хроническим изъязвлением стенок матки.

Излечить его не составляет особой сложности - гормональными средствами менструации останавливают месяца на три и язвочки затягиваются сами собой.

С этой-то простейшей меры и начал бы всякий гинеколог покойной Империи, где, напомню, лечение было бесплатным, и лишь если бы не достиг результата в ожидаемые сроки, стал бы постепенно усложнять методы.

Здешний же улыбчивый магистр меднаук, бегло глянувши в листы опросника, сразу выписал направление на исследование в госпитале, куда нас немедленно и отвезли спонсоры.

Я не знал, в чём состоит исследование и был удивлён, когда Галину, переодетую в свободную тоненькую рубашонку выше колен, уложили на каталку и дали ей общий наркоз через газовую маску.

Жене предстоит небольшая диагностическая операция, объявили мне, а после она проведёт около суток в палате клиники.

Мне как супругу нужно остаться вместе с ней, ибо бывают ситуации, когда врачи не имеют права принять решение, не получивши согласие родственника пациента.

Я выразил беспокойство о детях, временно порученных попечению Бронштейнов, наших соседей в «Дубах», и волонтёры «Альянса» предложили заехать за ними и отвезти в круглосуточный детский лагерь при синагоге.

Я поблагодарил их, дал им адрес и записку Бронштейнам, и спонсоры уехали, а ко мне подошла сестра и сказала, что если я хочу, то могу присутствовать и на операции, хирурги любят это, поскольку иногда жизнь больного зависит от того, как быстро удаётся связаться с его родными.

Меня не пришлось долго уговаривать, и я поспешил за каталкой, которую сестра сноровисто покатила в операционное отделение.

Возле дверей его она указала мне на полки с халатами, масками и шапочками, и облачившись во всё это, я стал неотличим от профессионалов.

В операционной Галину переложили на стол, вставили в ноздри две трубочки, облепили тело датчиками, и подключив к анестезиологическому оборудованию, укрыли до горла белыми простынями.

Затем в комнате появились филиппинцы-уборщики, чтобы протереть пол и мебель растворами антисептиков, и попросили меня выйти, оповестив, что по расписанию операция начнётся через полчаса.

По коридору толкали каталки и тележки с приборами, здесь же врачи и сёстры мыли дезинфицирующими составами руки и натягивали латексовые перчатки; слоняться меж занятых людей было неудобно, и оттого, да и любопытства ради я заглянул в соседнюю операционную.

Тут хирурга окружало несколько человек, стоявших праздно, которым он давал разъяснения по ходу операции, все они носили такие же халаты и маски, как и я, и моя персона не привлекла к себе никакого внимания.

В ноздри мне сразу ударила волна ни на что не похожего запаха; легко различимый даже на фоне крепкого аромата йода, незнакомый, он всё же возбуждал какие-то неопределённо-тёмные воспоминания о пережитой большой опасности.

Оперирующий сидел в низеньком передвижном кресле, а перед ним на столе лежала спящая под наркозом женщина, молодая, красивая, спортивного вида, и её длинные хорошей формы ноги были подняты в воздух, широко раздвинуты и укреплены ремнями на подпорках.

Операционное поле озаряли мощные лампы типа софитов, ягодицы пациентки нависли над белой простынёй, испятнанной сплошь ярко алой кровью.

Сейчас им проводится иссечение матки и яичников, объявил хирург, и тут же в его руке возник упругий, бледный, похожий на средних размеров грушу орган.

Он передал его сестре, и хотя другая ассистентка без промедления прижгла разрезанные крупные сосуды электрокоагулятором, на простыню всё равно хлынул новый красный поток, и волнующий запах, поразивший меня при входе, заметно усилился, из чего я смог заключить, что так пахнет свежепролитая человеческая кровь, включая в нашей подкорке врождённый сигнал тревоги.

Сестра внимательно осмотрела матку и положила её в приготовленную посуду, возможно, для последующего гистологического анализа, а доктор тем временем продолжил свою работу.

Он погрузил обе руки в область промежности, напоминавшей теперь кусок сырой и основательно отбитой говядины, и раздвинув наружные половые губы, показал присутствующим влагалище, продемонстрировав его очевидно избыточную ширину и далеко недостаточную глубину, и пояснил острую необходимость вагинопластики, во время чего немногими точными разрезами и стежками ушил и углубил отверстие.

Вздёрнутое за распятые ноги бесчувственное тело с кровавыми ручьями под ним и разложенные рядом на столиках колющие и режущие странные инструменты вызывали ассоциации со средневековой камерой пыток, однако на заднем плане безраздельно владычествовал нынешний век, ибо там располагалось множество всяческой электронной аппаратуры и что-то ритмично попискивало и воздыхало, и на дисплеях выскакивали фосфоресцирующие цифры и бежали зубчатые линии, и этот контраст мог бы легко послужить сюжетом интересного живописного полотна ( слава Богу, что художественно-аналитическое восприятие мира наделило автора отстранённым отношением ко всему окружающему ).

Я вернулся в комнату, где находилась моя жена, вовремя, подгадав как раз к моменту, когда подготовка уже завершилась и в изножьи стола установили видный каждому большущий экран, поднятый к потолку на мобильной консоли.

Хирург чуть отодвинул простыни, и сделав аккуратный разрез внизу живота, ввёл туда гибкий шланг, содержавший в себе крошечную телекамеру и световод, крови при том не выступило ни капли.

На экране появилось чёткое и крупное цветное изображение внутренностей, и оператор зонда, заметивши на тонком кишечнике несколько спаек, рассёк их, выдвинув из шланга микроскопические ножницы, и оросил это место лекарством.

Затем он достиг цели своего путешествия - матки и внимательно обследовал её со всех сторон.

На ней, действительно, имелись две-три красные точки, признак эндометриоза, но других никаких новообразований не обнаружилось, и вся процедура заняла, в общей сложности, не более десяти минут.

Врач поздравил меня с успехом и вручил пачку внутриутробных фотографий моей замечательной супруги, объяснив, что точно такой же комплект отправят её лечащему терапевту; тело спящей с присоединённою к нему капельницей переложили обратно на каталку, и санитар в сопровождении мужа повёз больную в отделение постоперационной реабилитации.

В просторной палате на одного ( я не видал тут общих ) с душем, туалетом, телевизором и телефоном, и приготовленной для меня раскладной кроватью, Гале подвели под ноздри выходившие из изголовья пластмассовые трубочки, и вскоре жена проснулась.

Чувствовала она себя сносно, боли не ощущалось, но полостное вмешательство есть полостное вмешательство, и к вечеру поднялась температура.

Ночь эта прошла беспокойно, однако под утро все показатели нормализовались, и молодой дежурный врач на осмотре одобрил выписку.

Потом нам принесли завтрак, после чего за нами заехали волонтёры «Альянса», уже захватившие детишек из лагеря, помогли их матери переодеться в цивильное и на инвалидном кресле подкатили прямо к дверце заранее подогнанного взна и доставили всех в «Дубы», где пропажу встретили встревоженные Бронштейны.

Через несколько дней, которые Галина проходила крючком, спонсоры снова отвезли нас к еврейскому терапевту.

Тот в нашем присутствии бегло просмотрел фотографии и диагноз хирургов, и пожав нам руки, объявил, мол, беспокоиться совершенно не о чем, обнаружен один лишь эндометриоз, и всё, что требуется - это удаление матки и яичников.

В моём представлении живо запечатлелась гистерэктомия, которую я случайно наблюдал в госпитале, и я спросил, так ли необходима столь радикальная мера.

« Процедура стандартная и неопасная, - улыбнулся магистр, - и у нас ей рутинно подвергаются все женщины, больше не планирующие рожать, вне зависимости от наличия эндометриоза, поскольку тем уменьшается риск заболевания раком. »

« Впрочем, - добавил он, увидев моё вытянувшееся лицо, - вы скоро услышите такой же вывод ещё раз, ибо закон диктует страховым компаниям покрывать получение пациентом второго мнения о любой операции, даже незначительной, и разумеется, нет резона пренебрегать положенным льготным обследованием. »
Тут он поднялся, дав понять, что визит окончен, и пожелал нам всего лучшего.

Я решил разузнать побольше о следствиях и возможных побочных эффектах проводимого всем американкам удаления эндокринных желёз, исполняющих важную функцию в организме, и обратился за помощью к дьякону-дантисту, по агентурным данным, располагавшему обширным кругом знакомых-медиков, и тот не отмёл мои опасения как не заслуживающие внимания.

Иммигранты первого поколения, в том числе и греки, всегда испытывают шок от соприкосновения с американскими подходами к лечению болезней, сказал он.

К счастью, существуют, хотя и в небольшом числе, этнические специалисты, правда, пути к ним далеко не всем известны, позже я пойму, почему.

Случайно среди прихожан «Апокалипсиса» оказалась очень редкая птица - русский гинеколог по имени Альберт Альбатросов, близко известный дьякону, и он постарается рекомендовать ему Галину.

Однако доктор Альбатросов настоятельно требует, чтоб новые его пациенты не разглашали его вполне легитимную практику, и мне придётся поручиться в том за себя и за мою жену, которую я должен предупредить об условии.

Я дал согласие, и вечером того же дня гинеколог позвонил нам в «Дубы». Его оффис располагается далеко от нас, фактически, за пределами Джекса, но завтра у него дела в городе, и по завершении их он может заехать к нам, сообщил Альбатросов, и получив приглашение, постучался в наши апартаменты на следующий день, после наступления темноты.

Я никогда не видел в церкви и не встречал в списке членов общины фамилии этого маленького крепко сбитого человечка, кто с порога принялся понимающе внюхиваться в запах борща, доносившийся из кухни - Галочке удалось удачно подстрелить бесплатные кости, обрезки мяса и примятые помидоры в лавочке.

«Давненько я не нюхивал такой вкусной пищи, - признался Альбатросов, - пожалуй, чуть ли не двадцать лет, с тех пор, как покинул Украину. Жена моя - урождённая американка, к тому же держит меня на бесхолестероловой диете, а мои клиенты по преимуществу старые греки, реже армяне, албанцы и сербы.»

Конечно, Галина тут же предложила ему отведать своего варева, совокупно с её выпечки пампушками с чесноком, и доктор с удовольствием съел тарелку, а затем и вторую, и третью, приправляя каждую порцию доброй ложкой сметаны, кою местные считают чистым ядом, и оттого она продаётся по цене грязи.

После такого ужина наш посетитель явно размяк, и распустив галстук и ремень и промокнув пот со лба, приступил к разговору.

Прежде всего, гость попросил подтвердить обещание не рассказывать о нём никому из наших знакомых без его предварительного одобрения.

Ему довелось пережить несколько неприятных и опасных эпизодов, вызванных прежними неосторожными контактами с эмигрантами третьей волны из Империи, почти поголовно повязанными мафией и неоднократно пытавшихся шантажом вымогать у него деньги, используя его шаткое положение иммигрантского врача, которому часто приходится плыть против основного течения здешней медицины, порой вступая в конфликт с писаными и неписаными законами.

Нам-то он доверяет вполне, получивши о нашей семье превосходные отзывы от греческого дьякона Мильтона, хорошо и давно ему известного, однако мы можем ненамеренно, и даже из лучших побуждений, подставить его под удар.

Я дал доктору слово хранить гробовое молчание, и теперь, описывая его визит, испытываю угрызения совести, ибо не сумел подобрать псевдоним, адекватный удивительным подлинным имени и фамилии гинеколога.

Впрочем, прошло немало лет, по моим сведениям, Альберт уже не практикует, у моей книги мало шансов быть изданной, а если это и произойдёт когда-нибудь, вряд ли кто-то из лиц, вызывавших опасения Альбатросова, возьмёт её в руки, случись же такой эксцесс, наверняка мафиози увянет на самом первом десятке странных страниц.

Посему, надеюсь, Бог простит преступление клятвы, тем паче, что информация, предоставленная доктором, покамест не устарела и, глядишь, ещё пригодится одному из гипотетических Читателей.

Охрана здоровья граждан США доверена тысячам частных страховых компаний, совместно с несметным числом самостоятельных врачей, госпиталей и клиник, «хосписов» - домов для неизлечимо больных, фармацевтических фирм и аптек.

Баланс интересов этих независимых провизоров далеко не всегда складывается в пользу пациента, тогда как в других странах система в той или иной степени интегрирована, причём таким образом, чтобы обеспечить её заинтересованность в окончательном излечении клиента.

Американцы же, потребители до мозга костей, веруют, что за свои кровные в состоянии купить себе больше здоровья, и единодушно считают их медицину лучшей на планете, дружно игнорируя мнение Всемирной Ассоциации врачей, в чьём ежегодном ревью мы занимаем позорные места в конце шестого десятка, позади всей Европы, Австралии и Новой Зеландии, подавляющего большинства государств обеих Америк и многих стран Азии и даже Африки, несмотря на наши несомненно передовые хирургию и научные разработки.

Прямое следствие рыночных отношений, предписание удалять матку и яичники всем тем, у кого они имеются, обеспечивает нехлопотный стабильный доход врачам и фармакологам, ставя прооперированных в пожизненную зависимость от приёма синтетических гормонов.

Разумеется, удаление внутренних органов - радикальное средство против их всех болезней, злокачественных и незлокачественных, но никак не доказано, что такая мера приводит к уменьшению вероятности заболевания раком вообще.

К тому же, синтезированные гормоны не чета естественным и порой вызывают серьёзные побочные эффекты, по каковой причине он, Альберт, не рекомендует этой операции пациенткам, не входящим в группу риска, хотя ему и приходится всякий раз изобретать предлоги, дабы заставить страховые компании одобрить и оплатить лечение.

Он взялся бы за три месяца вылечить Галину, и, снисходя к нашему положению, даже по государственной страховке, убыточной и почти никем не принимаемой, но до его сведения довели, что семья лишится её буквально через несколько дней, посему срочно необходимо приложить все усилия к получению другой, причём не абы чего из дешёвых и общедоступных, а солидной, гарантирующей покрытие «преждесуществовавших обстоятельств», или, выражаясь человеческим языком, заболеваний, диагностированных до момента обретения полисом законной силы.

Кроме как перед лицом явной угрозы для жизни, нам не следовало пользоваться беженской страховкой, тем паче когда срок её действия почти истёк; теперь же, по нашей неинформированности и по попустительству спонсоров, мы оказались в довольно неприятной ситуации.

Ибо наивно засвеченный нами Галинин эндометриоз, навсегда зафиксированный в компьютерной базе данных госпиталя, подпает под пресловутую категорию «преждесуществовавших обстоятельств», и потому его не покрывает никакая из коллективных страховок, предоставляемых неквалифицированному персоналу здешними предприятиями сферы обслуживания.

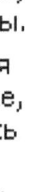
В довершение ко всему, после американской диагностики кровотечения у жены стали интенсивнее и быстро довели её до острой анемии, и нечего было и думать, чтоб она протянула без лечения полтора года, да ещё и не покладая рук работая, пока муж пробивается в науку, волонтируя в университете.

Я позвонил моему другу в Нью-Йорк и рассказал о ловушке, в которую мы нечаянно угодили.

Тот в связи с этим посоветовал ускорить переезд, ибо в мегаполисе я смогу легко получить позицию программиста с полными медицинскими бенефитами и приступить к лечению супруги, тем временем поддерживая контакты с ним и налаживая их с другими будущими коллегами, и через полгода-год уверенно поставить ногу на нижнюю ступеньку карьеры в Новом Свете.

Математику я знаю досконально, и мне доводилось разрабатывать алгоритмы и самому проводить расчёты на компьютере; и тем не менее всеми фибрами своей души свободного художника я ненавижу это ужасающе нудное занятие; впрочем, деваться некуда, придётся с полгодика сушить мозги над клавиатурой.

Я уже собрался ехать в «нижний город» за билетами на «Серую гончую», продававшимися за месяц вперёд вполцены, как тут меня в дверях остановил звонок, неожиданно предложивший альтернативу.

Звонили еврейские спонсоры из «Альянса», сообщившие, что моя кандидатура рассмотрена и предварительно одобрена компанией «Кинг», набирающей сейчас работников на конвейер для самого «Вистакона».

Разумеется, я наводил справки о всех предприятиях, расположенных в Джексе, среди которых единственным техническим был вышеупомянутый «Вистакон», довольно крупная компания фармацевтического концерна «Джонсон и Джонсон», производительница пластмассовых контактных линз.

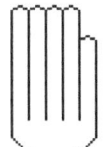

Часть медицинской индустрии, она давала её работникам сразу по зачислении приличный страховой пакет на себя и прямых родственников, обеспечивший бы курс лечения Гали у Альбатросова, съэкономив массу сил и времени, необходимых на освоение новых языков и приёмов программирования, а также розыски работы и врача в Нью-Йорке.

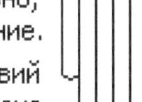

Кроме того, чем чёрт не шутит, не отыщу ли я именно на «Вистаконе» людей, кого заинтересует открытое мною явление, связанное с нейрофизиологией зрения и столь многообещающее для медицины вообще.

Фирма выглядит весьма и весьма солидно и имеет филиалы во многих странах, и кто знает, не то ли это самое, что доктор приписал.

Долго рассуждать не приходилось, ответ евреям требовался незамедлительно, и не отходя от аппарата я поблагодарил спонсоров и принял их предложение.

Естественно, устное согласие меня ни к чему не обязывало, и без последствий я мог бы взять своё слово назад, если б нью-йоркский профессор не одобрил плана.

Однако тот признал разумность моих соображений и гарантировал содействие и рекомендации тут же, как только выяснится окончательный срок моего приезда.

Я успешно прошёл интервью и ориентацию в «Кинге» и получил назначение рабочим конвейера в ночную смену на «Вистаконе».

Последний проводил политику «утвердительных акций», как здесь называют комплекс мер по «дискриминации рас наоборот», призванный компенсировать несправедливости, учинённые белыми в отношении чёрных, в который входят преимущественный наём негров на работу, предоставление чёрным бизнесменам выгодных государственных контрактов, послабления при приёме в университет и многое другое.

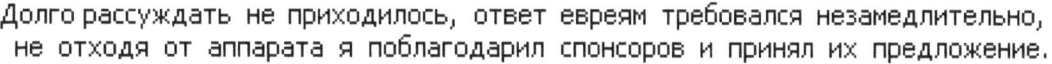

Также афро-американцы практически не подлежат увольнению, ибо защищены специальными комиссиями для рассмотрения их конфликтов с работодателями, и пользуясь тем и проявляя свойственную им сплочённость, чёрные «Вистакона» открыто игнорировали все требования трудовой дисциплины, постепенно доведя производство до упадка и потери конкурентоспособности.

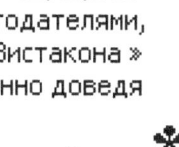

Теперь администрация решила обновить кровь предприятия и впервые набрать бригаду из иммигрантов, но чтобы не терять льготы, связанные с участием в госпрограмме «утвердительных акций», провести набор через посредника, в роли которого и выступил «Кинг», наладивший контакты с организациями, оказывавшими помощь переселенцам, в их числе, и с «Альянсом».

Конечно, делали они это не бескорыстно, отбирая у каждого завербованного треть получаемого им, впрочем, и остаток был куда больше того, что в Джексе зарабатывал чужестранец, даже и легальный, прежде, не говоря уж о бенефитах, и на ориентационном собрании в «Кинге» иммигрантам сразу же объяснили, как нам крупно пофартило и как мы должны быть благодарны и лояльны поднанимателю.

Впрямь, удача мне выпала совершенно невероятная, и в довершение сего чуда, «Вистакон» располагался рядом с моим «Кристалом», на известной мне дороге, чуть подальше, чем в получасе ходьбы от замка «Дубов».

Большая часть пешего маршрута пролегала по Университетскому проспекту, чью безопасность я выяснил эмпирически, и хотя с него нужно было сворачивать на узкую улочку без тротуаров, где ранние гости салуна «Безумная лошадь» иногда и пробовали на ходу угодить в меня пустой бутылкой, вскоре я научился замечать их машины издали и укрываться в кустах на обочине.

Я отправлялся на завод к шести вечера, летняя жара только начинала спадать, и по пути подмышки моей рубашки пропитывались потом.

Медицинское производство требовало особой гигиены, и в кабинке туалета я переодевался, предварительно протерев тело до пояса салфеткой с лосьоном и щедро сбрызнувшись деодорирующим аэрозолем.

Затем я проходил в общую раздевалку к моему шкафчику, менял уличную обувь на предписанные правилами белые кроссовки, надевал голубой шёлковый халат, после чего в предбаннике цеха мыл руки раствором антисептика.

Волосы полагалось покрыть одноразовой шапочкой, а лицо до глаз - маской, напоминающей хирургическую, но зато бороду и усы отпускать не возбранялось, и пользуясь тем, я стал вновь носить идущее мне, как и всем семитам на свете, мужественное природное украшение.

Бригада наша представляла собой поистине интернациональный коллектив и в рядах её, набранных через посредника, состояли индусы, доминиканцы, гаитянские и тринидадские негры, пара аргентинцев, ганнец, два вьетнамца - бывшие майор и полковник армии южан, вывезенные из обречённого Сайгона; камбоджийка - изящная миниатюрная красавица, жена приближённого Сианука, спасшегося от красных кхмеров, она вспоминала, как лаосские пограничники раздевали беженцев догола, отбирая ценности; пуэрториканцы и филиппинцы - эти, собственно говоря, не были иммигрантами в прямом смысле, имея право на работу в метрополии по союзному договору с ней; они переводили доллары на родину многочисленной родне, куда и сами потом возвращались, обеспечив им и себе безбедное будущее в их дешёвых и приятных для жизни провинциях, островных странах, щедро благословлённых природой, где Америка обладает важными для её геополитики военно-морскими базами, разрешая за то туземцам безлимитный доступ на континент; плюс и ваш покорный слуга, в Новом Свете именуемый, по земле происхождения, «русским», и другие перемещённые лица.

Вместе с иностранцами «Кинг» завербовал одного стопроцентного американца, правда, католика французских корней, симпатичного гарсона Дени из Луизианы, с малолетней подружкой объезжавшего автостопом Штаты, покуда в Джексе девушка не оказалась глубоко беременна и влюблённым неотложно понадобилась медицинская страховка, отчего глава неформальной семьи и подмахнул не глядя первый контракт с полными бенефитами - подтвердивши перед судом отцовство и финансовую состоятельность, он мог заключить брак с ожидающей ребёнка, несмотря на возражение родителей увезённой им из хорошего дома школьницы.

В довершение к этому, «Вистакон» укомплектовал нас примерно на четверть старыми местными чёрными работниками, возведя их в статус «инструкторов», и поставив над нами бригадира-негра.

Поначалу вистаконские ветераны-негры, для коих, судя по всему, назначение в новосозданную бригаду служило способом наказания за провинность, принялись жаловаться, что не в состоянии понимать иммигрантов, и особенно, тринидадцев, индусов и ганнца, с детства усвоивших свойственные их англоговорящим странам акценты языка, близкие к британскому, и разговаривавших раза в четыре быстрее, чем южане, вальяжно растягивающие гласные; также коренных чёрных раздражали иноземцы той же самой расы, отличными манерами разрушающие сложившуюся тут исторически уникальную афро-американскую культуру «эбоник».

Однако администрация не сочла это препятствием для совместной работы и велела лишь придерживаться всем строже производственной терминологии.

Всё ж «инструктора» постарались прижать свежих набранных с другой стороны и на общем собрании ультимативно потребовали, чтобы филиппинцам запретили объясняться между собой на островных диалектах, аргентинцам - по-испански, а гаитянцам, вьетнамцам, камбоджийке и луизианцу обменяться, практики ради, одной-двумя фразами по-французски.

В том бригада пошла вистаконцам навстречу, и скоро интернациональные связи в нашем вавилонском столпотворении наладились, хотя чёрные старослужащие долго ещё затевали с новенькими провокационные разговоры на расовые темы, от которых автор успешно отбивался рассказом о племени «лембо» (см. выше) - расово явных негроидах, а генетически - самых чистых евреях в мире, и ганнец охотно подтверждал достоверность его информации.

Сразу же по приёме на работу я попросил аудиенции у бригадира и вручил ему своё резюме вместе с копиями пяти моих статей, удостоенных Академией Наук издания на английском (большая честь), и доходчиво объяснив свою ценность как специалиста для «Вистакона», получил горячие уверения негра, с уважением взглянувшего на листы, густо испещрённые змееподобными знаками интегралов и заглавными жирными сигмами, в том, что он безотлагательно пошлёт бумаги по инстанциям, и руководство, безо всяких сомнений, вскоре прореагирует на них.

Однако, доброжелательно предупредил начальник, некоторое время принято приглядываться к претенденту на должность, предоставляя ему возможность показать себя в деле, познакомиться изнутри с производством и на интервью продемонстрировать знание на зубок регламентов процедур.

Безусловно, это был полезный совет, впрочем, и без него я старался вникнуть в немало озадачивавшие меня заморские технологические принципы.

В качестве начального шага я осуществил беглую рекогносцировку процесса, пожертвовав частью перерывов и пройдя по всем участкам линии, выпускавшей гибкие линзы под названием «Острый взор», которую обслуживала наша бригада.

В дальнем конце цеха находилась отливная машина, куда загружались вручную одноразовые пластмассовые рамочки с шестью формочками и раствор мономера.

Машина впрыскивала в каждую формочку капельку раствора и высушивала её под лучами мощных ультрафиолетовых ламп.

Оператор ловко подхватывал рамочки, скатывавшиеся по наклонному жёлобу, и вкладывал их по одной в прорези палетт бесконечного ленточного транспортёра, проходившего через досушивающее устройство.

На выходе из него сидела команда, называемая «ковыряльщики», отдиравшая крышечки от каждой из формочек при помощи бронзовых когтистых напёрстков и аккуратно помещавшая рамочки на подносики.

Другой работник собирал подносики в стопки и упаковывал в обоймы-магазины, опускаемые затем на дно бассейнов с химикалиями, под воздействием которых крохотные лепесточки линз отделялись от форм и падали в чашечки подносика.

Потом подносики развозили по рабочим станциям «визуальных инспекторов», где прозрачные чашечки одна за одной просвечивались и крупные изображения плавающих в растворе линз возникали на экранах проекционных микроскопов, напоминая неизвестные, подёрнутые туманной дымкой планеты.

Инспектор же сидел перед пультом, будто пилот, управляющий космолётом, и наводя тубус микроскопа на резкость, напрягая зрение, старался различить на фоне планеты светлые точечки-сателлиты, а на самом деле - мельчайшие пузырьки воздуха, включённые в отливку, и углядев таковой, нажимал кнопку, отбраковывая не годную линзу, которая после чего отсасывалась из чашечки.

Эта процедура заинтриговала меня больше других, ибо в упор я не мог понять, какую опасность представляет ничтожнейшее включение, не воспринимаемое носителем линзы ни зрением, ни каким иным известным чувством.

Всё заключено в пластике, оно не в состоянии ничем раздражать роговицу, тем паче, сетчатку, не фокусируя, а рассеивая лучи.

Также вряд ли оно ослабляет механическую прочность лепесточка настолько, чтобы угрожать ему случайным разрывом.

Впрочем, не приходится сомневаться в том, что дорогостоящее решение фирмы уничтожать около трети готовой продукции основано на самом точном анализе.

Следующие за инспекцией участки только упаковывали и маркировали линзы, и как физика интересовали меня гораздо меньше.

Обзор их выявлял уже отмеченные мною черты производства, и прежде всего, вопиющую нестыковку автоматических операций, восполняемую ручным трудом.

Очевидно, процессы ещё находились в стадии разработки, и такая ситуация замечательно играла мне на руку, означая, что компания продолжает вести интенсивные научные исследования, и я прекрасно представлял, какие именно, поскольку в институте фотоматериалов занимался как раз выяснением условий, необходимых для безразрывного нанесения тонких жидких слоёв на подложку и последующего их бездефектного высыхания.

Гидродинамически отливка линз и отвердевание светочувствительных эмульсий весьма схожи, оттого проблема захвата пузырьков была мне досконально знакома и я мог сразу с глубоким знанием дела обсуждать её в кругу вистаконских учёных самого высокого профессионального уровня.

Конечно, предложение занять место в их рядах не прельщало меня, если мне не удастся заинтересовать администрацию своим открытием, но демонстрация моего потенциала и квалификации заставит её воспринять серьёзно разговор о столь невероятной вещи, как «шестое чувство»; в случае же непонимания, я в назначенный срок отправлюсь куда собирался раньше.

Однако для усиления моей аргументации неплохо бы закончить выяснение механизма таинственного явления и составить о том подробный отчёт.

Времени, пока Галина лечится, хватит, чтобы провести оставшиеся две серии предварительных домашних экспериментов, которым удобней всего отводить сравнительно тихое в «Дубах» начало дня, теперь всегда у меня свободное, ибо работал я с шести вечера до шести утра, каждые вторые сутки, в среднем.

Когда я возвращался в апартменты, купался в бассейне, завтракал (а вернее, ужинал) и завершал краткие ежедневные опыты, дубовики *en masse* просыпались и внутренний двор наполнял обычный визгливый гомон и крик детей и взрослых.

Мне ж пора было отходить ко сну, всегда у меня неглубокому и чуткому, в полном соответствии с моим именем «Григорий», по-гречески означающим «неспящий», «бдящий», или «бдительный».

Потому я велел жене освободить просторную кладовую в своей мастерской, выходившей на мебельную свалку, где подобрал несколько старых матрацев и употребил их в качестве звукопоглотителей, заслонив ими оконные проёмы примыкавших комнат и вход и стены бывшего подсобного помещения квартиры, преобразованного теперь в персональную «усыпальницу» отца, чьим сыновьям запрещалось отныне, под страхом лишения электронных игр, приближаться к ней даже на цыпочках.

Увы, несмотря на все вышеупомянутые меры, резкие звуки снаружи нередко доходили до моих ушей и спалось мне плохо, впрочем, я восполнял недосып отдыхом на свежем воздухе в нерабочие ночи, подолгу медитируя под кедрами в старом кожаном кресле меж брошенной мебели с видом на заросшую канаву, розовый особняк и поместье, где по газону снова гулял красивый белый конь.

Также свободными ночами я компоновал в мастерской коллажи из раковин, камешков, кусочков коры и кальмарьих глаз, и оба эти занятия успокаивали и очень способствовали стабильности результатов не столь продолжительных, но требовавших полной самоотдачи попыток «увидеть не видимое зрением».

Процесс отливки на «Вистаконе» шёл непрерывно, каждую линию обслуживали две ночные и две дневные бригады, и график чередования смен через неделю предоставлял сотрудникам вожделенный «длинный уикэнд» - нерабочие пятницу, субботу и воскресение.

Благодаря этой системе я мог продолжать регулярно посещать «Откровение» и мне удалось в том году не пропустить ни один из послепасхальных праздников и проследить весь путь первоапостольской общины от смятения после Распятия и до превращения её в Церковь по сошествии Духа Свята.

Меня как учёного глубоко тронуло отношение Воскресшего к сомнению Фомы, не осудившего нуждавшегося в осязаемых доказательствах невероятного факта, а кротко вложившего персты ученика в отверзстые раны, промолвив без укоризны: «Блаженны не видевшие и уверовавшие».

Причём реплика, предполагаю, имела своей целью не Фому, отсутствовавшего с Воскресения в Иерусалиме, но тех, кому Христос уже являлся в новом Теле, показав приобретённые способности к изменению облика и нуль-транспортировке.

Наблюдая Его вблизи на протяжение сорока дней (время, совпадающее со сроком бальзамирования египтянами умерших), апостолы, похоже, испытывают лишь страх, безотчётную реакцию обыденного людского ума на столкновение с необъяснимым, парализовавшую их действия даже и по Вознесении облаком окутанного Учителя.

Они никому не рассказывают о случившемся и таятся от иудеев, как вдруг в праздник Пятидесятницы, или Седмиц (т. е., Недель, на иврите «Шавуот») их дух возрождает обещанное им вмешательство мощной Потусторонней Силы.

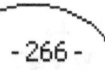

На исходе седьмой недели после Пасхи город мира Иерусалим начинает вновь наполняться паломниками, в большинстве совершающими тяжёлое нисхождение по скалистой местности от Иерихона, перед глазами которых, когда они огибают с юга покрытую оливковыми рощами гору Элеонскую, совершенно неожиданно возникает, как невеста, приподнявшая фату, тысячелетняя столица иудаизма.

Заложенная королями-пастухами хиксосами, в бытность их правителями Египта покровительствовавшими дому Израилеву, и отвоёванная для него у язычников царём-пастухом Давидом, она разрослась не очень-то с того времени, занимая площадь, пожалуй, менее одной квадратной мили, где довольно скученно жили около двадцати пяти тысяч постоянных её обитателей.

Но три раза в год - в дни Пасхи, Пятидесятницы и Кущей - сюда стекаются не меньше ста тысяч пришедших пред Лице Господне во Храм, который стоит сразу за потоком Кедрон и обращён фасадом к нагорью, и земной Дом Яхве - циклопическое святилище в центре храмового комплекса, сплошь обложенное чистым листовым золотом, в солнечную погоду сверкает нестерпимо для взора.

Слева от Храма теснятся тёмные домишки Нижнего города, справа барашками разбежались мраморные виллы Верхнего города, дальше виднеются башни бывшего дворца Ирода, соединённого с Храмом прямым и широким виадуком.

По периметру столицу окружают высокие крепостные стены, по верху которых может проехать колесница; дополнительная стена и глубокая Терпейская долина отделяют Верхний город от Нижнего.

К внутренней стене примыкают гипподром, стадион и гимнасий, напротив них, на противоположной стороне неудобной для застройки ложбины возвышается получаша здания вместительного публичного театра.

Пересекши мелкий Кедрон и пройдя через Восточные ворота, где сидели мытари, собиравшие с купцов пошлины за всё ввозимое в Иерусалим и вывозимое из него, путешественник попадал в сутолоку и гомон узких и довольно пыльных улочек Нижнего города.

Зато тут можно было хорошо отдохнуть с дороги в многочисленных тратториях, подававших с кратером доброго местного вина вяленую и свежеиспечённую рыбу, жареную саранчу, супы, ягнятину, сладкие пирожки и другие иудейские закуски.

Неподалёку раскинулся шумный базар, на котором всякий пришелец приобретал жертвенных животных, а также парфюмерию, косметику, ткани и драгоценности для женщин семейства и родни, тратя, как предписано каждому еврею обычаем, 1/10 часть годового дохода в Иерусалиме (не включая сюда храмовой десятины).

Десятина, кстати сказать, принималась лишь в тирийских серебряных шекелях, что помогало кормиться немалому количеству менял, чьи столики с монетами попадались часто между цветастых шатров торговцев.

Вместе с паломниками в город приходили 7200 священников и 9600 левитов. Младшие клерики проживали все вне пределов Святого Града, обеспечивая надзор за соблюдением религиозных традиций, духовным обучением и вознося к Богу в молитвах просьбы односельчан.

Разделены на 24 клана, они поочерёдно по одной неделе служили во Храме, по великим же праздникам призывались в него в полном числе.

Меж левитов, конечно, шагали и мои предки Ицгары. Низшие по чину в колене, они не вступали с приношением в святилище и даже не приближались к его дверям, занавешенным изображавшим небо тяжёлым сине-пурпурным вавилонским ковром, над которым блистала златокованная виноградная лоза, олицетворение Израиля, ниже к огромному двурогому алтарю-жертвеннику в центре Двора священников.

Но облачены в белоснежные льняные ефоды, они участвовали в процессиях, пели в хоре и играли на музыкальных орудиях, и нося короткие мечи у бёдер, следили за соблюдением общественного спокойствия на территории комплекса.

А здесь ещё до рассвета праздничного дня занимали места торговцы голубями, барашками, тельцами и козлами для жертвоприношений, продавцы еды и питья и вездесущие менялы, развешивая пёстрые тенты и ставя переносные навесы у южной стены и во Дворе язычников, куда не возбранялся вход и неевреям.

Скоро из ворот Антонии, примыкавшей к северной стороне Храма цитадели, где квартировал имперский гарнизон, выходила центурия и римские легионеры взбегали по маршу ступеней и рассыпались цепью вдоль стен, ограждавших приделы, доступные исключительно иудеям: первый - всему Народу Завета, два за ним - только сильной половине Израиля, причём в последний, третий, не принадлежавшие к потомкам Левия могли попасть лишь однажды в году, когда во время Кущей ( Суккот ) процессия мирян торжественно огибала Алтарь.

По троекратному трубному сигналу в три часа пополудни мужчины-евреи вместе с женщинами, детьми и жертвенным скотом входили в женский Двор, откуда одни взрослые мужи и животные через бронзовые Никаноровы врата, названные по имени богатого александрийца, пожертвовавшего их, проходили во Двор Израиля, отделённый низкой балюстрадой от священнической части.

Во внутреннем пространстве Храма земной Дом Бога Яхве открывался верным во всём великолепии, но до того пока было далеко, и усиленные наряды латников никого не подпускали к трём широким дверям женского Двора, несшим надписи на греческом и латыни, предупреждавшие о том, что смертная кара на месте ждёт всякого инославного, пересекшего сию границу, в ведении или в неведении.

Сегодняшний праздник отмечал семинедельный путь богоизбранного Народа от дня кровавой египетской Пасхи к подножию горы Синай, покрытой сплошь удивительно густой для этого времени года зеленью, за исключением лишь прикрытой облаком-Шехиной скалистой вершины, куда по зову Бога Моисей поднялся на сорок дней, дабы получить скрижали Декалога и записать Тору.

Также по преданию именно в этот же день прародителям Аврааму и Сарре, временно жившим в дубраве Мамвре, явились три ангела, шедших уничтожать впавшие в разврат города Содом и Гоморру.

Посему, в напоминание о лугах Синая и дубах Мамвре, стены и входы во Храм украшали гирлянды из роз и листьев и свежесрубленные деревца, а на мостовые и лестничные пролёты дворов были брошены под ноги скота и людей охапки сжатого нынче речного тростника, в нём же на Ниле обретён Моисей младенцем, и теперь, быстро увядающие под лучами ослепительного солнца, наполнявшие воздух совершенно особенным, сладковато-терпким и крепким запахом.

Праздник нёс не только историческую подоплёку, ибо Промышлением Божиим израильтяне подошли к Синаю именно тогда, когда в неведомом им ещё Ханаане завершалась жатва пшеницы, и Моисеева Тора предписывала Народу, которому предстояло сорок лет обретаться в пустыне до вступления в Землю Обетования, по укоренении в оной приносить в Пятидесятницу в жертву Господу от плодов нового урожая во всеобщем веселии сердца ( Второзак. 16 : 11 ).

Пилигримы из каждого города ойкумены приближались ко Храму, держась компактной группой, предваряемой флейтистами и сопровождаемой повозкой, запряжённой белым бычком с вызолоченными рогами и в золотой короне.

По обеим сторонам дороги стояли старейшины и уважаемые представители синагог ремесленных гильдий Иерусалима, приветствующие восликами гостей.

У южной стены путешественники снимали с повозки корзины, наполненные семью сельскохозяйственными продуктами, коими благословлена Палестина - ячменём, пшеницей, виноградом, гранатами, фигами, оливками и финиками.

К произрастаниям всякий дом прилагал два хлеба, печёных из квасного теста - один дешёвый ячменный, который ели рабы в Египте, другой - пища свободных, пышная пшеничная хала.

Прежде в Шавуот сам царь Иудеи ставил корзину на плечо и с придворными являлся во Храм, но сейчас трон Давидов пустовал, и во дворце Ирода Великого остановился прокуратор области Понтий Пилат, прибывший вчера в Иерусалим из его штаб-квартиры в не столь жаркой Кесарии на берегу Средиземного моря; с ним совершили двухдневный переход четыре центурии Италийского легиона, подкрепление шести сотням постоянного гарнизона Антонии.

Прокуратор и контингент Имперской армии исполняют в Иудее лишь надзорные и полицейские функции, полнота же всей политической власти декретом Августа делегирована первосвященнику этноса, кто сегодня во главе процессии, облачён в небесно-лазурную церемониальную ризу, украшенную ювелирными подвесками в виде гранатов и золотыми колокольцами, в бело-голубом тюрбане с короной, на коей выковано «Святое Господу», нагрудной пластине с двенадцатью камнями, по числу колен Израилевых, и золототканной витой опояси возложит на жертвенник незримого и никак не изображаемого Божества евреев хлебы их нового урожая.

Однако для укорота и на всякий случай ритуальные одежды высших клериков хранятся под присмотром римлян в одной из башен Антонии и выдаются только в установленные богослужебные дни по списку определённым лицам.

Праздники в Иерусалиме искони чреваты публичным беспокойством, и Пилат, никогда не пренебрегавший обязанностью присутствовать в эти дни в столице, в минувшую Пасху вынужден был утвердить смертный приговор Синедриона одному из возмутителей порядка, предотвративши этим актом, не исключено, серьёзные народные выступления и даже восстание.

Помня о том и предвидя возможность волнений, инспирированных сторонниками распятого бродячего проповедника из Галилеи, прокуратор увеличил вдвое число обычно командируемых с целью содействия имперским силам города италийцев, получивших, как и местные солдаты, инструкции немедленно пресекать в корне всеми средствами и мерами всяческие сборища плебса и арестовывать агитаторов.

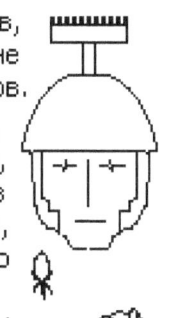

Замеревши в уставной позе на верхней площадке высокого пролёта ступеней, восходивших к подножию тридцатиметровых стен внутренних приделов Храма, за беломраморными зубцами которых сверкала на высоте пятидесяти метров остроконечными шпилями крыша золотого святилища, бритые латники в шлемах, увенчанных гребнями, и в коротких алых пехотных плащах выглядели странно на фоне цветочных гирлянд и зелени молодых деревцов.

Зато отсюда им ровно как на ладони открывался весь Двор язычников, и воины бдительно отмечали малейшее движение толпы.

Караульные сменялись каждый час, и вспотевшие легионеры возвращались в казармы Антонии, где, поставив к стене щиты и копья, отдыхали в трапезных на длинных лавках, сняв шлемы и освежаясь красным вином, разбавляемым холодной водой из громадных гидрий.

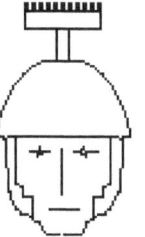

Но по одной команде дневального все девять сотен в момент готовы были разобрать оружие, построиться и ринуться бегом на помощь дежурной центурии.

В полдень из дворца по виадуку в цитадель прискакал прокуратор с конвоем и приказал поставить себе ложе у окон дозорного помещения на верхнем этаже юго-восточной башни Антонии, откуда хорошо просматривался Двор язычников.

Там, пожалуй, скопилось уже свыше восьмидесяти тысяч варваров, и Пилат распорядился удвоить посты, отрядив туда две надёжные центурии италийцев.

Расквартированные в латинизированной Кесарии, не имевшей значительной еврейской общины, солдаты с усмешкой разглядывали непривычный им этнос - бородатых мужчин в полосатых талифах с кисточками по углам, накинутых поверх тюрбанов и прикрывавших плечи, их жён, укутанных в шали, и детей, чьих голов явно никогда не касались ножницы.

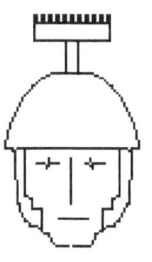

Неся корзины с плодами и хлебным приношением, они непрерывным потоком вливались в южные ворота, растекаясь по доступному сейчас пространству известняковой платформы, расширенной до 35 акров и укреплённой Иродом.

Стариков и немощных укладывали и усаживали в крытых портиках вдоль стен, для тех же, кому не достало места в тени, ставили навесы и палатки ( ибо Тора предписывает всем иудеям, кому возможно, являться пред Лице их Господа, и отсутствовать во Храме в Седьмицы простительно только евреям диаспоры да тем болящим на исторической родине, кто совсем уж нетранспортабелен ).

Остальных защищал от стрел Гелиоса лишь головной покров, реже зонт из кожи.

Густая толпа, где сновали одни водоносы, ожидала начала жертвоприношений под прямыми лучами летнего солнца в зените довольно спокойно: смуглые варвары, в большинстве аграрии, рыбаки и овцеводы, вероятно, привычны к такой жаре, и никаких подозрительных их передвижений и группировок пока не наблюдалось.

С полудня живая река, стремившаяся к южному порталу Храма, начала редеть и в два пополудни иссякла вовсе.

К этому времени Иерусалим опустел, двери все его были заперты, и в городе воцарилась непривычная для него тишина.

Правда, в единственном доме, безмолвном, как и другие, оставались люди, к тому же правоверные иудеи, не прикованные к постели, и тем не менее не спешившие в Шавуот радостно принести Богу от ниспосланного Им урожая.

Однако Мария испекла вчера положенные хлебы, а вечером пред Апостолами возожгла с благословением праздничные свечи в шандалах.

Затем они провели ночь во бдении, разговорах и чтении Писания, что считалось благочестивым долгом тех, кто жил в столице, во-первых, в знак солидарности с паломниками, часто совершавшими последний переход без ночлега, во-вторых, в противоположность ожидавшим у подножия горы Синай возвращения Моисея, по преданию, спавшим, когда тот сошёл к ним со скрижалями Декалога и Торой.

Под утро читали книгу «Руфь», о язычнице-моавитянке, принявшей иудаизм и благодатию Божией ставшей женой знатного латифундиста из Вифлеема Вооза, на чьём поле вдовицею подбирала колоски, и через то - прабабкой царя Давида, родившегося и умершего в Пятидесятницу, и оттого поминаемого на праздник.

Как принято, прочитанное обсуждали и комментировали, отмечая, сколь многое в Святом Писании указывает на мессианство их Учителя - и место Его рождения, и происхождение по земному отцу Иосифу из дома Давидова, и детали Распятия, совпавшие с туманными прежде пророчествами Псалмиста о прободении рёбер, отмене раздробления костей и бросании стражами жребия об одеждах Казнённого.

Также и основная мысль древней книги звучала в унисон словам Равви о том, что истинная праведность волей Господней встречается и между иных народов, и даже среди стяжавших позорную славу разнузданным блудом женщин Моава.

Потом, вознеся хвалы Создателю, позавтракали свежей сметаной с творогом и медовой коврижкой, и за трапезой по традиции старались перечислить все её символические значения, каждый по очереди называя одно из ему известных.

Простые галилейские рыбаки, Апостолы не имели религиозного образования, сверх того, что положено любому еврейскому мальчику, с шести лет ежедневно по будням, захватив обед из вина и хлеба, отправлявшегося утром в синагогу, где раввин обучал письму и чтению по священным свиткам, сопровождая всегда тексты Завета пространными устными истолкованиями, постоянно дополняемыми и передаваемыми бережно из поколения в поколение.

Потому ученики со школьной скамьи знали - медово-молочная еда в Шавуот знаменует обетование о земле, текущей молоком и мёдом, но не только это.

Мясо, запрещённое в Пятидесятницу - символ Тельца-Хапи, которому Народ поклонился в отсутствие Моисея, одно же из имён горы Синай - Гавноним - означает и «без порока», и «молочные продукты», от слова «гевина» - сыр.

Далее, поскольку обретение Торы, предписавшей сложный ритуал очищения некошерной посуды, пришлось на субботу, Израиль в сей день пил одно молоко.

Не случайно и Моисей, именно на Пятидесятницу найденный в тростниках, отвергал грудное молоко египетских женщин, предвозвестив тем получение им предуготованного евреям священного молока Торы.

Традиционное рассуждение о смысле праздничной трапезы представляло собой род соревнования в том, кто последним назовёт значение, не упомянутое прежде, и благочестивое соперничество побуждало не уповать лишь на школьный багаж, наводя справки о новых изысканиях у бродячих книжников-теологов, кто сейчас, по примеру пифагорейцев, уделял большое внимание числовой мистике.

На иврите «молоко» - «халав», и гематрия его, число, соответствующее слову, равна сорока, напоминая о днях Моисея на Синае и годах странствий в пустыне, теперь же ещё и о посте Учителя пред началом Его трехлетнего проповедания и о сроке, проведенном Им на земле по воскресении.

В довершение ко всему, учёные недавно заметили - «халав» есть акроним строчки псалма Давидова «Возвещать заутра милость Твою» (Пс. 91:3), а в толкованиях выражение «милость Божия» применяется как синоним Торы.

Она же, духовное молоко, питала Израиль в пору младенчества, покамест ему Господь наш Бог не дал в пищу хлеб и вино Причастия.

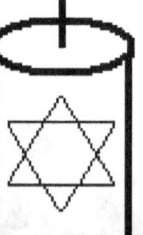

Впрочем, лишение взрослого человека молочного расстраивает его здоровье, и Иисус Христос не отменил Закон и Тору, но дополнил их.

Оправдав сбор голодными колосков и порой исцеляя в субботу, Учитель, однако, всегда старался не осквернять шаббат и соблюдать праздники, побуждая к тому и окружавших Его спутников и любопытствующих.

Разумеется, тем, кого Он избрал свидетельствовать о Воскресении, следует оставаться хорошими евреями и не давать никому никакого повода обвинить их в отпадении от дома Израилева и ереси, и потому Апостолам надо бы сегодня, принести, как подобает, плоды со всем Народом во Храм Господен.

Увы, при всеобщей паранойе и усиленных мерах безопасности их тут же бы подвергли аресту и казни, и благоразумно ль торопить судьбу и искушать Бога.

Сам Учитель в саду Гефсимании молил о пронесении мимо Чаши, ибо страшен земнородным путь смерти, даже и по обетовании новой жизни и нового тела.

И потом, являясь на краткий срок через двери, запертые учениками не только от «страха иудейска», не велел Он им, покидавшим дом лишь под покровом ночи, дабы наловить немного рыбы для пропитания, смело отправляться на их миссию, а наказал ожидать сошествия с Небес не очень-то понятного Духа Утешителя.

И посему, рассудив, Апостолы единодушно решили не предпринимать от себя никаких рискованных акций, но в честь праздника провести домашнюю службу, аналог той, какую от края до края ойкумены служат синагоги диаспоры в Шавуот.

Итак, рыбаки галилейские, числом более десяти - минимум участников-мужчин, по Закону необходимый для иудейской литургии, накинули на головы талифы и ритмично раскачиваясь прочли нараспев положенный отрывок из книги Чисел о приношениях Богу от начатков плодов - жертва словесная вместо физической. Вслед за Торой шла предписанная обрядом хафтора Пятидесятницы, состоящая из первой главы Иезекииля с добавлением стиха двенадцатого третьей главы.

По содержанию, казалось бы, никак не связано ни с одной темой праздника, пророческое чтение дня повествовало от лица сосланного в Халдею священника о его видении четырёх четырехликих животных, одушевлённых колёс в колесе, исполненных очами по ободу, кристаллического свода и сапфирового Престола, где в радужном сиянии восседал Глаголющий, подобием человек, и явление Его отмечали разряды молний, сполохи грозовых огней и звук урагана.

Вдруг, с последним стихом установленного древле чтения: «И поднял меня дух; и я слышал позади себя великий громовый голос: «благословенна слава Господа от места своего!», комнату, где пребывали Апостолы и Матерь Божия, наполнил шум как бы от сильного ветра, хоть воздух остался недвижен, и под потолком из ниоткуда возникла огненная голубая сфера, исходящая алыми протуберанцами.

Медленно и торжественно поплыла она по направлению к молящимся и над ними разделилась на двенадцать пламенных языков, опустившихся на чело каждого.

И вмиг осознавши сошествие Руаха, Духа Божия, обетованного Утешителя, мужи галилейские ощутили все сразу, что сейчас надлежит им предпринять.

Хохоча в радости, выскочили они из дверей на улицу и понеслись опрометью по опустевшему городу ко Храмовой горе, и полосатые талифы за их плечами развевались от ветра, будто орлии крылья.

Пробежавши мимо легионеров стражи южного портала Храма, встретивших добродушным рёготом варваров, опаздывавших к их священному действию, рыбаки, лавируя меж людей и скота, тесно стоявших во Дворе язычников, двинулись к его северной, соединённой с Антонией части, где густота толпы достигала максимума возле трёх закрытых ещё дверей во внутренние приделы, охраняемых усиленными нарядами римских копейщиков.

Добравшись до колоннады портика, в которой обычно поучали бродячие раввим, в том числе, и не так давно, Учитель, но теперь заполненную одними болящими и престарелыми, Апостолы накинули на головы талифы, как надо для проповеди, и огляделись.

Лишь несколько параличных, лежавших рядом, обратили на их группу внимание, взоры же остальных, в ожидании трубного сигнала о начале жертвоприношений, устремились на внушительные бронзовокованно-украсные двери женского Двора.

Внезапно все двенадцать голов принявших Святого Духа осенила одна идея, и они возопили согласно в затылки толпы призывы на всех языках рассеяния.

И, вполне естественно, пилигримы, совершившие паломничество в Иерусалим в составе компании компатриотов и связанные с ними узами долгого путешествия, тут же отозвались на клич своих предполагаемых спутников.

Множество их, Парфяне и Мидяне, и Еламиты, и жители Месопотамии, Иудеи из Каппадокии, Кипра, Понта и Асии, Фригии и Памфилии, Египта и частей Ливии, прилежащих к Киринее, и пришедшие из Рима Иудеи и прозелиты, Аравитяне и Критяне, слыша язык своего детства, протолкнулись к портику, но выяснивши, что призывает их лишь горстка Галилеян, легко отличимых по своим одеждам, оскорбились до глубин души.

Запылённые, со всклокоченными волосами и бородами и блестящими глазами, люди эти выглядели то ли сумасшедшими, то ли пьяными.

Когда же предводитель странной дюжины резко весьма обвинил их скопом, перейдя на общепонятный греческий, в предательстве некого Иисуса Назорея, о Котором большинство паломников ни сном ни духом не ведало, инвектива шокировала своей абсолютной абсурдностью всех без исключения.

Однако, хоть кое-кто подбежал к центуриону с жалобой на нарушение порядка великого праздника на территории Храма, остальных непонятная сила заставила вслушиваться в сбивчивые слова оратора, полагавшего, что упомянутый Иисус есть Мессия, предуказанный пророческими книгами, и теперь Израилю нужно покаяться и окреститься во Имя преданного им Сына Божия.

Опытным взглядом центурион италийцев сразу отметил первое движение толпы и тут же, отдавши сигнал значком, привёл свою сотню в боевую готовность.

В обычное время он вслед за тем незамедлительно приступил бы к исполнению возложенных на него полицейских обязанностей, то есть разогнал бы сборище и, арестовав его зачинщиков, препроводил их в тюрьму Антонии.

Сейчас же присутствие прокуратора, самолично наблюдающего происходящее, заставляло его ждать отмашки дозорного с верхушки башни, подтверждающей согласие командарма имперских войск Иудеи на вооружённое усмирение плебса.

Но наиболее могущественный человек в области, Понтий Пилат, стоя у окна юго-восточной башни цитадели, откуда весь Двор язычников просматривался, будто на ладони, не мог в ту минуту принять никакого решения.

Ибо когда он посмотрел вниз, дабы прикинуть размеры скопления, он увидел ослепительное голубое сияние, исходящее от того портика, где столпился народ, и безотчётный, доходящий до позорнейшей паники страх объял всего его сразу.

Безумная мысль огненной стрелой пронзила мозг прокуратора и осталась в нём, раня своей нелепостью - не Сам ли невидимый Бог евреев, Кто, по их суеверию, обитает в тёмном пустом покое Святилища, куда лишь единственный раз в году, на Судный день, входит Первосвященник, покрытый кровью жертвенного овна, не Он ли, Яхве, явился ему и ищет его души.

Видение никак не походило на галлюцинацию, хотя телохранители и караульные, тоже наблюдавшие скопище, не отметили, судя по их реакции, ничего странного, и Пилат, отойдя от окна, постарался усилием воли возвратиться в присущее ему, представляющему в земле варваров цивилизацию Рима, супердержавы и Империи, аналитическое расположение рассудка, лишь на один миг смущённого непознанным.

Философы говорят о космическом поле «нус», объединяющем всё разумное, и о мощных энергиях, связанных с ним.

Также прорицатели будущего упоминают об одним им видимом сиянии-ауре, окружающем человека и отражающем его судьбу.

Вероятней всего, евреи, чей слитный религиозный порыв многократно усилил эманацию их психогенных полей, подключились через «нус» к его сознанию, возбудивши в нём, вольно или невольно, несвойственные ему мысли и эмоции.

И прокуратор остро почувствовал, хотя на фоне никуда не отступавшего страха, великую благость и мудрость внешней по отношению к нему вселенской сущности, всё устрояющего и наполняющего Движителя вечно справедливого миропорядка.

Потому, преодолевая сопротивление своего рационального эго, Понтий Пилат условным жестом снял состояние тревоги и послал центуриону италийцев приказ отрядить к нему нарочного с докладом о происходящем у портика.

Как он и предполагал, зачинщиками сегодняшнего возмущения оказались адепты распятого в прошлую Пасху бродячего галилейского проповедника.

Числом только двенадцать и также все Галилеяне, они не выдвигали никакой политической программы и лишь пытались, привлекши внимание, по большей части, иудеев-паломников, склонить провинциалов к признанию их покойного компатриота воскресшим и вознесшимся на небеса Мессией.

Иерусалимляне, подошедшие к центуриону с жалобами, сообщили, что группа около двух месяцев проживала в городе скрытно и возглавляет её некий Шимон, иначе Симон, сын Ионин, а прозвище ему Кифа, или же Петр, то есть «камень».

Прокуратор посмотрел на водяные часы-клепсидру и мысленно поблагодарил всё ведающий «нус», внушивший ему абсолютно верное решение, наперекор первым импульсам его излишне поспешного и радикального «рацио».

Жертвоприношения с минуты на минуту начнутся, и сто тридцать тысяч людей и множество скота одновременно придут в движение.

В таких условиях отряд копейщиков, пробивающийся против течения толпы к портику для ареста дюжины безумцев, произведёт на своём пути смятение, чреватое увечьями и гибелью невинных в давке.

Да и стоит ли предпринимать активные действия, если странная проповедь более чем наверняка не возбудит особой симпатии в иудеях и слушатели её разойдутся от места их сходки по собственному почину.

Вскоре, действительно, прозвучали сигналы серебряных труб и израильтяне сравнительно мирно устремились во внутренние дворы Храма.

Однако, к невероятному изумлению Пилата, в опустевшем Дворе язычников остался значительный нуклеос, окружавший наивных проповедников, добрых три тысячи человек, пренебрегших долгом принести их ревнивому Богу плоды нового урожая, хоть и были обременены полными корзинами и вели в поводу агнцев и козлищ, предназначенных в жертву.

О, дано ли цивилизованному разуму постигнуть этих евреев, кои нынче орут: «Распни Его, распни!» о человеке, разве только бросившем несколько не вполне выдержанных, с точки зрения их теологов, реплик, а назавтра готовы поверить голословным утверждениям близких казнённого о Его воскресении и вознесении, подрывающим самоё основу упрямого монотеизма этноса.

Похоже, вследствие повышенной эмоциональной возбудимости, они обладают особенной энергетикой, позволяющей им порой подключаться напрямую к «нус», но может ли такая спорадическая и нестабильная связь возместить отсутствие под ногами у взлетающих в эмпиреи твёрдой почвы логики?

Не оттого ль они хронически впадают в анархию и в смуту, навлекая на себя колоссальные беды, и от века другие народы правят ими?

Всё же, уповая лишь на свои силы, мудрый не отвергает ясно выраженных указаний, посылаемых свыше, и Пилат не собирался самоубийственно бороться с волей космического Суперинтеллекта, подавляющей сейчас его собственную, и когда центурион италийцев через нарочного обратил внимание игемона на то, что представился удобный момент отсечь проповедников от их последователей, которые могут скоро окружить агитаторов и затруднить их выявление и арест, прокуратор, подчиняясь чёткому ощущению и теперь уже почти без колебаний, распорядился вновь не предпринимать пока никаких действий.

Ибо бесконтрольный страх в нём усиливался катастрофически при одной мысли о необходимости применить насилие в отношении странных людей внизу, вдруг слившихся эманациями с ним на миг в единую духовную химеру.

И он знал совершенно точно - ими также движет всеведущий вечный «нус», не допускающий ни грана несправедливости, и всё, творимое Им - безусловное и абсолютное благо, несмотря на внушаемые Непостижимым каждому смертному необоримый священный ужас и трепет.

Проповедники вышли из портика на мостовую двора, и предвождая толпу, повели её к южному порталу Храма.

*In extremis* дежурному центуриону надлежало принимать решения самому, и по его команде сотня бегом заблокировала выход, и сомкнувши её ряды, взяла длинные копья наперевес.

Пропустить три возбуждённых тысячи в опустевший город, беззащитный перед грабежом и поджогом, было бы чрезвычайно неосмотрительно.

Тогда не доходя стальной стены, главарь возмутителей порядка Симон Ионин жестом остановил шедших за ним, и приблизившись один к латникам караула, вынул из-под одежды короткий меч, и держа клинком к себе, эфесом к воинам и протянув копейщикам, попросил отвести его к начальствующему над ними.

Убедившись, что у ходатая нет иного оружия, солдаты заграждения доставили обветренного и жилистого Галилеянина к центуриону Корнилию, проявившему довольно терпения, выслушивая сбивчивую речь рыбака, из которой следовало, что собравшиеся не умышляют беззаконного дела, а раскаявшись Божией волей в предании на смерть Иисуса из Назарета, они срочно нуждаются в исполнении предписываемого их верованиями водного очищения.

Корнилий справился, нельзя ли часом перенести упомянутое омовение на завтра, однако Симон в ответ на то, возведши очи горе, печально вздохнул, как умеют одни евреи.

Конечно, простотою облика и безыскусностью устроивший возмущение во Храме не походил на обманщика, но центуриону доводилось видеть актёрство и похлеще, и опыт, накопленный полицейским в сыске и дознании преступников за декады его работы по поддержанию *pax Romana*, не велел ему ни коим образом принимать изумительно искренний тон криминальных элементов за чистую монету.

Он человек маленький и неполномочен сейчас их выпустить, сказал Корнилий, кто и сам был неплохим актёром, внутренне усмехнувшись и изобразив на лице максимум доброжелательности.

Решение о том сегодня может принять лишь прокуратор Иудеи, наблюдающий за течением праздника из Антонии, и ему немедленно передадут их петицию.

Разумеется, прежде чем дать разрешение, прокуратор захочет поговорить с ним и с другими Галилеянами лично, и для успеха переговоров ему и одиннадцати необходимо будет мирно проследовать в цитадель, убедив толпу сохранять покой и исполнять указания стражи в ожидании их возвращения.

Симон безропотно на всё согласился, и командир италийцев, прекрасно знавший образ мыслей своего недоверчивого начальника и оттого предвидевший приказ об аресте зачинщиков смуты и удержании их последователей на Храмовой горе до окончания жертвоприношений, надеялся на бескровную развязку конфликта.

К его глубокому удивлению, Пилат не потребовал никого к себе, а распорядился выпустить скопище целиком, включая и вдохновителей акции, в город.

И не понимая, что это могло бы значить, Корнилий сопроводил Петра до ворот, где стражники ему вернули меч и отошли от портала.

Прокуратор мог выделить хотя бы кавалерийскую алу для эскортирования пёстрого сборища к месту совершения ритуала, но по какой-то причине Пилат рассудил пренебречь и скромнейшими мерами безопасности.

И двенадцать встали впереди трёх тысяч с их корзинами, козлами и овнами и повели новорождённую Церковь по пыльной крутой дороге прочь от Храма.

Солнце склонилось низко, когда те, кто в скором времени назовут себя «Путь», подошли к общественной купальне Силоам на южной окраине города, куда Равви однажды послал слепого отроду еврея, дабы во тьме сущему омыться и прозреть.

Здесь неофиты крестились в кратком импровизированном обряде, состоявшем в медленно-покаянном нисхождении в бассейн под пение практикуемой эссенами литании водного очищения, с добавлением в конце её слов: «Именем Иисуса Христа Назорея», при которых всем было указано погрузиться на миг под воду, выражая тем желание умереть для соблазнов падшего сего мира и воскреснуть вместе с Царём их, Агнцем и Сыном Божиим, взыскующе славы новой и вечной.

Затем пересекли странно пустой базар Нижнего города, и пройдя через ворота, именуемые Золотыми, разложили костры снаружи восточной стены Иерусалима, у палаток, разбитых теми паломниками, кому не досталось места в гостиницах, и провели вторую бессонную ночь в долгих разговорах, выясняя у Апостолов подробности служения и обетования Мессии со дня на день вернуться на облаках во главе ангельской рати Отца и восстановить царство Израилю от моря до моря, аминь.

В ожидании же того единодушно решили не расходиться по своим странам, а продать недвижимое имущество в диаспоре и остаться во граде Давидовом.

Один из крещёных, человек очень состоятельный, недавно удачно прицелился к обширному поместью в хорошем районе столицы, где все братья и сёстры могли бы поселиться коммуной.

Понтий Пилат в роскошных, но раздражавших тонкий вкус римлянина палатах иродова дворца, также не спал всю ночь и осушил чуть ли не целую амфору зрелого фалернского, не разбавляя крепкое вино водой.

Скептическое состояние духа вернулось к нему, и он угрюмо размышлял о том, насколько неразумно полагаться на странную и неизученную силу, сегодня днём помешавшую ему предпринять элементарные и нужные меры предосторожности и оградить публику от кучки демагогов и манипуляторов чужим сознанием.

Все, кого коснулось произошедшее в эту Пятидесятницу во Дворе язычников, изменятся навсегда тем или иным образом.

Люди простые и некнижные, обескураженные казнью Призвавшего их от сетей и не очень-то ободрённые Его загадочными явлениями **post mortem**, обретут способность вести за собою тысячи, и «неверующий» Фома пронесёт Евангелие до самой чужедальней Индии, где примет мученическую смерть, взлет на копья.

Пилат впадёт в тяжёлую депрессию, запьёт, обозлится и в 36 году будет снят с должности прокуратора области за проявленную им неумеренную жестокость в подавлении мелких иудейских возмущений и покончит жизнь самоубийством.

А вот его подчинённый, центурион Корнилий, увидит во сне Ангела Божия, и повинуясь его словам, пошлёт в Яффу за как раз пребывающим там Петром, и варвара-еврея привезут из местечка в латинизированную Кесарию, и италиец, облачён в алую тогу поверх белой туники, выслушает оборванного проповедника на своей мраморной вилле с фонтанами и бассейнами, и поверит, и окрестится, и с ним весь дом его вкупе, и чады, и домочадцы.

«*Благословен еси, Христе, Боже наш, Иже премудры ловцы явлей, ниспослав им Духа Святаго, и тем уловлей вселенную...*»

Библиотека «Откровения» располагала неплохой подборкой книг по истории, пользуясь которой я и реконструировал описанные выше события.

Прежде всего я, конечно, выяснил, могут ли Распятие и через пятьдесят дней внезапное возникновение заметной общины в Иерусалиме являться плодами мифотворчества писателей Нового Завета, как нас когда-то уверяли в школе.

Но любимая сердцам всех советских религиоведов гипотеза рассыпалась в прах при самом первом к ней прикосновении.

Меньше чем за два десятилетия Христианство распространяется по ойкумене, и в пятидесятые годы даже зверства Нерона не смогли искоренить его в Риме.

Факты же, на которых оно основано, относятся не к незапамятным временам, а к недавнему прошлому и очень легко проверяемы, поскольку место действия - Иерусалим, да ещё в праздники наполненный паломниками со всех концов света, и на сцене известные всякому лица - сам прокуратор Иудеи, Первосвященник, члены Синедриона и другие.

Постулаты веры сразу закрепляют письма Свв. Павла, Петра, Иуды и Евангелия, рукоположение и надзор епископов обеспечивают непрерывную преемственность, и на ризе учения не сыскать временной прорехи для прозрачной заплатки мифа.

И не касаясь пока ничего сверхъестественного, из анализа следует заключить - человека по имени Иисус распяли на Пасху 33 года.

Далее, в отличие от Его иносказательных притч и многосмысленных прорицаний, проповедь Апостолов для уха многих евреев, особенно иерусалимских ортодоксов, звучит прямым святотатством.

Потому в столице иудаизма христианская Церковь имеет шансы сложиться лишь в день великого праздника, путём привлечения большого числа адептов из не столь монотеистичной, благодаря эллинизации, диаспоры.

Когда же чуть позже Пётр и Иоанн, воодушевлённые произошедшим в Шавуот, попробовали вдвоём, и не в праздник, а в будний день, проповедовать во Храме, они были немедленно преданы в руки римской стражи, что, кстати, и показывает обычную реакцию полицейских властей на жалобы этноса.

И только Пилат, кому обязанности велели пребывать в Седмицы в Антонии, мог поступить наперекор всяким правилам и своему собственному характеру.

И косвенное доказательство достоверности моей реконструкции - красноречивое умолчание Св.Луки, врача по образованию и художника, в «Деяниях Апостолов» живописующего становление Церкви, о том, что глаголание языками происходило не где-нибудь, а во Храме, и о странном попустительстве прокуратора сборищу, хоть и идиоту ясно - не на кривых же улочках Иерусалима шириной в два локтя разместилась компактно многотысячная толпа.

Ι
Χ
Θ
Υ
Σ

**DURA**

**LEX**

**SED**

**LEX**

Ибо Лука, кто единственный из новозаветных авторов пишет не на «кини», а почти на классическом греческом, слишком хорошо знает римлян, которые, невзирая на срок давности и на позорную отставку и смерть Пилата, способны затеять скрупулёзное расследование, дабы установить, как и чем подкупили двенадцать нищих Галилеян высшего имперского чиновника.

О, мой далёкий святой коллега! мне, взращённому сосцами другой Империи, не оценить ли твоё умение дать всё понять, ничего не говоря.

Оттого и собираю я с восхищением не поблекшие смальты прекрасной мозаики, разбросанной в праведном гневе её Творцом чуть ли не две тысячи лет назад, и складываю их воедино.

Моим историческим, равно и прочим творческим изысканиям очень помогала идеальная безмозглость вистаконской ручной работы.

Определили меня на конвейер за участком визуальной инспекции, где линзы переносили из чашечек подносика в долговременное их вместилище - полости розничных упаковок, именуемые на производственном слэнге «нарывчиками».

Мне, много лет владеющему кистью, легко далось быстрое и точное движение палочки с упругим поролоновым язычком, которым производилось перенесение, и во время совершения 10 000 таких меленьких мазочков за смену, мысли моей не мешало ничто находиться далече от бренного тела.

На отливке или сушке я, вероятно, сразу подметил бы кой-какие интересные термо- и гидродинамические детали процесса и приступил к их анализу, но тут, в так называемой «загрузке», физику-теоретику делать было решительно нечего и извне моему уму не поступало ни малейшей пищи.

Тем паче, что разговорам здесь препятствовал непрерывный шум, ибо вблизи находились грохочущие прессы, герметично запаивающие «нарывчики» фольгой и разрубающие на отдельные контейнеры обойму из восьми полостей.

Зато ритмичное громыхание тяжёлого оборудования по темпу точно совпадало с греческим церковным речитативом, и я стал впервые пробовать себя в жанре литургической поэзии, осваивая уникальные приёмы византийской гимнологии.

Однако сначала, при попытках писать на родном языке, прочно закреплённая в моём сознании техника русского силлабо-тонического стихосложения мешала воспроизведению принципиально иной фактуры, и я обнаружил, что могу скорее получить нужное качество текста на английском.

Анастасии понравились мои опыты и ассистентка, имевшая оксфордовскую степень по английской литературе, обещала всячески мне споспешествовать.

Кроме того, она сообщила, что как раз сейчас в Джексонвилле формируется община, поставившая себе целью основать в городе православную церковь, служащую исключительно по-английски, и мне, конечно, разумно войти в неё и ознакомиться с уже существующими переводами.

Упомянутая община, числом ровно в десять человек, состояла из родившихся и выросших в Америке детей галичан, ушедших на Запад в 1944 - 1945 годах вместе с немцами, румынами и венграми и избежавших гибельной репатриации, проводимой союзниками по договору со Сталиным, чудом успевши просочиться из оккупационной зоны в Бельгию и Голландию.

В Штатах они, не афишируя своё прошлое, предпочли раствориться в массе, и потомство их в тигле народов потеряло язык и культуру, сохранивши лишь карпаторосскую тягу к православной вере.

Увы, служба конгрегации, шедшая целиком на английском, представляя собой перевод со славянского перевода, пестрела прорехами ритма, усугублявшимися неуклюжими попытками преодолеть привнесённую монастырями неторопливость и придать отстранённому действу больше экспрессии, чего гораздо успешнее можно было б достичь воссозданием первоначальной и гармоничной литургии.

И автор, с благословения и при поддержке Анастасии и с помощью грохота прессов взялся за прямой перевод литургии с греческого языка на английский, благодаря чему и тот опус, иже ты, Читатель, держишь в руках, а скорее, видишь на экране дисплея, появился на свет, поскольку только в процессе такой работы он мог усвоить верлибр, коим роман написан.

Основатель общины, молодой и энергичный Тэд Писарчек, женился на девушке, воспитанной в строгой протестантской традиции, но перешедшей в Православие по настоянию жениха, и он и его горячо любимая Ли-Энн мечтали о создании в Джексе Православной Церкви без какого-либо этнического уклона, способной привлекать к себе стопроцентных американцев.

Ради того Тэд оставил работу строителя-подрядчика и поступил в семинарию Св. Владимира в Нью-Йорке, куда он и его жена, беременная их первым сыном, переехали до получения им степени и сана.

Покамест же община, имевшая статус миссии Православной Церкви Америк и носившая имя Святого Устина ( Джастина ) Философа, собиралась раз в месяц вечерами в субботу, очень удобно для меня, в антиохийской церкви Св. Георгия, где служил приезжавший из города Орландо, находившегося в 2,5 часах езды, священник-латин, бывший католик, женатый на карпато-руссинке.

В ожидании шанса выйти из вавилонского смешения языков члены миссии, верующие крепкие и ритуально дисциплинированные, продолжали регулярно причащаться во Храме « Откровения », и Анастасия сама представила нас Писарчекам, навещавшим летом на каникулах единомышленников, у которых моя работа по созданию динамичной литургии на английском, конечно, найдёт полное понимание и поддержку.

Отпрыски эсэсовцев дивизии « Галичина », сражавшихся до последнего патрона с русскими захватчиками, встретили семейство москалей приветливо и сразу же пригласили иммигрантов отужинать с ними в закусочной « Путь под поверхностью », угостив субмаринами - сэндвичами на продолговатых булках длиною ровно в фут.

В ответ Галина пригласила всех к нам завтра вечером на борщ и вареники, и галичане приняли предложение с энтузиазмом, вспомнив, что подобные блюда готовили их бабушки и матушки.

Правда, назавтра получилась накладка, когда хозяин, раздавая еду, положил не спрашивая в каждую тарелку добрую ложку сметаны, отчего американцы прикоснулись к его готовке лишь символически, впрочем, горячо расхваливая её, и ужин гости и мы завершили в стейк-хаусе, где все умяли по большому куску маринованной говядины с картошкой и торт и мороженое на десерт.

Гале и детям очень понравилось в общине, и если нам суждено осесть в Джексе, мы, видимо, станем прихожанами церкви Св. Джастина Философа.

Теперь всё зависело от реакции « Вистакона » на моё невероятное открытие, и хотя меня смутило было молчание администрации предприятия, получившей мои замечательные бумаги, я осознавал уже угрозу промышленного шпионажа, под которой находятся бизнесы свободного рынка, и понимал их осторожность в назначении аутсайдеров на стратегически важные посты, однако перспектива закрепиться на переднем фронте эпохальных исследований « шестого чувства » должна, вне сомнения, взять верх.

Итак, время на шумном конвейере я посвящал поэзии, нерабочие ночи - опытам, коллажам и медитации, посещал службы « Апокалипсиса », подвигнувшие меня на интересные исторические изыскания, а также собрания « Святого Джастина ».

Лечение жены у Альбатросова оказалось успешным, анемия её прошла совсем, деньги, благодаря моей эффективной системе экономии, откладывались исправно, так что до наступления Рождества сакраментальный вопрос - ехать или не ехать - обещал разрешиться оптимальным образом.

\*

Спелые колосья ананаса
Истекают ароматным соком.
Всё есть у трудящегося класса,
Даже время думать о высоком.
Далеко другая половина
И во тьме лежащие народы.
Ты теперь, душа моя, повинна
Чиститься оставшиеся годы.

### ГУМАННАЯ ЭКЗЕКУЦИЯ

Взгляни, как злато галеона
Мерцает меж замшелых стен,
Хотя дешевле шампиньона
Вино вдовицы Понсарден.
Сестрица острый кончик зонда
Бесповоротно вводит в грудь.
Голконда, о, моя Голконда !
Я завтра же отправлюсь в путь.

\* \* \*

Есть по воле по Господней
Дуб могучий на земле:
Корни - прямо в преисподней,
Крона - в горнем хрустале.

Тот, кому видна граница
Между злом и меж добром,
По коре его струится,
Отливая серебром.

И под тем великим древом
В узком избранном кругу,
Сопричастник мудрым девам,
Я свою лампаду жгу.

### ТЕКУЩЕЕ НАВАЖДЕНИЕ

Шипит, бурчит и бьёт накат,
И ночесветок пламя,
Вливая яд во смертный взгляд,
Змеится над волнами,
И неумолчный хор цикад
Зовёт беспечных в старый сад,
Где ставит Ипнос-душекрад
Ловушки за стволами.

Улыбчив, лик Луны в зенит
Взошёл во полноте ланит,
И мечет в руки нереид
Ночь мелкую монету,
Павлиньим шлейфом прошуршит,
А обернёшься - нету.

Дочь Змия, князя бытия.
Прыск волчий, поступь - лисья.
В воде ж княжна, хитрей зверья
Клыки глазные затая,
Целуя, жжёт, как полынья,
Ум мороком глубин поя,
Струя-змея, чья чешуя
Ворует блеск у выси.

Тонка на бездне кисея.
Пламеннопенна колея,
Путь нового Улисса,
Огнь, иже древле воссия...
Сей пунш пия, им же блюя,
Блюди убо, душе моя,
Не сном отяготися !

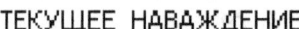
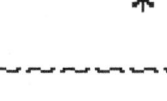

## Глава четырнадцатая,
### где герой становится землевладельцем

Воспою ли тебе я хвалебную песнь, о покойное советское плановое общество. Ведь я зрел тебя ещё в полном расцвете сил, когда ни о каких коррекциях планов не могло быть и речи, и не выполнявшие их, возведённых в ранг закона Империи, отправлялись в тюрьму до скончания жизни, а то и приговаривались к расстрелу.

В ту эру во все магазины продукты завозились утром и раскупались к вечеру. Конечно, в обычные гастрономы поставляли только два-три сорта колбас и сыра, столько же сырого мяса, рыбы и птицы, один, редко два вида сосисок и сарделек, ветчину, корейку, изредка - буженину, одного сорта творог и сметану, молоко и ряженку - обычно лишь цельные, правда, кефиры бывали различной жирности, масло коровье и подсолнечное, яйца, соль, сахар, крупы и макаронные изделия, чай, кофе, какао, консервы, маргарин, сигареты, вина, пиво и это, пожалуй, всё.

В овощных постоянно были лук репка, картошка, морковка, капуста белокочанная да редька и свёкла, остальным же овощам - каждому свой сезон.

И хоть ассортимент никак не сравнишь со здешним, зато свежестью искупался недостаток выбора, и правила строжайше запрещали продавать мясное на третий, разливное молоко - на второй, а сливочное масло - на пятый день после производства.

Торговля осуществлялась буквально с колёс, небольшие излишки и отходы аккуратно учитывали и утилизировали, и соцлагерь, обуздав потребительство, вкладывал основные средства в социальные структуры, оборону, науку и т. п.

Главное же, система не заставляла никого на службе упахиваться до упаду, оставляя членам общества довольно сил и свободного времени на творчество и просто маленькие радости жизни, о чём я уже писал.

Мы не знали ни страха банкротства, ни потери жилья и работы, ниже кредита, и скажи, дорогой Читатель, плохо ль обладать такой уверенностью в насущном.

Добрые тридцать лет плановое хозяйство обеспечивало стабильность Империи, доказав, что причина крушения его коренится не в пороке принципа, а в людях.

Как учёный и рационалист я не вижу особых сложностей в достаточно точных демографическом прогнозировании, сборе и обработке статистики, необходимых для создания вполне реальных планов, особенно в масштабах такой огромной и богатой ресурсами страны, да ещё окружённой экономическими сателлитами, и нет ни малейших сомнений - одно преступное пренебрежение интересами народа превратило планирование в грубый фарс, нагло явленный в последние годы свету.

Те же, кто десятилетиями дурачили и, обобрав подчистую, медленно удушили старушку плановую систему, навесили на безответную покойницу все свои грехи, и народ, по обычаю, принялся радостно втаптывать в землю высохшие мощи, отчего-то теперь связываемые с отсутствием не только еды, но и демократии.

Но похоже, освободившись от бренного тела Госплана, технократическая идея ещё глубже проникла в глубины нашего подсознания, яко не отдавая себе отчёта о корнях собственной меланхолии, мы, бывшие узники репрессивной Совдепии, смело сбросив путы противного индивидуальности коммунизма и вкусивши уже от плодов неограниченного рынка, с идиотическим упорством требуем от него, непредсказуемо вездесущего и свободного, коему все подчинены, он же никому, твёрдых гарантий нам в нашем завтрашнем дне.

Сколько ни понимай умом, что происходит, если не принимать специальных мер, которыми я, к счастью, сейчас овладел и преподам их позже, именно подкорка определяет нашу эмоциональную реакцию, и сознаюсь, я чувствовал себя хреново, когда мои обоснованные планы принялись рушиться, словно карточные домики.

Начало тому положил неожиданный перевод Анастасии в другую епархию, и несмотря на тёплое прощание и обещание писем, связи с девушкой порвались, вместе с чем утратили почву и расчёты на помощь греческого архиепископата в предполагаемом переезде и обустройстве семьи в Нью-Йорке.

К тому же, я ни разу не успел воспользоваться её лингвистическими советами в большой литургической работе, затеянной мной, и теперь, не имея консультанта, мог полагаться единственно на свою интуицию в тёмных лабиринтах стилистики не родного для меня языка.

\*   Затем и домашние опыты по исследованию «шестого чувства» стали приносить, выражаясь помягче, неординарные результаты, ибо никакие человеческие усилия воспрепятствовать моему чудесному «видению насквозь» не увенчались успехом.

Напомню, идея, очень логичная, состояла в том, чтобы как-то заэкранировать поле, доносящее зрительные образы через не прозрачную для света среду, и тем выяснить материальную природу и происхождение агента, и автор уже исключил звуковой и тепловой механизмы из числа возможных.

 Я провёл серию экспериментов, закрывая стопку картонных кружков с торцов алюминиевой фольгой, недостатка в которой не было на участке упаковки линз, от чего статистика угадываний ни мало не изменилась, и отсюда прямо вытекало - явление, как физику ясно, не связано и с электромагнетизмом.

 Конечно, низкочастотное излучение проникает сквозь тонкие проводящие слои, но по законам волновой механики не способно нести информации об объекте типа черты на кружке, толщина которой много меньше четверти длины волны.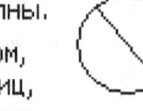

Оставалась наиболее экзотическая и трудная для проверки гипотеза о том, что у нас имеется «радиоактивное зрение», воспринимающее потоки частиц, испускаемые содержащимися, без преувеличения, во всяком веществе вокруг примесями нестабильных тяжёлых изотопов самых обыкновенных элементов.

Мне пришлось бы долго копаться в незнакомой для меня области, если бы к тому времени Мирру Бронштейн евреи из «Альянса» не устроили на работу в радиологическую лабораторию госпиталя.

Я рассказал соседке о своих изысканиях, и она снабдила меня подробными справочниками по изотопам и даже одолжила портативный счётчик Гейгера, с помощью которого я измерил радиоактивный фон в нашем апартменте, а также излучение от различных предметов.

 Счётчик, приставленный к ладони Мишки, щёлкал в добрых два раза чаще, чем при измерениях фона, а направленный на экран телевизора - раз в десять, на что я обратил внимание детей и приказал жене ограничить время, проводимое братьями за их любимыми электронными играми.

Однако оценки показывали явную недостаточность интенсивности излучения естественных источников для передачи какого-либо изображения, и исполненные мной скорей ради чистой перестраховки эксперименты, в которых я закрывал стопку толстыми пластинами свинца, поглощающими практически все частицы, только подтвердили правильность моих теоретических заключений.

Итак, после полугода напряжённых исследований я не смог заметить падения эффективности «видения насквозь» при создании ему помех и посредством того выяснить механизм открытого мной феномена.

Точность всегда отличала постановки моих экспериментов, и в описанном также невозможно, клянусь, углядеть и малейшего порока.

Непрофессионал ещё может предполагать существование неких частиц, которые проникают сквозь металлы, но рассеиваются чёрточкой внутри стопки картона, однако физику понятно - сие чистейшей воды нонсенс.

Чуть больше внимания заслуживает гипотеза, что то, чем нарисована чёрточка, обладает собственной, причём весьма жёсткой и мощной радиоактивностью, и я, невзирая на малую вероятность подобного качества у потребительского продукта, не поленился закрасить чернилами фломастера бумажку, и закрывши ею окошко счётчика Гейгера, не обнаружил, конечно, никакого увеличения частоты щелчков.

Единственный разумный вывод - мне просто фантастически не повезло, и в какой-то из серий из 55 опытов двадцатипроцентное превышение числа верных угадываний над ожидаемой половиной получилось не благодаря «шестому чувству», а случайно.

Как я уже писал, такое происходит, согласно статистике, один раз из 1200 в среднем, причём сейчас под подозрением оказывались лишь первые две серии, поскольку опыты с фольгой поддерживали опыты со свинцовыми пластинами, непроницаемыми ни для электромагнитного поля, ни для частиц, последние же расчёты, проведенные мной по изотопным справочникам, исключали из разряда возможных переносчиков зрительной информации, *ergo*, вероятность флуктуации, разрушившей моё исследование, составляет один к шестистам.

Вообрази себе, Читатель, шестьсот одинаковых ящиков, заполненных золотом, кроме одного, и наугад выбирая, ты указал на пустой!

Впрочем, я могу выбирать снова, и не унывая должен проделать во второй раз эксперименты с пенопластовыми поглотителями и нагревом.

В нормальных обстоятельствах это заняло бы два с половиной месяца, однако к тому времени моё физическое состояние серьёзно ухудшилось и я опасался, под угрозой полного истощения и срыва, брать на себя столь нервную работу.

Ибо несмотря на мою хорошо оборудованную «усыпальницу» и старанья семьи вести себя днём тише мыши, недосып мой в «Дубах» накапливался и стоял уже на грани патологического расстройства, требующего медикаментозного лечения.

И в довершение цепи неудач, мой бывший сокашник нью-йоркский профессор, обещавший мне содействие и рекомендации, необходимые на начальном этапе вхождения в мир американской науки (сиречь, волонтирования в университете), просто исчез, растворился, испарился, не оставив ни малейшего следа в природе.

Я написал ему несколько писем, и не получив ответа, однажды отправился, урывая часы у отдыха, в «нижний город» в библиотеку, дабы воспользоваться доступом на всезнающую и вездесущую Интернет, но ни электронная почта, ни поиск по охватывающей все Штаты адресной сети, ни запрос на его кафедру не помогли мне найти пропавшего некстати друга.

Через несколько лет окольными путями до меня дошли слухи, будто бы он совратил студентку, дочку миллиардера магната, покровителя университета, и опасаясь гнева всесильного отца, влюблённые тайно бежали то ли на острова, то ли в Альпы, то ль на Гималаи.

Говорят, отец-еврей потом, как водится, остыл и снял проклятие с беглых чад, невзирая на что, в Америку те не вернулись, а бросили якоря в старушке Европе.

В сложившихся обстоятельствах стоило ли, не обеспечив никакой защиты тылов, перебираться в «Большое яблоко», где пришлось бы сразу взваливать на себя, потративши все сбережения, изрядное число часов неквалифицированной работы, наряду с тем выкраивая и время на поиски новых спонсоров.

Казалось разумней задержаться пока в Джексонвилле, закончить эксперименты и попытаться заинтересовать открытием «Вистакон», а между тем приобрести недорогой персональный компьютер, и имея половину дней свободными, искать с помощью Интернет понимающих людей, и в Нью-Йорке, и по всей ойкумене.

Однако этот план также подразумевал наш переезд - из «Дубов» куда-нибудь в более тихое место, годное для ночного режима существования.

Я осмотрел все апартменты неподалёку, но повсюду не попадалось квартир, не выходящих либо на детскую площадку, либо на шоссе.

Кроме того, даже в самых престижных комплексах, договор аренды с которыми нужно было заключать минимум на год, никто не давал никаких гарантий в том, что завтра рядом с тобой не поселится весельчак, запускающий днём бум-бокс на стенобитную громкость.

И это при ценах на двуспальную средней площади шесть-семь сотен в месяц, против трёх с половиной в наших родных «Дубах», к тому ж и самых близких к «Вистакону», от остальных же к нему пешком не добраться, стало быть, сразу придётся купить надёжную машину и немедленно сдавать на вождение, впрочем, без колёс тут не проживёшь, и безлошадному в Штатах делать нечего.

Мы решили продолжить поиски, расширив их район, и наши соседи Бронштейны предложили нам в том свою помощь.

Мирра и Роман уже около года как получили ожидаемые ими работы, и теперь, скопив достаточно денег и установив кредитную историю, собирались покупать собственный дом, причём в подходящей нам южной части города.

Оба они, взяв отпуска, объезжали с агентом выставленные на рынок особняки, и завершив осмотр, могли без труда завозить кого-либо из нас на рекогносцировку в попавшиеся на маршруте апартменты, коих пруд пруди вокруг.

Мне-то днём необходимо было отсыпаться, однако Галине ничто не мешало, отправивши Мишу в школу, вместе с Павлушей составить компанию соседям, кстати, без присутствия других людей в квартире я смогу спать гораздо лучше.

И кроме всего прочего, присмотреться и прицениться к домам также полезно, ибо если «Вистакон» заинтересуется моим открытием, то нам предстоит осесть на сравнительно продолжительное время в достославном Джексе-на-аллигаторах.

Увы, из надежд моих на обретение покоя днём, как из остальных планов автора в эту полосу сплошных неудач, ровным счётом ничего не вышло.

Рядом с нами жила тихая белая дама довольно преклонных лет, никогда у себя никого на моей памяти не принимавшая.

Всё же, по-видимому, у неё, несмотря на мышиную скромность и незаметность, имелись тайны, поскольку однажды утром её обнаружили мёртвой в луже крови, зарезанной весьма профессионально.

Квартиру за день вымыли и побелили, и туда въехала молодая пара, вся в коже и стальных наконечниках, днём никуда не отлучавшаяся и очевидно имевшая садомазохистские наклонности.

Так что теперь из-за стены, как раз тогда, когда я пытался спать, доносились удары хлыста, вскрики и вопли, и съезжать нам следовало со всею срочностью.

Обладая двумя доходами специалистов, Бронштейны присматривали себе дом по самой высокой категории, тем не менее, даже практически новые и большие, с шатровыми потолками, как у протоиерея Нико, огромным камином, участком с бассейном и садом, часто спа или сауной, продаваемые в рассрочку на 30 лет, обходились в месяц не дороже мало-мальски приличных апартаментов.

**HOME, SWEET HOME**

Да и цена недвижимости постоянно растёт, и при превышении ею суммы заёма банки периодически выплачивают владельцу накопленную разницу.

Покупать жильё намного выгодней, чем арендовать, однако перепродажа его занимает обычно немало времени, и чтобы не терять капитал, консультанты советуют не трогаться с места минимум четыре года.

Мы, конечно, сейчас не могли планировать такого, впрочем, и ипотеки нам бы не предоставили пока кредита, поскольку стандартное требование к аппликанту - двухлетний стаж работы, а я ещё не проработал на «Вистаконе» и одного года.

Правда, Мирра и Роман тоже не достигли двухлетнего рубежа, но им помогало наличие спонсоров-поручителей и приобретённая в рассрочку машина - всё это, наряду с другими факторами, учитывается при одобрении ипотечного заклада.

Посему Галина осматривала с Бронштейнами дома на джексонвилльском рынке исключительно информации ради, уделяя основное внимание поискам квартиры.

В том ей не сопутствовало особого везения, и вдруг однажды жена появилась в моей «усыпальнице» в состоянии крайнего возбуждения, и причём среди дня.

Оказывается, она получила очень специальное личное предложение от агента - эксперта по недвижимости, к услугам которой сейчас прибегали наши соседи.

Эта дама, по имени Маргарет Холл, как и все прочие посредники, занималась клиентами определённого уровня дохода, гораздо выше моего вистаконского, и соответственно их запросам, дома, предлагаемые ею, стоили не менее 120 000.

Однако в списке её адресов каким-то образом, не исключено, что и по ошибке, очутилось одно владение стоимостью лишь в 62 000, и Маргарет всеми силами старалась избавиться от него как можно быстрее.

Оттого она предложила жене купить его на невообразимо льготных условиях, обещавши добиться для нас и не положенного нам кредита.

Галя принесла выдаваемый перспективным покупателям совершенно бесплатно и без наложения обязательств обзор намечаемой покупки, по просьбе агента Холл выполненный представляемой ею компанией «Ватсон», чьи двухэтажные оффисы под заметными вывесками стояли едва ль не на каждом углу.

Солидный переплетённый буклет в полный лист содержал цветные фотографии дома со всех сторон снаружи и изнутри, план помещений и участка с обмерами и подробное описание - жилая площадь 1500 кв. футов, три спальни, два туалета, одна ванная, прихожая, столовая, гостиная, кухня, прачечная, патио во дворе, сарай, кладовые, перед воротами - бетонированная крытая площадка для машины.

А участок чуть ли не такой, какой у нас был некогда в деревне Берендеево - длиною добрых полсотни метров; огороженный задний двор в глубину 30 метров, передний газон - около пятнадцати.

Дом находился в самом престижном районе Джексонвилля - Мандарине, и обзор приводил данные о котировке проданных недавно подобных имений неподалёку, всех обошедшихся новосёлам не в пример дороже.

В довершенье соблазна агентша приложила к буклету письмо, где прилежно подсчитала все платежи за недвижимость по теперешнему уровню интереса.

Процент, под который банки дают заём, зависит от неких биржевых индексов, публикуемых ежедневно и меняющихся иногда довольно резко.

В то время интерес упал рекордно низко и наша плата за дом, если мы успеем купить его до следующей флуктуации курса ценных бумаг, составила бы всего четыре с небольшим сотни в месяц.

Торопиться следовало ещё и потому, что Бронштейны решили остановиться в своих поисках на одном из предложенных им вариантов, и съехав из «Дубов» и вернувшись к работе, не смогут уже больше подхватывать по дороге жену.

Учтя вышеизложенное, я кое-как согласился, пренебрегая необходимым сном, ознакомиться лично с особняком, и был представлен Маргарет Холл, женщине неопределённых лет, с неплохой фигурой, видимо, сохраняемой упражнениями, чёрной короткой стрижкой «ретро», словно приклеенной белозубой улыбкой и заметно, но не безобразно косыми, глубокими серьёзными глазами.

Дом просто «кража», сказала посредница, используя термин, употребляемый рутинно американцами для обозначения товара, приобретаемого много ниже текущей рыночной стоимости.

Она приготовила нам прогноз его цены на ближайшие пять лет, откуда следует, что это капиталовложение станет прибыльным всего через четырнадцать месяцев.

Мы получим и документы в доказательство её вывода - сравнительный анализ аналогов предлагаемой покупки, по которым компания «Ватсон» обеспечивает бесплатный тур, уже проведённый ею для моей жены, и я, если пожелаю, смогу совершить его тоже.

Затем она препроводила нас всех в свой поместительный «Линкольн», и мы отправились в джексонвилльский Мандарин.

Осью этого района, отстоявшего примерно на шесть миль от «Вистакона», являлся длинный бульвар Сан Хосе (Святого Иосифа), и подобного скопления ресторанов и магазинов, как на нём, больше не было нигде в городе.

Однако до жилых улочек, разбегавшихся недалеко в обе стороны от магистрали и отделённых от неё полосою тропического леса, шум интенсивного движения от бульвара не доносился.

Вначале агентша, по заведенной практике, медленно покружила по кварталу, знакомя меня с примыкающими узкими проездами и тупичками без тротуаров и называя цену проезжаемых мимо обиталищ, весьма импозантных особняков с двускатными кровлями, просторными гаражами, хорошо ухоженными газонами, украшенными группами садовых скульптур, гротиками с фонтанчиками, агавами, саговыми и финиковыми пальмами и прочим, и среди них не было ни одного стоимостью ниже ста тысяч.

По словам нашей водительницы, их населяла достойная и спокойная публика, в основном, обеспеченные пенсионеры, и место славится тишиной и порядком.

Действительно, изо всех звуков только пение птиц раздавалось на зелёных близлежащих проездах, носивших все птичьи имена - Баклан, Голубая Цапля, Мако (род попугая), Тукан, правда, четвёртый проулок, замыкавший квартал, отчего-то звался Москови - уж не в честь ли Москвы, Маргарет не исключала и такой возможности.

В центре пернатого массива очень логично расположился проезд Кондор - крупнейшая в мире летающая птица, хозяин гор тихоокеанского побережья обеих Америк - и как раз посреди него находилось нетипично дешёвое имение, предлагаемое нам сегодня.

Два ближайших перекрёстка на равном расстоянии от него уводили в тупики, следовательно, машин мимо за сутки должно было проезжать совсем немного.

Конечно, здание по сравнению с окружающими выглядело Золушкой, без гаража, с плоской крышей, однако его коробка, сложенная из толстых бетонных блоков, обеспечивала исключительную звуко- и теплоизоляцию, обещая тем низкий расход электричества на обогрев и кондиционирование, и могла даже в здешнем климате стоять веками.

*

На переднем газоне отсутствовали следы работы дизайнера, заметные кругом, и все декоративные элементы на нём составляли лишь несколько кустов самшита да сиротливая карликовая саговая пальмочка, но Галина, раньше побывавшая тут, обратила моё внимание на два старых раскидистых дуба справа и слева от фасада - не падубов, обычных в штате, а широколиственных, нигде никогда больше мною в окрестностях Джекса не встреченных, точно таких же, как в Самаре и Переславле.

Владелец уже переехал, и набрав код на цифровом замке, Маргарет открыла входную дверь и провела нас внутрь.

Здесь, в соответствии с общепринятыми стандартами продажи и сдачи внаём любого жилища, произвели полную профессиональную дезинфекцию и ремонт, и пушистые голубые ковры, очень понравившиеся Павлуше, и стены, крашеные моющимся латексом цвета слоновой кости, радовали глаз первозданной чистотой.

С потолков столовой и главной спальни, низковатых, по моему мнению, свисали монументальные бронзовые люстры-вентиляторы с внушительной длины лопастями.

Агентша достала из ящика кухонного бара пачку бумаг и предложила мне ознакомиться с ними.

Я бегло пролистал их - акты об обработке постройки и участка инсектицидами, антифунгицидами и подобными препаратами и гарантии в том, что насекомые и болезнетворные плесени не появятся здесь в течение года.

Также результаты обследования крыши, водопровода и дренажной системы - частные дома, как правило, не подключены к общей канализации, а обходятся септическим танком - герметичным подземным отстойником стоков с дренажом, заодно и орошающим участок.

К документам прилагались паспорта оборудования дома - термостатирующих, то бишь, поддерживающих в помещениях задаваемую температуру устройств, холодильника, водонагревателя, стиральной машины, электроплиты с духовкой, всё это было новое и как минимум год сохраняло право на гарантийный ремонт.

Обширнейший задний двор, куда мы вышли затем на бетонированное патио, казался слегка запущен и пустоват, несмотря на большой сарай, стол и скамьи и несколько неплодовых деревьев - стройный кедр, возвышавшийся над кровлей на добрые пятнадцать метров, два падуба вида «Чёрный Джек» и магнолию.

Впрочем, необустроенность участка представляла собой скорей преимущество, ибо жена моя, насколько я её знаю, охотней займётся разбивкой своего сада, чем уходом за насаженным чужою рукой.

Дом самый старый в Мандарине, не скрыла Маргарет, и за 30 лет его жизни каким-то чудом избежал реконструкций и реноваций, отсюда его цена.

Однако ввиду исключительной прочности и надёжности постройки, улучшения пока ничуть не поздно осуществить, и всего за полторы тысячи фирмы огородят алюминиевыми стенами площадку для машины, создавши гараж, за 7-8 тысяч поднимут потолки и возведут шатровую кровлю, тысяч за десять - выкопают бассейн во дворе и поставят спа.

Причём всё это в рассрочку на 15-20 лет, и кредиты под подобные проекты, увеличивающие стоимость недвижимости на сумму намного больше вложенной, банки предоставляют легко и сразу.

Предложение посредницы заслуживало анализа, и я обещал ей ответить на него в течение ближайших дней.

Я ведь не рассказывал моему исчезнувшему другу-профессору о своём открытии «шестого чувства», надеясь вскоре завершить опыты и установить его природу, до того ж полагая преждевременными и непрофессиональными какие-либо попытки выступить с утверждениями о наличии у человека столь удивительной способности, оставшейся не замеченной специалистами области.

А если б он знал о том и не счёл меня повредившимся на почве переезда - неужель и тогда дал бы мне совет вступать в науку, волонтируя слугой за всё и бесплатно в их говённом университете?

 Пусть я и вляпался в жуткую невезуху с абсолютно мизерной вероятностью один к шестистам, но теперь, приобретя частный дом в тихом районе, отосплюсь и дожму исследования, и покажу вам, **who is** кто и кто есть **who**.

Нас, учёных железным режимом Империи, голыми руками не возьмёшь, и мы заговорим ещё с акулами капитализма на равных, ***ma parole***.

И при современных волшебных средствах коммуникации нужно ли физически присутствовать в определённой точке планеты, когда купив дешёвый компьютер с модемом и доступ на Интернет, всякий может сношаться с кем только хочет, от северного полюса до южного, и из Джексонвилла, Флорида, ничто не мешает рекламировать свою работу на весь Божий мир.

 К тому же общение по сети гораздо более персонально, чем даже разговоры в кулуарах конференции, и обещает быть куда эффективнее, хотя мне покамест и не удалось испытать его в деле, поскольку терминалы в публичной библиотеке не разрешают получать на них личную почту.

И интернациональный фармацевтический концерн « Джонсон и Джонсон », владеющий « Вистаконом », стоит ли сомневаться, вполне способен создать на базе своего дочернего предприятия в Джексе научную лабораторию с целью исследования интригующего феномена зрительной реакции мозга на вездесущие слабые тепловые и/или звуковые воздействия, чьё наличие очень ясно говорит желающему слушать о существовании некой не осознаваемой умом опасности для нашего здоровья и, возможно, жизни.

Буде же придётся переезжать в пределах цивилизованного мира, то, скорей всего, в качестве уже нанятого специалиста, которым каждое порядочное учреждение предоставляет программу кредитов для релокации, позволяющую одновременно продавать прежнее жильё и приобретать новое.

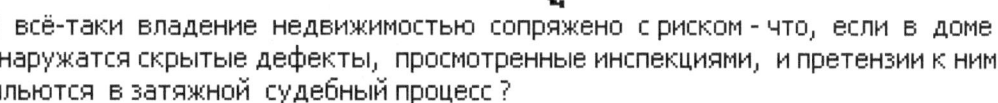

И всё-таки владение недвижимостью сопряжено с риском - что, если в доме обнаружатся скрытые дефекты, просмотренные инспекциями, и претензии к ним выльются в затяжной судебный процесс ?

Также и пожар или стихийное бедствие - включаемые в договор купли-продажи страховки покрывают лишь часть ущерба, нанесённого ими, и восстановление владения в товарном виде может потребовать существенных денег и времени.

Наконец, порой имения внезапно и резко теряют цену в результате постройки на городских землях поблизости чего-либо вроде вокзала, аэродрома, стадиона, тюрьмы, субсидированного комплекса для малоимущих, и хотя в таких случаях владельцам окрестных домов полагается компенсация, реализация их становится весьма и весьма затруднительной.

Я взвешивал плюсы и минусы, и видя мои колебания, Галина старалась найти дополнительные аргументы в пользу покупки.

Дом стоит вдвое дешевле остальных в Мандарине, и упусти мы его сейчас, даже по получении должности начальника лаборатории на « Вистаконе », к чему имеются неплохие предпосылки, мне понадобится года два-три, чтобы скопить сумму первоначального платежа и приобрести стотысячный кредит.

Павлику же будущей осенью предстоит пойти в первый класс, и любому понятно, насколько этот период важен для установления у ребёнка отношения к учёбе.

К счастью, как она выяснила, государственная школа, обслуживающая Кондор, выше рейтингом всех других в городе и держит первое место по безопасности.

Затем, совершенно беспрецедентное предложение Маргарет позволит разорвать порочный круг американской кредитной системы, когда вещи продают в кредит лишь при наличии у покупателя кредитной истории, а кредитная история создаётся покупками вещей в кредит.

Молодые американцы вырываются из него с помощью поручительств родичей, поддержанных капиталами и закладами, но иммигранты, бывает, мечутся в нём без выхода несколько поколений.

И в довершение к русским дубам на Кондоре, которые жена моя сочла за знак, в ближайшее воскресение состоялась первая литургия в «Святом Джастине», проведенная только что окончившим семинарию и рукоположенным отцом Тэдом, объявившим о начале регулярных служб миссии, правда, пока помещение для них из экономии сняли на далёкой дешёвой окраине Джекса.

Зато дом себе Писарчеки купили в двухстах метрах от предлагаемого нам, на проезде Москови, и им не составит никакого труда подвозить нас в церковь, полюбившуюся Галине и детям.

И эта община, пытающаяся одолеть окружающий протестантизм, проникший им в плоть и кровь, путём укоренения тут славянской традиции, вступающей в непримиримый конфликт с их родным языком, возможно, оценит и поддержит мои опыты по византийско-православной гимнологии на английском, весьма меня тогда увлекавшие.

Шли они, грех жаловаться, довольно неплохо на ритмично шумевшем конвейере, вопреки, а не то, и благодаря недосыпу и нервному истощению, и, несомненно, помогали мне побеждать ностальгию и острую депрессию.

Моя лучшая половина теперь тихой сапой начнёт изо всяческих сил противиться переезду в другие апартменты и способна довести меня до срыва, и учтя всё это, я дал Маргарет предварительное согласие на покупку.

Следующим важнейшим этапом на нашем пути к землевладению нам предстояло решить проблему покупки машины и вождения.

Видимо, к тому моменту полоса преследовавшего нас невезения закончилась, ибо мне по собственному почину позвонил псаломщик-бизнесмен из «Откровения» с доверительным предложением заключить очень выгодную сделку.

Как я уже говорил, он вёл торговлю с раскрепостившейся Россией, и приготовил партию люксовых авто для отправки в терпящий бедствие регион.

Однако новые власти СНГ внезапно и безо всякого предупреждения взвинтили таможенные пошлины раз в десять, и клиент отказался от разорительного товара.

Машины возвратились в США, и псаломщик перепродал большинство из них, за исключением одной, слишком старой для его знакомых.

Несмотря на то, модель и в таком возрасте стоит около семи тысяч у дилеров, нам же обойдётся она всего лишь в две тысячи, если мы заплатим ему купюрами и подпишем сертификат о получении её в качестве благотворительного дара семье беженцев - тогда наш донор сможет вычесть полную рыночную стоимость его пожертвования из налоговой декларации и компенсировать потери.

Я справился у опытных Бронштейнов - действительно, это также была «кража», и махинация, хоть и не вполне кошерная с точки зрения закона, ничем серьёзным не угрожает покупателю.

ОК, я совершил её и приобрёл Шевроле-Кавалер благородного цвета «марун», то есть, гнилой вишни, машину исключительно надёжную и очень подходящую для начинающих водителей.

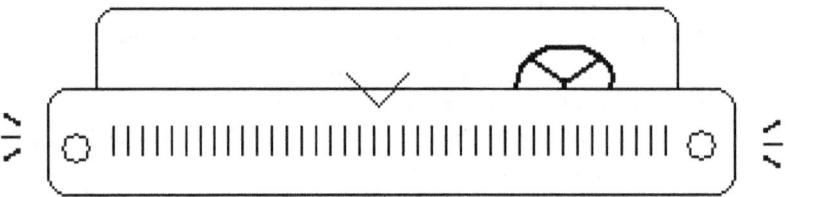

Будучи предназначен ушлому «новому русскому» в Москве, "Шеви" прошёл все проверки и профилактику, о чём имелись гарантийные письма, ходил хорошо и легко подчинялся рулю, и после нескольких пробных поездок поздним вечером на пустом паркинг-лоте нашего «Льва», Галя без особого труда сдала вождение и с полными правами выехала на магистрали города.

При том она произнесла такую «шлоку»:

Возил бы нас автобус
По улице родной,
Но закрутился глобус,
И вон чего со мной.

(Жена моя любит «Просто так сказки» Киплинга и не чужда поэзии, раз уж вышла за меня замуж.)

Я решил было не отставать от неё и тоже покатался ночью по лоту, однако моё депрессивное состояние обострило и раньше присущую мне клаустрофобию, и я почёл за благо отложить сдачу вождения до более благоприятного времени.

К тому ж до тех пор, пока мы не сможем позволить себе покупку второй машины, неработающей жене неизбежно придётся служить главным извозчиком в семье.

Миша, например, учился теперь по программе для одарённых детей в школе, в соответствии с «утвердительными акциями» штата Флорида расположенной в самом чёрном районе «нижнего города», куда белых школьников из Мандарина возит полтора часа в одну сторону специальный автобус, до остановки которого, заходящего прямо в «Дубы», из нашего будущего дома пешком не добраться, поэтому матери предстоит подбрасывать сына туда раньше шести утра и забирать после шести вечера, когда я половину дней года тружусь в это время на конвейере.

Кроме того, на Галине весь дневной шоппинг, да и мало ли что непредвиденное, требующее транспортации, может произойти за двенадцать часов моего отсутствия.

Вот если б мы сняли квартиру подальше на севере, с разъездами было бы гораздо легче, но супруга смело приняла на свои хрупкие плечи свой крест, и приобретя автомобильную карту, проложила маршруты поездок и исполнила несколько пробных туров с хронометражем в реальном времени, чтобы выяснить, не встретится ли уличных пробок или других препятствий в пути.

К её радости, проверка не выявила ничего такого, и проехавшись вместе с ней, я одобрил составленный ею график.

Теперь, пока юристы «Ватсона» проводили по инстанциям наш льготный заём для малоимущих семей, которому государство обеспечивает страховку и потому его оформление требует массы формальностей, моя моторизованная половина каждый день, захватив Пашу, колесила по Мандарину, с познавательной целью и практики ради, и в нерабочие дни я присоединялся к ним, обращая внимание на такие важные детали городского пейзажа, как отсутствие на стенах обычных в северной части Джекса граффити - рисованных разграничительных знаков банд, салунов со стриптизом типа «Безумной лошади» или клубов свиданий, где пары, меняя партнёров, занимаются сексом, часто групповым, или подпольных точек торговли наркотиками "крэк-хаузов" - хоть эти, ясное дело, не имеют вывесок, их можно распознать по количеству подъезжающих автомобилей.

Тут не было даже лавочек порнопродукции и магазинчиков так называемых «взрослых игрушек» - район, видать, и впрямь заботило сохранение репутации.

Рядом с Кондором впадал в реку Святого Джона узкий ручей Джулингтон Крик, и его заболоченное и живописно заросшее кувшинками устье представляло собой идеальный водоём для размножения комаров.

Однако на самой зорьке выходя у берега из машины, я не слышал ни одного противного писка, столь знакомого мне по Одессе и Переславлю - вероятней всего, рассадник регулярно обрабатывают химикалиями.

Несмотря на то, рыба в ручье водилась, ибо на мосту через него у парапета всегда стояли удильщики, и спросив у них, какая здесь ловля, я узнал, что тут изрядно некрупных белых сомиков, называемых на местном наречьи «котами», которых я уже пробовал, они нежны и неплохи отварные под польским соусом.

Предложенное нам имение лежало точно на вершине высокого холма, и всё же при наличии воды поблизости следовало справиться о том, насколько возможно его затопление в паводок и сезон дождей, но наш участок не состоял в списке опасных при наводнении - сведения подобного рода городские власти бесплатно предоставляют по телефону.

Три четверти мили к югу, на реке Святого Джона расположилась марина - причалы для частных некоммерческих судов, у которых на волнах качались большие и дорогие океанские яхты.

К пирсам примыкал аллигаторский ресторан с открытой верандой на сваях, где официанты в смокингах обслуживали загорелых мужчин в белых кителях и девушек в коротеньких юбочках.

Кое-кто из них танцевал под живой мексиканский джаз-банд, наигрывавший румбу, самбу, лимбо и макарену.

В общем, район производил очень хорошее впечатление, всё выглядело солидно, буржуазно и благопристойно, и когда наши бумаги были подготовлены, я и Галина подписали их и вступили в права владения.

Роман Бронштейн посоветовал взять в аренду на сутки за 20 долларов ($19.99) здоровый фургон фирмы со смешным названием «Сам тащи» и рекомендовал нам в помощь недорогого и непривередливого русского грузчика, он же шофёр, и мы переехали в один заход, вместе с пожертвованной «Еврейским Альянсом» мебелью и подобранными со свалки матрасами, обложивши коими меньшую спальню дома, я превратил её в комфортабельную «усыпальницу».

В просторных комнатах было много света, и мои картины прекрасно смотрелись на матовом латексе стен, внося в интерьер свежую ноту.

В погожие нерабочие ночи я брал раскладные садовые стулья, раньше служившие мне мольбертами, и выходил на задний двор наблюдать луну и звёзды, которым кроны «Чёрных Джеков» и серебристого кедра создавали подходящее обрамление.

По небу бесшумно скользили летучие мыши, иногда раздавалось уханье совы, кожу нежно поглаживал веющий от реки Святого Джона приятной прохлады бриз.

Мой сон стал быстро налаживаться, вместе с ним вернулось в обычную колею и моё общее состояние, и спустя две недели я ощутил в себе достаточно сил, чтобы возобновить опыты по «видению насквозь».

Результативность их после перерыва не упала, напротив, заметно повысилась, и через несколько месяцев я выясню природу «шестого чувства» наверняка.

Жена моя расцвела, обретя приложение своей мелкопоместной любви к земле, и с увлечением копалась на участке, где обнаружила заглохшие розовые кусты, и прополов и подкормив их, реанимировала бедные растения.

Кроме того, она нашла куртинку белых лилий и лозы возле патио, для которых протянула бечёвки до кровли, и вскоре красивые лианы увили все тыльные стены, образовав на окнах столь нужные к лету живые занавеси.

Ли-Энн и отец Тэд, наши близкие соседи, не забывали нас и исправно возили на службы «Святого Джастина», куда перешло немало прихожан «Откровения», знакомых нам раньше, большей частью из тех, кто не имел греческих корней - благородная старуха Надин Варски, обладательница неплохого сопрано, взявшая на себя обязанности регентши хора, тенор Луи Бушелль из музыкальной Луизианы, полуукраинка-полуангличанка Таня Паломар и другие.

Впрочем, несмотря на различие этносов и культур происхождения, все они считали себя и были стопроцентными американцами.

Но отношения в маленьком приходе складывались тесные, и нашу семью всемерно старались не исключать из общения.

Когда отец Тэд освящал свой новокупленный дом, он предложил освятить и наш, и в назначенный час на Кондор въехал кортеж автомобилей, заняв для парковки весь передний двор, к счастью, незасаженный, и обочины вблизи.

Наш сосед в полном облачении, сопровождаемый хором, обошёл и окропил не только все комнаты, но и подержанный "Шеви", ибо в сознании американцев машина также жилище, а затем я устроил для членов миссии второй приём, учтя уроки первого - приготовив блюда, которые в Америке сходят за русские, и не преступая здешних правил диетологии: баклажанную и кабачковую икру, овощное соте, салат оливье, винегрет, печёные жёлтые перцы, фасоль сациви и гурьевскую кашу на десерт.

Ужин, похоже, прошёл успешно, и Луи Бушелль даже выпил со мною бокал (сервированного, побожусь, вовсе не пьянства ради) лёгкого столового вина.

Итак, всё развивалось нормально, и стоило начинать поиск по странам и весям спонсоров для моего эпохального открытия и, не ожидая окончания исследований, заняться сбором по интернет информации о перспективных к тому институциях, составляя предварительный список рассылки сообщений с именами и адресами, поскольку эта рутина как раз и отнимает львиную долю времени.

После покупки машины и уплаты первых взносов за дом, у нас ещё оставалось около 2 000 из денег, отложенных на несостоявшееся переселение в Нью-Йорк, и отправившись в магазин «Город электроцепей», мы приобрели за наличные компьютерную систему с модемом и с монитором, плюс компактный принтер; модели хоть и не самых последних выпусков, но вполне адекватные.

В компьютере уже была установлена масса программ, включая и нужные для выхода на общеземную интернет, и в свободные ночи я предпринимал рекогносцировочные походы в информационные джунгли планеты.

И тут мои планы, столь разумно скорректированные в свете невероятного факта таинственного исчезновения моего друга-профессора, подверглись новому удару, и опять в их наиболее уязвимую точку, как если б судьба знала приёмы карате.

Хорошо поставленные и продуманные опыты исследования «шестого чувства» снова принесли результат, не укладывающийся ни в одну из возможных моделей, ибо никакие ухищрения по созданию помех не мешали мне видеть положение тонкой чёрты на картонке, закрытой непрозрачными преградами, и механизм того не объяснялся просто ничем в рамках всей суммы наших представлений о мире.

Не пробуй даже сопережить всю бездну ужаса, испытанного тогда автором, о мой чуткий Читатель, хоть я и не могу не нарисовать в подробностях картины, леденящей сердце любого учёного.

Количество проведенных экспериментов не позволяло уже всерьёз принимать гипотезу о просто фатальном невезении, и следовало заключить - информация передавалась в мой мозг без передвижения каких-либо материальных частиц!

Это же - стопроцентная ересь, вырывающая из основ нашего мировоззрения краеугольный блок, заложенный ещё Демокритом, на коем и зиждится с тех пор многотысячелетняя пирамида людской науки, философии и житейской практики, величественнейшее сооружение на планете, слава цивилизованного человечества, чьи этажи, наполненные множеством чрезвычайно полезных предметов, довели племя земнородных и до Луны, и сей колосс в одночасье покачнулся и рухнул, наполнивши виртуальным громом всю Вселенную, до отдалённых границ которой реальные кванты доберутся лишь за десятки миллиардов лет.

Предвижу возражение эрудированного Читателя, де, наука и прежде не раз драматически расширяла границы познания, не разрушив самоё себя в процессе.

Однако то была строгая экспансия, выход в неосвоенные области известного, и Эйнштейнова теория относительности при обычных скоростях и гравитации без проблем переходит в Ньютонову механику и применяется только в расчётах мощных ускорителей, да ещё эволюции галактических масс.

И иные дисциплины последнего времени исследуют весьма особые объекты: квантовая физика - тела очень малых размеров, теория сверхпроводимости - охлаждённые до космически низких температур специальные материалы и т.п.

Но «видение насквозь» - явление макроскопических масштабов, протекающее при абсолютно тривиальных параметрах окружающей среды, и тем самым оно грозит пересмотром всех существующих знаний о реальности.

Страшно человеку оказаться вне изученного им пространства, неуютно ему в холодных безответных тёмных владениях Непознанной Бесконечности, и я, погоревав некоторое время на живописных руинах моей умственной башни, в нагромождении замшелых камней и искорёженных титановых конструкций, принялся собирать обломки, расчищая место для нового строительства.
Начинать же его нужно было методически правильно, сиречь, опять с начала, предварительно выдвинув рабочую гипотезу о природе феномена.

Вернёмся к фактам - статистика угадываний положения чёрточки, закрытой от глаз испытуемого экранами, не зависит ни от материала и толщины чёрточки, ниже от материала и толщины экранов, и остаётся на уровне, превышающем ожидаемый случайный, с вероятностью практически стопроцентной.

Одно это наносит смертельный удар предположению о передаче информации материальными частицами, ибо для того они должны поглощаться чёрточкой и не поглощаться экранами.

Всё же в припадке добросовестности я провёл серию опытов, применив уловку, создающую совершенно непреодолимое препятствие процессу переноса образа.

С этой целью я изготовил кружки из такой же бумаги, как и тот, на котором находилась единственная тончайшая, проведенная твёрдым графитовым грифелем чёрточка, чьё положение я предсказывал.

Затем я густо покрыл их в случайных направлениях штриховкой, выполненной тем же карандашом, и обложил ими кружок с единственной чёрточкой.

Теперь вместо одной графитовой линии гипотетический поток частиц встречал сложное их переплетение, и должен был каким-то способом разобраться в том, на которой именно из одинаковых линий ему следует поглотиться.

Для участия в переносе зрительной информации всякой индивидуальной частице пришлось бы чувствовать или, скорее, точно знать в каждый момент её движения, где она сейчас находится, и в соответствие с тем весьма парадоксальным образом кардинально менять своё поведение, то есть, виртуозно лавировать меж больших, тесно упакованных и электрически заряженных ионов металла, при том не теряя направления в толпе электронов, мельтешащих в узлах кристаллической решётки, и избегать столкновений с атомами углерода рыхлого графита грифеля в дисках, призванных создавать помехи и покрытых штрихами, однако некая заметная доля сих суперумелых навигаторов, очутившись в центральном круге, обязана разыскать единственную тонкую чёрточку и с честью погибнуть на ней.

Остальным же камикадзе нужно продолжить их полёт, сохраняя равнение рядов, брешью в которых и запечатлено положение заветной линии, и преодолевши снова графит и металл, вслед за тем воздушное пространство и закрытые веки автора, довершить коллективное самоубийство поглощением в мягких тканях ретины глаз, даже ещё менее плотных, чем бумага.

Далее, чтобы выполнять эти невероятные манёвры, частица должна помнить, сколько раз она пересекала поверхности, где диски соприкасаются, ведь стопка симметрична и контакты тех же материалов неотличимы.

И если частица может в принципе изменить характер движения при переходе из одной среды в другую, то граница между бумажными кружками определяется только статистикой разрывов органических волокон, которую требуется собрать с площади гигантских, по сравнению с любой гипотетической частицей, размеров, что предполагает некую связь и обмен данными между микропилотами потока !

Описанное выше не исчерпывает приёмы, злокозненно употреблённые автором, дабы всемерно затруднить задачу переноса зрительного образа.

Как раз в это время под руку мне подвернулись толстые свинцовые цилиндрики подходящего для экспериментов диаметра, к тому же не гладкие, а покрытые небольшими полусферическими пупырьями.

Лежали они в универмаге среди рыболовных принадлежностей и были, кажется, грузилами для сетей.

Я накладывал их на торцы стопки из мягкой пористой бумаги и туго стягивал с помощью канцелярских зажимов.

При том выпуклости впрессовывали внутренние бумажные кружки друг в друга, изгибая графитовые штрихи и создавая из них запутанный трёхмерный лабиринт.

И руководствуясь нередко полезной советской максимой « лучше перебдеть, чем недобдеть » и не оставляя материальному агенту зрительной информации практически никакого шанса пронести её через все нагороженные препятствия, я придумал набирать стопку из шести одинаковых элементов, каждый из которых состоял из трёх бумажных дисков - одного центрального с единственной линией и двух заштрихованных, вносящих помехи.

Затем, произведше угадывание, я бросал игральную кость и открывал сразу срединный кружок лишь того элемента, чей номер выпал.

Шесть угадываемых линий находились в разных положениях, так что теперь частицам-носителям образа предстояло не только разобраться в хитросплетении волосяных карандашных штришков и отыскать границы дисков, но и предвидеть, сколько точек покажется на верхней грани кубика в результате броска.

Конечно, эти эксперименты были последней, отчаянной попыткой реанимировать гипотезу о переносе изображения через непрозрачные экраны потоком каких-либо микроскопических материальных телец ( или волн, что одно и то же ), и оттого я не особенно удивился, когда все мои ухищрения не изменили статистики опытов, проведенных в количестве, отвечающем самым строгим критериям достоверности, и ещё раз подтвердивших существование преодолевающего неимоверные препоны « видения насквозь ».

Итак, идею передачи чем-то ( кем-то ? ) зрительного образа незримого объекта следовало, хоть и со слезами, признать почившей и закопать поглубже, правда, не забыв произнести слова признательности покойнице за то, что благодаря ей родивший её собрал огромную базу данных о « шестом чувстве ».

Впрямь, не продолжать же попытки сбивать с пути неизвестные науке частицы, кои в теоретических умопостроениях превратились уже в создания, наделённые сверхъестественными навигационными способностями, плюс к тому обладающие коммуникацией и даром предвидения !

До таких «ангелов» не додумывалась даже религия, ибо эти, по предположению, совершают лишённые логики, механистические и саморазрушительные действия, выказывая полное отсутствие свободы воли, без чего, как понимали ещё древние, нет и не может быть в принципе никакого разума.

Кстати, согласно классической теологии, ангелы не способны прозревать будущее, это прерогатива Бога и, иногда, созданного по Его подобию человека.

Последний тезис и навёл автора на интересные рассуждения, скоро вылившиеся в достаточно стройную, пускай пока и довольно обобщённую, модель механизма «видения насквозь», жизненно важную для дальнейшего исследования феномена.

Гипотеза, призванная заменить не вполне серьёзно высказанную прежде мысль о разумных корпускулах-самоубийцах, заключалась в нижеследующем - возможно, грядущее видят не частицы-носители, а я сам, и изображение линии, возникающее за моими закрытыми веками, есть предощущение того реального образа, который спустя короткий промежуток времени воспримется мною самым натуральным путём, когда я разберу стопку, чтобы проверить своё предсказание.

Замечу, такое предположение, при всей его кажущейся экстраординарности, отнюдь не является безусловной ересью с точки зрения современной науки.

Квантовая механика, зародившаяся в начале XX века и к настоящему моменту многократно доказавшая истинность её постулатов, утверждает - всякий объект представляет собой корпускулярную материю и волну, соединённые нераздельно, и волновая компонента дуальной системы, называемая пси-функцией, простирается неограниченно по всем четырём координатам, включая и время, и вследствие того любое событие проявляет себя как в настоящем, так и в будущем, и в прошлом.

Эффект, носящий имя ретропричинности, в обычных условиях чрезвычайно мал, тем не менее, он был обнаружен экспериментально и измерен в опытах с пучками экзотических элементарных частиц каонов, получаемых на мощных ускорителях.

Что ж, проверка выдвинутой модели «шестого чувства» несложна, следует лишь перейти от предсказывания положения скрытого от глаз предмета к предсказанию какого-либо заранее мне не известного события, проще всего, появления на экране картинки, случайно генерируемой компьютером уже после того, как я сообщил ему результат предвидения ещё никак не воплощённого сложным алгоритмом образа.

Раньше я уже упоминал, что оба мои отпрыска, Мишенька и Пашенька, были без ума увлечены электронными играми, и Мишенька даже начал сам составлять сценарии приключений своих героев и программировать их на нашем компьютере, где отыскал язык программирования QBasic, простейший, однако ж снабжённый всеми необходимыми приспособлениями для рисования движущихся изображений, не особенно изощрённых по фактуре, но броских, динамичных и звонких цветов.

Именно это мне и требовалось, и когда я попросил сына написать для меня программу, генерирующую случайно два ярких контрастных образа - синий круг и жёлтый прямоугольник, большие, во весь экран - он справился с этим шутя, за несколько десятков минут.

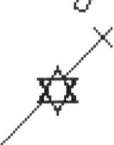Я приступил к угадыванию будущего события, и хотя результативность опытов существенно понизилась вначале, думаю, вследствие резкого изменения условий проведения экспериментов - непривычного и не очень-то комфортного положения перед экраном компьютера и т.п. - через некоторое время она стабилизировалась на уровне, значительно превышающем порог возможной ошибки.

Не желая утомлять Читателя сугубо техническими подробностями постановки, для проформы замечу - я оценил и погрешность генератора случайных чисел, применённого в основной серии попыток угадывания, тщательно сравнив его с несколькими другими, даже с эталонным, основанном на радиоактивном распаде, выход на который, как оказалось, есть на Интернет, и провёл подробный анализ большой базы результатов, скопленных мною на протяжении двух с лишним лет 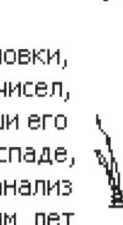и автоматически регистрируемых компьютером, и по окончании всей этой работы оказался пред лицом факта: <u>ЛЮДИ МОГУТ ПРЕДСКАЗЫВАТЬ БУДУЩЕЕ.</u>

Честно признаюсь, я был не так обрадован, сколько потрясён, а ещё честнее, испуган масштабностью своего открытия.

Действительно, всякому физику ясно как день - если информация передаётся вверх по реке времени, то отправить в минувшее можно всё, что угодно, и тем закладывается основа для осуществления самых смелых чаяний человечества, включая и мечту нашего рода о личном бессмертии.

Конечно, предощущение живым существом простого зрительного впечатления, отделённого от предчувствия небольшим интервалом времени, к тому же яркого и одного из двух заранее известных субъекту - явление весьма и весьма далёкое от практической осуществимости посылки чего-либо материального в прошлое.

К тому же, в рамках квантовомеханической модели мира возможна лишь передача ничего иного, как одной чистой информации, и хотя владение полным её объёмом о предмете нашего интереса теоретически позволило бы воссоздать его двойника в желаемой точке пространства-времени ( а как прикажете поступить с оригиналом ), подобная реинкарнация, разумеется, ограничена тем периодом, когда уже развита необходимая технология, что не оставляет нам шанса поохотиться на динозавров.

Однако я знал - перемещение вдоль оси времени в отрицательном направлении, кроме квантовой механикой, допускается ещё и совсем другой областью физики - общей теорией относительности, которая объясняет гравитационное тяготение тел искривлением любой массой пространственно-временного континуума.

Речь тут идёт не об извлечении информации о будущем событии, содержащейся в объединяющей всё присносущей и внематериальной пси-функции, а о движении двуединного вещества, и эффекты сего проявляются явно во глубинах Космоса, в частности, ими и обуславливается существование знаменитых « чёрных дыр » - звёзд малого диаметра, но колоссальной массы, втягивающих в себя безвозвратно и без разбора всякую подлетевшую слишком близко материю, даже и лучи света.

Ничто не выпускающие из них дыры оттого невидимы, зато обнаруживают себя по неожиданному смещению зрительного образа заслоняемых ими от наблюдателя не чёрных и не дырявых звёзд, когда избегнувшие поглощения лучи последних сильно искривляет притяжение коварно незримого, прежде сиявшего подобно им, а ныне, истощивши запасы дейтерия, погибающего и погибельного для вся и всех коллапсирующего их собрата.

Подтверждаемая солиднейшим количеством данных, скопленных обсерваториями, общая теория относительности утвердилась в качестве главного средства описания внешней части Вселенной, назовём её Экзосферой, начинающейся на расстоянии в несколько световых лет от Земли, где расположены ближайшие к этой планете звёзды Галактики, отличные от нашего жёлтого карлика, и простирающейся далее на десятки миллиардов световых лет, к тем границам, которых она успела достичь с момента Большого Взрыва породившей сию юдоль некой прачастицы.

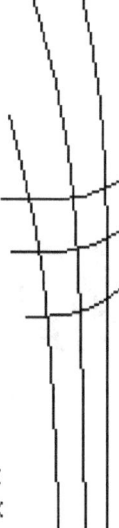

Солнечная система, чьи характерные размеры порядка лишь световых минут, представляет собой среднюю и наиболее знакомую человечеству область мира - Антропосферу, и тут прекрасно работает стройная Ньютонова механика.

Наконец, если копать вглубь и вглубь, изучая строение материи, мы опустимся на круги Эндосферы - микрокосма, управляемого по законам парадоксальной, но крайне последовательной квантовой механики.

Здесь приходится постоянно открывать, что мельчайшие известные нам частицы сложены из ещё более мелких: молекулы - из атомов; атом ( чьё имя по-гречески значит « неделимый », ха ! ) - из электронов, протонов, нейтронов, короткоживущих мюонов, каонов и прочих; все они составлены из недавно обнаруженных в опытах на современных ускорителях кварков, те ж - из покуда гипотетических « суперструн ».

Разумеется, границы между тремя различными сферами человеческого познания никогда не удастся провести абсолютно чётко и навсегда, поскольку их принципы построены методологически правильно и универсальны, по каковой причине они не отрицаются при переходе в иную область, а лишь теряют лидирующую роль, и совершенствуя технику эксперимента, люди уже обнаружили в Антропосфере два макроскопических квантовых явления - сверхпроводимость и сверхтекучесть.

Также и отклонение звёздных лучей от прямой линии притяжением Солнца можно заметить при полных его затмениях, и именно такие измерения первыми подтвердили предпосылки Эйнштейна количественно.

Оттого весьма логично требуется, чтобы полная физическая теория обладала свойством совместимости, то есть, принципиально работала и в тех условиях, где её применение приводит к ненужным сложностям и там удобнее использовать приспособленную для того адекватно специализированную модель.

Увы, схематически набросанная мною выше современная физическая картина мира только частично пока отвечает этому критерию: и общая теория относительности, и квантовая механика обе совместны с Ньютоновой, однако ж антагонистически абсолютно не совместимы друг с другом.

Да, все попытки учёных примирить концепции континуума и дискретности до сих пор не принесли приемлемых результатов, хотя не вызывает сомнений - квантовая гравитация существует и в конце концов появится на свет её теория, отсутствие которой - неприглядная брешь на высокой башне науки.

И потому открытие в Антропосфере предвидения, а следовательно, возможности движения из будущего в прошлое, допустимого в двух других сферах, обещает скорую их унификацию в одно неразрывное целое, выяснение природы времени и - упразднение смерти.

Пожалуй, не менее важно то, что победа над временем позволит избавиться от пут, накладываемых на нас Эйнштейновым запретом движения со скоростью, большей, чем световая, и человечество выйдет из колыбели Солнечной системы, крошечной точки на карте огромной Вселенной.

Перспективы разворачиваются захватывающие, и хоть путь к сим пажитям долог и проходит по неосвоенной территории, весьма обнадёживает факт - предвидение не требует неких экзотических обстоятельств, типа недостижимо огромных полей, но происходит в самых обычных, широко распространённых вокруг нас условиях, из чего вытекает, по логике, заключение - и кроме человеческого мозга, на Земле или уже имеются в природе, или могут быть сконструированы неживые системы, реагирующие на будущее событие; именно поиск такого « механического оракула » и должен стать ближайшей целью исследователей явления, ибо не освободившись от влияния множества побочных факторов, привносимых в эксперимент сложным и капризным живым организмом, трудно было б надеяться на успешное изучение физической стороны феномена.

Искать же « оракул » разумней всего в областях макрокосма, наиболее близких к Эндосфере и ( как удачно ! ) автору по его образованию, которыми занимается физика низких температур, поскольку при них тепловое движение, мешающее коллективной квантовой корреляции, практически прекращается.

К сожалению, тут потребуются усилия многих высококлассных специалистов, прикладников и теоретиков, и изощрённое лабораторное оборудование.

Не исключено, этот этап займёт немало лет, но уже и сейчас моё открытие в нужных руках может обрести весьма полезное применение.

Четыре с половиной года беспрерывно я проводил на себе опыты по предвидению и убедился - они не вредят здоровью, а напротив, помогают поддерживать тонус, прививают умение по желанию быстро расслабляться или же концентрироваться и неплохо снимают стресс, которого всякий вонючий иммигрант получает с лихвой.

Однако ж гораздо важней, что в результате такой тренировки у меня выработалось бессознательное предчувствие, и установить это мне помог мой ночной образ жизни.

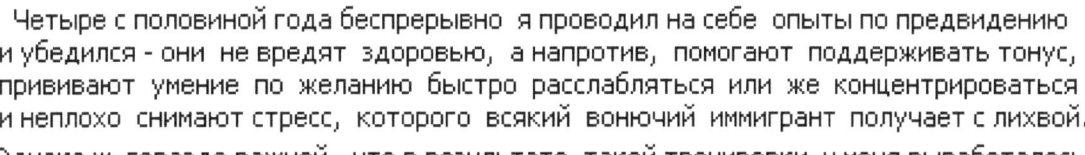

Читатель помнит: автор на день укладывался в своей покойной « усыпальнице », чьи стены обложил для звукопоглощения подобранными со свалки матрасами; несмотря на это, его ежедневно по нескольку раз пробуждали уличные шумы - облаеваемые всеми собаками округи электромобиль почтовой службы; по средам сборщики садовых отходов, а по пятницам - бытовых; красные пожарные машины, выполняющие тут роль скорой помощи, порой же - мощные полицейские шевроле, не считая различных служб - доставки мебели и суперочищенной питьевой воды, подрезки деревьев и кустов, ухода за газонами и других.

Тут я заметил, что стал просыпаться за одну-две минуты до возникновения шума, и приписал это стремлению организма, овладевшего предвидением, предотвратить бывший для меня всегда мучительным резкий переход ото сна к бодрствованию.

Моя реакция на будущие события дня явно не обуславливалась чувством времени, поскольку даже и приезд почтмейстера происходил с разбросом в 20 - 30 минут, а огромные комбайны по переработке древесины в щепу, или иные, прессующие мусор и утильсырьё в брикеты, принадлежащие частным компаниям, нанимающим исключительно негров и оттого по закону пользующимся предпочтением властей при заключении контрактов на проведение городских работ, вообще появлялись в наших весях когда им вздумается.

Причём осознанное предвидение всегда ослабевает при прекращении тренировок, тогда как бессознательное остаётся на прежнем, практически стопроцентном уровне.

Сейчас прошло свыше восьми лет с момента покупки дома, и я теперь занят совсем не теми вещами, чем в тот период, и не делаю опытов по предвидению.
Также я перешёл к обычному распорядку дня, несмотря на что мой чуткий сон ничуть не реже прерывается шумами извне, благо район Кондора претерпевает закономерную в США трансформацию, постепенно старея и заселяясь чёрными, кои так любят всенощные гульбища с танцами.

Правда, пока их на нашем проезде немного, но мне повезло - дом рядом со мной приобрёл громадина-негр, очень похожий на Рича из «Дубов» и устраивающий точно такие же барбекью с разносящимися далеко бризом от реки дымом хиккори и обольстительнейшими запахами жареной маринованной говядины.

Гости его разъезжаются заполночь, и обязательно включая на полную громкость бумбоксы своих машин.

И за многие тысячи таких побудок не припоминается случая, чтобы я проснулся, когда принялся уже грохотать их любезный рэп, а не на минутку-другую раньше.

Думается, любое нервное потрясение или просто сильное впечатление вызовет у подготовленного индивидуума аналогичную реакцию-предчувствие, способную вывести его без вреда из неожиданной ситуации - качество жизнеспасательное, паче всего же - именно здесь, в Штатах, где с пятнадцати лет за рулём каждый.

И не только водителям пригодится предчувствие, но, конечно, и спортсменам - фехтовальщикам, боксёрам и борцам, волейболистам, хоккеистам и футболистам, особенно голкиперам и вратарям, баскетболистам, ватерполистам, теннисистам, бейсболистам-питчерам, шахматистам, шашистам и прочим; присовокупите сюда также и всех, приверженных азартным развлечениям - тотализатору, рулетке и др., игре на бирже, etc.

Разработав немало приёмов развития «шестого чувства», автор мог бы составить эффективную компьютерную программу для того, которая при хорошей рекламе нашла б широчайший рынок сбыта.

Однако прежде понадобится усмирить грандиозную волну недоверия, вызванную сногсшибательным заявлением об открытии движения вспять по течению времени, и единственный путь к тому - убедительная демонстрация явления.

В самом деле, не требовать же, чтобы люди сходу поверили в противоречащее тысячелетним наблюдениям натурологии заключение исследователя-одиночки, проверяемое лишь посредством долголетних кропотливых опытов, кои их автор никогда и не стал бы затевать, буде ему обещали исход его предприятия.

До «механического оракула» путь и долог, и тернист, к тому же он, вероятно, сможет функционировать лишь в области температур, близких к абсолютному нулю, и окажется малопригодным для демонстрации, которую поэтому придётся строить на способности живого существа к предощущению.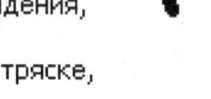

Опыты с животными, возможно, многообещающие, мне, любителю, не по плечу и не по карману, равно и эксперименты в области бессознательного предвидения, нелёгкие при проведении на себе самом без помощников.

Кроме того, и безопасность их, подвергающих субъекта сильной нервной встряске, не исследована и сомнительна в превосходной степени.

Наиболее простым вариантом представляется создание в перспективе команды где-то из дюжины участников, синхронно предсказывающих одно и то же событие, и такое число людей, показывающих стабильно без труда достигнутую автором результативность в 65-70% верных угадываний, обеспечит почти гарантировано стопроцентно правильное интегральное предсказание.

И в традициях этой страны сотворить из демонстрации яркое публичное шоу, объяснив аудитории интригующую связь явления с путешествиями во времени и нуль-транспортацией, освоением и колонизацией Космоса, личным бессмертием и даже возможностью воскресения из мёртвых.

Да и сугубо спортивная сторона представления интересна, если организовать не просто коллективное предсказание, а соревнование команд.

Вопрос «угадает - не угадает», ответ на что появляется быстро, очень удобный для заключения пари, обеспечит зрелищу, вопреки его кажущейся статичности, мощную скрытую динамику, аналогичную той, которая делает притягательным популярный в Америке гольф.

А отсутствие необходимости спортсменам и зрителям передвигаться по корту позволит камерменам фиксировать малейшие оттенки переживаний на лицах.

Напряжения действию прибавит и сложность определения по внешним данным фаворитов и аутсайдеров состязания - полагаю, среди чемпионов нового спорта увидим и детей, и старцев, и калек, последние же, поощряемые американцами не пасовать ни перед какими недугами, пользуются повсеместно и неизменно моральной поддержкой широких кругов общества.

Итак, понятно - следующим стратегически важным шагом явятся эксперименты по предвидению события, не инициируемого компьютером тогда, когда субъект счёл его предсказание окончательным, а по сигналу в заранее определённое время, ибо иного пути к согласованию усилий команды нет.

Работа предстоит большая и уже для меня рутинная, оттого параллельно с нею стоит заняться теорией эффекта, где пока выдвинута лишь общая гипотеза о том, что мозг, обладая существенными квантовомеханическими свойствами, реагирует на будущее изменение его состояния-впечатления, т. е., предвидит возбуждение нервных клеток собственной зрительной зоны, и ничто сверх этого.

Методологией предписано, выдвинув предположение, исследовать его с помощью знакомого Читателю «испытания отрицанием», в данном случае, поставив опыты так, чтобы никакой зрительный образ, равно звуковой или другой сенсорный сигнал не соответствовал взаимнооднозначно каждой конкретной попытке предсказания.

Например, пускай компьютер генерирует случайное число скрытно в глубинах его магнитной памяти, ничего не показывая на экране, испытуемый же должен стараться предвидеть и предуказать исход не доступного его чувствам события, и программа, собрав и обработав заданное количество результатов, сообщит лишь интегральный итог: «из n попыток m удачных».

Постановка разумна, однако содержит подвох - если система включает в себя мыслящее существо, психологические факторы могут сильно исказить картину, ибо у субъекта часто имеется предпочтение какого-либо вывода и он склонен, осознанно или подсознательно, с целью его достижения прибегать к саботажу, тихой сапою нарушая регламент и извращая установленные процедуры и т.п., пускаясь в тенётах самообмана на подтасовки и махинации с чистой совестью, и всего трудней избежать этого в том случае, когда испытатель и подопытный едины в одном лице.

Тем паче такая опасность присутствует в опытах по предчувствию впечатлений, где результативность резко снижается вследствие не заметного извне уменьшения прикладываемых субъектом усилий его воображения, способ измерения которых мне, профану в области физиологии, неизвестен.

В длительном опровержении всех четырёх выдвинутых мною предположений о механизме «видения насквозь» я успел втянуться в работу и даже в конце её, владея нужным автоматизмом, поборол соблазн опустить планку.

А тут придётся с начала и честно, с полной затратою сил исполнять нечто, что кажется экспериментатору абсолютно невозможным, и насколько ж легко провести эту серию спустя рукава и получить желаемое.

Несмотря на то, я решил не откладывать «испытания отрицанием» до момента, когда смогу найти непредубеждённого субъекта, мотивированного на достижение значимого результата - просто, чтоб не подвергаться критике за пренебрежение важным правилом.

Оцени всю тяжесть взваленной на себя автором задачи, о верный мне Читатель, ибо решение её требует преодоления эффекта запретного плода, что оказалось не по зубам даже богохранимым и невинным святым Адаму и Еве.

И моё искушение намного хитрей устроено, являясь не вызовом к воздержанию от совершения действия, а к полному изгнанию мысли не только из сознания, но даже и из мало подвластной кому подкорки, и в связи с тем вспоминается популярный в покойной Империи анекдот о Ходже Насреддине.

Эфенди, как известно, заявлял - во время своего хаджа в Мекку он приобрёл благоволение в очах Аллаха, даровавшего ему все таланты и умения на свете, в подтверждение чего никогда никому не отказывал в просьбе исцелить болящего.

Деньги за врачевание он брал вперёд, предупреждая - во время лечения пациент ни в коем случае не должен думать об обезьяне, гнуснейшей пародии на человека, отвратительной сердцу доброго мусульманина.

Затем он укрывал недугующего с головой одеялом и начинал бродить вокруг него, бормоча себе под нос молитвы.

Конечно, скоро исцеляемый принимался ворочаться под одеялом, ибо обезьяна неизбежно возникала перед его глазами во всех подробностях, корча гримасы и нагло вихляя розовым голым задом.

Заметив это, эфенди срывал одеяло с больного, громогласно и с негодованием обличал смущённого бедолагу в неблагочестии и гордо удалялся.

Всё же затеянное предприятие, не обещая помочь в развитии модели явления, имело и другой смысл, в дополнение к подтверждению моей добросовестности, ведь при тренировке команды для синхронного предсказания наверняка придётся сталкиваться со сходными психологическими установками участников и полезно получить мне понятие о способах избавления от их гнёта.

С этой целью надлежало на протяжение каждой попытки подавлять в себе мысль о совершенной невозможности предвидеть событие, если оно не производит затем никакого индивидуального воздействия на чувства предсказателя, как-то выключив аппарат логического анализа, день и ночь неусыпно работающий в мозгу учёного, и в достижении исключительно высокой степени самоконтроля автору пригодилось кое-что в наследии предыдущей его сексуальной жизни.

Как упоминалось уже, по природе я впечатлителен, чрезвычайно легко возбудим и в холостяцкие годы заканчивал половой акт очень быстро.

Но после описанного «медового полумесяца» и женитьбы на Лене, мне пришлось, в силу особенностей физиологии жены, позаботиться о существенном увеличении продолжительности койтуса, применивши приёмы, почерпнутые из «Кама сутры».

Техника их, восходящая к Раджа-йоге и состоящая в повторении особых мантр, эффективна и для подавления, и для генерации сильных эмоций по желанию, и я приложил её к экспериментам, приучая себя ощущать неподдельную радость при исполнении серии, если в ней верных угадываний одного из двух исходов больше пятидесяти процентов.

В противном же случае я проделывал успокоительное упражнение, тем самым создавая эмоциональный стимул, призванный по идее заставить моё подсознание, вопреки доводам логики о бесполезности таких усилий, стремиться не ошибаться.

Серии из чётного числа попыток неудобны в том смысле, что слишком часто приводили б к эмоционально невыразительному результату - равному количеству верных и неверных предсказаний.

С другой стороны, чем длиннее серия, тем действие стимула меньше, и оттого лучше всего ограничиться сериями из трёх попыток.

Наконец, мантры «Кама сутры» влияют в основном на подкорку, но необходимо освободиться и от мыслей в сознании, чему должна способствовать медитация под аккомпанемент музыки, сопровождаемая самовнушением и лёгким самогипнозом, и такому сеансу я отвёл время перед каждой серией.

И вооружён всеми этими соображениями, я написал соответствующую программу и приступил к опытам.

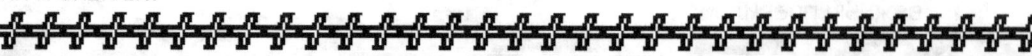

Теперь я не вперял взоры в тёмный экран, прозревая на нём смутные очертания контрастных друг другу ярких геометрических фигур, впечатывавшихся вскоре, словно раскалённое тавро, в зрительную область мозга, но пытался, закрыв глаза, представить ноль или единицу и заключить, кому ж из них предстоит возникнуть в глубинах компьютерной памяти, надёжно ограждённой от любых внешних полей металлическими стенками корпуса.

В отличие от круга и прямоугольника, нулю не удалось поставить в соответствие какой-либо из возникающих спонтанно за закрытыми веками образов, и я решил, поскольку ноль ассоциируется с несуществованием, что, возможно, и препятствует предощущению его в какой-либо определённой форме, связывать эту абстракцию с впечатлением пустоты, характеризующемся отсутствием типичных пульсаций света, которые каждый может видеть зажмурившись; когда ж в хаотическом их мерцании порой вырисовывалась вертикаль, я, за неимением лучшего, приписывал появление её последующей генерации единицы.

Выработав мнение, что одно из меняющихся впечатлений стабильнее, чем другое, я вводил соответствующее предсказание в компьютер, и в ответ получал от него только приглашение предпринять ещё одну попытку, и лишь после исполнения трёх последовательно, читал на экране дисплея строчку, лаконично сообщавшую, сколько правильных угадываний оказалось в серии.

Благодаря тому, мне был неизвестен результат отдельной конкретной попытки, не беря в расчёт серий, где все удачны или неудачны, и такие, конечно, следует исключать из базы данных при её статистической обработке.

Правда, во время опытов лучше вовсе не вспоминать о том, иначе легко утратить благоприобретённый рефлекс бессознательно радоваться своему любому везению.

Увы, методы самоконтроля сознательного мышления, употреблённые автором, показали, пожалуй, не большую эффективность, чем приказ Эфесского ареопага позабыть безумного Герострата, славы ради спалившего чудный храм Артемиды.

Однако если я и мог поймать себя на недозволенных мыслях, то, что при этом происходило у автора в подкорке, оставалось тайной, а как я сильно подозреваю, недооцениваемое нами подсознание именно и определяет способности человека.

В общем, пока я не выяснил, какая из мер и как сработала, но данные опытов сразу насторожили меня начальной полосой сплошь отрицательных угадываний, а затем - знакомая картина - результативность быстро достигла пика, после чего стабилизировались на уровне, существенно превышающем случайный.

Неужели я способен предсказывать событие, безусловно не доступное чувствам, даже и в будущем ?!

Да ведь такое противоречит всем до одного фундаментальным принципам физики и не укладывается в рамки никакой области знаний !

Ни в квантовой механике, ни в общей теории относительности, нигде на свете не сыскать описания чего-либо хоть отдалённо похожего !

И как прикажете об эдаком открытии заявить, чтобы не прослыть сумасшедшим - не спасут ни горы цифири, ни тома методик, ни профессиональная репутация.

Я был совершенно сражён этим заключением, что не помешало мне аккуратно провести свыше тысячи серий экспериментов и собрать хорошую базу данных, обработка которых подтвердила невероятный вывод.

Осторожней, Читатель, осторожней, ибо мы, вынужденно отрешась от пси-функии, страховочного шнура мышлению, преступаем через ограждающую жерло пропасти спасительную пространственную трехмерность, она же хранит нас и на другом краю возделанного поля познания, где незримые чёрные дыры раздирают поглощённое ими на всё более и более мелкие частицы, обращая в неведомую пока нам форму материи.

Ранее полное разрушение структуры представлялось необходимым условием для движения вспять по оси времени, однако не столь давние расчёты показали, что определённая конфигурация масс обеспечит передвижение объекта в прошлое с перегрузками, безопасными для человека, по туннелю континуума, названному « червоточиной » пространства.

Причём допустимыми оказались лишь траектории, не имеющие петель, на которых тело может встретить самоё себя; этим, а вероятно, и другими правилами запрета законы природы предотвращают разрыв естественной связи причины и следствия, оттого путешествующая в пространстве трехмерной Вселенной « машина времени » вряд ли вызовет серьёзные катаклизмы.

Квантовомеханическая модель предвидения предоставляла мне проверенные средства для начальных стадий изысканий и определяла перспективные направления поисков, не обещая на этом пути препятствий, не преодолимых силою таланта и упорством.

Теперь же почва ушла у меня из-под ног, равно и растаяла надежда завершить строительство последних этажей гордой башни нашего научного мировоззрения. Зане существование предвидения без последующего сигнала об исходе события открывает пред умственными очами такие бездны, куда и заглянуть-то страшно.

Дорогой Читатель, если ты и не дрожишь сейчас, то лишь потому, что не осознал всего вытекающего из не особенно потрясающего для непрофессионала факта. Но протяни мне руку и позволь увлечь твою мысль в захватывающий дух полёт, вниз же или вверх, назад или вперёд - не могу сказать, поскольку в этой области большинство наших понятий, включая и направление, напрочь утрачивают смысл.

Прежде всего, есть резон твёрдо установить отправную точку для путешествия, дабы не потеряться бесследно там, где смертному не дано ориентиров.

Эмпирически мною доказано - мозг имеет способность воспринимать информацию непосредственно из экранированной от всех воздействий компьютерной памяти, к тому ж генерируемую в будущем и записываемую на крошечную долю секунды, а затем стираемую.

Отсюда следует - я и компьютер как-то и чем-то связаны, и связь эту не может обеспечить в принципе вездесущая волновая пси-функция квантовой механики, очень резко зависящая от расстояния, отчего бы эффективность предсказаний уменьшалась драматически, стоило мне хоть немного отодвинуться от монитора, что я в многочисленных моих опытах заметил бы непременно.

И теперь придётся, хочешь не хочешь, совершить последний шаг и покинуть всякую опору для плотной части человеческого организма.

Поскольку логика приводит к единственно возможному выводу - я и компьютер соединены не тут, не в более-менее изученной трехмерной Вселенной, а где-то в неизвестно скольких ещё недоступных и неведомых земнородным измерениях.

Ах, любезный Читатель, подозреваю, тебя и сейчас не пробрала крупная дрожь, невзирая на усилия автора вселить в твоё сердце подобающий ситуации ужас. Конечно, я не очень искусен в языке, и всё же попробую объяснить, что означает признание пространства мира отнюдь не трехмерным.

Учёному сразу становится ясным - существует по крайней мере одна, а скорее, множество, не исключено, и бесконечное число отличных от известной Вселенных. Проиллюстрирую сказанное аналогией, составленной из привычных нам понятий.

Нарисуй в своём воображении поверхность, являющуюся местом обитания неких фантастических двумерных живых созданий, этаких плоских бумажных фигурок. Разумеется, бумага, из которой вырезаны «плоскостники», обладает и толщиной, просто она настолько мала, что её присутствие не проявляется в их повседневности. (Такая конструкция на математическом языке называется «свёрткой» пространства по одному из его измерений.)

«Плоскостникам» не дают оторваться от их поверхности силы наподобие трения, но ими неплохо освоены законы скольжения по их двумерной обители, просторной и удобной для движения её тоненьких насельников, поддерживаемых ею всегда в разглаженном состоянии, ибо сама физика этого мирка не позволяет скомкаться.

Тем не менее, рядом с ними, на крошечном расстоянии в третьем измерении могут находиться иные поверхности, с другой кривизной и другими силами, о чём «плоскостники» не будут иметь и представления, покуда не отыщут способа одолеть природные свойства своей телесности и оторваться от почвы - поступок беспрецедентный и оттого весьма опасный для легко воспламенимой цивилизации.

Но они предприимчивы и любопытны, постоянно совершенствуют инструменты и скоро заметят эффекты, связанные с толщиной, научатся скреплять раствором бумажные строительные блоки и примутся за возведение башни из папье-маше...

За истекший век, мимолётный период по сравнению со всею историей, наука развернула пред нами захватывающие дали - квазары и пульсары, туманности, суперновые звёзды и «чёрные дыры» выстроились в симфонический хор небес и исполнили для нас ораторию о рождении и эволюции Вселенной, разлетевшейся с момента и от точки «Большого взрыва» на десятки миллиардов световых лет, сохранив изначальную сферичность безукоризненно.

Теперь же мы выясняем - вся эта внушительная картина написана на поверхности, на «свёртке» реального пространства, и кто знает, какие последствия ждут нас, если неосторожно проткнём её деревянным носом.

А такое имеет шансы произойти с нами где и когда только угодно, поскольку, судя по тривиальности условий для предсказания будущего без обратной связи, место, в коем живое и неживое (автор и компьютер соответственно) соединены - поверхность известных нам трёх геометрических измерений, параллельная нашей, последняя же представляет собой шаровидное скопление разбегающихся галактик, следовательно, и то, невидимое нам отражение неведомых измерений вещества - также шар, как бы пропитывающий наш всегда и в каждой его точке.

Трехмерным аналогом описываемой многомерной конструкции является система полых сфер, концентрических и разделённых плёнкой, исчезающе тонкой, однако непроницаемой (не обязательно с обеих её сторон), иначе выражаясь, мембраной.

И незримо сопровождающий нас мир вполне материальных образов, или идей (попахивает идеализмом), или замыслов людей и вещей (попахивает ещё больше), где и происходит бессознательное взаимодействие меня с электронным прибором, остаётся изолирован от землян, трудно заключить, не ко благу ли.

Мои опыты по предвидению исхода события без последующего сигнала о нём, научно доказывающие существование параллельной Вселенной, говорят и о том, что она не имеет однонаправленного течения времени.

И хотя три привычных нам измерения обязательно есть и там, не исключено, в совокупности с иными, законы физики этого мира в корне отличны от наших, и вступать в него придётся с колоссальною осторожностью.

Воздержаться же вовсе от крайне опасного предприятия не удастся, и не только из-за присущих виду **Homo sapiens** от Адама и Евы особенностей психологии.

Ибо феномен предвидения ясно показывает - мы не так уж надёжно отделены от параллельного мира, и предохраняющая нас плёнка не совсем непроницаема и когда-нибудь да прорвётся.

И кроме философской максимы о бренности сущего в сей временной юдоли, основания для столь печального вывода дала современная астрономия.

Разбеганию галактик, получивших первоначальный импульс от Большого взрыва, препятствует гравитация, и результатом борьбы противодействующих тенденций, по общепризнанной в космогенике модели, могут стать лишь два исхода процесса.

Первый: если средняя плотность вещества во Вселенной больше критической, то она, подобно «чёрной дыре», замкнута силами гравитации, и её расширение впоследствии сменится сжатием, которое примерно за двадцать миллиардов лет, до состояния квантов разрушив любое вещество, вернёт его снова в точку исхода. Конечно, при этом погибнет всё живое, ибо выйти из «дыры» в принципе нельзя, равно и остановить коллапс изнутри неё.

Второй же вариант сценария не предусматривает безусловно гибельного финала: если плотность меньше критической, Вселенная пребудет открытой и продолжит бесконечно расширяться с уменьшающейся скоростью, асимптотически достигая полной неподвижности и постоянного диаметра.

Разумеется, звёзды её в конце концов остынут, но человеческая цивилизация к тому моменту наверняка овладеет новыми источниками энергии.

Животрепещущий вопрос о предначертанной судьбе Космоса не мог оставить равнодушными учёных-астрономов, кои затратили немало усилий, чтобы оценить плотность массы во Вселенной, включая и неизлучающую «тёмную материю».

Дотошно проведенные измерения, с одной стороны, вызвали вздох облегчения, поскольку средняя плотность оказалась ниже критической, не угрожая обратить наш мир в сверкающее ничто посредством гравитационного коллапса, зато они породили, похоже, не менее серьёзные треволнения.

Гравитация, работая как сила трения в космогенической модели, неотвратимо должна замедлять разбегание галактик; тем не менее и вопреки очевидности, скорость их движения от центра не уменьшается, а напротив и парадоксально, возрастает, чего не бывает и быть не может в рамках используемой механики.

Единственный выход из теоретического тупика представляет лишь допущение о влиянии на движение нашей Вселенной внешнего по отношению к ней объекта, существующего в неизвестных нам измерениях.

А убыстрение разлёта галактик указывает на уменьшение с течением времени сил, изолирующих трехмерную поверхность нашего обитания, предотвращая пока схлопывание временной её с параллельною ей вневременной.

И такая катастрофа произойдёт, причём неизвестно когда - через долю секунды или мышлению смертных не постижимые века веков.

Однако описываемая ситуация далеко не столь безнадёжна, как упомянутый выше пожирающий вся и всё гравитационный коллапс.

Поскольку выхода из последнего нет, соединение же нас и «Вселенной образов» приведёт, возможно, не ко взаимной аннигиляции, а к некой трансформации обеих.

Впрочем, я не рекомендовал бы дожидаться естественного разрешения дилеммы, но посоветовал бы как следует разобраться в механизме происходящего, тем паче, что мир наш до сих пор пребывает не замкнут и пока ещё проницаемы его границы.

О увлечённый на край сего света Читатель, видишь, картина, нарисованная на населяемой нами трехмерной поверхности, будучи сложной, гораздо сложнее, чем представшая бы «плоскостникам», тем не менее поддаётся расшифровке, упорных и внимательных извещая, подобно котлу с кипящей бараньей похлёбкой, о скрываемом за грубой холстиной театре-шапито, роль же в нём даётся тому, кто одолевает невзгоды и камни преткновения на уготованном ему пути домой и благополучно выходит из ловушек врага.

И по совершении полного круга приходит пора снять со стены знакомое полотно и двинуться в затхлую темноту древнего подземелья.

Что ж, боготворимая наша наука должна подоткнуть подол и впервые в истории покинуть обжитую, обставленную и казавшуюся покойной палату Мироздания.

Причём в дорогу ей надо пускаться незамедлительно, не тратя на сборы времени, кое, выясняется, грозит пресечься в миг любой и от ничтожных причин.

У бедняжки нет ни плаща, ни котомки, ни посоха; всё же я как её верный слуга соберу для неё кой-какие крохи и попытаюсь рассеивать пред красавицей мрак, держа повыше пламя глиняной масляной лампадки философии.

И ты, Читатель, кому королева моя милостиво протянула руку, взяв её, ободрись и не отставая и не забегая вперёд следуй за нами.

Факт ускорения разлёта галактик дал нам уже некоторую пищу для нашей дамы, но куда больше её обнаруживается на другой обочине возделанного людьми поля, и вполне естественно, ибо взаимодействие параллельных Вселенных происходит не когда-то и где-то, а везде и всюду, следовательно, на мельчайшем из уровней квантового дробления вещества.

Думается, именно потому упомянутые раньше субкварковые «суперструны» адекватно описываются только в рамках механики пространства, обладающего, кроме обычных четырёх, множеством дополнительных измерений.

Вначале развитие теории «суперструн» сдерживало отсутствие необходимого кропотливого численного исследования свойств особых многомерных функций, взяться за которое ни у кого из университетских учёных не хватало пороху.

К счастью, оказалось, такая работа проведена около ста лет назад в Индии, молодым деревенским самоучкой.

Что подвигло его выполнить утомительные расчёты в области, не имевшей тогда ни малейшего практического приложения, остаётся загадкой, но труды паренька своим качеством поразили заезжего английского профессора математики, и тот помог талантливому юноше отправиться на учёбу в Лондон.

Правда, там туманы наградили индуса скоротечной чахоткой, и он быстро умер, не стяжавши ни грана известности; несмотря на то, рукописи его сохранились.

И специалисты по элементарным частицам с удивлением не так давно нашли в них математический аппарат, идеально подходящий для решения насущнейшей задачи закладки теоретической базы более чем четырехмерной физики.

Разработанные на сегодняшний день модели « суперструн » используют понятие дискретного континуума 26 измерений или его 10-мерного подпространства-свёртки.

Все они дают возможность объединить квантовую механику и гравитацию, а также допускают, в принципе, существование бесконечного числа изолированных миров, некоторые, нестабильные, с подобными времени текучими измерениями, некоторые устроены без них.

Однако пока это только коллекция чисто теоретических построений с выводами, совпадающими не всегда, и сделать выбор между ними предстоит в будущем, скопив довольно эмпирических данных по поведению свободных « суперструн », последние ж есть шансы поймать лишь при распаде частиц очень высоких энергий, превосходящих лимиты всех функционирующих ускорителей.

Несколько десятилетий тому возник проект сооружения ускорителя мощности, позволяющей разгонять частицы настолько, чтобы при столкновениях от них отлетали б субкварковые осколки.

Энтузиазм учёных был велик, физика находилась на подъёме, и строительство, расходы которого разделила большая группа стран, вступило в начальную фазу.

Увы, американские обыватели, узнав из прессы о том, что колоссальное кольцо, набитое сверхпроводящими магнитами и стоящее миллиарды их кровных долларов, предназначено для получения чего-то самого мелкого на свете, чему и названия ещё не имеется, затеяли широкую кампанию протеста, поддержанную политиками, федеральное правительство поспешило отменить финансирование, и ныне останки мамонта науки и жертвы демократии зарастают кустарником где-то посреди прерий.

Часть физиков, понимающих огромную важность похороненных исследований, оплакали их и обратили взоры к небесам, переквалифицировавшись в астрономов, поскольку « суперструны » должны присутствовать и в космических лучах, точнее, в старшем конце спектра реликтового излучения, рождены в первые доли секунды времени, инициированного Большим взрывом.

Но попытки обнаружить их, затерянных в лавине последующих поколений частиц, до сих пор не увенчались успехом, и продвижение нашего знания вглубь вещества застопорилось, равно и развитие более чем четырехмерной механики.

Для прогресса здесь требуется вынести наблюдения за атмосферу, разместивши аппаратуру на орбитальных станциях - предприятие тоже недешёвое.

Теперь же моё открытие предвидения без обратной связи обещает возбудить интерес к легкомысленно запущенным пажитям и их рекультивации.

Из всего, изложенного выше, сдаётся, даже американский гегемон-избиратель в состоянии сделать вывод - наше мироустройство чревато мгновенной гибелью, и предотвратить её способны лишь презираемые среднестатистическим Дж. Доу и выставляемые на смех в комедиях и комиксах яйцеголовые.

Понимаю, стиль моего романа Джону тяжеловат ( кстати, омофон имени « Доу » означает на слэнге « деньги » ), но автор заботливо изложил во вводных главах его рекомендации по заполнению пробелов тезауруса методом « глокой куздры ».

Положение с финансированием не явно прибыльных фундаментальных проектов, надеюсь, успеет измениться к лучшему, в ожидании же этого продолжим упорно пробиваться малой живою цепью сквозь тьму чужого и собственного невежества.

Приготовимся не уповать на князи, на сыны человеческие, беря своё, где находим, как то многомерные функции юноши-индуса и составленные на основе их модели.

Всё ж извлечённые из россыпей физики крохи знаний об устройстве Мироздания, где обитель преходящего рода землян, как внезапно выяснилось, одна из многих, не дают повода надеяться на скорое техническое решение задачи предотвращения убыстряющегося стремления Вселенной к соединению с ей параллельной, или же, на худой конец, эвакуации смертных из обречённых весей в иные, устойчивые края.

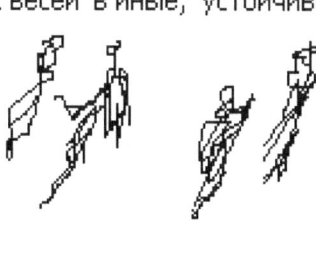

Долго ещё человечеству предстоит идти вперёд под постоянной угрозой гибели, и осознавая, насколько нелёгок этот гнёт, я не мог не вспомнить Апостола Иоанна и его Откровение, которое есть пророчество о том, что неизбежно должно произойти.

Действительно, книга столетнего Патмосского старца является собой композицию нескольких изолированных видений, в большинстве очень условно живописующих Страшный Суд, воскрешение мёртвых, катастрофы самых последних дней света и тысячелетние периоды тягот верных, и расположены миниатюрные эти клейма отнюдь не в хронологической последовательности, вытекающей из логики темы, которую и вовсе взрывает помещённая среди повествований о судьбе Земли людей картина битвы Архистратига Михаила с войском падших ангелов, согласно Писанию, предшествовавшая соблазнению прародительницы сверженным с тверди Денницей, а точнее, и самому акту Творения.

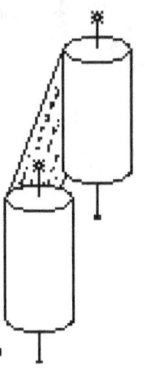

И лишённые связи со временем ярко представленные катастрофические события: помрачение Солнца, покраснение Луны из-за помутнения воздуха и падение звёзд со свивающегося полотна небес ( не подразумевается ли свёртка пространства ? ), приобретают значение символа и предупреждения.

Любимый ученик на отлично овладел античной философией, в чём удостоверяет его несиноптическое Евангелие, где он впервые ввёл в христианскую литературу понятие Логоса, и дуально дополняющая Его концепция вневременного « нус », мира идей, эквивалентная экспериментально открытой мною « Вселенной образов » и « коллективному бессознательному » Юнга, дивно использована в Апокалипсисе, обуславливая стопкадровую фактуру опуса.

Далее, нельзя не заметить, что древние и средневековые мыслители говорили о параллельных мирах, точно так же, как и автор на основе его опытов, рисуя в качестве трехмерной аналогии Мироздания систему концентрических сфер, а допотопный Енох даже знает о взаимодействии изолированных поверхностей и сообщает о наличии на них неких невидимых крюков.

Ничего ведь застывшего нет, равно и двух вещей безо всяких взаимных влияний, и посему когда сферы движутся, их крюки чуть касаются один другого.

Поскольку Творение красиво, а красота всего связана с функциональностью, то и симметрия - одно из её качеств, ибо целое из одинаковых составных частей легче поддерживать в рабочем состоянии.

Высшая же форма симметрии - сферическая, поэтому и Мироздание сферично, но населяемая нами Вселенная исполнена всеразрушающим временем и погибнет, однако ничто не может пропасть, не перейдя в иное, откуда ясно - нашу юдоль окружают лучше устроенные миры.

Ну не обидно ли, что несколько посылок возносят ум туда, куда наука и техника карабкаются тысячелетия ?

Усвоивши урок, выжмем из гордости масло смирения для светильника философии, вступая во мрачные владения предвечного Непознанного.

Кстати, вся теория « суперструн » с изощрённым её математическим аппаратом базируется на простых по сущности и логических законах симметрии.

Я укреплял свой дух посредством рассуждений наподобие изложенных выше, продолжая эксперименты по предвидению, продвигавшиеся довольно успешно, благо тому способствовал мой скромный образ жизни, ночной и отшельнический.

Стратегия исследований оставалась неизменной - в первую голову, создание убедительной демонстрации явления, а затем поиск « механического оракула ».

Переезд из провинции в университетский центр пока откладывался - очень важно сконцентрироваться на разработке программы для коллективного предсказания, а не тратить кошмарные усилия и годы на то, чтобы стать ассистент-профессором, сиречь, лаборантом, по меркам Империи.

Да и команду предсказателей ( не назвать ли её « Наби », впрочем, вспоминаю, было когда-то во Франции такое литературное течение ) проще собрать в Джексе, чем на кампусе, чьи насельники плотно вовлечены в интенсивный процесс учёбы.

Жена предавалась насаждению и возделыванию собственного сада самозабвенно, дети много времени проводили на воздухе, в просторном, зелёном и безопасном огороженном заднем дворе, я без особого напряжения обеспечивал семье достаток работой на поточной линии «Вистакона», и бригадир представлял меня регулярно к очередному повышению зарплаты, так что получал я уже в полтора раза больше, чем ассистент-профессор университета.

Правда, вот ходу моим бумагам на получение инженерной должности не давали, и разобравшись в тонкостях капиталистического производства, я уяснил причину весьма удивлявшей меня вначале незаинтересованности руководства предприятия в найме задёшево учёного-аналитика высшей квалификации.

Пенсионные фонды персонала компании вкладываются в её акции, что формально делает любого работника совладельцем фирмы, и закон заставляет её директорат отчитываться перед всем наличным составом о текущих расходах и доходах.

Из этих отчётов я узнал: траты на рекламу, перевозку, хранение и продажу товара во много раз превышают производственные издержки, и экономить на последних, затевая долгосрочные изыскания оптимума, нету ну никакого резона.

Тем более, что и ассортимент продукции меняется с фантастической скоростью — за несколько прошлых лет «Вистакон» освоил производство косметических линз, придающих радужке глаз какие угодно оттенки и неотразимый блеск, бифокальных, астигматических, солнцезащитных, гигиеничных однодневной носки, антисептических для профилактики воспалений роговицы и других.

Вечная гонка в стремлении обойти конкурентов и застолбить свой участок рынка не оставляет времени на совершенствование внедрённых технологий, в Империи некогда обязательное и планируемое, и моё предложение услуг в этой области здешним кадровикам показалось напыщенным нонсенсом.

Впрочем, я не особенно переживал неудачу, поскольку инженеры заняты тут ремонтом и переналадкой оборудования, должны быть готовы, среди дня и ночи, к вызову на завод по сигналу пейджера, с которым не расстаются даже в постели, и такая работа несовместима с требующими размеренности моими исследованиями.

Кроме того, ручные безмысленные операции на конвейере и ритмический шум его совершенно замечательно раскрепостили подкорку, готовя её к последующим опытам, заодно способствуя и написанию стихов, и ни одна минута автора не пропадала втуне.

Грохот прессов, разрубавших подносики с линзами на индивидуальные упаковки, задавал темп составляемой мною литургической компиляции, и она получалась лаконичной, уложившись в один час речитатива без проповеди, против полутора, требуемых существующей американской, хотя печатный объём той и меньше вдвое — эффект, мне знакомый по драматургии: рыхлая вербальная фактура провоцирует исполнителей на необоснованные паузы.

И поэтически организованный текст куда разборчивей простой прозы — ритмизация, аллитерирование и подчёркивание ударных мест рифмами, чем не пренебрегали создатели греческого оригинала, облегчают его восприятие со слуха и запоминание.

Быстрый, намного быстрей применяемых современными православными церквями, ритм, навязываемый конвейером, очевидно, хорошо совпадал с первоначальным, проявляя, будто некий химреактив, образы, скрыто заложенные в древних гимнах — перевоплощение и взлёт в «Херувимской» ( мисти-коос икон'ииииии-зоооооонтес ), пастушеский танец в «Богородичной» ( 'Аксион эст'ин ос 'алитос... ) и после него уподобление Девы лествице от земли к небесам ( Тин тимиот'еран тон Херувим... ), подпрыгивание евреев перед Спасителем на ослятии ( Эвлогим'енос о эрх'ооомéнос эн он'омати Кир'иу ) в «Победной песне», их же типичные раскачивания в молитве и поклоны ( «Отче наш» — П'атер им'он о эн т'ис уран'ис, агиасф'ито то оном'а Су, элф'ето и васил'иа Су, гениф'ито то фелим'а Су... ), совместно с не менее иудейским потрясанием руками в «Буди Имя Господне благословенно» ( Ии то 'онома Кир'иу эвлогим'енон апо ту н'ин... ), благодаря чему становился ясен ход эволюции литургии за вековую её историю.

Мне открывались изменения, внесённые монастырскими редакторами с целью обратить службу, прежде компактную, во беспрестанное действо.

Для достижения того, они сделали молитвы, написанные Иоанном Златоустом и выполнявшие роль смысловых и поэтических мостиков, связующих литании, тайными, то есть, произносимыми священником беззвучно в алтаре, и заполнили высвободившееся пространство длинными хоровыми вставками.

-303-

Далее и в том же ключе - «Славословие», задуманное как увертюра литургии, сдвинуто было от начала её в середину утрени, где не могло задавать общий темп, мешая варьировать растянутые чуть ли не до бесконечности распевы.

В те достопамятные времена Православие определяло образ жизни Империи, Закону Божиему детей обучали в школе, и поэтому, войдя во Храм, всякий сразу включался в священнодействие, и возжегши свечи, и принеся пожертвование, и помолившись, и причастившись, если подготовился, выходил, когда чувствовал достаточное облегчение души, временами нуждавшейся в том безотлагательно, и непрерывное богослужение отвечало импульсивно возникшему порыву покаяться, воззвать ко Спасу и святым о срочной помощи или вознести Господеви хвалы.

Сегодня же в Америке, коя отнюдь не Византия VII века или Русь двенадцатого, редко кто бы подвигнулся на подобный отрыв от рутины, и православные церкви, как и всё тут, базированные на коммерческой основе, разорила б древняя практика.

И они, встав перед необходимостью вписать службу в рамки воскресного собрания, утром начинают которое классы для детей и взрослых, а заканчивают ланч и кофе, прискорбно избрали путь перелицовки перелицованного, урезая там и сям перевод славянского перевода на английский, как и первый, произведённый слово в слово.

И порождение грубой хирургии влачит незавидное существование в джунглях, где естественно доминируют молодые и энергичные протестантские деноминации.

Я-то предпринял свою компиляцию как упражнение в литературной композиции и византийском стихосложении, однако посещая общину Св.Джастина, убеждался, что мой труд весьма и весьма пригодился бы американской Православной Церкви, и сознание этого призывало провести работу не вчерне.

Идея использовать весь богатейший арсенал изобразительных средств оригинала вступала в противоречие с принципом дословного перевода, и я старался передать не букву, а смысл, символику, дух и настроение первоисточника.

Он же включал огромное количество цитат из Библии, не говоря уже о чтениях, но американские переводы, выполненные протестантами, совершенно не подходили для произнесения распевным речитативом или одноголосого пения.

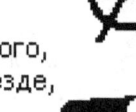

К счастью, у меня был экземпляр версии 1611 года короля Джеймса I Английского, откопанный мной в россыпях миссионерских брошюрок в первые дни по приезде, и я успел довольно глубоко проникнуться ей.

Написанная применительно к литургическим традициям Англиканской Церкви, доныне наиболее близкой к Православной и порвавшей с Римской Католической в XVI веке по аналогичным причинам, она единственная подходила моим планам.

Я осознавал её непопулярность у жителей Нового Света, привыкших гнушаться всего «британского» с колониальных времён, однако не видел ей альтернативы.

Из этого вытекало, что и грамматика, и лексика компиляции должны совпадать с архаическими, намеренно применёнными Джеймсом, впрочем, они не составляли особого препятствия для меня, ибо я некогда изучал их в курсе английского языка элитной средней школы, законченной мною в Одессе.

Конечно, преподавали нам архаику вовсе не ради чтения версии Библии Джеймса, о которой и вспоминать-то боялись в те годы, а поэтов от Мильтона до Байрона, увы, в Америке настолько же мало известных.

Но при желании всякий сможет легко освоить несколько несложных правил, отличающих старый английский от современного, из которых главное состоит в полногласии глагольных окончаний и отсутствии прочих стяжений гласных, очень помогающее певцу.

Прозрачно и желание Джеймса отделить язык священнодействия от разговорного, хорошо известного нам по пьесам Шекспира, творившего примерно в то же время, и это чрезвычайно важно для придания не мирской атмосферы храмовой службе, нередко с таковою целью и совершенно отрешаемой от живого местного наречия, подобно тому, как шла она на арамейском в первоапостольской церкви Иерусалима, и доныне в России идёт на славянском, вопреки его ничуть не похожим на русские падежам, алфавиту и построению предложений.

Кстати, заданная королём лингвистическая дистанция прежде была куда больше, ибо британские говоры начала XVII века изобильны отмершими позже стяжениями.

Вдобавок правитель Англии, раздираемой религиозной рознью, стилистически и политически верно придерживался древнего, по-римски уравнивающего всех обращения только на "ты", даже и к Богу, хоть в обиходе местоимения 2-го рода единственного числа, замещаемые в тот момент куртуазными множественными, приобрели запанибратски-вульгарный оттенок.

Ныне же в английском ситуация диаметрально противоположная - тюитирование, изгнанное три века тому назад из быта, считается поэтическим и возвышенным, а некогда вежливое обращение на «Вы» стало грубостью, и нормы предписывают величать незнакомцев «мэм» либо «сэр», знакомого собеседника звать по имени.

В общем, я не видел достаточно серьёзных резонов не базировать компиляцию на стоящей по поэтическим качествам гораздо выше прочих версии Джеймса, и вооружён такой уверенностью, приступил к возвращению изначальной формы композиции, за века побывавшей во многих руках.

Главное смещение баланса её поэтики произошло, когда монахи перенесли молитвы священника за алтарь, сделав их «тайными», сиречь, неслышимыми, и вернувши великим немым глас, я увидел, как шедевры Златоуста составили с ектениями дьякона и пением хора органичное триединое целое.

Да, уж в который раз я убеждался, что любое качественное произведение всегда имеет ровно три равноправные компонента: живопись - рисунок, фактуру и цвет, икебана - три элемента, японская эстетика - принципы «саби», «ваби» и «югэн», философская посылка состоит из тезы, антитезы и синтеза и т.д., и я задумывался, не следствие ли это пространственной трехмерности обители человеческого рода.

Три одинаково важные составляющие, различные по устройству и назначению, не обязательно обладают сравнимыми объёмами, и маленькое «Славословие», перенесённое в начало службы, не затмили две её другие части - литургия мира, где доминирует гимнология, и литургия верных (Святая Анафор'а), в которой преобладает священнодействие с кульминацией его в причастии.

Концентрирующее богословские догматы поистине до взрывчатого состояния, энергичное музыкально-литературное введение, ставши на своё законное место, обрело былую силу, теперь соответствуя несокращённому варианту его имени - «Великое Славословие».

Также я заметил, что из его перевода на славянский, и как следствие того, из американского перевода с перевода, выпала первая строчка, возглашающая: «Слава Тебе, Показавый нам Свет!», думаю, вымаранная, дабы не напоминать новоокрещённому варварскому племени россов о низверженных идолах его Ярилы.

Но Иоанн, утвердивший тождественность личности Сына и безначального Света, опирается на сложившееся много раньше уподобление исторического пути Израиля движению от отражённого и аберрированного света к самому светилу.

Ибо Авраам вышел из Ура с его культом Луны и переселился, направляем Яхве, в Египет, где обращённые в рабство евреи в XIV веке до Р.Х. успели пережить введённое объединителем Эхнатоном поклонение одному солнечному диску Атону, оставившее след в их верованиях, затем, чтобы завоевав Палестину, возвести им золотое Святилище, сверкающее над градом Давидовым, в коем тысячу лет спустя прославится предречённый Иисус Назорей, Слово Божие во Плоти и Солнце Истины.

Кстати, не говорит ли красноречиво священный символ Ислама, лунный серп, об отступничестве магометан от единого Жизнеподателя миру, хотя агаряне и тщатся выставить себя монотеистами лучшими, чем их братья по Ибрагиму.

Разумеется, в своём вольном переложении гимнов я не преминул восстановить столь многозначительную символику, тем паче, что в английском очень удачно слова Сын и Солнце - точные омофоны, и образуемая ими рифма предоставляет средство выделить, высветить, словно бы ярким бликом, ударное место текста.

Так, я применил в «Богородичной» заимствованное мной из греческого канона великолепное сравнение Девы Марии со звездою, родившей Солнце - метафора, в буквальном смысле правильно передающая процесс эволюции материи Космоса - совпадение, обрадовавшее меня, хорошего физика, особо.

-305-

Довольно долго я не мог справиться с ритмизацией «Символа веры» («Верую»), поскольку отточенный, словно меч, смысл его, направленный против ереси Ария, равно и всякой другой возможной, не поддаётся никакой редактуре, и мне пришлось ввести после каждого стиха этого кованого гимна припев-иллюстрацию из Псалмов по типу прокимена.

Я расширил канон ко Святому причащению, из которого переводчики выкинули совершенно необходимую в нём покаянную часть (Персть и сон, трава и тень есте ты, человече, отчего так возносишь себя?..), и благодаря всем добавлениям литургия парадоксально стала идти в два раза быстрее и зазвучала куда яснее, чем урезанная людьми, не знакомыми с поэтической техникой.

Войдя в материал и освоив удивительные приёмы византийского стихосложения, я, по завершении компиляции на английском приступил тут же, не переводя духа, к аналогичной работе на русском и закончил её успешно.

Параллельно с этим, я между переводом сочинял и свою собственную лирику и выклеивал свободными ночами коллажи из раковин, дерева, коры и прочего, каковое неторопливое занятие эффективно снимало напряжение и подготавливало ко взрывоподобной концентрации усилий, требуемой в опытах по предвидению.

Правда, поэзию мою того периода окрашивают мрачные тона, впрочем, её настрой, подобно мёртвой воде былины, обеспечивал автора заживляющей раны эмигранта дозой катарсиса самовыражения.

Никому не известны причины, приводящие к ностальгии, с неотвратимостью рока поражающей каждого переселенца старше восьми лет, но весьма вероятно, что она порождается перегрузкой подсознания сигналами о мелких деталях, отличающих новую среду обитания от старой и уму представляющихся совершенно пустячными: яркие краски неба, оттенки листвы, ровнотравье газона, этажность архитектуры, стили одежд и мебели и даже общепринятые нормы вежливости.

Однако подсознание есть орган быстрого реагирования, и чтобы обеспечить его, с раннего детства мозг намертво заряжает в подкорку обойму привычных образов, заставляя человека автоматически настораживаться при малейшем несоответствии их и информации, поставляемой чувствами, включая и предвидение, точность которого возрастает многократно, когда оно срабатывает неосознанно.

В жизни эмигранта стресс этот присутствует всегда, и накапливаясь, выливается в острую депрессию, сопровождаемую галлюцинациями, маниями и психозами, кажущимися донельзя смешными и странными всякому счастливцу, кто избежал травмы от пересадки в чужую почву.

Самые большие проблемы возникают при разрушении рефлекторных комплексов. Например, ваш покорный слуга, и не он один, по его деликатным расспросам выходцев того же времени из покойной Империи, извините за прозу, не в состоянии облегчиться в американских общественных туалетах, очень чистых и ухоженных, ибо наполняющие их крепкие ароматы фруктовых, сосновых и прочих деодорантов в никоей мере не ассоциируются у него с процессом дефекации.

Также немало его достаёт милый обычай джексонвильцев улыбаться при встрече незнакомцам, поскольку у него на родине такое действие неявно подразумевает сексуальное предложение либо насмешку, и хотя ему хорошо известно, что тут улыбка - обычное, ничего не значащее приветствие, она тем не менее исправно повышает уровень тестостерона и адреналина в крови небесчувственного автора.

Донимают его и преследующие всех русских яркие обонятельные галлюцинации - запахи свежей ветчины, белых сушёных грибов, прелых осенних листьев и снега.

Но навык находить истоки психических расстройств и описывать их, которым я как аналитик и писатель владею, помогает контролировать, а порой и купировать симптомы ностальгии, к тому ж мне обучение на физтехе ещё в ранней юности привило закреплённое последующей практикой умение усваивать и обрабатывать в краткий срок большой объём информации, поэтому переселенческая моя болезнь, оставаясь принципиально неизлечимой, протекает в сравнительно стёртой форме, часто входя в облегчительную ремиссию.

Теперь и ежедневная работа над романом существенно замедляет её развитие, и у меня неплохие шансы удостоиться последнего миропомазания во здравом уме.

В Америке почитают вегетарианство, и по телевизору всемерно пропагандируют растительную диету в качестве мощного способа очищения организма от шлаков, не забывая и про её гуманность по отношению к сожителям людей в экосистеме, и в русле здешних веяний Галина, унаследовавшая горячую любовь к животным от поколений мелкопоместных предков, лошадников и собачников, убеждала меня первый Великий Пост в нашем собственном доме попытаться выдержать строго, хоть либеральный отец Тэд и не понуждал к тому прихожан Святого Джастина.

Я в принципе согласился и велел жене, взявшей на себя в ту пору всю готовку, заранее составить и обсудить со мною подходящее ей по поварскому диапазону и приемлемое для членов семьи полноценное постное меню на семь дней недели, однако задачка оказалась не такой простой, и свободными вечерами мне пришлось вносить и советом, и делом лепту более опытного кулинара в поиски решения.

Всякое учреждение США, не знаю, по закону или нет, предоставляет сотрудникам специальное помещение для отдыха, оборудованное микроволновой печью, титаном, кофеваркой и холодильником; такие комнаты имелись и на линиях «Вистакона», и многие работники не пользовались услугами заводского кафетерия, а приносили ланч из дома, из отдела «дели» магазина либо из ресторана, ставили во «фридж» и разогревали его в перерыв, и благодаря тому вегетарианцы, мусульмане, иудеи, индусы, сикхи, постящиеся христиане, больные или сбрасывающие избыточный вес не имели нужды нарушать взятые на себя пищевые ограничения.

В Империи же, стремившейся нивелировать этнические и этические различия и избавить граждан от опиума религии, ничего подобного не было и в помине, рабочих и служащих кормили дотируемые государством столовые предприятий, обеспечивая особое питание только диетчикам, по заключению комиссии врачей.

Тем страна победившего материализма, обращавшая жизнь в пиршество плоти, искоренила мазохистское удовлетворение фанатиков посредством постничества, нарушающего общий праздничный тон в Державе, и на просторах её не постились даже верующие старушки-пенсионерки, ибо в почтенном возрасте трудно изменить закреплённые за много лет привычки, особенно в семье из нескольких поколений, где готовка на всех одна, а младшие, работающие, не могут соблюдать обряда.

К тому же бабушки обычно и командовали на домашней кухне, а кто из поваров не пробует еды и не доедает остатков.

Понимая ситуацию, священники Русской Православной Церкви легко относились ко греху пренебрежения постом своей немногочисленной паствы и не накладывали на кающихся в том епитимьи, советуя лишь насколько возможно воздерживаться от мясопродуктов и возмещать их в рационе молочными.

Поэтому неупотребляемые постные рецепты прочно забылись, и мы не вспомнили ни одного второго горячего обеденного блюда, куда бы не входили рыба или мясо, и предстояло нам с женой пораскинуть мозгами изрядно.

Проявляя присущую мне систематичность подхода, я резонно предложил вначале ознакомиться с вегетарианскими продуктами в местных ресторанах и универсамах.

Вскоре выяснилось: большинство из них - те же гамбургеры и «горячие собаки», только использующие имитацию мяса из прессованного соевого творога «тофу», на вкус нам показавшуюся отвратительной.

Всё же мы обнаружили кое-что, заслуживающее внимания - бобы, тушёные с рисом и овощами, картошку, запечённую в алюминиевой фольге с кожурой, затем надрезанную по длине и наполненную мексиканским соусом «сальса», маргарины, куда лучше их сливочного масла, бесхолестерольные майонез и сыр - суррогаты на основе растительных белков.

Также я предусмотрительно посоветовал своей довольно консервативной супруге существенно расширить ассортимент применяемых ею приправ, соусов и специй, пообещавши просветить её насчет употребления ей незнакомых, и мы запаслись молотым имбирём, кориандром, горчичным и укропным семенем, базиликом, песто, хреном, тмином, розмарином, кумином, коптильной и другими заправочными солями, карри, мускатным орехом, паприкой, халапеньо, пудрой чили, чёрным соевым соусом и множеством итальянских томатных, каперсами, оливками, маринадами и прочим.

Теперь, зная, каким набором кулинарных средств мы располагаем, следовало приступить к разработке вегетарианского рациона семьи на неделю.

По моим намёткам, наши завтрак и ужин должны были составлять рисовая каша или гречневая размазня с маргарином, ямс и тыква с корицей, картофель с грибами, жареные бананы-плантаны, тосты, овсянка, всякая выпечка, фрукты и чай с мёдом.

Обеденные закуски из овощей представляли самую разнообразную категорию - салаты, соте, икра баклажанная и кабачковая, фасоль сациви, морковь с чесноком, сладкий перец, редис и китайская зелёная редька ( чёрной на юге нет ).

Из постных супов мои любили щи, борщи, включая зелёные из шпината и щавеля, грибные с перловкой - они хорошо получаются из японских сушёных « шитаки », культурных древесных грибов, польский хлодник, « летний » с цветной капустой; в них по желанию можно добавить маргарин или суррогатный майонез для забелки.

Однако даже и с хлебом и булочками всё это - лишь прелюдия ко второму блюду, в нашей традиции главному и наиболее плотному, и альтернатива рыбе либо мясу находилась не так-то легко среди трёх удовлетворяющих условию сытности классов картофельных и макаронных изделий и каш.

Ибо по сути своей все они конгломераты, соединяющие равноправные компоненты в одно нераздельное целое, и оттого самих их, прекрасно работающих гарнирами, гарнировать никакими продуктами невозможно.

Некоторые, обладающие наиболее ярко выраженной фактурой, способны всё же исполнять самостоятельную роль; в русской кухне это рассыпчатая гречневая каша с грибами и жареным луком, в украинской - картофельные вареники под соусами.

Вероятно, они и перешли в категорию гарниров из утерянной ныне постной кухни, поскольку вряд ли предыдущие поколения православных питались хлебом и супом целые семь недель.

Буди я на родине, наверняка попытался бы восстановить потерянные рецепты, опрашивая стариков и роясь в букинистических изданиях кулинарных книг; увы, в диаспоре я был вынужден снова изобретать однажды уже изобретённое - тяжёлый, никем не оцениваемый, бесславный и неблагодарный труд.

Но наличие суррогатного майонеза и, особенно, сыра, меняло ситуацию в корне, поскольку они позволяли приправлять американскую печёную в кожуре картошку с овощными наполнителями типа томатной сальсы, баклажанной икры или же соте, готовить заимствованный русскими в оккупированном Париже картофель о-гратен с пассированными шампиньонами или портабеллой, а главное - несметное множество освоенной автором во время его работы посудомоем в ресторанчике « У Луиджи » видов "паста италиано" - ленты тальятелле и зелёных тальятелле верде со шпинатом, закрученные штопором фузилли, перчьятелли, спагетти, капеллини, меццани, орцо, мальфадине, феделини, лингве ди пассеро, зитони, зити, лазанья и лазанья верде, оччи ди лупо ( волчьи глазки ), ракушечки кончилье, тубы пенне, ригато и спьедини, макарони, колёсики руоте, спиральные тортильони и подобные бабочкам фарфалле.

Всё чудно сочетается под сыром с капустой, цветной и брокколи, аспарагусом-спаржей, грибами порчини, кабачками цуккини, красным, оранжевым, жёлтым и зелёным перцем, оливками, фисташками и орешками пиньоли.

Добавим сюда тушённые чашечки артишоков или перцы, фаршированные рисом, жареные ломти баклажана с чесноком на тостах, залитые густым томатным соусом вроде « Бариллы », « Прего », « Рагу », и получим приличное вегетарианское меню.

Жена под моим руководством в свободные вечера отработала основные блюда, и с наступлением Великого поста наше семейство перешло на растительную диету.

Она нам нравилась, и поглощая изрядное количество сытной пасты, никто не мог жаловаться на недостаточную калорийность рациона.

Невзирая на то, в начале второй недели растительноядной жизни все ощутили не утоляемое пищей сосущее чувство в желудке и слабость до головокружения - симптомы проявившегося неожиданно рано белкового голодания.

Я попробовал на ходу исправить ситуацию и велел Галине употреблять больше бобов, орехов, добавлять в суп и рис « тофу », напоминавшее там пресный омлет, не внося диссонанса во вкусовую гамму, и разыскал в этнических продуктах арабскую закуску под латинским названием « гумус » - пюре из гороховой муки, в соответствии со своим именем, охристо-земляного цвета, его черпают из миски куском пшеничной лепёшки « пита ».

Но наше пищеварение, приученное к легкорасщепляемым животным белкам, не желало усваивать какие-либо иные, и тем вызываемые болезненные явления умножались и угрожающе нарастали, превращаясь из неприятных в опасные.

Я совсем уж было собрался отменять пост, когда во второе его воскресение, день памяти Святого Григория Паламы, на ланче после службы Чарли Варелас, американец греческого происхождения, угостил прихожан превосходным салатом из кальмаров и мяса раковин «скаллоп», объяснивши, что по греческой традиции, восходящей к первоапостольской, существа, не имеющие крови, не считаются животными в полной мере и приравниваются к растениям, и оттого их поедание не вменяется во живогубство отпадшим от Благодати.

И ведь верно, по понятиям иудеев, а апостолы, несомненно, оставались ими, кровь, чьё истечение убивает, является агентом жизни, и поэтому законы кошера запрещают её употребление человеком в пищу.

И хотя выросшего в Штатах Чарли не отличает особое почтение к обрядовости, думается, в своём утверждении он совершенно прав, и в классические времена низшие беспозвоночные, обладающие, кстати, наиболее легко усвояемыми белками, обеспечивали оные в достатке строгим православным постникам Средиземноморья.

Информация об установлении практики пощения в эпоху, когда евреи составляли большинство в молодом Христианстве, улавливающем души язычников с помощью широко раскинутой по ойкумене Ап. Павлом со сподвижники сети мессианских синагог, позволяет уяснить и цель столь нетривиального нововведения, ибо иудаизму присущи лишь постоянные пищевые ограничения, либо полное воздержание от еды и питья на протяжение суток.

Шестая заповедь и общий дух Торы недвусмысленно объявляют любое убийство, даже по необходимости, безусловно греховным и требующим очищения.

Его проходили на третий и на седьмой день вернувшиеся с поля битвы воины, проводя неделю, не обнявши родных и близких, вне городских стен, и почитаемые, хотя и на отдалении, забойщики скота и птицы - резники.

Но бескровное убиение - меньшее преступление (ветхозаветное это положение лицемерно эксплуатировала Инквизиция, предавая осуждённых ею на сожжение), и идея некровопролитного мясоедения, уверен, импонировала евреям.

Однако во время Исхода из Египта Пророк Моисей объявил многих животных нечистыми для избранного Народа, например, свинью, чьё легкоплавкое сало в жарком климате в соответствии с флуктуациями температуры меняет фазу, то разжижаясь, то вновь затвердевая, что порою приводит к завороту кишок - именно так встретил конец просветлённый Будда.

Все же моллюски и ракообразные, популярные в странах Средиземноморья, попали в чёрный список по иной причине - контакты с арийцами-филистимлянами и развращёнными гедонистами финикийцами, хозяевами недалёкого побережья, будущему Израилю следовало сократить до минимума.

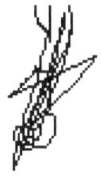Кой-какие бескровные существа, определённые книгой Левит иудеям в пищу - легковесные насекомые: саранча и лысая саранча солам, сверчки и кузнечики - в силу их крайней субтильности не альтернатива рыбе и мясу.

В наш сад залетала иногда саранча, дети и жена собирали вредителей, и как-то я интереса ради бросил улов их на сковородку.

Под жёстким хитиновым панцирем обнаружилась малая горошина съедобной массы, вряд ли питательная, хотя с приятным острым, напоминающим грибной ароматом - лакомство, забава вроде семечек, а не серьёзная еда.

Оттого язычники, коих всегда допускали к поклонению Яхве в синагогах диаспоры, не требуя от них ни обрезания, ни соблюдения Закона, могли замечать, что их диета не столь часто вовлекает в преступление данных Богом неисполнимых канонов, как та, что предписана заключившим Завет с Ним.

Правда, Петру, он же Шимон ( Слушающий ), было видение об очищении Богом всякой твари, и сразу после того призванный в Кесарию к центуриону Корнилию, ортодоксальный равви не погнушался, принят на мраморной вилле римлянина, его некошерной пищей, а тот, по всей вероятности, угощал своего просветителя любимыми италийцами осьминогами.

Впрочем, в результате этого единичного опыта кулинарные пристрастия Петра, закреплённые тринадцативековой практикой его предков, не изменились, и он, авторитетный глава первохристианской общины, не только не ввёл немедленно деликатесных головоногих в рацион братии, но и трапезовал с иудеями отдельно от обращённых из язычников, за что получил письменно упрёк Апостола Павла.

Последний, скорей всего, и выступил инициатором установления обязательных многодневных периодов запрета на рыбу и мясо, ибо, судя по его посланиям, хорошо чувствовал нужду искоренения обычаев, разделяющих членов Церкви.

Мне известно - уставы монастырей исключают употребление любой, в том числе и бескровной плоти, Святой же Серафим Саровский в отшельничестве питался лишь картошкой, луком и капустой со своего огорода, и даже целых полтора года протянул на отваре из бедных белками сушёных корневищ травы снить - подвиг, повторение которого не удавалось никому доселе.

Однако одно дело - непрерывным постом заставить организм перестроиться и наладить особый метаболизм для эффективного усвоения и синтеза протеина, а другое, невозможное и при физической крепости, отличавшей Св.Серафима - несколько раз в году переходить от плотоядения к вегетарианству и обратно.

В ожидании близкого светопреставления, первохристиане поселялись коммунами, в одном или находящихся по соседству домах, и ежедневно собирались на службу и для совместного трапезования.

Новые диетические правила в общинах, подразумевавшие употребление в посты большого количества морепродуктов, не были, как вытесненные ими Моисеевы, препятствием для обращённых неевреев, наоборот, ставили их тут же с евреями в равное положение, ибо иудеям приходилось, как и неофитам из иных религий, преодолевающим удобное и логическое многобожие в пользу туманной концепции Единого и Триипостасного Божества, подавлять глубоко внедрившееся в подкорку предубеждение против определённого рода пищи.

Также, воспринимая, понуждаемые угрозой белкового голода, приёмы готовки и рецепты у вчерашних идолопоклонников, побеждали они комплекс превосходства и сопутствующий ему комплекс неполноценности избранного Народа.

Немаловажным было и то, что резкий отрыв от усвоенных с детства привычек ослаблял путы сего преходящего мира, и два наиболее продолжительных поста, предрождественский и предпасхальный, помогали душам отрешиться от бренного и соучаствовать в непостижно великих мистериях Воплощения, Смерти и Воскресения.

Спустя несколько веков, когда Христианство триумфально распространилось по цивилизованной ойкумене и основатели веры, апостолы-евреи почили в Бозе, преуспевши в евангелизации всех племён и народов, кроме своего собственного, постные уложения перестали играть перечисленные выше роли и превратились в маловажный, но и необременительный реликт, реформируемый в соответствии с местными условиями и традициями независимыми национальными Церквями.

Так, в Св. Джастине от грациозных чёрных эфиоплянок я узнал, что на их родине, в дополнение к бескровным обитателям вод, не считается скоромным также и рыба, а присутствовавшая при разговоре старуха Сивулич припомнила, как в молодости, прошедшей на Западной Украине, в пост они ели жареных карпов, карасей и угрей, кажется, два раза в неделю.

Беседа, естественно, шла на английском, и ещё недостаточно владевшая им Галя не поняла смысла сказанного.

Я же уклонился от перевода, иначе жена-волжанка принялась бы кормить нас оставшееся время до Пасхи одною рыбой да раками, а решил использовать повод, предоставленный сообщением Вареласа, для преодоления консерватизма супруги и форсировать культурную интеграцию в американский плавильный котёл этносов, равно и столь необходимую в диаспоре консолидацию семьи, смешанной, подобно первохристианским коммунам, опираясь на установленную в них издревле и доныне чтимую греками традицию.

Как удачно выяснилось, оставаясь в рамках строгого поста, мы можем осваивать море не привычных нам раньше продуктов, и неразумно семье пренебречь этим.

Прежде всего, следует подумать о детях, которым тут жить, и если они не будут плавать свободно в здешнем океане пищи, у них непременно возникнут сложности.

Бизнесмены и специалисты многое решают за ужином или обедом, и когда партнёр пригласит вас в ресторан, японский, китайский, корейский, филиппинский, тайский, легче всего вызвать у него симпатию и доверие, в точности повторив его заказ и съевши всё с видимым аппетитом.

Полагаю, мы заслужим одобрение и некоторых из прихожан Святого Джастина ( где принято, как и в « Апокалипсисе », справляться о том, кто что ел ), проявив и верность « русских » православному обряду, и высокую степень адаптируемости, предписываемой свежим переселенцам.

Изложив такие соображения Гале, я призвал жену не накидываться на омаров, а научиться готовить с моею помощью в широком ассортименте доступных здесь осьминогов, от больших, на пятилитровую кастрюлю, до крошечных « бэйби », размером с грецкий орех, сердцеподобных каракатиц, морских огурцов голотурий и морских ежей с удивительной их икрой, и вкусных океанских паукообразных, неверно поименованных « королевскими крабами », и настоящих крабов - снежных, каменных и голубых.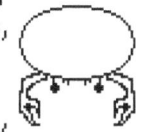

Попробовали мы и эскарго из виноградных улиток, испанских мясных червячков и итальянских членистых червей « паоло », и яйца мексиканских водяных блох, откладываемые ими на специально затапливаемых возле берега связках прутьев, и сушёных медуз, продаваемых в ориентальных магазинах.

Богатая незаменимыми протеинами и микроэлементами диета быстро купировала симптомы белкового дефицита, все окрепли, особенно сыновья, и благодаря тому мы с успехом завершили, не оскоромившись, первый в нашем доме Великий Пост.

Но в подобающее ему состояние души, медитативное и отрешённое от злобы дня, привести себя в тот год составляло проблему, ибо как раз в то время вся Америка, затаивши дыхание, наблюдала по телевизору реальный, не в записи, репортаж с места долгой осады отрядами агентурной федеральной службы « Табак и оружие » укреплённого компаунда секты « Ветвь Давидова ».

Основатель её увидал огненного ангела или нечто тому подобное в Иерусалиме, и вернувшись в США, принял в качестве первого имени родовое имя Мессии "Давид", а второе взял "Кореш" - в Библии на иврите так звучит имя персидского царя Кира, финансировавшего репатриацию иудеев из Месопотамии и восстановление Храма.

Сектанты приобрели компаунд - огороженное стенами домостроение в штате Техас, в городке Вэйко, где закупили гору горючих материалов, оружия и продовольствия, вызвавши тем подозрение и беспокойство муниципальных властей.

Кроме того, до них дошли сведения о том, что Кореш совокупляется публично с жёнами всех своих последователей и учит подростков общины мастурбировать под песни, исполняемые им на гитаре.

Впрочем, всё это в Америке нисколько не противозаконно и даже не необычно - личные арсеналы законом не ограничены, клубы группенсекса существуют всюду, мастурбацию штатские врачи-психоаналитики приписывают большинству пациентов, сексуальные игрушки очень популярны и заботливые мужья спрашивают вечером: « Дорогая, ты будешь спать сегодня со мной или с вибратором ? »

Тем не менее, власти решили шугнуть немного чересчур запасливых граждан, отделивших себя от остальных, и обыскать их обитель на предмет наркотиков.

Владение нарколептиками сугубо для употребления, без цели распространения, не составляет в США серьёзного преступления, и максимум, что грозило общине, не уличённой в торговле и перевалке - конфискация запасов нелегальных веществ.

Оттого федагенты, проводившие шмон, удивились, когда им не открыли ворот, и легкомысленно выбив замок, толпой вломились во двор.

Очутившись в мешке, они тут же попали под перекрёстный прицельный огонь, уложивший немало из них, и подхватив кое-как убитых и раненых, ретировались.

Если б феды, известные своей тупостью, позаботились выяснить, во что именно веруют члены «Ветви Давидовой», несчастья бы не произошло.

Поскольку кредо секты, не скрываемое от посетителей, в точности совпадало с тем, какое исповедовали погибшие около двух тысячелетий назад кумраниты - им предстоит вступить в битву с превосходящими силами империи зла «Киттим», в ходе чего разверзнутся небеса и на защиту их встанет рать Михаила Архангела, чем и начнётся предречённый «Апокалипсисом» Армагеддон.

Войска за бронещитами блокировали все подходы к импровизированной крепости, мощнейшие прожектора залили её стены ослепляющим светом, громкоговорители не давали осаждённым спать ни минуты.

Психологи, специалисты по религиозному экстремизму, попытались организовать переговоры с Давидом Корешом, склоняя его к почётной капитуляции, однако феды прибегали к саботажу и провокациям, стараясь довести противостояние до штурма и отомстить в нём за павших товарищей.

Учтя такие настроения, Дженет Рино, Генеральный Адвокат Соединённых Штатов (что соответствует Генеральному Прокурору Империи), одобрила план, по которому предполагалось взломать стену компаунда танком и пустить через трубу в брешь слезоточивый газ, выкуривая обороняющихся из убежища.

Акцию предприняли сразу после православной Пасхи, в понедельник Светлой недели, и закончилась она плачевно.

Лишь небольшим «Шерманом» был нанесён первый удар, компаунд вспыхнул чище пороха, подожжён сектантами со всех сторон.

Из огня не вышел никто, и хотя изнутри слышались выстрелы (возможно, просто рвались боеприпасы) и корреспонденты утешали аудиторию тем, что скорей всего, фанатики предпочли погибнуть лёгкой смертью, расстрелявши друг друга, аутопсия не нашла на обгорелых останках следов пулевых ранений.

В Техасе, некогда мексиканской территории, большинство топонимов испанские, и название городка Вейко в старом скотоводческом регионе, думается, происходит от «вако», по-испански - «тёлка» (как и в русском языке, на слэнге это - «девка», потому так называется и сеть ресторанчиков со стриптизом).

И роковая судьба сексуально распущенной «Ветви» вызывает прямые ассоциации со всесожжением рыжей телицы для освящения её пеплом Храма в Иерусалиме, где и было откровение паломнику из Америки.

Эхо ужасного события потрясло страну ещё раз, когда в первую его годовщину молодой отставной военный Тимоти Маквэй набил арендованный трак удобрением и канистрами с бензином, и запарковав автомобиль в подземном гараже небоскрёба, привёл в действие запал и разрушил до основания деловой центр Оклахома-сити.

После этого парень спокойно сдался властям, заявив, что выполнил свой долг, наказавши стадо обывателей, трусливо попустившее произвол и попрание свобод.

Кретинизм, ярко проявленный госчиновничеством на протяжение конфронтации, с удручающей очевидностью доказывал - безмозглость есть присносущее свойство государственной машины, безотносительно к строю и национальным особенностям, и возможно даже, образцовые капиталистические демократии превосходят в том недоброй памяти покойную Империю, ибо в них-то динамический частный сектор неотвратимо высасывает из общества все светлые головы.

К сожалению, такое глобальное открытие, какое сделал я, невозможно развивать без правительственной поддержки, и мне придётся тяжело и упорно прорываться через препоны, воздвигаемые некомпетентностью.

Масштаб явления, в самый первый раз открывающего юному человечеству двери в существующие параллельно с нашей Вселенные и обещающего в перспективе победу над пожирающим своих детей Сатурном, иль Хроносом, нуль-транспортацию и прочие вытекающие отсюда соблазнительные вещи, несомненно, пугает, зато уж я могу не сомневаться в своём достоинстве первопроходца области.

Действительно, буде феномен установлен, важность его дошла б и до идиота, никакой генерал от науки не дерзнул бы пред лицом истории скрывать этот факт, и в кулуарах Академии я наверняка бы услышал о нём.

Оттого я позволил себе пренебречь исследованием литературных источников, требовавшим затруднительных при моём ночном режиме поездок в библиотеку, а сконцентрировал усилия на экспериментах по предвидению случайных событий, необходимых для отработки публичной его демонстрации.

Опыты должны были ответить на важные вопросы - какое количество людей коллективным усилием способно предсказывать практически стопроцентно верно, каковы оптимальные значения длительности периодов медитации и концентрации, числа попыток в серии, какой величины допустима задержка между прогнозом и сигналом об исходе события и прочее, чем непременно станут интересоваться потенциальные спонсоры команды.

Удачно в то время я завершил обе свои литургические компиляции и теперь на «Вистаконе», и частью, свободными ночами дома сочинял собственные стихи, точнее, не сочинял, а записывал, ибо стихи «не пишут, они приходят», как верно обронила Анна Ахматова, и возникая из глубин предвечного космического «нуса», или юнговского «общего бессознательного», сему миру сущего в пандан и в пику, ритмические строчки залечивали раны души лучше переложений не моего текста, пускай и бесспорно богодухновенного.

И хотя моя поэзия того периода весьма мрачна, отражая в преувеличенном виде мои иммигрантские комплексы и ностальгию, равно и переживания по поводу трагических и грубо натуралистических репортажей, изобильных на здешнем TV, автор не пребывал в унынии, поскольку творчество - изумительная психотерапия.

И сюда относятся даже и выматывающие длительные опыты по предвидению, заставляющие вспомнить римскую сентенцию: «Тот, кто предсказывает будущее, сходит с ума».

Я боролся с вызываемой перенапряжением депрессией прогулками под звёздами в собственном саду, любовно насаженном женою, обходя розарий со штамбовыми и вьющимися сортами, лавры, лимоны, личжи, фейхоа, авокадо, дуриан, манго, фиги, грядки пряной зелени, томатийо, мандарины и апельсины, папайю, бананы, комкводы, и ощущал себя барином, помещиком, крепким хозяином.

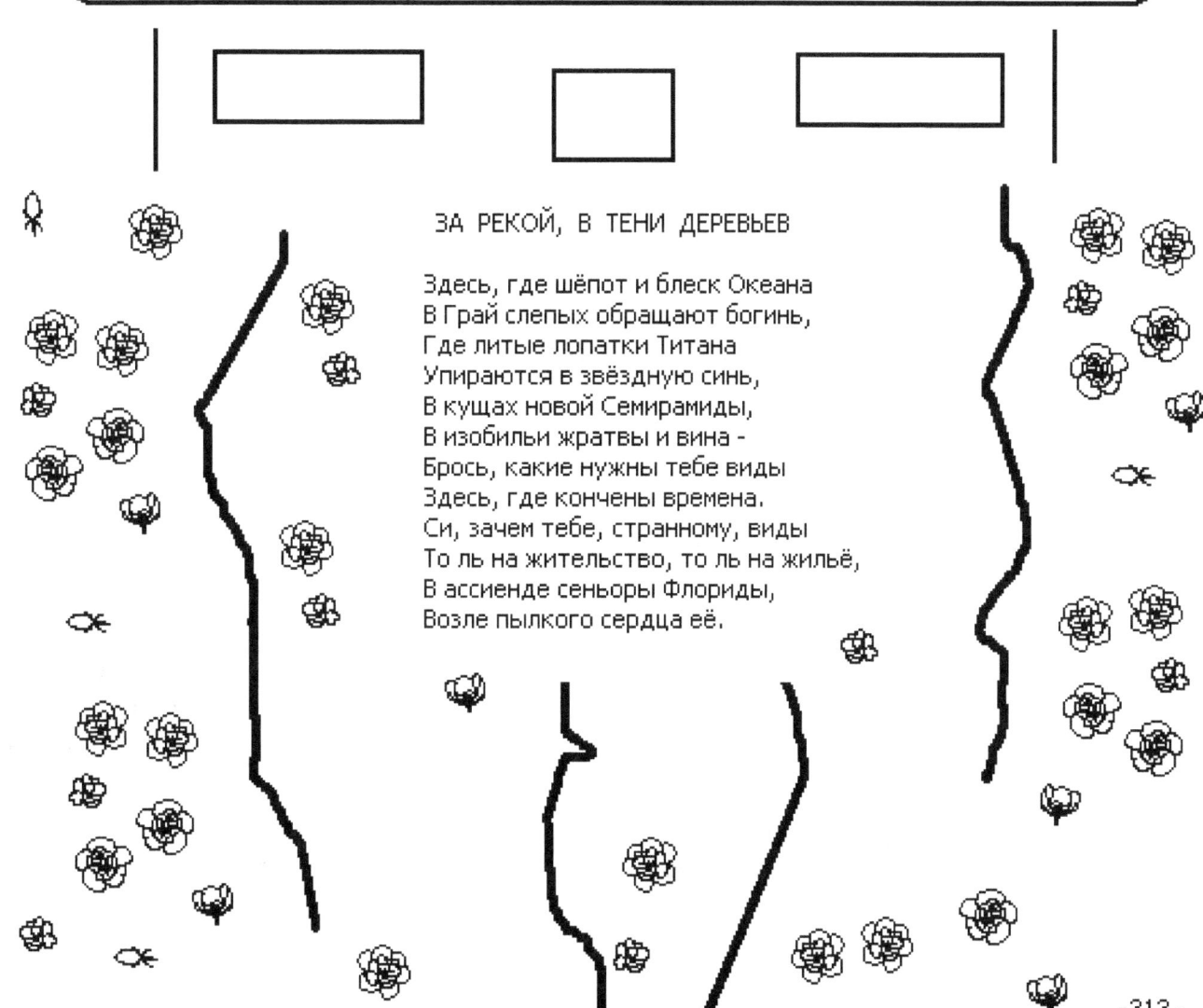

ЗА РЕКОЙ, В ТЕНИ ДЕРЕВЬЕВ

Здесь, где шёпот и блеск Океана
В Грай слепых обращают богинь,
Где литые лопатки Титана
Упираются в звёздную синь,
В кущах новой Семирамиды,
В изобильи жратвы и вина -
Брось, какие нужны тебе виды
Здесь, где кончены времена.
Си, зачем тебе, странному, виды
То ль на жительство, то ль на жильё,
В ассиенде сеньоры Флориды,
Возле пылкого сердца её.

## ДОМ, СЛАДКИЙ ДОМ

Зазеркалье. Немного кривое.
Хризантемки, что купками тут,
Как сорняк, под ногами растут,
Косят вместе с обычной травою,
Ибо так понимают уют.
Я когда-нибудь это усвою.

Чуден край, где жуют ананас,
Где всегда всё в порядке ( с едою ),
Где обходятся сотнею фраз,
Край, где я, Карабас-Барабас,
И живу со своей бородою.
Где одна черепашка лиха
Называется « Донателло »,
Но никто никогда не слыхал
О судьбе адмирала Отелло.

Где гремит бесконечный парад.
Некто им управляет умело
И в один сочетаются ряд
Плоть и дух, помело и омела,
Вако - девок упругое тело,
Вако - трупов сжигаемых чад.

Вот и кончился первый запал,
Вот и нервы уже на пределе,
Вот и Кореш себя подорвал
В понедельник на Светлой неделе.
Говорят, что устал караул.
Как истории не повториться ?
Вако - ражих вакеро загул,
Пепел огненно-рыжей телицы.

О, Америка ! Нас приютив,
Приклони к своим пасынкам ухо.
Нам знаком этот старый мотив.
Не впервое дубинушкам ухать.

Состязание флейты с трубой.
Застывает улыбка Мелхолы.
Солнце - прямо над головой.
Солнце - в банках от кока-колы.

Ничего. Постепенно, с трудом,
Но привыкнется понемногу.
О, Америка ! Пряничный дом
Для детей, потерявших дорогу.

## *Глава пятнадцатая,*

которой автор завершает роман в 2004 году, и где герой отправляется в путешествие к иному побережью

Американцы читают мало. Телевидение, радио и кинематограф здесь уже давно вытеснили литературу из развлекательной индустрии, электронные устройства снабжены синтезаторами речи и переведены в разговорный режим, и постепенно местная масса практически отучилась воспринимать изображённое слово *per se*.

Нужды в этом особой нет - в общественных местах броские, яркие и краткие надписи, запоминающиеся как целое, сопровождают поясняющие знаки-картинки, на работе протоколы в аудио- и видеозаписях замещают ненадёжные бумажные, а программы компьютеров для навигации всегда используют визуальную символику.

В Штатах действует железное правило: если спрос ограничен - любая продукция, включая образовательную, дорога и широко не доступна.

Оттого школы, особенно публичные, и особенно в чёрных гетто «нижних городов», перестали вовсе прививать навыки чтения и даже самую элементарную грамотность, и выпускники этих альма матер, по завершении здешнего двенадцатилетнего курса школьной учёбы получающие дипломы на весенних пышно обставленных "промптах", где девочки одеты в бальные платья, а мальчики во фраки, и куда принято являться на арендованных длиннющих лимузинах, где чествуемых облачают в средневековые долгополые мантии и шапочки с кистями, большею частью читают с великим трудом, исключительно лишь в силу острой необходимости и никогда ради своего удовольствия.

Так и дети мои, поглощены электронными играми, книги в руки перестали брать, хотя понимают ещё напечатанное сходу, благодаря вовремя применённому мной мощному, однако травмирующему психику советскому методу «глокой куздры».

Аналогичное положение сложилось и с арифметикой, и я совершенно бесполезно заставлял несколько раз Павлушу заучивать её правила и таблицу умножения - он, как и каждый в его классе, два на два умножает лишь с помощью калькулятора.

Впрочем, я не шибко сильно сокрушался по этому поводу, наблюдая, как люди с обыкновенным американским образованием становятся «аморально» богатыми (дословно: «грязно богатыми» - сегодня это выражение, восходящее к пуританам и определяющее нуворишей, не уничижительно, а наоборот, похвально).

И будучи человеком широких и либеральных взглядов, я сознавал закономерность перехода цивилизации к аудио-видео средствам информации, когда письменность отомрёт, подобно египетским иероглифам и вавилонской клинописи.

Словесность же, пока мы не отучились говорить, останется, и сейчас многие книги наговариваются актёрами на кассеты и компактные диски, экранизируются и прочее.

Популярен тут и разговорный жанр - эстрадные «стоящие комики», выступающие с репризами на самые различные темы в клубах и ресторанах, пользуются успехом.
И я не комплексовал по указанному поводу, хоть и написал грустное стихотворение.

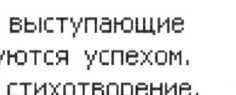

Не станет нас читать потомков племя,
Да и читать разучится оно.
Ну для кого мы тащим это бремя,
Пегаска, обескрылевший давно?

И семена, сдаётся мне, невсхожи,
И суше кости Иппокрены ложе.

Упрёк, выраженный в приведенном шестистишии, прошу, не принимай на свой счёт, о мой благосклонный Читатель; именую я тебя так анахронически согласно традиции, понимая - в совсем недалёком будущем потребляющих литературу начнут называть Слушатели или Зрители.

И я ничуть не противник тому, напротив, поэт и художник, я привык проверять звучание написанного на слух и фигуративно представлять вербальные образы.

И, конечно, даю разрешение режиссёрам-экранизаторам и редакторам аудиокниг по необходимости изменить применённое мной обращение.

Впрочем, пишу я по-русски, а Россия, хотя, кажется, и вступила бесповоротно на пути капитализма, отстаёт от Запада в производстве непечатной литературы, и меня ещё могут успеть прочитать на бумаге.

В Америке же обезграмачивание населения уже произошло и масштабы явления я оценил на « Вистаконе », когда он внедрил систему компьютерной инвентаризации.

Работники конвейера должны были пользоваться программой, чьё обеспечение компания, экономя средства, заказала индийским специалистам, а те, не понимая в полной мере здешнюю специфику, употребили на экранах не символы-картинки, а словесные инструкции, и благодаря тому все, преодолевая расовую неприязнь, принялись бегать за разъяснениями ко мне как единственному грамотею на линии.

Разумеется, нет правил без исключений, и предыдущий хозяин дома в Мандарине, с очевидностью являлся одним из таковых.

Ибо в стенах дома имелись встроенные книжные полки, и в изрядном количестве - в главной комнате от пола до потолка во всю её длину и в средней из трёх спален.

Громадные пустые полки смотрелись некрасиво, и сразу же по переезде мы с женой заполнили их чем смогли.

Коробки пожертвованных книг, обнаруженной мной в привезенной евреями мебели, вместе со школьными вымпелами за успехи в учёбе и керамическими скульптурками, которые американские студенты (школьники) лепят и обжигают на уроках труда, хватило лишь на полки в средней спальне, отданной Мише.

Но о том, чтобы накупить сотни томов для главной комнаты не могло быть и речи - хоть в Америке и печатается абсолютно всё без разбора, в силу крайней дешевизны электронизированного издательского процесса, книги кусаются - продукция элитная.

Потому мы приобрели дюжину керамических вазочек и под моим руководством Галина, которой я преподал основы икёбаны, составила достаточно сухих букетов, благо материала для них на возделанном ею заднем дворе находилось в избытке, и вместе с коллажами вашего покорного слуги, склеенными из вываренных костей, кокосовых скорлуп и кальмарьих глаз, они удержали стенные стеллажи гостиной.

Правда, чтобы скомпенсировать эту немедленно привлекающую взгляд экспозицию, мне пришлось развесить немало своих живописных работ на других стенах комнаты, отчего она превратилась в некую галерею, и находиться там значительное время стало некомфортно.

К тому же полки, несмотря на наши ухищрения, выказывали своё предназначение для книг и ничего иного.

И нарочитость принятых мер бросалась в глаза, и весь интерьер напоминал нам о библиотеке, распроданной в Переславле.

Но тут однажды Мишка явился из его школы для одарённых в « нижнем городе » с многообнадёживающей вестью - школа предприняла рутинную чистку библиотеки и тонны не пользующихся спросом книг оказались на улице, где их должен забрать макулатурный трак, а покамест любой может взять их бесплатно.

Мы не мешкая упаковались в « Шевроле » и понеслись на северо-запад города, рискуя к вечеру проезжать через районы, контролируемые бандами наркоторговцев и сутенёров со столь нередкими перестрелками соперников.

Зато перед школой мы обнаружили огромные контейнеры, из которых извлекли что душе угодно - полные собрания сочинений Шекспира, Мильтона, Блейка, Китса, Конан-Дойля, Агаты Кристи, массу книг по истории и науке, все в хорошем состоянии, некоторые даже явно никогда не раскрытые.

Особняком с левого боку стоял контейнер с наклеенным листком предупреждения: « Книги, содержащие предрассудки ».

В него были свалены « Приключения Геккельбери Финна » и « Хижина дяди Тома » - их чёрные американцы считают расистскими; исторические апологии христианства, задевающие чувства иудеев и мусульман; чересчур католические дневники Колумба, а также книги по оккультизму, каббале, колдовству и парапсихологии.

Последние я выбрал все оттуда - установив кропотливыми опытами способность мозга человека предсказывать будущее случайное событие, я хотел обработать и классифицировать факты, с феноменом гипотетически связанные.

В своё время я пренебрёг таким исследованием, требовавшим затруднительных, при моём ночном режиме, поездок, полагая - раз уж в кругу элиты Академии Союза я не слышал ни звука об открытии столь архиважного явления, наука пребывает ещё в полном неведении о нём, и столкнусь я лишь с туманными непроверяемыми слухами, к тому ж относительно поля деятельности, манящего шарлатанов как мух на мёд.

Всё же сложности - не повод преступать правила научной методологии, и я начал штудировать удачно откопанные мною книги, конечно, со всей приличествующей теме и исконно присущей автору критичностью.

 Пожалуй, древнейшее и достаточно беспристрастное свидетельство предвидения принадлежит перу, или вернее, стилосу Геродота.

Он описывает испытание пифии Оракула в Дельфах, которому подверг её Крез, царь Лидии в 560-546 гг. до Р.Х.

Затевая крупную военную акцию, Крез хотел получить пророчество о её исходе, но прежде велел его людям в условленный день и час подойти к пифии с вопросом: « Чем собирается заняться вскоре царь Лидии ? »

Однако прежде, чем послы успели открыть рот, пифия, сидевшая на треножнике над расщелиной в скале и вдыхавшая поднимающиеся оттуда одуряющие пары, дала ответ лидийцам, по греческому обыкновению, в стихах:

Чую я запах кипящей в воде, в панцирь закованной черепахи,
что вместе с ногою барашка варится на огне.
Бронза над ними двумя, бронза под ними внизу.

Немного позднее по уговору Крез должен был отчудить нечто предельно странное, и он действительно решил приготовить в бронзовом котле под бронзовой крышкой жаркое из баранины и неочищенной черепахи - рецепт блюда весьма нетривиальный, равно как и занятие для монарха.

Геродот излагает и трагикомический финал предприятия, который также может говорить о наличии предвидения.

Ибо по возвращении посольства с докладом об испытании, царь направил Оракулу главный вопрос - чем завершится планируемая им кампания, и пророчица изрекла: « Великая армия будет разбита ».

Ободрённый тем Крез выступил в поход, не уточнивши невнятного предсказания - увы, разбитой оказалась его собственная армия.

Здесь историк неявно предполагает, что обиженная унизительным тестом пифия так за него коварно отомстила, предвидя и поражение, и логическую промашку Креза.

Блестящее десятивековое существование славного до краёв ойкумены Оракула вряд ли строилось на простом обмане, и несметные сокровища храмового комплекса, принесённые благодарными за достоверное предсказание, и неисчислимые статуи, воздвигнутые во ознаменование выполнения прорицаний, свидетельствуют об этом.

Расположенное у подошвы Парнаса близ Кастальского ключа святилище Аполлона, ежедневно привлекавшее тысячи и тысячи паломников изо всех провинций Империи, было с трудом упразднено в Христианской Византии, когда же Юлиан Отступник  задумал восстановить культ и предложил отправленной в изгнание пифии вернуться, та ответила Императору лишь горестными стансами о канувшем величии Оракула, очевидно, предугадывая возрождение временно подавленной новоиудейской религии.

Итак, я занялся систематическим сбором и классификацией исторических фактов, могущих относиться к предвидению, но в используемой мной б/школьной литературе тут имелся зияющий пробел - о Библии она тенденциозно умалчивала.

И опять, в нужный момент материал появился сам собой - однажды в дверь мою  постучали свидетели Иеговы.

Члены этого неомонофизитского течения вербуют в секту, обходя подряд все дома, и к нам уже заходили прежде, выяснив же моё неприятие их нелогичных догматов, надолго, я думал, навсегда, оставили невежливого чужака в покое.

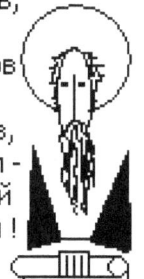 А теперь, не вдаваясь в обычные для них долгие разговоры, гости без обиняков 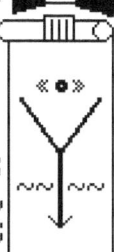 всунули мне в руки объёмистую пачку книг и журналов и ушли.

Здесь я нашёл довольно толковый и детальный анализ библейских пророчеств, с глубоким удивлением выяснив, что серьёзное исследование их некогда проводил - кто бы вы думали - Сэр Исаак Ньютон, создатель абсолютно детерминистической и не отводящей ни ничтожнейшего места ничему сверхъестественному механики ! ( похоже, я в хорошей компании ).

Подтверждаемых новейшими археологией и палеографией предсказаний в Библии оказалось масса: разрушение Тира войсками Александра Великого, за 250 лет до того описанное Иезекиилем во всех деталях, включая упоминание о том, что камни города будут использованы для создания искусственного перешейка к островной крепости; взятие Вавилона Киром, предречённое за полтора века Исайей Вторым, провидевшим, как пьяные горожане не закроют на ночь ворота и не окажут сопротивления персам; раздел Империи Александра после его смерти на четыре части четырьмя диадохами, символически явленный Даниилу трансформацией однорогого Зверя в четырехрогого, и многое в таком же роде.

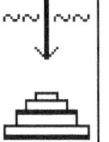

-317-

Рассмотренные мной библейские события определяют путь развития цивилизации, их прямые последствия прослеживаются далеко и освещены не одним источником, оттого достоверность их велика и фальсификация тут невозможна, что неизбежно устанавливал исключительно скрупулёзный научный анализ автора.

Влияние предвидения на судьбы человечества, несомненно, резко уменьшается по мере продвижения к настоящему времени, зато случаи его встречаются чаще и проверяемы по большему числу параметров.

Здесь наиболее крупные фигуры Нострадамус, Жанна Д'Арк, позднее Сведенборг, но среди героев и мудрецов попадаются и авантюристы, наподобие графа Калиостро, безошибочно предсказавшего Французскую революцию, и даже дурачки-блаженные, вроде Роберта Никсона, прорицателя при дворе Генриха V Тюдора.

Затем в 1848 году три американки Фокс, дочери скромного сельского труженика, услышали в своём доме в Хайдсвилле ритмичные стуки, оказавшиеся сигналами духа убитого прежним владельцем фермы бродячего торговца, и тем открылась эра спиритуализма, скоро овладевшего умами всемирной интеллектуальной элиты и выдвинувшего из неисчислимого сонма приверженцев столь ярких своих адептов, как мадам Елена Блаватская и Сэр Артур Конан-Дойль.

В последние же полвека пророческий дар часто демонстрируют обычные люди, подчёркнуто ничем не примечательные Джон и Джейн, в состоянии глубокого транса говорящие не от себя, а от имени неких бестелесных обитателей астральных сфер, среди коих можно встретить представляющихся бывшим египетским жрецом Амона, древнегреческим философом, средневековым китайцем, елизаветинским вельможей, Архангелами Михаилом и Гавриилом и Самим Иисусом Христом.

В отличие от медиумов классического спиритуализма, устанавливавших контакт с душою именно того умершего, с кем желал общенья клиент, новые прорицатели объявляют себя «каналами» для коммуникации лишь с одним из неземных существ.

Конечно, у коммерческого предсказания будущего кормится довольно шарлатанов, и немало их было разоблачено во время триумфа материализма в начале XX века, однако иные медиумы, подвергшиеся серьёзным научным проверкам, их выдержали.

И кроме того, существует богатый документальный материал о предчувствиях тех, кто не мог иметь никакого стимула для обмана.

Так например, Уинстон Черчиль, по свидетельствам близко знавших его, не раз проявлявший завидное прозрение, спасшее его от смерти при бомбёжках Лондона, предпочитал умалчивать об этом даре, резонно опасаясь повредить своей репутации трезвомыслящего политика.

Убедительны и случаи массового предвидения, когда одновременно сотни людей, вовлечённых в событие помимо их воли, предрекают надвигающуюся катастрофу.

Хорошо описаны волны предчувствий, вызванные грядущей гибелью «Титаника» и обвалом террикона в уэльском городке Аберфан, где под лавиной угольного шлака, накрывшей местную школу, погибла маленькая девочка Эрил Мэй, утром того дня успевшая рассказать многим про свой ужасный сон, в котором она и весь её класс утопали в чёрной удушающей пыли.

Лондонский психиатр доктор Бэйкер рассмотрел 76 сообщений лиц, утверждавших, что они предчувствовали несчастье в Аберфане, и нашёл 60 из них достоверными.

Я излагаю здесь вкратце лишь малую толику фактов, подвергнутых мною анализу, из коего следовал поистине императивный вывод: научное исследование предвидения, опоздавшее на добрых два века, является совершенно настоятельной необходимостью.

И куда только смотрели те, кто обязаны были выступить пионерами области - психиатры, психологи, нейрофизиологи и другие медики, дожидаясь пока я, физик, не замечу случайно ясно выраженной человеческой способности!

Я недолго тешился мыслями о великой важности совершённого мной открытия, вскоре наткнувшись в одной из книг на сухие строчки о работах Джозефа Б. Райна.

Он, молодой биолог и участник Первой Мировой войны, в двадцатые годы XX века разоблачил в печати известную даму-медиума Марджери, которую уличил в обмане.

Заметка вызвала гнев Сэра Артура Конан-Дойля, кто поместил в газете Бостона, где жил Райн, крупно набранное объявление: «Дж. Б. Райн - монументальная жопа».

Уязвлённый тем Райн решил организовать безукоризненно чистые эксперименты по исследованию возможности предсказания субъектом случайного события, похоже, с тайным намерением показать, что ничего подобного на свете нету.

Тщательно продуманные, открытые всем критикам эксперименты были поставлены и неожиданно принесли чёткий положительный результат.

С тех самых пор исследования явления не прекращались, техника их отшлифована и в аккумулированной базе данных моя бедная доморощенная - просто капля в море.

Немедленно я принялся выяснять по Интернет нынешнее состояние дел в области, и пред моим взором развернулась полная противоречий картина.

С одной стороны, существование феномена предвидения вроде б уже признано - изучением его и родственных ему реалий занимаются сегодня сотни лабораторий, в самых высокопрестижных научных учреждениях мира, среди которых такие киты, как Принстон в США и Кембридж в Англии.

Более того, в овеянных вечной славой Кавендишских лабораториях Кембриджа исследования возглавляет не кто-нибудь, а один из крупнейших живущих учёных, Лауреат Нобелевской премии по физике Брайан Джозефсон, создатель известного сверхпроводящего «джозефсоновского перехода».

Профессионалам понятно - вопрос подвергся тщательной всесторонней экспертизе.

С другой стороны, отчего же тогда научное сообщество не пришло в движение, концентрируя все силы на важнейшем направлении и неустанно вещая человечеству о том, что оно стоит на пороге победы над временем и смертью?

Отчего такой новостью не пестрят газетные листы, отчего простые опыты Райна, кои можно повторить где угодно, не вошли в школьные учебники?

Стыд вам, учёные мужи, затворившись в башнях слоновой кости, выставлять меня, рабочего на конвейере в Джексонвилле, одного против гидры всеобщего невежества, впрочем, положение моё лучше вашего, ибо терять мне нечего.

И проникнувшись важностью новой задачи, и не очень скорбя об утраченных лаврах величайшего открытия всех эпох, по праву доставшихся Райну, ваш покорный слуга решил подвигнуть себя на создание сего романа.

К этому моменту я уже завершил составление литургии и редактуру своей поэзии, чему очень способствовал ритмичный шум конвейера, но прозу в такой обстановке писать было исключительно сложно, если не невозможно.

Я пытался работать над книгой лишь в мои свободные ночи, однако каждой следующей незаконченные пассажи, возникающие из подкорки, преследовали меня на «Вистаконе», и едва не дойдя до нервного истощения, я позорно сдался.

Как раз тут и раздался спасительный звонок, упоминавшийся в предисловии, и только шапочно знакомый со мною бывший москвич, нарушая все правила найма и опустив даже обязательное входное интервью, предложил будущему автору место проверяющего готовые программы по обработке кредитных карт, в результате чего, Читатель, тот опус, который ты нынче перелистываешь, и появился на Божий свет.

На предшествующих страницах ты, верно, заметил моё желание возможно быстрей завершить рассказ об обратившей меня, поэта, в писателя-романиста цепи событий, и того ради скрепя сердце пренебрёг автор напрашивавшимся красивым отступлением о храмах и ритуале в Дельфах - о, мрамор и бронза на фоне сверкающих отрогов, девы в туниках, матроны в столах, пляски, процессии, постановка в чаше амфитеатра мистерии о сражении Аполлона с хитролживым змием: «Лук звенит, стрела трепещет и клубясь, издох Пифон...» - легко ль устоять артисту пред языческими соблазнами!

Не найдёшь ты тут и портретов еврея Мишеля Нострадамуса и Орлеанской Девы, личностей, столь меня интригующих, и думаю, догадываешься почему.

Да, мой друг, я скоро тебя покину и тебе придётся продолжать путешествие одному.

Тому есть объективные, не зависящие от меня причины - через несколько недель мне предстоит перелёт надо всем континентом, от Атлантического океана к Тихому, из Джексонвилля в Сан-Франциско.

Возле Сан-Франциско живут мои родители и брат, и недавно мой отец позвонил мне и пригласил в гости на свой восьмидесятипятый день рождения.

Приглашение необычное, прежде я ограничивался телефонными поздравлениями, чем родные и удовлетворялись, не требуя тяжёлой для меня и моей семьи поездки.

Но теперь здоровье отца, увы, не блестящее, и принимая во внимание его возраст, я обязан откликнуться на родительский зов.

У меня нет ясного предчувствия, что перелёт мне чем-либо угрожает, и всё же оставлять рукопись незаконченной мне не хочется.

К счастью, я уже подвёл тебя, Читатель, к рубежу, который каждому куда полезней преодолевать без посторонней помощи.

Может быть, мы встретимся ещё с тобою в иных сферах, буди на то воля Божия, а сейчас прощай.

Но прежде, чем уйти со сцены, я утомлю тебя в последний раз техническим описанием своего самого свежего открытия, чтобы ты увидал, насколько приблизилось то время, когда вокруг нас всё невообразимо преобразится.

Приличные люди меняют компьютеры каждые два-три года, а я, собирая деньги на всё откладывавшийся переезд из Джекса, продолжал работать на очень старом, купленном сразу же по устройстве на «Вистакон» и оказавшимся живучим на диво.

Эксперименты на нём я не стал прекращать и после того, как узнал о работах Райна - воспроизведение также обладает научной ценностью, могла сгодиться и методика, особенно если встанет вопрос о подготовке команды предсказателей.

Однажды, в момент напряжённого угадывания, я поймал себя на глупой мысли - вот, я стараюсь изо всех сил представить будущую случайную картинку, а что же происходит сейчас в компьютере - ровным счётом ничего полезного.

И чтобы больше не думать об этом, я решил: пусть в это время идёт какая-нибудь расчётная программа, не показывающая ничего на экране, а по завершении опыта, сугубо интереса ради, я посмотрю, нет ли связи между результатом вычислений и успехом или неуспехом угадывания.

Просто поскольку предсказание будущего вызывает некую аномалию во времени, я выбрал в качестве главного элемента вычислительной программы таймер - часы, встроенные в любой компьютер и определяющие время с точностью до 0,01 секунды.

Вызов же таймера занимает микросекунды, и если программа непрерывно в цикле обращается к таймеру два раза подряд, она заметит увеличение показаний таймера лишь через какое-то количество циклов.

И отчего бы мне не проверить, не изменяется ли распределение таких скачков перед правильным угадыванием, когда информация, то есть, нечто материальное, передаётся из прошлого в будущее, стало быть, время движется вспять.

Сказано - сделано, и вскоре автор с удивлением и радостью наблюдал на экране, как распределение скачков показаний таймера на протяжении периода концентрации коррелирует с результативностью не проявленного ещё предвидения.

Так был найден процесс, отражающий связь человека и компьютера, и учитывая всеобъемлющий характер этой связи, или «нуса» древних философов, имело смысл выяснить реакцию того же процесса и на события в якобы «неживой» природе.

Эффективней всего на работу таймера должно влиять включение в компьютере устройств магнитной записи, с помощью того и надо создать искусственное событие.

Итак, пусть программа регистрирует скачки показаний таймера заданное время, затем пусть она произведёт (или не произведёт) случайное действие, например, запишет ничего не означающие числа в массив и немедленно уничтожит запись, и выясним, возможно ль по распределению скачков предсказать будущее событие.

Я поставил такой крайне несложный и неутомительный эксперимент и убедился - искомая корреляция существует и весьма заметна.

Следовательно, «механический оракул» - вот он, тут, в моём ветхом компьютере, не стоящем сегодня и ломаного пенса, и способен предсказывать что душе угодно, достаточно создавать и стирать файл в соответствии с флуктуациями курса акций, выпадением числа в рулетке или перемещениями отметки цели на экране радара.

Но конечно, всё это пустяки в сравнении с той пользой, которую принесёт «оракул» в качестве инструмента исследования фундаментальнейших законов миропорядка.

Я принялся за составление солидной базы данных и статистическую их обработку, и тут моя верная электронная лошадь, отпахавшая десятилетие, подвела оратая и пала, повидимому, не выдержав перегрева, ибо программу, не требовавшую моего участия, я гонял и днём и ночью, уверовавши в своё фантастическое везение.

Впрочем, полностью оно меня не оставило - словно по заказу, отделение москвича начало смену компьютеров, и он бесплатно отдал мне тройку списанных устаревших.

     \*    Однако все они на одно-два поколения моложе моего, почившего, и как выяснилось, в моих экспериментах это существенный недостаток.

    Операционные системы их гораздо сложней, и параллельно с основным процессом в них идёт масса дополнительных, камуфлирующих эффект.

    Слава Богу, у меня сохранились дискеты с доисторической операционной системой и я установил её всюду, правда, проблемы на том не кончились.

    Молодые, в сравнении с железным покойником, компьютеры отчего-то «устают», и мою программу можно крутить на них не более сорока минут, затем им надо
     \*    остывать примерно сутки, иначе явление не наблюдается.

    Не дивясь препонам вопроизведения, я успешно преодолеваю их и накапливаю новую базу данных, подмечая схожие черты корреляций в разных компьютерах, что, несомненно, пригодится в дальнейшем.

    Ну вот, Читатель, я всё перед тобою открыл и вскоре полечу в Сан-Франциско, не опасаясь ни крушения самолёта, ни угона его террористами, хотя Золотые Ворота, знаменитый мост, перекинутый через всю ширину Фриско-Бэй, и находится в списке вероятных целей обозлённой недавним вторженьем в Ирак Аль-Каиды.

Разумеется, погибни я, разработка «оракула» застопорится надолго, но кто знает, не во благо ли нам будет задержка.

    Отойдя от гнева на не ловящих мышей учёных котов престижных университетов, я порой задаю себе вопрос, готово ли человечество к такому дерзновенному прорыву и предопределено ль овладеть ему, малодумному, беспрецедентно мощным знанием.

    И видя в истории столько в точности уже исполнившихся пророчеств, я спрашиваю, не закрываем ли мы глаза на неисполнившиеся, апокалиптические.

    Всё ж я неизменно прихожу к убеждению - познающие Истину сраму не имут, оттого и прилагаю усилия к тому, чтобы в случае моей смерти следующие за мной подобрали б собранное автором, как и я подбираю оброненное предшественниками.

    Душе полезно упражняться в таком занятии, не смутясь ничтоже последствиями, негативными для её антитезы - вещественного.

# MEMENTO Ω MORI

    Что ж касается сроков Апокалипсиса, вспоминается очень любопытный документ, циркулирующий в печатном виде многие века.

    Он содержит краткие характеристики всех из последовательности пап Римских, бывших и будущих, обрываясь на том, при котором, как полагают, мир кончится.

    Имена их прямо не указаны, но с момента надёжных изданий в печати пророчества, исключивших возможность редактур *post factum*, на престол Святого Петра взошло немало людей, соответствующих описанию понтифика данного порядкового номера.

    Так, папа Александр VII (1655-1667), в родовом гербе которого три холма, назван Хранителем холмов.

    Клемент XIII (1758-1769) назван Розой Умбрии - он из Умбрии, в гербе его роза.

    Клемент XIV (1769-1774) - «Быстрый Медведь», бегущий медведь в его гербе.

    Пий VI (1775-1774) обозначен как Апостол-Скиталец, и впрямь, ему довелось после Французской Революции скитаться годы по городам и весям, и так далее.

Из тех, кто ближе к нашему времени, упомяну только папу Павла VI (1963-1970), именованного Королевскою Лилией - и действительно, геральдический *fleur-de-lis* французских королей входит в его герб.

Некоторые описания не столь прозрачны, но никакое не вступает в противоречие с характером либо деятельностью соответствующего лица.

    Например, нынешний Иоанн-Павел II, с экуменистическими миссиями посетивший Африку, Индию, Австралию, Латинскую Америку, носит имя «От трудов солнечных», после него же в перечне только два ещё не явленных миру Петровых местопреемника.

    Мне пора давно уж поставить финальную точку, а я всё не могу расстаться с тобой, о любезный моему сердцу Читатель.

    И если бы не предстоящая мне поездка, я, телепатически связан с тобою в будущем, находил бы и находил причины отсрочить неизбежную и благую для нас разлуку, уподобясь типичному еврейскому гостю, который сотню раз прощается в коридоре.

Позволь мне лишь в поддержку традиции завершить эту главу, как другие, поэзией, а затем я умолкну, по крайней мере, до благополучного возвращения из Фриско.

Ты же, не ожидая того, продолжай свой путь, и буде понадоблюсь я тебе в дороге, вспомни обо мне, и мысль твоя до меня дойдёт по каналам всеобъемлющего «нуса».

Фолиант между звёзд и косматых планет
Держит Бог прободённой рукой.
« В человеческой жизни случайности нет. »
Там записано первой строкой.

### ПОСЛЕДНЕЕ СРЕДСТВО

Как повелел суровый Бог,
Пророк возлёг на левый бок,
Три сотни девяносто дней
Отмерив кучкою камней,

И возлежал в пыли дорог,
И на навозе хлеб свой пёк,
Рисуя Иерусалим
Мечём разим, огнём палим.

Очам незрим, стоял над ним
Четырехликий Серафим,
Чьей силою за много миль
Был слышен Иезекииль.

Иже обрив свои власы,
Суд предрекал, держа весы,
Хоть ведал - горестный сей труд
Не отвратит от блуда люд.

Но Богу в вышних службу ту
Свершил - и впал во немоту.

### НЕ ЖАЛЕЙ

Смерть - это гибель материи тленной,
Коллапс раздувшейся было Вселенной.
Мякоть отпала. На Божеской длани -
Косточка-точка плода познанья.

### НЫНЕ ОТПУЩАЕШИ

Стих закогтивших душу крик.
Смело нечистых рать.
Сие грядет в последний миг
Свет миру, яко тать.
Смерть выжидает, и язык
Старается сказать:

- Сионе, слушай ! Спас мой Бог
  Свят и благословен.
  Создателю - последний вздох,
  Ему и кровь из вен.

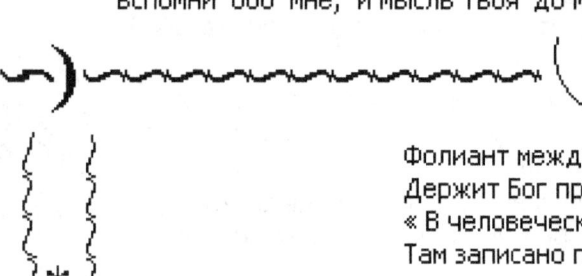

Джексонвилль, Флорида, США, 2004 год.

## Глава шестнадцатая,

которой автор продолжает роман в 2012 году, и где его герой описывает "Ночь Путешествия" и опять погружается в историю

Здравствуй и далее, мой Читатель, ибо я обязан продолжить повествование, через 8 лет после того, как оставил тебя и вылетел ненадолго в Сан-Франциско.

И продолжаю его я, слава Богу, вживе и в теле, а не как астральный дух, диктующий медиуму, что в последние времена случается.

**Ergo**, самолёт мой не угнали террористы-самоубийцы, чего в том, 2004 году, оснований опасаться наличествовало достаточно.

Три года назад мы видели кадры горящего Торгового Центра в Нью-Йорке, двух сотен отчаявшихся, летящих из его окон, избегая огненной смерти с помощью гибельного притяжения земли, падения небоскрёбов-близнецов и другие картины дерзкой акции, прервавшей без малого три тысячи жизней и вызвавшей ярое ликование мусульман с плясками на улицах по всему миру, включая Америку, сцены которого также транслировались по телевидению.

Официально зарегистрированные в США исламские организации поспешили выступить с осуждением леденящего кровь убийства, но, уверен, их члены, как и автор, ни на минуту не принимали за чистую монету отрепетированные стансы своих шейхов, зная, что ложь кафирам-неверным Коран считает не грехом, а доблестью, одна из его сур велит: "Рубите им головы, покуда не обратятся", и все дети, достигшие шести лет, в медресе на оружии клянутся вести джихад - священную войну против немусульман - до смерти.

Однако ж Белый Дом не медля рассыпался в уверениях, дескать, понимает разницу между мирными мусульманами и экстремистами и отреагировал на вызов последних свержением режимов, якобы их поддерживающих - сначала Талибана в Афганистане, а затем Саддама Хусейна в Ираке.

Афганская партия Талибана, действительно, разрешала Аль-Кайде, ответственной за организацию упомянутого чудовищного терракта, содержать лагеря для тренировки боевиков на территории страны, но материальными ресурсами и финансами обеспечивали её не талибы, а всё мировое мусульманство, за счёт чего ей, в частности, удавалось, подкармливая и задаривая гордые пуштунские кланы в горных районах, предотвращать выращивание ими опийного мака и межродовую резню, и в результате американского вмешательства Аль-Кайда без проблем ушла в сопредельный Пакистан, освобождённый Афганистан покрылся кровью племён и маковым цветом, героина на земле стало втрое больше, а США оказались вплоть до конца света вовлечены в безвыигрышную партизанскую войну в горах Гиндикуша, давши повод главе Аль-Кайды Осаме бин Ладену публично посмеяться над Вашингтоном в телепередаче, ехидно напомнив кафирам о судьбе Союза, вляпавшегося туда же раньше и, по мнению руководителя террористов, канувшего в Лету именно потому (хотя с последним утверждением Осамы лично я не согласен, это никак не меняет сути).

С Ираком получилась очень похожая история, только ещё глупее и опаснее.

В марте 2003 года вооружённые силы не объявлявших войны США подошли, не встретив сопротивления, к Багдаду и после бомбёжки взяли без боя город, стоящий на месте древнего Вавилона и сада Эдема, свергнув тем правительство социалистической партии Баас, возглавляемое председателем её Реввоенсовета, несменяемым Президентом и Премьер-министром республики Саддамом Хусейном.

Усатый председатель был поклонником Сталина и даже копировал внешность вождя, и прежде циркулировали слухи, будто бы он - незаконнорожденный сын генералиссимуса. В Ираке он создал подобие СССР, с плановой экономикой и равномерным распределением дохода от продажи нефти между гражданами страны, по запасам которой она уступает в мире только одной Саудовской Аравии, тем до поры до времени сохраняя единство многонационального государства, хотя не раз ему доводилось для того же использовать и армию, усмиряя мусульман-шиитов и курдов, исповедующих странную религию языди о семи Ангелах, управляющих землёй и периодически воплощающихся на ней.

Традиционно воинственные курды, не покорившиеся самому Александру Великому, как-то подняли крупное восстание, и в ходе подавления его Саддам легкомысленно применил против инсургентов отравляющий газ, и ранее установленный факт позволил обвинить его в пособничестве террористам в деле разработки газового оружия и даже в предоставлении Аль-Кайде территории для баз, невзирая на данные аэрофотосъёмки, пока не подтверждавшие этого.

После взятия Багдада армия республики рассеялась, командиры её, два сына Саддама, были убиты, сам же он бежал и некоторое время скрывался, но затем Президента удалось опознать, выследить в каком-то тёмном подвале и арестовать, и хоть ни баз Аль-Кайды, ниже запасов газового или другого оружия массового поражения обнаружить не удалось, госдепартамент заявил, что цель войны состояла не в этом, а в свержении диктатора и в насаждении демократии, и поздравил всех её приверженцев с победой.

Затем Ирак провёл, под контролем американцев, первые в нём от Сотворения мира свободные выборы, в результате коих, совершенно естественно, пришли к власти и сформировали своё правительство шииты, составляющие в стране большинство.

С благословения заокеанских завоевателей, свежеизбранные представители народа немедленно занялись приватизацией государственной собственности, и на сцену вышел класс иракских «новых предпринимателей» - шиитских нефтяных мультимиллиардеров, аналогичный такому же в России.

Но эти как добрые мусульмане, согласно Корану, тут же начали жертвовать на джихад, и зная Ислам, не стоит и думать, что они потребуют, чтобы финансируемые ими лица исключили из числа целей тех, кто привёл их к фонтану нефтедолларов.

И конечно, опаснейшим последствием непродуманной американской " акции возмездия " оказалось то, что "демократические" шииты Ирака вмиг наладили государственные связи с теократически шиитским Ираном, стоящим на пороге создания исламской атомной бомбы, и им не понадобятся никакие средства доставки её, ни бомбардировщики, ни ракеты.

Довольно того, чтобы арабы Израиля, или же турки Германии, или алжирцы Франции в небольших свинцовых контейнерах, которые так удобно прятать в бензобаках авто, свезли в центр населённого пункта несколько десятков килограммов ядерного материала, а там самоубийца без особенных затей собрал бы кусочки металла в критическую массу, и города как не бывало. Думаю, так и произойдёт, раньше или позже.

Я замечал, как взрывы посвящающих жизни Аллаху стали греметь на Ближнем Востоке всё чаще и чаще. Они и прежде не затихали в Израиле, где научились быстро убирать трупы и фрагменты их и смывать кровь своих граждан и шахидов, детонировавших пояса с шашками динамита в автобусах, дискотеках, кафе, на базарах. Клочья разорванных тел с привычною сноровкой заворачивали в саваны подразделения бородатых ортодоксов, немедленно хоронившие всех погибших по закону Моисееву.

Также постоянно доносились они и с театра затяжных пограничных военных действий, затеянных Саддамом против иранских шиитов, с надеждою приструнить внутренних; там толпы детей, которым вручали пластмассовые ключики от рая, с песнями выбегали на минные поля, чтобы расчистить дорогу солдатам.

А теперь машины, начинённые взрывчаткой, ежедневно взлетали на воздух в Ираке.

Картина впечатляла, что и сказать. Взрывали пропускные пункты оккупационных зон, казармы, отели, принимавшие иностранцев, конвои, сопровождавшие караваны грузов, предназначенных для восстановления индустрии страны и оказания помощи жителям, участки вербовки в армию и полицию, создаваемые взамен распущенных баасовских, сунниты взрывали святые места шиитов и их праздничные процессии, шииты отвечали взрывами суннитских свадеб и похорон, курды взрывали, похоже, всё, часто же взрывы производились безо всякой цели, просто в разношерстной толпе, ибо иракцы действовали по известному издавна в России принципу: «бей своих - чужие бояться будут».

Нередко в автомобиле со взрывчаткой находились не один, а четверо самоубийц, дабы показать врагам Аллаха - всякий раб Его желает отдать Всемогущему душу и отправиться в место, уготованное Им шахидам.

О, этот рай для павших бойцов джихада! Там доблестные мужи возлежат на инкрустированных самоцветами ложах под бесконечным золотым куполом и обслуживают их лунноликие бессмертные юноши, подносящие мученикам блюда из вкуснейшей дичи и чаши с вином, запретным на земле правоверным, но особенным тут, на небе, не кружащим голов и не подвигающим на глупости.

Главное же, каждому из них в жёны положены семьдесят две темноокие обольстительные девственницы, и помня то, идущие на смерть мужчины не забудут обмотать себе пенис проволокой, оберегая его от разрушений, зная - наверху он им ещё понадобится, хотя до конца и не вполне понятно, не успеют ли надоесть все семьдесят две за вечность до чёртиков, а также, восстанавливается ли их девственность всякий раз после обладания ими.

Остаётся неясным и то, какую награду получат на том свете дети-шахиды и женщины-шахидки, впрочем, легко заметить, недостатка ни в тех, ни в других у террористов не имеется, а среди последних порой встречаются и беременные.

Наблюдая, что творят живущие в Месопотамии, на месте земного рая, и взыскующие небесного, я размышлял о том, сколь различными путями движутся туда братья по крови, три отпрыска общего их отца Авраама, или же Ибрагима: Иудаизм, Христианство и младший в триаде - Ислам, несмотря на то, полагающий, что ему принадлежат права первородства, ибо основоположник этой веры араб Магомет возводит свою родословную к Измаилу, первенцу выходца из Ура от его наложницы, египтянки Агари, выгнанной из ревности женой прародителя старой Саррой вместе с сыном в пески Аравийской пустыни.

Иудаизм, начало которого положено получением от Бога Моисеем на горе Синай скрижалей и Пятикнижия в Пятидесятницу, проделал тяжёлый сорокалетний путь в той же Аравийской пустыне и завоевание Ханаана, дабы потом долгими веками вскарабкиваться на иаковлеву лествицу по десяти ступеням - заповедям Декалога, падая и поднимаясь вновь, и чудеса, творимые Яхве во время подъёма, направлены либо на напитание Народа (манна, перепела), либо на физическое уничтожение препон ему (потопление в море фараона, обрушение стен Иерихона и подобное).

Совсем иного рода чудеса обеспечили за считанные десятилетия распространение на всю ойкумену проповеди микроскопической иерусалимской секты Иудаизма "Путь", не поднявшей тогда ещё меча ни на кого, кроме как на раба Малха в Гефсиманском саду, кому основатель её Иегошуа ха-Ноцри тут же приживил отсечённое Симоном Петром ухо, да услышит он, что глаголет мирови нематериальный, всеблагой и вездесущий Руах, или Рух, или Дух, или «нус» древних философов.

А Ислам за всю свою историю обошёлся без чудес, не считая одного, называемого по-арабски "Мираж", в переводе "Лестница", и состояло оно в последнем до Страшного Суда контакте Аллаха с человеком.

Им в 621 году стал 50-летний купец из Мекки Магомет. Десять лет назад у него начались видения, в которых Архангел Габриэль понуждал его записывать стихи религиозной тематики. Некнижный Магомет был смущён тем, считал себя одержимым и даже помышлял о самоубийстве, но постепенно освоился с непривычным занятием.

Теперь же в одну из ночей ему было послано белое животное Бурак, побольше осла, но чуть меньше мула. Оно в мгновение ока перенесло его дух в Иерусалим (тело купца, по свидетельствам близких, не покидало Мекки) и высадило на вершине Храмовой горы.

Там его встретил знакомый ему Габриэль и предложил на выбор две чаши питья: одну - вина, другую - молока, Магомет выбрал молоко, и Габриэль похвалил его.

Затем в сопровождении Архангела Бурак пронёс купца сквозь небеса, состоявшие из концентрических сфер, числом семь, останавливаясь по дороге на каждой из них.

Везде путешественника приветствовали как своего собрата бывшие до него пророки, а на седьмом небе он был доведен до границы части мироздания, доступной тварным и отмеченной древом с листьями величиной со слоновьи уши и плодами, подобными глиняным кувшинам.

Тут Габриэль вместе с Бураком остался, повелевши ему продолжить путь самому, и за древом купец был удостоен конфиденциальной личной встречи с Аллахом, Кто познакомил его с угодным Ему молитвенным ритуалом - намазом и передал приказание всякому верному совершать его пятьдесят раз на дню.

-325-

Несколько удручены тем, Габриэль и Магомет на Бураке начали возвращаться вниз, но когда они вступили в шестое небо, к ним подошёл обитавший там Пророк Моисей, он же Муса, и справился, хорошо ли прошла аудиенция у Аллаха.

Магомет посетовал на предписанное непомерное число ежедневных намазов, и еврей рекомендовал арабу вернуться и просить у Аллаха скидки.

Пророк послушался и вернулся в запретную зону, и Аллах там и вправду скостил ему количество молитвословий, однако только на десяток, и на обратном пути Муса сказал, что торговлю нужно продолжить, и завернул караван паломников назад на седьмое небо.

Негоцианту пришлось пятикратно возвращаться за древо, покуда Всемилостивейший не понизил число намазов до пяти, и хотя Муса советовал не останавливать переговоров, на сей раз Магомет почёл за благо удовлетвориться достигнутым результатом.

На том инициация Седьмого Пророка закончилась, и Бурак до исхода ночи Путешествия перенёс его домой в Мекку, где дух бывшего купца давно ждало неподвижное тело, оставленное, по преданию, между двумя другими спящими.

### МИРАЖ

На Бураке, муло-осле пророков,
Вознёсся Магомет на небеса,
Но не узнал срок исполненья сроков,
Хотя ему и встретился Иса.

И не в вино там обмакнул усы,
А в млеко гнева ветхого Мусы.

Габриэль продолжал регулярно посещать новопризванного, просвещая его насчёт предстоящего тому служения и диктуя звучные стихи Корана, являющие собой, по мнению знатоков, непревосходимую вершину арабской поэзии.

Все иудейские и христианские пророки, которых Магомет лицезрел на семи небесах, говорил Архангел, посланы Всевышним и учили Его истине.

Но падшее человечество извратило их слова и деяния, и Моисеева Тора и весь Танах (Ветхий Завет), и Евангелия, и все другие священные тексты существующих ныне вер полны искажений.

Например, утверждается, что Авраам (Ибрагим) собирался в знак покорности Яхве принести в жертву Ему Исаака, хотя предназначен был для этого Измаил, ибо Богу, по Закону, принадлежат первенцы.

Так же и Моисей не убеждал Народ, будто бы Пастырь его пребывает в Ковчеге, и Соломон построил Первый Храм вовсе не как дом на земле для Недоступного.

Равно и в более близкие нам времена, великий Шестой Пророк Иегошуа ха-Ноцри, или Иса бен Мариам никогда не называл себя Сыном Божиим и Богом и рождён был не для искупления кровью грехов человечества на кресте, а дабы поведать ему о грядущем Страшном Суде, о конце света и об установлении Царства для верных, иначе, Халифата Аллаха на земле.

Магомет же запишет святой Коран, где пророческое учение предстанет в беспорочно богоданном виде, и создаст религию, доносящую его до всякого уха и замещающую собой все прежние, испорченные временем.

Оттого он и был вознесён с Храмовой горы, а с неё, говорят (Габриэль в тот момент отсутствовал), собрана Всевышним пыль для сотворения Адама, похороненного там же, в том же самом прахе, также здесь и Авраам возлагал на костёр покорного Измаила, и проповедовал бен Мариам, распятый немного ниже.

Правда, христиане считают, что ручьи вымыли череп Адама из могилы и снесли его к подножию креста на Голгофе для омовения кровью Агнца, но то лишь одно из многих суеверий, связанных с Иисусом, совершившим немало чудес, включая и воскресение четырехдневного Лазаря, однако только не это, идущее вразрез с миссией Шестого и упорно празднуемое на службах в церквях безумным провозглашением раствора вина кровью.

К счастью, отвергнувши вино, Магомет отвергнул и Христианство, предпочтя молоко Моисеевой Торы, которое, конечно, сегодня слегка подкисло, будучи ж заквашено истинной религией, станет опять питательным, а винопитие правоверным следует запретить вовсе.

Габриэль сообщил и имя новой религии - "Ислам", то есть, "Подчинение", ибо в том вся её суть - абсолютное подчинение воле Аллаха, ясно сформулированной в Коране.

Главное же чудо христиан, воскресение Пророка Исы, говорит вовсе не о его рождении от Бога, а служит предвосхищением получения каждым умершим нового тела в Последний Час, перед чем бен Мариам, уже обновивший своё и сейчас пребывающий в нём живым на втором небе, где видел его Магомет, в роли Мессии вторично придёт на землю и, возглавивши джихад правоверных, свергнет в Иерусалиме кривого лжемессию Даджала ( аль-Масих ад-Даджал ) и установит халифат Аллаха в человечестве, обречённом вскоре после того на тотальное уничтожение.

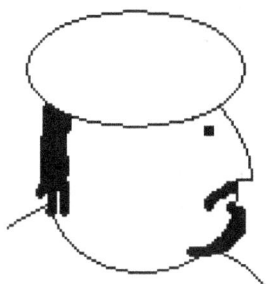

И логично очень - Лазарь, второго пришествия не удостоен, посему возвращён в былое его тело, начавшее разлагаться, и ставши пастырем Кипра, много лет в монастыре на острове принимал паломников, разносивших по всей ойкумене весть об источаемом святым епископом трупном запахе, тогда как Иса явился в Иерусалиме апостолам его в закрытой горнице в теле, аналогичном тем, в кои войдут люди по воскресении перед концом света, созданном из атомов не их падшего мира и преодолевающим без помех любые материальные преграды.

Подобные же ему, Габриэлю, сотворённые духами, тел и в мире, предназначенном вам вместо временного, не обретут, но смогут пользоваться там людскими, что и в сей юдоли порой разрешено бесплотным.

За время от Адамова грехопадения и до Магометова "Миража" пророки, посланные Аллахом, предоставили смертным все положенные тем знания, подтвердивши их чудесами.

Магомету, призванному седьмым и последним в чреде великих Пророков, не придётся потому выдвигать ничего нового, и задача его заключается в устранении аберраций, синтезе и во внедрении в умы людей учения, строившегося тысячелетиями.

Чудес же от него не потребуется, ибо Ислам укореняется не доказательствами, коих дадено предостаточно, а силой в джихаде с неверными, и священный долг Пророка и всякого раба Аллаха сражаться, доколе кафиры на земле остаются. Итак, рубите им головы, покуда не обратятся. Омен.

Габриэль излагал наставления Магомету в звучных стихах Корана, и получивши все инструкции от небесного вестника и усвоив их, подопечный его приступил к активным действиям.

Для того он собрал своих приверженцев и в 622 году совершил вместе с ними хиджру - эмиграцию из Мекки в Медину, поскольку нет у пророка почёта в своём отечестве, как верно заметил Иегошуа ха-Ноцри, убедившийся в том на опыте.

( Город, называемый сегодня Медина, расположенный в 340 километрах от Мекки и при Магомете населённый преимущественно евреями, носил тогда имя "Йатриб", совершенно не устраивающее новоприбывшего, означая по-арабски " хула, брань", и потому, завершивши обращение Йатриба в Ислам, он переименовал его в " Медину ", то есть, попросту в " Город ".)

В Йатрибе Магомета знали как торговца очень совестливого и горожане выбрали его третейским судьёй для разрешения споров между ними и соседними племенами Аравии, бывшими частью христианскими, частью иудейскими, иные же оставались в язычестве.

В этом качестве пришелец получил у них паблисити и стяжал хорошую репутацию, разбираясь в местных законах и обычаях, и пользуясь тем, через некотое время он объявил о создании им новейшей религии, объединяющей учения Исы и Мусы.

Он регламентировал стол единоверцев согласно правилам кошера Моисеевой Торы, ввёл иудейский способ заклания животных путём быстрого перерезания горла - халал, а также ежедневный молитвенный ритуал - пять раз в день по часам совершаемый намаз, во время которого следовало обращаться лицом к Иерусалиму.

Он провозгласил обрезание "законом для мужчин и честью для женщин". Женское обрезание состояло в удалении клитора, что навсегда избавляло жён от оргазма, который, будучи сильным нервным потрясением, заставляет их ограничивать частоту соитий.

Обрезать же крайнюю плоть у младенцев мужского пола предписывалось, вопреки практике иудеев, не на восьмой, а на седьмой день по рождении.

Также Пророк установил четырехдневный Курбан байрам - праздник в честь не состоявшегося жертвоприношения Измаила с поеданием барана в память об обретении Ибрагимом в кустах на Храмовой горе овна для всесожжения Богу вместо старшего сына.

Заложивши основы своего вероисповедания, Магомет вознёс над Аравией зелёное знамя джихада и возглавил армию Аллаха.

Естественно, труднее всего Седьмому досталось обращение родственников и бывших его сограждан - жителей Мекки.

Препятствовал этому не только известный эффект пророка в своём отечестве, но и находившийся на его родине издавна чёрный камень Кааба - метеорит, служивший предметом поклонения окрестных арабов.

Соответственно объединительному духу своей религии, Магомет объявил Каабу величайшей святыней для верных и изменил ритуал намаза, указав мусульманам теперь поворачиваться лицом при его исполнении не к Иерусалиму, а к Мекке, и установил к чёрному валуну паломничество-хадж.

Все кланы и племена полуострова общались по-арабски, и звучные строчки Корана, каждая из которых оканчивалась мощным взрывным диссонансом, поражали всех, подобно стрелам, выпущенным опытным лучником, точно и неотразимо.

Кампания насаждения Ислама развивалась быстро и успешно, и безо всяких чудес, Всевышним ей не предопределённых.

Правда, известно, что однажды Магомет вверг в ужас врагов, "расщепивши луну", но, я думаю, Пророк использовал данные о предстоящем её частичном затмении, противникам вовремя не сообщённые.

И завершивши объединение и обращение Аравии за десять лет, Магомет скончался в Медине от скоротечной лихорадки.

Умирая, Пророк приказал одной из его десяти жён раздать всё своё земное достояние, семь монет, бедным и произнёс: « Скорее, Аллах в Небесах надо всем и Рай... »

Преемники Магомета, халифы Рашидун ( Праведно Ведомые ) вынесли Ислам за пределы Аравийского полуострова и за тридцать лет завоевали Палестину, Египет, Сирию, дошли на африканском побережье Средиземного моря до Триполи, вышли на восточный берег Чёрного моря и на западный берег Каспийского.

На Святой Земле мусульмане сразу же учредили почитание их праотца Авраама, погребённого в Хевроне в пещере Махпела вместе со своим вторым сыном Исааком, внуком Иаковом и жёнами трёх патриархов - Саррой, Ревеккой и Лией ( Рахиль, четвёртая прародительница, похоронена у Вифлеема, и могила её, ныне найденная, тогда была не известна ).

Над пещерой и расположенной с нею рядом усыпальницей мумии Иосифа, доставленной некогда из Египта, возвышалась довольно скромная Византийская базилика, чьё место заняла роскошная мечеть, подобающая Третьему, после Адама и Ноя, великому Пророку, стоящая там же и сегодня.

( После установления тут власти турок, а потом Иордании, пещера была недоступна для кафиров шесть веков, пока в итоге Шестидневной войны Израиль не овладел ею, но проведение евреями в мусульманском святилище свадеб и других ритуалов привело к серии терактов, так что сейчас я не рекомендую посещение достопримечательности.)

Наследовавшая Праведно Ведомым халифам династия Омейядов за 90 лет покорила Северо-Западную Африку вплоть до Гибралтара, весь Пиренейский полуостров, Грузию, всю Среднюю Азию до самого Аральского моря, Самарканд и Афганистан, создавши Империю, обширнее всякой существовавшей прежде и уступавшую по протяжённости лишь не возникшей ещё Российской.

Административным центром её и своей резиденцией Омейяды, арабы, происходившие из родной Магомету Мекки, определили столицу ранее христианской Сирии, Дамаск.

Через восемь лет после смерти Магомета подчинивши власти Аллаха весь Ханаан, второй халиф из числа Праведно Ведомых и близкий сподвижник Седьмого Пророка Омар ибн аль-Хаттаб, чьим советником был Кааб аль-Акбар, обращённый в Ислам еврейский раввин, предпринял с ним археологическую экспедицию в Иерусалим с намерением найти место, где основателя истинной религии постиг его "Мираж".

Со дня сожжения генералом Титом Второго Храма в 70-м году от Р.Х. ни одна нога еврея не вступала на Храмовую гору, поскольку раввины под страхом проклятия запретили это, дабы никтоже в неведении не осквернил тленной стопою земли, легшей под обитель Яхве - Девир (Святая Святых), куда мог войти только Первосвященник Израилев, и лишь один раз в году, в Йом Кипур, покрыт жертвенной кровью овна, с вервием, обмотанным вокруг щиколоток, за кое, буде он там умрёт, вытащат его тело наружу.

За шесть веков развалины Храма погребли наносы и скрыли густые заросли, но археологи расчистили и разобрали их, благоговейно откладывая в сторону мраморные фрагменты, украшенные резьбой, смели слой песчанистой почвы, насыпанный при Иродовой реконструкции для расширения верхней части горы, добравшись до её скальной основы, и пользуясь указаниями бывшего раввина, знакомого с планировкой внешних дворов и внутренних притворов по описаниям, обнаружили плоскую платформу той же самой породы, что и слагающая гору, однако не сочленённую с подлежащей скалой.

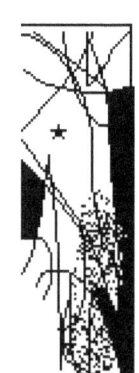

По величине платформа вписывалась в размеры Девира - 20 на 20 на 20 кубитов, на ней имелись выемки с шириною, соответствовавшей толщине стен камеры - семь кубитов, и прямоугольное углубление в полтора на два с половиной кубита - длина и ширина Ковчега Завета, всё, как записано в Танахе, и снявши обмеры с всяческим тщанием и вниманием и составив их реестр, бывший раввин заключил - это бесспорно Скала Основания, камень, с коего начинался мир при сотворении и над которым Соломон воздвиг Девир.

И по откровениям еврейских мудрецов, именно на него встанет ангел с трубой возвестить о Страшном Суде и конце света.

Также на платформе были найдены углубления от копыт Бурака, доказавшие, что отсюда дух Седьмого взлетел в небеса, а вернее, в астральные сферы его "Миража".

В углу плиты находилось круглое сквозное отверстие для вентилирования расположенного под ним глубокого подвала - "Колодца душ", упоминаемого в еврейской эзотерической литературе.

Сбоку туда сходили ступени, и халиф Омар со своим советником, возжегше свечи, спустились во мрак подземелья, где услышали голоса умерших и шум нижней реки Рая.

Халиф распорядился заключить Скалу Основания в кованую серебряную раму и возвести вокруг неё ограждение, и вернулся к неотложным военным делам в стремительно расширявшейся Империи Ислама с намерением немного позже воздвигнуть над великой святыней не уступающее Храму здание, но вскоре погиб в результате заговора, к чему приложил руку и советник его аль-Акбар.

Многие сочли это возмездием халифу свыше за нарушение покоя заклятого Аллахом неприкосновенного камня евреев, с тем согласились и раввины, и Скала Основания пребывала в таком состоянии, в каком её оставил Омар, на протяжении сорока лет, пока пятый из Омейядов, халиф Абд аль-Малик не приступил к строительству над нею Куббат ас-Сахра (Купола Скалы, арабский), предназначенного не для богослужения, а для приюта и ночлега, и крова "в защиту от жары и холода", как писал халиф, неисчислимым ежегодным толпам паломников, посещающим Иерусалим, и оттого он должен был обладать очень внушительными габаритами.

Имя халифа буквально означало "Раб Царя" и могло быть интерпретировано как "Раб Мессии", поскольку Евангелия провозглашают Мессию Ису бен Мариам "Царём Израиля", и Абд аль-Малик не боялся кары Аллаха за своё предприятие, ибо он возводил над Скалою Основания мира и его конца Третий Храм, где Иса, по предречённому Слову, воссядет после его победы над лжемессией Даджалом.
Омен.

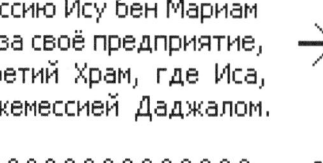

Отношение мусульман к Христианству определяется 19-й сурой Корана " Мариам ", по имени матери Исы, в которой в первых 40-ка из 98-и стихов Седьмой излагает поведанное ему через Габриэля Аллахом о рождении Шестого.

## СУРА МАРИАМ
### ( стихи 1- 40 )

1. Каф. Ха. Йа. Айн. Сад.

2. Это является напоминанием о милости твоего Господа, оказанной Его рабу Захарийе.

3. Вот он воззвал ко Господу своему в тайне

4. и сказал: " Господи! Воистину, кости мои ослабели, а седина уже распространилась по моей голове. А ведь раньше благодаря молитвам к Тебе я не был несчастен.

5. Я опасаюсь того, что натворят мои родственники после меня, потому что жена моя бесплодна. Даруй же мне от Тебя наследника,

6. который наследует мне и семейству Йаакова. И сделай его, Господи, Твоим угодником. "

7. " О Захарийа ! Воистину, Мы радуем тебя вестью о мальчике, имя которому Йахйа. Мы не создавали прежде никого с таким именем. "

8. Он сказал: " Господи ! Как может быть у меня мальчик, если моя жена бесплодна, а я уже достиг дряхлого возраста ? "

9. Аллах сказал: " Все так и будет ! Господь твой сказал: " Это для Нас легко, ведь Мы прежде сделали тебя, когда был ты ещё ничто."

10. Он сказал: " Господи ! Назначь для меня знамение." Аллах сказал: " Знамением для тебя станет то, что ты не будешь говорить с людьми в течение трех ночей, будучи в полном здравии. "

11. Он вышел из молельни к евреям и дал им понять: " Воздавайте хвалу по утрам и пред закатом Аллаху ! "

12. " О Йахйа ! " - наставили Мы его сына, - " Крепко держи Писание ! ", и одарили его мудростью, когда он ещё был младенцем,

13. а также состраданием от Нас и чистотой. Он был богобоязнен,

14. почтителен к родителям и не был дерзким или строптивым.

15. Мир ему в тот день, когда он родился, в тот день, когда он скончался, и в тот день, когда он будет воскрешён к жизни снова !

16. Помяни в книге своей Мариам. Когда она удалилась в комнату, выходящую на восток,

17. и скрылась от родных её за завесой, то Мы послали Мариам Наш Дух в виде превосходно сложённого мужчины.

18. Она сказала ему: " Прибегаю я к Милостивому, да оградит Он меня от тебя ! Уходи же, побойся Бога. "

19. Дух сказал: " Воистину, Я послан сюда твоим Господом, чтобы даровать тебе чистого мальчика. "

20. Она сказала: " Как может быть у меня мальчик, если меня не касался мужчина и я не была блудницей ?! "

21. Дух сказал: " Вот так ! Твой Господь передал тебе: " Это легко для Нас."
 И мы сделаем его сейчас в милость миру и во знамение.
 Дело уже вполне решённое."

22. Так что Мариам забеременела и скрылась пред родами в отдалённое место.

23. Родовые схватки привели её к стволу пальмы,
 и она восклицала в муках: " Ах, ах ! О если б я умерла до этого и канула в небытиё ! "

24. Но из-под неё раздался голос: " Ободрись, Аллах создал под тобою ручей.

25. И потряси ствол пальмы, и тебя осыплют свежие созревшие финики.

26. Попей, поешь, и ты восстановишь силы.
 И если встретишь кого-либо из людей, скажи лишь:
 " Нынче я дала Всемилостивому обет молчания и посему не могу разговаривать с вами. "

27. Она взяла его на руки и пошла к своему народу.
 Евреи сказали: " О Мариам ! Ты совершила тяжёлый проступок !

28. О сестра Аарона ! Отец твой ведь не был беспутен,
 и матерь твоя никогда не была блудницей ! "

29. Она указала им на младенца: " Скажите ему всё это. "
 Евреи сказали: " Как нам говорить к тому, кто лежит в колыбели ?! "

30. Но младенец Иса сказал им: " Я истинно раб Аллаха.
 Он вручил мне Писание и сделал меня пророком.

31. Он благословил меня на всех путях, где бы я ни был,
 и предписал мне намаз и подаяние бедным, доколе живу я.

32. Он внушил мне почтение к моей матери
 и не дал ни надменности, ни уничижённости.

33. Мир мне в тот день, когда я родился, и в тот день, когда я скончаюсь,
 и в тот день, когда буду воскрешён к жизни новой. "

34. Это слово о том, кто есть истинно сын Мариам Иса,
 это слово, о котором неверные препираются.

35. Не подобает Аллаху иметь сына. Пречист Он !
 Когда Он пожелает чего-либо, то стоит сказать Ему: " Будь ! ",
 как сие сбывается.

36. Рек Пророк Иса: " Мой Господь - Аллах,
 равно ваш Господь, путь прямой к Нему указал я. "

37. Но секты разошлись во мнениях между собой.
 Горе же неверным во прегрозный День Сожаления !

38. Беззаконные ясно узрят и услышат, когда предстанут пред Нас,
 но сегодня они погрязают в своих заблуждениях.

39. Предупреди их о Дне Печали, когда решение уже будет принято,
 хотя беспечны они и не уверуют.

40. Истинно, Мы унаследуем землю и всех на ней,
 и они поневоле вернутся к Аллаху !

Читатель, вероятно, озадачен отсутствием перевода первого стиха суры, но мусульманские богословы не вкладывают в это сочетание арабских букв никакого содержания, лишь иногда отмечая, как, например, современный исламский теолог Мухаммад Мухсинхан, афганец, проживающий в Пакистане: « Эти буквы - одно из чудес Корана, и только Аллаху может быть известно, что они означают. »

Однако я позволил себе не прислушаться к доктору Мухсинхану и, зная слова Корана, о том, что стихи его ясны (19:73) и Всемилостивейший его "сделал лёгким" (19:97), принялся за дешифровку строки, и она, действительно, не составила большого труда.

Наличие в строке двух гласных, стоящих рядом, сразу заставляет предположить в ней анаграмму, *ergo*, следует попробовать переставить её буквы так, чтобы получилось какое-либо удобопроизносимое сочетание, и посмотреть, не обладает ли оно смыслом.

Первая же попытка такого рода приносит ожидаемый результат - комбинация Йа, Сад, Ха, Каф, Айн произносится "Ишка" и является словом, связанным с контекстом суры и Магомету, несомненно, хорошо знакомым.

После Римско-Иудейской войны 66-70гг., закрепляя разрыв евреев и христиан, раввины указали пастве пренебрежительно называть Иисуса Христа "Ишка" - имя, относящееся к "Иегошуа", как "Ванька" к "Ивану".

В заглавном стихе суры "Мариам" оно вызвало бы резкое неприятие христиан, оттого Магомет его и анаграммировал.

Не уверен, осведомлён ли был Седьмой Пророк о второй возможной дешифровке его анаграммы - Йа, Сад, Каф, Айн, Ха, хотя она также имеет смысл, не меньший, а в настоящем повествовании, пожалуй, даже и больший, чем очевидная первая.

Ибо произносится она "ИСКАХ", и, с учётом того, что в арабском языке звук "ц" отсутствует, "с" - звонкое, а "х" - гортанное, "каф" же, как и в иврите - некое среднее между "г" и "к", эта последовательность букв представляет вполне адекватную транслитерацию древнего родового имени автора Ицгар, а в качестве существительного "исках" на иврите означает "предвидение", то есть, его текущее занятие.

## ПОСЛЕДНЕЕ УТЕШЕНИЕ

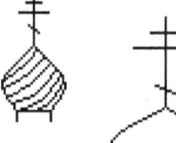

Грудь реже дышит и спадает жар.
Теперь, когда моя уж песня спета,
Что ждёт меня? Ужель Харон и Лета?
Но вижу не лохматого Харона,
А старца в ризах белого виссона.

- Возрадуйся. Я предок твой Ицгар.

- Внук Левия и дядя Аарона!

- Мир тебе, сыне, от праотча лона.
Твой глас до тех, в ком ныне слуха нету,
Дойдёт во предуказанное лето.

Всё сбудется, и ждать уже недолго,
И Китеж-град, и Светлое, и Волга...

И сладко повторять мне, холодея:
- Гиперборея... Волга... Лорелея...
Яр Светлого... Град Китеж... кто я?.. где я?..

О, на шестах носивший Бога Света!
Шестое поколение Завета,
Внук Левия и дядя Моисея,
Молись, Ицгар, за бедного еврея.

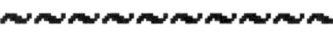

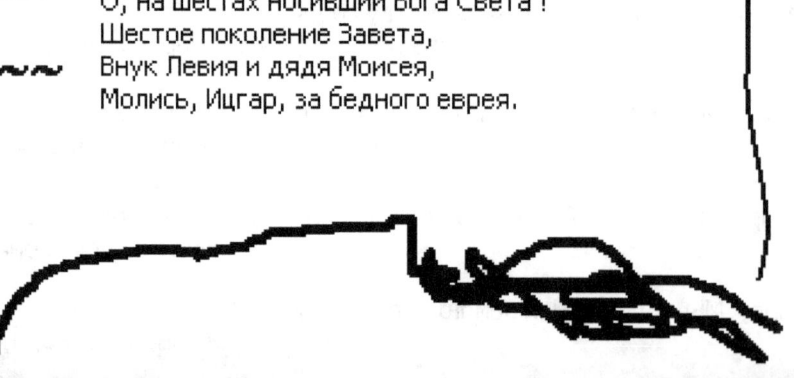

Испросивши молитв у своего прародителя, прислушаюсь к звонким и грозным словам 40-го стиха суры "Мариам": «Ааалайха ва-илайна йурджа-аауи» и вернусь к Аллаху и его Корану.

Следующие сразу за зашифрованным подзаголовком стихи 2-15 рассказывают о рождестве Иоанна Крестителя (пророка Йахйа бен Захарийа), а стихи 16-33 - о рождестве великого Пророка Исы (Иисуса, Иегошуа) бен Мариам.

Как и везде в Коране, повествование ведётся самим Аллахом, кто говорит о себе обычно во втором лице (Мы), хотя временами и в третьем, и адресуется при том не читателю, а Магомету, диктуя ему стихи через Габриэля, ибо его подданным Вышний в принципе недоступен, и аудиенция Седьмому за древом на седьмом небе - исключение, подтверждающее правило.

Ранее в третьей суре Корана "Семья Имран", описывающей рождество Мариам по молитве отца её Имрана (Иоахима) от бесплодной престарелой жены его Анны, недвусмысленно утверждается мессианство Исы: «О Мариам, Аллах тебя радует вестью о Слове от Него, имя которому Мессия Иса бен Мариам.» (3:45)

Определивши в зачине 19-ой суры обоих Йахйа и Ису как мусульман и пророков, автор Корана тем снова подтверждает мессианство Исы, ибо Йахйа увидал в Исе предречённого Израилю Писаниями Помазанника, а затем немедленно переходит к основополагающей мысли Корана - отрицанию того, что великий Пророк и Мессия Иса бен Мариам есть сын Аллаха.

Аллах неоднократно провозглашает, что он «не прощает, когда к Нему приобщают сотоварищей» (4:48, 4:116 и др.) и ярко живописует его наказания тем, кто это делает, подразумевая христиан : «Мы сожжём их в огне, и всякий раз, когда их кожа сготовится, Мы заменим её другою, чтобы они вкусили мучения.» (4:56) и прочие в том же роде.

И отмечу, эмоции творца Корана, превосходно передаваемые аллитерациями его стихов, очень логически обоснованы, ибо пути правых к Раю, равно и их образ жизни там, предуказываемые Исламом и Христианством, никак не совместны.

Рассмотрим сначала догматы веры тех заблудших, кому Аллах пообещал менять кожу после каждой поджарки в аду (собирается ли он использовать поджаренную на шкварки - не пропадать же добру).

Эти несчастные веруют в то, что Божий Сын Иисус Христос, Ипостась троичного Бога, воплотился на земле для того, чтобы сделать доступными смертным все три Ипостаси единого и неразделимого Всевышнего.

Сие обеспечивается тремя предписанными Им таинствами - Крещением, Эвхаристией (Причащением) и Миропомазанием.

После первого человек снабжается личным Ангелом Хранителем, осуществляющим руководство своим подопечным в соответствии с волей Отца; во втором верующий регулярно и непосредственно соединяется с Сыном, а третье открывает его действию Святого Духа, Кто, после сошествия в Шавуот на Апостолов, остаётся в этой юдоли, воодушевляя родственный Руаху дух человеческий в устремлении его, сотворённого, к прах оживившему Им Содетелю.

Таинства являются средством для достижения святости - присущего Богу качества - человеком в ходе его земной жизни, что позволяет ему присоединиться к Церкви, собору всех святых, Невесте Сына-Агнца, и в Ней реализовать своё назначение - после гибели временного света войти в составе Её, Супруги Бога, в предвечный и вечный Небесный Иерусалим. Аминь.

Христианское видение предначертанного Творцом пути человечества и его цели в корне противоречит намерениям Аллаха, согласно Исламу, с иными одушевлёнными не желающего общаться более, ни в ныне существующем житии, ниже в грядущем, а уж тем паче, в качестве Мужа Церкви.

Золотой Новый Иерусалим, куда войдут, связанные воедино, по Писанию, узами брака, Бог во Ипостаси Агнца и Его возлюбленная Церковь, предстаёт во всём его великолепии в " Откровении ", или " Апокалипсисе " Иоанна Богослова.

Единственная пророческая книга Нового Завета, она, подобно Моисееву Пятикнижию и Корану, была обретена чудом.

Евангелие от Иоанна повествует о том, как Иисус Христос предрёк Петру его смерть на кресте ( Ин. 21:21 ), и Апостол, тем удручён, указал Господу на Его любимейшего ученика, шестнадцатилетнего красавца галилеянина, и справился у Равви о его грядущей судьбе: « А что он ? »

Спаситель ответил уклончиво: « Если Я хочу, чтобы он пребыл, пока приду, что тебе до того ? ты следуй за Мной », однако ж и в этих словах заключалось прорицание, смысл которого прояснила в дальнейшем судьба и миссия Иоанна.

После разрыва иудеев с христианами, поставившего последних вне законов Империи, все видные деятели течения " Путь ", объявленного вредной сектой, были приговорены римскими властями к смерти, и Иоанн, бывший весьма заметной фигурой в Малой Асии, служа епископом Эфеса и успев сотворить в нём немало чудес, обративших ко Христу множество поклонников Артемиды, вдохновив их на разрушение дивного храма богини, центра её мистериального культа и места паломничества эллинизированной ойкумены, не представил исключения, но казнь его привести в исполнение не удалось дважды, ибо святой, осуждённый вначале на умерщвление с помощью яда, чашу его кротко испил, им не отравившись, а потом, когда судьи Рима признали его за то колдуном и заменили гуманную экзекуцию на те самые мучения, кои христианам обещает Аллах в своём аду - медленное зажаривание, вышел из купели кипящего оливкового масла на арене цирка невредим.

В результате чего большая часть аудитории Колизея обратилась во христианство, а император Домициан, хоть сам явно не обратился, устрашён чудом, аннулировал смертный приговор епископу и отправил того в нетяжёлую ссылку на остров Патмос, находившийся во вполне досягаемой близости от его осиротелой эпархии - Эфеса.

Там Иоанн так же творил чудеса и крестил эллинов, достигнув преклонного возраста и ослепнув, пока в один из дней на прогулке со своим учеником святым Прохором они не обнаружили пещеру, подходящую для молитвенного уединения, где Апостол услышал из тройной расщелины в скале громкий, как бы трубный глас, известивший его о близком конце света, картина чего ему ныне явится, и повелевший ему занести в книгу видения свышнего откровения, что старец и выполнил, диктуя их по мере поступления своему молодому попутчику, расторопно сбегавшему в город за чернилами и бумагой.

Вскоре после этого события император Домициан был убит и новый глава Империи объявил амнистию ссыльному епископу, и с Прохором и рукописью " Откровения " Иоанн вернулся в Эфес, к превеликой радости не забывшей его прежней паствы.

Передав " Откровение " Церкви, одряхлевший автор книги надеялся упокоиться в Бозе,
однако Господь не спешил освободить раба Своего от истерзанной болезнями плоти, и измученный Апостол созвал учеников и слёзно попросил вывести его за пределы города.

Он остановил процессию в предместьи и велел вырыть ему крестообразную могилу по росту. Ученики в ужасе отказывались, но старый проповедник умолил их и убедил исполнить свою и Божью волю.

Он лёг в могилу, и по его указаниям ученики присыпали погребаемого до шеи землёй, прикрыли лицо ему платом и, плача, возвратились в город.

Узнавши о произошедшем, христиане Эфеса тут же ринулись к месту захоронения,
но в могиле тела старца не оказалось.

Прохор напомнил эфесянам слова Евангелия, и, конечно, напрашивалась мысль, что во исполнение пророчества Учителя любимый ученик взят Им живым на небо.

И в подтверждение тому, с тех пор ежегодно 8 мая ветер поднимает
на пустой могиле Апостола столп розоватой пыли, исцеляющей верующих, и в честь этого Церковью установлен особый праздник.

Всё вышеизложенное способствовало распространению списков " Откровения ",
и хоть грозный тон его вызывал и продолжает вызывать неприятие многих, книга была признана, канонизирована и вошла последней в Новый Завет.

А В дополнение к мрачности картины, нарисованной в ней, книга отталкивает неподготовленного читателя символичностью, и потому споры вокруг неё не утихают века, и внимая им, Православная церковь так и не включила её в свои литургические чтения, однако мне как человеку пишущему понятно, отчего Являющий слепому Апостолу видения о будущем избирает эту форму.

Историческая хроника вылилась бы в невообразимое количество материала, требующего ещё и литературной обработки, и лишь символизм предоставляет способ изложить историю предельно кратко, сохранивши и проявив при том её скрытую логику.

Увы, автору романа откровений, подобных Иоанновым, не дадено свыше, и его нелёгкая задача - детальный анализ текущих событий и вмещение его в минимальное количество килобайтов текста.

" Апокалипсис " Иоанна слагается из двенадцати лаконичных символических видений, и пред началом их глас в пещере громко и трубно возвещает: « Аз есмь Альфа и Омега, Первый и Последний ! », и после сего Глаголящий сице является Апостолу с Ликом, сияющим, как солнце в полной силе, волосами убелёнными, как снег, огненными очами и мечём, исходящим из уст.

Он стоит посреди семи ярких золотых светильников, и над Его воздетой горе десницей аркою воспаряет седмица звёзд.

Ошеломлённый старец падает без чувств, и Иисус ( то был преображённый Агнец ) полагает на него руку, приводя в сознание и ободряя: « Не бойся », и разъясняет значение увиденного - семь воззжённых светочей вокруг Него представляют семь определённых церквей, а дух, присущий каждой из них, или ангела, олицетворяет звезда в Его длани.

Тем самым с первых же строк утверждается символизм Божьего сообщения миру и определяется его язык, поскольку число семь говорит о многом человеку, знакомому с классической нумерологией, а еврей Иоанн, несомненно, был им.

Цифровая символика, позволяющая концентрировать информацию ещё больше, чем ассоциативная изобразительная, широко использовалась иудеями с древности, в пифагорейском её варианте - эллинами, сразу была применена в Новом Завете и литургии, после чего - и в мусульманском Коране.

Все её разновидности построены на простых общих принципах, главный из которых, отрицание половины, состоит в том, что нумерологическое значение чётного числа противоположно значению его половины, соответственно извечной тактике Сатаны, умерщвляющего истину рассечением надвое.

Возведение числа в степень также приводит к числу, значение которого сопряжено с исходным - квадрат, фигура плоская, и оттого иллюзорная, есть размытие значения основания, а вот куб его реальной трехмерностью служит ему подтверждением и усилением, или иными словами, триумфом.

Из этого весьма несложно вывести смыслы основных символов, употребляемых в " Откровении " Апостолу Иисусом, и я свёл их в табличку ниже, иллюстрируя расшифровкой графики современных арабских цифр, принятой в средние века.

### ОСНОВНЫЕ СИМВОЛЫ ХРИСТИАНСКОЙ НУМЕРОЛОГИИ

1. Единица в нумерологиях всех трёх монотеистических религий из авраамова корня, разумеется, означает Бога. Арабская цифра - стрела.
2. Двойка символизирует человека, создание дуалистическое, дух и глина, небесное и земное, и поскольку двойка - отрицание единицы, он извечно восстаёт против Творца его. Арабская цифра - змея, стоящая на хвосте.
3. Тройка в Иудаизме и Исламе соотносится с тремя Патриархами, Христианство же видит в них земной образ Троицы, где Авраам прообразует Бога Отца, приносящего в жертву Сына, как первый собирался принести в жертву сына Исаака, а Иаков, от которого происходит протоцерковь, двенадцать колен Израилевых - Духа Свята, потому три означает в нём и три Ипостаси Божества, и самоё тринитарную религию. Арабская цифра - три точки, соединённые дугами, а также змея, рассечённая надвое.
4. Четвёрка, отрицающая двойку ( человека ) - Смерть. Это подкрепляется тем, что четвёртая Прародительница Рахиль умирает от родов.
Арабская цифра - фигура, возносящая меч.

5. Пятёрка - пять книг Моисеевых, Иудаизм как религия, в более общем смысле - истинное учение, чью суть всегда можно объяснить на пяти пальцах.
   Арабская цифра - опрокинутый ковш, из которого на мир истекает молоко Торы.

6. Шестёрка, отрицающая тройку ( Троицу и Христианство ) - Сатана и Антихрист.
   Арабская цифра - змея, приготовившаяся к броску.

7. Семёрка - семь дней недели, завершение периода.
   Арабская цифра - коса Времени ( в её русском написании косая черта на ней - ручка для левой руки косца ).

8. Восьмёрка - новое начало ( 7 + 1 ).
   Восемь человек, спасённые на Ноевом ковчеге - начало нового человечества.
   Обрезание осмодневна отрока по Закону Моисееву - начало его новой жизни в завете с Богом.
   Куб двойки, восьмёрка - триумф человека.
   Отрицание четвёрки ( Смерти ), восьмёрка - воскресение из мёртвых.
   Всё вместе взятое явно указывает на Иисуса Христа. Подтверждением тому служит и то, что имени Иисус на греческом соответствует числовое значение 888.
   Арабская цифра - змея, кусающая свой хвост, индуистский символ Бесконечности, смыкания начала и конца.

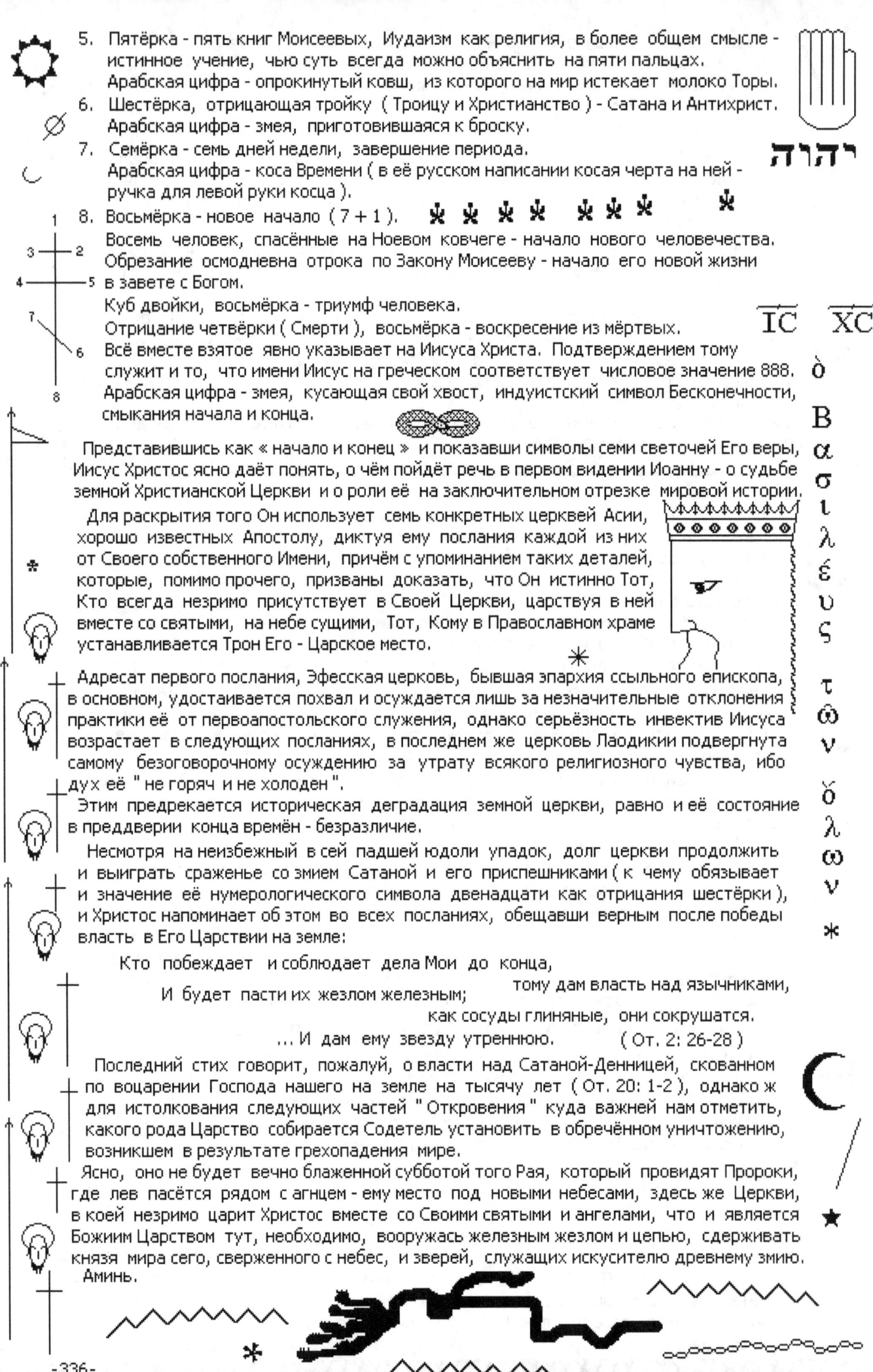

   Представившись как « начало и конец » и показавши символы семи светочей Его веры, Иисус Христос ясно даёт понять, о чём пойдёт речь в первом видении Иоанну - о судьбе земной Христианской Церкви и о роли её на заключительном отрезке мировой истории.
   Для раскрытия того Он использует семь конкретных церквей Асии, хорошо известных Апостолу, диктуя ему послания каждой из них от Своего собственного Имени, причём с упоминанием таких деталей, которые, помимо прочего, призваны доказать, что Он истинно Тот, Кто всегда незримо присутствует в Своей Церкви, царствуя в ней вместе со святыми, на небе сущими, Тот, Кому в Православном храме устанавливается Трон Его - Царское место.
   Адресат первого послания, Эфесская церковь, бывшая эпархия ссыльного епископа, в основном, удостаивается похвал и осуждается лишь за незначительные отклонения практики её от первоапостольского служения, однако серьёзность инвектив Иисуса возрастает в следующих посланиях, в последнем же церковь Лаодикии подвергнута самому безоговорочному осуждению за утрату всякого религиозного чувства, ибо дух её " не горяч и не холоден ".
   Этим предрекается историческая деградация земной церкви, равно и её состояние в преддверии конца времён - безразличие.
   Несмотря на неизбежный в сей падшей юдоли упадок, долг церкви продолжить и выиграть сраженье со змием Сатаной и его приспешниками ( к чему обязывает и значение её нумерологического символа двенадцати как отрицания шестёрки ), и Христос напоминает об этом во всех посланиях, обещавши верным после победы власть в Его Царствии на земле:

   Кто побеждает и соблюдает дела Мои до конца,
                                                      тому дам власть над язычниками,
          И будет пасти их жезлом железным;
                                  как сосуды глиняные, они сокрушатся.
       ... И дам ему звезду утреннюю.              ( От. 2: 26-28 )

   Последний стих говорит, пожалуй, о власти над Сатаной-Денницей, скованном по воцарении Господа нашего на земле на тысячу лет ( От. 20: 1-2 ), однако ж для истолкования следующих частей " Откровения " куда важней нам отметить, какого рода Царство собирается Содетель установить в обречённом уничтожению, возникшем в результате грехопадения мире.
   Ясно, оно не будет вечно блаженной субботой того Рая, который провидят Пророки, где лев пасётся рядом с агнцем - ему место под новыми небесами, здесь же Церкви, в коей незримо царит Христос вместе со Своими святыми и ангелами, что и является Божиим Царством тут, необходимо, вооружась железным жезлом и цепью, сдерживать князя мира сего, сверженного с небес, и зверей, служащих искусителю древнему змию.
   Аминь.

-336-

## БУДИ, БУДИ

Восьмёркой в глубине сознанья
Струится кольцами строфа,
То ли мольба, то ль заклинанье:
— О, Господи ! Маранафа !

О тихий Свете Отчей Славы,
Пред Коим прахом стал Телец,
О Логос, мир и мя Создавый,
Сомкни начало и конец.

Во втором видении пред Иоанном предстаёт Бог Отец на Троне, окружённый радугой, то есть, в Образе, в Коем Он показывался в VI в. до Р.Х. Иезекиилю.
Ошую и одесную от Сущего восседают по двенадцати старцев, олицетворяющих ветхо- и новозаветную Церкви, а у подножия Трона четыре шестикрылатых животных с ликами льва, человека, тельца и орла воспевают Господеви Трисвятое.

Саваоф держит книгу мировой судьбы, запечатленную семью печатями, и снять их может лишь Его закланный Агнец, Кто, выйдя на сцену, и совершает сие, являя зрителю в символической форме семь периодов развития человеческой веры.

Символ первого из них - всадник на белом коне, чьё вооружение составляет лук. Это доиудейский монотеизм, венец мученика на нём означает египетский плен.

За ним следует всадник на огненно-рыжем коне, коему дан меч. Это время от обретения Декалога - покорение Ханаана, истребление языческих народов, поражение филистимлян - до распада Израиля на Южное и Северное царства и впадения в вассальную зависимость от Ассирии.

Третий всадник на вороном коне, возносящий весы - период ветхозаветных пророков, от распада Израиля и до возвращения из вавилонского плена и восстановления Храма.

В четвёртом периоде его истории богоизбранный Народ предан в руку четвёртому всаднику на бледном коне - Смерти.
В это время мы видим зверства эллино-сирийцев и восстание Маккавеев, Римско-Иудейскую войну, закончившуюся разрушением Второго Храма, изгнание евреев из Иерусалима, разрыв иудеев с христианами и гонения с ужасающими казнями на последних в Империи при Нероне и семи за ним.

После снятия пятой печати Иоанну предстали души убиенных за Слово Божие, взывающие к небу о возмездии, но им было сказано, что преследованиям Церкви суждено продолжиться до тех пор, покуда в мире не наберётся нужное число претерпевших за веру.

Символ шестого периода - катастрофы в природе, а по снятии седьмой печати наступает предгрозовая тишина.

Затем Иоанну явлены семь Ангелов с трубами, исполняющих один за другим своё соло, отмечающие, так же, как прежде печати, семь последовательных временных периодов.
Каждый из них характеризуется каким-либо символически обрисованным бедствием, и поскольку из дальнейшего будет ясно, что мы обретаемся в самой последней из труб, а прежние уже, слава Богу, канули в Лету, я опишу лишь только открывшееся старцу при вострублении седьмого Ангела.

Апостол услышал громкие голоса свыше, кои известили о воцарении Христа на земле, а вслед за тем Иоанн узнал о восстании язычников, отчего наступило время гнева Божия и страшного суда над мёртвыми.

Это вполне подтверждает заявленную в первом видении концепцию Царства Божия на земле как сдерживания язычников, которых Церкви следует пасти жезлом железным, однако вследствие утраты Церковью чувства её роли, язычники восстанут, навлекая сим на беспечный мир гнев Создателя и последний Суд, и конец этой падшей юдоли. Аминь.

Таким образом, во втором видении "Апокалипсиса" полно, хотя и кратко, изложена человеческая история, а детали, позволяющие датировать этапы этого процесса, описаны в десяти последующих видениях слепого провидца.

Поворотные события в них - битва Церкви с Антихристом-Зверем и победа над ним, и через тысячу лет, перед концом света - противостояние самому дракону Сатане и его интернациональному войску.

Древний змий-обольститель, великий дракон, прямо названный дьяволом и Сатаною, явлен в третьем видении Иоанну.

Он красного цвета, семиголов, на головах у него десять рогов и царские диадимы. Хвост его увлекает за ним треть небесных звёзд, олицетворяющих отпадших ангелов.

Далее показана битва Архангела Михаила с драконом и низвержение его на землю, где Сатана принимается преследовать Божию Церковь.

Церковь Христова изображена в виде жены, облачённой в Него Самого, Солнце Истины ( «иже во Христа крестистеся, во Христа облекостеся» - из чина Крещения ), на челе её мученический венец из двенадцати звёзд, а под ногами луна - символ языческого культа триипостасной Артемиды-Селены-Гекаты ( с которым епископ Иоанн боролся в Эфесе ) и грядущего спустя шестисотилетие Ислама.

Жена-Церковь рожает в муках сонм её святых, представленный младенцем, восхищаемым по рождении к Трону Божиему, но коему надлежит в будущем пасти все народы жезлом железным.

Зверь-Антихрист встал пред очей Апостола в четвёртом его видении, а прежде одно из его злодеяний предречено заранее, во втором видении, среди бедствий, провозвещённых трублениями семи Ангелов. Это убийство на стогнах Иерусалима двух пророков Божиих и радостное надругательство толпы над мёртвыми их телами.

Тут же Зверь принимает образ животного с туловищем барса на медвежьих ногах, с семью головами в диадимах и десятью рогами; пасти его, словно пасти львов, на головах у него имена богохульные, а число его - 666.

Сказано, что властью химера облачена Сатаной драконом, и споспешествует ей ещё одно животное, с рогами агнчими, но говорящее подобно дракону.

Простой ключ к этой символике и датировке событий предоставлен Апостолу и всем нам в седьмом видении, где Ангел демонстрирует блудницу, восседающую на том же Звере на водах многих, и подробно объясняет каждую деталь картины.

Как и в книге библейского Даниила, Зверь означает не личность, а государство, и семь голов его, на коих сидит блудница, по словам Ангела - семь гор, воды же суть люди и племена, и языки.

Во времена Иоанна это однозначно указывало на Римскую Империю, а после него - на Византию и Россию, чьи столицы также построены на семи холмах.

Затем Ангел сообщил, что головы соответствуют главам государства-блудницы, семи последовательным его цезарям, пять из них пали, один есть, а седьмому, когда придёт, недолго царствовать.

Барсово же туловище, из которого вырастают головы - также цезарь, предшествовавший семи, он погиб, но придёт опять и погибнет снова, на сей раз уже окончательно.

А десять рогов Зверя - десять владык времени его второго пришествия, кои возненавидят блудницу, обнажат и разорят её, и станут пожирать её плоть.

Изложенное позволяет легко идентифицировать персонажи видения, поскольку шестая голова, очевидно, Домициан, а воцарившийся после его убийства Нерва, помиловавший Иоанна, действительно, царствовал недолго, год и три месяца.

Тогда восьмой, отсчитанный назад от Нервы, сиречь, туловище Зверя-Антихриста - самый злой гонитель христиан император Нерон, что определённо подтверждает нумерологический символ Зверя - 666.

При Нероне в Иудее чеканилась монета с надписью на иврите "Нерон Цезарь", и её числовое значение - 666 - должно было быть хорошо известно Иоанну.

Явленное же во втором видении старцу убиение по воцарении Зверя в Иерусалиме христианских пророков относится ко второму его пришествию и весьма однозначно связывается с покорением Святой Земли мусульманами.

Нерва
Домициан
Тит
Веспасиан
Вителлий
Отто
Гальба

Нерон 666

Отсюда второе воплощение Зверя - арабский халифат времён Рашидун и Омейядов, а десять рогов-царей соответствуют первым десяти халифам Омейядской династии, воевавшим с Римской Империей и отторгнувшим от восточной части её, Византии, азиатские и северо-африканские территории, а от Западного Рима - Пиренеи.

В свете того получает объяснение и образ во втором видении второго зверя с агнчими рогами, но говорящего, как дракон - это копты Египта, христиане осуждённой на Константинопольском Вселенском соборе монофизитской ереси и выступившие союзниками мусульман против православной Византии.

Далее появляется Иисус на белом коне, в одеждах, обагрённых кровью, из уст Его исходит меч, как в первом видении.
Его сопровождает небесное воинство на белых конях и в белых одеждах.
Все поклонявшиеся Зверю убиты, а сам он и лжепророк его схвачены и оба брошены живьём в озеро огненное и серное.
После чего Ангел, сошедше с небес, оковывает Сатану-змия цепью, Иисус же со святыми во Церкви Его воцаряется на земли, дабы пасти десять веков железным жезлом язычников.

В "Апокалипсисе" неоднократно показано, что Царство Божие на земле есть Его Церковь, жена, облачённая в Солнце, где Агнец незримо царствует со Своими святыми, исхищенными ранее к Престолу Бога.

Это и происходит в Православной Церкви, почитающей всех святых через их иконы и мощи, и могилы, творящие немало чудес, в ней же случаются и явления живущим преподобных душ, покидающих для того на время места свои в небесной сфере.

В меньшей мере такое присуще Католической Церкви, вероятно, в силу излишней реальности статуй, замещающих в ней иконы с условной обратной перспективой, в ещё меньшей мере - Епископальной, и уж совсем чуждо протестантским церквям.

Царство, которое есть нерасторжимый и освящённый таинством брака союз Церкви со своим божественным Супругом Христом, установлено на веки вечные ( От. 11:15 ), и его не разрушат последующие происки красного дракона, кто будет, по пророчеству, освобождён по истечении тысячи лет его сдерживания цепью Ангела, но не надолго.

  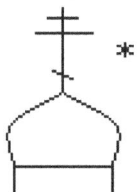   

Последние четыре Омейяда, заняты гражданской войной в краткий период их власти, с Римской Империей не воевали и оттого не включены в число десяти рогов Зверя.

Сунниты Омейяды были свергнуты в 750 г. шиитами Аббасидами, которые перенесли столицу мусульманской Империи из бывшей христианской Сирии, откуда их предшественники вели войны с римлянами, в арабский Багдад и провозгласили терпимость к их братьям от Ибрагима, " народам Книги ", иудеям и христианам, обратив основные устремления на Восток и покорив Индию, Малайзийский архипелаг и распространив своё влияние на Китай путём активной торговли с ним.

Девизом Аббасидов стало противоречащее Корану изречение: « Чернила учёного святее крови мучеников », и они учредили по всей Империи прекрасные государственные университеты, самый блестящий из них в Кордове, где вместе с мусульманами работали христианские и еврейские литераторы и философы, медики, математики и астрономы.

Впрочем, Аббасидов удерживала от притязаний на европейские территории не только и не столько кроткая веротерпимость их, сколько военная сила, которую показала Европа, начавши в 790 году реконкисту Пиренейской Иверии, а затем проведя серию крестовых походов, когда Церковь обрела чудотворное Святое Копьё в Антиохии, а Иерусалим несколько раз переходил из рук в руки.

Аббасидов утопило в крови в 1258 г. нашествие монголов - событие, символически предречённое "Апокалипсисом", где Ангел изливает чашу Божия гнева в Евфрат, осушивши его, дабы уготовить путь к Багдаду завоевателям с Востока ( От.16:12 ), но хотя воздвигнутая на костях арабов Империя османских турок и попыталась двинуться в Европу, захватив Грецию, Албанию, и подходила даже к воротам Вены, однако Российская Империя освободила Балканы, а в 1918 году Британская Империя в битве при хар-Магеддон в Палестине, между горами Кармель и Фавор близ Назарета, разгромила армию османов, полагая тем самым конец остаткам Империи Зверя ( думаю, это и был Армагеддон, упомянутый в " Апокалипсисе " ).

Увы, Сатана тогда уже был развязан тем, что мусульманские страны обрели контроль над мировыми запасами нефти, чёрной крови индустрии и транспорта, и древний змий, библейское олицетворение не отдельного государства, а изначального вселенского зла, при помощи нескончаемого потока нефтяного золота стал вербовать себе соратников по всем континентам земли, чему, согласно предсказанию Иоанна, и должно случиться пред последним наступлением дракона на Церковь и осадой войсками его стана святых и " града возлюбленного ", вероятней всего, Иерусалима ( От. 20:7,8 ).

Сражения же, однако, не произойдёт, поскольку с неба падёт огонь и пожрёт сатанинские орды, а обольститель народов, древний змий будет низвержен в озеро огненно-серное, где уже мучатся Зверь и его лжепророк, вечно живые. Аминь.

И тогда все мёртвые, и малые, и великие, предстанут Сидящему на Престоле, Кто есть Альфа и Омега, начало и конец, и судимы будут по раскрытым Им книгам.

И Ангел, стоящий на море и на земле, поклянётся, что времени больше не будет, и Сын сотворит новые небеса и землю, на которую спустится Новый сияющий Иерусалим, из чистого золота с двенадцатью жемчужными воротами, куда войдут вси святии Божии, по двенадцати тысяч от каждого из колен Израиля, а также неисчислимое множество уверовавших из иных народов.

Кроме них, также святы и верные Ангелы Божии, кои вместе с Триединым Богом и освятившимися душами людей составят в Новом Иерусалиме функциональное трёхкомпонентное целое, наивысший в истории Мироздания вселенский Разум, Кому предстоит свершать великие дела в Новом Свете, и посему врата Его Града не закроются в течение дня, а ночи там и вовсе не предусмотрено ( От. 21:25 ).

О, как это не схоже с представлением Ислама о будущем избранной части человечества, ибо мусульманский рай Джанна - место бесконечного потребления исключительных благ, и ни о какой-либо деятельности блаженствующих там не может идти и не идёт речи в сочинениях исламских богословов, описывающих в подробностях детали существования на семи небесах, обустроенных Аллахом.

Еда в Джанне настолько сладкая, что если бы живые попробовали хоть кусочек, то больше никогда уж не захотели есть.

Блюда в ней готовятся из деликатеснейшей птицы, одно и то же блюдо подаётся всем жителям её в течение сорока лет, однако всякая чаша имеет неповторимый вкус.

Усваивается еда чрезвычайно легко и превращается при переваривании не в кал, а в газы, которые отрыгиваются ртом или выводятся через другие отверстия, и потому там нет никакой нужды в дефекации.

К еде подают разнообразные свежие фрукты всех земных сезонов и особое вино, как указано, " голов не кружащее ".

Фонтаны там ароматизированы имбирём и камфарой, текут потоки молока и мёда, и некого напитка под названием Шарабун Тахура, по-арабски " Чистое питьё " ( уж не водка ли, грешным делом подумал автор ).

Четыре великие водные реки - Сыр-Дарья, Аму-Дарья, Нил и Евфрат - протекают в Джанне среди пахучих гор мускуса, долины между горами изложены золотом и украшены жемчугом, там ходят лошади и верблюды замечательной белизны и стоят золотые дворцы для каждого семейства, многочисленного, ибо мужчины там, все в цветущем возрасте 33-х лет, окружены своими земными отпрысками и жёнами, в дополнение к 72-м черноким небесным девственницам, кои, в силу их ангельского характера, способны мирно ужиться со старшими госпожами.

Основным препровождением времени мужами-джаннийцами, конечно, кроме коитуса, является возлежание на пиршествах, для которых возведен общий банкетный зал под сплошным золотым куполом со штатом из 80 000 прекрасных юношей-официантов, и, как написано, один день в Джанне равен тысячелетию на земле.

Аллах же, кто «обратился к небу и сделал его семью небесами» (Коран 2:29), в отличие от христианского Бога-Творца, Иже намерен после конца сего света жить в неразрывном браке с Его святыми, не желает подавлять подданных не переносимым людьми величием и собирается продолжать скрываться от них за древом с листьями шириной со слоновьи уши.

В настоящее время обширная Джанна заселена ещё недостаточно плотно, поскольку, согласно аксиоме Ислама, мусульмане, и добрые, и порочные, до дня воскресенья плотью пред Страшным Судом пребывают в могиле, кроме нескольких пророков, повстречавшихся Магомету в его "Мираже".

Все пророки вошли в Джанну посмертно, за исключением Исы, кто живым вознесён в небеса, ибо Мессия не может умереть, не совершивши ему предназначенного - установления на земле единого халифата Аллаха.

Ислам не отрицает бесспорных исторических фактов, приведённых в Евангелиях, но даёт им в корне отличную от христианской интерпретацию, состоящую в том, что в первые 33 года по рождестве Иса бен Мариам исполнял пророческую миссию, проповедуя грядущее воскресение мёртвых и Страшный Суд, и как доказательство верности его учения Аллах сотворил с ним чудо - после прободения его рёбер на кресте римлянам лишь показалось, что Пророк умер, и в гробнице он очнулся, исцелённый и в изменённом теле, и, наделён сверхъестественной силой, отвалил камень от входа и, миновав усыплённых еврейских стражей, вышел, а затем появился в Иерусалиме в закрытой горнице пред апостолами и по прошествии сорока дней с его мнимой смерти был поднят живым на второе небо, где его уже ожидал Йахйа, потому что время ему играть роль Мессии ещё не наступило.

Настанет же оно только тогда, когда у Аллаха наберётся достаточное число мучеников джихада, и до того мусульманам следует вести войну с кафирами без устали.

Перед светопреставлением в Иерусалиме воцарится лжемессия аль-Масих ад-Даджал, изображаемый исламскими писаниями в обличии дикого зверя, слепого на правый глаз, дабы видеть одно лишь злое (мусульмане считают, что правый глаз предназначен для созерцания добра, а левый - зла); в подобие библейской символике, зверь в Исламе прообразует не отдельного человека, а государство.

Против государства-антихриста выступит Праведно Направляемый - Махди (как предсказывают, весьма тучный и остроносый), кто с армией джахидов двинется на Иерусалим, где его встретит спустившийся с неба Шестой Пророк с легионом ангелов.

Однако Махди падёт смертью мученика в битве с Даджалом, и Иса займёт его место и свергнет лжемессию, и взойдёт на Храмовой горе на трон отца его Дауда для суда над клевретами Даджала, а затем во главе крылатого воинства покорит все народы и насадит по всему миру Ислам. Омен.

Царствовать будет Иса сорок лет, а потом умрёт, как полагается умирать всем людям во временной этой юдоли, и верные похоронят его в давно уже заготовленной для того пустой могиле в мечети в Медине, бок о бок с могилой, где упокоился Пророк Магомет.

Вслед за тем прилетит из Йемена особенный ветер, слаще рахат-лукума, и от него все праведные усопнут приятной смертью, и под луною останутся отпетые грешники.

Аллах позволит им безнаказанно предаваться всякой мерзости сто двадцать лет: мужчины начнут жениться на мужчинах, люди примутся устраивать оргии на улицах и блудить, уподобясь ослам, на глазах у многих, а после того архангел Израфил взойдёт в Иерусалиме на Скалу основания мира и его конца и вострубит, и всё живое, что оставалось на земле, в тот же миг погибнет.

Планета будет пуста сорок лет (полагаю, это время потребуется для дезактивации применённого смертоносного агента), а засим Израфил вострубит опять, и все мёртвые получат новые тела (нагие), и восстанут в обнажённом виде повсюду, и неведомая сила повлечёт их к Иерусалиму, причём верные пойдут своими ногами, а кафиров потащит задницей кверху, так что мордой им придётся пробороздить весь путь.

На Храмовой горе новоприбывших встретит сам Аллах, кто изречёт каждому, куда ему надлежит направиться - в Джанну, или же в Джаханнам (Геенну).

Несомненно, халиф Абд аль-Малик прекрасно знал исламскую эсхатологию, тем более, что столица халифата, Дамаск и предполагается местом схождения Иисуса с небес, поскольку тут находится голова пророка Иоанна ( Йахйа ) Крестителя.

Обретённая чудом, во времена халифа она хранилась в базилике в центре Дамаска, где молились и мусульмане, и христиане, верящие, что именно сюда спустится с неба Иса на крыльях ангелов, дабы поклониться голове его троюродного брата и после того двинуться со своим крылатым легионом в Иерусалим на соединение с повстанцами Махди и на битву с Даджалом.

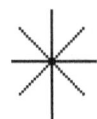

Вдохновляемый этим, Абд аль-Малик приказал архитекторам, возводящим Третий Храм над Скалой, в точности скопировать и форму его, и размеры с византийского Храма Гроба Господня, стоящего неподалёку над Голгофой.

В геометрических формах постройки неоднократно отражается цифра восемь, нумерологический символ Иисуса - и внутренние, и внешние стены, изложенные прекрасными изразцами, восьмигранны, барабан же под куполом 16-ти гранен, в знак отрицания отрицания Смерти, ложно приписываемого Исе. В барабан вделаны мраморные резные обломки Второго Храма, откопанные и собранные за сорок лет пред строительством археологами Омара.

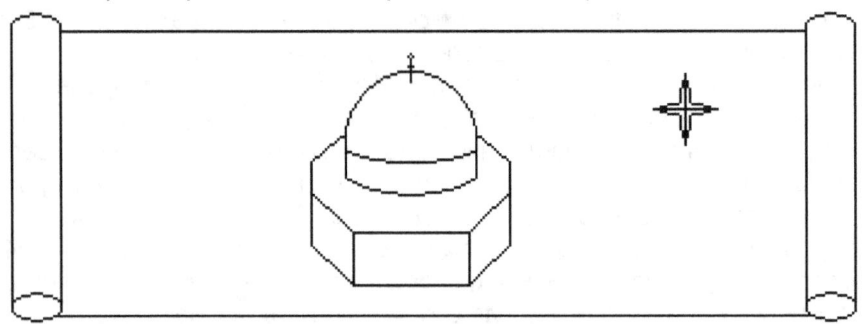

Интерьер Куббат ас-Сахра украшают куфические надписи, где приводятся три стиха суры Мариам (19: 35-37 ), перемежаемые призывом: « Аллахумма салли // ала разулика // ва'абдика Иса бен Мариам » - молитесь, во имя Аллаха, за Его раба и Пророка Иисуса сына Марии, пятикратно сопровождённые как припевом краткой богословской формулой: « Ла шарика лаху » - у Аллаха нет сотоварищей.

На позолоту для купола Храма ушла баснословнейшая сумма в сто тысяч динариев, и многие современники Абд аль-Малика упрекали его за неумеренную расточительность.

" Раб Царя " был, и воистину щедро, благословлён за предпринятое им в Иерусалиме - все его военные кампании проходили с большим успехом - в 692 году он победил Византию в сражении при Севастополе в Асии, после того, как славяне массово дезертировали из византийской армии, а в 702 году довершил унижение и разорение великой блудницы важной победой при Карфагене.

Был он счастлив и в своём потомстве, и хроники Империи называют его " отцом царей " - четыре его сына стали халифами.

После его смерти 8-го числа 8-го месяца 705 года по христианскому календарю, его сын аль-Валид, шестой халиф династии Омейядов, построил на месте византийской базилики в центре Дамаска величественнейшую мечеть, чей самый высокий минарет, 77-метровый Мадханат Иса, увенчанный острым восьмигранным шпилем, напоминающим готические, посвящён Иисусу Христу, и в нём и доныне каждый Божий день постилается новый ковёр для сошествия Шестого Пророка с неба.

Купол Скалы стал бесспорною доминантой во всей панораме Иерусалима, сверкая на солнце просто невыносимо для глаз, не хуже прежнего Храма, обновлённого Иродом, и в него стекались толпы паломников-мусульман, коих служки приюта укладывали на ночь вокруг того священного камня, откуда возвестит Израфил о Страшном Суде, предварительно разделив помещение переносными перегородками на мужскую и женскую половины и раздавши пришельцам коврики.

Днём же совершающие хадж могли обойти вокруг Скалы основания мира, а затем со свечой спуститься в " колодец душ " и услышать там шёпот умерших и шум реки и помолиться. Выполнившие ритуал получали об этом свидетельство на бумаге, которое потом клали в могилу вместе с паломником, веруя, что оно послужит ему пропуском в Джанну после конца всякой жизни на земле.

Более двенадцати столетий в Куббат ас-Сахра не ступала нога еврея, пока в 1967 г. Израиль не овладел Иерусалимом в результате Шестидневной войны, и Шломо Горен, главный раввин армии и уроженец Российской Империи, в ней носивший имя Соломон, с шофаром и со свитком Торы поднялся на Храмовую гору и вошёл в Купол Скалы, и вострубил, а израильские солдаты воздвигли над городом на золотом полушарии бело-голубой стяг со звездою Давида.

Рав Горен взошёл на Храмовую гору, не испросивши на то согласия других раввинов, кои, конечно, сейчас же устроили колоссальный хипеж по поводу неразумного поступка дерзкого ашкеназа, и скажу вам, у них имелись к тому веские резоны.

Ибо, в отличие от этого нью-Соломона, они-то понимали, к чему приведёт исполнение обрядов иудаизма в Куббат ас-Сахра, и что всеми мусульманами мира это воспримется как воцарение антихриста Даджала, и тут же из них восстанет Махди, и поехало...

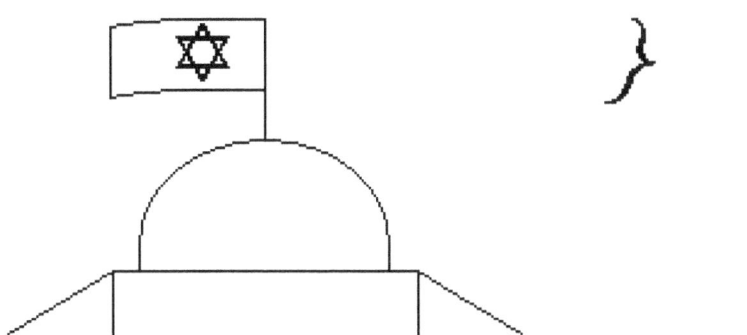

Слава Богу, благодаря скандалу, поднятому раввинами Израиля, флаг, недолго реявший над Иерусалимом, был немедленно спущен, а Храмовая гора отдана под контроль иорданских вооружённых сил.

Король Иордании продал один из его лондонских особняков и отслюнил восемьдесят миллионов долларов на покупку восьмидесяти кило золота для обновления позолоты на куполе Третьего Храма, и ныне он, обращён в женскую мечеть, горит ещё пуще, чем раньше, и снова недоступен жидам, хоть они и перенесли столицу царства Даджала в Иерусалим.

Всё же такая дипломатия кривца лжемессии не устраняет необходимости перманентного джихада, и жало его будет направлено, согласно Иоанну, не только на осаждённый "град возлюбленный", но и на "стан святых", под которым следует понимать место нахождения христианских церквей, то есть, христианское государство, поддерживающее Израиль, и сегодня в ощущении глобального магометанства это указывает на развращённые и империалистические Соединённые Штаты Америки.

И в тот год имелись веские основания опасаться угона лайнера террористами, особенно, на обратном пути, когда самолёт, заправленный под завязку керосином для перелёта от побережья к побережью, ничто не помешает бомбой обрушить на густо застроенный центр Сан-Франциско, города греха, известного повсюду как мировая столица гомосексуалистов и нудистов, где законны однополые браки, в парадах и марафонах на улицах появляются обнажённые мужчины и женщины и зазывают рекламой кварталы салонов тантрического массажа, театров эротики и других сексуальных публичных развлечений.

Ведь правда, причины бояться исламских самоубийц наличествовали, впрочем, и без них вероятность погибнуть в пути куда выше, чем сидючи безвылазно дома, что приходилось делать автору всё последнее время, да и просто вспоминая ехидное замечание Мессира о внезапной смертности нашего рода, я до отъезда довёл роман до конца 15-й главы и разместил его на русскоязычном портале proza.ru, зайдя куда, о терпеливый попутчик, ты, возможно, и сейчас отыщешь набранные покрупнее этого текста свитки-файлы моего затянутого повествования.

ЗАПИСЬ В КНИГУ ПАМЯТИ

Давно в Италии неблизкой
Святой отец Франциск Ассизский
Почил на Авраамлем лоне,
Как ранее Святой Антоний,
Но вы прославлены, падрони,     падрони - владыки ( итал. )
В сейсмически активной зоне,
Где с Богом создан Сан-Франциско,
Возлегший, словно одалиска,
В цветах на чёрно-красном склоне.

Положен даме чапероне,          чапероне - надзиратель
И встал над нею холм в короне                молодой женщины
С главою в облачном виссоне,
Откуда град - как на ладони.

Лес мачт и катерки в затоне,
И львы морские на понтоне,
И попугаев стая в кроне,
И чайки - их любил Ассизский.
Ничьи, по саду бродят киски.

Холсты у храма на газоне,
Китайцы молятся Мадонне,
А в сквере - шестирукий Шива.
Восточно-западное диво,
Где всем снабдит Святой Антоний,   Орден Св.Антония
Над раковиной абалони              обеспечивает в городе
Летально мирного залива.           бесплатную пищу, одежду и пр.
                                   абалони - моллюск в перламутровой раковине
Всё куросавно курасиво.            Куросава - японский кинорежиссёр,
В пруд лепестки роняет слива.      Курасиво - морское течение
Миро потёки и извивы,              Миро, Хуан - художник-абстракционист
Фарфор и расписные кони,
Инь с янем в свившемся драконе     инь, янь - буддистские символы
И толстый шивалингам в йони.       шивалингам - культовый фаллос Шивы,
                                   устанавливается в кольце, называемом "йони"
Конновожатый в фаэтоне                    ( влагалище, санскр. )
Наряжен, словно Альмавива.         Альмавива - персонаж "Женитьбы Фигаро"
Еврей, как будто из ешивы.
Пиджак и галстук на мормоне.
Хипповый бородач в хитоне.
Старик, что пахнет пепперони,
Играет на аккордеоне.
Сюртучный пастор в мрачном тоне
Пластинкой стёртой в граммофоне
Бубнит о новом Вавилоне.

Малютка в кукольном нейлоне
Под рокот рока какофоний
На крепко матерном жаргоне
Поёт про ночь любви и стонет.

А там, в тюремном балахоне,
С причёскою под стать Горгоне,
В наижутчайшей из агоний
Свингует бой на саксофоне.

Бикини пляжный на матроне,
И нет нужды ей в чапероне.
Актёр в костюме Панталоне,
И с ним снимается туристка.
О дивный, дивный Сан-Франциско !

Лопатки, циркуль на фронтоне.
Масон тут, видно, на масоне.
И дабл-деккер с чичероне,
И над обрывом - бюст Маркони.

дабл-деккер - двухпалубный автобус,
чичероне - гид
Маркони - изобретатель радио

И все дома в пастельном тоне.
И всюду, не в пример Вероне,
Поскольку город - в сейсмозоне,
Две сходни - на любом балконе,
И не настигнет Як Цидрони
Ночного гостя Лимпомпони.

Як Цидрони, Лимпомпони -
персонажи частушки
" Жили-были три китайца "

Вид обнажённых тел в колонне.
В парадах и на марафоне
Бегут нудисты и нудистки.
Тут можно в анус, а не в йони,
И однополый брак в законе.
О дивный, дивный Сан-Франциско !

И девочки без церемоний,
Но не без шарма и изыска,
Хотя, конечно, не без риска
В сейсмически активной зоне.
Но позаботься о гондоне -
И их даёт Святой Антоний !
О дивный, дивный Сан-Франциско !

Здесь можно жить и без прописки,
Равно без коньяка и виски.
Вино достойного розлива,
Ирландии зелёной пиво
Доступны, как и девок йони.
Тут позабудешь о Бурбоне
И даже о Наполеоне.

Бурбон - сорт виски
Наполеон - сорт коньяка

И опера на стадионе.
Бесплатно, но места по брони.
Вино, сыр - бри и проволоне -
И розы русской примадонне -
За кэш, во время перерыва.
Аллегро, брат, размечут живо.
Добро пожаловать во Фриско!
            Градиска!

кэш - наличные ( англ. )

градиска - угощайтесь ( итал.)

Ток вереницы трамов гонит -
Автобусам альтернатива,
И воздух без бензинной вони
Приятнее аперитива.

И бриз, безумней, чем Годива,
Такой, что бронзовый Боливар
Гарцует от его порыва,
И зонт - воланом в бадминтоне.

Годива - персонаж " Макбета "

Vivat! блаженный град, иль viva!　　　　vivat, viva - да здравствует
Восточно-западное диво!　　　　　　　　　　　　　　　( лат., итал.)
Воздвигнет Бог из тьмы архива
Мой стих, словесное коливо,　　　　　　коливо - греческое
И вспомнишь ты о мудозвоне,　　　　　　　поминальное кушанье
Кто в Нежного Бедра районе,
Почти у самого залива,
В отеле " Берег ", в том притоне,
Где был, по слухам, Аль Капоне　　　　Аль Капоне - знаменитый гангстер
И Джек-моряк-в-седле ретиво　　　　　　　　　　　Джек - Д.Лондон
Отстукивал на ремингтоне
Кровь леденящие мотивы,
Жил, не нуждаясь в миллионе
И толстой не молясь Маммоне　　　　　Маммона - идол богатства
( Благодарю, Святой Антоний !),
По меркам не таким уж скромным
На чек пособия бездомным.
　　　Аминь.

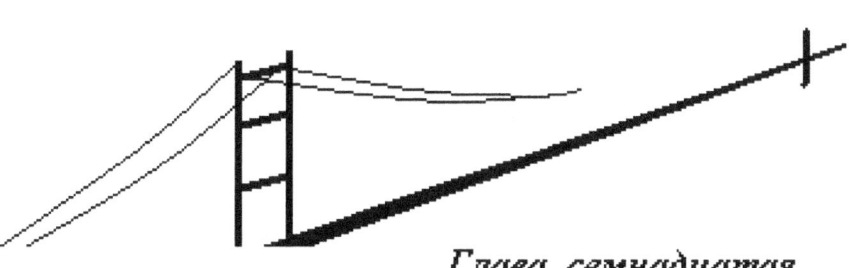
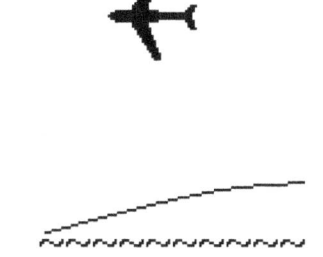

## *Глава семнадцатая,*
где герой возвращается от берега Тихого Океана на берега реки Святого Джона

Буде ты, Читателю мой, внимателен, мог бы уже и сам заметить, что некоторые события в моём повествовании опущены.

Вспомни-ка, в самом начале упоминаются «чрезвычайной силы подводные течения», вынудившие нашего героя покинуть «описанное тихое место», стало быть, к моменту несостоявшегося завершения романа его пятнадцатой главой он больше не пребывал с девяти до шести в кубике в качестве проверяльщика готовых программ.

Пока я трудился на той непыльной работке, я не проводил парапсихологических опытов, ибо мне никто бы не разрешил размещение моей программы генерации случайной картинки в компьютерной сети фирмы, а заниматься ими по выходным смысла особого не имело, поскольку статистически заметная результативность предсказаний будущего человеком достигается только при строго пунктуальном их исполнении не меньше трёх раз в неделю в одно и то же время.

Впрочем, тогда, когда я не открыл ещё "электронный оракул", это меня не очень-то волновало - мои эксперименты, в лучшем случае, могли послужить лишь скромным дополнением любителя к исследованиям давно обнаруженного Дж. Б. Райном эффекта.

Куда больше того меня беспокоили весьма кислые перспективы, вырисовывающиеся предо мной на новообретённой работе.

Совершенная безмозглость её идеально подходила для написания в служебные часы настоящего романа, но она же приводила к мысли о том, что возложенную на автора до смешного простую проверку готовых программ надёжней и дешевле препоручить неуклонным извилинам печатных схем компьютера.

Невемо, чем старый бывший москвич обосновывал руководству его нужду в сохранении столь необязательной должности, однако ему вот-вот на пенсию, и тогда уж точно мою архаичную позицию сократят, а я, в своём закритическом возрасте, не буду иметь никаких шансов устроиться где-либо когда-либо программистом.

Ситуация усугублялась тем, что я попался на ещё одну удочку американской медицины и в результате того превратился в довольно тяжёлого и неизлечимого хроника.

Произошло это следующим образом. В силу своей социальной политики, фирма ежегодно проводила медобследования всего её персонала, которые считались добровольными, но уклонение от них понижало рейтинг специалиста в компании.

В ходе такого обследования рутинная колоноскопия выявила в прямой кишке автора самый обычный полип, доброкачественный, судя по биопсии, и не проявлявший себя никакими симптомами.

Тем не менее, инструкции предписывали его удаление для профилактики перерождения, и мне, опять-таки, воленс-ноленс, ничего не оставалось как согласиться.

Отправлен к хирургу, я услышал, что доброкачественный полип удаляется методом выскребания кишки, процедура займёт меньше часа, и после неё меня тут же выпишут.

В назначенный день, испросивши больничный на работе, я приехал в госпиталь и, уложен под капельницу, был доставлен в операционную, где сразу получил мгновенно усыпляющую инъекцию.

Очнувшись потом в одноместной палате, я попросил сестру отсоединить капельницу, чтобы я мог встать, одеться и приготовиться к выписке, а в ответ неожиданно услышал, что в госпитале придётся мне провести далеко не одни сутки.

Я позвонил начальнику и предупредил о том, но он велел не беспокоиться и выздоравливать, компания недельку обойдётся, и никаких санкций мне за вынужденное отсутствие не будет.

После того, как я пришёл на службу, провалявшись неделю в госпитале, мой босс пригласил меня к себе домой в апартменты на рюмку водки.

Он и раньше делал это, явно нуждаясь в собеседнике, с кем он мог бы поговорить о Москве времён её расцвета, откуда его выслали в 60-х годах как диссидента, настоящего, в отличие от моих знакомцев по « Дубам » из Ташкента.

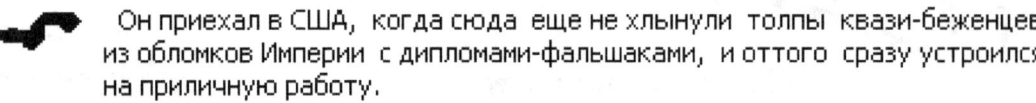

Он приехал в США, когда сюда еще не хлынули толпы квази-беженцев из обломков Империи с дипломами-фальшаками, и оттого сразу устроился на приличную работу.

За три с половиной десятилетия его карьеры за океаном он приобрёл репутацию неплохого менеджера, и потому руководство разрешает ему содержать в отделе синекуру для русского сотоварища.

Вообще-то, раньше начальник использовал эту позицию для подготовки человека к продвижению в менеджмент компании, но теперь его здоровье сильно сдало, и он больше не в состоянии лично заниматься с его протеже, как делал прежде, плотно заполняя учёбой всё свободное между проверками время, которым ныне я распоряжаюсь по моему усмотрению.

Он хочет продержаться в должности ещё два года, до его двадцатилетнего юбилея, когда ему будет выплачен жирный бонус, и он присоединит эти деньги к наследству, составляемому им для сына, коему сейчас приходится трудиться простым программистом, а ему необходимо завести собственный бизнес, без него ты тут раб и ничего больше, каким начальник мой и был всю его американскую карьеру, мотаясь из города в город в интересах фирмы, живя в апартментах и никогда не покупая своего дома, как сразу поступают некоторые евреи.

Однако результаты его последнего медобследования не блестящи, и он советует мне незамедлительно приступить к поискам альтернативы моей необременительной работы.

Потом он спросил, ясно ли, отчего я провёл в госпитале не несколько часов, а неделю, и я ответил, о нет, отнюдь.

Автору сообщили, что, вместо обещанного выскабливания кишки, ему удалили весь её последний, сигмоидный участок, хотя незлокачественность находившегося там полипа, видная глазу при вскрытии, того не требовала, и когда я поделился своим недоумением, равно и возмущением по этому поводу, начальник мне объяснил первопричину события, оказавшуюся в том, что я преступил известные любому американцу правила.

Если ему предлагается операция, больной должен потребовать у страховой компании назначения консультации у второго специалиста для подтверждения мнения первого и при согласии их запросить у оперирующего хирурга письменный план вмешательства.

А поскольку я этого не сделал, то вскрывший меня и произвёл ампутацию по максимуму, чтобы получить сумму в несколько раз большую, чем за выскребание кишки.

Жаловаться бесполезно - оперировавший всегда может заявить, что таково было устно выраженное ему желание пациента, убоявшегося, скажем, рецидива на месте соскоба.

Жена хозяина принесла нам, под разговор и бутылку охлаждённой " Смирновки ", гору прекрасной русской закуски - жирную бочковую селёдочку, свиную шейку и кровяную колбаску с язычком, доставляемые из Нью-Йорка, домашний холодец и тельное из курицы, но я смог попробовать лишь самую малость.

Удаление сигмоида, примыкающего к анусу, вызывает массу проблем с приёмом пищи и, не ко столу буди сказано, с дефекацией, и есть мне теперь приходилось крошечными порциями, после которых автора сразу раздувало газами, на манер вечно пирующих блаженных жителей Джанны, и я бегал в туалет пропердеться от них каждые тридцать-сорок минут.

Зато уж водку употреблял я в полную меру - вследствие операции мой застарелый хронический алкоголизм обострился, ибо спирт утишает спазмы кишечника и компенсирует не дополученные с едой калории.

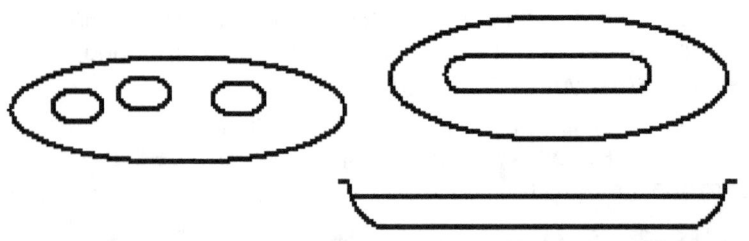
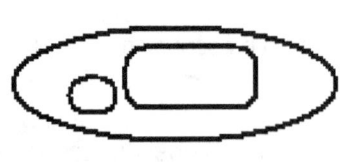

Я продолжал роман и довёл его примерно до середины, хотя меня и отвлекали мысли о том, как содержать семью, когда мою синекуру закроют.

К счастью, вскоре после описанного разговора мне позвонил брат с предложением, как раз и обещавшим стать альтернативой тогдашней непыльной работе автора.

Брат со своею семьёй, обоими нашими родителями и тётушками прибыл в Америку через день после нас, и их также направили жить в провинцию, в глубинку Техаса, согласно политике равномерного распределения беженцев по штатам, однако они там надолго не задержались и, наплевавши на грошёвое государственное пособие, перебрались на юго-запад от Залива Сан-Фанциско, поближе к Силиконовой Долине, всемирно знаменитой столице компьютерной науки.

Там жена брата, составитель программ высокого класса, быстро нашла работу в известной компании "Оракул", а он сам занялся анализом состояния рынка на предмет изыскания способа организации своего бизнеса.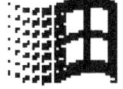

Как я и думал, кулинарная его идея оказалась неперспективной, но ему удалось обнаружить нишу для новой компании по составлению и обработке баз данных пациентов медицинских учереждений, и его клиентами стали крупные клиники.

Он купил себе дом в суперпрестижном пригороде Сан-Франциско с французским названием Бельмонт ( Прекрасная гора ), а родители поселились неподалёку, в комплексе для престарелых в Сан-Матео.

Теперь мои племянники поступили в университеты других городов, и брат с женой жили вдвоём в двухэтажном особняке.

Брат предлагал мне временно переехать к нему, чтобы освоить под его руководством специальность, позволяющую устроиться в Сан-Франциско и встать самому на ноги.

Зная мои художественные способности, а также требования рынка, брат определил мне профессию аниматора программ, оснащающего их вводы и выводы данных картинками и мультипликациями, понятными американцам.

Брат зачислит меня в штат его фирмы, что необходимо для моего резюме, и положит мне и моей семье содержание на период учёбы, и через год я смогу устроиться на работу, а Галина, реализовавши наше имение в Джексонвилле, к этому времени переедет в район Залива с детьми.

План был совсем не плох, и к тому же, никакой альтернативы ему в будущем не предвиделось.

Наш переезд в Сан-Франциско решил бы и другую проблему семьи, диктовавшую мне необходимость, в любом случае, срочно переменить место жительства.

Когда мы въезжали в наш дом на проезде имени американского стервятника кондора, на нём и в птичьих кварталах вокруг обитали лишь одни белые престарелые пенсионеры, детей возраста моих сыновей ни у кого из них не было, и ребята мои водили компанию со своими соучениками из приличных мандаринских семей.

Увы, положение закономерно изменялось по мере вымирания населения птичника, так как в опустевшие гнёзда налетали чёрные из "нижнего города", принесшие вместе с собой не водившиеся тут прежде того наркотики.

Семьи их все были многодетны, по улицам начали ходить подростковые банды, и у моих пацанов появились из них знакомые и соответственные тому пристрастия и занятия.

Я очень серьёзно поговорил с женой, описавши ей ситуацию на моей работе и сказав, что предложение брата предоставляет семейству единственную возможность избегнуть нависших над нами бед, и хотя понимаю, как трудно ей расставаться со своим садом, но ничего не попишешь. Галина признала это, и я уволился и отправился в Сан-Франциско.

Несколько лишних дней в пути не играли роли, и я не полетел туда самолётами американского аэрофлота ( после терракта 11 сентября 2001 года летать мне что-то не особенно хотелось ), а купил билет на "Серую гончую", вдвое дешевле авиа.

Автобусное путешествие от одного океана к другому занимает меньше трёх суток и имеет, по сравнению с воздушным, немалые преимущества.

Кресла в автобусе удобней, чем в азробусе, на маршруте предусмотрены три остановки в день возле ресторанов для окормления пассажиров, не запрещается, как в самолётах, провозить своё питьё в больших ёмкостях, и потому я запасся "Курвуазьё" в объёме, нужном на всю дорогу, вместе с надлежащим количеством батона и сыра, разумеется, и в полусонно-сумеречном состоянии созерцал из широкого окна изумительные пейзажи - автобус пересекает Миссисипи, Юту с её диковинными солончаками, Скалистые горы, Аризону...

На автовокзале в Сан-Франциско меня встретил брат и отвёз в Бельмонт. Его дом, действительно, стоял на чудесной горе, окружённой другими, также весьма живописными горами, и пешеходная тропа в лесистую долину, начинаясь прямо от его порога, заканчивалась внизу у голубого озерка.

Двенадцать комнат особняка были оформлены в превосходном стиле: громадный камин, облицованный диким камнем, доминировал в гостиной комнате с шатровыми потолками, барная стойка состояла из монолитного блока каррарского мрамора.

Но дворики, впереди и сзади, были крохотные, и я узнал, что земля тут в цену золота, и иметь свой сад при доме у Залива - роскошь просто неслыханная.

Мне в распоряжение предоставили весь верхний этаж со спальней, ванной комнатой, туалетом, библиотекой и кабинетом с установленным там уже для меня компьютером, имевшим скоростной выход на Интернет; брат приготовил все необходимые пособия и я приступил к изучению языков интернетовского программирования HTML и " Джава " и практических их приложений.

Первый из них создан для передачи текстов и статических изображений, второй же - для мультипликаций, и используется не только для оживления ввода и вывода данных любых потребительских программ, но и в рекламе, компьютерных играх, в том числе и в играющих на настоящие деньги виртуальных казино, а также в самой серьёзной современной игре - мгновенной массовой биржевой купле-продаже акций, так называемой " дневной торговле ".

Она построена на случайных флуктуациях курсов акций, фиксируемых биржей за микросекунды, и тот, чьи компьютеры реагируют на них быстрей всех прочих, зарабатывает совершенно невообразимые деньги, при том ничего материального не производя.

Помимо изучения языков интернетовского программирования, следовало выяснить и географическое распределение спроса на специалистов моего будущего профиля и, исходя из того, определить, где семье предстоит поселиться, и не вдаваясь тут в детали анализа, скажу, что в результате его получался только и исключительно Сан-Франциско.

Причём его престижные пригороды, вроде Бельмонта, будут нам в обозримое время недоступны, и не только по причине малого дохода, но и оттого, что горные дороги, по которым постоянно приходится ездить брату и его жене, Галине как водителю совершенно не по зубам.

Зато в самом городе, с его развитой сетью общественного транспорта - автобусами, трамваями, троллейбусами и метро - содержать машину вообще нет необходимости.

После чего нужно было уточнить, в каком именно месте метрополиса моей семье безопасней всего обосноваться, учитывая интересы детей с их приобретёнными в Джексе склонностями, коих потребуется оградить от соблазнов Нового Вавилона, впрочем, я предполагал, что задача вполне разрешима, ибо грехи, как известно, скапливаются в определённых районах.

Сан-Франциско - не только вотчина гомосексуалистов и нудистов, но и рассадник практически легальной тут наркомании.

Причиной тому его социалистические принципы - в городе, в отличие от большинства остальных в стране, предусмотрено очень приличное пособие каждому безработному, даже трудоспособному, причём неограниченное время, и обеспечение нуждающегося субсидированным жилищем стоимостью всего лишь в тридцать процентов его дохода.

Естественно, это влечёт сюда бездомных со всех четырёх концов Америки, а они-то и составляют основной контингент уличных торговцев наркотиками.

Правда, похоже, городские власти старались удержать их в определённых границах, ибо почти все субсидалки находились в небольшом районе Нежного бедра - Тендерлойн.

Раз в неделю я брал выходной от своих занятий и отправлялся на автобусе в город познакомиться с ним поближе.

В каждую поездку я исследовал какой-либо один его район и оказывался неизменно словно бы в совсем ином государстве.

 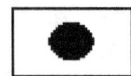 

"Маленькая Италия", украшенная трехцветными флагами, раскинулась на горе возле величественного собора Петра и Павла, в ресторанах на столах стояли фьяски кьянти и бутылочки оливкового масла, в окнах висели гирлянды чеснока.

Под ней на Бродвее находился квартал красных фонарей с магазинами сексуальных игрушек и порнографии, стриптизами, театрами эротики и салонами тайского массажа, а на деле - тайными борделями; тут же промышляли маги и гадатели.

Ниже пестрел иероглифами Чайна таун - Китайский город с тысячью ресторанов и лавочек, торгующих всякой диковиной, вроде живых чёрных жаб и осьминогов, а ещё ниже по склону, за сквером с высокой колонной в честь победы над Испанией начинался Тендерлойн.

Как я и рассчитывал, уличная торговля наркотиками проводилась лишь здесь. Торговали, в основном, кокаином-крэком, и накурившиеся его впоалку лежали у стен, с головою накрывшись каким-либо тряпьём; полиция их не забирала.

В районе имелись две большие бесплатные столовые; первая из них, обслуживаемая монахами ордена Святого Антония, составляла интернациональное меню из блюд итальянской, китайской, тайской, корейской, мексиканской, русской и других кухонь, а вторая, патронируемая унитаристской церковью, готовила чисто по-американски: гамбургеры, цыплята и « горячие собаки ».

Пища всегда была свежая, отменного вкуса, порции весьма большие, а пожилым, таким, как я, полагалась ещё и добавка, и многие заполняли контейнеры едою впрок и выносили.

Рядом размещались медицинская клиника и центр отдыха с мягкими креслами, постоянно кипящей кофеваркой, телевизором, компьютерами и библиотекой, в них же раздавали одежду, бельё, пакеты продуктов и гигиенические наборы: мыло, зубная паста, щётка, шампунь, лосьон, дезодорант, бритвы, презервативы, и автор подумал, что Нежное бедро - воистину рай для бездомных.

Мужчины-гомосексуалисты, эвфемически называемые тут "весёлыми" - "гей", также живут компактно неподалёку отсюда на главной улице города Маркет, где их бары, клубы, массажные кабинеты и бани открыто объявляют, что они - для "весёлых".

Мексиканские районы располагаются к югу от них, и живописные граффити на их стенах говорят понимающему человеку о разделе этой территории между городскими бандами.

Русские эмигранты в Сан-Франциско появились в начале прошлого века, после падения под ударами армии Мао Цзе-дуна Харбина и Шанхая, последних убежищ белой гвардии.

Они воздвигли златоглавый собор Богородицы, где упокоены нетленные мощи Святого Иоанна Максимовича, архиепископа Сан-Франциссского и Шанхайского, на самой западной оконечности города, как можно дальше от его соблазнов, на улице Гири, прямой и длинной, соединяющей побережье Великого Океана с деловым и торговым центром у залива.

Благодаря тому, при всей удалённости места будущей моей работы, экспресс-троллейбус от русского района туда дойдёт максимум за полчаса. Здесь тихо и безопасно для детей, никаких граффити, и не Сам ли Бог велел нам тут поселиться.

На Гири бросалось в глаза множество русских магазинов с вывесками на кириллице, в некоторых я обнаружил объявления о найме на работу двуязычных продавцов, и жена, пожалуй, сможет в один из них устроиться.

В магазине русской книги были выложены городские издания на русском языке - три газеты и два журнала, и у Галины, профессионального журналиста, полагаю, имеется перспектива в них сотрудничать.

По обе стороны Гири раскинулись чудные парки с огромными эвкалиптами и секвойями и вечно цветущим подлеском, вдоль её стен стояли лотки с яркими овощами и фруктами, лучше и дешевле, чем в Джексонвилле, и неужели это не вполне адекватная замена собственному саду.

После пустыни Джекса, глаза мои радовались любому прохожему, и у меня возникло желание снова заняться живописью.

В Сан-Франциско сотни выставочных залов и галерей, в скверах и на газонах устраивают экспозиции уличные художники, и, не исключено, автору удастся подзаработать его творчеством.

Тут неплохие музеи, театры, опера - одна из лучших в стране, и атмосфера искусства, столь важная в юности человека, может изменить и таких неправильных подростков, как мои пострадавшие в Джексонвилле дети.

Кроме того, у них здесь отличные возможности продолжить образование после школы - колледжи социалистического Сан-Франциско не только бесплатны для жителей города, но и обеспечивают их стипендиями и льготами.

Я выяснил, на какую зарплату мне разумно рассчитывать, и, исходя из этого, составил гипотетический экономический план семьи.

Половины моего предполагаемого дохода было довольно на жизнь в русском районе в арендованных двуспальных апартаментах, вторую половину следовало откладывать, и тогда всего через два года мы смогли бы купить собственную квартиру в кредит, а то и кондоминиум (изолированную часть городского дома на трёх этажах), особенно, если Галина тоже пойдёт работать.

В общем, горизонты, открывающиеся перед нашей семьёй, выглядели зовущими, и я был вполне ими счастлив.

Я разговаривал с женою по телефону и рассказывал про город и про перспективы, которые в нём нам обрисовываются.

Мы договорились о цене дома, такой, чтобы после уплаты долга банку и комиссионных у нас оставались бы деньги, достаточные для съёма квартиры и жизни в русском районе в течение полугода, и Галина выставила наш дом на продажу.

Покупатели на него возникли немедленно - два компаньона-инвестора, старшего из них звали Джоэл, а младшего - Микаэл, и банк не возражал против передачи им нашего заёма.

Партнёры приобретали дом для сдачи его в наём, что было особенно удобно, поскольку семья могла оставаться в нём в качестве арендаторов до тех пор, пока я не устроюсь на работу и не сниму нам квартиру в Сан-Франциско, и это мы оговаривали в соглашении, которое вместе с другими документами переслали мне, я всё подписал и выслал обратно в Джексонвилль и стал ожидать получения чека на внесение залога в присмотренные заранее апартменты.

Время и место событий финала пятнадцатой главы, где я готовлюсь к перелёту от океана к океану, ясно показывают - переезду нашей семьи в Сан-Франциско не дано было осуществиться.

Действительно, вскоре мне позвонила жена и рыдая сказала, что она не может. Её мучают кошмары, она не спит ночами, представляя, как ей придётся расставаться навеки со своим садом, в котором буквально каждая былинка... и так далее.

Тут ей пришло предложение о перефинансировании нашего имения. Я, наверное, знаю, что процент ипотечного заклада сейчас беспрецедентно низок, и хотя такая операция увеличит наш долг банку, но ежемесячный платёж понизится почти вдвое.

Она нашла место работы в универсаме «Публичный» кондитером-декоратором тортов, ей положили неплохой оклад, и если она со мной разведётся, то ей назначат пособие на несовершеннолетних детей, и всего вместе хватит на содержание дома.

Так автор потерял и семью, и дом. Доучиваться и устраиваться программистом не имело смысла, да и желание пропало, зато совсем рядом находился город с раем для бездомных.

Я собрал кой-какие вещички, попрощался с братом, поблагодарив за благие намерения, и поехал в Сан-Франциско записываться на городское пособие и в очередь на субсидалку.

Учреждение, занимавшееся устройством бездомных, называлось «Человеческие службы графства Сан-Франциско» и размещалось в отдельном просторном здании вблизи Тендерлойн.

Каждому бездомному полагается прикреплённый лично к нему социальный работник, и поскольку я указал в заявлении на помощь в графе "место рождения" - Odessa, Russia, то мне и назначили еврейскую даму из Одессы, которая, увидавши фамилию Яцкарь, вспомнила, что была там знакома с одним из моих дядей.

Она сразу оформила мне получение ежемесячного денежного пособия в 420 долларов и продовольственных талонов на 200 долларов, не книжечками, а электронной картой.

Поскольку семьи сейчас у меня нет, по жилищной программе графства мне предоставят одну только комнату в комплексе типа гостиницы за 126 долларов из пособия в месяц, но ждать её нужно около полугода, а пока я буду бесплатно жить в "Святилище" - убежище под управлением епископальной церкви.

**SANCTUARY**

Зарегистрировав меня туда, дама предложила мне обратиться ещё в медицинский центр Тендерлойн и в социальную службу еврейского общества города, где я смогу получить и другие вспомоществования, и снабдила их буклетами с адресами.

Кроме того, она посоветовала мне не пропустить в ближайшую неделю мероприятие под названием "Бездомные, соединяйтесь!", его через месяц устраивают регулярно в главном концертном холле города на площади мэрии, и в течение него нуждающихся обслуживают волонтёры - юристы, стоматологи, окулисты - и можно бесплатно заказать калифорнийское "ай-ди", тут мне необходимое, пройти оптометрию и выписать очки, и проконсультироваться по любым вопросам.

Время, которое после того я провёл в граде Святого Франциска Ассизского обитателем епископального "Святилища", запечатлелось навеки в памяти как самое беззаботное, если не самое счастливое, в моей жизни.

Благотворительность обеспечивала абсолютно всем, и я тратил деньги только на недорогое, но хорошее местное вино, а оставшиеся полтысячи ежемесячно отсылал Галине - знай наших.

Роман застопорился, поскольку писать его было негде, вот получу субсидалку, и уж тогда займусь им по-настоящему.

Я много гулял по городу, возведённому на холмах с дивными панорамами залива, в парках с такой разнообразной флорой, какой не видывал раньше, посещал музеи, концерты, оперы на открытых эстрадах, ярмарки, фестивали и прочие увеселения, проводил часы в центральной библиотеке с богатейшей коллекцией литературы, альбомов и видео, навещал родителей и брата.

Тут насчитывалось восемь православных церквей - четыре русских и американская, греческая, сербская и антиохийская, и я побывал во всех, но моим постоянным приходом стал Старый Храм, находившийся неподалёку от моего "Святилища", первое здание, которое белая гвардия, приплыв из Китая, прежде, чем начала стройку района на Гири, купила у епископальной церкви, о чём говорят в стрельчатых окнах цветные витражи с надписями готическим шрифтом по-английски.

Сработанное из красного дерева, оно имеет форму корабля, или, скорее, ковчега, и в нём остаются мощевик и иконы, привезённые из-за Тихого Океана теми, кто спасся от нашествия коммунистов Мао при крахе гоминдана Чан Кай-ши.

По окончании литургии сестричество в трапезной угощало исключительными обедами, и на одном из них я встретился с братом Евгением, седобородым басом церковного хора, сошлись мы на почве обоюдной любви к опере и познакомились.

Монах в миру, брат Евгений ни власов, ни брады не остригал и носил всегда серый подрясник. Проживал он в пригороде и приезжал в храм на своей машине.

Отстоявши службу и потрапезовавши, мы ехали с ним на запад в магазин православных принадлежностей "Архангел", торговавший книгами, иконами, лампадками, ладаном, чётками, крестами и записями литургической музыки, негромко звучавшей здесь беспрестанно.

При магазине имелась маленькая часовенка, и мы оставались там до вечерней службы, в которой участвовал певчий, после этого тут сервировался ужин, а затем знакомый мой отвозил меня в "Святилище", куда я успевал как раз к отбою.

Мы много беседовали, и брат Евгений, хирург по образованию, до ухода на пенсию работавший в госпитале, поведал мне о своём пути в Православие.

В студенческие годы он был атеистом, но как практикующему врачу ему доводилось неоднократно сталкиваться со случаями возвращения к жизни после клинической смерти, и он занялся анализом рассказов реанимированных.

Они распадались на две категории - в первой умерший, преодолевая чёрный туннель, попадал в иной мир, где встречался с общавшимися с ним существами, а во второй оказывался у своего безжизненного земного тела, над которым работали реаниматоры, в некоем новом теле.

Он мог видеть себя, для живых же был невидим и неслышим, и когда пытался дотронуться до чего-либо, то руки его проникали сквозь предметы, будто сквозь газ.

Он и сам приобретал способность преодолевать любые препятствия, и впоследствии рассказывал о том, что происходило тогда, когда энцефалограф не регистрировал никаких импульсов его мозга, не только в той палате, где умер, но и за её стенами.

   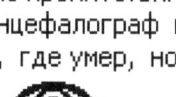 

Опыт, личный и коллег, убедили Евгения в реальности души, однако судьба её после смерти оставалась ему ещё не ясна.

Существа, предстающие душам за чёрным туннелем в мире ином, различаются, и, в согласии с верой новоприбывших, христиан встречают херувимы с Иисусом, к буддистам подъезжает богиня Ямадути в голубом платье на белом буйволе, неграм является Итонде с колоколом, индусам - Кали и так далее, многие видят просто светоносные фигуры безо всяких черт, и Евгений не мог найти ответа на насущный вопрос, пока не узнал о своём американском тёзке Юджине Роузе.

Он, тогда уже иеромонах Серафим, до принятия пострига был специалистом по восточным философиям и религиям и, изучая их представления о пути души *post mortem*, заключил, что одно лишь Православие даёт полное его описание, поскольку упрощённые теологии всех иных конфессий умалчивают о мытарствах, тяжком испытании, уготованном сего мира князем на его семи небесах усопшим прежде того, как они предстанут Всевышнему, и Роуз осветил эту тему в книгах.

Семь небес, кои посетил Магомет, известны людям с древнейших времён - их описывают Платон и Авицена, тексты каббалы, индуизма и зороастризма, гностицизма, розенкрейцерианства, теософии и других мистических учений, разработавших практические способы путешествий в семь средних из десяти населённых сфер, вложенных одна в другую.

Сферы различаются по их "высоте", которая понятие не геометрическое и отражает не местонахождение мира, а его свойства.

Первая, самая низменная сфера - Геенна, вторая - земля, десятая - твердь, обитель Бога в Вышних, а между нею и землей помещаются семь астральных небес-плоскостей "Миража" Седьмого Пророка.

Все мистики, побывавшие на них, отмечают - области эти иллюзорны, пейзажи, предстающие там, неустойчивы настолько, что меняются от мыслей созерцателя, и населяют плоскости божества или духи, чей облик также чрезвычайно изменчив.

Но православные богословы считают этих духов дьяволами, сиречь, аггелами Сатаны, устроившими на семи небесах, помимо своего иллюзиона, мытарства для сбора пошлины с крещёных душ.

О том говорят свидетельства возвратившихся к жизни после успения в ту пору, когда теперешних мощных средств реанимации не существовало, и потому их души пребывали вне тела не считанные минуты, как происходит сейчас, а часы и даже дни, и в хрониках Православия таких случаев зафиксировано значительное количество.

Сначала немалое время они также оставались, незримы и немы, там, где умерли, а затем за ними являлись два ангела, один из них представлялся хранителем, даденным усопшему при крещении, второй же - присланным с тверди проводником.

После этого ангелы подхватывали душу под руки, и триада, преодолевая земные преграды - стены и кровли - как воздух, возносилась на семь небес, где им предстояло пройти несколько застав (описано до двадцати), на коих их окружали бесы в наимерзейшем и самом устрашающем образе - хвостатые, рогатые, с копытами, свиными рылами и совершенно нестерпимо зловонные.

На каждой заставе они требовали мзду за грехи одного какого-либо рода, громко вопя прямо в глаза душе о свершённом ею зле на земле, и ангелы платили мытарям золотом из малого мешка, куда оно было отмерено загодя по цене всех добрых дел умершего.

В дороге встречались им и другие крещёные души в сопровождении своих ангелов, и если тем не удавалось расплатиться, бесы с кликами когтили грешника и увлекали его вниз, в Геенну.

По прошествии мытарств, ангелы возводили душу к тверди и предупреждали о том, что сейчас она увидит Всевышнего, Иже откроет, где ей предназначено ожидать воскресения из мёртвых и Страшного Суда, в аду ли, или же в раю, но вместо этого Многомилостивый повелевал душе возвратиться в её земное тело, и она мгновенно оказывалась в нём.

Пережившие подобное всегда приходили к осознанию своей греховности и к решению искупить её монашеским подвигом, и обыкновенно затворялись в пещере, проводя там остаток дней на воде и хлебе.

Контрастом к тому служат случаи прохождения через чёрный туннель, в которых не заводится никакой речи об осуждении, а встречающее посетителя существо излучает несказанную доброту и любовь, внушающую мысль о безусловном счастье, ожидающем всякого после смерти, отчего у вернувшихся исчезает желание жить, и они нередко прибегают к самоубийству.

Не ясно ль, что такие вещи творят бесы, насельники семи астральных плоскостей, использующие пограничные состояния человека, когда узы души и тела слабеют, но вовсе не обрываются - транс, кому и сон - для увлечения его в свою вотчину, край, где им очень легко принять обличие, аппелирующее к личности их жертвы, и, как брат Евгений мог заметить в своей практике, пациенты, рассказывающие о преодолении чёрного туннеля, были в тот момент мертвы не полностью, а скорее, в кризисе, в отличие от обнаруживавших себя в некоем тонком, не плотном теле вблизи своего трупа.

Реанимируемые больные из комы выводятся обычно быстро, и оттого видения, являемые им бесами, кратки, во сне ж или в трансе душа вне тела не теряет связи с ним долго, и сновидцам и мистикам, искусственно вводящим себя в транс, духи закатывают срежиссированные развёрнутые театральные представления - этим способом и производятся все лжепророки на свете.

Я спросил у брата Евгения, как он относится к возможности предсказания будущего самим человеком, не к прорицательству, индуцируемому свыше в качестве знамения, а к предчувствию собственными его усилиями события, которое позже произойдёт, и мой знакомый ответил, что поскольку мы сотворены по образу и подобию Божию, то всеми Его способностями, включая и эту, обладаем и просто не научились ещё ею пользоваться.

Я описал ему свой путь, явно не случайный, к переоткрытию парапсихологии и сообщил о почти законченном романе, призванном привлечь внимание физиков к области, обещающей коренной переворот и в технике, и в мировоззрениях; брат Евгений заинтересовался этим, и я дал прочитать ему уже отпечатанные первые четырнадцать глав и начало пятнадцатой.

Возвращая их, он сказал, что мне нужно обязательно увидеться с настоятелем братства Св. Германа Аляскинского отцом Германом, кто был духовником иеромонаха Серафима (Юджина Роуза) и благословил своего послушника на труд на литературном поприще.

Назавтра предоставлялся удобный случай встретиться с ним - отец Герман приедет с пасторским визитом в монастырь, находящийся неподалёку от города за заливом, брат Евгений планировал поездку туда, и я могу присоединиться к нему.

Рано утром следующего дня мы отправились на север и пересекли по мосту залив, потом виноградники и реликтовые леса и достигли Лесного города - Форествилля, где на высокой горе помещался маленький монастырь, успевши вовремя к службе там, и, отстояв литургию с поминанием трёх святителей, и среди них Григория Богослова, я обнаружил в монастырской церкви редкие мощи Св. Григория Иконописца, так что в служение оказались вовлечены три Григория, если не исключать меня.

После того монахини накрыли стол и подали хорошо приготовленный обед, без мясного, зато со свежими маслицем и сливками от своих коровок, с чудными вареньями и чаями, и за трапезой состоялась непродолжительная моя беседа с отцом Германом.

Я ожидал, что он упомянет о возможности публикации и захочет взять на прочтение отпечатанные главы, но старец лишь благословил автора и обещал сегодня вечером за него помолиться.

По завершении обеда мы заглянули в книжную лавку монастыря, и брат Евгений нашёл там давно разыскиваемую им книгу о жизни и смерти Григория Распутина (это был уже четвёртый Григорий, связанный как-то с описываемым путешествием).

Таинственная и мрачная фигура расстриги и роль его в истории Российской Империи весьма интриговали моего спутника, ибо конокрад, пьяница и развратник, вне сомнения, обладал даром предвидения будущего и предсказал точно и свой ужасный конец, и катастрофические последствия октябрьского наступления на германском фронте, телеграммами предостерегая о том Николая Второго.

К сожалению, царь не прислушался к заклинаниям лекаря своего сына, а ведь если б он и войска остались в столице, то большевистскому перевороту не довелось бы случиться.

Купивши книгу, мы возвратились в Сан-Франциско и там распрощались. Хоть я и никак не выказывал этого, меня разочаровал результат поездки, а брат Евгений, напротив, был видимо им доволен.

При расставании он тепло поздравил меня с благословением святого отца и обещанием его молитв, заметив, что молитвы старца имеют великую силу.

Времени до отбоя в " Святилище " оставалось ещё изрядно, и погуляв по центру и отужинавши у унитаристов, я решил позвонить моим родителям в Сан-Матео.

Я звонил им довольно часто из телефонов-автоматов, приобретая в магазинах предоплаченные карты для междугородных разговоров, это было намного дешевле и куда проще, чем звонить за серебряные монетки.

Иногда тем же самым способом я звонил в Джексонвилль, чтобы справиться о детях. Дела с ними обстояли не лучшим образом - уличная банда оплетала их всё тесней и тесней, особенно младшего, и он стал употреблять более тяжёлые наркотики.

Галина жалела о своём решении остаться в доме, но переиграть уже было поздно, поскольку перефинансирование имения не позволит продать его ещё долго.

Я ввёл карту в щель автомата и набрал номер Сан-Матео, однако сигнала вызова за тем не последовало.

Карта была новая, ни разу не использованная, и её поведение могло означать лишь то, что мне продали неработающую, размагниченную; это крайне редко, но происходило, и тогда карту в ближайшем из магазинов без проблем заменяли на другую.

Всё же, в силу своей дотошливости, просто для проверки я попробовал набрать ещё и номер Джекса, и тут, к моему удивлению, пластмасса сработала, и в трубке зазвучал голос бывшей моей жены.

Галина страшно обрадовалась моему звонку и сразу же сообщила, что на неё на днях свалились крупные деньги с неба.

Как мне может быть известно, правительство США недавно объявило о программе государственного страхования заёмов, и банки, получив гарантию возврата их вклада, начали буквально навязывать кредитные карты гражданам, особенно тем, кто владеет недвижимостью, и она набрала уже кредита в общей сложности на полсотни тысяч. Этой суммы хватит на моё содержание лет на десять, а дальше посмотрим.

В общем, она хочет, чтобы я вернулся. С Пашкой совсем плохо, он стал принимать психотропный зэнекс, от которого у него случаются приступы агрессии, и в один из них он уже угрожал ей пистолетом. Она надеется, что присутствие отца в доме будет его сдерживать, и очень ждёт меня. И потом, она за мною скучает.

В моей голове промелькнула мысль, а не вызвано ли происшествие с телефонной картой вечерними молитвами отца Германа, и я согласился возвратиться в свой дом и свой сад на берегах реки Святого Джона Теолога, сиречь, Иоанна Богослова.

### ЖАЛОБНАЯ КНИГА НЕВИИМ

Невиим - Пророки ( ивр. )

- Боже, глух ко мне Вефиль.
Чужд ему пастуший стиль.
Лучше б я вернулся в горы,
Где сбирал я сикоморы.
- Что, идти за Иордан ?
А еду подаст мне вран ?
Ну и ну, держи карман.
Я осёл, но не кулан.

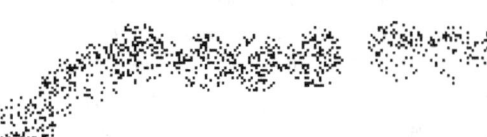

кулан - дикий осёл

- И к чему, скажи на милость,
Ты послал мне эту милоть.
Агнчей шкуры не хочу,
Мне она не по плечу.
Что ? Добро, добро, молчу.
Сброшу только палачу.

милоть - одежда из овчины, которую носил Пр.Илия

И тэ дэ, и без конца.
Не попрёшь против Отца.
У Предвечного рожон
И тяжёл, и навострён.
Будь ты хоть Навузардан,
Ан, пойдёшь за Иордан.

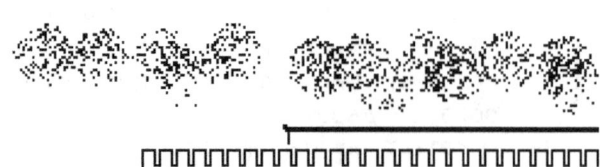

Навузардан - вавилонский военачальник, предавший огню Иерусалим и Первый Храм

## *Глава восемнадцатая,*
### где герой переселяется в Нежное Бедро Нового Вавилона

  В Джексонвилле, освобождён от всякой работы, я засел за роман, а также возобновил свои парапсихологические эксперименты, которые творчеству весьма споспешествуют, равно как и творчество помогает предвидению будущего, что автор обнаружил раньше, и в результате того пришёл к открытию, уже настоящему, "электронного оракула", описанного в главе пятнадцатой, и отложивши на время роман, занялся исследованием обнаруженного феномена на трёх списанных устаревших компьютерах, подаренных мне моим бывшим начальником перед самым его уходом на пенсию.

  Я изучил зависимость эффекта от внешних факторов и убедился как в огромнейшем техническом потенциале явления, так и в том, что оно, бесспорно, снимет печати со многих тайн мироздания.

  Процент верных предсказаний удалось намного повысить, варьируя их критерий в соответствии с температурой воздуха в комнате и со временем работы компьютера, плюс переводом его в "безопасный режим", избавляющий от части программ "фона", все эти меры позволили увеличить промежуток между достоверным предсказанием и событием до нескольких секунд.

  Столь большому интервалу нет объяснений в рамках квантовой механики, и оттого нам, физикам, понадобится исключительно радикальный пересмотр основ нашего мировоззрения.

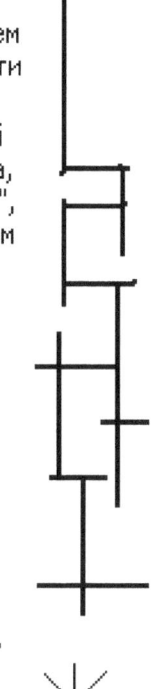

  А уж практические применения "оракулу" отыщутся буквально повсюду, но первым и самым прибыльным из них в экономике, падкой на скорую выгоду, станет предсказание курса акций в мгновенной их купле-продаже на бирже, той так называемой «дневной торговле», о существовании которой я узнал во время моего обучения языку программирования "Джава".

  Вторжение "оракула" на рынок ценных бумаг вызовет на нём серьёзный, хотя и благотворный кризис, и это потрясение приведёт к тому, что мир обратит взоры на мой роман, и не в том ли заключён высший Замысел со мною происходящего.

  Для того придётся провести некоторую конструкторскую работу по созданию специально нацеленного на биржевую игру устройства - снабдить компьютер хорошо термоизолированным корпусом, датчиками его внутренней температуры и эффективной системой охлаждения, полностью устранить всяческий "фон", определить самую продуктивную температуру и критерии предсказания при ней и ввести их в программу, чтобы она автоматически анализировала флуктуации и играла бы беспрерывно без участия человека.

  Понятно, такое сделать под силу только лишь коллективу в оборудованной должным образом лаборатории, и организовать это можно двумя непохожими, и даже противоположными путями - деловым или научным.

  Деловой путь состоял бы в том, чтобы, не говоря никому об изобретении, и, уж тем паче, не публикуя нигде ни слова о нём, получить на него патент, затем зарегистрировать собственную фирму и подобрать её будущий штат, а после того подавать заявки в компании, которые занимаются обеспечением так называемым "венчурным" (т.е., авантюрным) капиталом изобретателей на условиях выплаты впоследствии заёмщикам оговоренного процента дохода от реализации выпущенного на их деньги продукта.

  Научный же путь, напротив, предполагает как можно более широкое оповещение учёного мира о произведенном открытии через опубликование статей, доклады и т.п. с тем, чтобы вызвать немеркантильный интерес у специалистов нужного профиля и подвигнуть их на совместную работу, очную или хотя бы заочную.

  Известно, первый образ действий способен обогатить изобретателя материально во много крат больше, нежели второй, однако же тут необходимо иметь и проявлять организаторские и антрепренёрские способности, которыми автор, увы, не обладает, и оттого ему надо будет сыскать администратора для его фирмы, а такие компаньоны нередко облапошивают их патронов, и особенно, невежд иммигрантов.

  Именно по этой причине американец Эдисон оказался на своей почве весьма успешен, а ничуть не менее гениальный Тесла так и остался ни с чем, и множество его открытий, видимо, безвозвратно утеряны.

В довершение к тому, патентование занимает как минимум два года, и на это время развитие изобретения останавливается.

Да и к чему, скажите, становиться мне баснословно (грязно) богатым. Научное реноме - тоже деньги, хотя и не безумные, а оставлять капитал детям что-то не очень хочется - они его непременно растратят, и далеко не полезным способом.

Я предпочёл бы второй путь и публикации плюс паблисити, если б не моё положение любителя-одиночки, которому негде получить необходимые для журналов рекомендации, и я обратился к патентным адвокатам.

Они оказались отзывчивы, и, будучи знакомы с квантовой механикой, заключили, что, поскольку открытие моё не противоречит фундаментальным законам физики, изобретение запатентовать можно, и убедили меня в успехе предприятия.

Запросили они за всё с меня двенадцать тысяч в два платежа, шесть круглых вперёд, и тогда я мог себе это позволить, ибо в дополнение к заёмам Галины набрал на халяву такую же сумму на своё имя.

Я собрался уж было заплатить адвокатам, когда меня неожиданно по Интернет отыскал мой бывший соученик по физтеху, ставший теперь академиком наук Академии молодой Российской федерации.

Узнавши о моих делах, он пообещал мне свою поддержку, и с его помощью я опубликовал две статьи на двух языках - на русском в электронном журнале Московского Государственного Университета **www.chronos.msu.ru** ( 2006 год ) и на английском в **International Journal of NeuroQuantlogy Vol.5, No.4** ( 2007 ).

Это было довольно неплохое паблисити, и я стал ожидать реакции учёного мира. Ни единого отзвука не последовало.

Тогда я стал рассылать личные письма по университетам, сообщая об открытии, и это возымело частичный успех.

Мне откликнулся Дьюк ( **Duke University** ), один из его ассистент-профессоров выделил четыре компьютера для опытов, я послал ему программы и мы приступили к экспериментам, результаты которых успели показать существование эффекта, как вдруг ассистента из университета уволили и всё заглохло.

Я решил снова взяться за патентование и регистрацию фирмы и понести связанные с ними траты, и тут все заёмные деньги, вмиг возникшие из ниоткуда, вмиг и канули в никуда.

К этому привело давно назревавшее событие - сынка моего Пашу друзья, связанные с бандой, вовлекли в ограбление, которое с треском провалилось, и его, желторотого, замели с поличным.

Не составляя исключения всем другим институциям США, их пенитенциарная система представляет собой род бизнеса, и преступника позволяется выкупать из тюрьмы за деньги, что Галина, само собой, и сделала, истративши весь кредит, и на её, и на моих картах.

В результате я оказался во второй раз безо всякого источника средств существования. Прежний мой начальник москвич ушёл на пенсию, место проверяльщика, естественно, сразу прикрыли, никаких вакансий программиста в Джексе не было и не предвиделось, на другую работу, даже в « Кристал », я уже не годился, учитывая газовое пищеварение и алкоголизм, и на последние деньги я приобрёл билет на « Серую гончую » и отправился по проторенной дорожке в Сан-Франциско получать пособие и жильё.

С тем автору повезло сразу - назначенный мне личный социалист, всё та же самая дама бывшая одесситка, сообщила, что недавно отель " Берег " подписал контракт с городом об участии в программе предоставления комнат бездомным, и сейчас там имеются места.

Я посетил отель - сто лет назад, судя по справочникам того времени, он числился одним из лучших в Сан-Франциско, однако теперь конкурировать с построенным рядом блестящим " Хилтоном " не мог, оттого-то и сдался муниципалитету.

Здание в чистом стиле ар-нуво соседствовало в Тендерлойн с бесплатными столовыми, библиотекой и медицинским центром, и я выбрал в нём большой номер с высоким потолком и окном во всю стену, выходящим на север и не загораживаемым ближними домами - освещение превосходное для занятий живописью, к чему автора весьма вдохновляли виды Нежного Бедра, равно и его колоритная публика.

В комнате имелся стол, два стула, бархатное кресло, пара тумбочек и комод, центр же в ней, затмив остальное, оккупировала кроватища, даже не двух-, а, пожалуй, трёхспальная, того невообразимого размера, который в Америке называют "королевским", с подушками, двумя одеялами - лёгким и стёганым - и шёлковым покрывалом, и я зажил тут после Джекса воистину по-королевски.

Я дополнил обстановку, используя распределитель братства Святого Антония, раздающий благотворительные пожертвования всякому, кто к нему прибегает, и получил там небольшой холодильник с морзильником ( были и большие, но мне, одному, такой не понадобится ) и неплохой персональный компьютер с модемом, телефон с автоответчиком, вентилятор, микроволновую печь, тостер, чайник, электрическую плиту, ящик всяческой посуды, где была даже и хрустальная, и другой, с кухонными принадлежностями, настольную лампу, постельное бельё и Бог ещё знает что; предлагали мне и телевизор и удивились, когда я отказался, сказавши, мол компьютер и Интернет его заменят.

Неподалёку от распределителя бытовых предметов, куда позволялось обращаться однажды в году, находилась раздача одежды, её можно было посещать раз в 4 недели и в каждое посещение разрешалось взять костюм, две рубашки с длинным рукавом и две с коротким, свитер, носки, трусы, ремень, галстук, перчатки, головной убор; обувь, куртку, сумку и зонт выбирай через месяц, пальто - через два, и я составил себе полный гардероб на четыре сезона и на любую изменчивую погоду Сан-Франциско, разместив его в объёмистой вещевой кладовке номера.

Я встал на учёт в медицинском центре Тендерлойн, где мне назначили личного врача и профилактические обследования, и доктор, узнав о моих проблемах с пищеварением и алкоголем, направил меня в "триаж" - службу графства по оформлению инвалидности, с получением которой моё пособие существенно возрастёт.

Впрочем, оно и так выросло по сравнению с прежним - город стал платить больше тем, кто достиг пятидесяти лет.

Увеличилась и сумма на федеральной продовольственной карточке, повышаемая ежегодно для компенсации инфляции, и еврейское сообщество города начало выделять неимущим сто долларов ежемесячно, и хотя теперь я сам оплачивал жильё, но по-прежнему мог высылать Галине полтысячи в месяц на детей.

Итак, я фундаментально обосновался в "Береге". Став субсидалкой, отель перешёл под управление социальной службы епископальной церкви, чей огромный главный собор Благодати Божией, выстроенный в стиле неоготики, находился рядом на Русском холме, и прихожане его заботливо опекали бывших бездомных - устраивали праздничные обеды, вывозили на барбекью на природе, сервировали закуску с вином и просмотрами фильмов по вечерам в кинозале храма, раздавали пожертвованные продукты, средства гигиены, одежду, билеты в театр и на футбол.

Одна епископалка, владелица сэндвичной, привозила каждую пятницу полный фургон кальцоне и всяких иных чудес, вроде бутербродов с акульим сашими, прошуто с фигами, фританами и прочим, а булочник выкладывал батоны, багеты, маффины, халы и хлебы с орешками, оливками, сыром, круассаны и так далее.

Житие во граде Святого Франциска напоминало мне о вечно не прекращающемся пире мучеников Ислама в Джанне, к счастью, нас не кормили одним сладким блюдом из птицы в течение сорока лет, и не знаю, какие меры смогут помочь тем, кому по воскресении суждено возлечь под золотым куполом, обуздать прилюдно их газовое пищеварение, автор же ел всё потихоньку маленькими порциями в своём номере, пережёвывая пищу дольше верблюда и щедро запивая бургунди.

А соблазны в раю для бездомных ожидали меня, бедного, буквально на каждом шагу. Обычно рестораны в конце их рабочего дня не выбрасывали излишек произведённого, а раздавали у входа, из благотворительности, да и для рекламы тоже, и тут встречались истинные кулинарные шедевры.

Так однажды в Чайна таун я подстрелил утку по-пекински, причём такую, какой не пробовал даже в московском "Пекине" в период его расцвета при застойном застолье.

Сан-Франциско всегда что-нибудь отмечал. Итальянцы отмечали освобождение Италии от Австрии, греки - Греции от османов, мексиканцы - Мексики от Испании, не говоря уже о четвёртом июля, отмечавшем освобождение Штатов от англичан, когда огромная толпа собиралась на набережной Эмбаркадеро, чтобы наблюдать фантастический фейерверк над заливом.

Китайцы праздновали свой Новый год, корейцы - свой, вьетнамцы - свой, тайландцы - свой, весной, а евреи - свой, осенью, и совершенно неважно, был или не было у общины особого Нового года, в другое время каждая устраивала национальные мероприятия: ярмарки, фестивали, парады и дни культуры.

Евреи же ещё организовывали в центре, в сквере Буэна Йерба ( Хорошая Трава, исп. ) неделю поддержки Израиля, а русские две общины, белогвардейская и советская, справляли свои дни культуры раздельно.

Добавьте к тому знаменитый марафон с нудистами и китайский парад с драконами, искрами и треском пороховых петард под ногами, зелёный день Святого Патрика, " радужный парад гордости " сексуальных меньшинств, где особенно впечатляла колонна " медицинских цариц ", гигантских парней, накачанных женскими гормонами, и многое иное в подобном роде и поверьте - в Новом Вавилоне праздник, равно и пир, истинно, не заканчиваются никогда.

Непрестанное нахождение в такой атмосфере побуждало меня выплёскивать свои впечатления на холсты, и я делал это, и даже в буквальном смысле, ибо в магазине художественных материалов обнаружил не встречавшуюся мне раньше, баснословно дешёвую и ослепительно яркую краску " Бликрилик ".

Жидкая, невдохновляюще плоская, она не годилась для моей прежней пастозной манеры письма, зато позволяла, наливаема из ложки лужицами на расположенное горизонтально полотно, получать интересные подтёки, кляксы и ручеёчки, и я моделировал их деревянной палочкой, создавая расплывчатые, растворяющиеся друг в друге и распадающиеся фигуры, навевавшие мысли о всеразрушающем времени и о закономерном конце всего сущего.

Холсты я забрызгивал на моей широкой королевской кровати, застланной для этой цели клеёнкой, краска высыхала быстро, и через полчаса картину можно было поставить вертикально, с тем, чтобы легко прописать масляными красками по-сухому.

Я произвёл в новой технике немало работ, но продавать их, находясь на содержании у графства Сан-Франциско, смысла никакого не имело - по местному законодательству, такие доходы вычитаются из пособия, и потому я дарил полотна брату.

Он был моим пока единственным почитателем как живописца, и именно ему я отправил большую часть моего джексонвилльского творческого наследия по расформировании его незадавшейся " дубовой " выставки.

Брат увесил им стены своего особняка в Бельмонте, а теперь ещё и загородного дома, приобретённого им недавно для летнего отдыха семьи и в качестве капиталовложения.

Он восхитился моими последними вещами и воскликнул, что мне нужно непременно продолжить писать в найденном ключе.

Особенно ему хотелось бы, чтобы я создал в моей новой манере серию " Гибель мира ", которая оттенит и дополнит собою джексонвилльский полиптих " Сотворение мира ".

Мой метод, вне всякого сомнения, представляет заметное художественное открытие, сказал брат, поскольку моделирование формы лужиц, а затем прописка их маслом вносят в изображение фигуративность, отсутствующую в набрызгиваниях Джексона Полокка, остающихся в области чистой абстракции.

*Ergo*, мне следует подняться на профессиональный уровень и начать писать работы не кабинетного, а музейного формата.

В номере на кровати сделать этого я, разумеется, не смогу, и он решил оборудовать в своём загородном доме для меня мастерскую.

Дом расположен в прекрасной местности у вечно теплого озера, виды будут меня вдохновлять, и брат создаст мне там все условия для жизни и творчества.

Брат был уверен в моём успехе и заметил, что такое мнение разделяют и его знакомые, занятые в сфере изоискусств и уже обещавшие автору их разностороннюю поддержку.

Искреннее расположение единоутробного ко мне меня трогало, и я с удовольствием принял бы его добросердечное предложение переселиться к тёплому озеру, если бы не полагал, что в Сан-Франциско у меня имеется дело куда важнее всякой живописи.

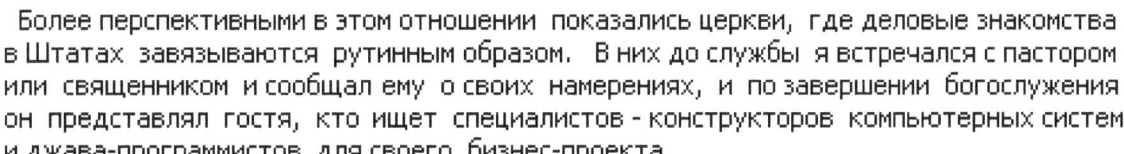

Анализируя свой путь к открытию "оракула", я понял его неслучайность и потому рассматривал мой вынужденный переезд на другое побережье как продолжение цепи событий, влекущих меня к предопределённой цели, а именно, к созданию программы предсказания курса акций в биржевой игре, потрясению рынка и привлечению внимания мира к роману, где Божий план и исполнение его описаны, и изгнание автора из джексонвилльского сада в Новый Вавилон произошло для того, чтобы тут, в компьютерной столице, мне встретились люди, способные воплотить предначертанное, и я обязан искать и находить их.

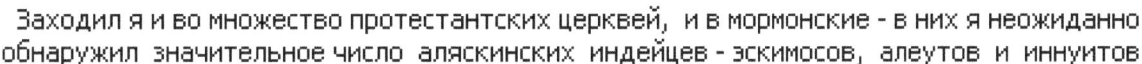

Вначале, вспомнивши практику Академии Наук СССР, я посетил несколько открытых семинаров ближайших университетов, но заявку на выступление у неизвестного человека не взяли, кулуарные разговоры, как в Академии, здесь не были приняты, и вслед за заключительным словом все участники немедленно разъезжались.

Более перспективными в этом отношении показались церкви, где деловые знакомства в Штатах завязываются рутинным образом. В них до службы я встречался с пастором или священником и сообщал ему о своих намерениях, и по завершении богослужения он представлял гостя, кто ищет специалистов - конструкторов компьютерных систем и джава-программистов для своего бизнес-проекта.

После чего в американских конгрегациях следовал "кофейный час", а-ля фуршет, в отличие от русских застольных трапез, и во время еды заинтересованные персоны подходили с тарелочками ко мне, и мы беседовали.

Теперь я бывал в православных церквях только по праздникам, в зарубежных русских - по старому юлианскому календарю, в прочих - по григорианскому, а по воскресениям навещал другие христианские церкви, в основном, католические - они в Сан-Франциско составляют абсолютное большинство, во вторую очередь - епископальные, и особенно, опекавшую наш отель Благодать с её огромными броскими фресками, изображавшими основание англиканской церкви на этом континенте, и несколькими интересными иконами современного письма.

Заходил я и во множество протестантских церквей, и в мормонские - в них я неожиданно обнаружил значительное число аляскинских индейцев - эскимосов, алеутов и иннуитов.

Оказалось, мормоны считают их потомками евреев, приплывших три тысячи лет назад в Новый Свет, хоть по генотипу они никак не семиты, а самые характерные монголоиды, и точно установлено, что около пятнадцати тысячелетий тому их предки пересекли сибирскую тайгу и Берингов пролив и дали начало всему так называемому "коренному" населению обеих частей Америки, от берегов Ледовитого Океана и до Огненной Земли, включая ольмеков, ацтеков и майя.

Причащая прихожан, молодые мормоны с нагрудными значками "старцы" обносили их подносами с хлебом и чашечками с прозрачной жидкостью, и зная об отношении индейцев к "огненным каплям", я, алкоголик, подумал, уж не водка ли это, однако то была кристально чистая питьевая вода.

Побывал я и в церкви Наукологии, где моё кожное электросопротивление измерили изобретённым наукологами И-метром, по их убеждению, определяющим состояние души и её дальнейшие перевоплощения, и у спиритуалистов, которым пастор докладывал в течение проповеди о положении умерших на том свете и передавал от них сообщения.

Не забыл я и атеистов - тут существовало объединение выходцев из Империи, с присущим питомцам Союза юмором названное ХЛАМС - художники, литераторы, артисты, музыканты и сочувствующие, в искусствах все они были любителями, а по профессии, большей частью, как раз компьютерщики.

К ним же относились и сотрудники фирмы моего брата, и сослуживцы его жены, с теми и другими я встречался в Бельмонте - брат, хотя и дулся на меня за отказ переехать в его загородное поместье, на вечеринки к себе приглашал.

Работа, которую нужно проделать, дабы обратить заурядный компьютер со скромным быстродействием в чудо-машину для получения в единый миг невообразимых заработков, даже не заслуживает её названия, ибо состоит лишь в согласовании двух готовых программ - предсказания и игры, да ещё в подключении датчиков к уже имеющейся системе охлаждения, сделать это в лаборатории способен каждый, и мне встретилось больше сотни людей, трудившихся в подходящих местах.

Кроме сказанного, я объяснял кандидату в скоробогачи, что заинтересован только в известности, желая привлечь внимание к своим литературным трудам, и готов подписать с разработчиком "оракула" договор о предоставлении ему ста процентов дохода от использования моего изобретения.

Увы, реакция профессионалов не отличалась разнообразием - все они выслушивали мои слова без единого звука, а затем благодарили за беседу и обещали связаться со мной позднее, используя уже известный автору способ отказа по-американски, и спустя пять удручающе тщетных лет, исчерпавши источники новых знакомств, я свернул свою нео-диогенскую акцию по поиску человека в славном Сан-Франциско.

Теперь я принял бы предложение о переезде к тёплому озеру, но вопрос отпал - разразился кризис перепроизводства в области создания компьютерных баз данных и фирма брата обанкротилась, так что для поддержания положения семьи он сдавал его загородный дом в аренду, и оттого я оставался в моей бочке, то бишь, " Береге ", продолжая писать на кровати апокалиптические картины.

Также я занялся редактированием и оформлением всей поэзии, созданной мною за всю мою жизнь, сформировав из неё восемь тетрадей книги " За рекою Океаном " и дополнивши её девятой - " Стихи последних дней ", посвящённой концу света и навеянной вышеописанной атмосферой Нового Вавилона, равно и результатом здешних моих потуг.

Разумеется, я не мог не размышлять о совершенно неадекватной реакции специалистов на сообщение о моём открытии.

Думают ли они, что я подослан к ним конкурентами с целью вовлечения их компаний в разорительные бесприбыльные траты ?

Смешно, ведь расходов-то не предстоит никаких, программа предсказания работает на старых списанных компьютерах, и три из них, на которых всё отлажено, я собираюсь для начала подарить разработчику.

Подавал ли я повод считать себя сумасшедшим, получающим садистское удовольствие, обманывая неважно кого на грош ?

Я отчаялся решить эту психологическую шараду, ясно одно - по неизвестной причине меня принимают за шарлатана, и требуется предоставить всем чёткое доказательство существования заявленного феномена. И я узнал, что для этого мне нужно сделать.

Благовещение о том автору ниспослал Бог на дне его рождения, который моя родня устроила мне в Сан-Матео, в банкетном зале дома для престарелых « Марина Айлз », то есть, « Острова Рыбачьей Гавани », где жили мои родители.

Располагались " Острова ", правда, не в гавани, а у извилистой океанской лагуны с утками, нырками, пеликанами, окружённой по берегам гигантскими эвкалиптами и окаймлённой полосою трехцветных рододендронов - жёлтых, белых и фиолетовых.

По телефону мне сообщили приятный сюрприз - кроме семьи брата и соседей-островитян, приём в мою честь посетит старая моя знакомая по дачному одесскому детству Муся, она же Маруся Рыбачка, прилетевшая ненадолго в Америку.

Давно обосновавшись в Израиле, она там известна как русскоязычная поэтесса, и прочитавши на Интернет мои стихи, а также пятнадцать глав романа, очень хочет со мною встретиться.

Появившись в апартментах родителей в назначенное время, я выслушал поздравления и принял подарки - по заведенной здесь традиции, букеты цветов и конверты с деньгами, и только старички мои поступили наперекор обычаю и вручили сыну дорогостоящую числовую фотокамеру Панасоник Люмикс, попросив, чтобы я со своим глазом художника создал семейный фотоальбом. Приниматься за фотографию всерьёз я не предполагал, живописи с меня было предостаточно, но отказать отцу с матерью я, конечно, не мог и поблагодарил их.

Вслед за тем брат, распорядитель торжеств и обер-кулинар семьи, пригласил всех к столу в банкетный зал "Островов".

Я раньше уже успел однажды побывать в нём, когда прилетал к отцу на 85-летие, оно отмечалось тоже здесь.

Тогда гвоздём кулинарной программы брата стали жареные с черносливом утки, и хоть после полётных тревог они напомнили мне о птичьем сладком блюде Джанны, вкус их, сдобренных пряностями, был не таков, чтобы после них человеку вовек уж больше ничего не хотелось есть, и я отдал им честь, подавив ассоциацию коньяком.

Теперь же, осведомлён о моём особом пристрастии к морепродуктам, брат заказал их, в хорошем выборе и обильно, в лучшем из японских ресторанов города, а также заехал на улицу Гири в русский магазин и приобрёл белый хлеб кирпичиками, вологодское масло и две объёмистые банки икры - чёрной и красной ( брат и я оба предпочитаем чёрную, но красная тоже нужна, поскольку среди приглашённых есть евреи, соблюдающие кошер, а чёрная некошерна ) и доставил покупки в "Острова", где мать приготовила на равных прямоугольных ломтях бутерброды двух видов и сервировала их вместе с другою едой.

Для того мать употребила громадного размера круглое блюдо, из комплекта посуды общего пользования в банкетном зале.

В центре она и помогавшие ей подруги поместили кружок из устриц в раковинах, окружив его кольцами всяческих моллюсков и ракообразных и каймою рыбного сашими ассорти, а по краю разложили попеременно чёрные и красные бутерброды, перебивши внешнее кольцо подносиком ярко-зелёной пасты васаби из тёртого хрена, неизбежным гарниром японских яств.

Я пересчитал бутерброды - их оказалось тридцать шесть - столько как раз и имеется красных и чёрных играющих полей на колесе европейской рулетки, в дополнение к одному зелёному, всегда проигрывающему полю, называемому "зеро".

Подносик с пастой васаби, изображавший зелёное "зеро", по величине и по форме не отличался от бутербродов, и я спросил у женщин-авторов рулеточной композиции, каким образом им удалось найти такое вместилище для приправы, шириною не больше и не меньше одной тридцать седьмой длины окружности блюда, а после того так точно вырезать из хлеба три дюжины его подобий.

Они рассмеялись и ответили, что всё это произошло само собой, подносик с васаби был упакован вместе с ресторанным сашими, и поперечное сечение хлеба кирпичиком совпало с прямоугольным корытцем, и шириною, и длиной, без малейшей обрезки.

Разговор за закусочным столом, коснувшись темы рулетки, долгое время не прекращал своего вращения вокруг неё.

Из него автор, не имевший телевизора, узнал, что сейчас вся Америка каждый вечер застывает, затаив дыхание, перед экранами, следя за действием сериала "Лас-Вегас", герой которого, полицейский в отставке и владелец рулетки, непрестанно сражается с шантажистами и киднэпперами.

Вероятно, из-за этого аранжировщицы блюда и использовали образ колеса рулетки, овладевший их подсознанием, и, против хорошо известных им правил, поместили рядом кошерную и трефную пищу.

Соседи родителей вспоминали о проведённой не так давно для престарелых поездке в казино города Рино, одной из развлекательных программ в "Островах", брат - о посещениях Лас-Вегаса, а израильтянка Муся - Монте Карло.

Всё шло успешно, и, по завершении русско-японского закусочного стола, подали горячее, еврейскую "гефилте фиш" - фаршированную рыбу с ухой и разными штуками, и тоже с приправой из тёртого хрена, но не с их зелёной, а с нашей, багрово-красной.

После обеда, благо погода стояла чудесная, чай с десертом сервировали на веранде снаружи зала, и там я разговаривал со старой поэтессой Мусей, бывшей известной красавицей довоенной Одессы.

Она и теперь, на десятом десятке лет, оставалась по-настоящему красивой, не потерявши стройности фигуры, осанки, густоты волнистых волос, живости и яркости больших глаз.

Горбоносая, с оливковой кожей, она напоминала Анну Ахматову, но не ту расплывшуюся одинокую бабу-алкоголичку, что умерла на больничной койке в санатории подмосковного Домодедово, а дерзкую обольстительницу-южанку северной столицы Империи.

На веранду долетал свежий бриз от лагуны, и я спросил у моей дамы позволения закурить контрабандную гавану, выданную мне братом.

Вместо ответа она, улыбнувшись, достала из крокодиловой сумочки пачку сигарет и, вставив одну в янтарный мундштучок, закурила сама, заметивши, что иногда, по особым случаям, ещё позволяет себе такое, равно и рюмочку старого коньячку  с небольшим кусочком зрелого козьего рокфора с прожилками чёрно-зелёной плесени, который вместе с ширазом, тортом "Наполеон" и мякотью дуриана, своим острым слегка гнилостным запахом хорошо сочетавшейся с варением из розовой черешни, поданным к ароматизированному бергамотом чаю "Ерл Грэй", служил десертом обеду.

 До войны Муся работала в губчека вместе с моею бабушкой Анюшей и её сёстрами, а потом оказалась нашей соседкой в дачном кооперативе на десятой станции Большого Фонтана, и автор в годы его юности часто встречался с нею там за карточным столом на вечерней пулечке преферанса гэбэшников.

Стол для карт стоял под старым раскидистым деревом розовой черешни, из неё же было и варение к послеобеденному чаю, вызвавшее в памяти те летние вечера на одесском Фонтане, где в конце позапрошлого века родилась Анечка Горенко, будущая великая Ахматова.

Я не виделся с Мусей около двадцати лет и высказал своё восхищение тем, как она превосходно выглядит, отметивши её сходство с нашей общей коллегой и согражданкой обоих нас по рождению, «царскосельской весёлой грешницей» начала гибельного для России века.

Моя собеседница поблагодарила за комплимент и добавила - с Анной связывают её не только схожие черты внешности, место рождения и детство приморской босячки, но также и постижение глубокого смысла слов: «стихи не пишут, они приходят», брошенных бывшей акмеисткой, чьё творчество в годы юности Маруси Рыбачки, комсомолки и, разумеется, атеистки, считалось упадническим, унылым и чуждым, а Марусино - бодрым и зовущим.

Работая в чека завотделом идеологии, она сочиняла лирику к песням о городе, агитки и антирелигиозные куплеты, и не оттого ли Бог поселил её в Иерусалиме, сверкающий Купол Скалы над которым напоминает ей каждый день о Храме, раньше находившемся в Одессе на центральной Соборной площади и взорванном рабоче-крестьянской властью по требованиям сознательных граждан, вроде неё.

Те же стихи, кои людьми не пишутся, стали посещать её лишь в граде пророков и самом воплощённом пророчестве с его Куббат ас-Сахра, Храмом Гроба Господня и Стеною Плача, и конечно, радости прежнего совкового идиотического безмыслия вмиг испарились тут, где и камни вопиют о грядущих бедствиях.

А фактами к размышлениям обеспечена Муся в избытке; её внучка - офицер цахала (Израильской армии) и, владея русским языком, командует спецотрядом снайперов, набранным из контингента уволенных по сокращению войск Российской Федерации. Они кондотьеры - профессионалы, готовые рисковать жизнью за деньги, и Израиль не думает скупиться на оплату услуг наёмников, тем более, что в противном случае их перекупят арабы.

Недавно русский отряд и его командующая отличились в операции по предотвращению крупного террористического акта - большая группа палестинских мальчиков и девочек возраста от семи до пятнадцати лет, снабжённых поясами с шашками динамита и одетых, как еврейские дети, должна была подорвать себя среди толпы, танцующей на улицах в Симхат Тора, праздник Обретения Торы.

Но снайперы, занявши круговую позицию на крышах у назначенного места взрывов, сумели провести смертников под прицелом до точки сбора и там расстреляли всех за секунду, так что никто из шахидов не успел сдетонировать пояса.

Внучке самой пришлось выпустить пулю в лоб красавцу мальчику - кудрявый, тонкий, огромные глаза горят, вылитый Давид - ну да, конечно, идёт на смерть мученика во устрашение кривого Даджала - жаль, а что делать, это сокровище уложило б сотни.

В такой ситуации далеко не всегда удаётся предотвратить все взрывы, и нередко жертвами стрелков оказываются невинные.

Однако тут всё прошло самым лучшим образом, и русских профессионалов хорошо наградили, а операцию неофициально назвали «Русской рулеткой», с мрачным юмором, присущим израильтянам, уподобивши её страшненькой белогвардейской забаве, в которой игроки передают по кругу револьвер с прежде вслепую повёрнутым барабаном, куда вложен один боевой патрон, и каждый взводит собачку и, приставив дуло к виску, жмёт на курок.

Тема рулетки на этом дне рождения автора возникла и в третий раз, когда после чая гости разъехались, а мы с родителями вернулись в апартаменты и включили телевизор, попавши на ежевечерний выпуск "Лас-Вегаса", и при виде стола с колесом на экране я сразу вспомнил про множество виртуальных казино, подвизающихся на Интернет, чьи программы анализировал, изучая "Джаву" в компании брата.

Тут уж до моего сознания, оттягчённого съеденным и выпитым, наконец-то дошло - весь день мне подсказывался способ демонстрации "электронного оракула", и для того следует обыграть любую интернетовскую рулетку и документировать это событие фотографиями экрана монитора компьютера, именно с той целью имениннику и подарена шикарная фотокамера Панасоник Люмикс.

Я посмотрел по паспорту её разрешение - оно было совершенно фантастическим, 2736 на 3648 пикселей, иначе говоря, десять миллионов цветных точек на кадр, подделка его стопроцентно невозможна, и лучшей документации на свете нет. Всё сошлось одно к одному, и вернувшись в "Берег" взрослее на год, я приступил к отработке демонстрации "оракула".

## ДЕРЕВЯННОМУ НЕ УТОНУТЬ

"Что наша жизнь? Игра." - сказал поэт.
Обречены играть мы, спору нет,
В игру, где никому не светит приз,
Но ждёт хозяйку казино сюрприз.

Пускай лютует злобная зело,
Раззявивши прожорливо "зеро".

Хоть фишек у меня наперечёт,
Провидя Духом "нечет" или "чёт",
Я разорю старуху-людоедку
И в щепы расколю её рулетку,
И вспять река забвенья потечёт.

И возвратится, и отдаст швартов
У берегов корабль дураков.

Ни шар мерцающий, ниже таро,
Не будут более нам врать хитро.
Прочь, медь и золото, и серебро!
Не плачь, Мальвина, встретит нас Пьеро.

Итак, начался новый этап моей деятельности, уже не научной и не художественной, раз по плану смысл её заключался не в открытии чего-либо, а в переубеждении тех, кто считал меня сумасшедшим или мошенником, или тем и другим вместе.
(Выяснилось, правда, что без открытия обойтись не удалось, но об этом позднее).

Три древних компьютера с установленной и отлаженной программой предсказания, доставленные из Джекса на "Серой гончей", не могли быть связаны с Интернет, непрестанно обновляющейся и отказывающей в сношениях устаревшим устройствам, однако полученный из бесплатного распределителя в Сан-Франциско, моложе их на несколько поколений, имел для того всё нужное.

Как известно Читателю, я изучал программы интернет-казино и знал, что в них всегда включена так называемая "анимация", в переводе, "воодушевление" - мультипликация, призванная увеличить азарт игры и состоящая в задержке между ставкой и обнаружением её результата - в картах это раздача колоды банкомётом и реакция игроков за столом, в "щелях" же - мелькание разноцветных картинок в прорезях "одноруких бандитов", а в рулетке - вращение колеса и замедляющийся бег шарика по цифрам.

На Интернет работали десятка три казино, и в первую очередь мне следовало найти то, у которого задержка минимальна.

Для того приходилось проходить процедуру регистрации в каждом и отвечать на письмо по электронной почте, открывая тем самым свой адрес и давая право использовать его в рекламных целях, после чего разрешалось познакомиться с программами в действии, играя без денег в режиме "для развлечения".

Просмотрев сайтов десять и узнав, что задержка всюду на всех играх одна и та же, три секунды - вероятно, таковы рекомендации психологов - на том я и остановился, не желая перегружать свою почту рекламой, и выбрал для демонстрации казино с наиболее фотогеничной графикой.

Три секунды было многовато, и результативность угадываний должна была упасть по сравнению с проведенными экспериментами, но, по моим оценкам, не критически.

При такой задержке уже не было смысла объединять программы предсказания и связи с Интернет в одном компьютере или устанавливать внутреннюю сеть, соединивши старый и новый старый компьютеры кабелем для обмена данными, зане за фракцию секунды я успевал перенести информацию из одного в другой наипростейшим способом, с помощью их клавиатур, и оттого я сразу приступил к отработке критериев предсказания.

И тут я столкнулся с основным препятствием к осуществлению демонстрации, и им оказалось отсутствие в моём номере, равно и в городе и графстве Сан-Франциско, как и во всём районе одноимённого залива, кондиционирования комнатного воздуха.

В том нет нужды, ибо здесь, в отличие от Флориды, берега омывает не горячее, а холодное течение, и жарко не бывает, однако ж ветрено, и в некондиционированных помещениях температура всегда колеблется с небольшой амплитудой, около градуса.

На комфорте жителей это никак не сказывается, но критерий предсказания в программе "оракула" начинает "плавать", и он показывал только 55% верных угадываний, недостаточных для демонстрации нормальных размеров, требующей по крайней мере шестидесяти, без труда достигавшихся прежде в моём центрально кондиционированном доме, куда я возвратиться не мог, привязан ко графству локальным пособием.

Я размышлял о путях разрешения возникшей проблемы, когда из Джексонвилла мне позвонила Галина и сообщила о событии, поставившем под серьёзную угрозу наше владение домом.

Она, двадцать лет водившая без происшествий, попала в аварию, и хоть сама никаких повреждений не получила, машина, как положено, сложилась в гармошку и ремонту не подлежит.

Страховая компания выплатила ей в компенсацию сущие гроши, всего полторы тысячи, поскольку модель уж очень старая, и с кредитом, угробленным её долгом по картам, нельзя и думать о приобретении на эту сумму чего-то, что в состоянии двигаться.

Пока она взяла машину в аренду на 3 месяца, и если за это время не купит собственную, то потеряет и работу, и имение.

Её авто-Мафусаил доживал последние дни, заметил я, и если б он откинул копыта не в результате аварии, а сам по себе, то она не получила бы ни пенни.

Я сочувствую ей, но единственное, в чём был бы способен помочь - это только в переезде во Фриско, где, как видно по мне, можно прекрасно проводить время, не работая вовсе.

Она просто не вынесет, если лишится своего сада, сказала Галина, однако уверена, что я спасу его и её - ей был сон, в котором я возвращаюсь в наш дом и привожу деньги.

Я спросил, какие именно деньги должны её спасти, и она ответила - семь тысяч, при таком начальном взносе на машину ей предоставит кредит союз взаимопомощи магазинов "Публичный".

О-кей, я благородно пообещал своей бывшей жене, что если на меня этакое незнамо откуда свалится, то подарю ей всё, и подумать, мигом вслед за тем на автора свалились и требуемая гора наличности, и возможность переезда в Джекс !

Кроме компьютерных специалистов, отловленных мною в Сан-Франциско, я разговаривал о своём открытии " оракула " и с иным видом профессионалов - работниками специфического местного учреждения " Триаж ", ибо вторые, в противоположность первым, исключительно подробно расспрашивали меня обо всех моих занятиях, проявляя большую заинтересованность.

Задача Триажа состоит в облегчении бремени графства по содержанию неработающих его жителей путём перевода их с локального пособия на федеральную инвалидность.

В Америке её дают непросто, поскольку для того необходимо доказать абсолютную и стопроцентную неспособность выполнять какую бы то ни было работу на свете, и если у тебя хоть один-единственный член движется, чиновники легко измышляют, как ты, в принципе, можешь им заработать, и отвергают большинство аппликаций.

Существует особая категория юристов, отстаивающих в судах права инвалидов, и, заботясь о бюджете графства, Сан-Франциско рекрутирует их в службу Триажа.

В защите интересов клиентов и своего нанимателя они используют все аргументы, и в случае автора, вероятно, утверждали, что лишение больного возможности посвятить себя его идее фикс сделает его агрессивным и социально опасным.

Битву с государством триажники ведут без участия подзащитного, рубка их с федами в любом деле продолжается годами, и я благополучно успел уже совсем позабыть о запущенном некогда процессе апелляций решений, принимаемых по моей аппликации, и потому для меня стало неожиданностью полученное сразу после разговора с Галиной уведомление госдепартамента о назначении имярек пособия по нетрудоспособности - целых семи сотен долларов, кои смогу получать в любой точке Вселенной, где имеется американский банк.

И самое примечательное, письмо госдепа сообщало о том, что указанное пособие обладает " ретроспекцией ", иначе, взглядом в прошлое, и начисляться будет оно не со дня победы Триажа над федами, то есть, признания меня инвалидом, а со дня подачи аппликации.

Основную часть ретроспекции выплатят непосредственно графству Сан-Франциско, возмещая его пособие, а остаток - мне, тремя чеками по почте на протяжение 3-х месяцев, и моя доля ретроспекции составляет семь тысяч долларов.

Чек первый пришёл через день; сопроводиловка его содержала даты присылки остальных чеков и предупреждение, что перемена адреса приведёт к отсрочке их отправления получателю.

По каковой причине мне не стоило покидать " Берег " в течение ещё трёх месяцев, что, впрочем, было и к лучшему - в кладовой моего номера лежали немалые запасы красок для живописи, холстов и рам, и бросить их не поднималась рука.

Близилась весна, всё кругом зацветало самым невообразимым цветом, и я устроил прощальное турне по Новому Вавилону, который успел полюбить, по склонам холмов к раковине залива, сложенным из чёрно-красной вулканической породы, буйной флорой вызывавших из архивов генной памяти сады Семирамиды, по дивным паркам и скверам, по крышам зданий центра, полных современной скульптуры, среди неё и остротелый Аполлон Кифаред гениального Генри Мура, по базарчикам, по набережной Эмбаркадеро с конными экипажами и мимами - и написал серию городских пейзажей.

Попрощался я и с музеями, и с православными церквями - со златоглавой на Гири с мощами Святого Иоанна Шанхайского, где взял бутылочку целебного масла от лампадки, горящей пред ракою Максимовича; со старым Собором-ковчегом из калифорнийского красного дерева, приложившись к реликварию его и иконам, привезённым белогвардейцами; с Греческой, умыкнувши оттуда полный сборник оригинальных текстов с транскрипцией ( Бог простит, яко он потребен для дела ).

Теперь, уверен в том, что в Джексонвилле, в моём кондиционированном доме, демонстрация явления получится, я занялся созданием интернетовского сайта для её опубликования, и сначала нужно было найти новое название устройству - применяемый всюду выше термин " оракул " давно уже забит и зарегистрирован, с правом эксклюзивного использования, одноимённой фирмой.

Я решил дать ему имя " **EI** " из двух греческих заглавных букв эпсилон и иота, слагающих дифтонг, произносящийся, как долгое " и "; он является целым словом в полисемантическом греческом языке, и одно из его значений - " это сбудется "; согласно Геродоту, оно было высечено над входом в храм Аполлона в Дельфах, где Пифия на треножнике предрекала будущее.

А поскольку эпсилон и иота в заглавном начертании совпадают с латинскими буквами, то " **EI** " можно считать аббревиатурой или словосочетания " *Electronic Intellection* ", по-английски, электронное ощущение, восприятие, или же гибридного англо-латинского " *Electronic Ipsedixit* ", что в переложении на русский - " электронный Самсказал ", ибо по латыни *Ipse dixit*, буквально, " Сам ( учитель ) сказал ", в переносном смысле и в слитном написании означает утверждение, принимаемое на веру, как пророчество.

Потому-то ничтоже сумняшеся и упёр я у греков книгу - хотелось подобрать изречение по-гречески, которое подошло бы в качестве девиза компании, производящей " *Electronic Ipsedixit* ", и лишь только открыл я сборник, мне сразу бросилась в глаза строчка из Евангелия от любимого ученика, из его рассказа о сомнениях евреев по поводу чуда, сотворённого Учителем: « И ми ин 'утос па'ра Те'у, ук ид'инато пи'ин уд'эн » - « Если бы он был не от Бога, то не мог бы ничего делать » ( Иоанн 9:33 ), и по-гречески эта фраза начинается со слова " **EI** ".

Эмблема будущей компании получилась из лигатуры, соединяющей верх иоты со средней перекладиной эпсилон; она напоминала человека в позе карате, и на первой странице сайта я изобразил её разбивающей надвое стол рулетки.

Вспомнив приведённый разговор с израильской поэтессой Мусей на дне моего рождения, я назвал демонстрацию " Русская рулетка " и, заготовив её страницы на двух языках, английском и русском, в чём чрезвычайно помогло мне знание HTML-программирования, приобретённое некогда у брата в Бельмонте, поместил их на публичном сервере WEBS по адресу **againstchance.webs.com**, обозначив его так ( against chance - против удачи, англ. ) с целью подчеркнуть, что представляемые здесь автором данные ни в коей мере не являются результатом случайного везения.

Я успел это до получения 3-го чека, пришедшего 27 февраля, избавляя меня от необходимости платить за отель в марте, раздал вещи - дары Св. Антония - соседям по " Берегу ", подарил все картины брату, упаковал три компьютера и отправился в свой дом и сад в Джексе на " Серой гончей ", для проведения демонстрации " **EI** ", или Самсказала, в третий раз в моей жизни переселяясь на берега реки Святого Джона, он же Иоанн Богослов и любимый ученик Бога.

## ПРЕДУПРЕЖДЕНИЕ

Запиши, сыне, дабы не вырубилось и топором :
По исходу шести тощих лет, в лете худшем, седьмом,
Егда в каждом ларе будет хоть покати там шаром,
Новой, злейшей напастью означатся времена пред Судом.

И незапною, яко же с неба ясного гром !
От зелёных плодов, что питали отцов, дети оных получат оскому,
И нагрянут на вас те разбойные, кои живут за бугром,
И Иуде придётся не слаще, нежли древле Содому.

Вы ж возвыситесь, без ратования, надо попущенным злом,
Отдавая отмщенье врагом в руку Крепкому и Святому,
Благословив Его, и благословит Он Своим чередом
Верующих Промышлению Вышняго, а не увещеванью людскому.

И скрепивше сердца непрестанной молитвы трудом,
Исповедайтесь Господеви и един другому.
И никтоже на крове да не слазит в дом,
Ни да внидет взяти чесо из дому.

( Мк. 13:15 )

## *Глава девятнадцатая,*
где герой облекается полномочиями, по чину ему не положенными

За семь лет моего отсутствия окружающий мой дом район изменился значительно. Процесс вымирания прежних старых жителей птичьих кварталов и нашего проезда имени американского пожирателя трупов кондора достиг апогея, и они наполнились молодыми неграми из «нижнего города».

Многие дома умерших, описанные банками, продавались вместе со всей обстановкой, и новые владельцы безжалостно избавлялись от наследия белых поработителей, чуждого их развитой культуре "эбоник", вынося его на обочину в день уборки мусора.

Галина, конечно, не могла спокойно проезжать мимо дивной мебели, обречённой на смерть в измельчителях древесины, и скромная обитель одинокой женщины обогатилась двумя широкими кроватями с резными спинками, огромным комодом, викторианским гардеробом, трюмо, шифоньером, шкафами, столами и столиками, чипендейловскими креслами, софами, зеркалами, настенными и напольными часами, венскими стульями, деревянскими скамьями, кушетками, банкетками, этажерками, ларями и сундуками, короче, все шесть комнат были забиты до потолка.

Вещи помельче пришельцы сдавали в барахольный магазин, расположенный рядом с "Публичным" универсамом Галины, и она каждый день за сущие гроши покупала уникальные ценности - посуду, бронзовые подсвечники и мелкую скульптуру, утварь, антикварные вышивки, ювелирию, кружева и многое другое.

Кое-какой фарфор и хрусталь она выставила в нескольких шкафах-кабинетах, развесила на стенах дома старинные гравюры, но большинство её приобретений были свалены где попало.

А уж книги, книги высились горами повсюду, ибо чёрные новопереселенцы не читали, разумеется, вовсе, и за полдоллара спускали раритетные издания позапрошлого века.

Вскоре после моего вынужденного бегства в Сан-Франциско старший мой сын Миша обзавёлся семьёю и съехал из дома, и бывшая его спальня поступила полностью в моё распоряжение.

В ней у Галины хранились персидские ковры-килимы, свёрнутые в тяжёлые трубы, и несчётное множество цветных подушек, тоже из барахолки.

Сразу по моему возвращению младший мой сын Паша сменил продавленные матрасы на кровати в его спальне, смежной с моей, и, заложивши оконные ниши подушками, я закрыл ими окна в своей спальне - матрасы идеально подошли для того по размеру - и завесивши стены толстыми ворсистыми килимами, я завершил превращение комнаты в термоизолированную лабораторию.

Кондиционер в доме работал превосходно - за полгода до моего переезда прежний полетел, и Галина всё-таки наскребла денег на установку другого, лучшей конструкции и более мощного - на это во Флориде предусмотрены особые ссуда и пособие.

В начале романа я писал о том, какое сильное впечатление по прибытии в Штаты произвели на моих детей электронные игры, и даже сейчас, через два десятилетия, Паша не представлял себе жизни без них.

Игры новых поколений активно используют Интернет, и потому у Павла была скоростная линия связи и современный модем, позволяющий подключать к нему несколько компьютеров.

Я просверлил дырочку в спальню сына, благо мою и его разделяла только одна плита сухой штукатурки, подсоединил кабелем компьютер связи с рулеткой к его модему, установил старую Тошибу с программой предсказания, повесил на стену термометр, и оборудование научной лаборатории было закончено.

Наружная температура в Джексонвилле в те дни марта поднималась уже утром до 76 градусов по Фаренгейту (24,4 градуса по Цельсию), и я принял решение термостабилизировать лабораторию именно в этой точке, поскольку технически так будет существенно проще, а где находится оптимум пока ещё не известно.

Выяснилось, что предсказания наиболее продуктивны при игре недлинными, не дольше пяти минут, сессиями, разделёнными восьмичасовыми промежутками, и я установил режим игры в три сессии в сутки, в 6 утра, 2 дня и 10 вечера.

Процент правильных угадываний возрос до 57-ми, и я надеялся скоро достичь необходимых для демонстрации 60-ти.

И тогда в Соединённых Штатах разразилась мощная кампания по запрещению электронных азартных игр - журналисты и политики доказывали убедительно, мол интернет-казино обманывают, развращают и разоряют бедных пенсионеров, и пуританская Америка к этому прислушалась.

Нельзя помешать кому бы то ни было публиковать что угодно на Интернет, но юрисдикторы нашли способ укоротить руки виртуальным грабителям - американским банкам запретили законодательно проводить операции с ними.

Оттого большинство казино закрыли счета их американских пользователей, в том числе и выбранное мною в Сан-Франциско по признаку фотогеничности для проведения демонстрации " EI ".

Администрация сайта прислала мне письмо о дезактивации моего счёта с извинениями и интернет-адресами тех немногих казино, которые, невзирая на закон, продолжают обслуживание американских игроков ( вероятно, оперируя через посредников ).

Просматривая эти адреса, я обнаружил один сайт, который раньше не посещал, выбирая казино для демонстрации - я тогда не познакомился с десятками всех их, решивши, что задержка из-за " воодушевления " всюду одна и та же, три секунды.

Три секунды она была и здесь, но программы этого, и лишь этого сайта, в то время носившего имя **OnlineVegas.com**, позволяли отключить мешавшую мне анимацию и получить результат ставки мгновенно, и потому выход правильных угадываний немедленно вырос, обещая стабильно превосходить искомые 60%.

Теперь надлежало разработать повременной план проведения демонстрации, для чего необходимо, первым шагом, определить, из какого числа последовательных ставок ей предстоит состоять; ему не следует быть некруглым и его нужно объявлять заранее, дабы не подавать повода полагать, будто серия оборвана при случайном получении желаемого выигрыша.

Отображение результатов ста ставок потребовало бы дюжины фотографий, что перегрузило бы сайт, семьдесят пять могли разместиться, но выглядели не очень-то кругло, и я остановился на пятидесяти - при достигнутых 60% серия с таким или же с лучшим исходом возникает случайным образом в среднем лишь один раз из двенадцати попыток её исполнения.

Научный опыт признаётся значимым, если шансы случайного происхождения его данных не выше одного из восьми, и уж тем паче применимо это к демонстрации, призванной только удостоверить выводы проведённых ранее экспериментов.

Также, поскольку учёные, по не ведомой автору причине, считают его способным на злонамеренный обман ради обмана, мне необходимо доказать, что моя демонстрация не является " выборкой " и я не повторяю предсказаний беспрерывно до тех пор, пока наконец в последовательности из пятидесяти ставок не найдётся случайно тридцати или больше выигранных.

Для того мне придётся выдержать паузу перед началом демонстрации, думается, полугода довольно - навряд ли кто-то предположит, что маньяк шесть лет упорно продолжал играть по расписанию, только ради удовольствия натянуть ему нос.

Архив казино хранил статистику игры пользователя на деньги в течение двух месяцев и давал ответ на запрос по ней за время до недели включительно, и документацию паузы составят фото двух дюжин сообщений об отсутствии ставок имярек, они были краткими и много места не занимали.

Сайт **OnlineVegas.com** я обнаружил 18-го марта и запланировал приступить к демонстрации в начале сентября, когда учёные вернутся из летних отпусков, а на протяжение паузы улучшал термостабилизацию моей спальни-лаборатории и уточнял критерии предсказания, играя в не регистрируемом архивом режиме " для развлечения ", и это принесло недурные плоды - процент верных угадываний поднялся до шестидесяти пяти.

И тут всё неожиданно повернулось не по составленному плану - тридцатого июня раздел сообщений казино поместил объявление о прекращении приёма новых игроков из Америки.

Счета уже имевшихся американских клиентов аннулированы не были, однако ж ясно - длинная рука юрисдикции США дотянулась и до этого сетьевого разорителя пенсионеров, и его вот-вот могут заставить рассчитать автора и иже с ним.

И, напуган перспективой потерять единственную возможность провести демонстрацию с отключённой анимацией, я немедленно объявил о начале назавтра на рулетке сайта **OnlineVegas.com** на счёте номер OV0362859294 зачётной серии из пятидесяти ставок, сделавши анонс о том на интернет-форуме Гайя, и я решил завершить её за неделю.

И потому начало демонстрации пришлось на первое июля, воскресение, день первый библейской и американской недели, а закончил я её в субботу, 7 июля 2012 года.

Статистика игры складывалась обнадёживающе: в день первый, воскресение, я сделал семь ставок и выиграл пять из них, увеличивши баланс на три заклада, то же произошло во вторник и четверг; игра в понедельник принесла один заклад ( 6 выигрышей на 5 проигрышей ), среда и пятница обе оказались бездоходными, зато и не убыточными ( 3 на 3 и 4 на 4 соответственно ).

Из четырёх последних ставок серии в субботу я надеялся выиграть как минимум две, и тому помешало лишь непредвиденное событие ( не следовало ли мне в день седьмый опочить от моих трудов ? ) - утреннюю сессию составили один выигрыш и один проигрыш, а при входе в дневную сессию в момент установления контакта с Интернет программа без команды сыграла сама собой два раза подряд и дважды кряду проиграла - такие сбои наблюдались и прежде, но крайне редко.

Несмотря на то, демонстрацию можно было считать успешной - выиграв 29 и проиграв 21 ставку, я добавил 8 закладов к моему балансу, и вероятность возникновения серии с таким или же с лучшим исходом случайно равняется одной восьмой.

На экране компьютера связи могли разместиться только 8 записей ответа архива на запрос о прошедших играх, и поскольку в доказательство непрерывности серии периоды запросов должны перекрываться, документацию 50-и ставок осуществили 8 фотографий экрана, которые вместе с пятнадцатью фото еженедельных ответов об отсутствии игры в паузу я распределил по файлам страниц "Русской рулетки", не перегрузив сверх меры сайта изображениями.

Оставалось описать процедуру демонстрации на двух языках и разослать письма, но спеху с тем не было, и я планировал сделать это в сентябре, когда люди вернутся из отпусков.

На следующий день после окончания демонстрации, 8-го июля от брата из Калифорнии пришло горестное известие - там, на 94-м году его жизни, угасая на больничной постели в пригороде Сан-Франциско, готовился покинуть мир наш общий отец.

Он заболел тяжёлой формой гриппа, осложнившейся пневмонией с отёком лёгких, и теперь в совершенно безнадёжном состоянии находился в госпитале, в отделении интенсивной терапии, и врачи предсказывают летальный исход в конце недели, сообщил мне брат.

Отец иногда приходит в сознание и хочет видеть меня, и нужно прибыть, и срочно, тем более, что ему с женой предстоит заниматься организацией похорон, а доктора тут настаивают, чтобы возле умирающего постоянно был кто-то из близких, во избежание судебных исков со стороны родных, и потому мне сейчас купят электронный билет на самолёт на завтра и вышлют по интернет-адресу моей почты его точные реквизиты.

Дыхание конца в тот год носилось в воздухе - цепочка дат на древнеамериканском каменном календаре майя, откопанном археологами, обрывалась на обозначении дня двадцать первого декабря 2012 года, пришедшегося на пятницу, и светопреставление ожидалось тогда же.

И, добавляя оснований таким настроениям, новости сообщали о постоянном нарастании арабо-израильского конфликта, о не слыханных раньше запусках ракет по Тель-Авиву, производимых с территории Палестинской автономии, о дерзких террористических актах и тому подобном.

Под воздействием атмосферы грядущей катастрофы я взялся снова за " Откровение " и перед звонком брата размышлял о значении производимого Зверем, равно и Агнцем, клеймения своих последователей путём наложения на них печатей.

По Пятикнижию Моисееву ( Второзак. 11:18 ), при молитве правоверные иудеи накладывают слова Торы на лоб и на руку в знак подчинения мыслей и действий, душ и сердец Яхве, используя для того кожаные коробочки тфилин со свиточками, и я находил символику запечатления чела и руки аналогичной и отражающей распространение в мире Нового Завета и Корана.

Примечательно, что Зверь клеймит и лбы, и руки, подвигая адептов на джихад, вослед Моисею, освящавшему руки мужей пред завоеванием Ханаана, Агнец же, меча не подъемлющий, ставит печати лишь на чело, и хотя в белые ризы святости облачаются многие изо всех языков земли, но запечатлеваются исключительно одни евреи, по 12-ти тысяч в колене, и для будущности мира важно, чтобы число в 144 тысячи отмеченных печатью Иисуса Христа из дома Иаковлева исполнилось и потомки богоборца Израиля соединились на брачном пиру Спаса Агнца в Его Новом, золотом и сияющем Иерусалиме. Аминь.

И оттого после сообщения брата мне пришла в голову благая мысль окрестить моего умирающего родителя, и уверенность мою в том, что аз, многогрешен и не рукоположен, всё же призван совершить над отцом это Таинство, подкрепляла её ясной числовой мистикой не далее как только вчера закончившаяся редким сбоем программы демонстрация Самсказала.

Ещё в субботу возникновение восьмёрок, чисел Христа, показалось мне неслучайным, а сегодня, в день восьмый, он же день первый, воскресение, я увидел - нумерология статистики демонстрации недвумысленно указывает на соответствующие дни седмицы жертвенных Страстей Создателя.

Действительно, воскресные, вторничные и четверговые 5 выигрышей из 7-и ставок означают " учение " и " завершение ", и это дни Въезда во Иерусалим и оплакивания судьбы святого града, поучения притчами и заповедания причастия на Тайной Вечери.

Произошедшие в понедельник 6 выигрышей из 11-и ставок, по системе нумерологии читаемые как " сатана " и " женщина ", вещают о сотворённом в Страстной Понедельник чуде о неплодоносной смоковнице, олицетворяющей древо познания, и иссушение её предвозвещает искупление первородного греха смертью Сына на Древе Жизни и являет Его грядущим Судией.

Три из 6-и, чьё значение " Троица " и " сатана ", отмечали среду, день попущения Богом искушения Иуды и его предательства, а в пятницу 4 из 8-и, иначе, " смерть " и " Агнец Божий, Новое Начало " знаменовали, конечно, попрание смерти смертью.

Отец мой, коммунист и подполковник запаса Советской Армии, был и оставался до моего отъезда твёрдым атеистом, равно и вся калифорнийская родня автора, и я никак не надеялся получить его и их согласие на совершение таинства крещения, однако, помня своё собственное, случившееся не по вере, но действие возымевшее, я положил окрестить больного родителя без его ведома, во сне или в беспамятстве, крестит же Церковь несмысленных младенцев, и Ангел-хранитель им даётся.

Я выяснил по Интернет, что в критической ситуации, *in extremis*, мирянин может окрестить умирающего не по обряду, используя лишь формулу « во Имя Отца и Сына и Святаго Духа », и ободрён тем и ниспосланными мне указаниями, собрался в путь, взявши несколько маленьких бутылочек со святою водой ( большие ёмкости жидкости провозить в самолёте не разрешается ), молитвенник, сборник акафистов и канонов, бутылочку целебного масла от лампады пред ракою с мощами Св. Иоанна Максимовича, переписал с компьютера реквизиты моего билета и направился в аэропорт.

Прибыл я в Сан-Франциско к вечеру, меня встретил брат и мы поехали в госпиталь, возле него заскочив поужинать в бар.

Отцу стало хуже, он уже вторые сутки не приходит в сознание, сообщил брат, и конца можно ожидать даже этой ночью.

После ужина он отвёз меня в госпиталь и, представивши персоналу отделения, где лежал отец, оставил мне завтрак на утро, заботливо захваченный им в баре, записал телефон похоронного дома и номер счёта заказанного в нём сервиса и уехал.

Дежурная сестра проводила меня в палату, там постелила гостевой диванчик, и, пожелавши спокойной ночи, удалилась.

Отец лежал неподвижно под капельницей с кислородными трубками в ноздрях, черты его пожелтевшего лица заострились.

Я достал молитвенник и прочитал "Отче наш", подходящий к случаю псалом 41-й «Имже образом желает елень на источники водныя, сице желает душа моя к Тебе, Боже…», "Символ веры" и окропил отца троекратно святою водой, возгласивши «крещается раб Божий Симон во Имя Отца и Сына и Святаго Духа», а за тем отслужил канон Ангелу-хранителю и, прочитавши молитву Утешителю Святому Духу, помазал крестообразно маслом от лампады Максимовича чело, ланиты, кисти рук, перси и стопы ног умирающему, пропел "Великое славословие" и лёг спать.

Наутро, к удивлению медработников, отец пришёл в сознание, анализ крови его показывал почти норму и вид улучшился.

Он узнал меня и очень обрадовался и рассказал, что был уже вне тела, но увидел Ангела, повелевшего ему возвратиться, дабы принять своего Спаса Иисуса Христа и покаяться.

Как дисциплинированный военный отец незамедлительно приступил к исполнению распоряжений Ангела и позвонил матери, попросивши срочно приехать в госпиталь, а когда она появилась, покаялся в моём присутствии во всех его грехах перед ней, а их оказалось немало, особенно измен, в бытность отца молодым красавцем-лётчиком и покорителем сердец одесситок.

Повинился он и предо мной, несмотря на то, что родителем был чрезвычайно мягким и в жизни меня ни разу пальцем не тронул, хотя берёза порой по автору и плакала; попросил он прощения и у брата, и у его жены, и у внуков, и у всех окружавших, родных и просто знакомых.

Здоровье отца быстро шло на поправку, и через три дня его с хорошими показателями выписали домой в "Острова", где мы с ним совершали прогулки вдоль берегов лагуны, покрытых трехцветными рододендронами, наблюдали уток-мандаринок и пеликанов и разговаривали, разговаривали.

Отец расспрашивал меня о Христе и об истории Израиля и просил учить его молитвам и читать каноны и акафисты, правда, запоминать славянский текст ему было сложно, но, благодаря моим комментариям, с пониманием он справлялся.

Под влиянием произошедшей с её мужем разительной перемены, мать моя также стала присоединяться к нашим беседам и ощутила необходимость обращения к Богу Израилеву евреев через Его Сына.

Теперь им обоим следовало бы войти в Церковь, однако русские православные храмы от Сан-Матео находились далеко, да и славянский язык службы составлял для родителей непреодолимую преграду.

Но однажды, когда мы втроём сидели на лавочке у воды, к нам подошла молодая женщина и представила себя по-русски.

Её звали Марина, она недавно въехала в соседний с "Островами" дом, и услышавши ненароком наши разговоры, поняла, что мы - христиане, только, по-видимому, не разыскавшие ещё в Америке подходящей церкви.

Сама она прихожанка замечательной русской общины "Дом Евангелия", и если мы хотим, может отвезти нас туда на своей машине и познакомить с пастором и с верующими.

Эта церковь баптистов-евангелистов располагалась в русском районе недалеко от Гири на западе Сан-Франциско, и в ближайшее воскресение мы подъехали к службе в ней, состоявшей из проповеди, построенной на толковом разборе одной из глав Евангелия, общей молитвы аудитории и концерта церковного хора, исполнявшего гимны на музыку Чайковского, Бортнянского и Рахманинова.

После службы всех щиро пригласили отобедать борщом с пампушками и варениками - большинство в конгрегации были выходцами из Украины - и в столовом зале Марина со многими верующими нас познакомила, и среди них оказалось немало одесситов, а также крещённых евреев.

Потом нас принял пастор брат Николай. Я рассказал ему о крещении отца, и он согласился с тем, что чудо произошло, мать же записал в группу тех, кто подготавливается ко крещению, и её в погожий летний день отвезут вместе с другими неофитами на Русскую речку за залив и там окрестят с троекратным погружением под воду.

Брат Николай и Марина пообещали регулярно навещать мать и отца в "Островах", и вверивши родителей их попечению, я со спокойным сердцем вернулся в Джексонвилль, где во мне нуждались Галина и неразосланная демонстрация "EI".

Занявшись последней в первую голову по приезде, к началу сентября я набрал на двух языках текст " Русской рулетки " и, выяснивши адреса нескольких десятков крупных учёных ойкумены, разослал им сообщения с описанием важного феномена и предложением ознакомиться с документированной научной демонстрацией эффекта на сайте againstchance.webs.com.

И прежде, чем прочим учёным, я отправил такое письмо моему бывшему соученику, а ныне академику Российской Федерации, тому самому, кто порекомендовал мои статьи журналу Московского Госуниверситета.

Он среагировал вмиг, правда, написав, что работу мою не успел ещё просмотреть и сделает это позже, а сейчас высылает мне список адресов наших сокурсников по Факультету Общей и Прикладной Физики Физтеха набора 1966 года и полагает, что этим людям, знакомым с автором персонально, обязательно следует сообщить о совершённом им открытии.

Я проверил по Интернет, где находятся и чем зарабатывают на хлеб сотоварищи по списку - все, кроме меня одного, были ангажированы на исключительно престижных позициях в науке, преимущественно, за пределами Родины, и разославши письма моим сокурсникам тоже, я довёл число оповещённых учёных до 72-х и стал ожидать их реакции.

Мне пришло два ответа, оба от моих сокурсников, назову их по инициалам и иностранному местопроживанию Mr.A.K. и Mr.S.K.
Mr.A.K. теперь живёт во Франции, трудится, судя по темам конференций, в которых участвует, в области физики плазмы и считается специалистом по квантовой механике.

В своём письме он пространно объяснял, как было глупо с моей стороны делать выводы на основании только 50-и ставок, и что шансы случайно выиграть 29 или больше ставок из 50-и равны, согласно его собственной оценке, одному к двум.
После того он заявил, что никогда не поверит никакому доказательству существования подобного явления, поскольку это противоречило бы Закону Причинности.

Оценка его содержала смешную арифметическую ошибку, и он явно сразу бросил читать, дойдя до результата 29 из 50-и, ибо немного ниже в тексте сайта помещались формулы для точного расчёта вероятности, проведённого тут же и давшего шансы не один к двум, а один к восьми, и я деликатно указал моему респонденту на это.

Затем я написал Mr.A.K., что Закон Причинности тут никак не нарушен, зане в наличии суть и причина, и следствие, хотя причина здесь находится в Будущем, а следствие - в Прошлом.

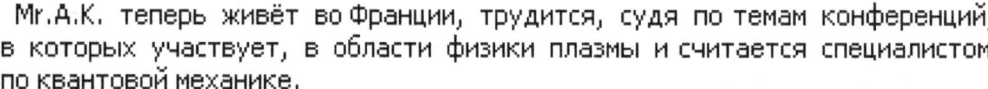

В квантовой механике, как он, вне сомнения, знает, постулируется отклик системы на будущие события, и такую реакцию экспериментально обнаружили в 1993 году в опытах со спаренными К-мезонами.
Эффект был регистрируем на интервалах порядка наносекунд, но ничто не мешало его усилить и наблюдать, в принципе, на любых отрезках времени.

Я упомянул этот факт, он должен был быть известен Mr.A.K. в силу его специальности, и ссылка на статью о нём имелась на сайте, и заключил, что существование системы, реагирующей на событие за секунды заранее, не противоречит законам физики.

После чего я уверил Mr.A.K., что моя убеждённость в существовании эффекта основана отнюдь не на 50-ти ставках, а на результатах многих предшествующих исследований, чья вероятность оказаться случайными исчезающе мала, и напомнил ему о моих статьях, где содержится исчерпывающая статистика, и выход на них обеспечивается ссылками, приведёнными на сайте в разделе литературы.

Демонстрация сделана короткой ради того, чтобы быть представимой в удобоваримом виде, писал я своему оппоненту, но, если надо, я вышлю добавочную документацию, и могу установить программу предсказаний на его компьютерах. Я не получил от Mr.A.K. никакого ответа.

Второй отозвавшийся мне сокурсник, Mr.S.K., проживает сейчас в Швейцарии и работает в телекоммуникационной компании под названием "Восход Солнца".
Его письмо отличалось лаконизмом - в первой строчке он задавал автору известный в Союзе вопрос: «Если ты такой умный, так почему не богатый и не знаменитый?».

После чего он похвалился своими выигрышами в казино Монако, Баден-Бадена и Невады и сообщил, что высылает мне своё фото, отснятое в Лондоне.
Письмо не содержало даже полслова о демонстрации, словно её в природе и не бывало.

Я не видел моего сокурсника 40 лет и совершенно не помнил, как он тогда выглядел, однако глянув на улыбающееся лицо, я сразу узнал его - это был, несомненно, тот, кто повстречался мне тут в образе чёрного Рича и парня со змеиной татуировкой, наблюдавшего два десятилетия назад за захоронением змеек в «Английских дубах».

Фотография запечатлела моего знакомца на фоне некой мемориальной стены внутри какого-то официального здания, и о том, что он действительно пребывает в Англии, говорит полускрытая его головой надпись «Правый чест... Лорд Л...».

Одет Mr.S.K. на фото в чёрную расшитую золотом венгерку и стоит подбоченясь и скрестивши ноги, в точности копируя позу с известного портрета кисти Гейнсборо "Капитан Уэйд" ("Captain Wade", wade - продираться, яростно атаковать, англ.).

Гусарская венгерка и сходство с морским капитаном Уэйдом напомнили мне о происхождении слова "гусар" от "корсаро", по-итальянски, пират, и о том, что в девятнадцатом веке русских гусаров лицезрел Париж, а теперь вот уже и Лондон.

Также я заметил, что колонна за спиною Mr.S.K. отчего-то наклона, и вряд ли это можно объяснить аберрациями оптики.
Советую Читателю самому посмотреть на фото, помещённое на **againstchance.webs.com**, дабы, буде натолкнёшься на моего респондента, дай Бог, не к поздней ночи, понимал, чего тебе потом следует ожидать.

Нечего и говорить, весьма уязвлен равнодушием научного сообщества к открытию, обещающему стать ключевым в нашем представлении о мироустройстве, ибо только две вышеописанные личности из 72-х столпов современной науки отреагировали на просьбу взглянуть на "**EI**", остальные же 70 мужей и жён мудро промолчали, я засучил рукава и решил продолжить игру.

План мой состоял в том, чтобы провести во 2-й части демонстрации серию с шансами оказаться случайной 1 к 1000 и собрать фотографии её в архиве (предполагалось, что она выйдет слишком большой, чтобы разместиться на основном сайте).

Но для осуществления замысла следовало поторопиться - близкою уже зимой установление в спальне надлежащей температуры, 76,5 градусов по Фаренгейту (24,7 градусов по Цельсию), превратится в изрядную проблему.

И потому в середине сентября, переставши уповать на ответы от 70-и учёных, я приступил бы ко 2-й части демонстрации, если б в то время не получил ещё одно сообщение из Бельмонта от брата, содержания такого же, что и предыдущее- наш отец в Калифорнии во второй раз находился при смерти.

Сейчас в его гипофизе обнаружена неоперабельная опухоль, она не могла пройти, как прошла пневмония с отёком, и ясно, когда неизбежное событие произойдёт. Вылетать нужно через три дня, электронный билет на моё имя куплен.

Разумеется, в таких обстоятельствах на мне возлежала обязанность позаботиться о принятии отцом последних Таинств, и если *in extremis* окрестить может и мирянин, причащение есть прерогатива священника, представляющего в Церкви Иисуса Христа, причём брат Николай, увы, для того не подходил - протестанты не верят в претворение вина и хлеба в Пречистые Кровь и Тело, и я намеревался позвонить в Старый Храм и вызвать в госпиталь отца Джеймса, а покуда прихватил в дорогу копию Литургии, которую думал отслужить, в качестве чтеца, вместе с ним в палате.

Рейс мой отбывал из Джексонвилля вечером и прибывал в Сан-Франциско рано утром; я явился в аэропорт за полтора часа до отлёта, миновал пункты регистрации билета, проверки "ай-ди" и сканирования, в свою очередь вошёл в самолёт и занял своё место.

И тут к моему креслу подошли регистратор, произведший посадку, и служащий, просвечивавший мою сумку на контроле.

Принося извинения и сожаления, они сказали, что при идентификации моей персоны в их компьютерной системе произошёл сбой, и для его коррекции они просят меня выйти с ними в зал, прихвативши вещи.

Там контролёр, сосканировавши данные с моего билета, распечатал другой, который отдал регистратору, а тот, вручив его невесть откуда взявшемуся члену экипажа рейса, затворил за ним ворота приёмного дока, и самолёт от него отчалил.

Когда владение речью ко мне вернулось, я смог сказать моим похитителям, что их программа опознания ошиблась, принимая меня, вероятно, по бороде и по восточной фамилии, за кого-либо из её списка мусульманских экстремистов, и контролёр, вынимавший листы бумаги из продолжавшего печатать принтера, выпрямился и поднял на меня тёмные глаза.

"Мы знаем, кто ты, Яц'кар", - он произнёс моё имя, как положено на иврите, с ударением на последнем слоге и звонким "ц", а не здешним глухим "ts".

"Мусульмане - это мы", - и он указал на себя и на регистратора, а также кивнул на маломерного азиата с тележкой уборщика и на огромного негра у соседних ворот отправки.

"Я Гамаль, из Египта родом, он, Омар - из Йемена, уборщик - из Малайзии, а тот большой чёрный - ваш, американец.

Ты же, всякому ясно, еврей, однако высадил я тебя не поэтому, а оттого, что от тебя пахло вином и в сумке твоей был коньяк."

Вином от меня наверняка потягивало - перед отъездом я поел, а без выпивки, известное дело, организм алкоголика принимать никакую пищу не в состоянии.

Но раньше проблем с моим ароматом не возникало - пить в аэропортах разрешено, и в каждом из них имеются пивные и винные бары, и в самом самолёте стюардессы предлагают вино и пиво, правда, по заоблачно высокой цене.

Равно и в кабину пассажиру позволяется пронести полгаллона спиртного, хотя лишь в маленьких, пятиунциевых бутылочках, и до сих пор в полётах я такою возможностью много раз невозбранно пользовался.

Я сказал об этом Гамалю, и тот признал, что правил авиакомпании я не преступал, и, положивши предо мною пачку отпечатанных листов, обрисовал мою ситуацию.

Им срочно потребовалось послать эмиссара во Фриско, вакансий на рейсе не было, *ergo*, приходилось кого-то ссаживать, и выбор пал на меня, поскольку запах вина и алкоголь в багаже позволяли заявить полиции, что я был пьян и проявлял агрессию.

Улик и двух показаний о том достаточно, самолёт улетел и заниматься расследованием никто не подумает, в полицейском участке составят акт о содержании спирта в крови и продержат меня там сутки, и иска о незаконном задержании по суду мне не выиграть.

Всё ж, несмотря на незатруднительность этого действия, он, Гамаль, предлагает мне более благоприятный для меня выход и обещает не предавать меня в тугие объятия штатской полиции, если я сейчас подпишу приготовленные им документы.

Они удостоверяют, что в результате сбоя компьютера на одно моё место проданы два билета, и я добровольно согласился с предложением компании вылететь за её счёт следующим рейсом.

В компенсацию инцидента, пассажиру возместят полную стоимость билета, а на время его задержки ему бесплатно предоставят первоклассный отдых в аэровокзальной гостинице. Гамаль назавтра отправит меня рано с утра, и я прибуду в пункт моего назначения к вечеру.

Я потребовал у Гамаля его сотовый телефон и, позвонив брату, описал ему положение и спросил, подписывать ли бумаги.

Брат ответил, что я попался, и в подобных случаях не следует покидать своего места, но раз уж я поддался на провокацию, делать нечего, и хотя на мою помощь завтра они очень и очень рассчитывали, им придётся обойтись без меня до вечера. После чего он распрощался, пожелавши мне провести приятную ночь в гостинице.

Я всё подписал, и тогда Гамаль забронировал мне номер и отпечатал открытый билет, без указания даты, рейса и места, а также два ваучера - обязательства погашения авиационной компанией расходов на неиспользованный билет и на обед в ресторане, а потом подвёл к экипажу одного из приземлившихся недавно в Джексонвилле лайнеров и представил меня его пилоту.

"Рашид, это Грегори, - сказал египтянин, - он поедет с вами ночевать в нашу гостиницу. Покорми его хорошим обедом с бутылкой какого он хочет вина по кредиту предприятия."

Автобус отеля "Континенталь" быстро доставил в него экипаж и меня, портье вручил всем карты доступа от номеров, и забросив туда вещи, компания спустилась в ресторан.

Рашид сел со мной за отдельный столик и заказал закуску "пиканте" из баклажанов, крабовый суп "фу-фу", шиш-кабоб и кофе, и по его совету я повторил заказ.

После этого мой чапероне протянул мне винный вкладыш меню, и я выбрал бутылку доброго старого пино-нуар.

У тарелки супа "фу-фу" не положили ложки, и Рашид научил, как с этим блюдом следует обходиться - от колобка из маниока, поданного отдельно, нужно отщипнуть небольшой кусочек и пальцами вылепить из него ложечку и, зачерпнувши горячую красную густую жижу, отправить вместе с ложечкой в рот - вкусно.

Хороши были и баклажаны, и шиш-кабоб, и кофе по-арабски, сваренный на углях, и я искренне похвалил обед, на что Рашид заметил: "Тут наш повар".

"Не надо слишком сильно обижаться на нас, Грегори, за задержку, - сказал он, - дело потребовало срочного вылета шейха.

Но ты можешь не бояться посещать публичные места в Сан-Франциско - никаких акций в ближайшее время не планируется.

Сейчас наш главный враг не здесь, в Америке, а в Израиле. Ты ведь еврей, Яц'кар? Как ты относишься к Израилю?"

Я отвечал пилоту, что по рождению я еврей, по вере же - православный христианин, и моё отношение к Израилю двойственное.

Полагаю, отбирать у одного народа землю и отдавать её другому на том основании, что он владел ею две тысячи лет назад, противно и Божеским законам, и человеческим.

Тогда и Лондон следует возвратить итальянцам, и не справедливей ли это, поскольку римляне сами построили Лондониум в дальнем и необжитом Альбионе, Иерусалим же евреи отбили у бывших их покровителей в Египте хиксосов.

И Москву верните мордве, а Стамбул - Греции, и так далее, ибо нет места на планете, не переходившего из рук в руки.

Однако гипотетическое недопущение возникновения государства Израиль могло ли примирить Ислам с нами, кафирами, если Коран повелевает каждому мусульманину вести джихад всеми средствами, до тех пор, пока не искоренятся неверные.

"Ты рассуждал мудро, - сказал Рашид, - и как умный человек должен быть с нами." Он заплатил за свой обед и моё вино и, пожелав мне спокойной ночи, встал из-за стола, я допил кофе и, отдав официанту ваучер, поднялся в номер.

Просторный, с витринного размера окном и с высоким потолком, он был оборудован трехспальной кроватью с тумбочками, плоским телевизором в полстены и холодильником, где пребывала коробка моего самого любимого тёмного бутылочного пива "Гиннесс", и чек, пришлёпнутый на неё, показывал, что пиво уже оплачено.

На тумбочке справа от кровати стояли лампа под абажуром, телефон и пивная кружка и лежала открывалка для бутылок, а в ящике её - Библия, версия короля Джеймса в твёрдом коленкоровом переплёте, издание общества Гидеонов.

Тумбочку с левой руки занимали свежая недельная телепрограмма и пенальчик дистанционного контроля телевизора, и включив его, я нашёл выпуск новостей из Америки и прочих стран мира.

Передавали по нему всё то же - пожары, штормы, наводнения, торнадо, убийства, терракты и обстрелы территории Израиля палестинцами.

Затем начался ночной кинозал, и в нём показывали остросюжетный детектив об обезвреживании разведкой США атомной бомбы, заложенной диверсантами под Нью-Йорком.

Бомба была замедленного действия, и террористы рассчитывали успеть отъехать от эпицентра взрыва на безопасное расстояние, но в результате трудной погони на всех видах транспорта и перестрелки их задержали, и на хитроумном допросе следователи смогли понять, понятно, безо всяких пыток, что бомба размещена под неким хранилищем золота на Уолл-стрит, и сапёры разрядили её, конечно, на последней секунде работы часового механизма.

Злодеи политкорректно не имели никаких этнических признаков, равно и религия их оставалась неопределённой, и мне подумалось, что мусульманам-то не понадобится часовой механизм для бомбы, ибо у них достаточно самоубийц, жаждущих удовольствий Джанны.

Ко сну грядущему я раскрыл гостиничную Библию, где гидеоны поместили ссылки на важнейшие места Писания как предисловие, и следуя одной из них, " о причинах войн ", я прочитал в соборном послании Святого Апостола Иакова ( Джеймса ): « Откуда у вас войны и распри ? не от вожделений ли ваших, воюющих в членах ваших ? » ( Иак. 4:1 ).

Утром я принял ванну с освежающим ароматическим пенообразователем и упаковавши в сумку недопитое пиво, кружку, открывалку для бутылок и Библию, спустился вниз, где обитателей отеля уже ожидал бесплатный " континентальный " завтрак, сервированный буфетом самообслуживания в зале, примыкающей к ресторану.

Основным компонентом утреннего меню являлись исконно американские " скоблённые " яйца со шкварками и жареным беконом, но не со свиными, а из куриной кожи и прессованной индюшатины.

Они помещались в металлических подогреваемых полусферах, а другие подобные содержали бисквиты и пористые блины с острой мясной подливкой, бараньи колбаски типа нашего люля-кебаб, цыплячьи крылышки, бобы и рис, рядом лежали на блюде горячие свежие лепёшки и стояла чаша горохового гумуса.

Я наложил себе полную тарелку всего, кое-чем запасшись впрок на дорогу, и, пройдя в зал ресторана, устроился там за столик, на который выставил оставшийся с ночи "Гиннесс", и совсем уж было вознамерился приступать к поглощению предполётного завтрака.

И тогда из буфета с тарелкой к моему столику подошла молодая женщина и, испросив разрешения, села напротив меня.

Она была очень хороша - блондинка с голубыми глазами и кожей золотистого цвета в маленьком жёлтом платье с вырезом.

Я подвинул виз-а-ви бутылку "Гиннесса", и дама не отказалась. Её звали Джинни, она летела в Новый Орлеан из Майами, но вчера их посадили в Джексе из-за поломки какого-то навигационного прибора.

Мы чокнулись пивом и за едой обменялись несколькими фразами о Луизиане, Майами, Джексонвилле и Сан-Франциско.

Потом я принёс из буфета кофе по-арабски и достал к нему нам по бутылочке коньячка из не оприходованных намедни самолётных неликвидов, и Джинни поблагодарила меня за проявленную галантность.

Ей понравился этот "Континенталь", и особенно, его кухня, и она хочет задержаться тут на день, поразвлечься и отдохнуть, поскольку у неё открытый авиабилет.

У меня такой же, не правда ли? Я подтвердил это, и Джинни предложила автору составить ей компанию до её завтрашнего вылета.

Со всей возможной мягкостью я ответил, что лечу к умирающему отцу, возле которого меня ожидает к вечеру брат, и чтобы мне не опоздать, я должен явиться не позднее, чем через три четверти часа, на регистрацию своего рейса.

" Тебя могут и не отправить этим рейсом, - сказала Джинни. - Не исключено, все билеты на него окажутся заранее проданы.
Позвонишь брату после и сообщишь о вторичной задержке. Спасти отца тебе не под силу, а на похороны его успеешь."

Я поглядел внимательно на свою сотоварку. Она улыбалась, как в Штатах положено, во весь рот и разведя челюсти, демонстрируя розовые дёсна.
Зубы её были крупны, белы и без пороков, хотя глазные довольно гипертрофированы.
Улыбаясь, век она не щурила, и в больших, почти во всю радужку зрачках танцевали жёлтые язычки пламени.

Я отказался остаться с нею ещё раз, уже более твёрдо, и Джинни тогда записала мне номер её комнаты в "Континентале", на тот случай, если меня снова не пустят в самолёт или если я передумаю, и, подхватив сумку, автор пошёл к автобусу и спустя 15 минут стоял у терминала посадки перед регистратором рейса, но теперь не Омаром из Йемена, а новым, чёрным.

Он уведомил, что сейчас начнётся приглашение в самолёт пассажиров, однако мне нужно дожидаться конца процесса, и когда услышу своё имя по радио связи, опять подойти к регистрационной стойке и получить одно из непроданных мест, и я расположился в кресле наблюдать развёртывающиеся вокруг меня события и поразмыслить над уже произошедшими.

Похоже, меня удостаивает вниманием тот, кто живёт на седьмом небе за древом с листьями шириной со слоновьи уши.

Каких же действий Всемилостивейшего должно ожидать мне теперь, после того, как я отверг предложение его Джинни?

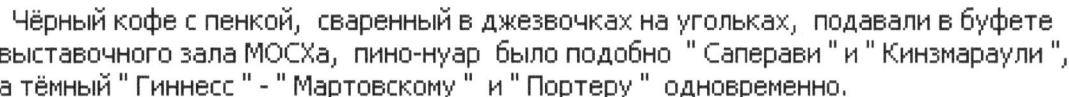

За полсуток в отеле "Континенталь" мне вспомнилось о столь многих вещах, любимых мною с лет ранней юности: баклажаны - похожие готовили в Одессе, шиш-кабоб из маринованной говядины напоминал о бастурме старого "Валдая", и даже африканский крабовый суп "фу-фу", густой и томатный по своей сути, вызывал в памяти добрые московские щи.

Чёрный кофе с пенкой, сваренный в джезвочках на угольках, подавали в буфете выставочного зала МОСХа, пино-нуар было подобно "Саперави" и "Кинзмараули", а тёмный "Гиннесс" - "Мартовскому" и "Портеру" одновременно.

Шашлычная на Таганке славилась бараньим люля-кебабом, свежими лепёшками - армянский "Раздан" в Столешниковом, гумус из пюре фасоли с чесноком служил популярной закуской в Причерноморье, а куриные шкварки входили в массу блюд, в частности, в горячие жареные сечёные крутые яйца, аналог "скоблённым" яйцам предполётного бесплатного завтрака.

Но самое удивительное сходство с образом из моего прошлого являла Джинни, всеми чертами её совпадая буквально с моей одесской сверстницей, в которую я был по уши влюблён полстолетия тому назад.

Конечно, она была раза в два старше той девочки возраста Джульетты, однако абсолютно идентична ей по генотипу, кстати, весьма неординарному.

Натуральные блондинки (а Джинни принадлежала к ним, крашеных я различаю), как правило, белокожи и пышнотелы, и лишь на юге Империи иногда попадаются, но редко, метиски, потомство русских пленниц-наложниц в гаремах крымских татар, золотисто-смуглые и светлоглазые, отличающиеся змеиной гибкостью в сочетании с остренькими глазными клычками, имевшимися на верхней челюсти и у Джульетты, и у Джинни.

Совпадение это не стоило почитать за чудо, зане тот, кто за древом, чудес не творит, яко и не хощет, и не может, и всё ж оно говорило о большой кропотливой работе, произведённой при подготовке встречи с дамой в "Континентале".

Устроители её, не имея, бесспорно, никакого понятия о моей одесской любви полувековой давности, верно сообразили сыскать на роль моей соблазнительницы меж здешних мусульманок женщину с корнями рода у мест возрастания автора, то есть, внучку крымских татар, во времена оккупации сотрудничавших с немцами и румынами, а потом в немалом числе ушедших с ними и сдавшихся американцам.

Среди них нашлась и метиска Джинни, обладавшая явными славянскими чертами, что, можно догадаться, мне, женатому лишь на славянках, должно импонировать, и приманка для сети, выбрана точно, сработала бы, если б я не осознавал, кто таков мой ловчий, анахорет седьмого неба, укрывающийся от иных созданий за древом, чьи плоды суть сосуды из глины.

После того, как с помощью "Откровения" Св. Иоанна Богослова мне стало это ясно, называть его Аллахом я избегаю, ибо так же Создателя величает служащая по-арабски Православная Антиохийская Церковь, но автор Корана - дух другой, иже сам не очень-то претендует на лавры Творца всего, ограничиваясь таким описанием своей деятельности в роли Демиурга: "...обратился к небу и сделал его семью небесами." (Коран 2:29)

Древле низвергнут Михаилом Архангелом с 10-й сфироты, вышней тверди небес, ставши князем всех девяти нижних, ближайшую из них к закрытой ему избравши для постоянного обитания, он лишился возможности творить истинные чудеса, поскольку оттуда нет непосредственного доступа к миру, содержащему образы всех воплощённых вещей в любой момент их материального бытия, вневременному "ареалу отражений", воздействие на которые - единственный способ контроля за развитием событий во времени.

Сверженный лучше всех земнородных разбирается в механизме, посредством коего Всевышний управляет Вселенной, оттого и заинтересовался моей персоной, прочитав опубликованное мною на Интернет описание демонстрации Самсказала, сразу оценивши потенциал " EI " как своего оружия.

Раньше, рассуждая об открытом явлении, я упоминал о квантовой механике, допускающей влияние будущего на прошлое, но, большей частью, в качестве возражения моим оппонентам типа Mr.A.K., уверенным, что подобного на свете нету, поелику и быть в заводе не может никак.

Аргумент предназначался в доказательство лишь возможности передачи информации против течения времени в принципе, на деле же связь процессора и устройства записи данных в магнитную память компьютера со временем наблюдаемой реакции первого на будущее заполнение файла порядка секунд осуществляется не в нашей сфироте квантовомеханической пси-функцией, угасающей в миллиарды раз быстрее секунды, а через вневременный горний "ареал отражений", и мне это было ясно.

Физически такая связь подобна не субтильной пси-функции, а более вещественной серебряной цепочке ( см. Эккл.12:6 ), или известного серебряного шнура-страховки астральных путешественников, связывающего душу с оставленной на земле плотью, и, соединяя 2-ю сфироту ( землю ) с 10-й ( небесной твердью ), вероятно, способна послужить проводником туда тонких тел духов.

Очевидно, что именно этот аспект открытия неизбежно должен вызвать острый интерес того, кто скрывается за древом, ибо без орудия взлома укреплённой твердыни Творца он как без рук, и потому проделанная им недавно попытка привлечь изобретателя " EI " в свой лагерь и исполненная, нужно отдать её постановщику должное, артистически, не оказалась полной для автора неожиданностью.

Какие ж петли разложил по дороге искусный ловец мой теперь ? предусматривает ли его план переполнение и этого рейса и возвращение меня опять в "Континенталь", в объятия Джинни-Джульетты ?

Вторая попытка потребует куда больших усилий, чем первая - утренний рейс, прибывающий в Сан-Франциско к ночи, особой популярностью не пользуется и заполняется всегда частично.

Хм, однако, вот на посадку прошла довольно многочисленная команда спортсменок в одинаковых розовых кофточках с эмблемами и мини-юбочках - на соревнования прилетают загодя, чтобы отдохнуть в отеле и акклиматизироваться - но нет, этого для аншлага не хватит.

А, может быть, искуситель поставил на мне крест и задумал от меня избавиться ? Не очень-то я ему дальше как учёный нужен - открытие сделано, детально описано и подготовлено для передачи инженерам и конструкторам, коих у него, знаю, довольно.

Я же, если не завербован стопроцентно, ему опасен, поскольку владею пером и могу раскрыть его стратегический замысел кафирам ( тот, кто за древом, безусловно, читал и пятнадцать глав моего романа ).

Проводить разработку оружия надо секретно, и, дабы не привлекать внимания ко мне и к опубликованному материалу, устранят меня не путём индивидуального покушения, а в ходе какого-то массового терракта, и этот рейс просто идеален для его исполнения, позволяя приписать ему правдоподобный мотив - уничтожение команды голоногих девок, своим появлением на стадионе оскорбляющих лучшие чувства добрых магометан Америки.

Можно захватить управление самолётом и направить его в землю, а можно пронести в него бомбу и взорвать в полёте - последний вариант кажется проще, учитывая наличие в Джексонвилле офицера безопасности аэропорта Гамаля и иже с ним.

Я смотрел на проходящих на посадку и соображал, кто из пассажиров моего рейса похож на мусульманина-самоубийцу.

У-у-у, сколько здесь таких ! - несколько бородатых молодых мужчин восточного вида без женщин, азиаты - не малайзийцы ли, но больше всего, конечно, чёрных, которых стоит подозревать всех без исключения, ибо сегодня в Соединённых Штатах негры поголовно обращены в Ислам.

Во времена рабства они исповедали только лишь христианство и слагали и пели в своих церквях дивные по красоте гимны, однако после эмансипации образовали криминальное население " нижних городов ", и мало кто из них не побывал в тюрьме, где ныне вовсю трудятся мусульманские миссионеры, открывая глаза заключённым на извращения веры белых господ, крестивших насильно бесправных невольников, лишая и так обездоленных благого наследия их правоверных африканских предков.

( Тут муллы говорят полуправду - хотя новопривезенных принудительно и крестили, они были *en masse* не мусульмане, а язычники, порой людоеды.
Умалчивается ими и то, что поставляли португальцам живой товар для отправки за океан преимущественно йеменские мусульмане. )

Когда последние люди из очереди миновали билетный контроль и растворились уже в туннеле дока, ведущем в жерло аэробуса, мои рассуждения прервал голос из динамика линии громкой связи, назвавший меня по имени и указавший подойти к регистратору.

Чёрный за стойкой отобрал у меня билет и провёл его через сканнер, потом прошёлся пальцами по клавиатуре компьютера, после чего принтер застучал и начал выдавать какие-то бумаги, и я подумал, уж не собираются ли меня задержать опять, благо утренним пивом с коньяком я и сейчас отлично пахну, и отправить автора в участок ничего не стоит, а там, глядишь, встретит его ещё одна Джинни, в полицейской форме, которая вполне может оказаться и той же самой аватарой Джульетты.

Но нет, мне вручили билет в дорогой бизнес-класс, а не в дешёвый экономический, и ваучер на бесплатный обед в полёте.

Продолжают ли они попытки моего подкупа - в том случае, шансы мои добраться до Фриско повышаются, или же такое действие включается в политику компании по компенсации ущерба задержанным по её вине пассажирам ?

В бизнес-классе, расположенном в носовом отсеке салона самолёта и отделённом от хвостовой части фюзеляжа переборкой, кроме меня разместились лишь пятеро мужчин по-азиатски неопределённого возраста, в одинаковых чёрных костюмах.

М-да, пятёрки вполне довольно для захвата смежной с бизнес-классом кабины пилотов, коль эти азиаты владеют кунфу, дзюдо или карате - двое обороняют вход в отсек, двое укладывают меня и команду, а пятый садится за руль, подумал я.

Впрочем, опасения рассеялись, когда соседи оказались жителями хорошо знакомой мне китайской колонии Сан-Франциско, возвращающимися с похорон их флоридского родича, чей поминальный портрет они установили на столике салона.

Взрыва же следовало ожидать каждую минуту, и я провёл полёт во бдении, молитве и покаянии, однако отнюдь не в посте - обед по ваучеру из трёх блюд, бесплатно мне дополненный маленькой бутылочкой самолётного сухого вина, оказался совсем не плох, также я уничтожил всё запасённое утром в отеле, поминая голубоглазую Джинни, и вознёс благодарение Исполняющему тварным всякое животное благоволение, пусть и через посредство того, кто обитает за слоновоухолистым древом.

По этой причине или по какой-либо другой, лайнер приземлился благополучно, и выходя вечером из аэропорта, под влиянием пережитого за прошедшие сутки автор перекрестился на звёздное небо и воскликнул по-арабски " Аллах акбар ! " ( в смысле, " Бог велик ! " ).

Стоявший рядом чёрный в униформе работника авиалинии вздрогнул и спросил, отчего я употребил молитву " такбир ".

Я отвечал, что принадлежу к Православной Церкви, чья Антиохийская ветвь провозглашает на арабском величье Аллаха в любой её службе, хотя имея в виду Всевышнего, Иже на тверди, а не того, кто прозябает под Ним на седьмом небе, и негр, поглядев на меня с удивлением, отошёл в размышлениях над услышанным.

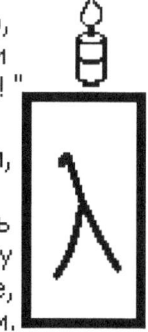

Забрать меня из аэропорта подъехала жена брата и для начала завезла в закусочную "Путь под поверхностью", чтобы ознакомить за ужином со сложившейся ситуацией. Заведение торговало т.н. "подводными лодками" - заострёнными с двух концов булками из пористого квасного теста футовой длины (30 см.), начинёнными ветчиной, салями, колбасой болоньей, ростбифом, курятиной, индюшатиной с майонезом, сыром и овощами, и жена брата взяла мне две вооружённых до зубов средствами поражения "подводки", одну на ужин, другую на завтрак.

За смертоносным блюдом она сказала, что неделю назад на семейном совете принято решение больше не мучить отца и подписано требование к врачам отсоединить его от системы жизнеобеспечения.

По заключению многих специалистов, он абсолютно безнадёжен и обязанность близких сделать уход его в мир иной предельно комфортабельным, и для того они отца устроили в особое учреждение "Госпиталь для набирания сил" (сил, дабы перейти в мир иной), и его там не лечат, а только поддерживают нужной дозой морфина в глубокой коме, когда он лишён всяких чувств и не ощущает никакого дискомфорта.

В таком режиме не кормят и не поят, и на 7-й день пациенты совершенно безболезненно умирают от обезвоживания, и сегодня как раз ночь упокоения моего родителя.

Уложения приватного "Госпиталя для набирания сил", во избежание судебных исков, требуют всю заключительную неделю безотлучного пребывания родственников клиента у его постели, и брат с женой сумели установить круглосуточное дежурство попеременно.

С тем жена брата попросила на работе недельный отпуск и взяла на себя ночные смены, а он, после своего банкротства работавший консультантом по контрактам и не имевший пока ещё текущего договора, был не занят и нёс дневную вахту.

Печальную службу препоручать мне не предполагалось и лишь стечением обстоятельств именно я должен буду принять последний вздох отходящего.

Дело в том, что брата неожиданно вызвал на интервью перспективный работодатель, и жене его пришлось вчера бессменно пробыть в госпитале более суток, и сейчас она готова свалиться с ног, а назавтра у неё невпроворот забот по организации похорон.

Вот если б я не задержался и подежурил в госпитале в первую смену сегодня, освободив её, она смогла бы выйти в ночь, теперь же эта самая важная вахта на мне, но жена брата снабдит меня точными инструкциями и убеждена - я её не подведу.

Мы истребили подлодки нашего ужина, и жена брата приступила к своему инструктажу, изложив мне сначала общую диспозицию.

Она сделала всё возможное и невозможное для проведения похорон завтра в пятницу, 21 сентября, и не позже, из-за того, что на следующей неделе в среду евреи отмечают Йом Кипур, Судный День, и от этой субботы до четверга погребать умерших не положено.

Сама она не стала бы заботиться о соблюдении Закона, и мортуарий (похоронный дом) никогда не отказывает в услугах, но среди её родственников есть верующие, кого оскорбит нарушение ею правил.

Перенесение мероприятия на четверг весьма хлопотно, и содержание тела в холодильнике обойдётся в копеечку, к тому ж, ей придётся испрашивать у начальства ещё один выходной, к уже взятым семи, что её компании не понравится, и потому всё требуется исполнять по пунктам и вовремя, и сбоя программы допускать нельзя.

Итак, вот мой план действий: после того, как отец отойдёт - буквально в ту же минуту позвонить в канцелярию мортуария (они функционируют круглые сутки) и сообщить о смерти держателя их счёта такого-то (телефон и номер счёта имеются в блокноте, куда жена брата занесла мне необходимую информацию), тело которого нужно сейчас вывезти из "Госпиталя для набирания сил".

Секретарь попросит меня подтвердить все сервисы, заказанные на завтра, и тут их полный список - аренда зала для прощания с живой музыкой (виолончелистом), цветы, буклеты для гостей с фотографией и некрологом и портрет в рамке у входа.

В блокноте перечислены и описаны: а) всё, доставленное в мортуарий заранее - одежда, обувь и зубные протезы клиента, тексты для гостевого буклета и фото к портрету у входа для увеличения и ретуши, а также: б) всё, что было оплачено - участок на два захоронения, гроб, выемка грунта, закрытие могилы, косметика и другое, и надо удостовериться в наличии записей обо всём этом в компьютере.

После такого разговора с канцелярией мортуария мне предстоит подписать бумаги, подготовленные администрацией госпиталя, затем встретить и проводить в палату служащего похоронного дома и взять у него расписку о приёме тела и в девять утра доложить жене брата об исполнении поручения (если всё пройдёт согласно плану, раньше девяти будить её необходимости нету).

Убедившись в усвоении мною инструкций и допивши кофе, жена брата доставила меня в госпиталь, где в присутствии персонала передала мне свои полномочия принимающего решения за пациента **Semon Yatskar**, о чём я расписался в кондуите, и провела к отцу.

Он лежал на спине, ушедшие глубоко в орбиты глаза его были закрыты, запавший рот полуоткрыт и дыхание поверхностно.

У постели на столике с колёсами стоял поднос, и на нём находились чаша с крышкой, баночка яблочного мусса "Эдем", стаканчик с греческим йогуртом "Икос" ( в переводе, "песнопение святому") и упаковка фруктового напитка под названием "Солнце Капри".

Жена брата разъяснила мне, что еду приносят лишь во исполнение закона, обязующего госпитали предоставлять питание пациентам, хотя кормить отца категорически противопоказано - глотательный рефлекс у него отсутствует и пища попадёт в лёгкие, вызвавши кашель и тяжёлую смерть от удушья.

Морфин, который применяют орально, глотания не требует, впитываясь в полости рта, но для того слизистую зева нужно предохранять от пересыхания, не реже, чем раз в час протирая её смоченной губкой на палочке - и жена брата показала, как эту процедуру следует производить, погладив шею и оттянувши челюсть, а затем распрощалась до утра и уехала.

Оставшись один, я подумал, что если глотать отец не способен, то нету смысла вызывать священника с причастием в госпиталь, да и доехать сюда, в дальний пригород из центра он сможет лишь к утру поближе, когда пациент уже должен преставиться.

Поэтому я положил просто молиться над умирающим и достал привезённые копию приходской Литургии и молитвенник.

Также я вспомнил о маленькой, размером с визитную карточку бумажной иконке, которая с 1991 года всегда пребывала в заднем кармашке моего бумажника - такие карточки выдавались всем прихожанам греческого храма "Апокалипсиса", и на её обороте был напечатан телефон тогдашнего настоятеля о. Нико и просьба позвонить ему, когда жизни носителя сего угрожает скорое пресечение.

Я давно позабыл тему иконки и, только увидав её, узнал сюжет: "Где двое или трое собрались во Имя Мое, там и Я среди них".

Изображала она Иисуса Христа между двух святых, совершающего хлебопреломление, и удлинённый хлеб в руках Его напоминал "подводку", захваченную мне на завтрак.

Воистину ( как же сам я, глупец, не понял этого раньше!), я и отец, хоть он и находится в бессознательном состоянии, мы - двое, собравшиеся во Имя Божие, стало быть, Христос посреде нас, и мы люди Его, и я вправе служить Литургию, и даже с молитвой о претворении вина и хлеба, и тогда с помощью губки на палочке я смогу оросить рот умирающего отца Пречистою Кровью Господней.

Итак, я приготовил хлеб и вино для Святых Даров - удалил начинку из "подводки" и, выливши "Солнце Капри" в кружку, смешал его с остатками коньяка, и получился довольно адекватный эквивалент виноградного вина и по вкусу, и по цвету, и по запаху.

Но, чтобы не прерывать литургию, до начала службы следовало провести увлажнение рта - со времени последнего дошёл уже час, и я решил для того использовать не воду, а составленную смесь; она должна быть эффективнее, ибо алкоголь - сосудорасширяющее средство, а фруктово-коньячный запах способен вызвать и слюноотделение.

Я прочитал по молитвеннику правило о болящих, прося Бога раба Божия Симона немощствующа посетити Его милостию и ниспослати ему врачебную силу с небесе, и обмакнувши губку в коктейль, протёр отцу нёбо, язык и подъязычную область, и тут неожиданно кадык его вздрогнул, и он произвёл глотательное движение.

Обрадован, я проверил восстановление рефлекса, осторожно влив ему ложечкой в рот каплю напитка, и он сглотнул её.

« Слава Богу, теперь я дам ему и частичку Тела Господня, что будет почти причастие » - подумал я, открывая Литургию. ▲▲▲▲▲▲▲▲▲▲▲▲▲▲▲▲▲

Эту копию на славянском для Галины получила секретарь "Апокалипсиса" Анастасия, заказавши её в 1991 году у сербов.

Я ею не пользовался вовсе, читая тогда по-гречески, а после, в американской церкви у отца Тэда - по-английски, и оттого никак не мог знать, что в ней, до текста Литургии, изложена ещё и Проскомидия, исполняемая заранее служба приготовления Причастия, в коей миряне не участвуют, почему она обычно в приходских изданиях не приводится, а лишь в служебниках, и аз посчитал сие мне, нерукоположенному, указанием свыше приготовить Святую Трапезу самому. ▲▲▲▲▲▲▲▲▲▲▲▲▲▲▲▲▲▲▲▲▲▲▲▲

Я изучил описание службы и собрал нужные для неё принадлежности, взявши на кухне госпиталя узкий нож взамен копия, металлическое блюдо для дискоса, полотенце для воздуха и бумажную тарелку для звездицы, на которой вырезал пятиконечную звезду Вифлеема, и согрел в микроволновой печи воду-теплоту для соединения с вином.

      Подготовивши всё, я разрезал футовую булку на пять кусков, олицетворяющих евангельские хлебы напитания пяти тысяч, и провёл священное действо-мистерию, в ходе которого символически разыгрываются Рождество и Распятие Спасителя, а на дискосе вынутыми из хлебов частями создаётся образ Его Невесты-Церкви с царствующим Агнцем в центре собора, Богородицей и девятью чинами святых одесную и ошую Трона, долу Его - цепочкой частиц во здравие живущих, куда я поместил и крошку для отца, и дольнейшей чредою, во поминание душ умерших.

   Это было уже самое настоящее Причастие, соединяющее с Христом и со святыми, и я пропел "Великое славословие" и приступил к литургии.

   Я отслужил её полностью, выпустивши только чтения, и во время неё причастил отца его крошкой в разбавленном питие.

   Он проглотил её благополучно, и я вознёс должные благодарственные молитвы по принятии Святых Таин.

   Затем взгляд мой упал на столик у кровати с нетронутым вчерашним ужином, и я ощутил импульс накормить им отца и уверенность в нужности и безопасности такого дерзновения для его жизни.

   В чаше на подносе, принесённом для отмазки от юридических санкций, оказалось реденькое пюре неизвестного состава, похоже, изо всех ресторанных неликвидов, однако хорошо протёртое и на вкус не противное; в кухне я его подогрел и начал, перемежая коктейлем "Солнце Капри", потихоньку давать отцу, он исправно глотал и ни разу не поперхнулся.

   Сестра, пришедшая с очередной дозой морфина, наблюдала за мною неодобрительно и сделала попытку меня остановить, но я отмахнулся от неё, напомнив, что сегодня я наделён полномочиями принимать решения относительно пациента **Yatskar**, и продолжал своё дело, успевши скормить отцу и таинственное пюре, и греческий йогурт "Икос", и яблочный мусс "Эдем" до того, как в палате появился мой младший брат, вызванный, по-видимому, медперсоналом.

   Он спросил, каким образом возник у отца глотательный рефлекс, и я, хоть и знал, что брат мой - твёрдый атеист и в чудесное происхождение ниспосланных мне знаков не поверит, рассказал ему о них и о Проскомидии, и о причащении.

   « О-кей, - сказал нахмурившись брат, - если рефлекс обнаружился и ты захотел дать отцу крошку булки, ещё б куда ни шло, но зачем же ты взялся кормить его после?

   Раковая опухоль от этого не рассосётся, не так ли? Или ты верил в такое чудо, подвергая его опасности мучительной смерти от удушья, когда сегодня он мирно должен был окончить существование от аритмии и остановки сердца?»

   Я ответил, что не рассуждал вовсе, а совершил это по наитию, однако размышляя **post factum**, вижу тут волю Божию на то, чтобы погребение отца отложилось и я смог отпеть его в соответствии с практикой Православия, накопившего данные о пребывании души умершего двое суток у тела.

   Глотательный рефлекс, как неожиданно появился, так же неожиданно и исчез после последней ложки ужина, реакции на орошение рта коктейлем больше не проявляется, и, полагаю, жизнь отца продлена лишь для того и совсем не надолго.

   Брат позвонил медсестре и велел немедленно позвать ночного врача госпиталя, и когда тот оперативно пришёл, попросил меня доктору в подробностях изложить мои действия в отношении клиента и их последствия.

   Я рассказал о коктейле и об обнаружении на него реакции, о службе, об ужине и об исчезновении рефлекса сразу после него, и приняв мою исповедь, врач отметил, что единственная не совсем обычная вещь в описании - время сохранения рефлекса, около пяти часов, остальное же всё соответствует норме.

   Находящимся в коме перед самым концом часто возвращаются некоторые функции, иногда даже и сознание и речь, но, как правило, на несколько минут и однократно, а затем вновь погружаются в бесчувствие и далее из него не выходят.

Кормить пациента в период последней ремиссии, задерживая течение процесса угасания, смысла, разумеется, не имело, однако мой коктейль доктор одобрил как эффективный увлажнитель зева, и осмотрев отца и подтвердив отсутствие глотательного рефлекса, предсказал наступление летального исхода теперь в субботу рано утром и посоветовал составлять нам планы, основываясь на том.

Получивши достоверный прогноз и посетовав на море проблем, вызванных моим необдуманным порывом, брат сказал мне, что сейчас ему и жене придётся срочно приниматься за организацию переноса всех мероприятий на четверг, не дожидаясь, покуда мортуарий переполнят заказы на погребение верующих евреев, умерших в Судный и в четыре предыдущие ему дня, и потому они меня просят продолжить моё дежурство. Завтра спеху с похоронами уже не будет, и мне не понадобится самому тут же связываться с канцелярией мортуария, и брат позвонит мне утром около девяти и выяснит состояние дел.

Он уехал, а я пошёл в находившийся рядом с госпиталем гастроном самообслуживания, дабы запастись провизией на сутки, и в качестве напитков приобрёл бутылку коньяка и несколько упаковок "Солнца Капри", решивши и дальше проводить увлажнение рта столь удачной вчерашней смесью и в случае, если глотание определённо восстановится, накормить умирающего снова.

Во исполнение закона, подносы с пищей отцу доставляли всю пятницу регулярно, но рефлекс, как и предвидел врач, больше не возвращался, невзирая на орошение зева чудесным коктейлем, крепость которого я даже пробовал увеличивать.

Вечером сестра постелила мне гостевой диванчик за занавеской и предложила прилечь, сказав, что увлажнения ночью выполнит сама, и, утомлён почти двухсуточным бдением, я заснул, а в шесть утра меня разбудил медбрат, сообщив, что отец мой испустил дух. Я встал и отслужил правило об умерших с его припевом «Благословен еси, Господи, научи мя оправданием Твоим» и начал читать над усопшим псалмы.

Затем промелькнули пять предпохоронных суток, в течение которых мне удалось продолжить отпевание отца в мортуарии и заказать в Старом Храме по нему панихиды в 3-й день, когда душа христианина проходит мытарства на семи небесах, и в 9-й день частичного суда, на коем Творец её решает, где ей ожидать воскресения мертвых и Суда Страшного.

Потом прошли похороны, отлично организованные братом и его деятельной супругой, и послепохоронное кружение в бумажных заботах, и в середине октября автор вернулся в свой дом у реки Святого Джона, или Иоанна Богослова, где его ожидали жена Галина и отложенное важное продолжение демонстрации "EI", добравшись туда не по воздуху, но, чтобы снова не входить в сферы зыбких иллюзий, создаваемых тем, кто за древом, на автобусе "Серой гончей", по твёрдой земле.

## ВОСКЛИЦАНИЕ

Мелех ха-Олам, царящий над всеми и всем,  
Барух ха-Шем !

О Ты, Кем прославлен был малый град Вифлеем,  
Барух ха-Шем !

Чью Кровь во спасение пью, Чью Плоть во спасение ем,  
Барух ха-Шем ! Барух ха-Шем ! Барух ха-Шем !

Мелех ха-Олам - Царь Вселенной  
Барух ха-Шем - благословенно Имя Господне  
( ивр. )

## НАСТАВЛЕНИЕ АНГЕЛА-ХРАНИТЕЛЯ ТОЛЬКО ЧТО УМЕРШЕМУ

Два лишь дни проведешь подле тела,  
А засим тя в иные пределы  
Мы подъимем. Там демонов легионы  
Возвели для усопших кордоны.

Чаю, минуешь их необлыжно,  
Искупаем молитвами ближних,  
И в преддверии вечнаго Царства  
Ты услышишь : - "Прошед вси мытарства,  
Жди, овче Моя, Воскресения  
Не в аду, но во благостной сени,  
Упокоен с Моими святыми."

Эония авту и мими.   Эония... - Вечная тебе память ( греч. )

## *Глава двадцатая,*
### где свершается великое чудо, составляющее кульминацию романа

Когда я вернулся в Джексонвилль, стояла дивная ровная осенняя погода и на улице температура не поднималась выше 72 градусов по Фаренгейту ( 22 градуса Цельсия ) - короткая предзимняя пора, лучшая для отдыха под открытым небом.

Но мне-то предстоял не пикник, а проведение второй части демонстрации " EI ", отработанной при 76,5 градусах Фаренгейта ( 24,7 по Цельсию ), и я максимально усилил термоизоляцию спальни, заткнувши все щели и проклеив оконные рамы, установил электронагревательную батарею и приготовился три-четыре недели существовать в спёртом и жарком воздухе, однако, лишь я включил нагревание, мой старый компьютер " Тошиба " сломался.

Хоть я и не инженер и в устройстве компьютеров смыслю мало, мне кажется, это была не вполне обычная поломка, поскольку всё функционировало совершенно нормально, и только программа для " EI " странным образом исчезла с диска.

Я принялся восстанавливать её по памяти, благо она проста, как мычание ( Читатель может убедиться в том самолично, заглянувши в её текст и описание в Приложении ), и в то время лабораторию не подогревал, а, напротив, проветривал, и оттого наткнулся на такие параметры настройки программы, при которых она лучше работала в области низких температур.

Тогда, охлаждая мою спальню кондиционером, я провёл исследование эффективности модифицированной программы и нашёл оптимальную для неё температуру, оказавшуюся неожиданно низкой, 62 градуса по Фаренгейту ( 16,7 Цельсия ), но семейство, которое автор согревал в жаркую пору, а в прохладную стал морозить, особенного недовольства тем не выказывало - всё же свежий холодный воздух приятней, да и здоровее душного.

Изменённая программа вырабатывала верное предсказание в 70-и процентах случаев, а главное, при 62-х градусах не теряла такой производительности сколь угодно долго, в полную противоположность прежней версии, требовавшей восьмичасового безделья между пятиминутными сессиями.

Критерии предсказания удовлетворялись примерно каждые сорок минут, и серию с вероятностью 1 к 1000 можно было, не боясь уже близкого наступления холодов, провести, без малейшего напряжения, всего за две недели.

Я завершил исследование модифицированной программы 16-го ноября и назначил начало второй части демонстрации " EI " на понедельник, 19 ноября, и причина того, что я не приступил к демонстрации сразу, заключалась в моём намерении в это воскресение посетить нашу церковь Св. Джастина, или Устина Философа, где после смерти отца я еженедельно ставил за него свечу и подавал проскомидию, на что в течение рулеточного марафона не смогу отвлечься.

В тот же день в церкви Святого Джастина ожидалось большое событие - презентация чудотворной и мироточивой иконы Святой Праведной Анны, матери Приснодевы Марии, она происходила за час до литургии, и мы с Галиной подъехали к ней.

Хранитель иконы отец Афанасий, насельник Святотихоновского монастыря в Пеннсильвании, США, сказал в своём спиче, что икона написана в 1998 году в монастыре на горе Элеонской в Иерусалиме русским иконописцем.

Она начала мироточить восемь лет назад, в день Св.Пророка Божия Исайи, предсказавшего рождение Спасителя Христа Эммануила Девой ( Ис. 7:14 ).

« А иногда она плачет » - заметил о.Афанасий.

Мы подошли к иконе. Масло миро собиралось в углублении, высверленном в доске, окружённом серебряным ободком и закрытым пластиковой крышкой.

Я вспомнил, что часовня Святой Анны возведена на острове Патмос над пещерой, где Апостол Иоанн получил своё Откровение.

Лик бабушки Иисуса был скорбным и суровым, хотя ей должно б ликовать, родивши в преклонном возрасте дочь, и на щеке её я заметил влажный след, словно бы от слезы.

Живопись иконы, плоская, тусклая и почти монохроматичная, явно не произведение искусной кисти, меня как художника не трогала, но миро пахло совершенно бесподобно.

Затем последовала литургия, и чтением Евангелия в то воскресенье оказалась притча о богаче, возрадовавшемся имению,« но Бог сказал ему: безумный! в сию ночь душу твою возьмут у тебя », и позже о.Тэд в пылкой проповеди заключил, что слово " безумный " тут правомерно, несмотря на грозное предупреждение, данное Христом несколько ранее: « А кто скажет " безумный ", тот подлежит геенне огненной ».

На отпусте мы получили помазание миром от иконы, наполнившим кабину машины непобедимым запахом и, вернувшись домой, в многотысячекнижном нашем бедламе я наткнулся на один из буклетиков серии " Твоё имя ", посвящённый имени " Анна " ( никогда до того его у нас не видел и не подозревал о том, что он существует ).
В детской книжице указывалась дата поминовения Праведной Богородительницы - двадцать второе сентября, день смерти моего отца.

Также по возвращении из церкви обнаружилось истинное бедствие, составившее неожиданную угрозу планам автора - за время его отсутствия в доме произошла некая авария кондиционера, и его система охлаждения перестала действовать, хотя вентилятор и нагреватель продолжали работать.
По выходным бытовые ремонтные службы Джекса закрыты, заявки же, как правило, выполняют они лишь на следующий день, *ergo*, устранение поломки до послезавтра не предвиделось, а перенесение из-за того объявленного начала демонстрации " EI ", назначенного мною на завтра, скептики, не вдаваясь подробно в причины задержки, знамо дело, сочтут злорадно конфузом всего предприятия.

К счастью, уже успело достаточно похолодать, чтобы попытаться поймать необходимые мне 62 Фаренгейта в спальне, открывши в ней окна на ночь, и я отодвинул от них матрасы и вытащил из оконных ниш подушки, и расклеил и поднял рамы, и стал дожидаться прихода ночи.
Она на 19 ноября в Джексонвилле выдалась не по сезону необычно тёплой, и никакого прохладного ежеутреннего бриза не наблюдалось.
Температура в лаборатории падала чрезвычайно медленно, и мои надежды на пунктуальное начало демонстрации уменьшились куда быстрее - в 4:45 утра мне следовало закрыть окна и включить кондиционер на нагрев, чтобы Галина смогла бы принять душ и выпить свой чай, одеться и отправиться на работу, и строго ограниченное моё время почти уж совсем истекло, когда в 3:35 утра стрелка термометра наконец доползла до 62-х, и я приступил к демонстрации в расчёте отметить оглашённое её открытие хотя бы единственной ставкой.

И тут это произошло ! Как-то почувствовав, чему сейчас предстоит свершиться после первого вращения колеса рулетки, я быстро достал фотокамеру " Люмикс " и начал снимать экран компьютера по выпадении результата каждой из моих ставок, и промежутки между ними, производимыми в согласии с предсказаниями Самсказала, ни одного разу не превысили семи минут, и в любом вращении шарик заканчивал бег на красном поле.
Заключительное, десятое, " EI " предсказал в 4:40 утра, и серия с вероятностью оказаться случайной меньше 1/1000 была завершена ( точная вероятность выигрыша всех 10-и ставок на цвет в серии составляет 18/37 в десятой степени и равна 1/1346 ).
Но я не думаю называть получившуюся серию демонстрацией какого-либо эффекта, равно и рассуждать о законах физики, лежащих в основе механизма её возникновения, ибо не найти в ней ничего механического, и последовательность из десяти чисел, на которых останавливался шарик в десяти вращениях колеса, представляет собой не что иное, как ясно и просто интерпретируемое сообщение человечеству свыше, выраженное на языке нумерологии, и оттого произошедшему, хочешь - не хочешь, имеется одно только имя - чудо.
Вот иероглифы-числа, сложившие важное послание: **5, 3, 16, 14, 27, 16, 5, 12, 32, 7** ( см. фото на обложке ), и не вполне уверен, что ты способен перевести его сразу, напомню тебе, Читатель, символические значения первых 8-и чисел натурального ряда и два несложных принципа нумерологии, подробно обоснованные выше, в главе 16-й.
1 - Бог, 2 - человек, 3 - Троица и Христианство, 4 - Смерть, 5 - Пятикнижие и Иудаизм, 6 - Сатана, 7 - конец, 8 - Иисус, Мессия, Сын Божий и Спаситель.

**Отрицание половины** - отражение известной тактики Сатаны умерщвления Истины полуправдой, рассечением целого надвое - значение чётного числа противоположно ( vs., versus - против, латынь ) значению его половины, иллюстрацией тому служат все первые четыре чётные числа натурального ряда: 2 vs. 1, 4 vs. 2, 6 vs. 3, 8 vs. 4 ( или, в развёрнутом виде - человек против Бога, Смерть против человека, Сатана против Троицы, Иисус против Смерти ).

**Возведение числа в куб** - усиление смысла основания, т.е., его триумф, и посему 8 ( Иисус ) = 2x2x2 ( Триумф человека ).

Краткая однозначная символика, сопутствовавшая людям с глубокой древности, позволяет немедленно распознать в приведенной выше строчке из 10-и чисел историографию трёх авраамических религий от начала оных и до конца времён.

## ПОСЛАНИЕ, ВЫРАЖЕННОЕ В ДЕСЯТИ ЧИСЛАХ

**5** - получение Моисеем 5-книжия на Синае в Пятидесятницу, возникновение Иудаизма.

**3** - Троица, сошествие Духа Свята на апостолов и возникновение Христианства.

**16**, отрицание 8 ( Божественности Христа ) - написание Корана и возникновение Ислама.

**14**, отрицание 7 ( разрушительного конца ) - созидательный период сотрудничества
трёх религий в правление Аббасидов.

**27**=3х3х3, триумф Христианства - реконкиста, христианизация Америки и Австралии,
расширение Российской Империи.

**16**, отрицание 8 ( Божественности Христа ) - новый подъём Ислама, установление
арабского нефтяного диктата над миром.

**5** - новый подъём Иудаизма, образование государства Израиль ( 1948 г. )
и завоевание им Иерусалима ( 1968 г. )

**12**, отрицание 6 ( Сатаны ) - противостояние Церкви силам дракона Апокалипсиса
и поражение их огнём с неба.

**32**, отрицание 16 ( отрицания Божественности Христа ) - Второе Пришествие Христа
и сбор человечества ( 2х2х2х2х2 ) пред Судией.

**7** - конец мира и земной истории.

Из уже произошедших событий, каждое последующее имеет свои корни в предыдущих, и потому смысл послания Автор его выразил исключительно чётко, предупредив людей о том, что отношение Ислама к иудеям и иным неверным угрожает самому существованию их юдоли, и, дабы в том, о чём ведётся речь, не оставалось ни малейших сомнений, знак в подтверждение сообщения появился буквально сразу.

По выпадении завершающей серию семёрки я подумал о необходимости снабдить финальную фотографию датировкой, для того решив расположить экран рулетки на фоне экрана сайта Yahoo!, где имелась текущая дата, и выйдя на Yahoo.com, я увидел репортаж о главной новости дня 19 ноября 2012 года - беспрецедентной бомбардировке Израилем района Газы в ответ на всё нараставшие обстрелы ракетами из Палестинской Автономии его территории ( смотрите фото на обложке ).

Разумеется, я осознавал обязанность опубликовать полученное мною предупреждение и принялся набирать его описание на двуязычной " Русской рулетке ".

Суть моей миссии не в прорицании скорого конца света, а в изменении образа мышления, и мне предоставлены к тому чрезвычайно эффективные средства, подбадривал я себя.

Разве сможет кто-то утверждать, что приведенная выше числовая последовательность возникла случайным образом - каждое из 10-и событий-чисел занимает его законное место в исторической цепочке, *ergo*, вероятность возникновения такой комбинации случайно равняется 1/37 в десятой степени, или же отношению единицы к пяти с 15-ю нулями !

Ничего столь ничтожного во всей нашей обители нет, и ради сравнения скажу только - получить эту серию естественно можно лишь усадив за экраны виртуальной рулетки четверть миллиона игроков и отдавши приказание каждому делать по ставке в секунду в продолжение всей истории человечества ( шести с половиной тысячи лет ).

Встретивши осмысленную фразу, человек во здравом рассудке не посчитает её произведением слепых природных сил, даже если и не знаком с теорией вероятности, искренне предполагал в то время автор, и потому обязан прийти к одному из двух не противных логике выводов: либо изложенный материал действительно чудесен, либо он - плод беззастенчивой фальсификации.

Но на подозрения в последнем у меня имеется неплохой ответ, ибо, в отличие от всех прочих чудес мира, предоставлявших в подтверждение им одни показания очевидцев, это документировано 9-ю фотографиями экрана программы рулетки, каждая из которых содержит около десяти миллионов цветных элементов-пикселей, и потому подделка их сразу выдаёт себя отсутствием тонких градаций, в чём я мог убедиться.

Воодушевлён такими доводами, я приступил к заполнению страниц " Русской рулетки ", и в первую очередь, её английской части, думая после завершения английского текста показать его отцу Тэду Писарчеку и среди прихожан Святого Джастина отыскать ему литературного редактора - так долго не писавши ничего по-английски, я уж наверняка наделаю в нём кучу ошибок.

Однако расчёты найти какую-либо поддержку у американцев оказались весьма наивными, и едва лишь я посмел заикнуться о чуде, как меня решительно и бесповоротно осадили, поскольку в Америке Православной Церкви приходится тяжко отбиваться от обвинений её доминирующими тут протестантами в суевериях и ритуализме, и единственные чудеса, узаконенные в ней - исцеления миропомазанием, совершаемые только иереями с ведома и одобрения епископата.

В том году многие ждали светопреставления, и причём, в точно определённый день, в пятницу 21-го декабря 2012 года, основываясь на отрытом археологами в развалинах каменном календаре древних майя, где цепочка цифр обрывалась на указанной дате.

Я-то нисколько не полагал чудо о рулетке указанием близости конца истории, скорей, напротив, ибо его главная задача, раскрытие человечеству истинной сущности Ислама, невыполнима, буде миру предстоит погибнуть в считанные недели.

Но разговоров о том ходило изрядно, и, полагаю, под их воздействием Галина вспомнила свой сон восьмилетней давности и однажды к слову упомянула о нём.

Она увидела себя среди других людей, сидящих на холме. Небо над ними наискось перечёркивали две железные цепи, образуя андреевский крест, или букву " X ", и в нём кружились тёмные вихри с обломками льда. Она спросила: « Что это ? » и незримый голос произнёс: « Исполнение конца света ».

Тогда, за неимением редактора, я сам занимался правкой английского текста сайта, и, перелистывая толстый словарь Вебстера издания прошлого века, натолкнулся в нём на число 2012.

Оказалось, оно относится к старой земельной мере в 66 футов, или 2012 сантиметров, и называется эта мера "цепь".

  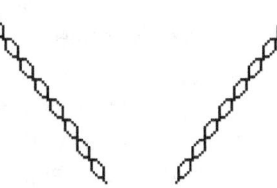  

« Похоже, время отмерено, моё или мира, какая в том разница, но, кажется, мне велено поторопиться », - подумал я и принял решение бросить английскую редактуру и завершить публикацию сайта и рассылку сообщений о ней до середины декабря, хотя бы с тем, чтобы больше людей потрудились найти и прочесть её, и оттого я оперативно написал русскую часть и составил список адресатов будущей рассылки, которыми и на сей раз избрал, преимущественно, учёных - кому ж ещё, как не им, анализировать факты и вероятности.

Я раздобыл несколько сот адресов крупных учёных из многих стран и около тысячи - питомцев лучших университетов Империи, подобно моим однокурсникам-физтехам, трудившихся ныне, в основном, за границами Родины, опять питая надежды на то, что к соотечественнику и коллеге они проявят внимание.

Работа была довольно тягомотная, но выполнял я её усердно, имея к тому весомые стимулы, и успел закончить оповещение корреспондентов за неделю до предполагаемой катастрофы.

После чего мне пришло в голову, что значимо было бы до " Дня Сожаления " провести и собственно демонстрацию - ибо чудо чудом, и ангелы синхронизировано управляют компьютерами земли из " ареала отражений ", но на наличие феномена это не указывает, а вот успех подобной, только не чудесной серии подтвердил бы существование эффекта, как и благословение на его разработку и уверил бы в предоставлении нам для того отсрочки тотального истребления.

Однако тут в Джексе произошло резкое потепление, и поймать 62 Фаренгейта ночью в спальне-лаборатории стало практически невозможно.

К счастью, Галина по какому-то наитию принесла из "Публичного" так называемые "полярные пакеты" термоёмкого геля, кои кондитерам порой присылают поставщики вместе со скоропортящимися полуфабрикатами; после заморозки они долго оттаивают, постепенно и стабильно отдавая воздуху аккумулированный ими холод, и я применил их для охлаждения моей " Тошибы ".

Благодаря тому, нужные 62 Фаренгейта удалось удержать в ящике, куда я поместил компьютер, в продолжение 2,5 часов, и за это время " EI " произвёл 25 предсказаний, принесших 20 выигрышей на красное, зафиксированных фотокамерой ( см. againstchance.webs.com ).

Вероятность в серии из 25-ти ставок на цвет на европейской рулетке выиграть 20 или больше ставок равняется:
P(20,5) + P(21,4) + P(22,3) + P(23,2) + P(24,1) + P(25,0) = 1/ 753,
где P(m,n) = C(m,n)(p^m)(q^n) и C(m,n) = (m + n)!/(m!n!),
p = 18/37, q = 19/37.

Нетрудно видеть, юдоль сия не погибла 21 декабря 2012 года ( уж не вследствие ли предпринятой мной демонстрации ).

Через три дня наступило Рождество Христово, и за праздничным столом с индейкой я воздал надлежащие хвалы Богу и Богородице, Святым и Праведным Богородителям Иоакиму и Анне и всем святым за продление существования нас и мира.

## ПОСЛЕДНЯЯ ТОЧКА

Всё. Окончен долгий труд.
С этим я приду на Суд.
Тихо. Дольче фар ниенте.                    Дольче... - Приятное
И времён свернулась лента.                  ничегонеделанье ( итал. )
Зев с хвостом сомкнувши, гад
Стал путём в заветный Сад,
Где даёт плоды Даат.                        Даат - знание от Бога ( ивр. )

## ИЗ ОТПУСТА
## НА РАССВЕТЕ
## У ПОРОГА

Только последнее помню я :
- Торбы свои неподъёмные
На пол сей хижины скинь.
Дальше - дорога бездомная
В гору и горнюю синь.

Сердце смири неуёмное.
День жаркий минул, остынь.
**Deus conservat omnia.**
Бог сохранит всё. Аминь.

8 июля 2013 года.

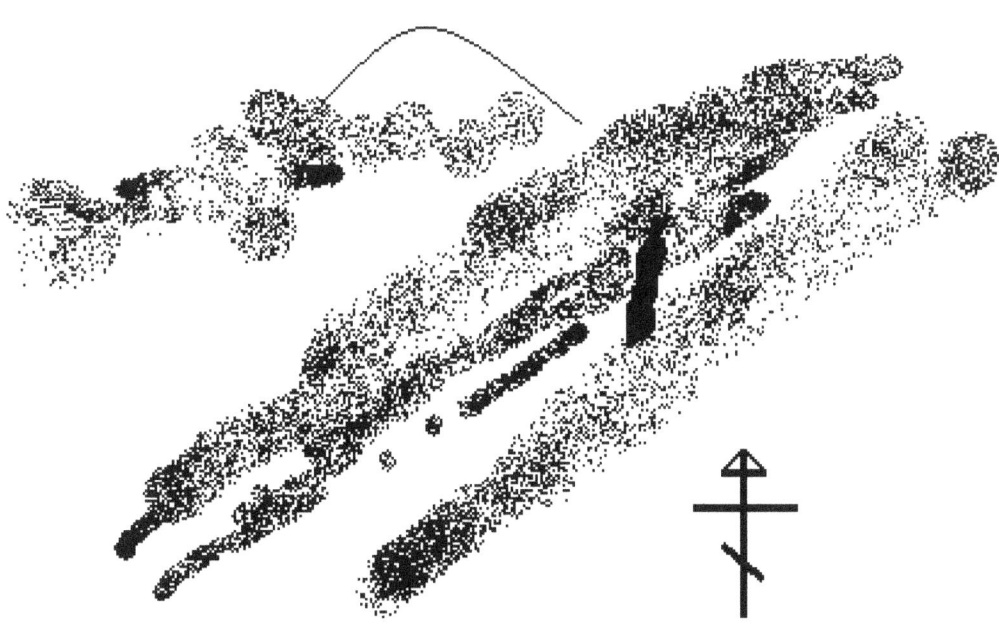

## ЭПИТАФИЯ,
вместо эпилога

Хоть после того, как я поместил электронную версию романа
на своём сайте newrussianlit.webs.com и сервере proza.ru,
я и воскликнул в стихах, что труды моей жизни теперь завершены
и полагаю от них опочить, Бог не судил мне в те дни ещё отдыха.

В ноябре я серьёзно заболел и, лёжа в полубеспамятстве, надеялся уже грешным делом
быть упокоенным с праведными, когда в красочном видении получил сообщение о том,
что заслужу покой только если сам подготовлю книгу к печати, снабдивши её рисунками,
и как подтверждение обетованию автору показали заготовленную для него эпитафию
из пяти слов на трёх языках авраамических религий (смотри следующую страницу).

Ни одним из этих языков я не владею, но написание имени моего, звучащего по-гречески Григориос,
мне, конечно, известно, равно и начертание имени рода Ицгар на иврите, три же первых арабских слова
я распознал, поскольку они совпадают с началом знакомой мне по фотографии надписи в Куполе Скалы:

"Аллахумма салли ала разулика ва'абдика Иса бен Мариам" - "Молитесь, ради Господа,
за пророка и раба Его Иисуса сына Марии".

Вслед за тем больной скоропостижно выздоровел и, делать нечего,
приступил к исполнению возложенной на него весьма большой работы.

Теперь, спустя восемь месяцев, она с Божией помощью дошла до публикации,
и пожалуйста, дорогой уверовавший Читатель, моли Господа обо мне, грешном.

### АЛЛАХУММА САЛЛИ АЛА ГРИГОРИОС ИЦГАР

И сейчас очень прошу связаться со мною,
ибо путешествию, в которое мы отправились вместе, не бывает конца.
Я отвечу, где бы я ни был.

Для связи со мною используйте мой сайт
**HTTP://NEWRUSSIANLIT.WEBS.COM**

ܓܪܝܓܘܪܝܘܣ

ΓΡΗΓΟΡΙΘΣ

יצק אר

## ПРИЛОЖЕНИЕ. Программа для EI

Идея эксперимента была в том, чтобы найти корреляцию между быстродействием компьютера и будущим созданием и заполнением файла, связанного с внешним событием ( результатом ставки на рулетке ), и чтобы это сделать, нужно было представить флуктуации времени операции на экране компьютера в простом легко воспринимаемом и запоминаемом виде, в целых коротких числах, поскольку я должен был посмотреть на экран и быстро решить, делать или не делать ставку на другом компьютере. Поэтому программа для **EI** ( см. текст её ниже ) производила заданное количество сложений в основном цикле, вызывая в начале и в конце этого процесса TIMER, и затем вычисляла разницу двух его показаний, замечая, равняется она нулю или нет, и печатая n%, число циклов между теми, в которых показания TIMER'а изменялись. ( См. строку 30 программы. Она написана на языке **Qbasic**, и % или ! после имени переменной определяет её тип — целая или с плавающей точкой. )

Число сложений в основном цикле выбиралось так, чтобы n% равнялось 5÷6, и в распределении их существовал участок сплошных "пятёрок", отражавший период, когда время операции увеличивалось. Такие периоды служили концами попыток выработки предсказания, и когда программа обнаруживала больше одиннадцати последовательных "пятёрок", она печатала nc%, полное число изменений показаний TIMER'а в попытке ( строка 36 ), и ожидала ввода результата предполагаемой ставки на рулетке.

Оказалось, попытка даёт надёжное предсказание только если она достаточно длинна ( nc% > 50 ) и предыдущая попытка была короткой ( nc% < 30 ). Когда критерии предсказания выполнялись, я делал ставку на другом компьютере, и если я выигрывал, отдавал программе команду создать новый файл и поместить в него 30 записей ( см. строки 37—72 ), а затем закрыть его и немедленно стереть, а если проигрывал, то останавливал программу и запускал её сначала, так как выяснил, что эта процедура после каждой попытки улучшает результаты.

И, как было сказано выше, для получения надёжных предсказаний я должен был играть короткими ( 5 мин. ) сессиями и поддерживать температуру в комнате между 76,0° F и 76,5° F ( 24,4° C и 24,7° C ).

### ПРОГРАММА ДЛЯ EI

| Оператор или метка | Комментарий ( номер строки и примечание ) |
|---|---|
| CLS | 'Line 1. Clears the screen |
| add% = 5550 | 'Line 2. Number of additions in the main cycle |
| mf% = 11 | 'Line 3. Number of consecutive "fives" to end trial |
| nf% = 0 | 'Line 4. Counter of consecutive "fives" |
| nc% = 0 | 'Line 5. Counter of changes of TIMER readings |
| 1 | 'Line 6. Lines 6—16 are the main cycle |
| t1! = TIMER | 'Line 7. |
| y% = 1 | 'Line 8. |
| 2 | 'Line 9. |
| IF y% < add% THEN GOTO 3 ELSE GOTO 4 | 'Line 10. |
| 3 | 'Line 11. |
| y% = y% + 1 | 'Line 12. |
| GOTO 2 | 'Line 13. |
| 4 | 'Line 14. |
| t2! = TIMER - t1! | 'Line 15. |
| IF t2! = 0! THEN GOTO 1 | 'Line 16. |
| n% = 0 | 'Line 17. Counter of cycles between changes |
| 5 | 'Line 18. Lines 18—29 are the main cycle |
| n% = n% + 1 | 'Line 19. |
| t1! = TIMER | 'Line 20. |
| y% = 1 | 'Line 21. |
| 6 | 'Line 22. |
| IF y% < add% THEN GOTO 7 ELSE GOTO 8 | 'Line 23. |
| 7 | 'Line 24. |
| y% = y% + 1 | 'Line 25. |
| GOTO 6 | 'Line 26. |
| 8 | 'Line 27. |
| t2! = TIMER - t1! | 'Line 28. |

( Продолжение на следующей странице. )

## ПРОГРАММА ДЛЯ EI (продолжение)

| Оператор или метка | Комментарий (номер строки и примечание) |
|---|---|
| IF t2! = 0! THEN GOTO 5 | 'Line 29. |
| PRINT n% | 'Line 30. Prints number of cycles between changes |
| nc% = nc% + 1 | 'Line 31. |
| IF nf% > mf% AND n% > 5 GOTO 9 | 'Line 32. |
| IF n% = 5 THEN GOTO 13 ELSE GOTO 12 | 'Line 33. |
| GOTO 1 | 'Line 34. |
| 9 | 'Line 35. |
| PRINT "NChanges=";nc% | 'Line 36. Prints number of changes in trial |
| INPUT "result";res% | 'Line 37. Input of the result of the bet |
| IF res% = 9 THEN GOTO 10 ELSE GOTO 11 | 'Line 38. |
| 10 | 'Line 39. |
| OPEN "new" FOR RANDOM AS #1 | 'Line 40. Opens new file |
| PUT #1,1,k% | 'Line 41. |
| ............................................................ | ............................................................ |
| PUT #1,30,k% | 'Line 70. Lines 41—70 put 30 records in new file |
| CLOSE | 'Line 71. |
| KILL "new" | 'Line 72. |
| 11 | 'Line 73. |
| PRINT "Press Ctrl + Pause to start over" | 'Line 74. |
| INPUT "Start over";start% | 'Line 75. |
| 12 | 'Line 76. |
| nf% = 0 | 'Line 77. Counter of consecutive "fives" |
| GOTO 1 | 'Line 78. |
| 13 | 'Line 79. |
| nf% = nf% + 1 | 'Line 80. Counter of consecutive "fives" |
| GOTO 1 | 'Line 81. |

ПРИМЕЧАНИЕ. Программа была модифицирована для второй части демонстрации, в которой она работала непрерывно при 62°F (16,7°C).
Число сложений в основном цикле (add%, Line 2) было изменено на 5461, и критерии предсказания были 1) для последней попытки nc%>45; 2) для предыдущей попытки nc%<19.

www.ingramcontent.com/pod-product-compliance
Lightning Source LLC
Chambersburg PA
CBHW080902170526
45158CB00008B/1965